Adobe

NICE

奥运祥云

婀娜身材

Company
name
CHESHIRE CAT

LEEKUU
换购卡15元
有U就能购
女人街
WWW.LEEKUU.COM

Three basic Illustrator provides the filling pattern and
two stroke pattern.
Set the path of filling and graphic method is very simple,
select graphics, click the corresponding filling
pattern toolbox icon. The object of filling into colouring and strok
said to the filling and inside of the object.
Path is by two or more anchor points on two lines,
the vector anchor points will compose a line
between in path may contain multiple linear
lines and curves.
Therefore, the use of path tool
can draw the arbitrary shape curve or graphics.
feeling
fly
78537

PERFUNE FASHION
prefune fashion
INITZAL
by boucheron insprired by
the mystery and sensuality
of pearis
initzal peartis by boucheron insprined by the mystery
by boucheron insprired by the mystery and sensuality of peariS
by boucheron insprired by the mystery and sensuality of peariS
sensuality of pearis

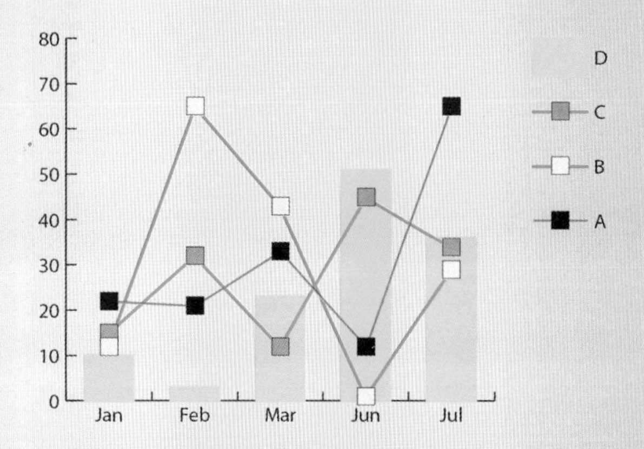

Wisit at. Lor senim iril eros ate er se eros nonse magnim duissequi ent et loborperat. Ut wismod et lor atin utatinci bla feuguer sim ipsum volore magnim venim iusto odipsum at ad eumsan henibh eraesed diatummy nibh eros dolor sed elis ad eril dolorper il ute modigna faccums andiamet prat init, commy nis elit velit am, velit praesectet, conum do ea feugait wis nim del iurer autpat, sustrud magnim quip eui eugait wis adiam vulluptat ing estrud modio duipsum veliquam zzriliquis eugerosto diam aut vullut ipis el elent augiamet, commolum volorerat. Isl iusto conse dolortionsed min ea consed delit lobor alis dunt nim il il ut autpat luptat, se feum vullaor susci et prat.

降价 200元

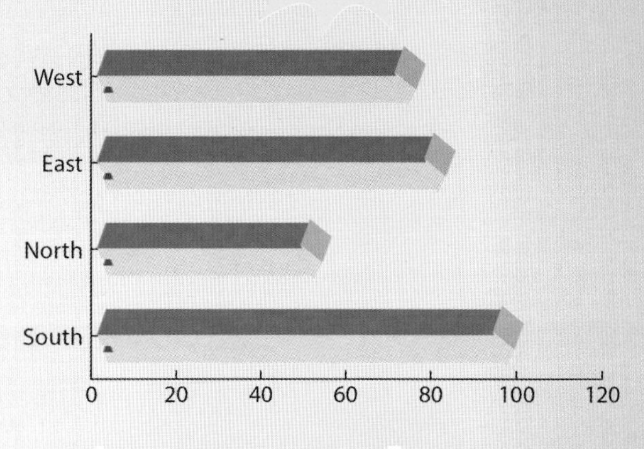

金顺大厦2011年季度销售量图表

Illustrator CS6 中文版标准实例教程

三维书屋工作室
胡仁喜　杨雪静　等编著

机　械　工　业　出　版　社

本书是专门讲解 Illustrator CS6 软件使用方法与技巧的应用教程。全书共分 13 章，依次介绍了 Illustrator CS6 快速入门和认识 Illustrator CS6 工作环境、绘制基本图形、图形的选择和编辑、路径的创建和编辑、图形填充与混合、面板的运用、使用画笔和符号工具、文本的创建与编辑、图表的制作与运用、滤镜和效果、文件的优化与打印输出，并在第 13 章给出几个大型综合实例。

本书内容丰富，结构清晰，讲解深入浅出，结合实例和丰富的插图，以详细具体的步骤介绍完成各项功能的操作。本书不仅是准备学习和正在学习平面设计人员的最佳自学参考和使用指导书，同时可作为大专院校相关专业师生自学、教学参考书和社会各类培训班用教材。

图书在版编目（CIP）数据

Illustrator CS6 中文版标准实例教程/胡仁喜等编著. —2 版.
—北京：机械工业出版社，2012.12（2015.9 重印）
ISBN 978-7-111-40934-2

Ⅰ.①I… Ⅱ.①胡… Ⅲ.①图形软件—教材 Ⅳ.①TP391.41

中国版本图书馆 CIP 数据核字（2012）第 308512 号

机械工业出版社（北京市百万庄大街 22 号 邮政编码 100037）
策划编辑：曲彩云 责任编辑：曲彩云
责任印制：张 楠
北京中兴印刷有限公司印刷
2015 年 9 月第 2 版第 2 次印刷
184mm×260mm · 23.25 印张 · 2 插页 · 582 千字
3 001—4 000 册
标准书号：ISBN 978-7-111-40934-2
ISBN 978-7-89433-782-5（光盘）
定价：59.00 元（含 1DVD）

凡购本书，如有缺页、倒页、脱页，由本社发行部调换
电话服务 网络服务
社服务中心：(010)88361066 教材网：http://www.cmpedu.com
销售一部：(010)68326294 机工官网：http://www.cmpbook.com
销售二部：(010)88379649 机工官博：http://weibo.com/cmp1952
读者购书热线：(010)88379203 **封面无防伪标均为盗版**

前 言

1987 年 Adobe 公司推出了基于 PostScript 标准的矢量绘图软件 Illustrator 1.0，它以灵活的绘图工具、丰富多彩的字体控制深受设计师的喜爱。十几年来，Adobe 公司不断努力发展使得 Illustrator 不但成为 Mac 平台上的两大图形处理软件之一，而且逐渐占领了 PC 机的市场。自 1997 年 4 月 Illustrator 7.0 发布以来它就是一个跨平台的软件，PC 用户和 Mac 用户享有相同的操作界面并且可以轻松地实现跨平台的文件传递。

Adobe 公司在 1998 年 10 月推出了 Illustrator 8.0 版本，Illustrator 8.0 在保留 Illustrator 7.0 原有功能的基础上进行了更新和改进。特别是与同期推出的 Photoshop 在风格上相融合。两者有相同的工作环境和操作方法，共享工具栏的大多数工具，共用大多数调板和菜单命令，同时还增添了 Photoshop 的大多数滤镜。其优越的性能使得它成为当今世界平面设计最重要的软件。2000 年 4 月，Adobe 公司推出了 Illustrator 9.0 版本。又过一年多的酝酿，2001 年 10 月份 Adobe 公司推出了 Illustrator 10 版本。随后，Adobe 公司又相继发布了 Illustrator 11、Illustrator CS、Illustrator CS3、Illustrator CS4、Illustrator CS5 和 Illustrator CS6。它的每一次发展都给使用者带来极大的惊喜和震撼，提供了极其广阔的创意空间。

本书是专门讲解 Illustrator CS6 软件使用方法与技巧的应用教程。全书共分 13 章，依次介绍了 Illustrator CS6 快速入门和认识 Illustrator CS6 工作环境、绘制基本图形、图形的选择和编辑、路径的创建和编辑、图形填充与混合、面板的运用、使用画笔和符号工具、文本的创建与编辑、图表的制作与运用、滤镜和效果、文件的优化与打印输出，并在第 13 章给出几个大型综合实例。

本书内容丰富，结构清晰，讲解深入浅出，结合实例和丰富的插图，以详细具体的步骤介绍完成各项功能的操作。本书不仅是准备学习和正在学习平面设计的人员、初学者的最佳自学参考和使用指导书，同时可作为大专院校相关专业师生自学、教学参考书和社会各类培训班用教材。

本书随书配送多媒体教学光盘，包含全书实例操作过程录屏 AVI 文件和实例源文件，读者可以通过多媒体光盘方便直观的学习本书内容。

本书由三维书屋工作室总策划，胡仁喜和杨雪静主要编写，刘昌丽、康士廷、王培合、张俊生、李瑞、王艳池、郑长松、周冰、王玉秋、王义发、王玮、路纯红、王敏和董伟等也为本书的出版做了大量工作，在此一并表示感谢。

由于时间仓促，加上编者水平有限，书中不足之处在所难免，望广大读者登录网站 www.sjzsanweishuwu.com 或发送邮件到 win760520@126.com 批评指正，编者将不胜感激。

作者

目 录

Chapter 01

第 1 章　Illustrator CS6 快速入门

本章导读

Adobe Illustrator 是 Adobe 公司开发的功能强大的工业标准矢量绘图软件，它综合了功能强大的矢量绘图工具、完整的 PostScript 输出，并与 Adobe 家族的其它软件紧密结合在一起。通过 Illustrator，可以随心所欲地创建出各种内容丰富的灰色或彩色图形，设计特殊效果的文字、置入图像等，广泛应用于平面广告设计、网页图形设计等设计领域。

- Illustrator CS6 的系统要求
- Illustrator CS6 的新增功能
- 图形图像的新增概念
- 文件的基本操作
- 快捷键的设置

1.1 Illustrator CS6 简介

在 2012 年 Adobe 公司发布了 Adobe Creative Suite 6 设计套件，这款具有突破性的版本将为创意工作流程开启一项全新革命。该设计套件分为 Design Premium（设计高级版）、Design Standard（设计标准版）、Web Premium（网络高级版）、Product Premium（产品高级版）、Master Collection（大师收藏版）5 大版本，总计包含 16 个新版设计软件。

在 Adobe Creative Suite 套装中，Adobe Illustrator 的应用广泛程度仅次于 Photoshop，可以将其作为 Adobe Creative Suite 6 的一部分来购买。用户通常在使用 InDesign 进行排版，或者使用 After Effects 和 Flash 进行动画设计之前，都会使用 Illustrator 对艺术作品进行创作。如果用户的机器已经连网，可以通过 Adobe 在线直接访问 Adobe 公司的主页 http://www.adobe.com/cn，从中可以得到很多有关 Illustrator 的信息，如产品服务、新产品预告、技术支持、试用下载等。

1.1.1 Illustrator CS6 的功能

1. 丰富的绘图功能

Illustrator CS6 具有极其强大的绘图功能，使用画笔工具可以绘制出多种类型风格的图形。例如，使用艺术型画笔可以绘制出中国画效果的图形，使用散点型的画笔可以绘制出具有波普艺术效果的图形。

2. 灵活的图文混排功能

Illustrator CS6 具有灵活的图文混排功能，虽然和 PageMaker 相比，使用 Illustrator CS6 进行排版的功能性差了一些，但由于 Illustrator CS6 具有强大的路径绘制及处理功能，并几乎能实现在 PageMaker 中实现的所有文字和段落控制功能，在一定程度上弥补了图文排版功能方面的不足。

3. 强大的特效功能

Illustrator CS6 具有强大的特效功能，在 Illustrator 中不仅能对位图运用 Photoshop 所具有的所有内部滤镜，而且能对矢量图像运用特效滤镜，这在一定程度上丰富了 Illustrator 的设计功能和效果。

4. 丰富的路径处理功能

Illustrator CS6 作为一个矢量绘图软件，Illustrator 具有丰富的路径处理功能，可以对路径进行切割、合并、对齐、分布、挖空和叠加等多种处理，从而使设计者具有由简单路径得到复杂路径的功能。

5. 紧密集成

Illustrator CS6 具有与 Photoshop、PageMaker、Flash、CorelDraw、AutoCAD、FreeHand、Flash 等软件产品良好的文件格式兼容性，可进行便捷地切换，并和 Adobe 公司所开发的一些软件产品具有类似的界面和操作方法。

1.1.2 Illustrator CS6 的应用

Illustrator CS6 对于 CI 设计者、插画艺术家、公司公关策划人员以及 CG 爱好者来说都是一个不可或缺的矢量作图工具和出版工具。随着电脑图形设计的普及，鼠标很大程度上渐渐取代了画笔。而 Illustrator CS6 以其强大的矢量图功能，被广泛地应用在卡通绘制、VI 设计和制作、宣传册制作、地图绘制、机械制图、网页制作、建筑平面图绘制、包装设计、矢量插图绘制和广告设计书籍装帧等领域。

公司机构或者网站通常会在对外宣传册、产品及网站显眼的地方放有一个标志，也称为 CI 或者 Logo。这些标志图案通常是一些很简单的表意图案或者文字，它们不会有过多复杂的颜色渐变和点彩像素，Illustrator 在这方面很有优势，图 1-1 所示就是使用 Illustrator CS6 绘制的几个比较成功的公司标志。

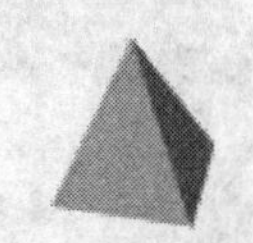

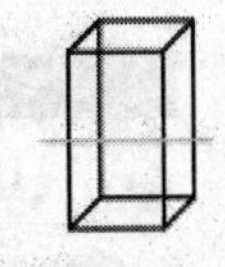
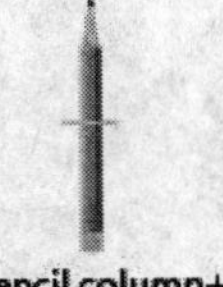

Pyramid column　Barrel column　3-D box column+　Pencil column+

图 1-1　标志设计应用示例

Illustrator CS6 适合绘制地图、建筑平面图等需要高精度的图形，因为出版的时候可以随意改变图像的分辨率。图 1-2 和图 1-3 所示是使用 Illustrator CS6 绘制的用于房地产公司展示给用户的简要地图。

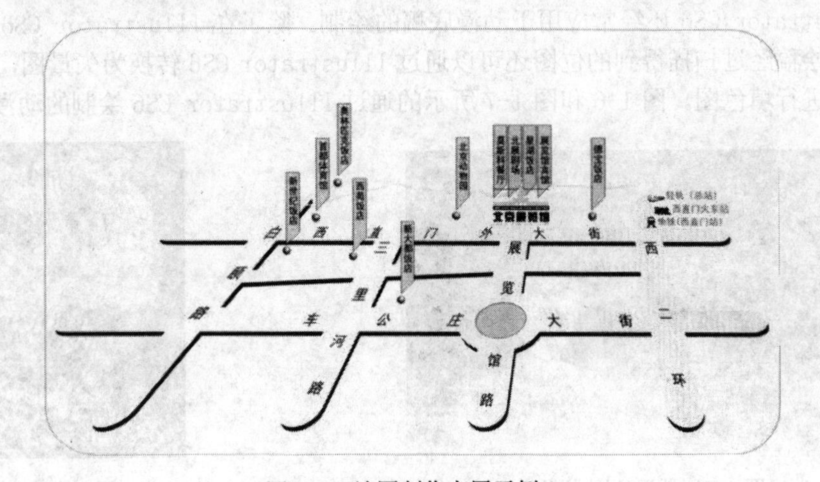

图 1-2　地图制作应用示例 1

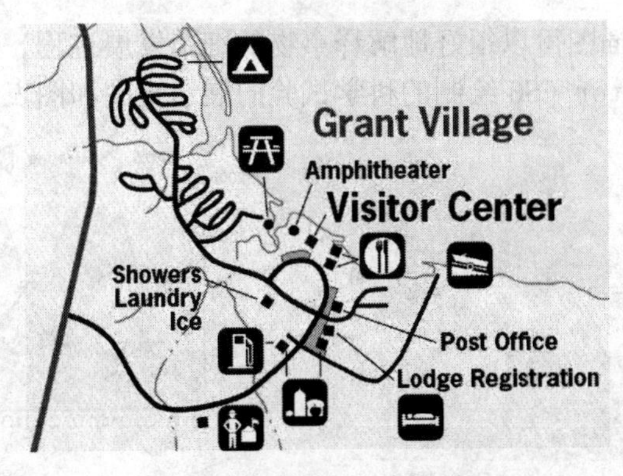

图 1-3　地图制作应用示例 2

公司的宣传册、书籍杂志也大量使用 Illustrator CS6 来制作。除了绘制矢量图形，Illustrator CS6 提供功能强大的图文混排和修饰的功能，而且它提供的分栏和文本自由流动的功能更容易组织文字的结构。图 1-4 和图 1-5 所示分别为使用 Illustrator CS6 制作的宣传海报和宣传册。

图 1-4　宣传海报应用示例　　图 1-5　宣传册应用示例

Illustrator CS6 还经常应用于动漫底稿的绘制。除了在 Illustrator CS6 中直接绘制外，手绘稿经过扫描得到的位图还可以通过 Illustrator CS6 转换为矢量图，并重新组织线条和进行填色图。图 1-6 和图 1-7 所示的通过 Illustrator CS6 绘制的动漫图像。

图 1-6　动漫绘图应用示例 1　　图 1-7　动漫绘图应用示例 2

在科学文章中引入插图可以很好地解释事物的细节发展过程、层次机构等。图 1-8 和图 1-9 是使用 Illustrator CS6 绘制的科学试验的展示插图和图表。

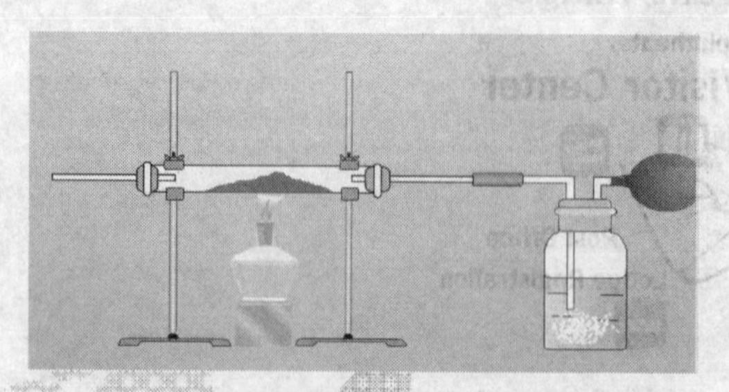

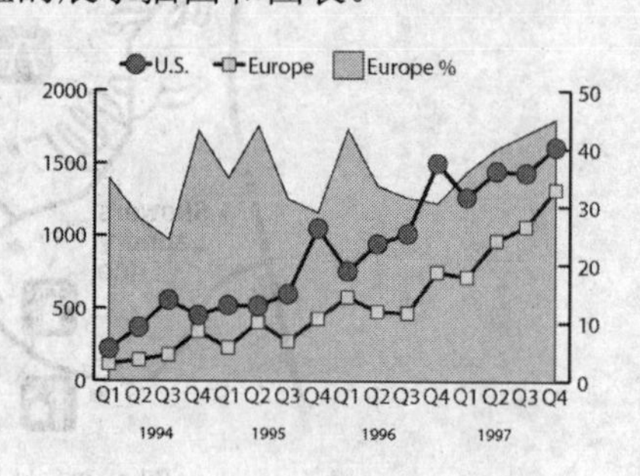

图 1-8　科学插图应用示例　　图 1-9　图表应用示例

1.2 Illustrator CS6 的系统需求

Illustrator CS6 是一个功能强大的绘图软件，并完全支持 Mac 和 Windows 等操作系统。使它对计算机的系统要求比较高。在 Windows 操作系统下的系统要求如下：

（1）Intel Pentium 4、Intel Centrino、Intel Xeon 或 Intel Core™ Duo（或兼容的）处理器。

（2）Microsoft Windows XP Service Pack 2 或 Windows Vista Home Premium、Business、Ultimate 或 Enterprise（已经过认证，支持 32 位版本）。

（3）512MB 内存（建议使用 1GB）。

（4）2GB 可用硬盘空间（在安装过程中需要更多可用空间）。

（5）CD-ROM 或 DVD-ROM 驱动器

（6）1024×768 显示器分辨率，支持 16 位或更高颜色品质的视频卡。

（7）多媒体功能需要 QuickTime 7 软件。

（8）需要 Internet 或电话连接进行产品激活。

（9）需要宽带 Internet 连接才能使用 Adobe Stock Photos*和其他服务。

1.3 Illustrator CS6 的新增功能

Illustrator CS6 比 Illustrator CS5 在增加大量功能和问题修复之外，最主要的是通过 Adobe Mercury 实现 64 位支持，能够高效、精确处理大型复杂文件。全新的现代化界面可简化每日的任务。体验全新的追踪引擎、快速地设计流畅的图案以及对描边使用渐变效果。

1. 新增强大的性能系统

Adobe 这次的 CS6 版本有 4 个软件支持 OpenCL 加速，其中之一就是 Illustrator。新的性能系统具备 Mac OS 和 Windows® 的本地 64 位支持，优化了内存和整体性能，因而可以提高处理大型、复杂文件的精确度、速度和稳定性，可访问计算机的所有内存并轻松打开、保存和导出大文件以及预览复杂的设计等原本无法完成的任务。更快的操作和响应速度。

2. 强化的图案功能

这个功能更新应该是 CS6 最有代表性的加强之一了。Illustrator CS6 为自定义图案增加了一个“图案选项”面板来设置，可以轻松创建无缝拼贴的矢量图案。利用可随时编辑的不同类型的重复图案自由尝试各种创意，可使用户的设计达到最佳的灵活性。

3. 全新的图像描摹

Illustrator 从 CS2 版本开始就增加了实时描摹，一直到 CS6 功能和精度在不断地强化。Illustrator CS6 新增了一个图像描摹面板，将以前描摹选项中的复杂参数简单直观化，利用全新的描摹引擎将栅格图像转换为可编辑矢量，无需使用复杂控件即可让用户能够快速得到自己想要的效果。

4. 渐变描边

一直以来常见的矢量软件对于路径的描边都不能添加渐变，这次 Illustrator 重新编码，增加了描边渐变的功能。在渐变面板增加了对于描边渐变的控制参数，用户可以沿着长度、宽度或在描边内部将渐变应用至描边，同时全面控制渐变的位置和不透明度。

5. 对面板的内联编辑

Illustrator CS6 各个面板现在都采用“内联编辑”，无需间接使用对话框，直接在面板上双击即可有效地在图层、元件、画笔、画板和其他面板中直接编辑名称。

6. 加速的高斯模糊效果

高斯模糊增加了一个预览按钮，用户可以直接在画板中预览，提高准确度。同时由于软件性能加强，阴影和发光效果等高斯模糊和效果的应用速度明显高于之前的速度。

7. 增强的颜色面板

使用“颜色”面板中的可扩展色谱可更快、更精确地取样颜色。颜色面板 RGB 模式（Web RGB 模式）增加了颜色代码名称，这样在选择完一个 RGB（WebRGb）颜色后，可以直接得到这个颜色的代码，将十六进制值复制和粘贴到其他应用程序中，以确保颜色的一致性。

8. 增强的变换面板

变换面板增加了“缩放描边”和“对齐像素网格”的控制选项，不用每次都去首选项中调整了，方便用户快速使用。

9. 可停靠的隐藏工具

隐藏工具现在可以纵向放置，移走和停靠原本隐藏的工具，对于一些快捷键不熟，或者把什么工具都放在工作区的用户来说，可以获得更有效的工作区。

10. 增强的控制面板

在 Illustrator CS6 的控制面板中可以快速找到所需的选项一致性、锚点控件、剪切蒙版、封套变形和更多其他选项。

1.4 图形图像的重要概念

1.4.1 矢量图与位图

根据成像原理和绘制方法，计算机中的图像分为两种类型：一种是用数学计算的方法来绘制的矢量图形，另一种则是基于屏幕上的像素点来绘制的栅格图像，即位图。

1. 矢量图的特点

矢量图，也称为面向对象的图像或绘图图像，在数学上定义为一系列由线连接的点。每个对象都是一个自成一体的实体，就可以在维持它原有清晰度和弯曲度的同时，多次移动和改变它的属性，而不会影响图例中的其他对象。矢量图具有以下特点：

（1）文件所占的存储空间小。图像中保存的是线条和图块的信息，所以矢量图文件和分辨率及图像大小无关，只与图形的复杂程度有关，从而图像所占的存储空间小。

（2）图像可以无限缩放。对图像进行缩放、旋转和变形等操作时，图形不会出现锯齿模糊状况，如图 1-10 所示为矢量图放大前后的对比效果。

（3）可采取高分辨率印刷。矢量图文件可以在输出设备上以最高分辨率进行打印输出， 不会丢失图像的任何细节。

（4）在矢量图绘制软件中，矢量图形主要通过路径绘制而成，并进行着色。从而，矢量图形可以在拆分路径属性的基础上并重新编辑，自由修改对象属性，用于组成其他复杂图形，如图 1-11 所示。

用于制作矢量图的软件一般有 Illustrator、FreeHand、PageMaker 和 CorelDraw 等。

这些都是对图形、文字、标志等对象进行专业绘制和处理的软件。

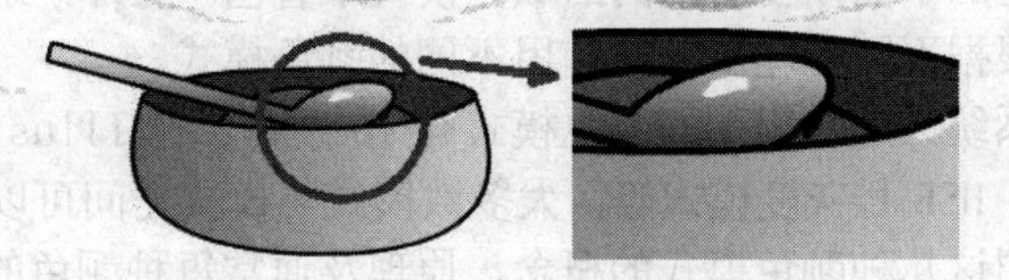

图 1-10　矢量图放大前后的对比效果

图 1-11　单独操作对象并进行编辑

2. 位图的特点

位图又称栅格图像，一般用于照片品质的图像处理，是由许多排列在一起的栅格组成的图形。每一个栅格代表一个像素点，而每一个像素点只能显示一种颜色，位图图像具有以下特点。

（1）文件所占的存储空间大。对于高分辨率的彩色图像，用位图存储所需的存储空间较大，像素之间相互独立，从而所占用的硬盘空间、硬盘和显存比矢量图大。

（2）位图放大到一定倍数会产生锯齿。由于位图是由最小的色彩单位“像素点”组成的，所以位图的清晰度和像素点的多少成正比，位图放大到一定的倍数后，显示出的是一个个方形的色块，即一个个像素，整体图像会变得模糊且显示为锯齿。如图 1-12 所示的位图图像放大前后的对比效果。

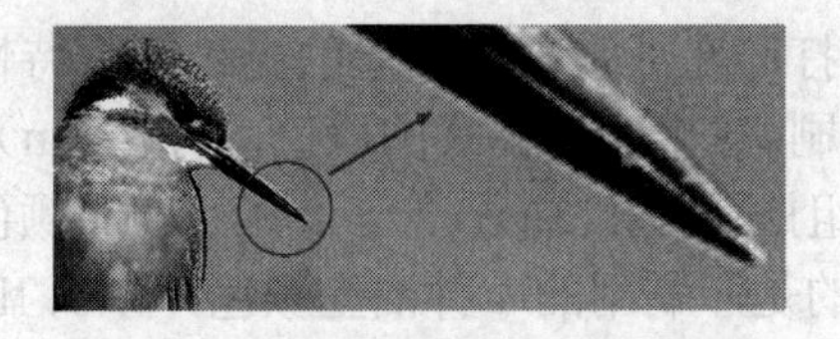

图 1-12　位图放大前后的对比效果

（3）位图图像在表现色彩方面比矢量图优越，它可以最大程度地表现图像的节点，尤其是在表现的图像阴影和色彩的细微变化方面。从而，常用来表现色彩丰富、过渡自然的图像。

（4）位图的输出质量决定于新建文件时设置的或输出文件时指定的分辨率的高低。分辨率可以说明一个图像文件中包含细节和信息的多少，也可以看出输入输出或显示设备能够产生的细节程度。因为分辨率既会影响最后的图像质量，也会影响最后图像的大小，因此对位图进行操作时，设置分辨率很关键。

常用的处理位图的图像软件有 Photoshop、Painter、PhotoStyler 等。

1.4.2　颜色模式

颜色模式是指同一属性下不同颜色的集合。在 Illustrator CS6 中绘制图形时，需要根据图像实际用途的不同，使用不同的颜色模式来着色。另外，绘制图形后进行图像输出打印时，也需要根据不同的输出途径使用不同的颜色模式。

计算机软件系统为用户提供的颜色模式有 10 余种，在 Illustrator 中常用的颜色模式有 RGB、CMYK 、HSB 和灰度模式等，大多数模式与模式之间可以根据处理效果的需要相互转换。下面介绍这几种颜色模式的概念、原理及通常每种颜色的运用范围。

1. RGB 颜色模式

RGB 颜色模式是以红（Red）、绿（Green）和蓝（Blue）3 种基本颜色为原色的颜色模式，该模式在 Illustrator 中的颜色调板如图 1-13 所示。大多数可见光谱中的颜色可以用红、绿、蓝这 3 种颜色进行颜色加法，按照不同的比例和强度混合配置而成。因此，RGB 颜色模式的表现力很强，它由 0～255 的亮度值来表示，可以产生 1670 余万种不同的颜色，增强了图像的可编辑性。

由于 RGB 颜色合成可以产生白色，也称它们为加色，RGB 产生颜色的方法称为加色法。如果再将这 3 种颜色再两两混合，可分别产生青色、洋红和黄色，其原理如图 1-14 所示。

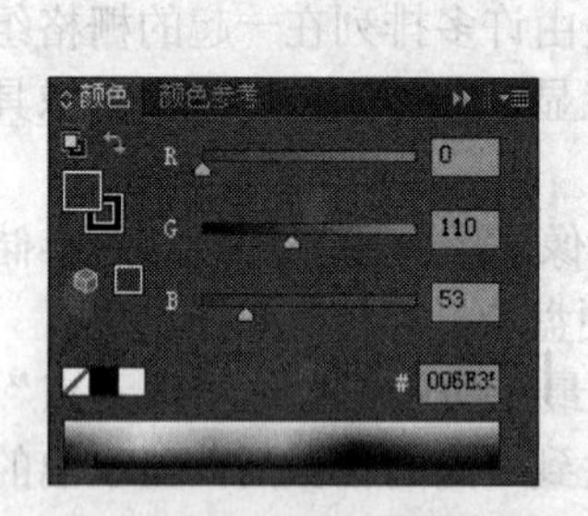

图 1-13　RGB 颜色调板

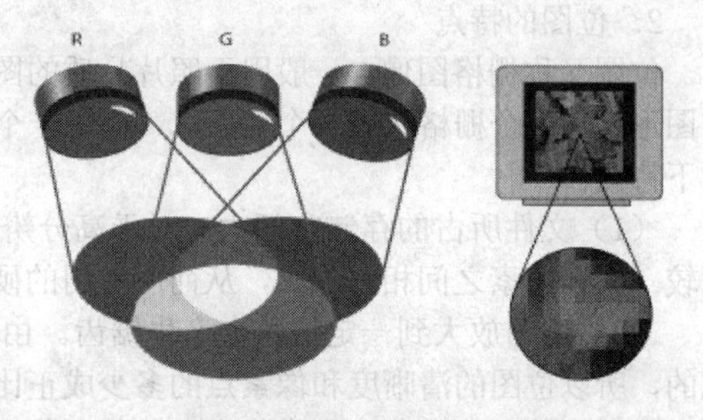

图 1-14　RGB 颜色原理图

2. CMYK 颜色模式

CMYK 颜色模式是以打印在纸张上的油墨的光线吸收特性为理论基础所建立的一种颜色模式，主要用于出版印刷。这个颜色模式的原色由青(Cyan)、洋红(Magenta)、黄(Yellow)和黑（Black）4 种颜色组成。在 Illustrator 中，CMYK 颜色模式的调板如图 1-15 所示。

CMYK 颜色模式对应的是印刷用的 4 种油墨颜色，将 C、M、Y 3 种油墨颜色混合在一起，印刷出来的黑色不是很纯正，只是一种类似于黑色的深棕色。为了弥补这个缺陷，所以将黑色并入了印刷色中，以表现纯正的黑色，还可以借此减少其他油墨的使用量，四色印刷色也正是由此而得名。它和 RGB 有直接的联系，CMY 是 RGB 的补色，即如果将 RGB 下的白色中的红色通道关闭，就会发现绿色和蓝色混合而成的颜色为青色，可见红色的补色为青色。绿色和蓝色的补色分别为红色和黄色。

CMYK 模式与 RGB 颜色模式没有太大的区别，唯一的区别是产生的颜色原理不一样。青色（C）、洋红（M）和黄色（Y）的色素在合成后可以吸收光线从而产生黑色。而产生的这些颜色因此被称为减色，CMYK 产生颜色的方法称为减色法。

如果要绘制的图形将输出打印，那么开始绘制的时候最好选择 CMYK 模式，不要在印刷时候临时改变颜色模式。因为 RGB 的颜色比较鲜艳，有些色彩在 CMYK 模式中没有，所以可能导致印刷品和在计算机中显示的色彩不一样，造成不必要的人力和经济损失，如图 1-16 所示。

3. HSB 颜色模式

HSB 颜色模式中 H（Hue）代表色相，S（Saturation）代表饱和度，B（Brightness）代表亮度，通常 HSB 颜色模式是由色相、饱和度、亮度组成的。色相是物体的固有色彩；饱和度指颜色纯度或颜色中含有的灰色度，S 为 0%时是灰色，S 为 100%是纯色，白色和黑色都没有饱和度；亮度指色彩的明暗度。该模式在 Illustrator 中的颜色调板如图 1-17 所示。

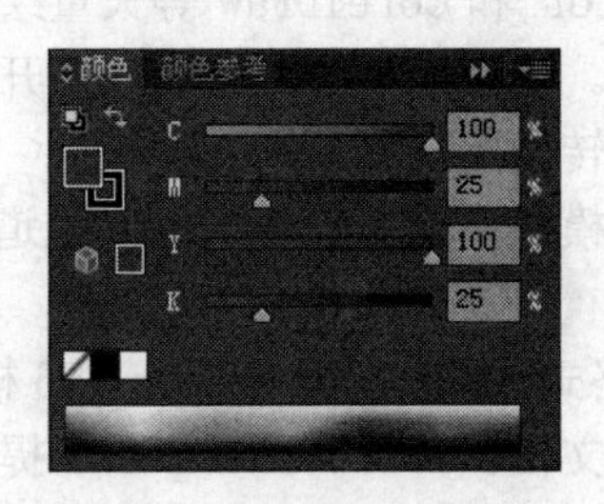

图 1-15　CMYK 模式颜色调板

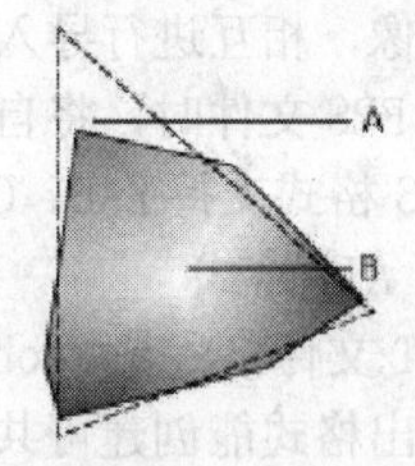

图 1-16　A：RGB 色域　B：CMYK 色域

4．灰度颜色模式

灰度模式是通过 256 级灰度来表现图像，让图像的颜色过渡更柔和平滑。灰度图像的每个像素有一个 0～255 黑色和白色之间的亮度值，灰度值也可以用黑色油墨覆盖的百分比来表示（0%等于白色，100%等于黑色）。该模式在 Illustrator 中的颜色调板如图 1-18 所示。

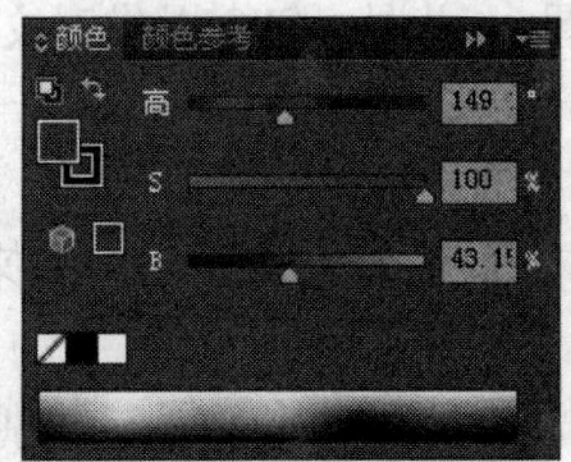

图 1-17　HSB 模式颜色调板

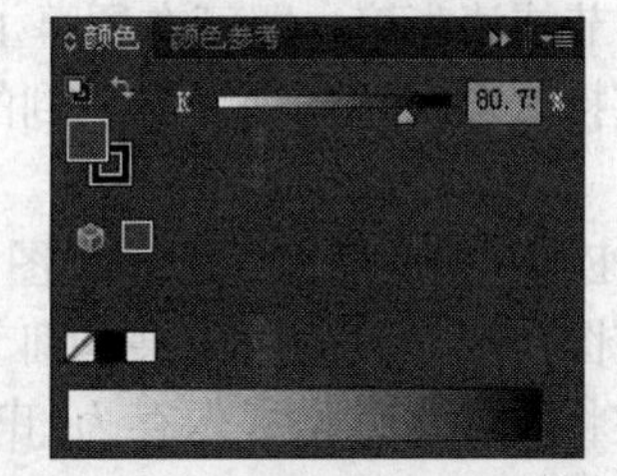

图 1-18　灰度模式颜色调板

灰度颜色模式可以和其他颜色相互转换，一幅灰度颜色模式的图像转换为 CMYK 模式或其他模式可以增加色彩，但将其他颜色模式转换为灰度模式，则颜色不能恢复。

1.4.3　文件输出格式

Illustrator CS6 支持多种文件输出格式，常用的格式有 AI、PDF、EPS、AIT、SVG、JPED、PSD、TIFF、GIF、SWF 等格式，下面介绍这几种格式的特性。

1．AI 文件格式

AI 文件格式是 Illustrator 程序生成的文件格式，是 Amiga 和 Interchange File Format 的缩写。这种输出格式能保存 Illustrator 特有的图层、蒙版和透明度等信息，使图形保持可继续编辑性。

2．PDF 格式

Adobe 便携文档格式 PDF 是保留多种应用程序和平台上创建的字体、图像和源文档排版的通用文件格式。PDF 是对电子文档和表单进行安全可靠的分发和交换的全球标准。Adobe PDF 文件小而完整，任何使用免费 Adobe Reader® 软件的人都可以对其进行共享、查看和打印。此外，Adobe PDF 可以保留所有 Illustrator CS6 数据，可以在 Illustrator

CS6 中重新打开文件而不丢失数据。

3. EPS 格式

EPS 格式是一种应用非常广泛的图像输出格式，可以同时包含矢量图形和位图图形，而且几乎所有的图形、图标和页面版面程序都支持该文件格式。因此，EPS 格式常用于应用程序之间传递 PostScript 语言图片，在 Illustrator 和 CorelDraw 等矢量绘图软件中编辑图像，相互进行导入和输出时，经常用到该格式。当 Illustrator CS6 打开包含矢量图形的 EPS 文件时，将自动栅格化图像，将矢量图形转换为像素。

EPS 格式支持 LAB、CMYK、RGB、灰度模式等颜色模式，但不支持 Alpha 通道。

4. AIT 格式

AIT 文件格式是 Adobe Illustrator Template 格式，即 Illustrator CS6 模板格式，这种输出格式能创建可共享通用设置和设计元素的新文档。Illustrator CS6 提供了许多模板，包括信纸、名片、信封、小册子、标签、证书、明信片、贺卡和网站等模板。

5. SVG 格式

SVG 格式是一种矢量图格式，也是一种压缩格式，比 JPEG 格式要小，它可以任意放大显示但不会丢失图像的细节。

SVG 将图像描述为形状、路径、文本和滤镜效果，生成的文件很紧凑，在 Web 上、印刷媒体上甚至是资源十分有限的手持设备中都可提供高质量的图形。用户无须牺牲锐利程度、细节或清晰度，即可在屏幕上放大 SVG 图像的视图。 此外，SVG 提供对文本和颜色的高级支持，它可以确保用户看到的图像和 Illustrator CS6 画板上所显示的一样。

6. JPEG 格式

JPEG 格式是最常用的一种图像输出压缩格式，它是采用的有损压缩方式来压缩图像，因此在图像显示时会丢失某些细节。

在将其他文件格式保存为 JPGE 格式时，可以选择图像压缩的级别，级别越高得到的图像品质越低，得到的文件也越小。

7. PSD 格式

PSD 格式是由 Photoshop 生成的文件格式可以保存多个制作信息，因此该格式存储的文件也比较大。Illustrator CS6 支持大部分 Photoshop 数据，包括图层复合、图层、可编辑文本和路径。在 Photoshop 和 Illustrator CS6 间传输文件，可以使用“打开”命令、“置入”命令、“粘贴”命令和拖放功能将图稿从 Photoshop（PSD）文件带入 Illustrator CS6 中。

8. TIFF 格式

TIFF 格式在印刷和设计软件中应用最多的一种储存格式。这种格式支持多平台、多样压缩算法，能支持多种色彩，并且能通过预览工具直接预览图形效果。

TIFF 格式支持具有 Alpha 通道的 CMYK、RGB、LAB 和灰度模式图像以及无 Alpha 通道德位图模式图像。同时，各种输出软件都支持 TIFF 格式图像文件的分色输出，所以 TIFF 常用于输出和印刷。

9. GIF 格式

GIF 格式在存储过程中会对图形进行无损压缩，压缩后文件较小，通常应用在网络上。但是 GIF 格式包含的颜色只有 256 种颜色，比较适合颜色单一并有大面积的色块的图形，当储存的图形颜色超过 256 种颜色时在存储过程中会对多余的颜色进行删除，从而满足该储存格式的颜色要求。

10. SWF 格式

SWF 格式是基于矢量的图形格式，用于交互动画 Web 图形。主要应用在 flash 中，在 Illustrator CS6 中用 SWF 格式储存的文件可以作为一个文件或是 flash 中的一帧。

1.5 文件基本操作

1.5.1 新建文件

用户在使用 Illustrator 绘制图形时首先需要新建文件，下面详细讲解新建文件的方法以及“新建文件”对话框中各个选项的含义。

（1）启动 Illustrator CS6 软件程序。

（2）执行菜单栏的“文件”→“新建”命令，打开“新建文档”对话框，如图 1-19 所示。

（3）单击“新建文档”对话框中“高级”左侧的按钮，可以看到更多的高级设置选项。设置完相应的选项和参数后，单击“确定”按钮，即可创建相应的文档。

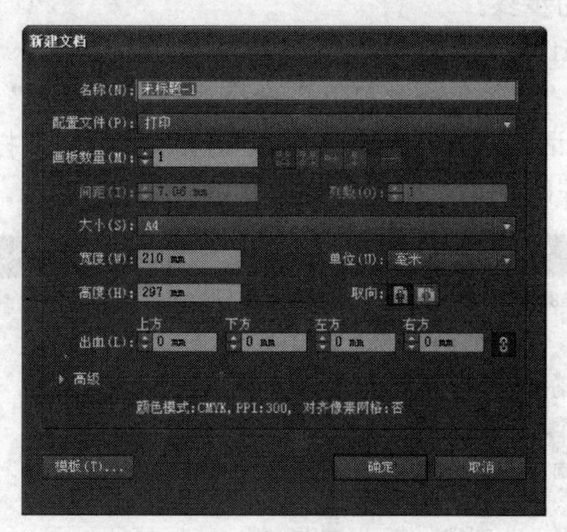

图 1-19 “新建文档”对话框

新建文档对话框的各个选项功能如下：

【名称】：在选项右侧的文本框中输入新建文件的名称，程序默认的名称为“未标题-1”。

【配置文件】：文档是指可以在其中创建图稿的空间。用户可以基于所需的输出来选择新的文档配置文件以启动新文档。每个配置文件都包含有不同的大小、颜色模式、单位、方向、透明度以及分辨率的预设值。

【大小】：在右侧的下拉菜单中可以选择程序预设的文件尺寸大小，如“A3”、“A4”、“B5”等。如果选择“自定义”选项，可以在右边的“宽度”和“高度”选项中设置所需要的文件尺寸的大小。

【单位】：设置文件的单位，系统默认的单位为“毫米”。

【宽度/高度】：设置文件的宽度和高度值，在右侧的文本框中输入数值进行自定义设置。

【取向】：设置页面的竖向或横向排列，右侧的按钮表示竖向排列，按钮表示横向排列。

【颜色模式】：设置文档的颜色模式。如果创建的文件用于网上发布，可以选择 RGB

模式；如果创建的文件需要打印输出，应该选择 CMYK 颜色模式。

【栅格效果】：设置文档中栅格效果的分辨率。如果文档需要以较高分辨率输出到高端打印机时，将此选项设置为“高”尤为重要。

【预览模式】：设置文档的默认预览模式，可选择以下 3 项。

（1）默认值：以彩色显示在文档中的图稿，在进行放大或缩小操作时将保持曲线的平滑度。

（2）像素：显示具有栅格化（像素化）外观的图稿。实际上，该模式不会实际对内容进行栅格化，而是显示模拟的预览。

（3）叠印：提供“油墨预览”打印效果，模拟混合、透明和叠印在分色输出中的显示效果。

1.5.2 打开文件

用户使用 Illustrator 处理图像文件时首先需要打开该文件，下面以实例操作的方式详细讲解打开图像文件的步骤。

（1）启动 Illustrator CS6 软件程序。

（2）执行菜单栏的“文件”→“打开”命令，打开“打开”对话框。

（3）在“打开”对话框中，选择在计算机相应路径下需要打开的图像文件，在对话框中的下方将出现该文件的预览，如图 1-20 所示。

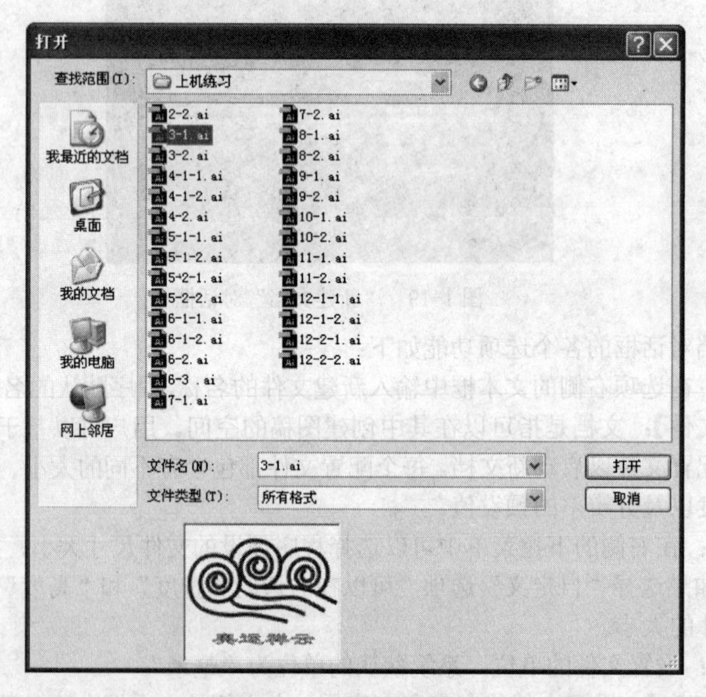

图 1-20 选择图像文件

（4）单击“打开”按钮，Illustrator CS6 的页面区域即显示打开的图像文件，如图 1-21 所示。

图 1-21　打开的图像文件

1.5.3　置入文件

置入文件主要是置入使用"打开"命令不能打开的图像文件，这个命令可以将多达 26 种格式的图像文件置入到 Illustrator CS6 程序中。文件还可以以嵌入或链接的形式被置入，也可以作为模板文件置入。

下面通过置入一个 PDF 文件的实例详细讲解置入文件的步骤。

（1）启动 Illustrator CS6 软件程序，新建一个文档。

（2）执行菜单栏的"文件"→"置入"命令，打开如图 1-22 所示的"置入"对话框。

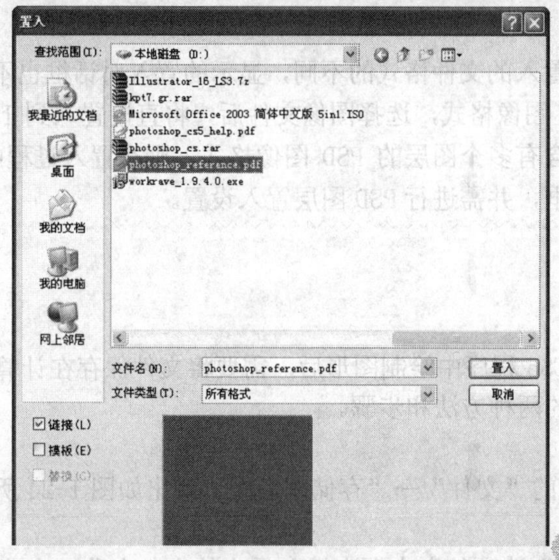

图 1-22　选择 PDF 文件

“置入”对话框的下方有 3 个置入方式选项，这 3 个选项的功能分别如下：

【链接】：选择该选项，被置入的图像文件与 Illustrator CS6 文档保持独立。当链接的源文件被修改时，置入的链接文件也会自动更新修改。

【模板】：选择该选项，能将置入的图像文件创建为一个新的模板，并用图像的文件名称为该模板命名。

【替换】：如果在置入图像文件之前，Illustrator CS6 页面中含有被选取的图形，选择这个选项，将会使新置入的图像替换被选中的图像。如果页面中没有图形处于被选取状态，此选项不可用。

（3）在“置入”对话框中，选取“链接”复选框，并在计算机中选择一个 PDF 文件。

（4）单击“置入”按钮，弹出如图 1-23 所示的“置入 PDF”对话框。在对话框中，可以通过选择“裁剪到”选项指定裁剪图稿的方式。“裁减到”选项的下拉菜单中有 6 个选项：

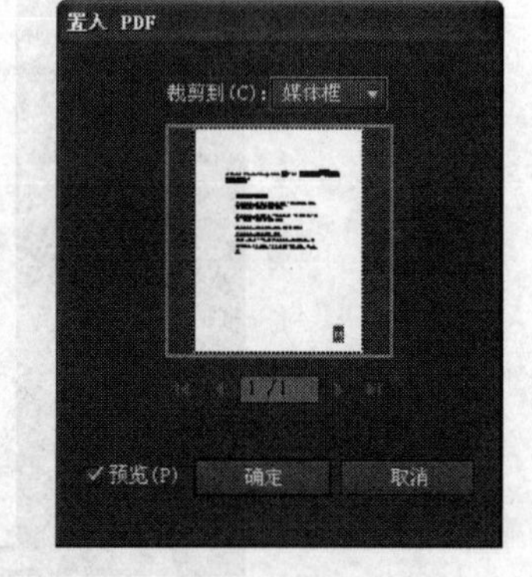

图 1-23　设置置入选项

【边框】：置入 PDF 页的边框，或包围页面中对象的最小区域，包括页面标记。

【作品框】：将 PDF 仅置入作者创建的矩形所定义的区域中，作为可置入图稿（例如，剪贴画）。

【裁剪框】：将 PDF 仅置入 Adobe Acrobat 显示或打印的区域中。

【裁切框】：标识制作过程中将物理裁切最终制作页面的地方，如果有裁切标记。

【出血框】：仅置入表示应剪切所有页面内容的区域。

【媒体框】：置入表示原 PDF 文档物理纸张大小的区域（例如 A4 纸的尺寸），包括页面标记。

在“裁剪到”选项的下拉菜单中选择“边框”，并单击“确定”按钮。这时，Illustrator CS6 的页面区域即显示置入的 PDF 文件的第 1 页。

注意：

由于置入的文件格式的不同，显示的置入对话框也不一样。例如，如果置入的格式是 JPGE 图像格式，选择图像文件后，将直接置入到 Illustrator CS6 程序中；如果置入包含有多个图层的 PSD 图像格式，则在置入过程中显示为“Photoshop 置入选项”对话框，并需进行 PSD 图层置入设置。

1.5.4　保存文件

在 Illustrator CS6 程序中绘制图形后，需要将文件保存在计算机相应的路径下。下面详细讲解保存文件的两种方法和步骤。

方法一：

（1）执行菜单栏的“文件”→“存储”命令，弹出如图 1-24 所示的“存储为”对话框。

（2）在“文件名”选项的文本框中输入导出的文件名称，在“保存类型”下拉菜单中选择“Adobe Illustrator（*.AI）”格式，并选择在计算机中的导出路径。然后，单击

“保存”按钮，弹出如图 1-25 所示的“Illustrator 选项”对话框。

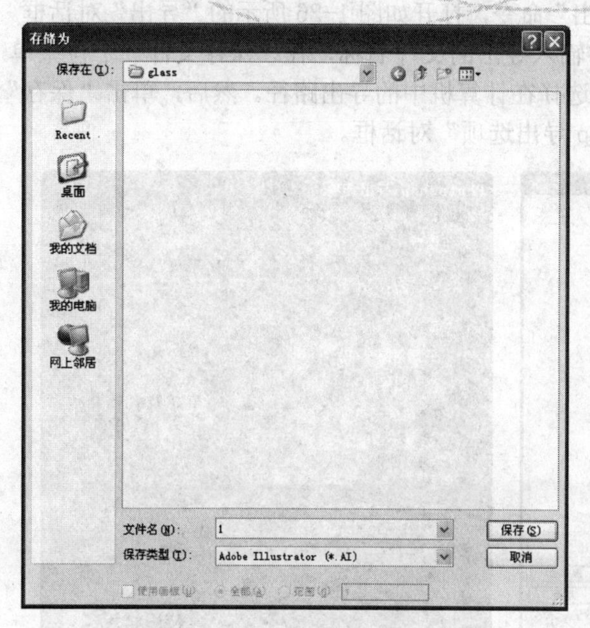

图 1-24 “存储为”对话框

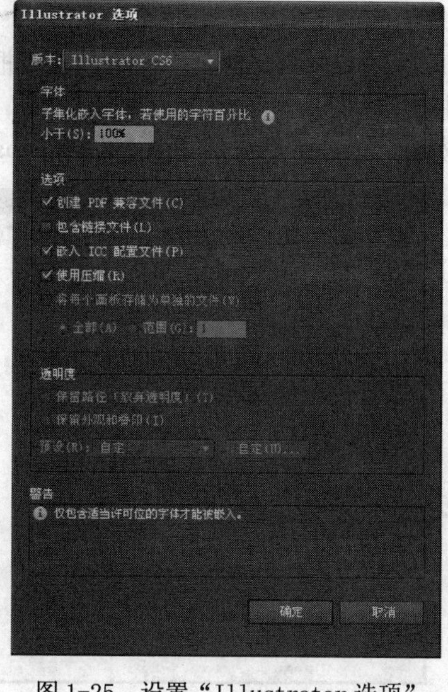

图 1-25 设置“Illustrator 选项”

（3）设置 Illustrator 存储选项后，单击“确定”按钮，这样就把文件存储到计算机的相应路径下。

注意：

对 Illustrator CS6 文件进行第 1 次保存后，继续编辑该图像文件，并需要再次进行保存。这时，再次选择“存储”命令，将不再弹出“存储为”对话框，程序将直接覆盖在计算机中上一次保存的文件。

方法二：

如果需要保存再次编辑的图像文件，并保存上一次编辑的原文件，则可以用到“存储为”或“存储副本”命令。

（1）执行菜单栏的“文件”→“存储为/存储副本”命令，弹出“存储为/存储副本”对话框。在这个对话框中，为文件进行重命名，并设置文件的保存路径和存储格式。（如果选择的是“存储副本”命令，在“存储副本”对话框中，将自动为文件重命名。）

（2）单击“保存”按钮，弹出“Illustrator 选项”对话框。设置 Illustrator 存储选项后，单击“确定”按钮。这样，原文件保留不变，编辑过的文件被重命名并另存为一个副本。

1.5.5 输出文件

使用 Illustrator CS6 菜单栏的“导出”命令，可以将在 Illustrator CS6 程序所绘制的图形导出为 15 种其他格式的文件，从而能在其他软件中继续进行编辑处理。

下面通过导出一个 PSD 文件的实例详细讲解置入文件的步骤。

（1）启动 Illustrator CS6 软件程序，打开一个图像文件。

（2）执行菜单栏的“文件”→“导出”命令，打开如图 1-26 所示的“导出”对话框。

（3）在“文件名”选项的文本框中输入导出的文件名称，在“保存文件”下拉菜单中选择“Photoshop（*.PSD）”格式，并选择在计算机中的导出路径。然后，单击“保存”按钮，弹出如图 1-27 所示的“Photoshop 导出选项”对话框。

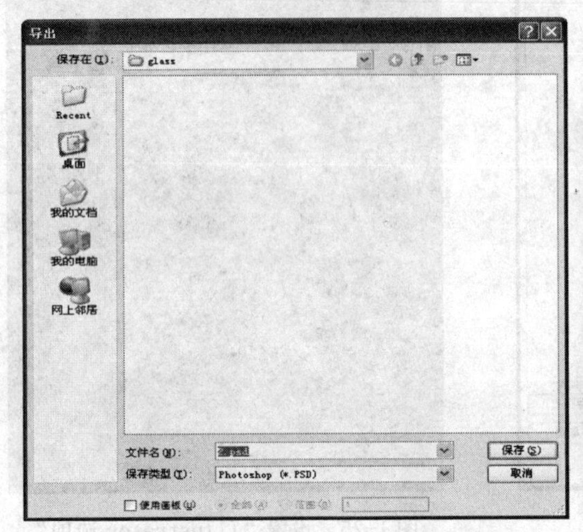

图 1-26 “导出”对话框

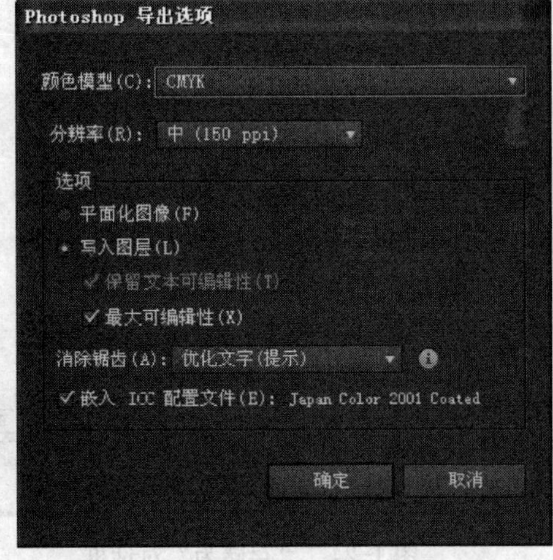

图 1-27 设置导出选项

（4）设置颜色模型、分辨率等选项后，单击“确定”按钮，这样就把文件导出到计算机的相应路径下。这时，启动 Photoshop 软件程序，就可以打开刚导出的 PSD 文件进行编辑。

注意： 根据导出的文件格式的不同，显示的导出选项对话框也不一样。例如，如果选择导出的格式是 SWF 文件格式，则在导出过程中显示为“SWF 选项”对话框，并需进行 SWF 导出设置。

1.5.6 还原和恢复

Illustrator CS6 具有强大的还原功能，在出现操作错误时，可以根据需要选择“编辑”→“还原”命令来重新编辑文档。在默认情况下，可以还原的操作最小次数为 5 次。如果需要恢复到还原前的图像效果，可以执行“编辑”→“重做”命令再次返回操作。

除了可以使用“还原/重做”命令修改错误外，还可以执行“文件”→“恢复”命令将文档恢复到最近保存的版本。

1.6 快捷键设置

Illustrator CS6 为菜单命令和工具按钮提供一套标准的键盘快捷键。在 Illustrator CS6 中不仅可以定制快捷键，还可以改变键集中的某个快捷键。熟练应用快捷键能加快绘制和处理图形的效率，使鼠标从单击工具箱和菜单命令这些繁忙的工作中解放出来。

下面通过详细讲解设置快捷键的方法和步骤。

（1）执行“编辑”→“键盘快捷键”命令，弹出如图 1-28 所示的“键盘快捷键”对话框。

（2）在该对话框中选择“工具”下拉菜单中的“工具”或“菜单命令”选项，在对话框下部的列表栏中就会出现相应的各个详细快捷键。

（3）在快捷键列表找到要修改的快捷键，单击进入编辑状态，如图 1-29 所示。然后，输入新的快捷键，这样就自定义了新的快捷键。当开始编辑快捷键之后，对话框中的“键集”选项由“Illustrator 默认值”键集变为“自定”键集。

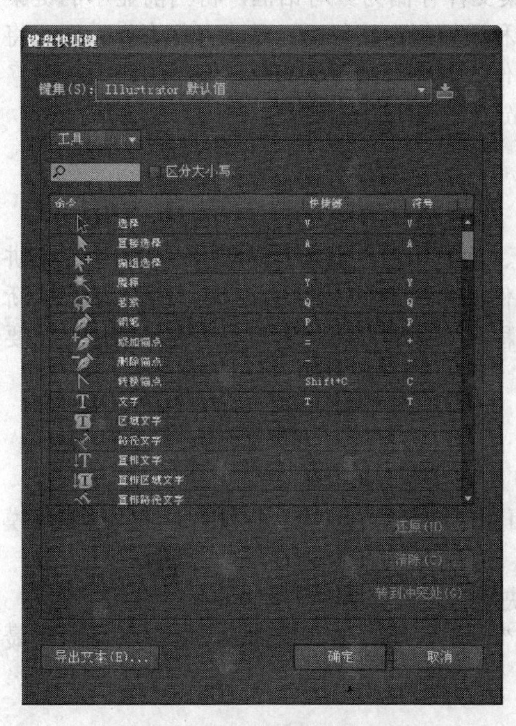

图 1-28 “键盘快捷键”对话框

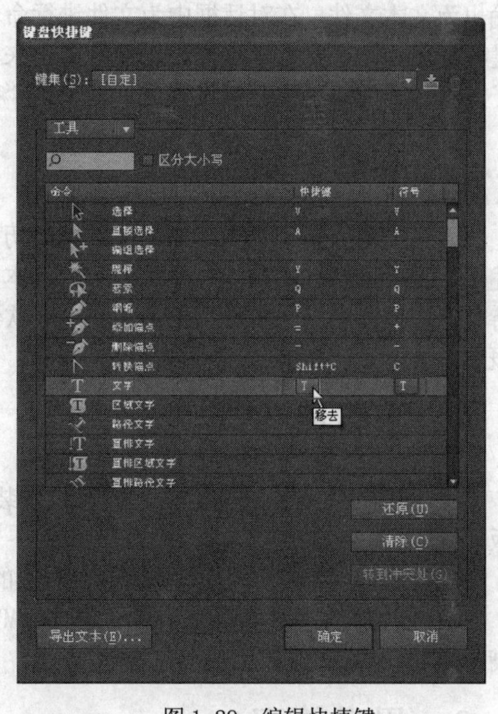

图 1-29 编辑快捷键

（4）如果用户修改的快捷键已经被用于另一个命令或者工具，或者输入的快捷键不正确，在对话框左下角的空白区域会显示一个更改设置的警告信息，如图 1-30 所示。

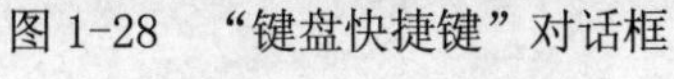

图 1-30 更改快捷键的警告信息

（5）设置了新的快捷键后，旧的快捷键随之被清除。单击“还原”按钮可以撤销快捷键的更改，或者单击“转到冲突处”按钮指定其他命令或工具的快捷键。

（6）选择列表中的快捷键，单击“清除”按钮，或单击如图 1-29 所示的“移去”按钮，可以删除选中的快捷键。

（7）单击对话框中的“存储”按钮，在弹出的“存储键集文件”对话框中输入文件名并单击“确定”按钮，如图 1-31 所示。这时，被编辑的快捷键被存储为一个新的键集，随时可以进行调用。

（8）在“键集”下拉菜单中选择一个创建的键集，单击“删除”按钮。这时，弹出警告对话框，单击“是”按钮可以删除选择的键集，如图 1-32 所示。

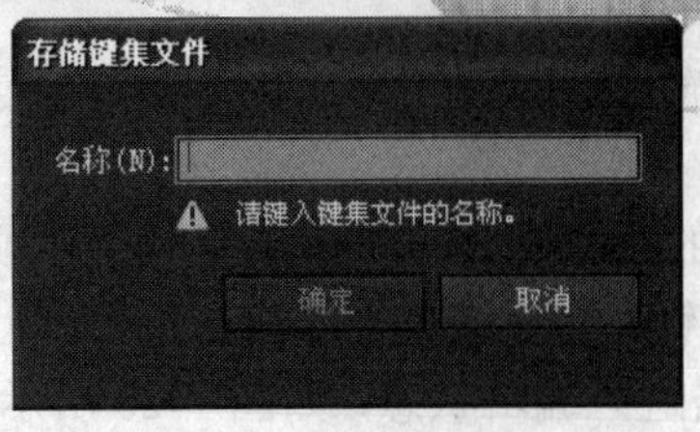

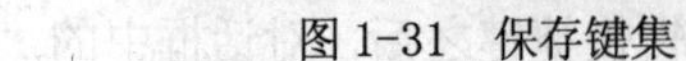
图 1-31　保存键集

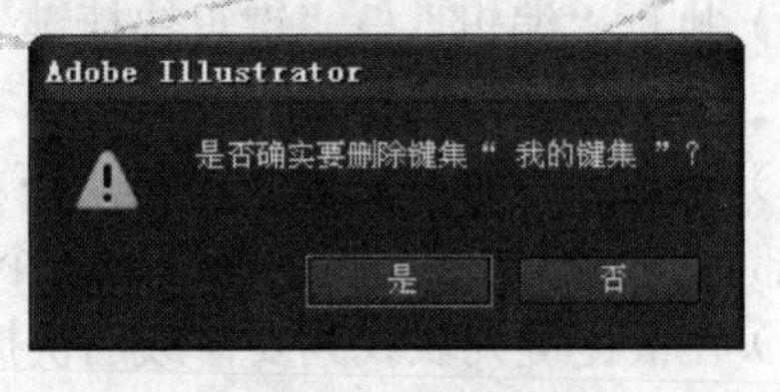

图 1-32　删除键集

（9）单击“导出文本”按钮弹出“将键集文件存储为”对话框，将当前显示的键集输出为文本文件。在对话框中为文件进行命名和设置保存路径后，单击“保存”按钮，将键集导出为一个文本。这样，以便打印出来和他人共享，或便于记忆。

（10）完成了快捷键设置之后，单击“确定”按钮退出对话框。

1.7　本章小结

本章简单介绍了 Illustrator 发展的历史、功能和在各个方面的应用。接着，详细讲述了 Illustrator 的功能、系统需求、基本文件操作和 Illustrator CS6 中引入的各种新特性等，使读者进一步熟悉 Illustrator 软件程序。另外，还阐述了图形图像的一些重要概念。

1.8　上机操作

1. 打开 Illustrator CS6 在计算机安装目录下的任意一个 AI 示例文件，并存储为模板。

2. 为“区域文字”工具增加一个对应的快捷键，并存储一个键集。

3. 创建一个基本配置文件为“基本 CMYK”，A4 大小，横式取向的文档，并导出为最高品质的 JPEG 文件。

1.9　思考练习

一. 填空题

1. 新发布的 Adobe Creative Suite 6 设计套件，总计包含____个新版设计软件。

2. 在 Illustrator CS6 中常用的颜色模式有______、______、______和______模式等。

3. 根据成像原理和绘制方法，计算机中的图像分为两种类型：一种是用数学计算的方法来绘制的________，另一种则是基于屏幕上的像素点来绘制的______，即______。

4. HSB 颜色模式中 H(Hue)代表_______，S(Saturation)代表_______，B(Brightness)代表_______。

二. 选择题

1. 下面_____项是 Illustrator CS6 的主要新增功能之一。

A：形状生成器工具　　　　B：描边渐变

C：增强的专色支持　　　　D：支持 PS 图层组

2. Illustrator CS6 支持多种文件输出格式，其中不包括_____格式。

A：AI、PDF　　B：AIT、SVG

C：PSD、TIFF　　D：3Ds Max、Word

三. 思考题

1. Illustrator CS6 和 Illustrator CS5 相比，在工作区界面上有什么优势？

2. 矢量图和位图各适用于什么情况下使用？

Chapter 02

第 2 章　认识 Illustrator CS6 工作环境

学习 Illustrator 需要先掌握它的工作环境，包括界面组成、操作环境、辅助制作功能和工作区定制方法等，使读者对软件有一个更直观整体的印象，对面板、工具等布局有一定的认识。

- Adobe Illustrator CS6 工作界面
- 标尺、参考线和网格
- 图像的显示
- 首选项的设置

Illustrator CS6中文版标准实例教程

2.1 Adobe Illustrator CS6 工作界面

2.1.1 基本界面组成

Illustrator CS6 的工作界面简单明了，易于操作，主要由标题栏、菜单栏、工具箱、控制面板、面板、页面区域、可打印区域、状态栏等部分组成，如图 2-1 所示。

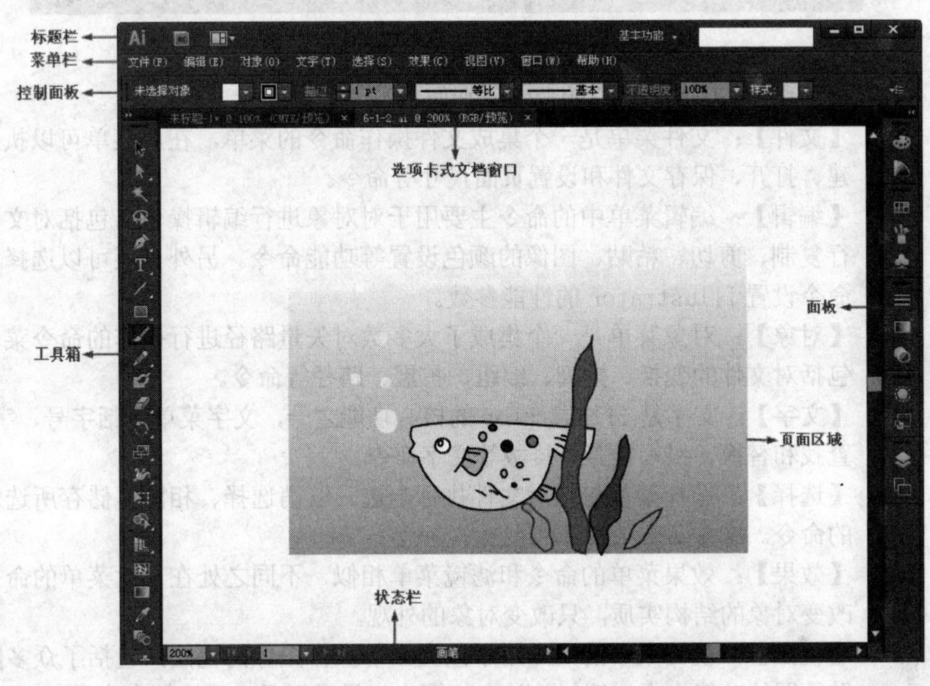

图 2-1　Illustrator CS6 工作界面

Illustrator CS6 的工作界面主要组成如下：

- 【标题栏】：标题栏的左侧是当前运行程序的名称，右侧是控制窗口的按钮。
- 【菜单栏】：在 Illustrator 中包括了 9 个主菜单，这些菜单控制了所有的图形文件的编辑和操作命令。
- 【选项卡式文档窗口】：文档窗口显示正在处理的文件。可以将文档窗口设置为选项卡式窗口，并且在某些情况下可以进行分组和停放。
- 【工具箱】：含有 Illustrator 的图像绘制工具以及图像的编辑工具，大部分的工具还有其展开式工具栏，里面包括了与该工具相类似的工具。
- 【控制面板】：使用面板可以快速调出许多设置数值和调节功能的对话框，是 Illustrator CS6 最重要的组件之一。面板是可以折叠的，可以根据需要隐藏或展开，具有一定的灵活性。
- 【面板】：是控制面板之一。用户可以通过该面板快速访问与所选对象相关的选项，面板中显示的选项因所选的对象或工具类型而异。
- 【页面区域】：指在工作界面中以黑色实线表示的矩形区域，这个区域的大小就是用户设置的页面大小。
- 【状态栏】：显示当前文档视图的显示比例，工具的状态等信息。

2.1.2 认识菜单命令

Illustrator CS6 菜单栏功能强大，内容繁多。菜单栏由 9 个主菜单组成，如图 2-2 所示。

Ai Br
文件(F) 编辑(E) 对象(O) 文字(T) 选择(S) 效果(C) 视图(V) 窗口(W) 帮助(H)

图 2-2 Illustrator CS6 菜单栏

Illustrator CS6 主菜单栏的功能分别如下：

- 【文件】：文件菜单是一个集成文件操作命令的菜单，在此菜单可以执行新建、打开、保存文件和设置页面尺寸等命令。
- 【编辑】：编辑菜单中的命令主要用于对对象进行编辑操作，包括对文件进行复制、剪切、粘贴、图像的颜色设置等功能命令。另外，还可以选择相关命令设置 Illustrator 的性能参数。
- 【对象】：对象菜单是一个集成了大多数对矢量路径进行操作的命令菜单，包括对文件的变换、排列、编组、扩展、路径等命令。
- 【文字】：文字是 Illustrator 的核心功能之一，文字菜单包括字号、字体、查找和替换、拼写检查、排版等文字命令。
- 【选择】：选择菜单包括对文件执行全选、取消选择、相同、储存所选对象的命令。
- 【效果】：效果菜单的命令和滤镜菜单相似，不同之处在于此菜单的命令不改变对象的结构实质，只改变对象的外观。
- 【视图】：视图菜单的命令用于改变当前操作图像的视图，包括了众多的辅助绘图的功能命令。例如，放大、缩小、显示标尺、网格等命令。
- 【窗口】：窗口菜单用于排列当前操作的多个文档或布置工作空间，包括面板的显示和隐藏命令，可以根据需要来选择显示面板。
- 【帮助】：帮助菜单包括用来解决以上菜单、工具栏、面板的功能和使用方法的命令，以及 Illustrator 的相关信息。

每个主菜单栏下包含有相应的子菜单，例如，单击“选择”菜单，会弹出如图 2-3 所示的下拉菜单。下拉菜单栏的左边是命令的名称，在经常使用的命令右边显示有该命令的快捷键，快捷键能够有效地提高做图效率。

子菜单中有些命令右边有个三角形图标▶，表示该命令还有相应的子菜单。选中该命令，即可弹出其下拉菜单，如图 2-3 所示。有些命令后面带有省略号…，表示单击该命令能弹出相应对话框，可以在对话框中进行更加详细的设置。

如果命令呈现灰色显示，则表示该命令在当

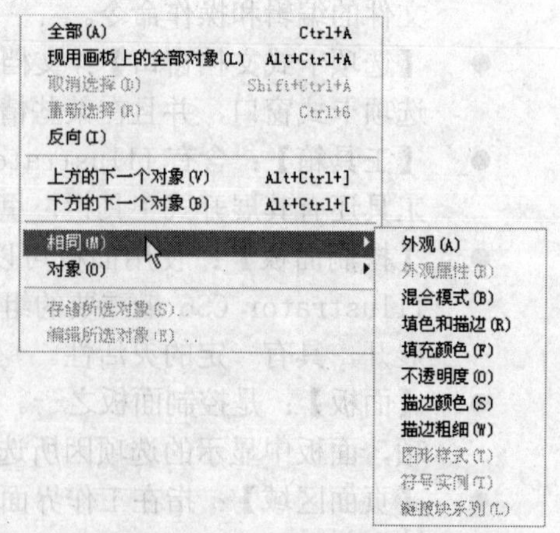

图 2-3 选择下拉菜单

前状态下不可用，需要选择相应的对象或设置时候，该命令会显示出可用状态。

2.1.3 认识工具箱

Illustrator CS6 的工具箱包括了大量具有强大功能的工具，如图 2-4 所示。

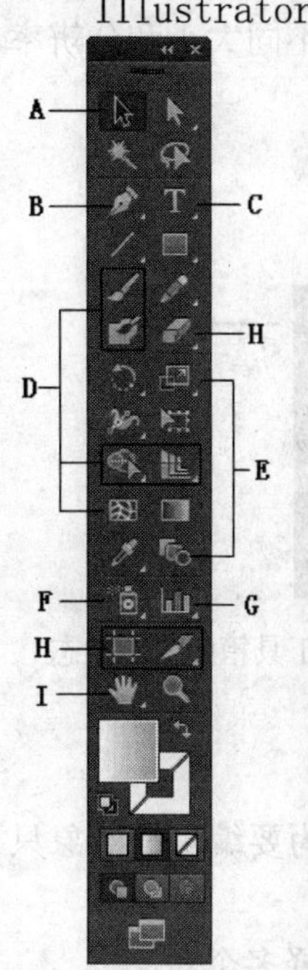

(A)选择工具

■ **选择（V）**
■ **直接选择（A）**
编组选择
■ **魔棒（Y）**
■ **套索（Q）**

(B)绘图工具

■ **钢笔（P）**
添加锚点（+）
删除锚点（-）
转换锚点
■ **直线段（\）**
弧形
螺旋线
矩形网格
极坐标网格
■ **矩形（M）**
圆角矩形
椭圆形（L）
多边形
星形
光晕
■ **铅笔(N)**
平滑
路径橡皮擦

(C）文字工具

■ **文字（T）**
区域文字
路径文字
直排文字
直排区域文字
直排路径文字

(D）上色工具

■ **画笔（B）**
■ **斑点画笔（Shift+B)**
■ **形状生成器（Shift+M)**
实时上色（K）
实时上色选择（Shift+L）
■ 透视网格（Shift+P）
透视选区（Shift+V）
■ **网格（U）**
■ **渐变（G）**
■ **吸管（I）**
度量

(E）改变形状工具

■ **旋转（R）**
镜像（O）
■ **比例缩放（S）**
倾斜
整形
■ **宽度（Shift+W）**
变形（Shift+R）
旋转扭曲
缩拢
膨胀
扇贝
晶格化
皱褶
■ **自由变换（E）**
■ **混合(W)**

(F）符号工具

符号喷枪（Shift+S）
符号移位器
符号紧缩器
符号缩放器
符号旋转器
符号着色器
符号滤色器
符号样式器

(G）图形工具

■ **柱形图（J）**
堆积柱形图
条形图
堆积条形图
折线图
面积图
散点图
饼图
雷达图

(H）画板和切片工具

■ **画板（Shift+O）**
■ **切片（Shift+K）**
切片选择
■ **橡皮擦（Shift+E）**
剪刀（C）
刻刀

(I）移动和缩放工具

■ **抓手（H）**
打印拼贴
■ **缩放（Z）**

图 2-4 Illustrator CS6 工具箱 （ 标识■表示工具箱的默认工具，其余为展开工具组的工具）

在工具箱中，有些工具的右下角带有一个灰色的三角形，这表示该工具还有展开工作组。用鼠标按住该工具不放，即可弹出展开工具组。例如，用鼠标按住矩形工具，将展开矩形工具组。单击展开工具组右面的三角形，可以将展开工具组拖出，如图 2-5 所示。

如果单击工具箱顶部的或按钮，可以切换工具箱的显示状态，使工具箱的工具分 2 列排列或分 1 列排列，如图 2-6 所示。这样，方便于用户根据显示器不同大小和分辨率来显示工具箱，优化工作区。

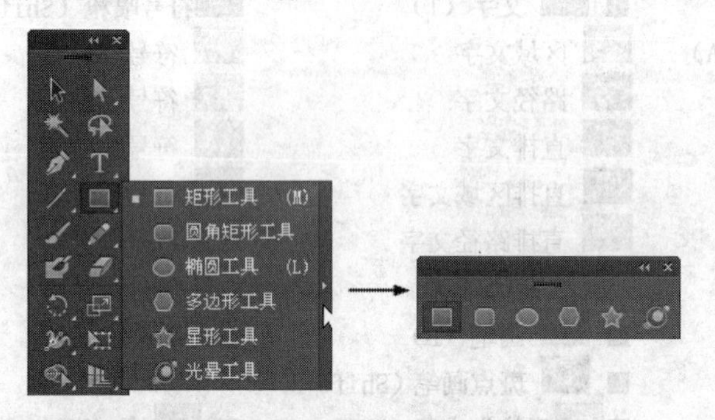

图 2-5 展开并拖出矩形工具组

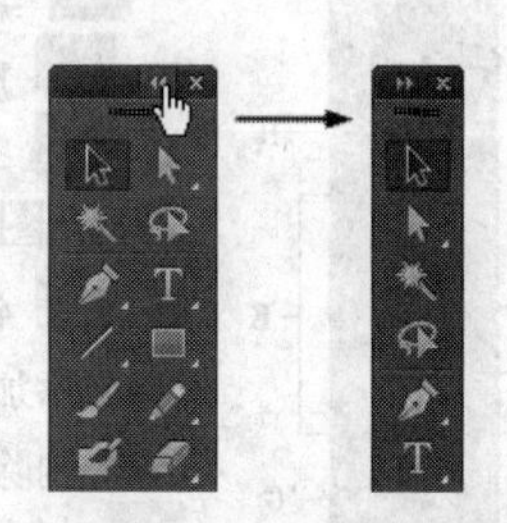

图 2-6 切换工具箱的显示状态

下面分别简要介绍工具箱中的各个工具。

1. 选择工具组

选择工作组是 Illustrator CS6 中使用频率最高的一个工具组，因为要编辑的对象只有在被选取的情况下才能对此图像执行其他命令。

【选择工具】：该工具可以选择一个或配合使用 Shift 键同时选择多个对象。

【直接选择工具】：该工具可以选择一个或多个路径的锚点，选中后可以改变锚点的形状和位置。被选中的锚点为实心状态，没有被选中的锚点为空心状态。

【编组选择工具】：该工具可以在不解除图形群组的前提下，对群组的单个图形进行选择。

【魔棒工具】：该工具可以基于图形的填充色、边线的颜色、线条的宽度来进行选择。

【套索工具】：如果使用该工具来选择图形，那么只有所选择区域内的图形才能被激活。

2. 绘图工具组

绘图工具组的工具主要用于绘制图形、线段和编辑各种路径锚点等功能。

【钢笔工具】：该工具用来绘制直线或曲线路径从而达到创建图形目的。

【添加锚点工具】：该工具可以在被选中的路径上添加锚点，从而对图形进行更细致的修改编辑。

【删除锚点工具】：该工具可以在被选中的路径上删除锚点，从而改变对图形的形状。

【转换锚点工具】：该工具可以在光滑锚点和尖突锚点之间进行相互转换。

【直线段工具】：该工具用来绘制直线，按住 Shift 键即可绘制 45º 角的直线。

【弧线工具】：该工具用来绘制弧线。

【螺旋线工具】：该工具能绘制顺时针和逆时针的旋转形状。

【矩形网格工具】：该工具用来绘制方形网格。

【极坐标网格工具】：该工具用来绘制类似于同心放射圆的图形。

【矩形工具】：该工具用来绘制矩形。

【圆角矩形工具】：该工具用来绘制圆角矩形，圆角半径可根据需要调节。

【椭圆形工具】：该工具用来绘制椭圆形。

【多边形工具】：该工具用来绘制多边形，边数和半径可根据需要进行设置。

【星形工具】：该工具用来绘制星形，角点数可根据需要进行设置。

【光晕工具】：该工具用来绘制光晕。

【铅笔工具】：该工具用来绘制或编辑手绘路径线条。

【平滑工具】：该工具用来删除多余的节点，并在保持整体形状的前提下使曲线更加光滑。

【路径橡皮擦工具】：该工具可以删除图形的路径和节点。

3. 文字工具组

文字工具组的工具主要应用于输入文本和编辑文本路径、走向和各种效果。

【文字工具】：该工具可以置入插入点并输入横排文字或文本块。

【区域文字工具】：该工具可以将封闭的路径转换为文本容器，从而通过输入来得到形状各异的文本块。

【路径文字工具】：该工具可以将路径转换为文字路径，并在路径中输入文本。

【直排文字工具】：该工具可以创建垂直排列的文字或文本块。

【直排区域文字工具】：该工具可以将封闭的路径转换为垂直路径容器，并输入文字。

【直排路径文字工具】：该工具可以将路径转换为垂直文字路径，并在路径中输入文字。

4. 上色工具组

上色工具组的工具主要对已经绘制好的图形内部进行颜色或是画笔的填充。

【画笔工具】：该工具可以按照手绘的方式绘制路径，放大后用选择工具点选它，该线是没有外轮廓路径的，而是中心一条路径，，每画一笔自动生成一个路径，并直接为路径添加艺术笔刷效果。

【斑点画笔工具】：该工具按照手绘方式绘制路径后，放大用选择工具点选它，该线是有外轮廓路径的，也就是由面组成的一条“线”；并且相交的几条线会自动合并到一个路径里。

【形状生成器工具】：无需访问多个工具和面板，就可以在画板上直观地合并、编辑和填充形状。

【实时上色工具】：该工具可以按当前的上色属性绘制“实时上色”组的表面和边缘。

【实时上色选择工具】：该工具可以选择“实时上色”组中的表面和边缘。

【透视网格工具】：该工具支持在真实的透视图平面上直接绘图，在精准的 1 点、2 点或 3 点直线透视中绘制形状和场景，创造出真实的景深和距离感。

【透视选区工具】：使用透视选区工具可以在透视中选择对象、文本和符号、移动对象以及在垂直方向上移动对象。

【网格工具】：该工具可以填充多种渐变颜色的网格。

【渐变工具】：该工具可以调整对象中的渐变起点、终点以及渐变的方向。

【吸管工具】：该工具可以在操作对象上进行属性采样操作。

【度量工具】：该工具可以测量两点之间的距离和角度。

5．变形工具组

变形工作组主要针对需要编辑的图像进行缩放、旋转、扭曲变形等操作。

【旋转工具】：该工具用于控制对象旋转。

【镜像工具】：该工具可以沿着固定轴镜像翻转对象。

【比例缩放工具】：该工具可以围绕固定点对操作对象进行缩放操作。

【倾斜工具】：该工具可以围绕固定点使操作对象进行倾斜变换。

【整形工具】：该工具可以在保留整体的前提下，平滑和改变对象的路径。

【宽度工具】：该工具可以拉伸线的宽度，将鼠标移动到线上将显示边线和宽度数值。

【变形工具】：该工具可以使对象按手指图标拖动的方向发生弯曲变化。

【旋转扭曲工具】：该工具可以在对象的内部制作旋转变形效果。

【缩拢工具】：该工具可以使操作对象向内紧缩而发生变形。

【膨胀工具】：该工具可以使操作对象产生向外膨胀效果。

【扇贝工具】：该工具可以使操作对象的边缘产生锯齿，从而得到变形效果。

【晶格化工具】：该工具可以操作对象的局部形成尖角的变形效果。

【皱褶工具】：该工具可以使操作对象的边缘整体发生褶皱变形效果。

【自由变换工具】：该工具可以对对象进行缩放、旋转、倾斜等相关变换操作。

【混合工具】：该工具可以在多个对象之间创建颜色和形状的混合效果。

6．符号工具组

符号工作组主要对符号进行创建、移动、风格化等处理。

【符号喷枪工具】：该工具可以在符号面板上选定一个符号并将其喷绘到工作页面。

【符号移位器工具】：该工具可以移动符号的位置。

【符号紧缩器工具】：该工具可以将符号沿光标点进行扩散或聚集。

【符号缩放器工具】：该工具可以对符号进行缩放操作。

【符号旋转器工具】：该工具可以对符号进行旋转操作。

【符号着色器工具】：该工具可以用前景色为当前操作的符号进行着色。

【符号滤色器工具】：该工具可以降低符号的透明度。

【符号样式器工具】：该工具可以把样式面板中所选择的样式赋予当前操作的符号。

7．图表工具组

通过图表工具组的工具可以创建出不同风格和作用的统计图表图形。

【柱形图工具】：该工具可以生成柱状图表。

【堆积柱形图工具】：该工具可以生成叠加的柱状图表。

【条形图工具】：该工具可以生成水平走向的柱状图表。

【堆积条形图工具】：该工具可以生成叠加的水平走向的柱状图表。

【折线图工具】：该工具可以生成显示一个或多个物体的变化趋势的图表。

【面积图工具】：该工具可以生成显示总量之和的变化值的图表。

【散点图工具】：该工具可以生成 X 和 Y 坐标相互对应的图表。

【饼图工具】：该工具可以生成划分为饼形来比较数值的圆形图表。

【雷达图工具】：该工具可以生成雷达形状的图表。

8. 切片和剪切工具组

切片工具和剪刀工具组主要针对网络应用和比较大的图形图像进行裁剪和分割，这样使上传到网络上的图片浏览速度得到提升。

【画板工具】：该工具用于选择指定的区域来进行打印或导出。

【切片工具】：该工具用于制作切片。

【切片选择工具】：该工具可以对切片进行选择。

【橡皮擦工具】：该工具用于擦除拖动到的任何对象区域。

【剪刀工具】：该工具可以对路径进行分割处理操作。

【刻刀工具】：该工具可以对路径作切分处理操作。

9. 移动和缩放工具组

通过移动和缩放工具组的工具可以对视图进行移动和设置缩放显示等。

【抓手工具】：该工具可以在工作区域进行视图的移动。

【打印拼贴工具】：该工具可以调整页面的辅助线。

【缩放工具】：该工具可以增加或减少页面的显示倍数。

10. 其他工具组

工具箱底部的工具组如图 2-7 所示。

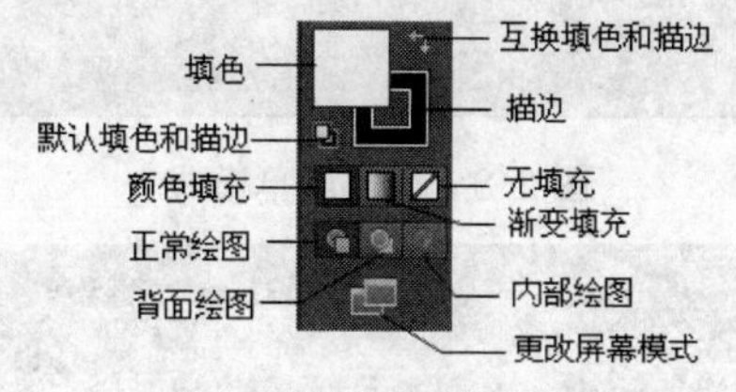

图 2-7 工具箱底部工具

- 【填色工具】：该工具可以为选定的对象填充颜色、渐变、纹理和透明色。
- 【描边工具】：该工具可以定义选定的对象描边颜色和风格。
- 【默认填色和描边】：此按钮恢复默认的描边和填充颜色状态。
- 【互换填色和描边】：此按钮可以切换填充和描边的颜色。
- 【颜色填充】：该工具可以将选定的对象以单色的方式进行填充。
- 【渐变填充】：该工具可以将选定的对象以渐变颜色进行填充。
- 【无填充】：该工具可以移除选定对象的填充。
- 【正常绘图】：是默认的绘图模式，可以使用 Shift+D 快捷键在绘图模式中循环。
- 【背面绘图】：允许在没有选择画板情况下，在所选图层上的所有画板背面绘图。如果选择了画板，则新对象将直接在所选对象下面绘制。
- 【内部绘图】：允许在所选对象的内部绘图。内部绘图模式消除了执行任务（例如绘制和转换堆放顺序或绘制、选择和创建剪贴蒙版）时需要的多个步骤。

- 【屏幕模式选择】：单击该工具，将弹出快捷菜单，选择菜单上的屏幕模式可以将视图转换位相应的显示模式。其中，可选择的屏幕模式包括以下 3 种：

（1）正常屏幕模式：在正常窗口中显示图稿，菜单栏位于窗口顶部，滚动条位于侧面，显示文档窗口，如图 2-8 所示。

（2）带有菜单栏的全屏模式：在全屏窗口中显示图稿，有菜单栏但没有文档窗口，如图 2-9 所示。

（3）全屏模式：在全屏窗口中显示图稿，不带标题栏或菜单栏，使操作者拥有最大的工作面积，如图 2-10 所示。

注意：
在这 3 种显示模式之间，可以按下快捷键 F 来进行切换。

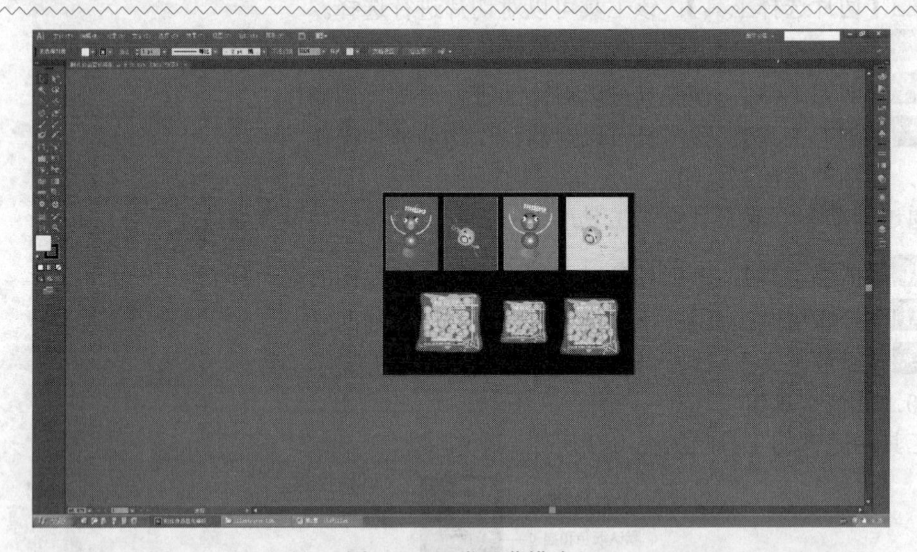

图 2-8　正常屏幕模式

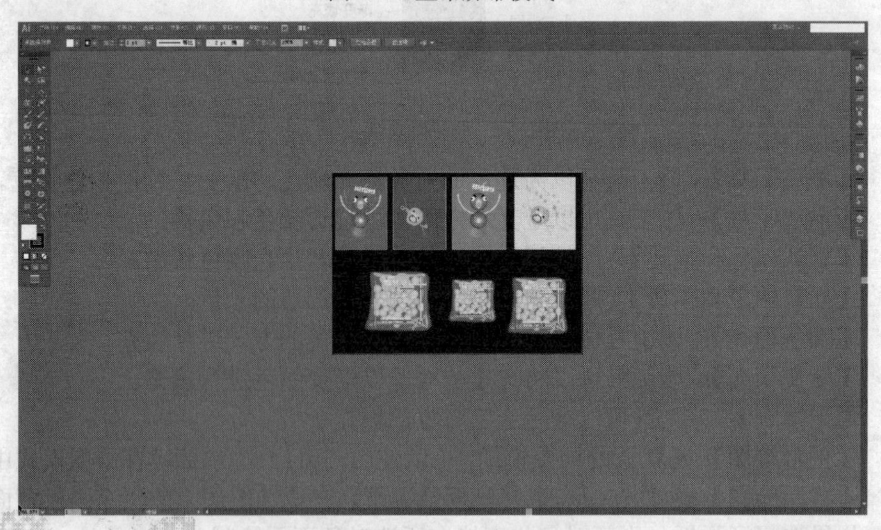

图 2-9　带有菜单栏的全屏模式

图 2-10　全屏模式

2.1.4　认识面板

Illustrator CS6 为用户提供了 37 个面板，可以根据需要在主菜单栏上的“窗口”菜单中进行选择，从而设置面板的显示或隐藏。在 Illustrator CS6 的界面右侧，还增加了停放折叠为图标的面板。当面板处于折叠状态时，单击“扩展停放”按钮◀◀，可以切换面板为垂直停放状态，如图 2-11 所示。反之，单击垂直停放状态面板组上的“折叠为图标”按钮▶▶，可以将面板组折叠为图标面板。这样，可以更快地选项并释放屏幕空间。

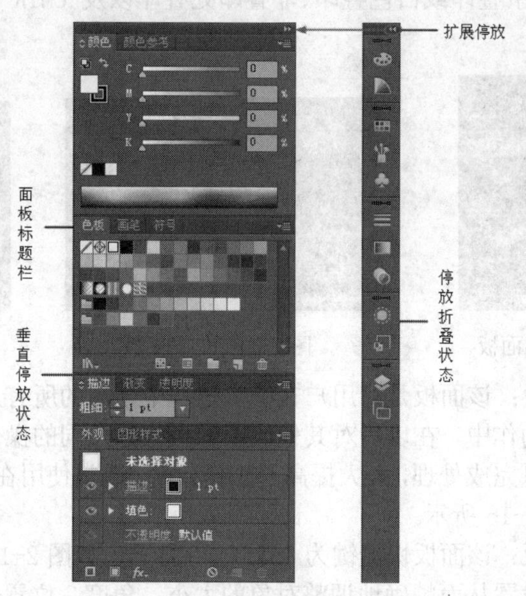

图 2-11　面板示意图

单击折叠的图标面板上的任意一个图标，可以单独打开相应的面板组。单击面板组上的按钮▶▶，又可将该面板折叠。

单击面板右上角的☰按钮可以打开面板菜单。当打开的面板最小化时，单击面板菜单上的“显示选项”选项能显示面板隐藏的缩览图和选项，如图 2-12 所示。反之，当面板最大化时，单击面板菜单上的“隐藏选项”选项能隐藏面板的缩览图和选项。

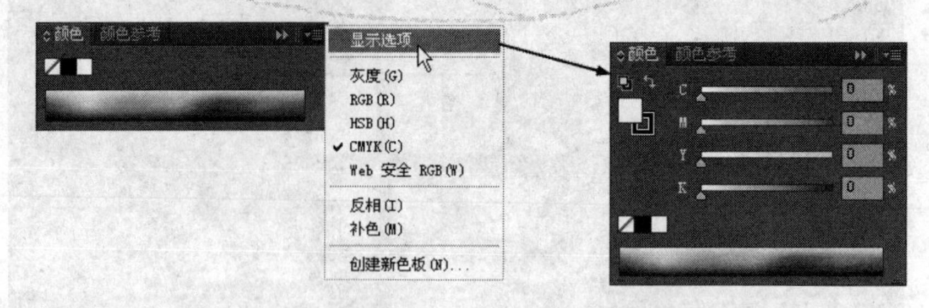

图 2-12　显示选项操作

> **注意：**
>
> 按 Tab 键可以隐藏或显示所有面板（包括工具箱和选项栏或面板）。按 Shift+Tab 组合键可以隐藏或显示工具箱和选项栏或面板以外的所有其他面板。

下面简单介绍每一个面板的用途，以使读者在操作前对其有一定的了解。

- 【SVG 交互】面板：SVG 交互是为了网络设计的基于文本的图像格式。该面板可以升级矢量图形，创建出高质量的交互式网页，并控制 SVG 对象的交互特性。其面板如图 2-13 所示。
- 【信息】面板：该面板使用快捷键 Ctrl+F8 打开，用来显示当前对象的大小、坐标以及色彩的信息，其面板如图 2-14 所示。
- 【分色预览】面板：该面板可以防止出现颜色输出意外，如文本和置入文件中的意外专色、多余叠印或白色叠印、非叠印处叠印以及 CMYK 黑色。其面板如图 2-15 所示。

图 2-13　SVG 交互面板

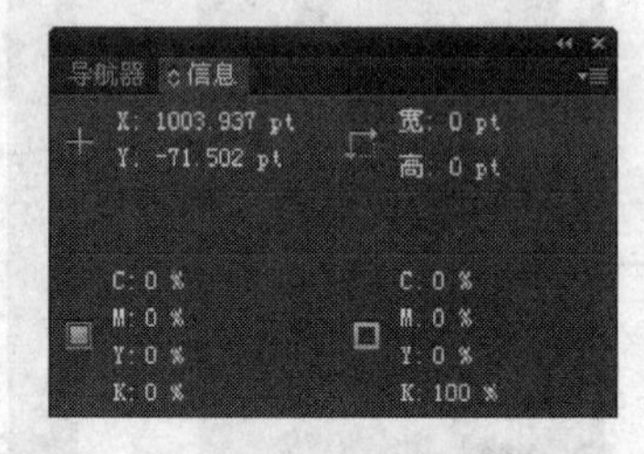

图 2-14　信息面板

图 2-15　分色预览面板

- 【动作】面板：该面板是将用户在绘图过程中使用的所有工具、命令、以及操作步骤录制在动作中，在以后对其他的图像执行该相同的操作时，在动作面板中播放动作就可以完成处理，大大提高了工作效率。通常使用在大批量的图形编辑中，其面板如图 2-16 所示。
- 【变换】面板：该面板快捷键为 Shift+F8 打开，如图 2-17 所示。在面板中可以通过数值的设置从而精确地调整对象的大小、角度、位置以及对齐像素网格等。
- 【变量】面板：该面板显示的是文档中的变量类型和名称，如图 2-18 所示。
- 【图层】面板：按下快捷键 F7 可以打开“图层”面板，如图 2-19 所示。该面板用来管理和安排图形对象，为绘制复杂图形带来方便。用户可以通过控制该面板来管理当前文件中所有图层，完成对图层的新建、移动、删除、选择等操作。
- 【图形样式】面板：按下快捷键 Shift+F5 可以打开“图形样式”面板，如图 2-20

所示。单击面板中预设的图形样式能够将该样式应用到当前选择的图形中，从而改变图形的外观表现效果。

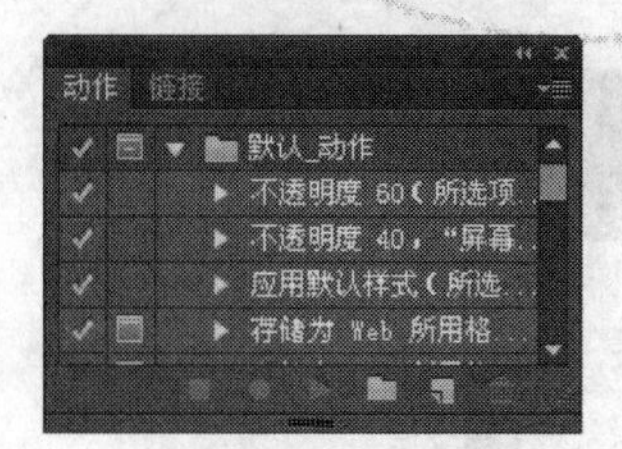

图 2-16　动作面板

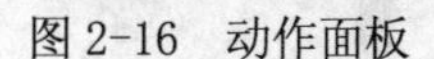

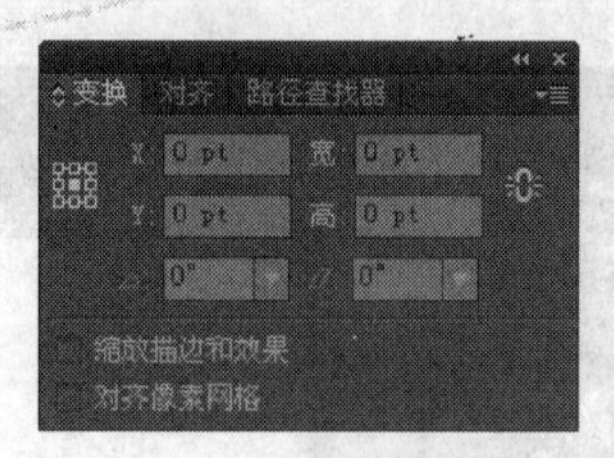

图 2-17　变换面板

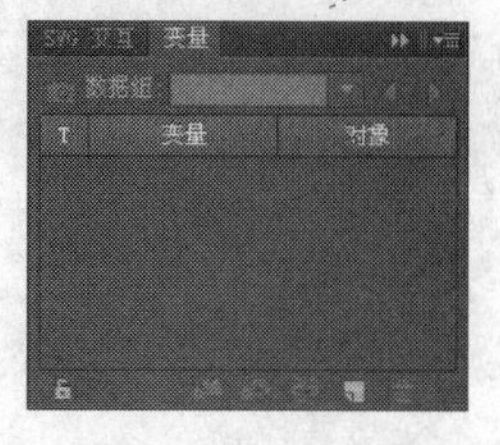

图 2-18　变量面板

- 【图案选项】面板：在“色板”面板中双击一个图案即可打开该面板，通过它可以快速创建无缝拼贴的矢量图案。Illustrator CS6 为自定义图案增加了一个面板来设置，可以轻松创建“四方连续填充”。
- 【外观】面板：按下快捷键 Shift+F6 可以打开“外观”面板，如图 2-21 所示。该面板显示当前对象的外观属性，如描边、填色、透明度。
- 【对齐】面板：按下快捷键 Shift+F7 可以打开“对齐”面板，如图 2-22 所示。在选取多个对象时，该面板可以使所选择对象沿着指定的轴分散或对齐。

图 2-19　图层面板

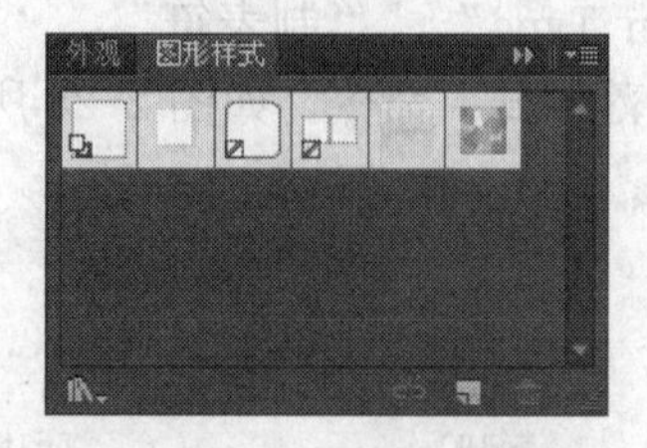

图 2-20　图形样式面板

图 2-21　外观面板

- 【导航器】面板：该面板能帮助用户查看所绘制图形的位置，调整其显示的大小，方便地以各种缩放比例观察当前的工作页面，如图 2-23 所示。
- 【属性】面板：按下快捷键 Ctrl+F11 可以打开“属性”面板，如图 2-24 所示。在该面板中可以设置叠印颜色、创建颜色的映射区域。

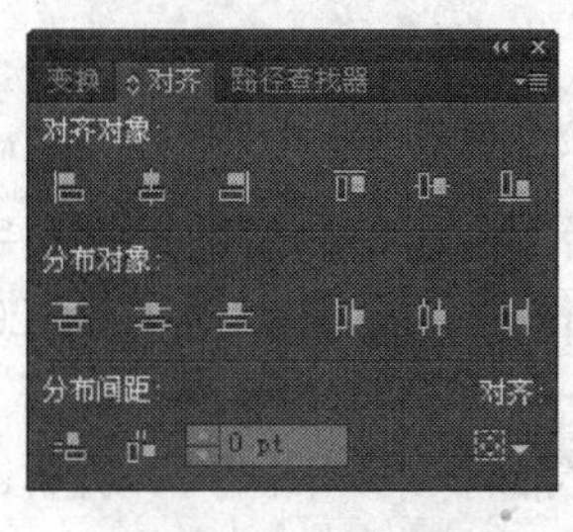

图 2-22　对齐面板

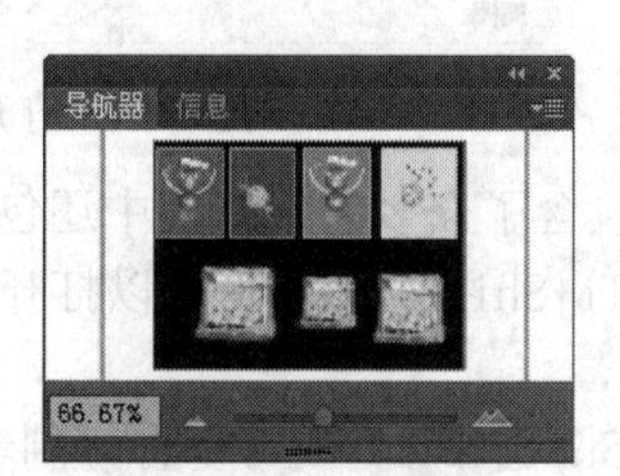

图 2-23　导航器面板

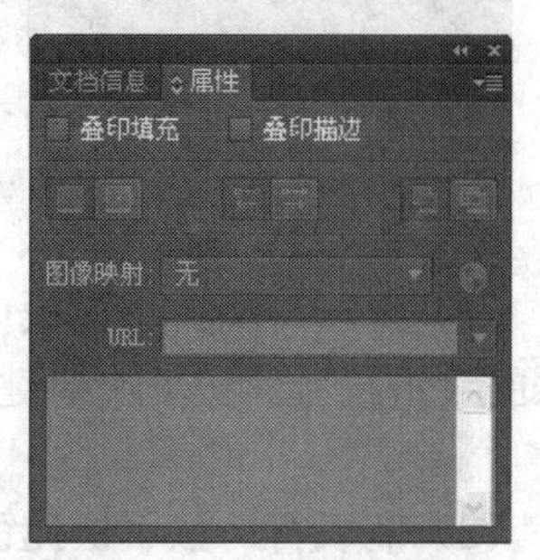

图 2-24　属性面板

- 【拼合器预览】面板：通过该面板中的预览窗口，可以直接预览文件中哪些部分在输出过程中需要被拼合，在打印输出时作为正确输出的重要依据，如图 2-25 所示。
- 【控制】面板：位于主菜单栏下，主要能在对图像或文字等进行编辑时进行更直观的控制，如图 2-26 所示。根据当前选择的工具和命令的不同，面板的选项也相应改变。

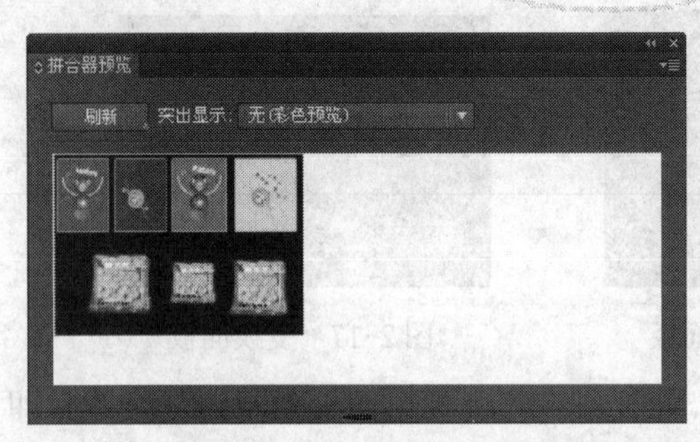

图 2-25　拼合器面板

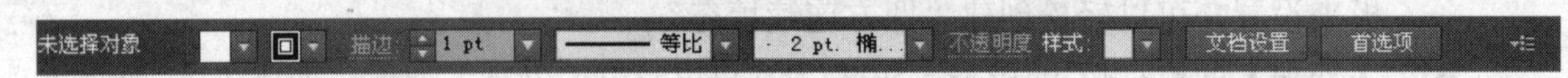

图 2-26　控制面板

- 【描边】面板：按下快捷键 Ctrl+F10 可以打开“描边”面板，如图 2-27 所示。该面板主要用于文字、绘图笔画大小的设置。
- 【文字】面板：执行主菜单栏上的“窗口”→“文字”命令，可以看到“文字”的扩展菜单上有“Open Type”、“制表符”、“字形”、“字符”、“字符样式”、“段落”和“段落样式”命令，如图 2-28 所示。下面分别介绍文字的扩展命令面板。

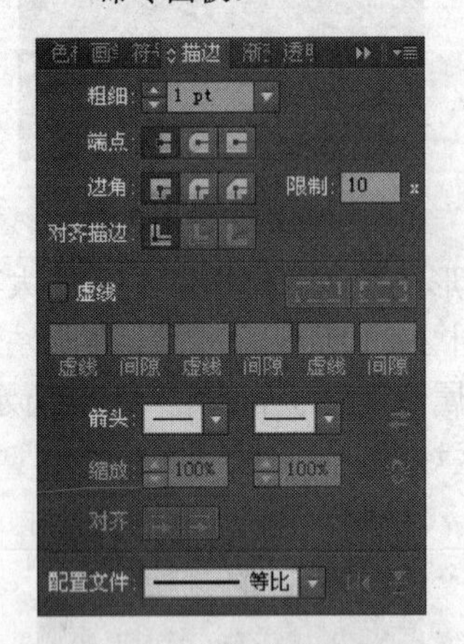

图 2-27　描边面板

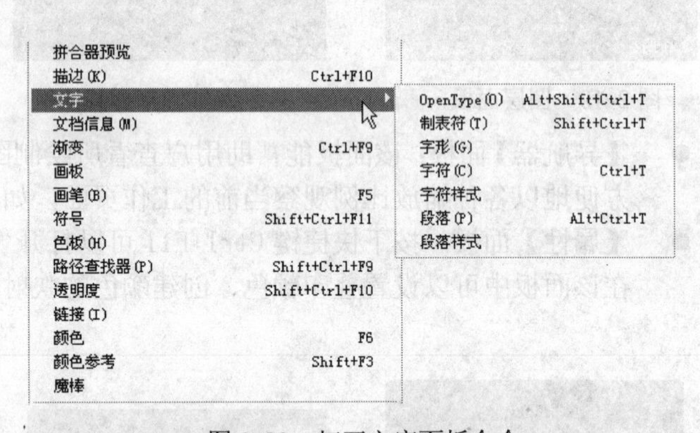

图 2-28　打开文字面板命令

（1）OpenType：该面板中包含了众多的字符其中还包括不同语种、少数民族文字等特殊的字符符号。按下快捷键 Alt+Shift+Ctrl+T 可以打开 OpenType 面板，如图 2-29 所示。

（2）制表符：按下快捷键 Shift+Ctrl+T 可以打开制表符面板，如图 2-30 所示。用该面板来可以对文字进行缩排定位。

（3）字形：双击“字形”面板显示框中的字形可以将所选择的字形插入到视图中，或替换当前所选字体，该面板如图 2-31 所示。

（4）字符：在字符面板中可以对文字的字体、字符、字间距、角度、行距、基线位置等进行设置，如图 2-32 所示。

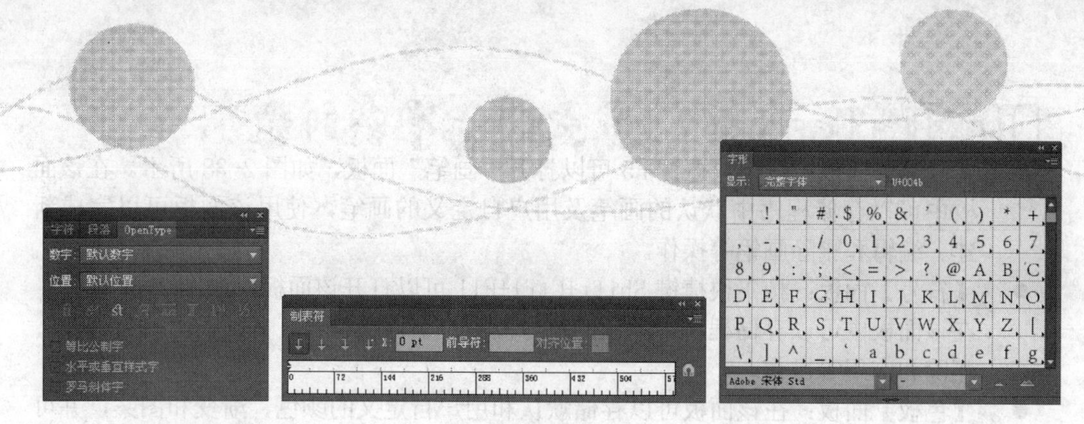

图 2-29 OpenType 面板　　图 2-30 制表符面板　　图 2-31 字形面板

（5）字符样式：在该面板中可以设置文字的字符样式，如图 2-33 所示。

（6）段落：在编辑多段落文字时，在段落面板中可以设置段落的对齐、缩进、行距等，如图 2-34 所示。

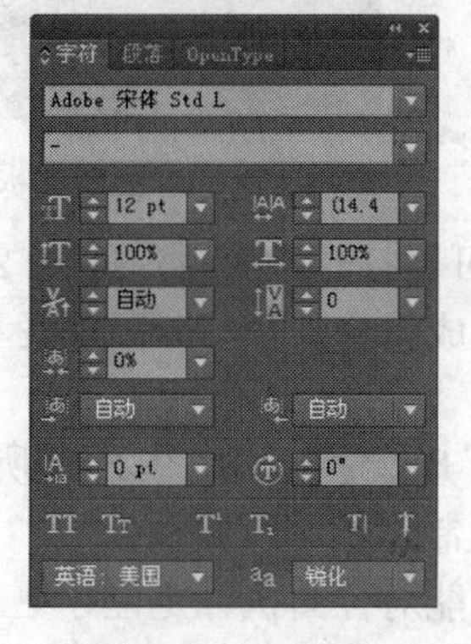

图 2-32 字符面板

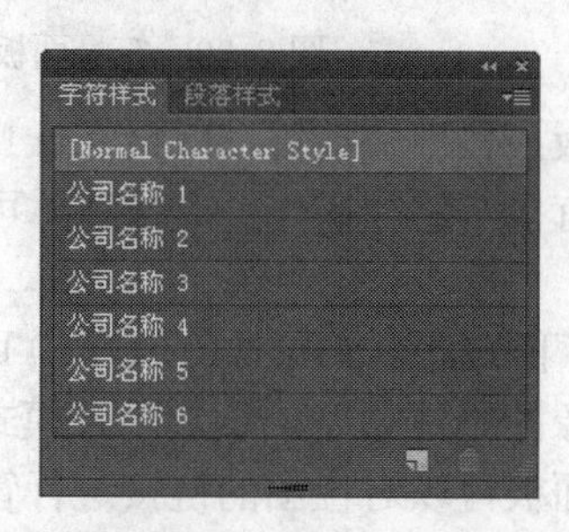

图 2-33 字符样式面板

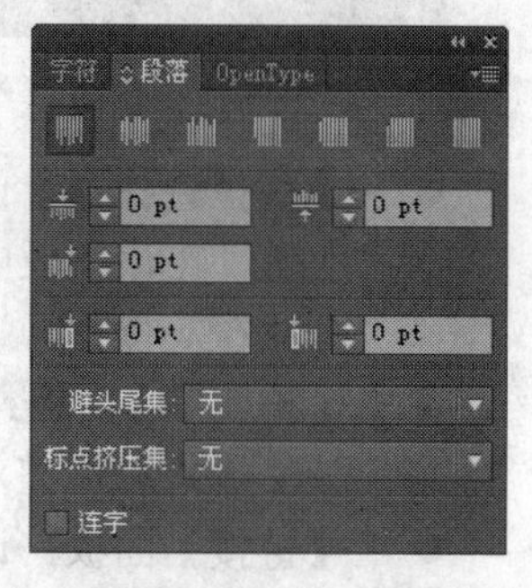

图 2-34 段落面板

（7）段落样式：在该面板中可以设置段落的格式，还可以将用户设置的段落样式应用到其他的文本中。该面板如图 2-35 所示。

- 【文档信息】面板：该面板可以显示当前文档的名称、颜色模式、填充颜色、透明度等相关信息，如图 2-36 所示。
- 【渐变】面板：按下快捷键 Ctrl+F9 可以打开“渐变”面板，如图 2-37 所示，在渐变面板中用户可以设置渐变颜色、类型、角度和位置等相关属性。

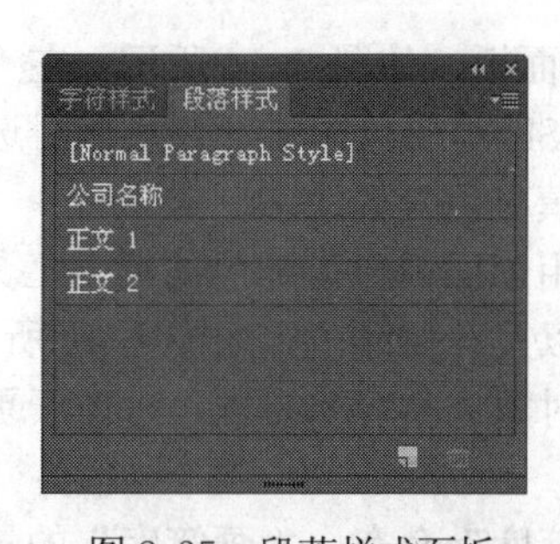

图 2-35 段落样式面板

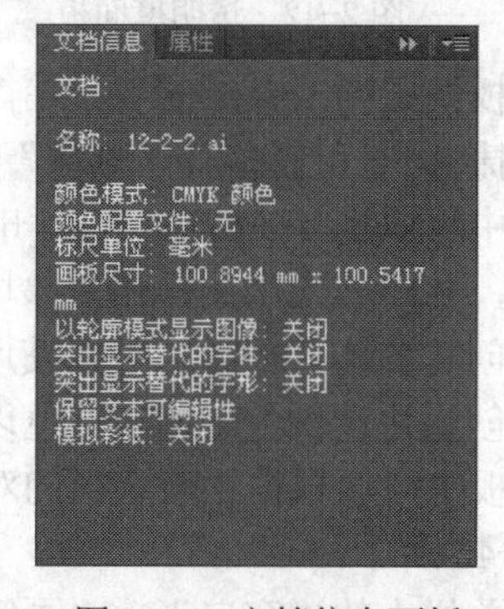

图 2-36 文档信息面板

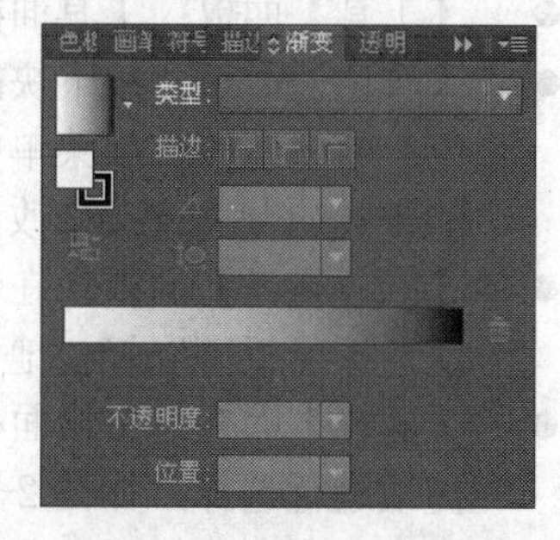

图 2-37 渐变面板

- 【画板】面板：使用该面板可以整理和查看多达 100 个大小不同的重叠或位于同一平面的画板。快速添加、删除、重新排序和命名。单独或一起存储、导出和打印。

- 【画笔】面板：按下快捷键 F5 可以打开“画笔”面板，如图 2-38 所示。在该面板中可以存储程序中默认的画笔及用户自定义的画笔，使用该面板可以完成新建、编辑和删除画笔等操作。
- 【符号】面板：按下快捷键 Shift+Ctrl+F11 可以打开该面板，如图 2-39 所示。在该面板中可以存储程序中默认的符号及用户自定义符号，并对符号进行添加、删除和应用等操作。
- 【色板】面板：在该面板可以存储默认和用户自定义的颜色、渐变和图案，并可以对这些颜色进行添加、删除和应用等操作，如图 2-40 所示。

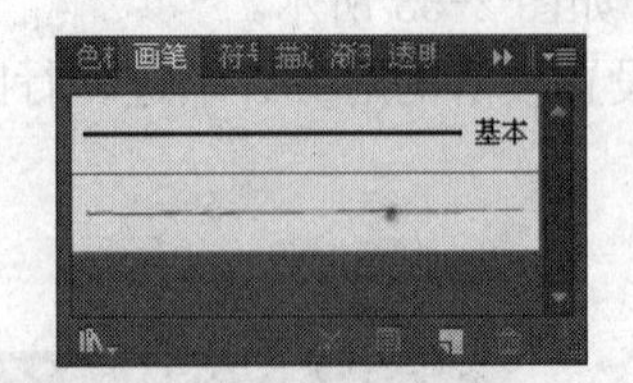
图 2-38　画笔面板

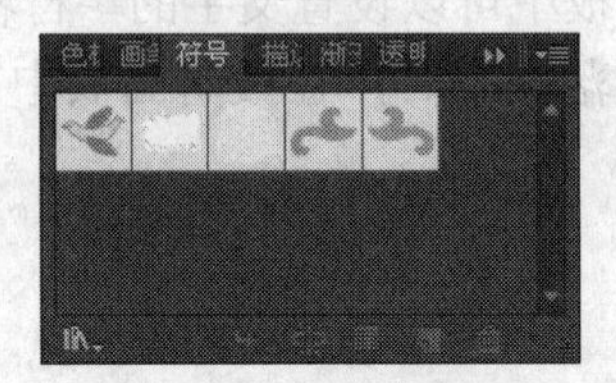
图 2-39　符号面板

图 2-40　色板面板

- 【路径查找器】面板：按下快捷键 Shift+Ctrl+F9 可以打开该面板，如图 2-41 所示。在该面板中有多个路径操作命令按钮，可以完成组合路径、分离路径和拆分路径等操作。
- 【透明度】面板：按下快捷键 Shift+Ctrl+F10 可以打开该面板，如图 2-42 所示。该面板可以调整对象的不透明度，设置混合模式以及制作不透明蒙板。
- 【链接】面板：该面板可以对位图的链接进行管理，能对位图执行定位、更新等命令。如图 2-43 所示。

图 2-41　路经查找器面板

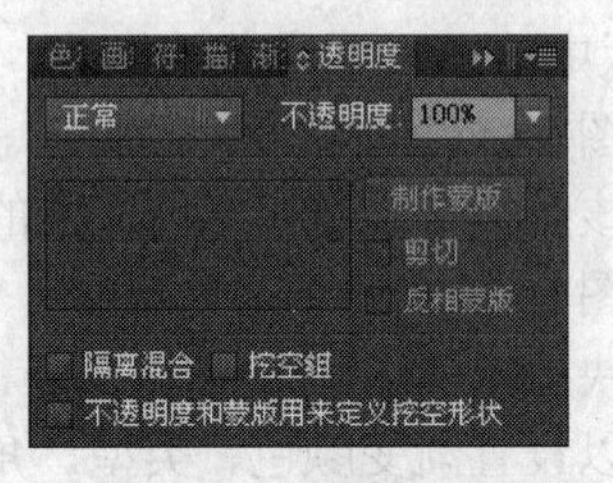

图 2-42　透明度面板

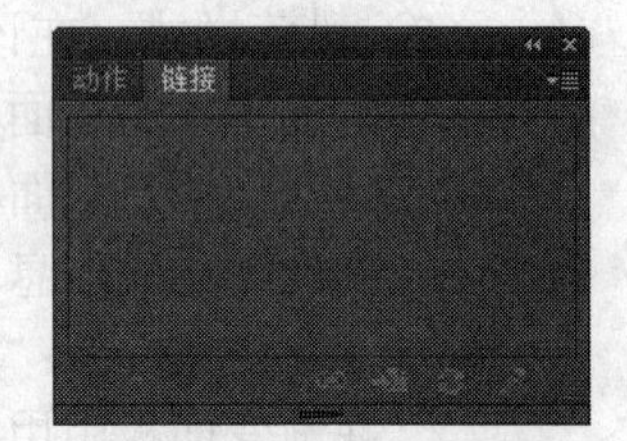

图 2-43　链接面板

- 【工具】面板：工具面板即上一节介绍的工具箱。
- 【颜色】面板：按下快捷键 F6 可以打开“颜色”面板，如图 2-44 所示。在“颜色”面板中的扩展菜单中可以选择 CMYK、RGB、HSB 等颜色模式，并可以对选择的模式的颜色直接修改，并将其应用到操作对象填充色及描边上。
- 【颜色参考】面板：在创建图形文档时，可以使用该面板作为配色的辅助工具。通过该面板可以轻松地创建协调颜色、编辑颜色以及存储颜色，如图 2-45 所示。
- 【魔棒】面板：在该面板中可以根据当前选择的对象调整容差参数，以便于更快捷地进行选择，如图 2-46 所示。
- 【画笔库】：执行主菜单栏上的“窗口”→“画笔库”命令，“画笔库”的扩展菜单上有多个画笔库面板命令，每个“画笔库”中都存储了相应的画笔，可根据用户的需要进行选择调用。图 2-47 所示的是“画笔库”中的“艺术效果_书法”画笔库面板。

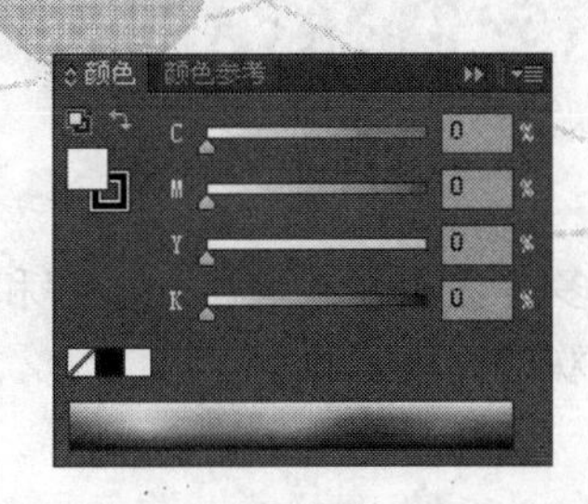

图 2-44　颜色面板

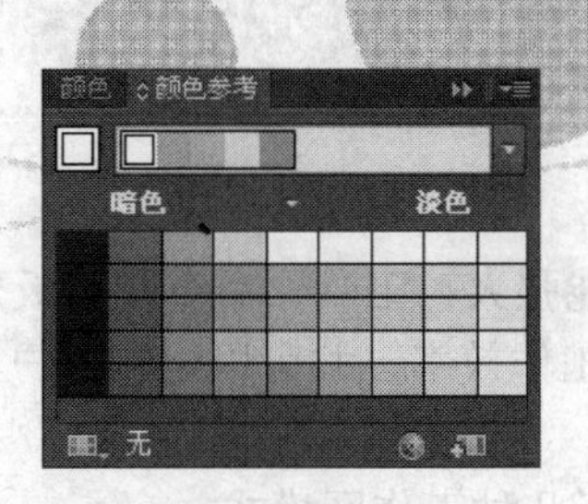

图 2-45　颜色参考面板

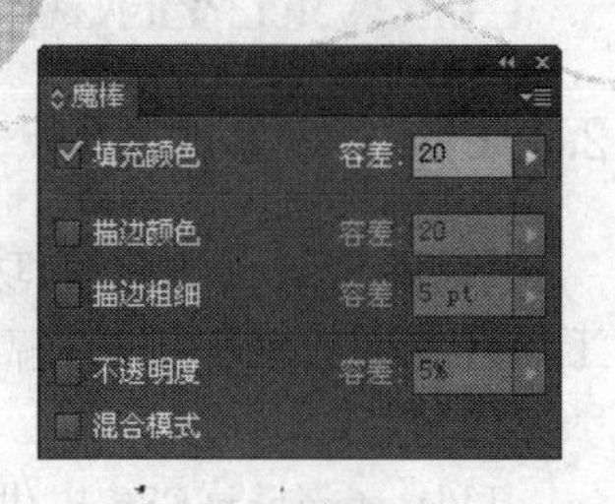

图 2-46　魔棒面板

- 【符号库】：“符号库”的扩展菜单上有多个符号库面板命令，每个“符号库”中都存储了相应的符号，可根据用户的需要进行选择调用。图 2-48 所示的是“符号库”中的“花朵”符号库面板。
- 【色板库】：“色板库”的扩展菜单上有多个色板库面板命令，每个“色板库”中都存储了相应的颜色，可以根据用户的需要进行选择调用。图 2-49 所示的是“色板库”中的“金属”色板库面板。

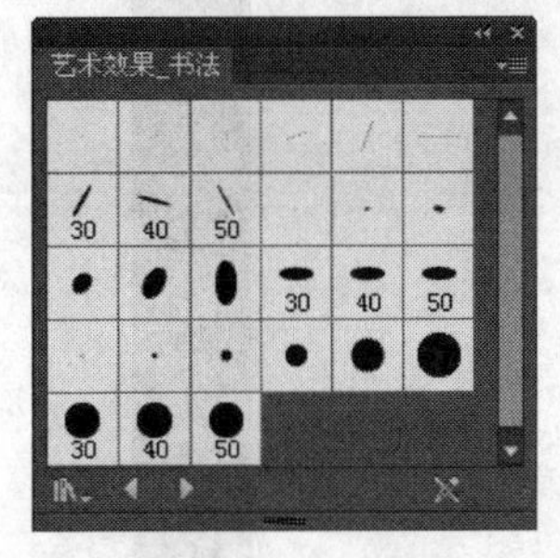

图 2-47 书法画笔库

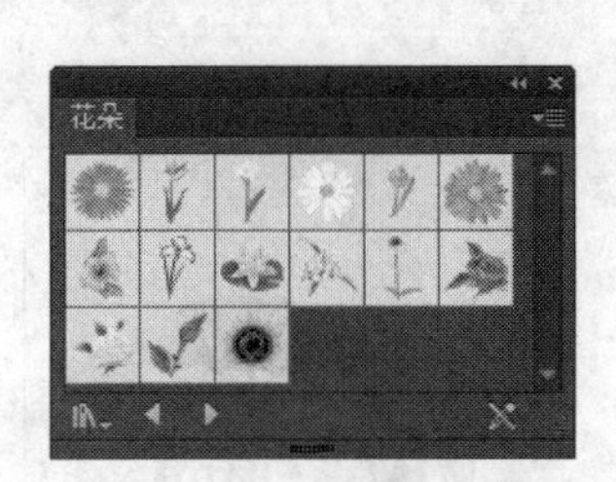

图 2-48　花朵符号库

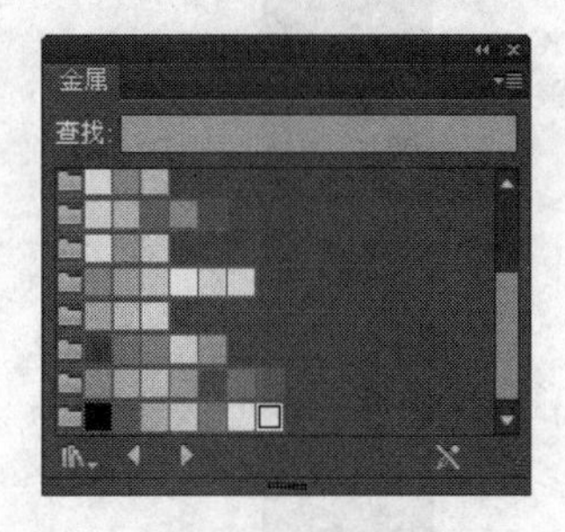

图 2-49 金属色板

> **注意：**
> 由于 Illustrator CS6 的面板比较多，在操作中可以根据需要按下 Tab 键隐藏或显示所有的面板和工具箱。如果按下 Shift+Tab 键，则可以隐藏除工具箱外的所有面板。

2.1.5　认识状态栏

状态栏位于 Illustrator CS6 窗口的底部左侧，如图 2-50 所示。最左侧的百分比表示的是当前文档的显示比例，在下拉菜单中可以根据用户的需要来选择合适的显示比例；右侧显示画板导航；单击“选择”，弹出的菜单显示当前使用的画板名称、当前使用的工具，当前日期时间、文件操作的还原次数及文档颜色配置文件。选择“显示”子菜单中的选项。可更改状态栏中所显示信息的类型；选择“在 Bridge 中显示”，可在 Adobe Bridge 中显示当前文件。

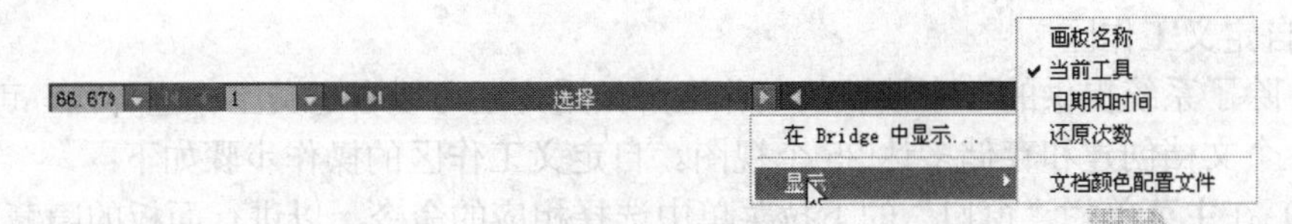

图 2-50　状态工具栏

2.1.6 工作界面管理

Illustrator CS6 的功能强大，工具、命令和面板众多，让人目不暇接。了解和管理工作区界面有助于用户提高工作效率，并可以定制用户喜欢的工作界面。

1. 默认工作区

Illustrator CS6 提供了几种工作区模式。

- 【基本】：执行“窗口”→“工作区”→“基本功能”命令，工作区则转换为默认的最基本工作界面，工具箱和折叠面板有序排列在视图的两侧，如图 2-51 所示。

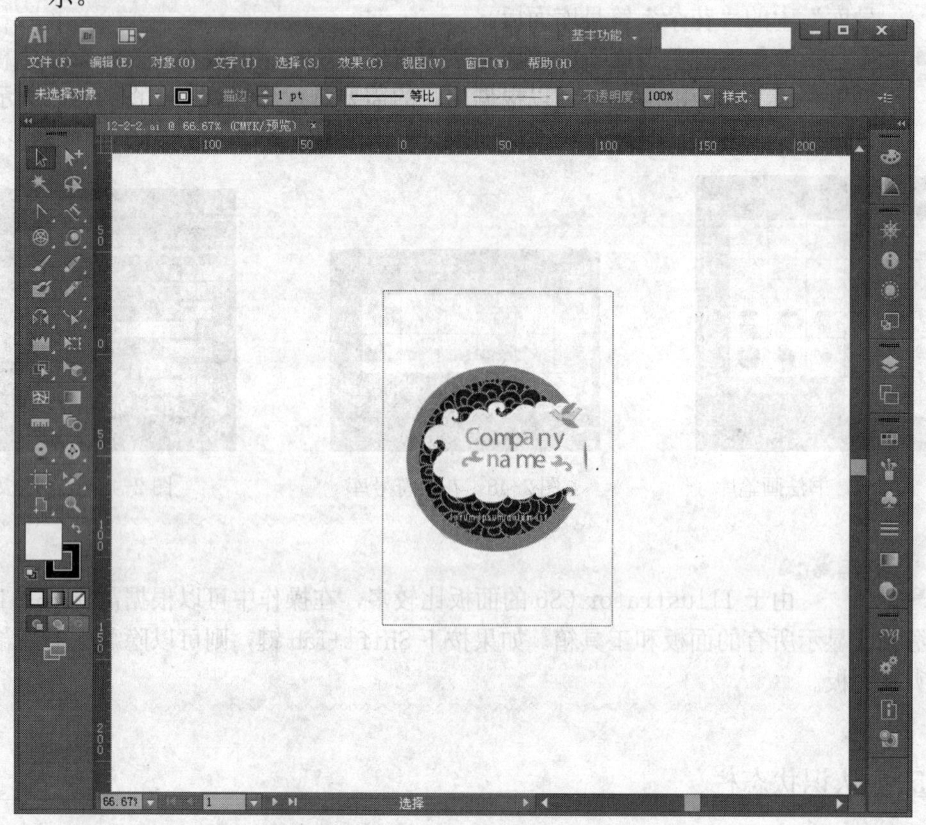

图 2-51 基本工作区

- 【打印和校样】：执行“窗口”→“工作区”→“打印和校样”命令，工作区则转换为基本工作区界面，但面板处于垂直停放状态，显示为常用的打印和校样的面板，如图 2-52 所示。
- 【排版规则】：执行“窗口”→“工作区”→“排版规则”命令，工作区右部显示为最常用的几组排版面板，如图 2-53 所示。

2. 自定义工作区

- 除了系统提供的 3 个默认的工作区外，用户还可以自定义工作区界面，可以为每个文档创建和存储多达 25 个视图。自定义工作区的操作步骤如下：

（1）在主菜单栏“窗口”的下拉菜单中选择相应的命令，以进行面板的隐藏或显示。

（2）调整工作区界面的布局后，执行“窗口”→“工作区”→“新建工作区”命令，打开“新建工作区”对话框。

图 2-52　打印和校样工作区

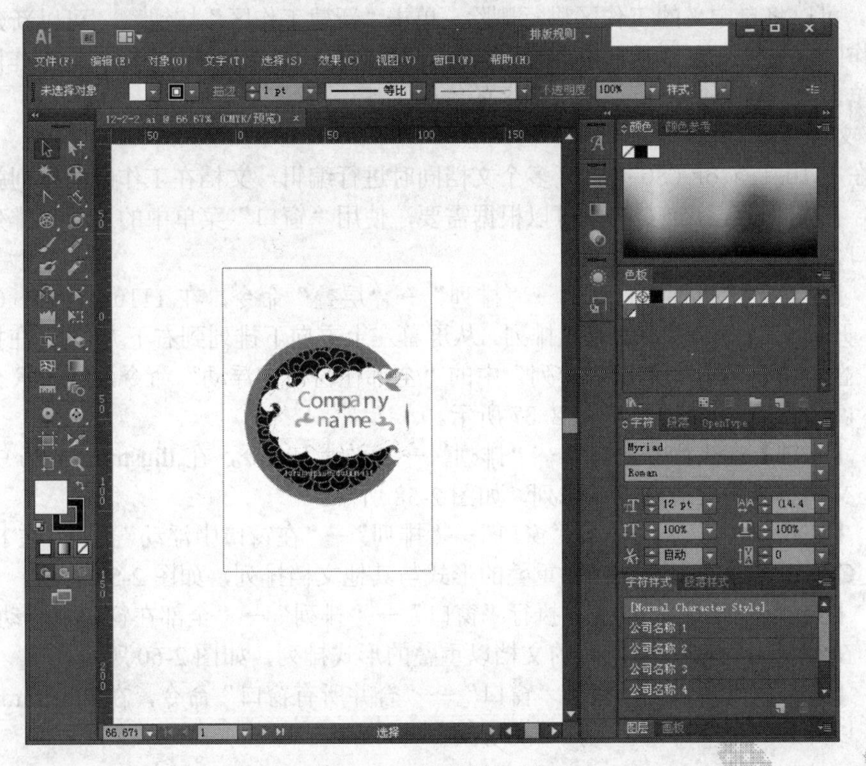

图 2-53　排版规则工作区

（3）在对话框中“名称”文本框中为自定义的工作区命名，在本例命名为“我的工作区”，如图 2-54 所示。单击“确定”按钮，再执行“窗口”→“工作区”命令，可以发现“工作区”的扩展菜单中加载了“我的工作区”命令，如图 2-55 所示。

（4）当需要转换到刚定义的工作区界面时，执行“窗口”→“工作区”→“我的工作区”命令，即可进入到自定义的工作区。

（5）执行“窗口”→“工作区”→“管理工作区”，打开“管理工作区”对话框，如图 2-56 所示。

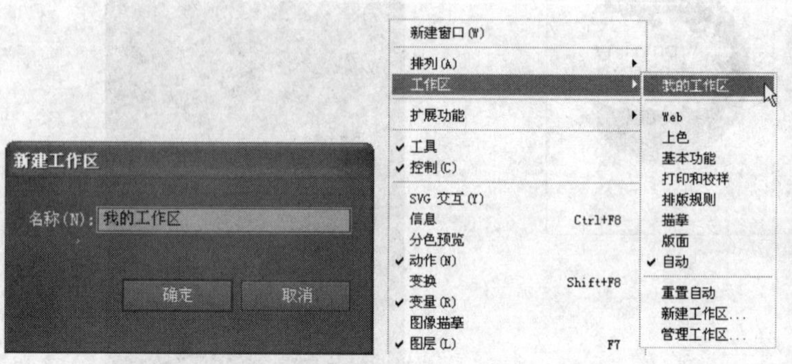

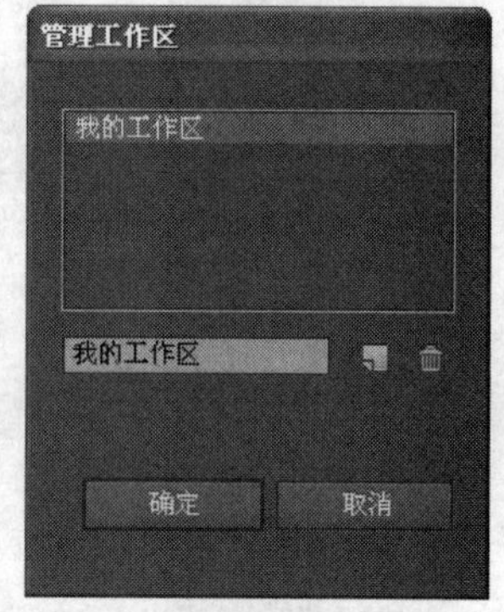

图 2-54　为工作区命名　　图 2-55　“我的工作区”命令　　图 2-56　管理工作区

（6）在“管理工作区”对话框的显示框中，选择自定义工作区并单击“删除工作区”按钮，可以将自定义的工作区进行删除。单击“新建工作区”按钮，可以新建一个自定义工作区。另外，在显示框中选择工作区，可以在下方的文本框中编辑该工作区名称。最后，单击“确定”按钮，退出工作区的管理。

3. 文档排列

当在 Illustrator CS6 中打开多个文档同时进行编辑，文档在工作区的排列就显得比较重要。在 Illustrator CS6 中可以根据需要，使用“窗口”菜单中的选项来排列多个打开的窗口，排列方式有以下几种。

- 【层叠】：执行“窗口”→“排列”→“层叠”命令，在 Illustrator CS6 中打开的文档将以层叠的方式排列，从屏幕左上方向下排列到右下方(注：在执行“层叠”命令之前先单击“排列”中的“全部在窗口中浮动”命令，默认状态下“层叠”命令不可选)，如图 2-57 所示。
- 【平铺】：执行“窗口”→“排列”→“平铺”命令，在 Illustrator CS6 中打开的文档将以边对边的方式排列，如图 2-58 所示。
- 【在窗口中浮动】：执行“窗口”→“排列”→“在窗口中浮动”命令，在 Illustrator CS6 中当前选中的文档以重叠的形式与其他文档排列，如图 2-59 所示。
- 【全部在窗口中浮动】：执行“窗口”→“排列”→“全部在窗口中浮动”命令，在 Illustrator CS6 中所有的文档以重叠的形式排列，如图 2-60 所示。
- 【合并所有窗口】：执行“窗口”→“合并所有窗口”命令，在 Illustrator CS6 中以并列的形式排列，如图 2-61 所示。

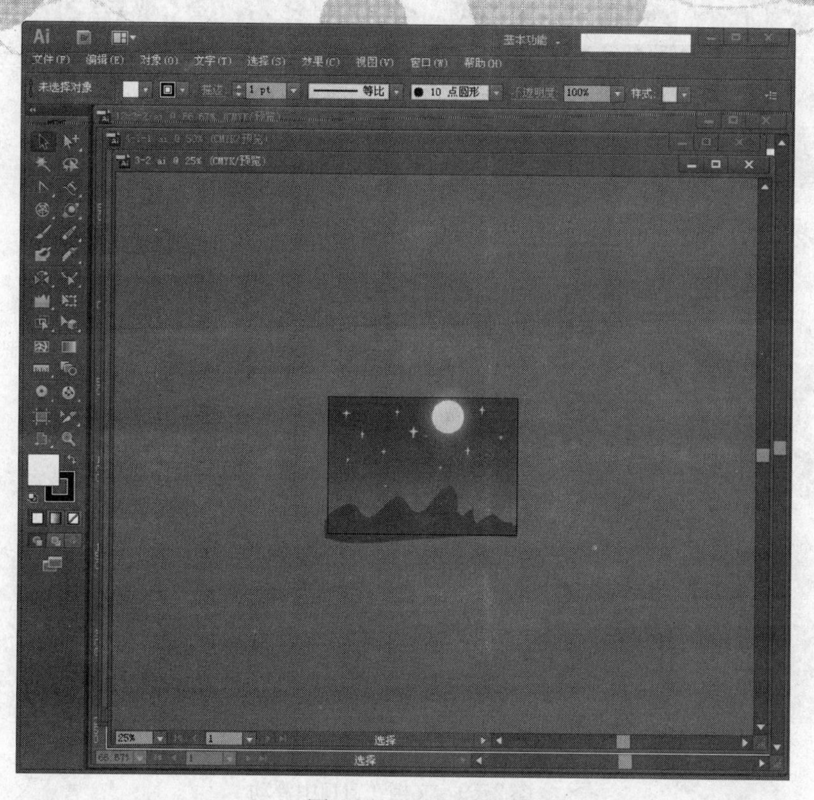

图 2-57　层叠排列文档

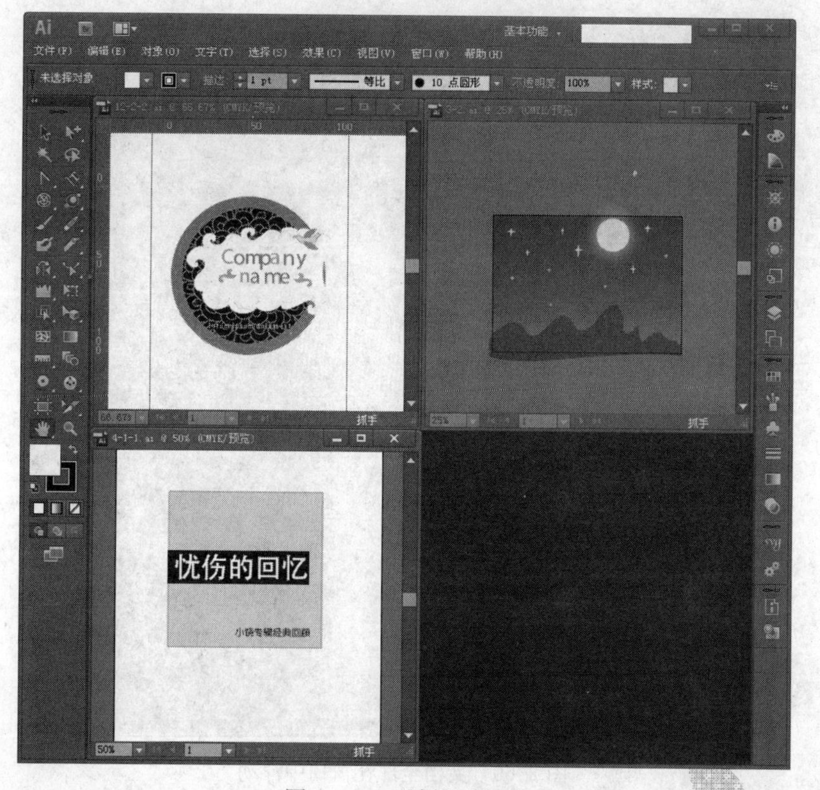

图 2-58　平铺排列文档

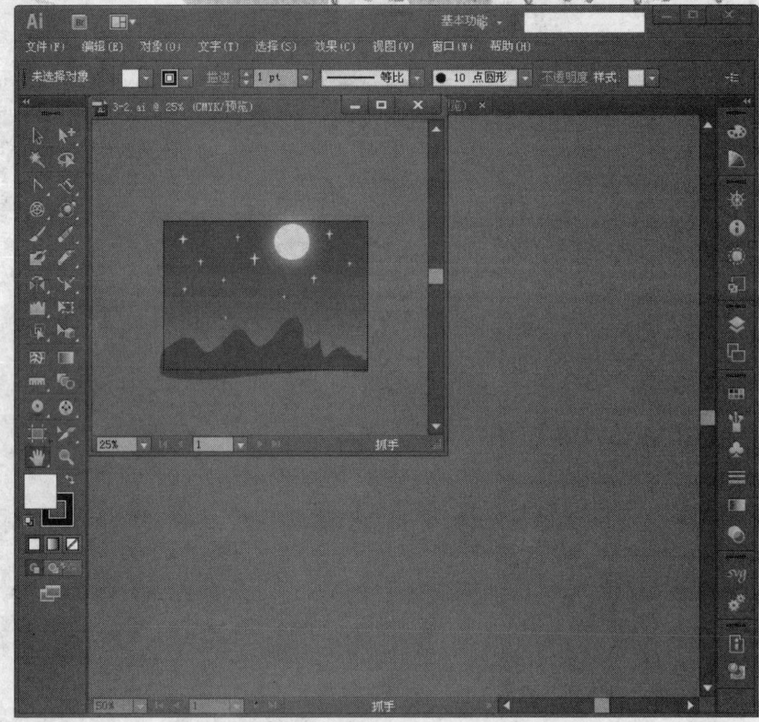

图 2-59　文档在窗口中浮动

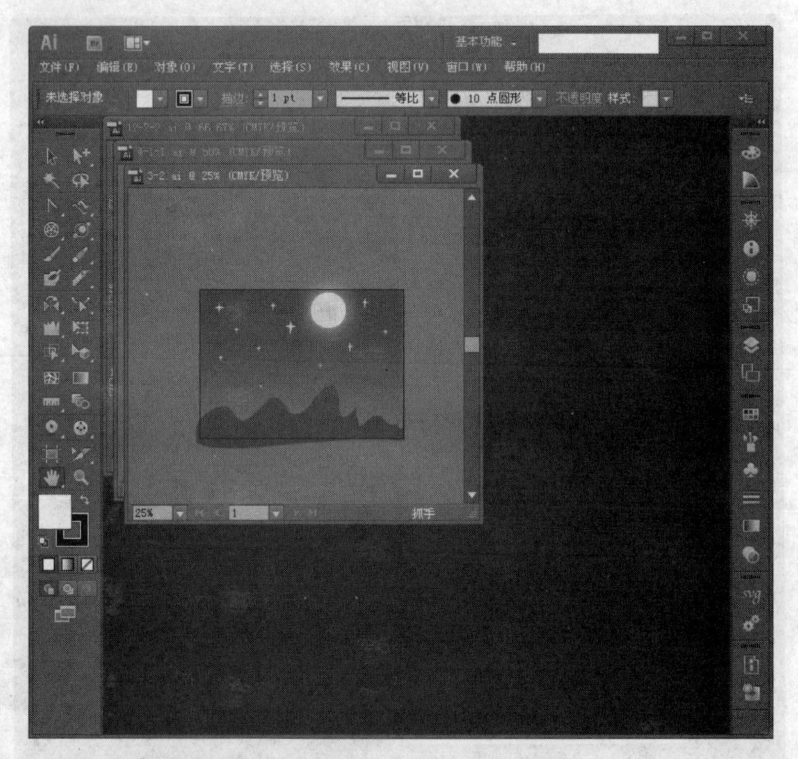

图 2-60　文档全部在窗口中浮动

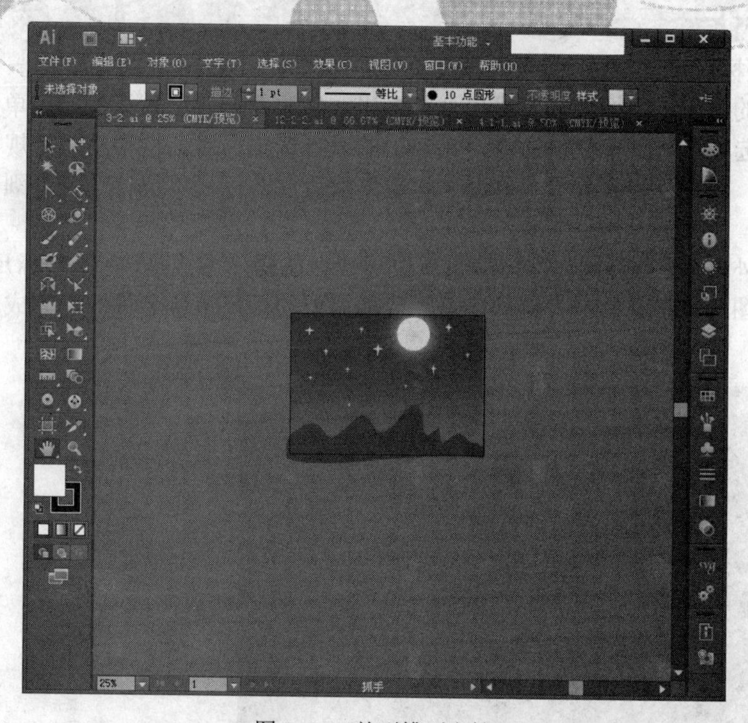

图 2-61　并列排列文档

2.2　标尺、参考线和网格

2.2.1　使用标尺

在 Illustrator CS6 中使用标尺可以帮助用户对操作对象进行测量和定位。标尺在 Illustrator CS6 图像窗口的顶部和左部。

1. 显示或隐藏标尺

执行“视图”→“标尺”→“显示标尺”命令，可以显示标尺，如图 2-62 所示。反之，执行“视图”→“标尺”→“隐藏标尺”命令，则隐藏标尺。

2. 显示或隐藏视频标尺

执行“视图”→“标尺”→“显示视频标尺”命令，可以显示视频标尺，如图 2-63 所示。反之，执行“视图”→“标尺”→“隐藏视频标尺”命令，则隐藏视频标尺。

图 2-62　显示标尺

图 2-63　显示视频标尺

3．改变标尺单位

在默认的情况下，标尺的度量单位是毫米。如果需要改变默认的标尺单位，执行“编辑”→“首选项”→“单位”命令，在弹出的“首选项”对话框中将“常规”设置为其他的度量单位，如图 2-64 所示。单击“确定”按钮后，标尺单位将改变为刚设置的新度量单位值。

除此之外，改变当前操作文档度量单位更快捷的操作方式是，在文档标尺上单击右键，在弹出的如图 2-65 所示的快捷菜单中，选择需要的标尺单位名称即可完成改变标尺单位的操作。

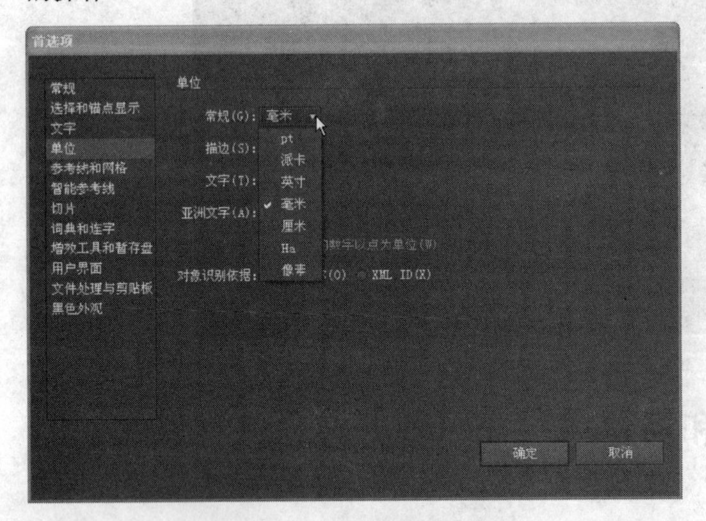

图 2-64 设置标尺常规单位

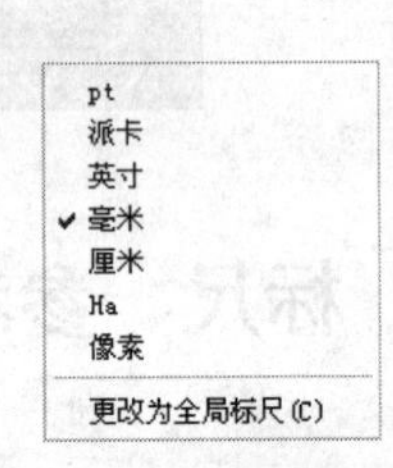

图 2-65 标尺单位快捷菜单

4．改变标尺原点

在默认的情况下，标尺的原点位置在视图的左下角，根据用户的需要可以改变标尺原点的位置。

改变标尺原点的操作步骤如下：

（1）将鼠标置于顶部标尺和左侧标尺的交界处单击，这时鼠标指针将变为一个“＋”字光标。

（2）按下鼠标左键，向视图内拖动，这时将显示一个“＋”字相交线。

（3）将“＋”字相交线拖动到需要设置为新原点的位置释放鼠标，这样就重新定义了标尺原点的位置。

（4）如果需要重新设置标尺原点到系统默认位置，双击标尺交界的位置即可完成操作。

2.2.2 使用参考线

参考线能帮助用户对齐并准确放置对象，它可以从标尺中拖出，也可以用图像中的路径来制作，例如直线、圆以及其他各种形状。根据需要可以创建多条参考线，

1．创建参考线

由标尺创建参考线的详细操作步骤如下：

（1）执行“编辑”→“首选项”→“参考线和网格”命令，在弹出的“首选项”对话框

话框中设置参考线的颜色和样式，如图 2-66 所示。

- 【颜色】：在该选项的下拉菜单中可以设置参考线的颜色；
- 【样式】：在该选项的下拉菜单中可以设置参考线的形状为实线还是虚线。

（跳过此步骤，则参考线的颜色和样式保持系统默认设置。）

（2）执行“视图”→“显示标尺”命令，显示标尺。

（3）执行“视图”→“参考线”→“显示参考线”命令，显示参考线。

（4）将光标移到标尺上，按下鼠标并拖到工作区中。从水平、垂直标尺上拖出来的是相应的水平或垂直参考线。释放鼠标之后，参考线即被创建。如图 2-67 所示的是创建了多条参考线的图像文档。

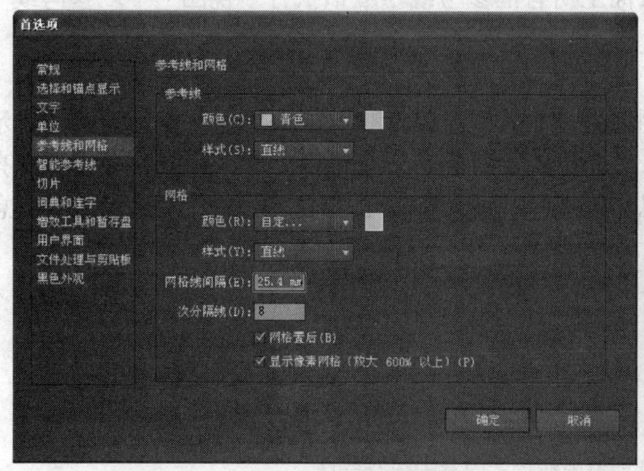

图 2-66　设置参考线样式和颜色

图 2-67　创建多条参考线

由路径创建参考线的详细操作步骤如下：

（1）在视图中选定一个路径或对象。

（2）执行“视图”→“参考线”→“建立参考线”命令，则根据选定的路径或对象创建了参考线，如图 2-68 所示。

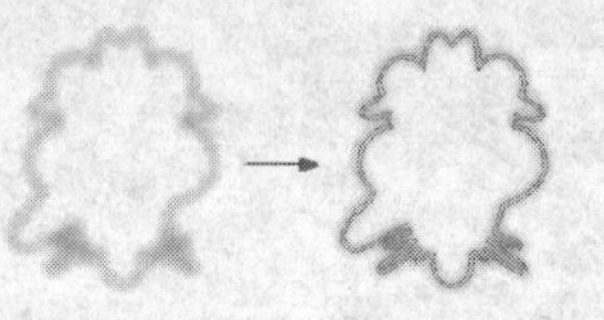

图 2-68　由路径创建参考线

2．锁定参考线

为了避免操作时移动参考线的位置，可以将参考线进行锁定。

执行“视图”→“参考线”→“锁定参考线”命令，则当前视图中所有的参考线都被锁定。

如果再次执行“视图”→“参考线”→“锁定参考线”命令，则取消“锁定参考线”命令前的选择，参考线的锁定状态也同时被解除。

3．释放参考线

通过释放参考线，可以将任何一种参考线转换为可以编辑的矢量对象。释放参考线的详细操作步骤如下：

（1）执行“视图”→“参考线”→“锁定参考线”命令，解除参考线的锁定状态。

（2）使用选择工具选择要释放的参考线。

（3）执行“视图”→“参考线”→“释放参考线”命令，则选定的参考线被转换为可执行各种变换操作的矢量对象。

4．清除参考线

清除视图中的参考线有3种方法：

（1）解除参考线的锁定状态后，使用选择工具拖动参考线到标尺上，释放鼠标后，该参考线被清除。

（2）解除参考线的锁定状态后，按下Delete键将选定的参考线删除。

（3）如果用户需要一次性清除页面上所有的参考线，应该执行“视图”→“参考线”→“清除参考线”命令。

5．智能参考线

智能参考线和普通参考线的不同之处在于，智能参考线可以根据当前执行的操作显示参考线以及相应的提示信息。例如，当光标置于对象的一个锚点上时，智能参考线将高亮显示对象的轮廓线，并显示提示信息“锚点”；而光标置于中心点上时，则显示提示信息“中心点”，如图2-69所示。

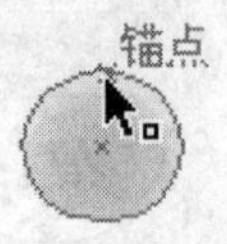

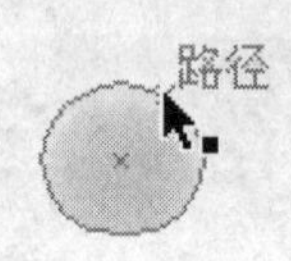

图2-69　智能参考线提示的参考线及信息

执行“视图”→“智能参考线”命令，即可打开智能参考线功能。再次执行该命令，则关闭智能参考线功能。

执行“编辑”→“首选项”→“智能参考线”命令，在弹出的“首选项”对话框中可以设置智能参考线的显示选项及其他参数，如图2-70所示。

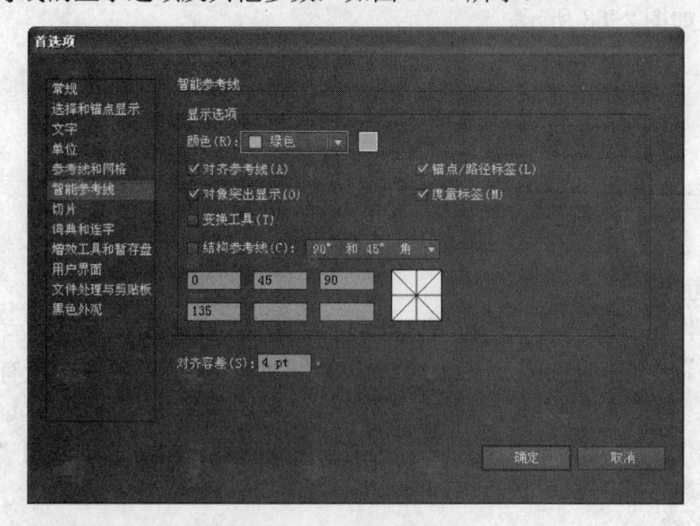

图2-70　设置显示选项

对话框中的智能参考线的设置选项介绍如下：

● 【颜色】：可以设置参考线的颜色。

- 【对齐参考线】：可使对像与参考线对齐，紧贴参考线。
- 【锚点/路径标签】：在移动光标时自动显示各种文本标签信息。
- 【对象突出显示】:使光标放在对象上时，对象的轮廓线突出显示。
- 【度量标签】：在移动光标时自动显示测量两点间距离角度的标签信息。
- 【变换工具】：在缩放、镜像、旋转对象时，将得到相对于操作基准点的参考信息。
- 【结构参考线】：可以使用直线作为参考线帮助用户确定位置。

2.2.3　使用网格

网格是一种方格类型的参考线，它可以用来对齐页面和图形的位置。同时，还可以使用网格的对齐功能，让图形自动对齐网格并编排图文，从而达到有规则地排列图形和文字。显示网格的视图效果如图 2-71 所示。

1. 显示网格

执行“视图”→“显示网格”命令，即可在视图中显示网格；反之，执行“视图”→“隐藏网格”命令，即可在视图中隐藏网格。

2. 设置网格

执行“编辑”→“首选项”→“参考线和网格”命令，在弹出的“首选项”对话框中可以设置网格的颜色、样式、网格线间隔等选项，如图 2-72 所示。

图 2-71　显示网格

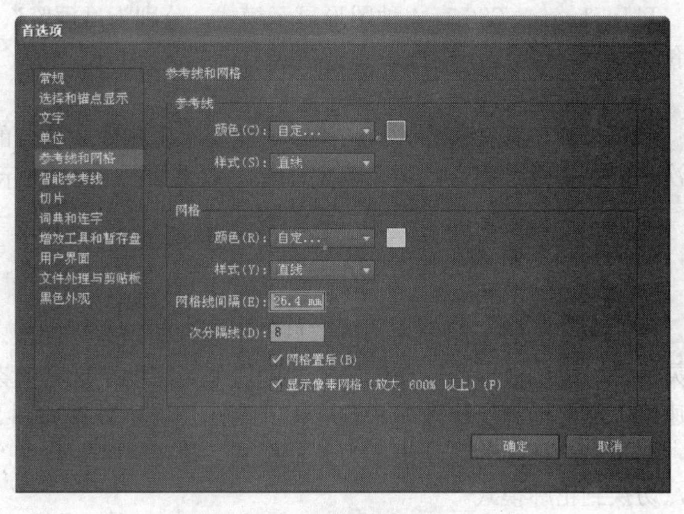

图 2-72　设置网格选项

网格设置除了“颜色”和“样式”选项和参考线设置一样，还有另外 4 个选项：

- 【网格线间距】：在该文本框中可输入网格线之间的距离；
- 【次分隔线】：在该文本框中可输入网格内的细分网格数目；
- 【网格置后】：选择该选项，可将网格置于图形对象的后面。
- 【显示像素网格】：选择该选项，可把像素的数量以网格的方式显示。

3. 透明度网格

在处理图像效果时，执行“视图”→“显示透明度网格”命令，使棋盘状透明度背景网格显示出来，从而可以观察到图像的透明区域部分，如图 2-73 所示。

如果要关闭“显示透明度网格”功能，则执行“视图”→“隐藏透明度网格”命令。

4. 对齐网格

为了使作图更加规范，可以打开对齐网格功能。执行“视图”→“对齐网格”命令，使在绘制或移动图形对象时，该图形会自动捕捉周围最近的一个网格并与之对齐。如果要关闭“对齐网格”功能，则再次执行“视图”→“对齐网格”命令，将该功能关闭。

图 2-73　显示透明度网格

同样，还可以执行“视图”→“对齐点”命令，使在绘制或移动图形对象时，该图形会自动捕捉周围最近的一个点并与之对齐。如果要关闭“对齐点”功能，则再次执行“视图”→“对齐点”命令。

2.3　图像的显示

在 Illustrator CS6 中可以采用多种方式来显示文档，从而以不同的比例观察文档中的图形，满足作图的要求。

2.3.1　视图的显示模式

Illustrator CS6 有 4 种图形显示模式，分别为“预览”、“轮廓”、“叠印预览”和“像素预览”。默认情况下图像以预览模式显示。

1. 预览模式

预览模式也称为打印模式，该模式能显示出图像大部分的细节，如颜色、形状、位置、层次等，是图像最细微的显示模式，显示效果如图 2-74 所示。

如果当前视图的显示模式为轮廓模式时，执行“视图”→“预览”命令，或按下 Ctrl+Y 键，切换到预览模式。

2. 轮廓模式

轮廓模式隐藏了图像的颜色信息，用线框图来表现图像。这样，在绘制图像时有一定的灵活性，可以根据需要在轮廓模式中操作，有助于选择复杂的图形，加快复杂图像的显示速度，从而提高操作效率。轮廓模式的图像显示效果如图 2-75 所示。

如果当前视图的显示模式为其他模式，执行“视图”→“轮廓”命令，或按下 Ctrl+Y 键，切换到轮廓模式。

3. 叠印预览模式

叠印预览模式的显示接近印刷时设置叠印印刷的效果，该模式有助于判断颜色应该采取叠印印刷还是挖空印刷。叠印预览模式的图像显示效果如图 2-76 所示。

执行“视图”→“叠印预览”命令，或按下 Alt+Shift+Ctrl+Y 键，切换到叠印预览模式。

4. 像素预览模式

像素预览模式可以将绘制的矢量图以位图的方式显示，这样可以有效控制图像的精度和尺寸等。转换为位图方式显示的图像在放大到一定倍数后，可以看到排列在一起的像素点，也就是锯齿效果。如图 2-77 所示的左图的鲜花图像，放大到 6 个倍数后，局部呈现出像素锯齿效果；而其他的视图模式显示该局部时，没有锯齿模糊状况，效果如图 2-78 所示。

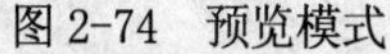

图 2-74　预览模式

图 2-75　轮廓模式

图 2-76　叠印预览模式

执行“视图”→“像素预览”命令，或按下 Alt +Ctrl+Y 键，切换到像素预览模式。

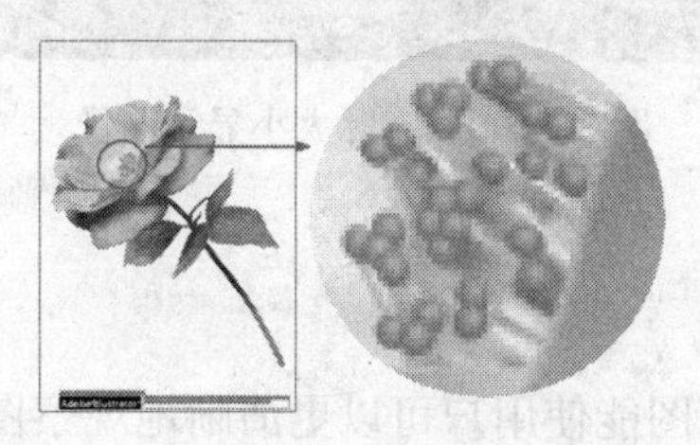

图 2-77　像素预览模式放大后的局部效果

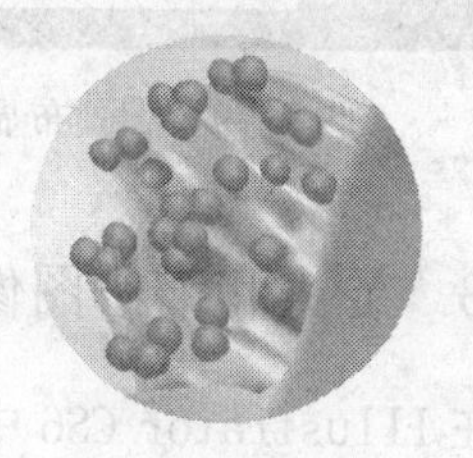

图 2-78　其他模式放大后的局部效果

2.3.2　图像的显示比例

Illustrator CS6 在视图的显示比例方面提供给用户很多选择，使用户可以方便使用各种显示比例来查看视图上的图形和文字。

1．满画布显示

选择满画布显示的方式来显示图像，能使图像以最大限度显示在工作界面并保持其完整性。设置满画布显示图像有 4 种方法：

（1）执行“视图”→“画板适合窗口大小/全部适合窗口大小”命令，使图像在视图中满画布显示，效果如图 2-79 所示。

（2）按下 Ctrl+0/Alt+Ctrl+0 键，将图像满画布显示。

（3）双击工具箱中的“抓手工具”，将图像满画布显示。

（4）单击状态栏的最左侧的百分比显示栏 222% ，在弹出菜单中选择“满画布显示”选项，将图像满画布显示。

2．显示实际大小

以实际大小来显示图像可以使图像按 100%比例的效果显示，在这个比例下更适合对图像进行精确的编辑。设置以实际大小显示图像有 4 种方法：

（1）执行“视图”→“实际大小”命令，使图像在视图中显示实际大小，效果如图 2-80 所示。

（2）按下 Ctrl+1 键，将图像以实际大小显示。

（3）双击工具箱的“缩放工具”，将图像以实际大小显示。

（4）单击状态栏的最左侧的百分比显示栏 222% ，在弹出菜单中选择“100%”选项，将图像以实际大小显示。

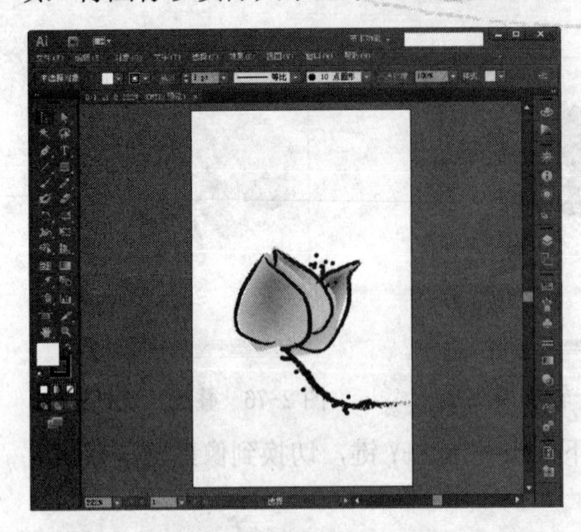

图 2-79 满画布显示图像

图 2-80 以实际大小显示图像

2.3.3 放大和缩小图像

在 Illustrator CS6 中编辑图像时，放大显示视图能使用户可以更清晰地观察图形的细节，以进行进一步的编辑修改。而缩小图像则可以观察图像的整体效果，从而对整体的构图、色调、版面等进行调整。

放大和缩小图像的方法有以下 6 种：

1. 使用菜单命令

执行“视图”→“放大”命令，每选择一次“放大”命令，视图中的图像的显示就放大一倍。

例如，图像以 100%比例显示在视图中，如图 2-81 所示。执行“放大”命令，使图像在视图上的显示比例转换为 200%，效果如图 2-82 所示；再次选择“放大”命令，显示比例则转换为 300%。

图 2-81 100%比例显示图像

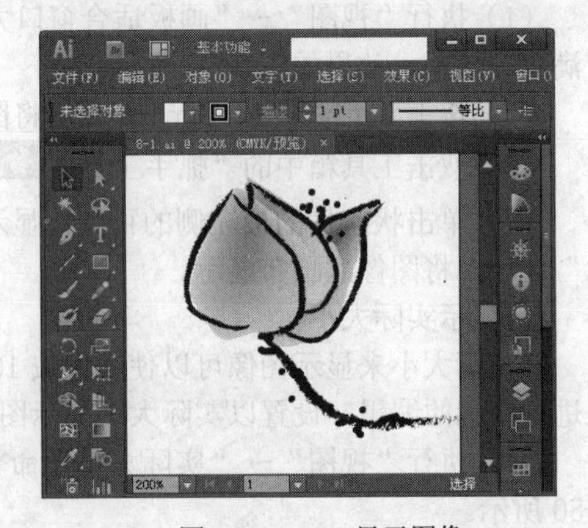

图 2-82 200%显示图像

同样，执行“视图”→“缩小”命令，每选择一次“缩小”命令，视图中的图像的显示就缩小一倍。

2. 使用缩放工具

使用工具箱中的缩放工具可以放大或缩小图像显示大小，缩放工具的使用步骤和方法如下：

（1）按下 Z 键，或在工具箱中选择“缩放工具”，将鼠标移动到视图中，光标变成缩放工具的形状。

（2）如果缩放工具光标是，表示缩放工具处于放大状态。这时，在视图中单击，图像显示比例放大一级。放大后，图像自动调整位置，使刚才点击的位置位于图像窗口中央。例如，选择缩放工具后，在字体处单击，则将以字体图形为中心放大一级比例倍数，效果如图 2-83 所示。

图 2-83　以字体为中心放大图像一级

（3）按住 Alt 键，缩放工具光标则由转换为，表示缩放工具处于缩小状态。这时，在视图中单击，图像显示比例缩小一级。

注意：

使用缩放工具时，显示比例有 17 级，分别是 6.25%、8.33%、12.5%、16.67%、25%、33.33%、50%、66.67%、100%、150%、200%、300%、400%、600%、800%、1200%和 1600%。如果缩放工具光标上没有“＋”和“－”，则表示放大倍率已经到达最大或最小。

3. 使用快捷键

连续按下 Ctrl+“+”键，可逐步按照级别放大图像显示比例。例如，图像以 50%比例显示在视图中，按下 Ctrl+“+”键，使转换为 66.67%显示比例；再次按下 Ctrl+“+”键，则转换为 100%的图像显示比例。

同样，连续按下 Ctrl+“－”键，可逐步按照级别缩小图像显示比例。

4. 使用缩放工具局部放大图像

使用缩放工具还可以针对图像的局部进行放大图像，使选择的局部在视图中最大化显示，以便进行细节的编辑。下面详细介绍缩放工具放大局部的使用步骤和方法。

（1）按下 Z 键，或在工具箱中选择“缩放工具”，将鼠标移动到视图中，光标变成缩放工具的形状。

（2）在图像中按住鼠标左键并拖拽鼠标，使拖拽出一个矩形框，框选需要放大的局部区域。释放鼠标后，框选的区域会放大显示并布满图像窗口，如图 2-84 所示。

5. 使用状态栏

状态栏的百分比数值栏 100% 中显示图像的当前显示比例。如果需要改变当前显示比例，单击该百分比数值栏，在弹出菜单中选择一个比例数值，如图 2-85 所示。这时，图像则以选择的比例值来显示。另外，还可以在百分比数值栏中输入比例数值，按 Enter 键就可以应用这个比例数值来显示图像。

图 2-84　放大图像的局部

6. 使用导航器

执行“窗口”→“导航器”命令，打开“导航器”面板，该面板可以对图像显示进行放大和缩小操作。在面板中的预览图上的红框表示图像在视图上的显示区域，如图 2-86 所示。

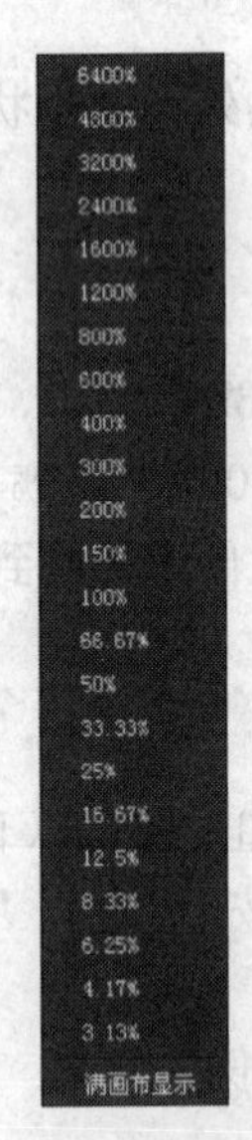

图 2-85　选择显示比例数值

图 2-86　使用导航器控制视图显示大小

进行放大和缩小的操作有 4 种方法：

（1）单击面板右下角较大的三角形按钮，可以和缩放工具一样，按级放大图像。例如，从 50%显示比例放大到 66.67%，再相继放大到 100%、150%等。同样，单击面板左下角较小的三角形按钮，可按级缩小图像。

（2）拖动面板上的滑块，可以连续地改变图像的显示比例。将滑块拖向右方，可以放大图像显示比例；将滑块拖向左方，可以缩小图像显示比例。

（3）在面板左下角的数值框 66.67% 中输入比例数值，按 Enter 键就可以应用这个比例数值来显示图像。

（4）按住 Ctrl 键，在面板的预览图中按下鼠标进行拖动，框选需要放大的区域，释放鼠标即可将选定区域放大。

2.3.4　边缘、画板和页面拼贴的显示

使用 Illustrator CS6 绘图过程中，有时候图像的边缘、控制点、画板和页面拼贴会影响观察图像，可以根据用户的需要来显示或隐藏它们。

1. 显示边缘

在系统默认情况下“显示边缘”命令保持被激活状态。这样，选择图形时，可以看到该图形的边缘和控制点，如图 2-87 所示。

如果执行“视图”→“隐藏边缘”命令，将使选定对象的边缘和控制点都不可见，使在复杂的图像中更快捷和精确地选定对象，如图 2-88 所示。如果需要重新显示边缘，则执行 “视图”→“显示边缘”命令。

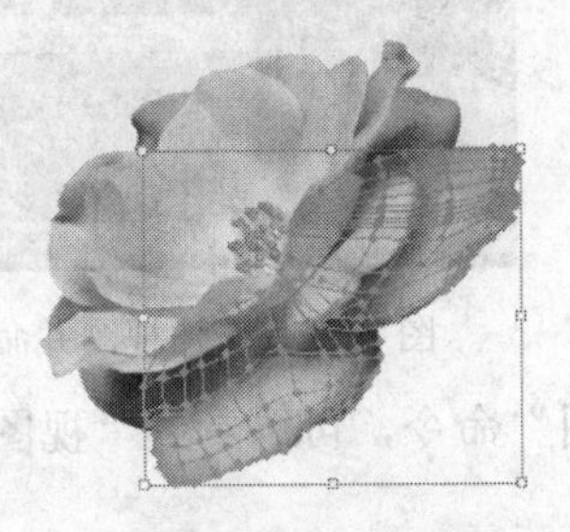

图 2-87　显示边缘

图 2-88　隐藏边缘

2. 显示画板

画板指在工作界面中以黑色实线表示的矩形区域，这个区域的大小就是用户设置的页面大小，如图 2-89 所示。

执行“视图”→“隐藏画板”命令，将使工作界面中表示画板的黑色实线不可见，如图 2-90 所示。如果需要重新显示画板，则执行 “视图”→“显示画板”命令。

图 2-89　显示画板

图 2-90　隐藏画板

2.3.5　自定义视图

为了满足不同用户的习惯，Illustrator 提供了多种视图方式，还可以新建视图以便随时调用，从而提高工作效率。下面详细介绍自定义视图的使用步骤和方法。

（1）设置视图中图像的水平、垂直位置和显示比例等各种参数，如图 2-91 所示。

（2）执行“视图”→“新建视图”命令，在弹出的“新建视图”对话框的“名称”文本框中输入视图的名称，在本例中输入的名称为“新视图”，如图 2-92 所示。

图 2-91　设置视图

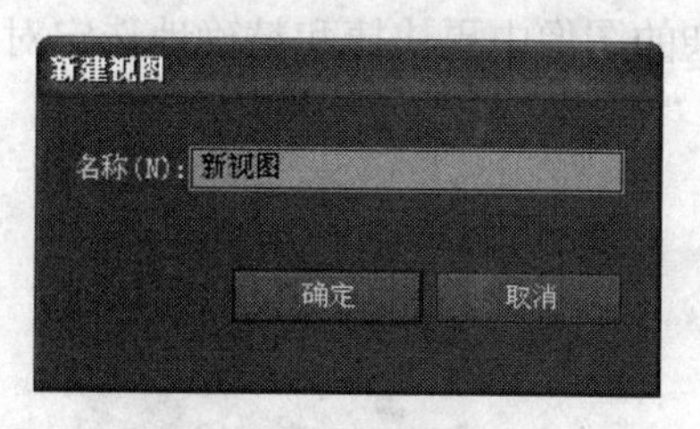

图 2-92　新建视图并命名

（3）单击“确定”按钮。这时，执行“视图”命令，可以看到“视图”菜单的底部出现了“新视图”视图选项，如图 2-93 所示。

（4）在编辑图像过程中，视图中的图像的位置和比例将会被改变。如果需要回到刚存储的视图，执行“视图”→“新视图”命令，则图 2-91 所示的视图将重新调用出来。

（5）如果需要编辑存储的视图，则执行“视图”→“编辑视图”命令，打开“编辑视图”对话框，如图 2-94 所示。在对话框中，选择视图名称，在“名称”文本框中输入新的名称，可以为视图重命名；选择视图名称后，单击“删除”按钮，可以将该视图进行删除。

（6）单击“确定”按钮，编辑视图的操作即可生效。

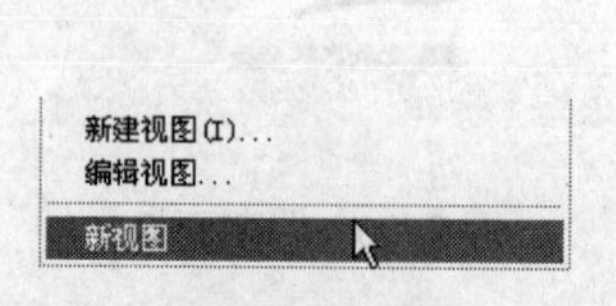

图 2-93　调用“新视图”

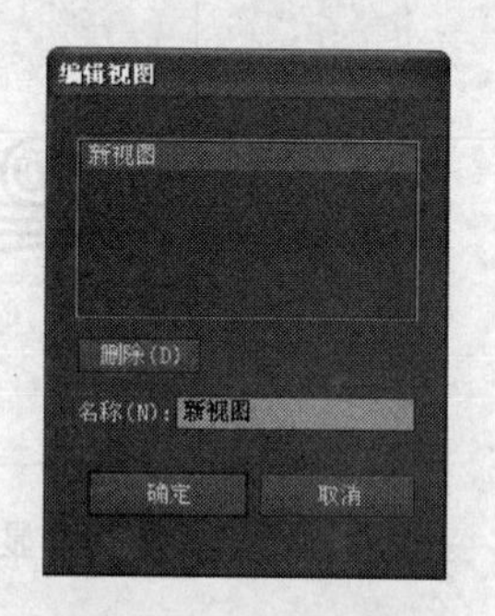

图 2-94　编辑视图

2.4　首选项的设置

Illustrator CS6 提供了对工具、命令、工作环境的预制选项，使用户可以根据需求设置特定的参数，从而对软件的全局起到自定义的控制。

执行“编辑”→“首选项”命令，可以看到“首选项”有 12 个扩展命令，如图 2-95 所示。分别选择这 12 个命令，都可以进入“首选项”对话框对 Illustrator CS6 的预制进行相应的调整。

1. 常规设置

执行“编辑”→“首选项”→“常规”命令，打开“首选项”对话框的“常规”参数设定对话框。常规对话框中可以设置键盘增量、约束角度以及其他一些参数，如图 2-96 所示。通过选择对话框左上角的显示“常规”的下拉列表选项，可以切换到其他参数设定对话框的选项。“常规”参数设定对话框中的各选项的功能详细介绍如下：

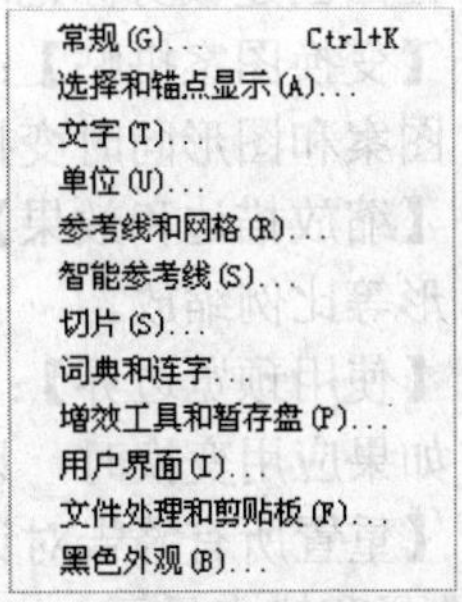

常规 (G)... Ctrl+K
选择和锚点显示 (A)...
文字 (T)...
单位 (U)...
参考线和网格 (R)...
智能参考线 (S)...
切片 (S)...
词典和连字...
增效工具和暂存盘 (P)...
用户界面 (I)...
文件处理和剪贴板 (F)...
黑色外观 (B)...

图 2-95　选择首选项扩展命令

- 【键盘增量】：该选项的数值用于控制每次按方向键移动当前选择的对象在视图中移动的距离。
- 【约束角度】：该选项设定页面上的对象和水平轴之间的角度，默认值为 0。如果在文本框中输入数值，则使绘制的对象在没有作旋转变换的情况下，和水平轴有一定的夹角。例如，当约束角度为 0 的情况下，绘制的图形如图 2-97 左图所示；当设置约束角度为 45º，则绘制的图形和输入的文本都自动和水平线形成 45º 夹角，如图 2-97 右图所示。

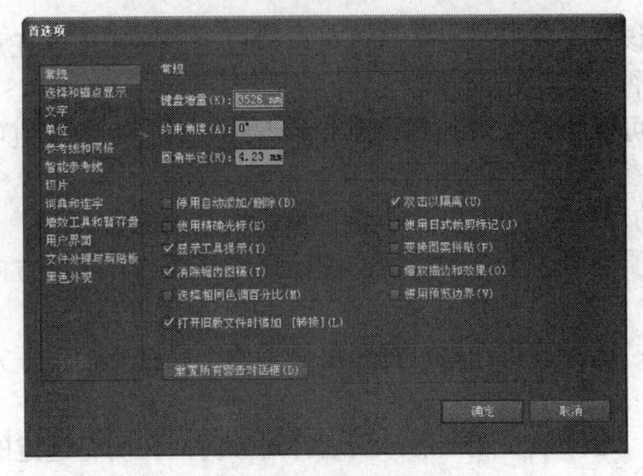

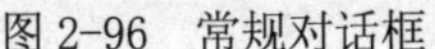

首选项
常规
选择和锚点显示
文字
单位
参考线和网格
智能参考线
切片
词典和连字
增效工具和暂存盘
用户界面
文件处理和剪贴板
黑色外观
键盘增量(K):
约束角度(A):
圆角半径(R):
确定
取消

图 2-96　常规对话框

Illustrator
Illustrator

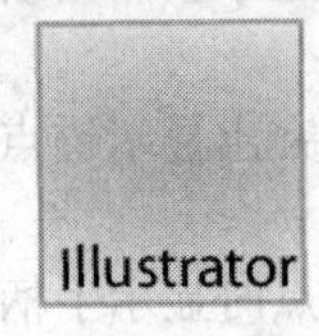

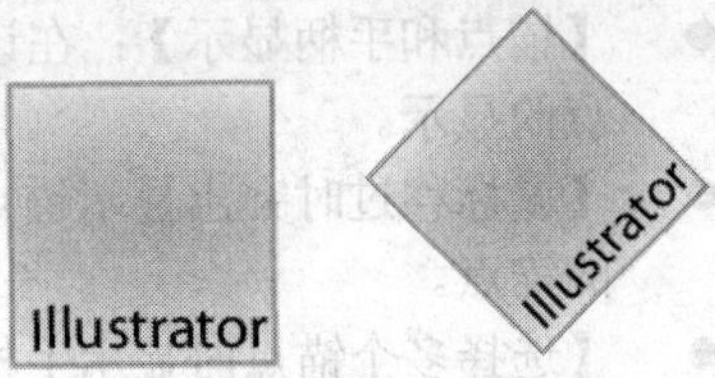

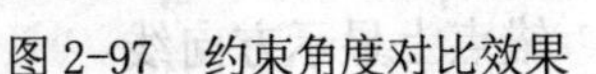

图 2-97　约束角度对比效果

- 【圆角半径】：该选项设定圆角矩形的圆角半径。
- 【停用自动添加/删除】：选择该选项后，能使钢笔工具在绘制图形时不能添加或删除锚点。
- 【使用精确光标】：选择该选项后，光标将变成“＋”字形，“＋”字中心是光标的作用点，将十字光标的中心点置于定位点，可以进行精确定位。
- 【显示工具提示】：选择该选项后，把光标移动到工具按钮上停留片刻，会出现一个浮动的小窗口，显示该工具的名称和快捷键。
- 【消除锯齿图稿】：选择该选项后，在绘制矢量图时，得到更加光滑的边缘效果。
- 【选择相同色调百分比】：选择该选项后，在选择对象时可选中相同的色彩百分

比。

- 【打开旧版文件时追加[转换]】：选择该选项后，在打开 Illustrator CS6 以前的旧版本绘制的文档时，可将文档转换后再打开。
- 【双击以隔离】：选择该选项表示当双击对象时，可以使该对象进入隔离模式，即在不扰乱其他部分的情况下编辑隔离组中的对象。
- 【使用日式裁剪标记】：选择该选项后，在执行“效果”→“裁剪标记”命令为位图创建裁剪标记时，将创建日式的裁剪标记。
- 【变换图案拼贴】：选择该选项后，在变换带有图案填充的图形时，可以使填充图案和图形同时变换。如移动、旋转、缩放等。
- 【缩放描边和效果】：选择该选项后，在缩放图形时，图形的描边和效果随着图形等比例缩放。
- 【使用预览边界】：选择该选项后，在画面中选择对象时，会显示出对象的边界。如果应用变换时，只需要拖拽对象周围的手柄即可。
- 【重置所有警告对话框】：单击该按钮可以复位所有的警告对话框。

2．选择和锚点显示

执行“编辑”→“首选项”→“选择和锚点显示”命令，可以切换到“选择和锚点显示”参数设定对话框指定锚点大小，如图 2-98 所示。

该对话框中的各选项的功能详细介绍如下：

- 【容差】：容差数值指定用于选择锚点的像素范围，较大的值会增加锚点周围区域的宽度。
- 【仅按路径选择对象】：选择该复选框后，表示是否可以通过单击对象中的任意位置来选择填充对象，或者是否必须单击路径。
- 【对齐点】：选择该复选框，可以将对象对齐到锚点和参考线。对齐点的数值可以指定在对齐时对象与锚点或参考线之间的距离。
- 【按住 Ctrl 键单击选择下方的对象】：按住 Ctrl 键，编辑所选的对象。
- 【锚点和手柄显示】：在该选项中可以单击列表中的图标来选择锚点和手柄方向点的显示。
- 【鼠标移过时突出显示锚点】：选择该复选框，将突出显示位于鼠标光标正下方的锚点。
- 【选择多个锚点时显示手柄】：选择该复选框后，当选择对象时，在所有选定的锚点上显示方向线。

3．文字设置

切换到“文字”参数设定对话框，在该对话框中主要设置和文字相关的参数，比如大小、字距等，如图 2-99 所示。对话框中的各选项的功能详细介绍如下：

- 【大小/行距】：该选项用来调节文字的行距，默认值是 2。
- 【字距调整】：该选项用来调节文字的间距，默认值是 20。
- 【基线偏移】：该选项用来设置文字基线的位置，有助于编辑上、下标，对于编辑数学和化学公式很有帮助，默认数值为 2。
- 【仅按路径选择文字对象】：选择该选项，只有路径文字才能被选择。
- 【显示亚洲文字选项】：选择该选项，可以使“字符”和“段落”面板中可以显示亚洲文字字体，包括中文、日文和韩文等。

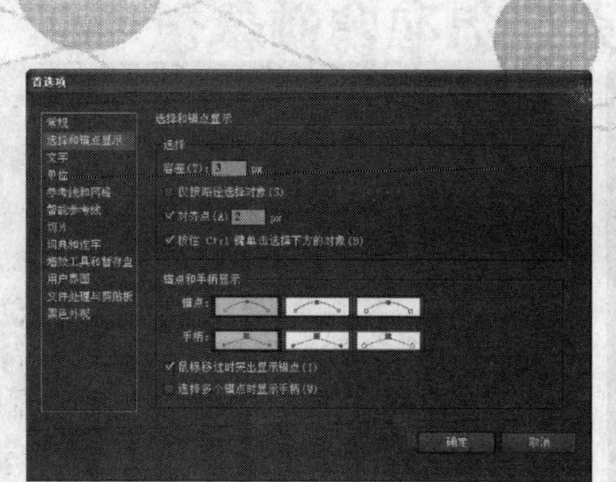

图 2-98　选择和锚点显示对话框

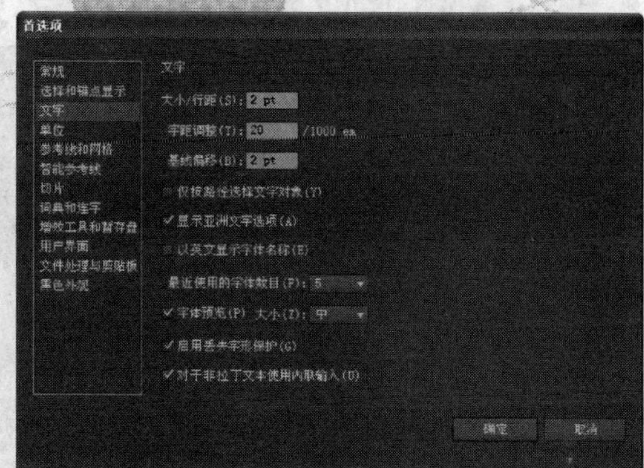

图 2-99　文字对话框

- 【以英文显示字体名称】：选择该选项，则“文字”→“字体”菜单下的字体名称以英文方式显示。
- 【最近使用的字体数目】：该选项可以设置最近使用的字体数目，此数目将决定“文字”→“最近的字体”菜单下的字体数目。
- 【字体预览】：选择该选项，使输入文字时能显示字体预览。
- 【大小】：该选项设置字体预览的字体大小。
- 【启用丢失字形保护】：启用该功能后，如果在选择罗马字体之后输入非罗马文本（例如日文或西里尔文），则字形保护功能将防止出现不正确的、不可辨认的字符。
- 【对于非拉丁文本使用内联输入】：该选项允许用户直接在页面中输入非拉丁文本。

4. 单位设置

切换到“单位”参数设定对话框，如图 2-100 所示。该对话框中的各选项的功能详细介绍如下：

- 【常规】：该选项用于设置标尺的度量单位。
- 【描边】：该选项用于设置图形描边的度量单位。
- 【文字】：该选项用于控制文字的度量单位。
- 【亚洲文字】：该选项用于控制字体名称的显示单位。
- 【对象识别依据】：该选项用于设置识别对象时以对象的名称识别还是以对象的 XML ID 号识别。

5. 参考线和网格设置

切换到“参考线和网格”参数设定对话框。在“参考线和网格”参数设定对话框可以设置颜色、样式、网格线间隔等参数，但由于该对话框的选项已经分别在“2.2.2 使用参考线”和“2.2.3 使用网格”节中详细讲解过，因此不再赘述。

6. 智能参考线

切换到“智能参考线”参数设定对话框，如图 2-101 所示。在该对话框中，“显示选项”栏的几个选项已经在“2.2.2 使用参考线”节中详细讲解，因此不再赘述。

7. 切片设置

切换到“切片”参数设定对话框，如图 2-102 所示。该对话框中的各选项的功能详细介绍如下：

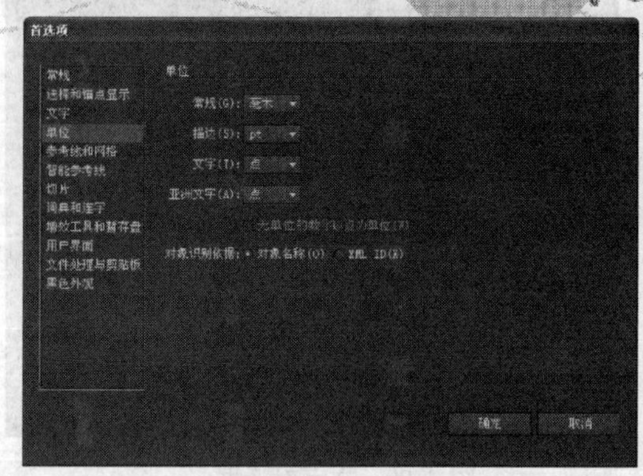

图 2-100　单位对话框　　　图 2-101　智能参考线对话框

- 【显示切片编号】：选择该选项，当图像执行切片命令后，将显示生成的切片编号。
- 【线条颜色】：该选项用于设置切片显示的颜色。

8. 词典和连字设置

切换到“词典和连字”参数设定对话框，如图 2-103 所示。在该对话框中，用户可以设置单词间的链接，从而使输入文字时更加美观，详细介绍如下：

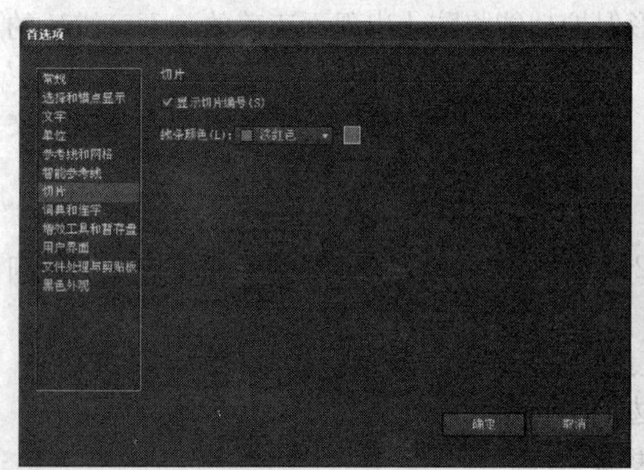

图 2-102　切片对话框　　　图 2-103　“连字”对话框

- 【将旧版文档更新为使用新词典】：该选项为旧版文档中的文本指定语言。
- 【默认语言】：在该选项的下拉列表中可以选择定义连字选项所使用的语言。
- 【连字例外项】：在该列表框中显示不需要连字的单词。如果显示的单词项重新需要连字，在该列表框中选中该项，单击“删除”按钮。
- 【新建项】：在该文本框中可以输入不需要连字的单词，并单击“添加”按钮，把输入的单词项添加到“连字例外项”列表框中。

9. 增效工具和暂存盘设置

切换到“增效工具和暂存盘”参数设定对话框，如图 2-104 所示。该对话框主要用于增效工具和暂存盘在计算机中位置的设置，详细介绍如下：

- 【其他增效工具文件夹】：安装 Illustrator CS6 时，会自动将增效工具安装在相应的文件夹中；单击“选取”按钮，可以在弹出的“新建的其他增效工具文件夹”面板中选择新的文件路径新建增效工具文件夹。

- 【主要】：该选项用于设置暂存盘的主要盘符位置，使软件有足够的空间去运行文档。
- 【次要】：该选项用于设置暂存盘的次要盘符位置，以备使用。

10. 用户界面

切换到“用户界面”参数设定对话框，如图 2-105 所示。该对话框主要设置用户界面的亮度，如图 2-105 所示。Illustrator CS6 的默认亮度是中等深色，向左拖动亮度滑块，可以降低界面的亮度。将滑块拖到最左的位置，则界面的亮度最低，如图 2-106 所示。选择“自动折叠图标面板”复选框，在远离面板的位置单击时，将自动折叠展开的图标面板，选择“以选项卡方式打开文档”，则页面文档将以选项卡的方式打开。

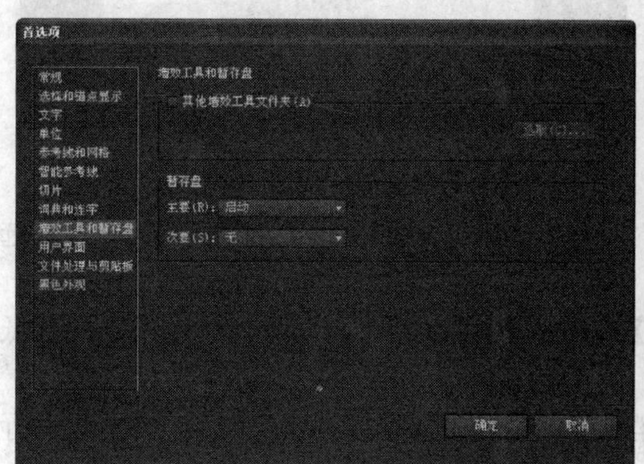

图 2-104 “增效工具和暂存盘”对话框

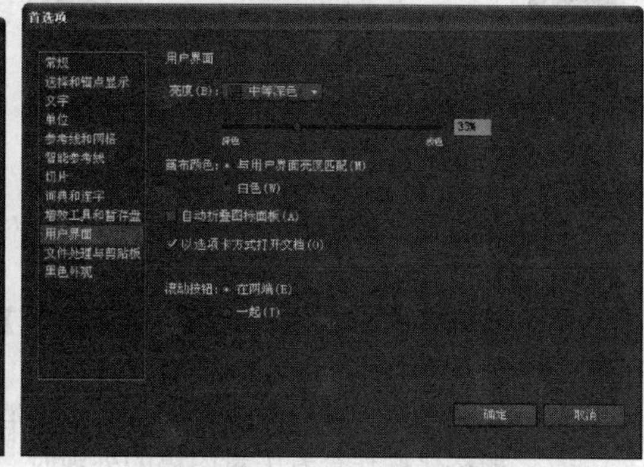

图 2-105 “用户界面”对话框

选择“在两端”，则滚动按钮位于窗口两侧，如图 2-107 所示；选择“一起”，则滚动按钮位于窗口的一侧，如图 2-108 所示。

图 2-106 深色界面

11. 文件处理与剪贴板设置

图 2-107 “在两端”效果　　　图 2-108 “一起”效果

切换到“文件处理和剪贴板”参数设定对话框，如图 2-109 所示。该对话框中的各选项的功能详细介绍如下：

- 【链接的 EPS 文件用低分辨率显示】：该选项可以使 PostScript 格式文件以低分辨率显示。
- 【在“像素预览”中将位图显示为消除了锯齿的图像】：使用像素预览模式进行栅格化操作查看矢量图稿的外观时，将位图消除锯齿后进行显示。
- 【更新链接】：该选项使当前文档中的链接文件发生了改变后更新链接，有“自动”、“手动”和“当修改时提问”3 个选项可供选择。
- 【复制为】：该选项设置文件在剪贴板中被保存的类型，有 PDF 和 AICB 选项可供选择。由于 Illustrator CS6 可以和 Adobe 公司的其他产品之间粘贴图形，而有些软件需要特定的文件，如 Adobe InDesign 需要 PDF 文件，而 Adobe Photoshop 需要 AICB 文件。如果选择了 AICB 文件，还有两个单选按钮可供选择——“保留路径”还是“保留外观和叠印”。

12. 黑色外观设置

切换到“黑色外观”参数设定对话框，如图 2-110 所示。在该对话框中，显示了 100K 黑色示例和复色黑示例图像，100K 纯黑色是 100%所有的黑色，而复色黑是混合了 CMYK 值的黑色。

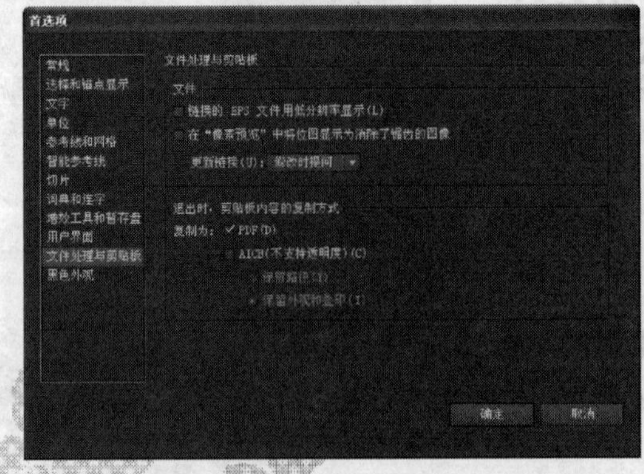

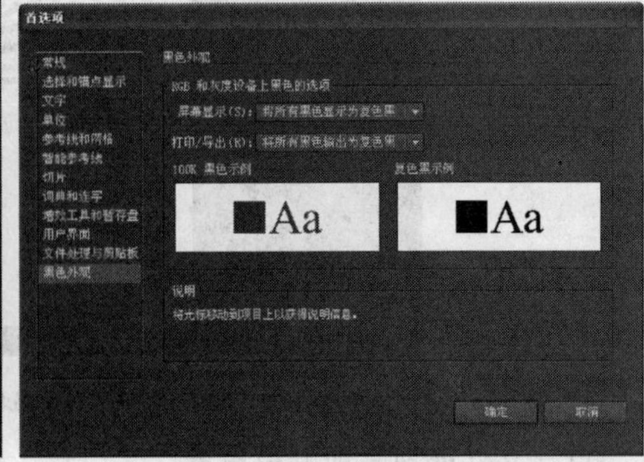

图 2-109 “文件处理和剪贴板”对话框　　　图 2-110 “黑色外观”对话框

在该对话框中，可以设置“屏幕显示”和“打印/导出”选项的显示和输出黑色为纯黑色还是复色黑。

2.5 本章小结

在本章中，讲述了 Illustrator CS6 的工作界面、图像的显示，还介绍了类似标尺、参考线、缩放工具这样的辅助工具的使用，最后进行首选项的设置，使对 Illustrator CS6 的一些工具和全局设置进行自定义。

通过本章的学习，可以更加熟悉 Illustrator CS6 的工作区和各个工具面板，很轻松地管理视图，使用辅助工具帮助提高绘图效率。另外，首选项的设置也为全局进行更适合用户的设置，为下一章学习绘制基本形状打下基础。

2.6 上机操作

1. 绘制一个如图 2-111 所示的图形，并将该图形路径转换为参考线。

2. 在视图上显示网格，并设置网格线间隔为 50mm，次分隔线为 2，使网格效果如图 2-112 所示。

图 2-111　绘制图形

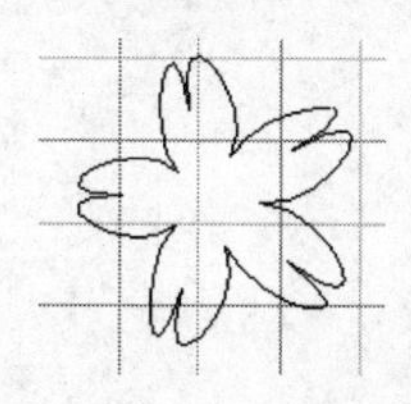

图 2-112　网格效果

2.7 思考练习

一. 填空题

1. 在工作界面中以黑色实线表示的矩形区域称为____________，这个区域的大小就是用户设置的页面大小。

2. 工具箱中的_______工作组可以对图像进行缩放、旋转、扭曲变形等操作。

3. Illustrator CS6 的 4 种图形显示模式为__________、____________、和__________。

4. 在 Illustrator CS6 中打开的文档将以边对边的方式排列称为_____________。

5. ___________可以根据当前执行的操作显示参考线以及相应的提示信息。

二. 选择题

1. ________模式能显示出图像大部分的细节，是图像最细微的显示模式。

A：预览　　B：轮廓

C：叠印预览　　D：像素预览

2. 在选取多个对象时，_______ 面板可以使所选择对象沿着指定的轴分散或对齐。

A：变量　　B：属性

C：对齐　　D：外观

3. 放大图像的方法不包括_______ 。

A：使用“Ctrl+－”键　　B：使用缩放工具

C：使用“放大”命令　　　　　　　　D：使用百分比数值栏

三．思考题

1．在“导航器”面板中，如何对图像显示进行放大和缩小操作？

2．用哪几种方法可以在视图中以实际大小来显示图像，使图像按 100%比例的效果显示？

第 3 章 绘制基本图形

本章导读

作为一个矢量图形软件，Illustrator 具有强大的绘图功能。使用 Illustrator 工具箱提供的绘图工具可以快速地绘制出线条、矩形、圆形、圆角矩形、多边形、星形、光晕、网格等常见的矢量图形。

- 绘制基本线条
- 绘制基本几何图形
- 自由绘制图形

3.1 绘制基本线条

绘制基本线条需要用到的工具有：直线段工具、弧线工具、螺旋线工具、矩形网格工具、极坐标网格工具，下面详细介绍这些工具的使用方法。

3.1.1 绘制直线段

直线是最基本的图形组合元素，使用直线段工具绘制直线有两种方法：

1. 手动绘制直线

（1）单击工具箱中的直线段工具，如图 3-1 所示。

（2）将鼠标移至页面上。这时，光标会变成 符号。

（3）在页面中按住鼠标进行拖动，拖到预想的直线的长度和角度后释放鼠标，即可得到一条直线。

在绘制的过程中，通过配合快捷键，可以获得多样化的直线效果。

- 绘制直线的过程中，如果按住 Alt 键，则可以绘制出由中心点出发，向两边延伸绘制而成的直线段。
- 按住空格键，则可以在绘制过程中移动正在绘制的直线。
- 按住 Shift 键，则可以绘制出 0º、45º、90º 方向的直线。
- 按住“～”键，可以绘制多条由鼠标单击点为扩散点的多条直线，随着鼠标的移动控制直线的长短度，示例效果如图 3-2 所示。

2. 精确绘制直线

（1）单击工具箱中的直线段工具，并在页面上的任意位置单击。

（2）在弹出的“直线段工具选项”对话框中设置直线段的长度和角度。对话框中显示的默认数值是上次创建的直线段尺寸数值，如图 3-3 所示。

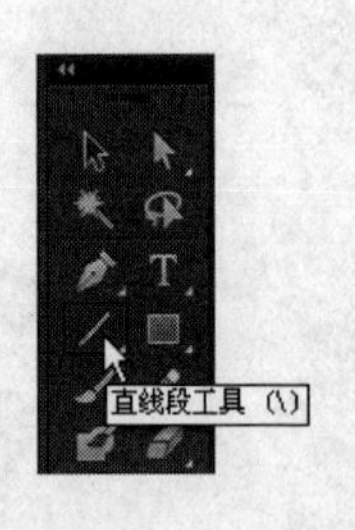

图 3-1　选择直线段工具

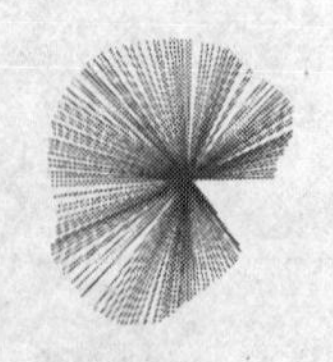
图 3-2　绘制多条直线段

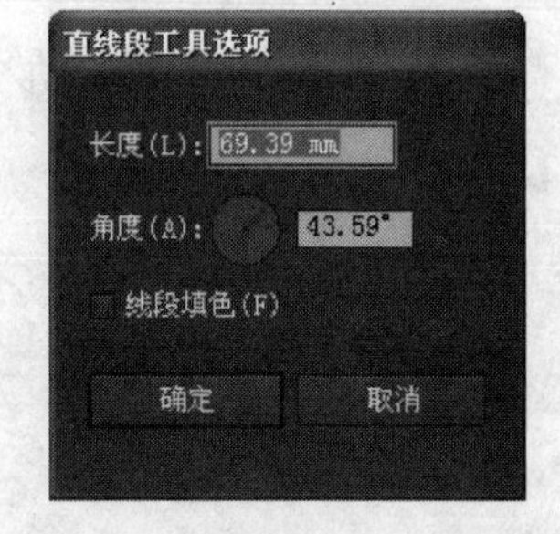

图 3-3　直线段工具选项

（3）单击“确定”按钮，这样在页面以单击鼠标处为起点创建了一条直线段，同时其尺寸也被保存下来作为下次创建直线段的默认值。

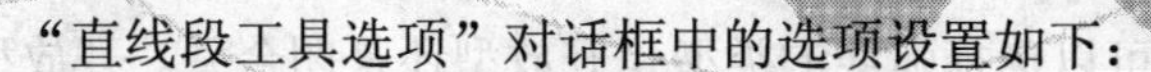

“直线段工具选项”对话框中的选项设置如下：

- 【长度】：该选项的数值可以精确定义直线的长度。
- 【角度】：该选项的数值可以精确定义直线的角度。
- 【线段填色】：选择该复选框使将绘制的线段有填色性能。

3.1.2　绘制弧线

使用弧线工具绘制弧线也分为手动绘制和精确绘制两种方法：

1．手动绘制弧线

（1）在工具箱中按住直线段工具不放，弹出直线段展开工具组。

（2）单击直线段展开工具组中的弧形工具，如图 3-4 所示。

（3）在页面中按住鼠标进行拖动，拖到预想的弧线的长度和角度后释放鼠标，即可得到一条弧线。

在绘制弧线的过程中，通过配合快捷键，可以获得多样化的弧线效果。

- 绘制弧线的过程中，按住 C 键，则可以在开放式和闭合式弧线互相转换。
- 按住空格键，则可以在绘制过程中移动正在绘制的弧线。
- 按住 F 键或 C 键，则可以翻转正在绘制的弧线。
- 按住↓键能使弧度变大；按下↑键能使弧度变小。
- 按住“～”键，可以绘制多条由鼠标单击点为扩散点的多条弧线，随着鼠标的移动控制弧线的长短度，示例效果如图 3-5 所示。

2．精确绘制弧线

（1）单击工具箱中的弧线工具，并在页面上的任意位置单击。

（2）在弹出的“弧线段工具选项”对话框中设置弧线选项各项参数，如图 3-6 所示。

（3）单击“确定”按钮，这样在页面以单击鼠标处为起点创建了一条弧线。

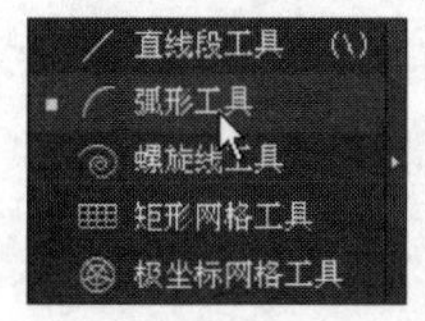

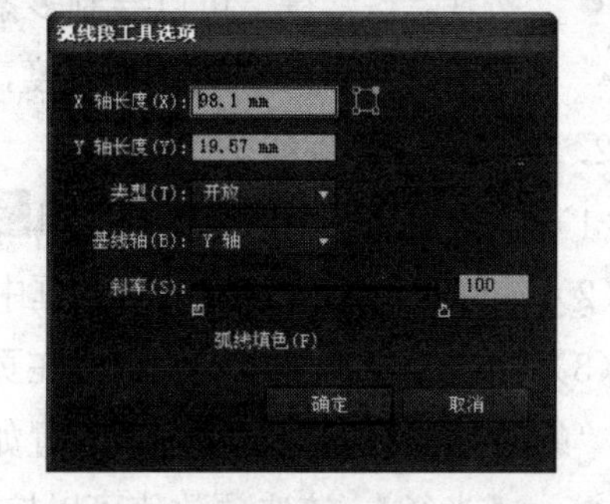

图 3-4　选择弧线工具　　图 3-5　绘制多条弧线　　图 3-6　“弧线段工具选项”对话框

“弧线段工具选项”对话框中的选项设置如下：

- 【X 轴长度】：该选项数值可以控制弧线在 X 轴上的长度。
- 【Y 轴长度】：该选项数值可以控制弧线在 Y 轴上的长度。

- 【类型】：在该下拉列表中可以选择弧线的类型是开放型还是闭合型。开放型曲线和闭合型曲线效果如图 3-7 所示。
- 【基线轴】：在该下拉列表中可以选择弧线的坐标轴是 X 轴还是 Y 轴。
- 【斜率】：该选项的数值用来控制弧线的凸起和凹陷的程度，也可以直接拖动该选项下的滑块来调整斜率。
- 【弧线填色】：选择该复选框使将绘制的弧线有填色性能。

3.1.3 绘制螺旋线

绘制螺旋线的方法步骤和绘制直线段、弧线的步骤基本一样。

1．手动绘制螺旋线

（1）单击直线段工具组中的螺旋线工具。

（2）在页面中按住鼠标进行拖动，拖到预想的螺旋线大小和角度后释放鼠标，即可得到一条螺旋线，如图 3-8 所示。

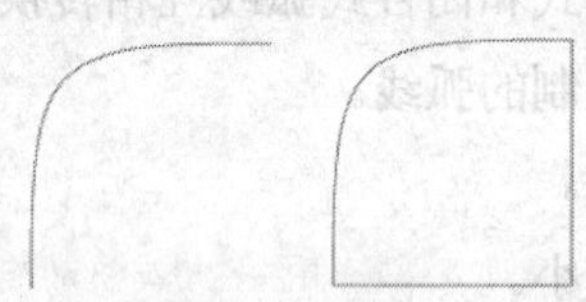

图 3-7　开放型和闭合型曲线　　　　图 3-8　绘制螺旋线

在绘制螺旋线的过程中，通过配合快捷键，可以获得多样化的螺旋线效果。

- 绘制过程中，按住 Ctrl 键，可以控制螺旋线的密度。
- 按住空格键，则可以在绘制过程中移动正在绘制的螺旋线。
- 按住↓键能减少螺旋圈数；按下↑键增加螺旋圈数。
- 按住“～”键，可以绘制多条由鼠标单击点为扩散点的多条螺旋线，随着鼠标的移动控制螺旋线的长短度，示例效果如图 3-9 所示。

2．精确绘制螺旋线

（1）单击工具箱中的螺旋线工具，并在页面上的任意位置单击。

（2）在弹出的“螺旋线”对话框中设置螺旋线选项各项参数，如图 3-10 所示。

（3）单击“确定”按钮，这样在页面以单击鼠标处为起点创建了一条螺旋线。

“螺旋线”对话框中的选项设置如下：

- 【半径】：该选项数值可以控制螺旋线最外侧点到中心点的距离。如图 3-11 所示的效果，在其他选项参数相同的情况下，左图螺旋线的半径为 50，右图螺旋线的半径为 100。
- 【衰减】：该选项数值可以控制每个旋转圈相对于前面一个旋转圈的衰减量。如图 3-12 所示的效果，在其他选项参数相同的情况下，左图螺旋线的衰减数值为 20%，右图的螺旋线衰减数值为 40%。

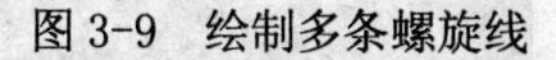

图 3-9　绘制多条螺旋线

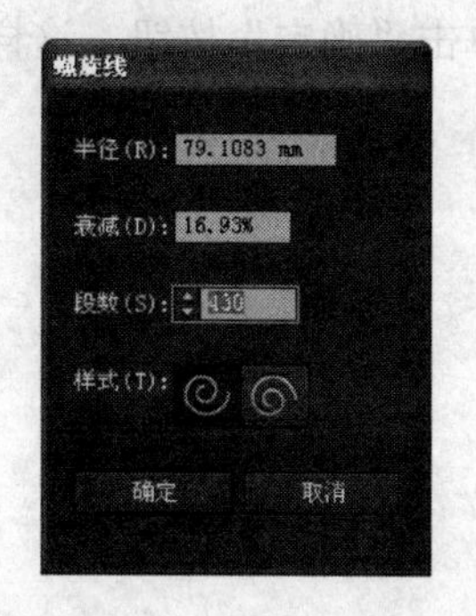

图 3-10　“螺旋线”对话框

- 【段数】：该选项数值可以控制螺旋线的段数。如图 3-13 所示的效果，在其他选项参数相同的情况下，左图螺旋线的段数为 5，右图螺旋线的段数为 30。
- 【样式】：该选项可以选择逆时针或顺时针来指定螺旋旋转的方向。

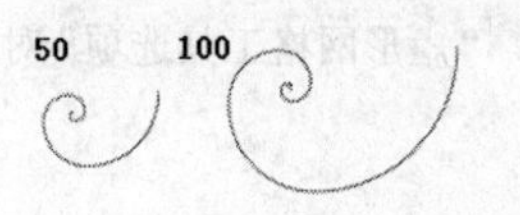

图 3-11　不同半径的螺旋线

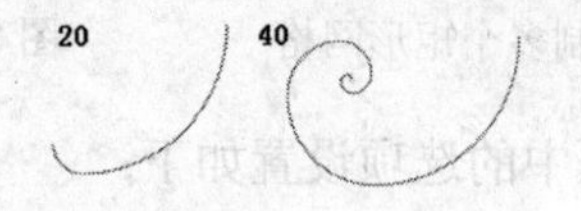

图 3-12　不同衰减的螺旋线

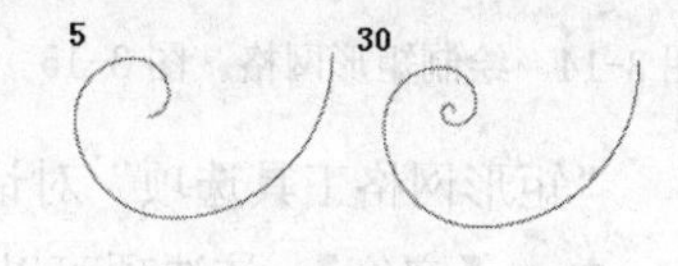

图 3-13　不同段数的螺旋线

3.1.4　绘制矩形网格

使用矩形网格工具▦可以快速绘制网格图形。

1. 手动绘制矩形网格

与绘制直线段、弧线、螺旋线的方法一样，手动绘制矩形网格的方法很简单。

在工具箱中选择矩形网格工具▦后，在页面上按下鼠标进行拖动，释放鼠标即可创建出一个矩形网格，如图 3-14 所示。

如果需要在手动绘制矩形网格时，调整网格的参数，则需要配合快捷键。

- 绘制过程中，按住 Shift 键，可以绘制出正方形网格图形。
- 按住 Alt 键，可以使当前绘制的矩形网格放大 1 倍。
- 按住空格键，则可以在绘制过程中移动正在绘制的矩形网格。
- 按↓键能减少垂直方向的网格；按下↑键增加垂直方向的网格；按←键能减少水平方向的网格；按下→键增加水平方向的网格。
- 按住“～”键，可以绘制多条由鼠标单击点为扩散点的多个矩形网格，随着鼠标的移动控制矩形的长度和宽度，示例效果如图 3-15 所示。

2. 精确绘制矩形网格

（1）单击工具箱中的矩形网格工具▦，并在页面上的任意位置单击。在弹出的“矩形网格工具选项”对话框中设置各项参数，如图 3-16 所示。

（2）单击“确定”按钮，这样在页面以单击鼠标处为起点创建了一个矩形网格。

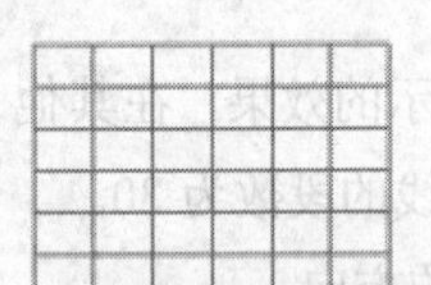

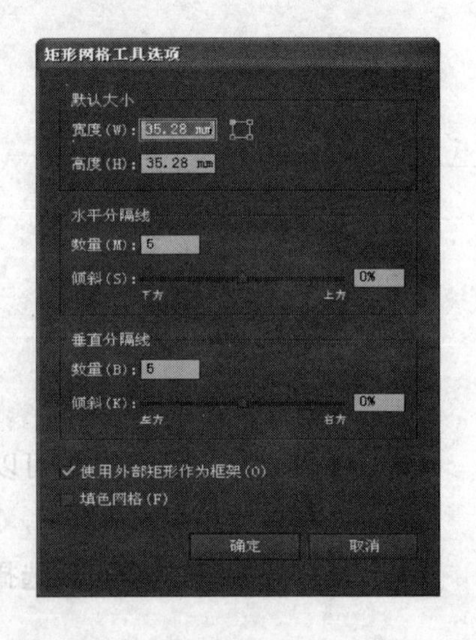

图 3-14　绘制矩形网格　图 3-15　绘制多个矩形网格　　图 3-16　“矩形网格工具选项”对话框

“矩形网格工具选项”对话框中的选项设置如下：

- 【宽度】：该选项可以控制网格的宽度。
- 【高度】：该选项可以控制网格的高度。
- 【水平/垂直分隔线数量】：该选项可以控制网格在水平/垂直方向的数量。
- 【水平/垂直分隔线倾斜】：该选项可以控制网格在水平/垂直方向的间距，可以直接拖动该选项下的滑块来调整分隔线倾斜方向。
- 【使用外部矩形作为框架】：选择该复选框使矩形网格可以填充底色。
- 【填色网格】：选择该复选框使将绘制的矩形网格线段可以被填充。

如图 3-17 所示的 3 个矩形网格，宽度、高度、水平/垂直分隔线参数都不变，水平分隔线倾斜和垂直分隔线倾斜的参数不同，效果相差很大（每个图形的水平分隔线倾斜和垂直分隔线倾斜的设置数值在各个图形的右侧）。

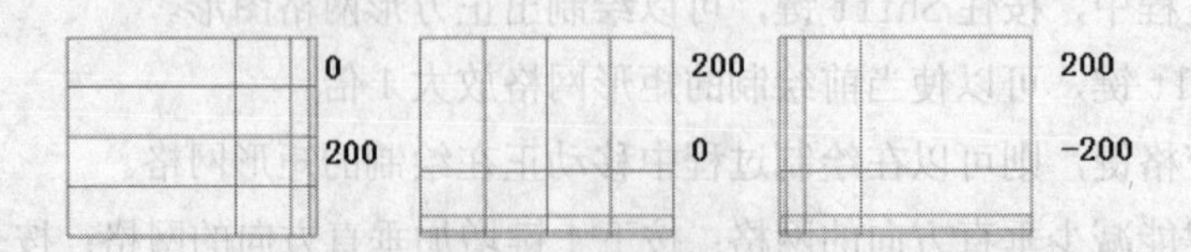

图 3-17　不同水平/垂直分隔线倾斜数值的矩形网格效果

3.1.5　绘制极坐标网格

使用极坐标网格工具绘制的图形类似于同心圆的放射效果。

1. 手动绘制极坐标网格

绘制极坐标网格的方法很简单。在工具箱中选择极坐标网格工具后，在页面上按下鼠标进行拖动，释放鼠标即可创建出一个极坐标网格，如图 3-18 所示。

如果需要在手动绘制极坐标网格时，调整网格的参数，则需要配合快捷键。

- 绘制过程中，按住 Shift 键，可以绘制出正圆形极坐标网格。
- 按住 Alt 键，可以由中心向外的方式绘制极坐标网格。
- 按住空格键，则可以在绘制过程中移动正在绘制的极坐标网格。
- 按↓键能减少同心圆的数量；按下↑键增加同心圆的数量；按←键能减少放射线数量；按下→键增加放射线数量。
- 按住“～”键，可以绘制多条由鼠标单击点为扩散点的多个极坐标网格。

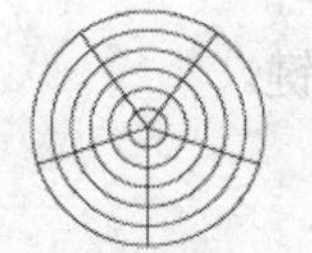

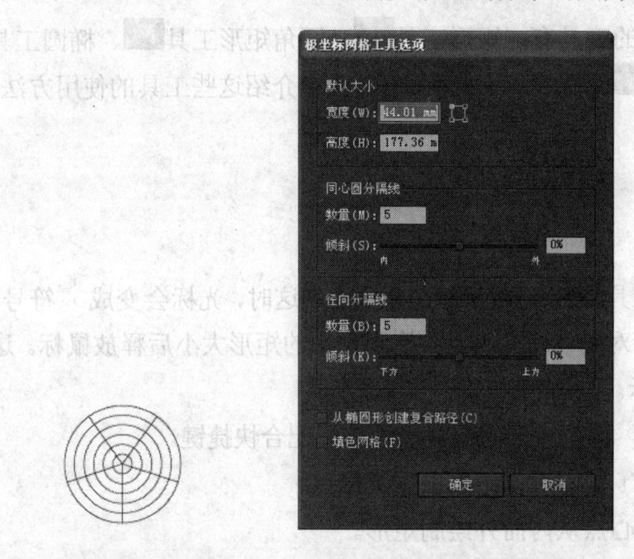

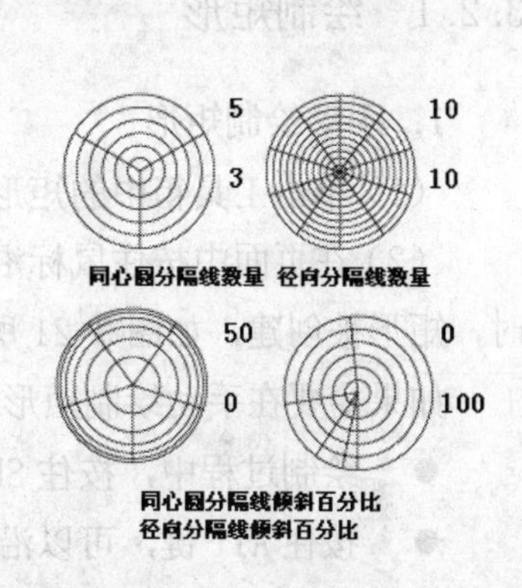

图 3-18 绘制极坐标网格 图 3-19 “极坐标网格工具选项”对话框 图 3-20 不同参数的极坐标网格

2. 精确绘制极坐标网格

（1）单击工具箱中的极坐标网格工具，并在页面上的任意位置单击。在弹出的“极坐标网格工具选项”对话框中设置各项参数，如图 3-19 所示。

（2）单击“确定”按钮，这样在页面以单击鼠标处为起点创建了一个极坐标网格。“极坐标网格工具选项”对话框中的选项设置如下：

- 【宽度】：该选项可以控制极坐标网格的宽度。
- 【高度】：该选项可以控制极坐标网格的高度。
- 【同心圆/径向分隔线数量】：该选项可以控制网格的同心圆/径向分隔线的数量。
- 【同心圆/径向分隔线倾斜】：该选项可以控制网格在同心圆/径向分隔线之间的间距，可以直接拖动该选项下的滑块来调整分隔线倾斜方向。

- 【从椭圆形创建复合路径】：选择该复选框，网格将以复合路径填充。
- 【填色网格】：选择该复选框将使绘制的极坐标网格线段可以被填充。

如图 3-20 所示的两组极坐标网格。第 1 组网格的宽度、高度不变，同心圆/径向分隔线倾斜百分比数值都为 0%，同心圆/径向分隔线数量参数不同；第 2 组网格的宽度、高度不变，同心圆/径向分隔线数量值都为 5，同心圆/径向分隔线倾斜百分比的参数不同。这两组极坐标网格的参数不同，效果相差很大（每个图形的相应的数值在各个图形的右侧）。

3.2 绘制基本几何图形

绘制基本几何图形需要用到的工具有：矩形工具、圆角矩形工具、椭圆工具、多边形工具、星形工具、光晕工具，下面详细介绍这些工具的使用方法。

3.2.1 绘制矩形

1. 手动绘制矩形

（1）单击工具箱中的矩形工具。将鼠标移至页面上。这时，光标会变成+符号。

（2）在页面中按住鼠标沿着对角线进行拖动，拖到预想的矩形大小后释放鼠标。这时，矩形被创建，如图 3-21 所示。

如果需要在手动绘制矩形时，调整矩形的参数，则需要配合快捷键。

- 绘制过程中，按住 Shift 键，可以绘制出正圆形。
- 按住 Alt 键，可以沿中心点从内而外绘制矩形。
- 按住空格键，则可以在绘制过程中移动正在绘制的矩形。
- 按住“～”键，可以绘制多条由鼠标单击点为扩散点的多个矩形。

2. 手动绘制圆角矩形

（1）在工具箱中按住矩形工具不放，弹出矩形展开工具组。

（2）单击矩形展开工具组的圆角矩形工具。

（3）在页面中按住鼠标进行拖动，拖到预想的矩形大小后释放鼠标，即创建圆角矩形。

如果需要在手动绘制圆角矩形时，调整矩形的参数，则需要配合快捷键。

- 绘制过程中，按住 Shift 键，可以绘制出圆角正方形。
- 按住 Alt 键，可以沿中心点从内而外绘制圆角矩形。
- 按住空格键，则可以在绘制过程中移动正在绘制的圆角矩形。
- 在绘制圆角矩形进行拖动鼠标时，按下↓键或↑键可以改变圆角半径。按下↓键能使圆角半径变小；按下↑键能使圆角半径变大；按下←键能使圆角半径变为最小，即成为不带圆角的基本矩形；按下→键能使圆角半径变为最大，使圆角矩形接近椭圆形。

- 按住“～”键，可以绘制多条由鼠标单击点为扩散点的多个圆角矩形。

不难发现，在绘制圆角矩形过程中，如果不配合↓键、↑键、←键和→键来调整圆角半径，则无论绘制的圆角矩形多大，其圆角的半径却是固定的，系统的默认值是4.23mm，如图 3-22 所示。

如果要改变圆角半径的默认数值，可以执行“编辑”→“首选项”→“常规”命令，打开“首选项”常规参数设定对话框，如图 3-23 所示。然后，在对话框中的“圆角半径”文本框中输入新的数值，并单击“确定”按钮完成设置。

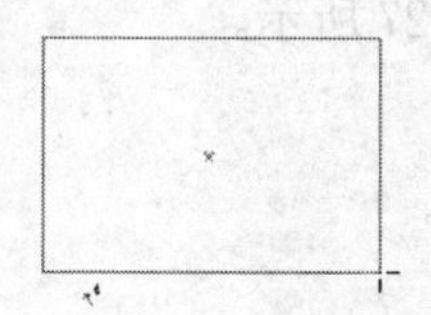

图 3-21　绘制矩形

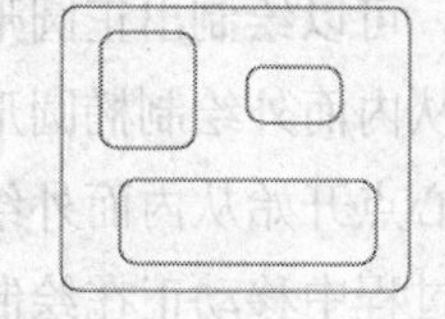

图 3-22　固定的圆角半径

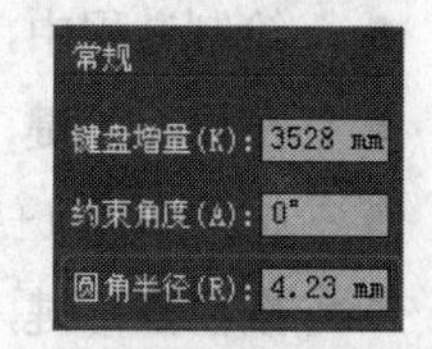

图 3-23　修改圆角半径

3. 精确地创建矩形

（1）单击工具箱中的矩形工具，并在页面上的任意位置单击。

（2）在弹出的“矩形”对话框中设置矩形的宽度和高度数值。对话框中显示的默认数值是上次创建的矩形尺寸，如图 3-24 所示。

如果要约束比例修改矩形的宽度和高度，则单击按钮，此时该按钮变为。

（3）单击“确定”按钮，这样以在页面单击鼠标处为矩形左上角创建矩形，同时其尺寸也被保存下来作为下次创建矩形的默认值。

精确创建圆角矩形的方法也一样。如果选择的是工具箱的圆角矩形工具，在页面上单击鼠标，则会弹出“圆角矩形”对话框。在对话框中除了“高度”和“宽度”选项外，还有一个“圆角半径”选项，如图 3-25 所示。在“圆角半径”选项后的文本框中输入新的数值也可以改变圆角矩形的圆角半径。

图 3-24　“矩形”对话框

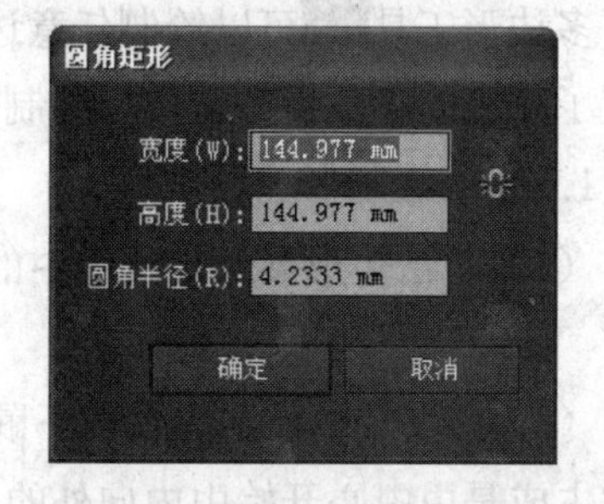

图 3-25　“圆角矩形”对话框

3.2.2 绘制椭圆形

椭圆的构成和矩形有所不同：矩形由 4 条直线构成，而椭圆形由 4 条曲线构成。但它和矩形有相似的定位点和中心点，所以创建方式很相似。

手动绘制椭圆形的步骤和绘制矩形的步骤基本一样。

（1）单击矩形展开工具组中的椭圆工具，将鼠标移至页面上。

（2）在页面中按住鼠标进行拖动，拖到预想的椭圆形大小后释放鼠标。这时，椭圆被创建，如图 3-26 所示。

如果需要在手动绘制椭圆时调整椭圆的参数，则需要配合快捷键。

- 绘制过程中，按住 Shift 键，可以绘制出正圆形，如图 3-27 所示。
- 按住 Alt 键，可以沿中心点从内而外绘制椭圆形。
- 按住 Shift+Alt 键，则沿中心点开始从内而外绘制正圆形。
- 按住空格键，则可以在绘制过程中移动正在绘制的椭圆形。
- 按住“～”键，可以绘制多条由鼠标单击点为扩散点的多个椭圆形。

精确地绘制椭圆的方法和绘制矩形的方法一样，只是弹出的对话框不同，“椭圆”设置对话框如图 3-28 所示。

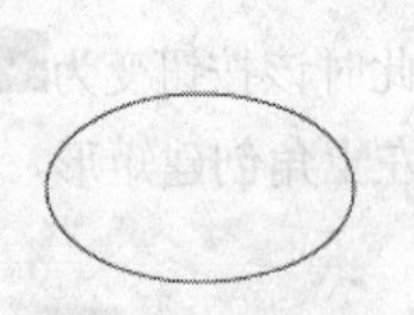

图 3-26　绘制椭圆

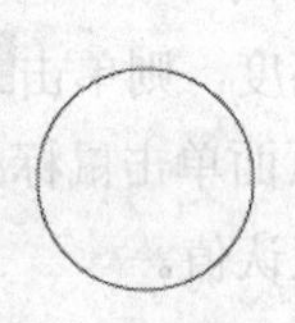

图 3-27　绘制正圆

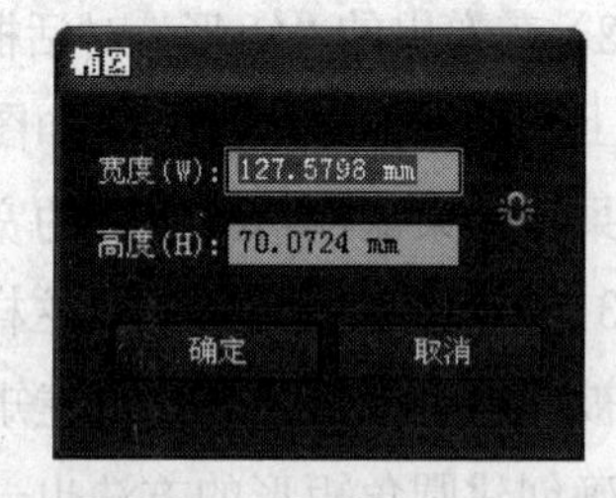

图 3-28　“椭圆”对话框

3.2.3 绘制多边形

多边形工具可以绘制任意边数的多边形，默认时多边形工具生成的是六边形。当设置了相应的参数后，也可以绘制出圆形。

1. 手动绘制多边形

（1）单击矩形展开工具组中的多边形工具，将鼠标移至页面上，光标变成十符号。

（2）在页面中任意位置按下鼠标并进行拖动，与绘制椭圆形和矩形不同的是，多边形的生成是由中心开始由内向外的。拖动鼠标的同时，创建的图形会随着鼠标进行旋转以调整角度。

（3）当拖动鼠标到预想要的多边形的大小和角度时，释放鼠标，创建出一个多边形，

如图 3-29 所示。

如果需要在手动绘制多边形时，调整多边形的参数，则需要配合快捷键。

- 绘制过程中，按住 Shift 键，可以绘制出摆正的多边形，如图 3-30 所示。
- 按下↓键能减少多边形边数；按下↑键能增加多边形的边数。
- 按住 Shift+Alt 键，则沿中心点开始从内而外绘制正圆形。
- 按住“～”键，则可以绘制出由鼠标单击点为扩散点多个同心多边形，如图 3-31 所示。

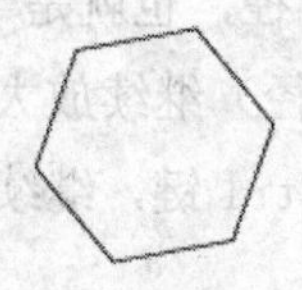

图 3-29　绘制多边形

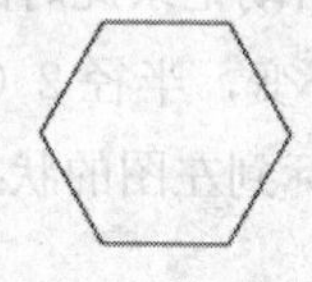

图 3-30　绘制正多边形

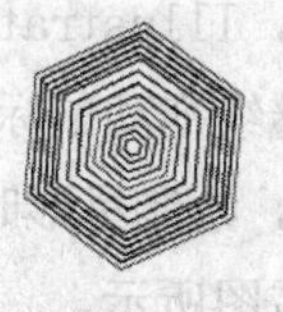
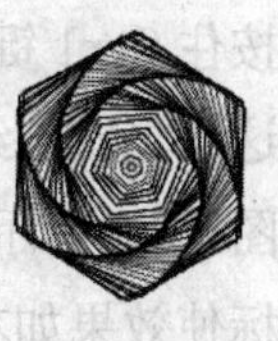

图 3-31　同心多边形效果

2．精确绘制多边形

使用对话框精确创建多边形的方法和其他图形相同。单击工具箱中的多边形工具，在页面上的任意位置单击，在弹出的“多边形”对话框中可以设置多边形的半径和边数，如图 3-32 所示。单击“确定”按钮，这时就创建出对话框中所设定的数值大小的多边形。

“多边形”对话框中的选项设置如下：

- 【半径】：该选项可以控制多边形的半径，也就是多边形从中心到角点的尺寸。
- 【边数】：该选项可以控制多边形的边数，边数的设置范围是 3～1000。不同边数的多边形效果如图 3-33 所示，各个图形左上角的数字为该图形的边数。

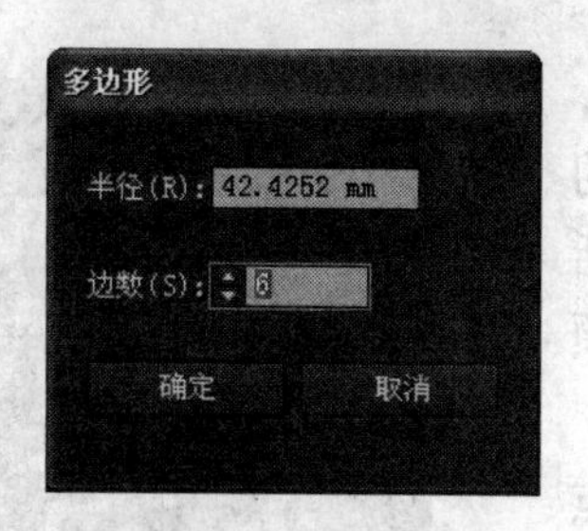

图 3-32　多边形对话框

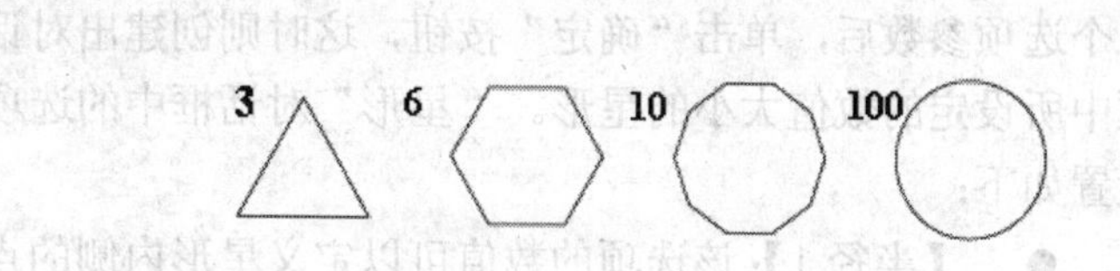

图 3-33　不同边数的多边形

3.2.4　绘制星形

星形工具可以绘制不同形状的星形，默认时星形工具生成的是五角星形。

1．绘制一般星形

（1）单击矩形展开工具组中的星形工具，将鼠标移至页面上。

（2）在页面中任意位置按下鼠标并进行拖动，星形的绘制和多边形一样，都是由中心开始由内向外生成图形。拖动鼠标的同时，创建的图形也会随着鼠标进行旋转。

（3）当拖动鼠标到预想要的星形的大小和角度时，释放鼠标，则创建出星形。

如果需要在手动绘制星形时，调整星形的参数，则需要配合快捷键。

- 绘制过程中，按住 Shift 键，可以绘制出角度不变的正星形，如图 3-34 所示；
- 按下↓键能减少星形边数；按下↑键能增加星形的边数。
- 按住“～”键，则可以绘制出由鼠标单击点为扩散点的多个同心星形。
- 按住空格键，则可以在绘制过程中移动正在绘制的星形。
- 按住 Ctrl 键，Illustrator CS6 会自动记录此时的内侧半径，也就是半径 1。这样，向外继续拖动鼠标，半径 1 不变，半径 2（外侧半径）继续放大。例如图 3-35 所示，绘制星形时，拖动鼠标到左图的状态按住 Ctrl 键，继续拖动鼠标使效果如右图所示。
- 按住 Alt 键，可以保持所绘制的星形的任意一边始终和相对的边保持为直线状态。如图 3-36 所示，在同样的参数设置下，左图是在没有按下 Alt 键情况下绘制的星形，右图是按住 Alt 键而绘制的星形。

图 3-34　绘制正星形

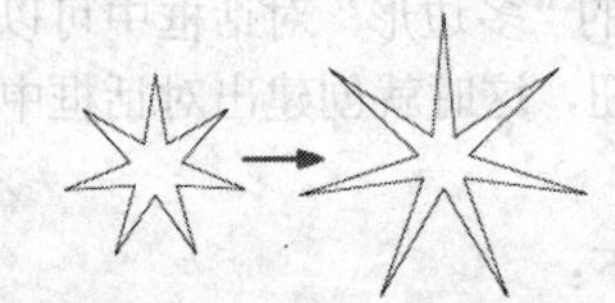

图 3-35　按住 Ctrl 键绘制星形

图 3-36　是否按住 Alt 绘制星形的对比效果

2. 精确绘制星形

和其他图形一样，通过对话框可以精确地创建星形。

单击工具箱中的星形工具，在页面上的任意位置单击，则弹出“星形”对话框，如图 3-37 所示。分别设置星形的 3 个选项参数后，单击“确定”按钮，这时则创建出对话框中所设定的数值大小的星形。“星形”对话框中的选项设置如下：

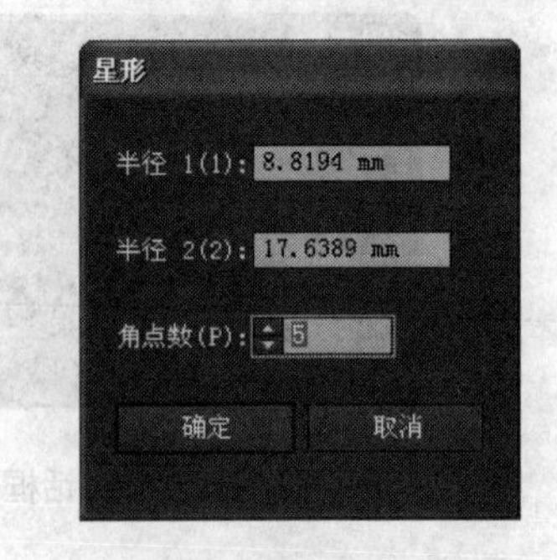

图 3-37　“星形”对话框

- 【半径 1】：该选项的数值可以定义星形内侧的点到中心点的距离。
- 【半径 2】：该选项的数值可以定义星形外侧的点到中心点的距离。
- 【角点数】：该选项的数值可以定义星形的角数。

在对话框中，半径 1 和半径 2 之间的数值相差越小，星形就越平；数值相差越大，星形就越尖；数值相同，则会生成多边形。例如图 3-38 所示的效果，左图的星形半径 1 和半径 2 数值是 50～100，中图的数值是 10～100，右图的数值是 50～50。

星形的角点数的设置范围是 3～1000 之间。不同角点数的星形效果如图 3-39 所示，各个图形左上角的数字为该图形的角点数。

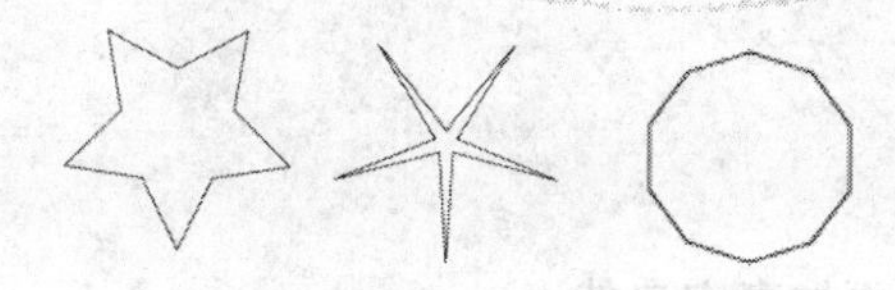
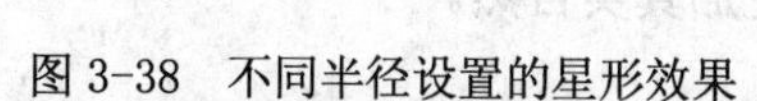

图 3-38　不同半径设置的星形效果

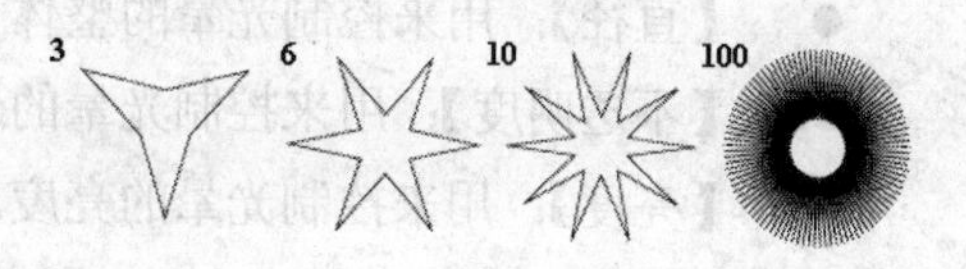

图 3-39　不同角点数的星形效果

3.2.5　绘制光晕

光晕工具主要用于表现灿烂的日光、镜头光晕等效果。

1. 手动绘制光晕

（1）单击矩形展开工具组中的光晕工具，将鼠标移至页面上。

（2）在页面中任意位置按下鼠标并进行拖动，确定光晕的整体大小。

（3）释放鼠标，再继续移动鼠标到合适位置，从而确定光晕效果的长度。

（4）单击鼠标完成光晕效果的绘制，如图 3-40 所示。

如果需要在手动绘制光晕时调整光晕的参数，则需要配合快捷键。

- 在绘制过程中，按下↓键能减少射线数量；按下↑键能增加射线的数量。
- 按住 Alt 键，可以一次到位绘制光晕（默认设置为上次创建光晕的参数）。

2. 精确绘制光晕

单击工具箱中的光晕工具，在页面上的任意位置单击，则弹出“光晕工具选项”对话框，如图 3-41 所示。分别设置光晕的各个选项参数后，单击“确定”按钮，创建出对话框中所设定的数值大小的光晕。

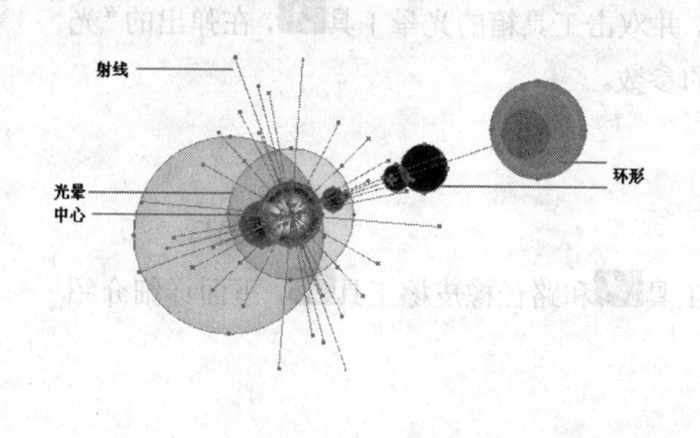

图 3-40　光晕效果

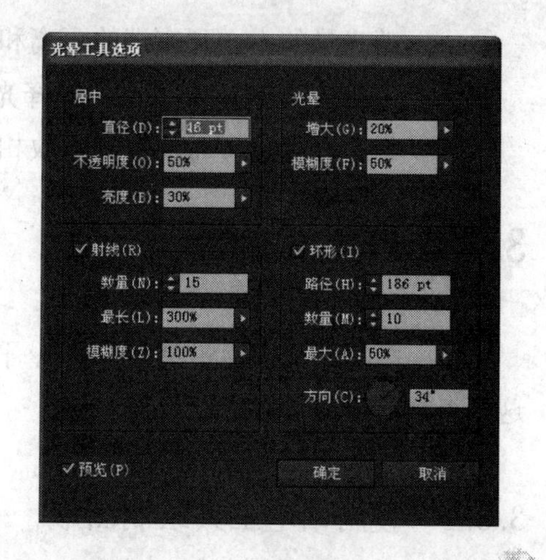

图 3-41　“光晕工具选项”对话框

“光晕工具选项”对话框中的选项设置如下：

（1）“居中”组主要用来设置光晕中心部分。

- 【直径】：用来控制光晕的整体大小。
- 【不透明度】：用来控制光晕的透明度。
- 【亮度】：用来控制光晕的亮度。

（2）“射线”组主要设置射线，射线使得光晕更加真实自然。

- 【数量】：用来控制射线数量。
- 【最长】：用来控制射线长度。
- 【模糊度】：用来控制射线的聚集度。

（3）“光晕”组设置光晕的强度和柔和度。

- 【增大】：用来控制光晕的发光程度。
- 【模糊度】：用来控制光晕的柔和程度。

（4）“环形”组主要设置光环的距离、数量等。

- 【路径】：用来控制光晕中心和末端的直线距离。
- 【数量】：用来控制环形的数量。
- 【最大】：用来控制环形的最大比例。
- 【方向】：用来控制光晕的发射角度。

3. 编辑光晕效果

修改光晕的效果有两种方法，一种是手动修改，另一种是在“光晕工具选项”对话框中精确修改，分别介绍如下：

- 【手动修改】：在页面中选择光晕，并单击工具箱的光晕工具。然后，将光标移动到光晕的中心点或末端的中心点，当光标显示为时，拖拽鼠标可以修改光晕的中心到末端的距离和光晕旋转角度。
- 【精确修改】：在页面中选择光晕，并双击工具箱的光晕工具，在弹出的“光晕工具选项”对话框中修改相应的参数。

3.3 自由绘制图形

自由画笔工具包括铅笔工具、平滑工具和路径橡皮擦工具。下面详细介绍这些工具的使用方法。

3.3.1 使用铅笔工具绘制图形

铅笔工具可以随意绘制出不规则的曲线路径，既可以生成开放路径，又可以生成封闭路径。图 3-42 所示是铅笔工具绘制的图形。

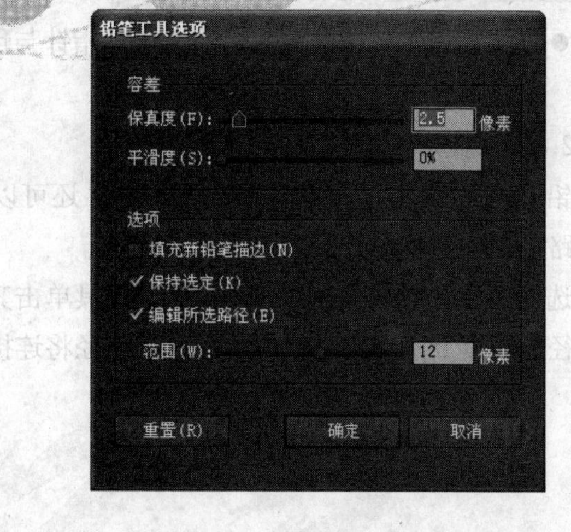

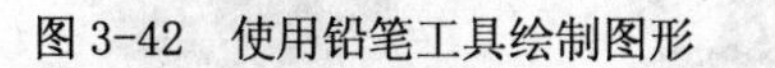

图 3-42　使用铅笔工具绘制图形　　　　图 3-43　“铅笔工具选项”对话框

1. 绘制图形

铅笔工具的使用方法很简单。在工具箱中选择铅笔工具后，在页面上可以随意进行描绘，在鼠标按下的起点和终点之间将创建一条线条。释放鼠标后，Illustrator CS6 自动根据鼠标轨迹来设置点和段的数目，并创建一条路径。

使用铅笔工具绘制的路径形状和绘制时的移动速度和连续性有关。当鼠标在某处停留时间太长，系统将在此处插入一个锚点；反之，鼠标速度快，系统将忽略一些改变方向的锚点。

提示： 绘制线条时，在页面上按下鼠标后再按下 Alt 键；绘制完成后，绘制的路径的两端会自动形成一个闭合的路径。

如果需要对铅笔工具进行设置，双击工具箱中的铅笔工具，弹出“铅笔工具选项”对话框，如图 3-43 所示。在对话框中可以对铅笔工具的以下属性进行设置。

- 【保真度】：该选项的数值控制曲线偏离鼠标原始轨迹的程度；数值越小，锚点越多；数值越大，曲线越平滑。
- 【平滑度】：该选项的数值控制铅笔工具使用时的平滑程度，数值越高，绘制的路径越平滑；数值越小，路径就越粗糙。系统默认值为 0。
- 【填充新铅笔描边】：选择该选项将对绘制的铅笔描边应用填色，但不对当前铅笔描边。
- 【保持选定】：选择该选项使在绘制路径的过程中，路径始终会保持被选取的状态。
- 【编辑所选路径】：选择该选项能对当前已选中的路径进行多次编辑。如果取消该选项的选择，则铅笔工具不能在路径上进行延长路径、封闭路径等操作。

- 【范围】：该选项数值决定鼠标指针与现有路径达到多少距离，才能使用铅笔工具编辑路径。

2. 编辑图形

铅笔工具除了能自由绘制图形外，还可以修改原有的路径，将开放式路径变成闭合路径。

选取两条开放式路径后，运用铅笔工具单击其中一个路径的端点并拖动鼠标到另一条路径的端点上，释放鼠标时新创建的路径将连接这两条路径，如图 3-44 所示。

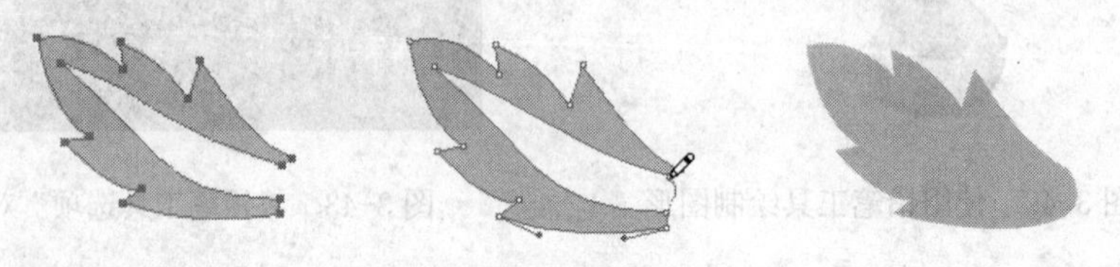

图 3-44 创建闭合路径

选取闭合路径后，将铅笔工具接近一条路径并拖动进行绘制，释放鼠标后新创建的路径将原有的路径延长，如图 3-45 所示。

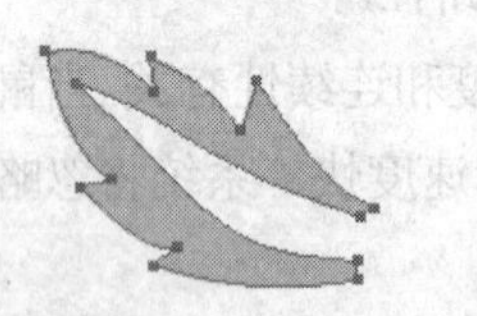

图 3-45 延长闭合路径

3.3.2 使用平滑工具编辑图形

平滑工具可以对路径进行平滑处理，并保持路径的原始状态。

平滑工具的使用方法很简单。在页面上选择需要平滑的路径，再在工具箱中选择平滑工具。然后，在选取的路径上单击并拖动鼠标，使该路径上的角点平滑或删除锚点，并尽量保持路径原来的形状。平滑路径前后的对比效果如图 3-46 所示。

图 3-46 平滑前后的对比效果

提示： 在编辑过程中，按下 Ctrl 键可以将平滑工具直接转换为选择工具，重新选择需要编辑的路径。释放 Ctrl 键选择工具又重新转换为平滑工具，继续进行平滑操作。

如果需要对平滑工具进行设置，双击工具箱中的平滑工具，弹出“平滑工具选项”对话框，如图 3-47 所示。在对话框中可以对平滑工具进行以下设置：

- 【保真度】：该选项的数值控制修改后的路径偏离鼠标滑行轨迹的程度；数值越小，锚点越多；数值越大，曲线越平滑。
- 【平滑度】：该选项的数值控制修改后的路径的平滑程度，数值越高，路径就越平滑。

如图 3-48 所示，平滑一个星形，在“平滑工具首选项”对话框设置“保真度”为 2.5 像素，“平滑度”为 25%，平滑星形后的效果如中图所示；在对话框中设置“保真度”为 6 像素，“平滑度”为 60%，平滑星形后的效果如右图所示（图 3-48 中相应的平滑参数见该图形右侧数字）。

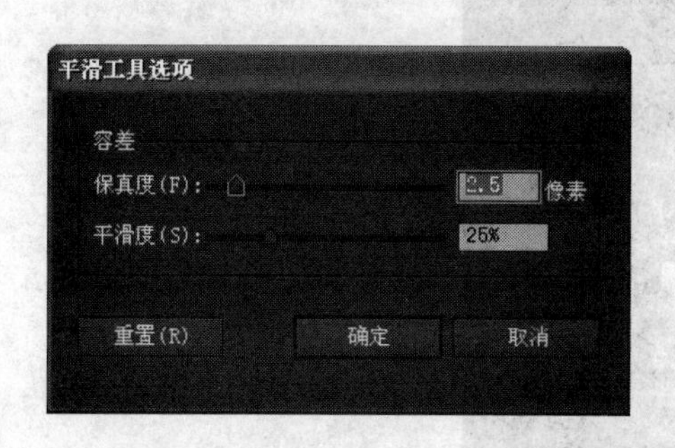

图 3-47 “平滑工具首选项”对话框

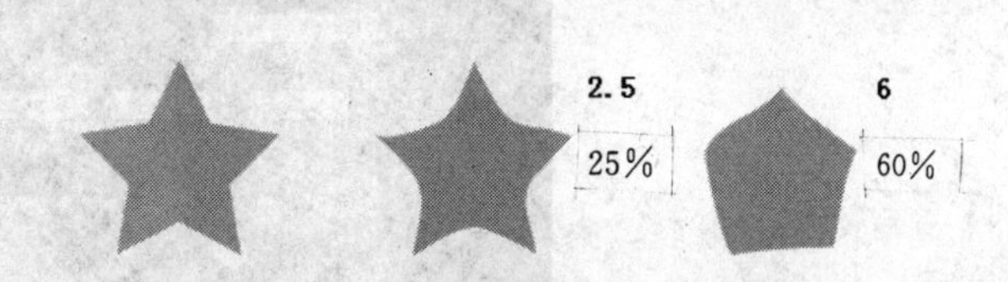

图 3-48 不同平滑参数设置生成的平滑效果对比

3.3.3 使用路径橡皮擦工具擦除图形

路径橡皮擦工具可以理解为生活中橡皮的使用，可用来清除绘制的路径或画笔的一部分。

在页面上选择需要擦除的路径，再在工具箱中选择路径橡皮擦工具。然后，在选取的路径上拖动鼠标进行擦除。在擦除路径后系统将自动在路径末端添加一个锚点。这样，闭合路径在擦除后将会变为开放式路径。

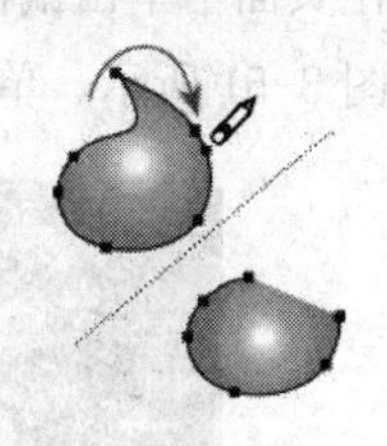

图 3-49 擦除前后对比效果

擦除路径前后的对比效果如图 3-49 所示。

提示： 在擦除过程中，按下 Ctrl 键可以将路径橡皮擦工具直接转换为选择工具，重新选择需要编辑的路径。释放 Ctrl 键，选择工具又重新转换为路径橡皮擦工具，继续进行擦除操作。

如果按住 Alt 键，鼠标会变成平滑工具，释放 Alt 键又重新转换为路径橡皮擦工具。

3.4 绘制基本图形——房子

在本节中将通过各种基本绘图工具绘制一个房子的图形。在绘制的过程中，注意多种工具的综合应用和图形的调整。

01 执行“文件”→“新建”命令，打开“新建文档”对话框，在对话框中设置文档的名称、画板大小和取向，如图 3-50 所示。单击“确定”按钮退出对话框。

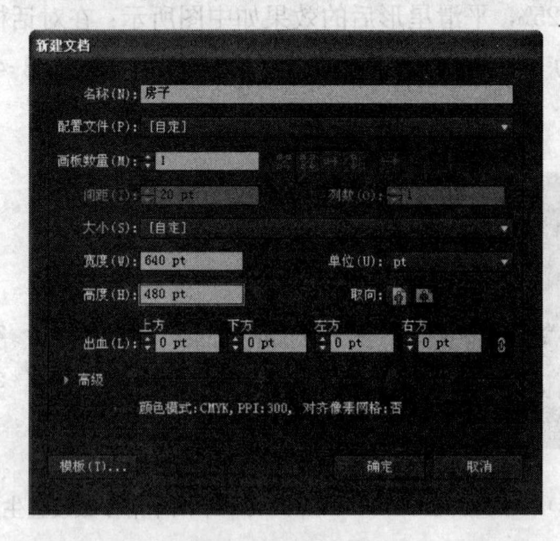

图 3-50 新建文档

02 在工具箱中单击矩形工具展开工具组，在工具组中选择多边形工具。然后，在页面中单击鼠标，打开“多边形”对话框。在对话框中设置多边形的半径和边数，如图 3-51 所示。单击“确定”按钮，在页面上创建出如图 3-52 所示的多边形。

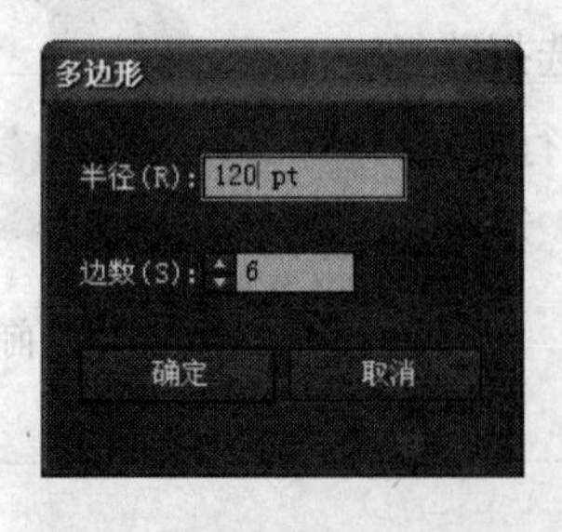

图 3-51 设置多边形参数

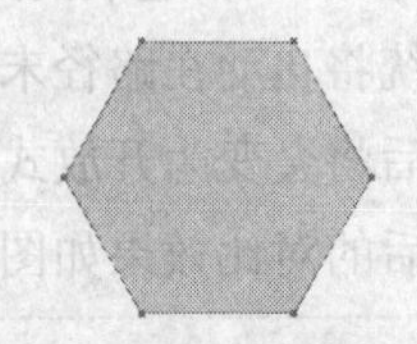

图 3-52 创建多边形

03 选择多边形，执行“对象”→“变换”→“旋转”命令。在弹出的“旋转”对话框中设置旋转角度为 30º，如图 3-53 所示。单击“确定”按钮，使多边形进行旋转。

04 在工具箱中单击直接选择工具，选择多边形最下端的一个锚点。可以通过观察锚点的显示状态来确定该点是否选中，被选中的锚点显示为实心点，未被选中的锚点显示为空心点，如图 3-54 所示。

05 选中锚点后，按下鼠标向上拖动，使该锚点的位置与上面两个锚点的位置水平对齐，效果如图 3-55 所示。

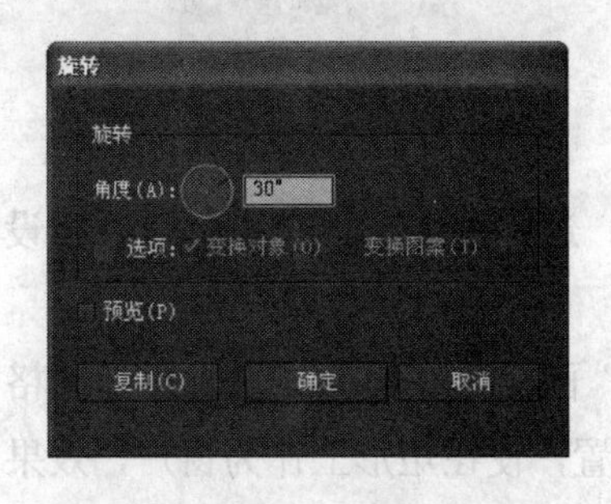

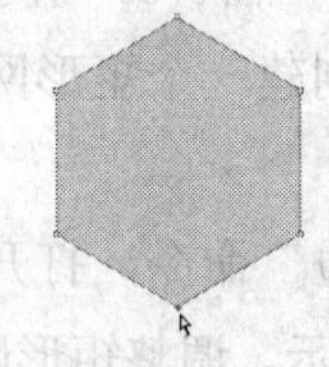

图 3-53　设置旋转角度　　图 3-54　选择锚点　　图 3-55　拖动锚点后的效果

06 在工具箱中双击多边形工具，在页面上单击鼠标，打开“多边形”对话框。在对话框中设置多边形的半径和边数，如图 3-56 所示。然后，单击“确定”按钮，在页面上创建一个三角形。

07 执行“窗口”→“色板”命令，打开“色板”面板。在页面上选择三角形，然后在“色板”面板中单击“CMYK 蓝”，如图 3-57 所示。这时，三角形的颜色被设置为蓝色。移动三角形到页面中合适的位置，效果如图 3-58 所示。

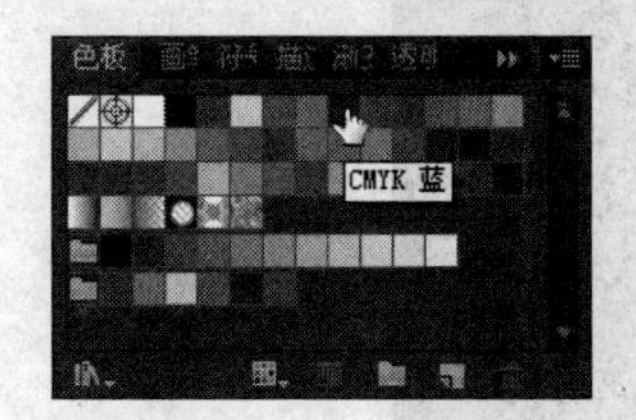

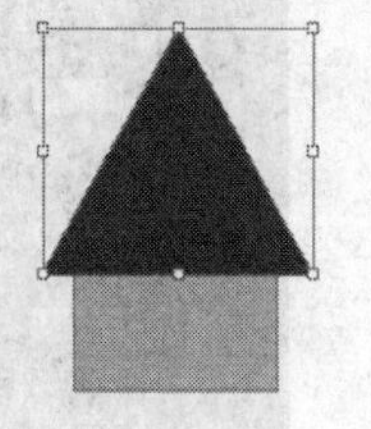

图 3-56　设置多边形参数　　图 3-57　选择颜色　　图 3-58　三角形效果

08 在工具箱中选择直接选择工具，选择三角形顶端的锚点，并向下拖动，使三角形效果如图 3-59 所示。

09 选择三角形，执行“对象”→“排列”→“置于底层”命令，将三角形排列在多边形下层，效果如图 3-60 所示。

10 在工具箱中选择矩形工具，在页面中拖动鼠标绘制出一个矩形，并移动到多边形上作为窗框图形。然后，在“色板”中为矩形设置颜色为“咖啡色”，效果如图 3-61 所示。

11 在工具箱中选择矩形网格工具，在页面中单击打开“矩形网格工具选项”对话框。在对话框中设置矩形网格的大小和分隔线数量，并选择“填色网格”复选框，如图 3-62 所示。

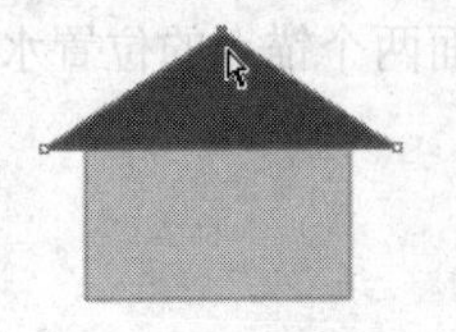

图 3-59　拖动顶端锚点

图 3-60　置于底层

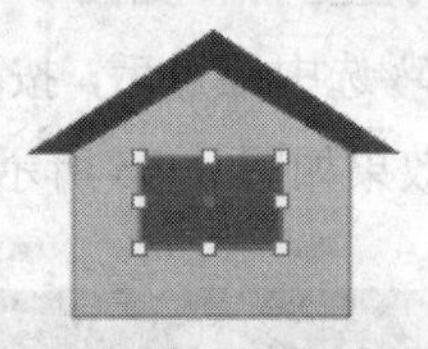

图 3-61　绘制矩形效果

12 单击“确定”按钮，创建一个矩形网格图形。选择该图形，在“色板”中设置其颜色为“白色”。

13 执行“窗口”→“描边”命令，打开“描边”面板。在面板中设置矩形网格的描边粗细为 3pt，如图 3-63 所示。调整矩形网格的位置，使在矩形上作为窗户，效果如图 3-64 所示。

14 在工具箱中选择铅笔工具，在页面上绘制一个图形，如图 3-65 所示。然后，为该图形设置颜色为“C=50 M=0 Y=100 K=0”。

15 使用铅笔工具继续绘制图形，并设置颜色为“绿宝石”。选择该图形，执行“对象”→“排列”→“置于底层”命令。这时的房子效果如图 3-66 所示。

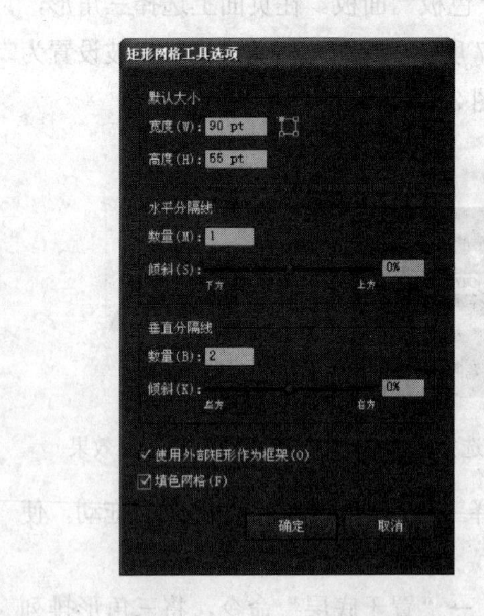

图 3-62　设置矩形网格参数

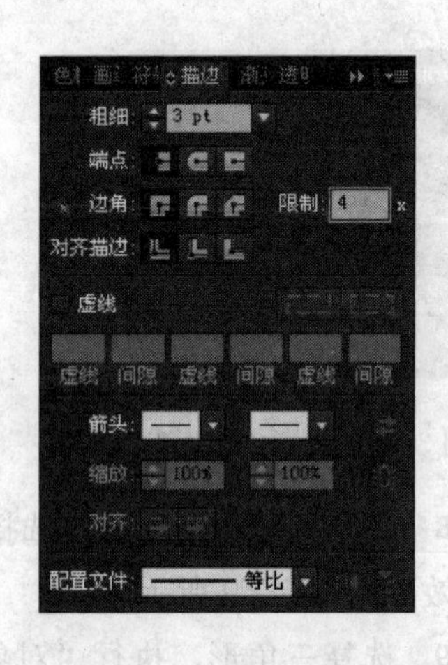

图 3-63　设置描边粗细

图 3-64　窗户效果

图 3-65　绘制图形

图 3-66　房子效果

3.5 本章小结

本章主要详细讲解了 Illustrator CS6 工具箱中最基本、常用的绘图工具的绘图方法和步骤，包括直线段、弧线、矩形网格、矩形、椭圆、星形等工具的绘制方法。还学习了铅笔工具自由绘制图形和使用平滑工具、橡皮擦工具编辑图形的方法。

通过本章的学习，可以了解到大多数基本图形的绘制，Illustrator CS6 几乎都提供了两种方法，一是通过和快捷键的结合手动绘制图形，二是通过对话框精确地绘制图形。

3.6 上机操作

1. 使用螺旋线工具绘制奥运祥云图案，效果如图 3-67 所示。

提示：首先，使用螺旋线工具绘制出螺旋图形。然后，使用直接选择工具调整螺旋路径，调整为云彩形状。最后，再设置描边的粗细和颜色，并进行复制和添加文本。

2. 绘制一个夜景图，使效果如图 3-68 所示。

提示：使用矩形工具绘制夜色背景，使用铅笔工具绘制群山，使用椭圆工具绘制月亮，使用星形工具绘制 4 角星形并进行复制和调整大小。

图 3-67 奥运祥云效果

图 3-68 夜景图效果

3.7 思考练习

一. 填空题

1. 使用__________工具绘制的图形类似于同心圆的放射效果。

2. ________工具主要用于表现灿烂的日光、镜头光晕等效果。

3. 自由画笔工具包括_______工具、_______工具和_______工具。

4. _______工具可以随意绘制出不规则的曲线路径，既可以生成_____路径，又可以生成_____路径。

5. 使用铅笔工具绘制的路径形状和绘制时的_________和________有关。

二. 选择题

1. 绘制基本线条可以用到的工具______ 。

A：矩形网格工具　　　　　　　　　B：多边形工具

C：极坐标网格工具　　　　　　　　D：光晕工具

2．创建星形时不可以进行________的设置。

A：半径1　　　　　　　　　　　　B：半径2

C：角点数　　　　　　　　　　　　D：圆角半径

三．思考题

1．如何使用多变形工具绘制出矩形？

2．如何使用铅笔工具连接两条开放的路径？

Chapter 04

第 4 章 图形的选择和编辑

本章导读

在编辑图形时，选择工具是最基本和常用的工具，所有的图形只有先选取后才能对它进行下一步的编辑。Illustrator CS6 提供了多种选择工具和命令来灵活地选择并管理对象，以及进行编辑。熟练掌握图形的选择、管理和基本编辑，将可以大幅度提高操作者的工作效率。

- 图形的选择
- 图形的管理
- 图形的基本编辑

4.1 图形的选择

4.1.1 选择工具组的使用

在 Illustrator CS6 中有选择工具、直接选择工具、编组选择工具、套索工具、魔棒工具 5 种不同的选择工具，这些工具各有不同的用途。如何使用这些选择工具选择对象，对初学者非常重要。

1. 选择工具

在工具箱中单击选择工具，单击页面上的图形对象，即可选择整个对象并进行移动。如果要取消对该对象的选择，在页面的空白处单击即可。

当对象被选择时，该对象的四周会出现边缘和定界框，如图 4-1 所示。

边缘：表示对象的路径标识，执行“视图”→“隐藏边缘”，可以使当前选择的对象不显示边缘，如图 4-2 所示。

定界框：定界框是围绕在对象周围，带有 8 个小四方控制点的矩形框。直接拖拉控制点，可以改变对象的大小。执行“视图”→“隐藏定界框”，可以使当前选择的对象不显示定界框，如图 4-3 所示。

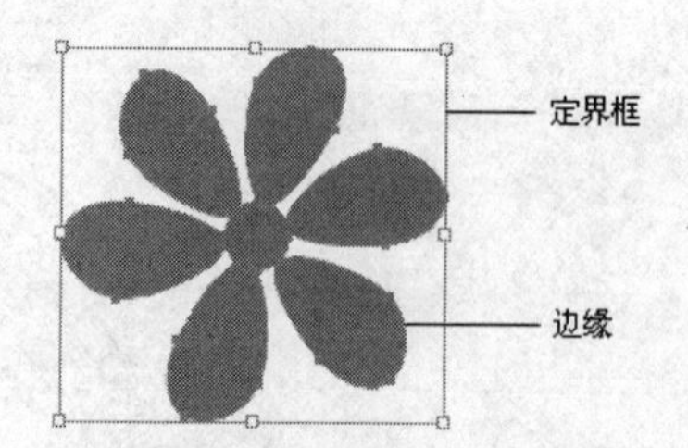

图 4-1 选择对象

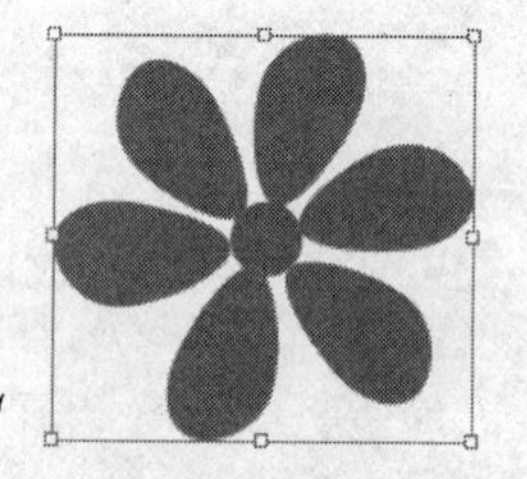
图 4-2 隐藏边缘

图 4-3 隐藏定界框

如果要选择多个对象，单击选择工具并在需要选择的图形上拖拉出一个矩形选择范围框，把要选取的图形置于框内，这样框内的图形都选中了，如图 4-4 所示。选中的多个对象只有一个定界框，它是包含了所有选中对象的最小矩形框，可以通过拖拉定界框的控制点对框内所有的图形进行移动、缩放、旋转等操作。

另外，在选择对象过程中，也可以按住 Shift 键，逐一单击页面上的图形对象，这样也可以选择多个对象。如果需要取消选择的部分对象，可以再次按住 Shift 键，单击已经被选择的对象，这样这个对象的选择被取消。

2. 直接选择工具

直接选择工具的使用方法和选择工具一样。但使用直接选择工具，可以从群组对象中直接选择任意对象，或从复合路径中直接选择任意对象。

当直接选择工具在未被选定的对象或路径上时，显示光标。

当直接选择工具选定了对象或路径时，显示光标；

当直接选择工具选定了路径上的锚点时，显示光标（光标的显示状态如图 4-5 所示）。

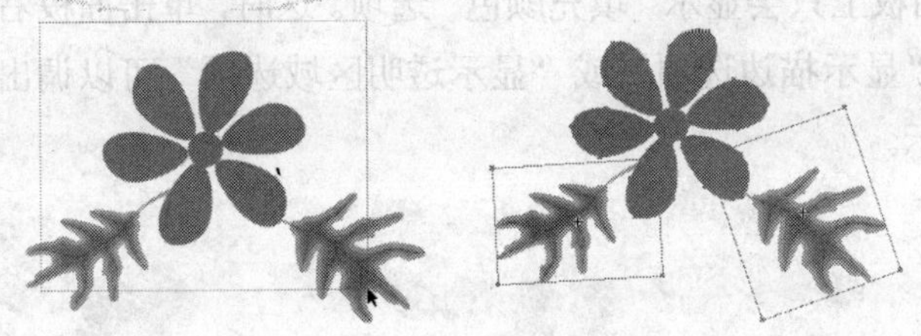

图 4-4　框选多个对象

当直接选择工具选中了路径上的锚点时，显示光标时，可以拖动锚点上的控制手柄来改变图形的形状，如图 4-6 所示。

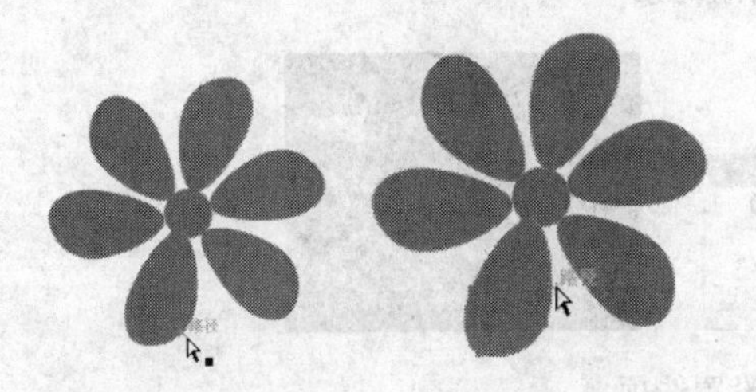

图 4-5　光标的显示状态

图 4-6　拖动锚点上的控制手柄

使用直接选择工具也可以通过在多个对象上拖拉出一个矩形选择范围框的方法，或配合 Shift 键逐一选择对象的方法来选择多个路径，如图 4-7 所示。选择路径后，可以通过观察路径上的锚点的显示状态来确定该点是否选中。被选中的锚点显示为实心点，未被选中的锚点显示为空心点。

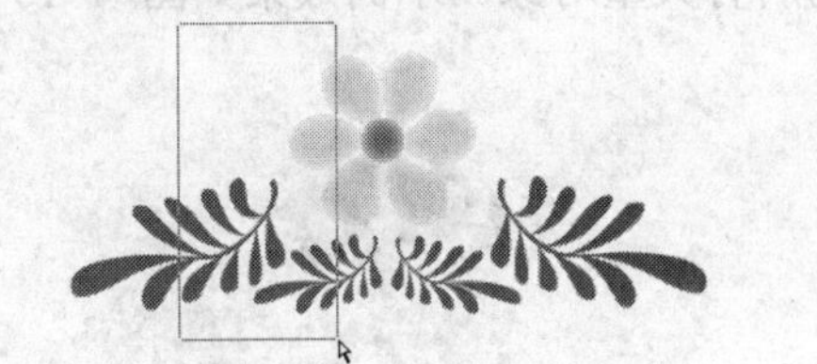

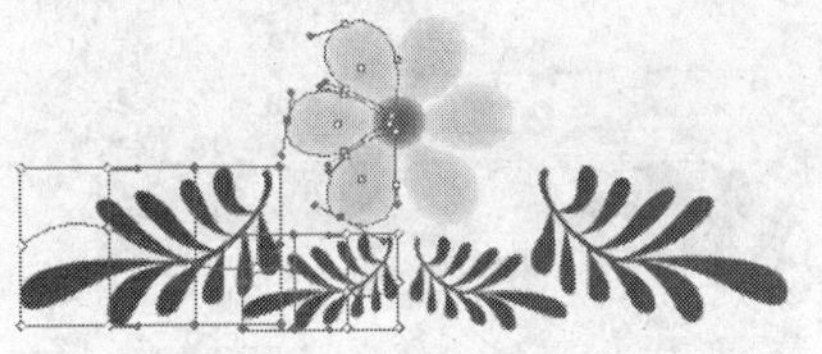

图 4-7　选择多个路径和多个锚点

3. 编组选择工具

编组选择工具是一个功能强大的选择工具，使用它可以选择一个组内的任意对象，也可以选择一个复合组中的组。

图 4-8 所示是一个复合群组对象。每一个花朵图形都由花瓣路径群组组成，而 3 个花朵图形又编为一个组。从工具箱中选择编组选择工具，并移动光标到页面中，光标右下角将出现一个加号。单击复合组对象上花瓣的路径，可选择该路径；释放鼠标后，再次单击该路径，则可以选择该花朵群组。重新释放鼠标，再次单击该路径，则可以选择整个复合群组。

4. 魔棒工具

使用魔棒工具可以选择具有相同颜色、描边、透明度等属性的同类矢量对象。

从工具箱中双击魔棒工具，或执行“窗口”→“魔棒”命令，打开“魔棒”面板。在默认状态下，在面板上只会显示“填充颜色”选项。这时，单击面板右上角的按钮，在弹出菜单中选择“显示描边选项”或“显示透明区域选项”可以调出描边的魔棒设置选项，如图 4-9 所示。

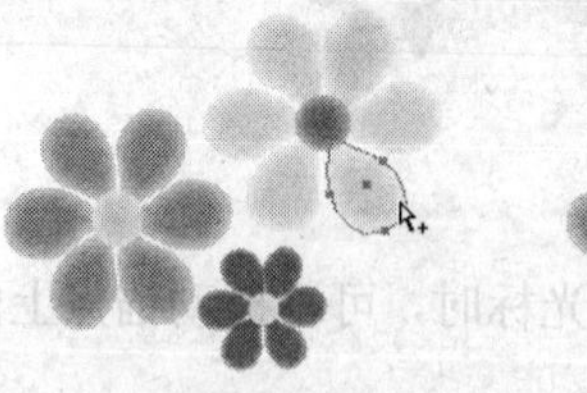
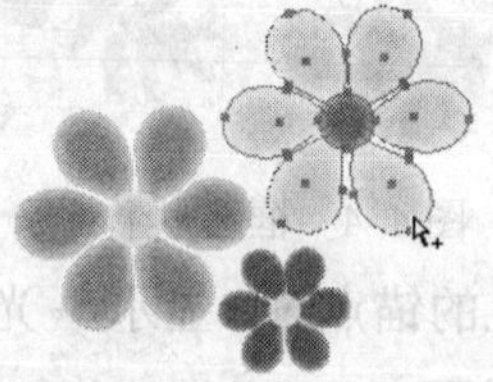

图 4-8　选择复合组对象

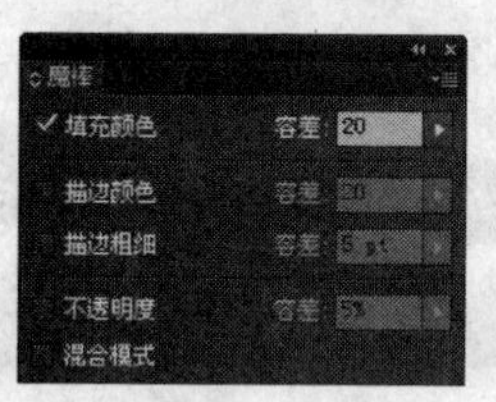

图 4-9　调出描边设置选项

在面板中，有“填充颜色”、“描边颜色”和“描边粗细”3 种对象属性，选择所需要选取的属性的复选框，并在相应的“容差”文本框中设置数值。容差的数值越大，表示选取的偏移范围越大，可以选取到更多的对象。

设置容差完后，按下 Enter 键进行确定。然后，使用魔棒工具在图形上单击，可以直接选取与该图形有相似填充、笔画等属性的所有矢量对象。示例效果如图 4-10 和图 4-11 所示。

图 4-10　选择相同填充颜色

图 4-11　选择相同描边粗细

5. 套索工具

套索工具可以选择不规则范围内的多个对象。它相对于其他选择工具，选择多个对象更加方便和准确。

从工具箱中单击套索工具，在页面上单击并拖动鼠标，绘制出一个不规则的选择范围，把要选取的对象置于范围内。释放鼠标后，套索工具所绘制的选择范围被选择。如图 4-12 所示，被选中部分的锚点显示为实心点，表示被选中；未被选中部分的锚点显示为空心点。

在使用套索工具时按住 Alt 键可以减少选取的对象；按住 Shift 键可以增加选取的

对象。

图 4-12　用套索工具选择对象

4.1.2　“选择”菜单项

图形的选取方法除了使用工具箱的选取工具外，还可以使用“选择”菜单下的选择命令来完成选择操作。单击“选择”菜单，弹出扩展菜单命令，如图 4-13 所示。

1. 基本选择命令

“选择”菜单项包括以下几个基本选择命令。

- 【全部】：选择该命令可以选择文档中所有的对象，快捷键为 Ctrl+A。
- 【现用画板上的全部对象】：选择该命令只能选择画板中的全部对象，画板外的对象不能选择，快捷键为 Alt+Ctrl+A。
- 【取消选择】：选择该命令可取消文档中的当前选择对象，快捷键为 Shift+Ctrl+A。
- 【重新选择】：选择该命令可为不同的对象应用相同的选择选项。
- 【反向】：选择该命令可以取消当前选择对象，并同时选择其余所有的未被选择的对象。如图 4-14 所示，在左图中选择一片树叶图形，执行“反向”命令后，该树叶图形被取消选择，而页面中除了该树叶外的其他图形全部被选择。

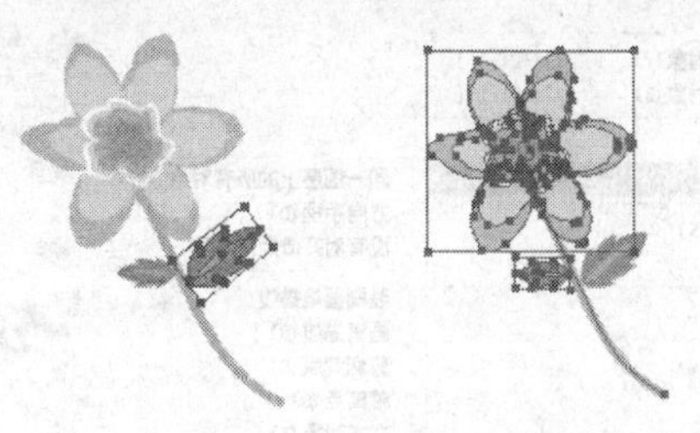

图 4-13　“选择”菜单栏　　　　图 4-14　执行“反向”命令

- 【上/下方的下一个对象】：选择该命令可以选择所选对象上方或下方距离最近的对象。

2. 高级选择命令

在主菜单栏上执行“选择”→“相同”命令，在“相同”命令的扩展菜单下有多个选择属性命令，如图 4-15 所示。这些命令相当于“魔棒”面板中的“属性”选项，执行其中一个命令，可以将在页面中和当前选择对象具有相同属性的对象全部选取。

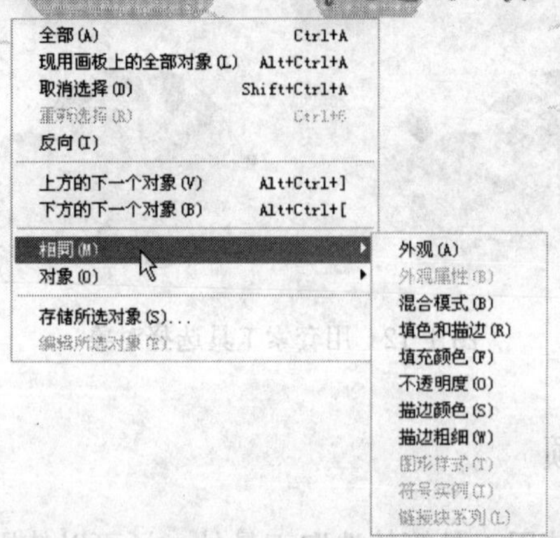

图 4-15　“相同”扩展菜单

如图 4-16 所示，选择圆形，并执行“选择”→“相同”→“图形样式”命令，将选取页面中和圆形具有相同样式的星形。

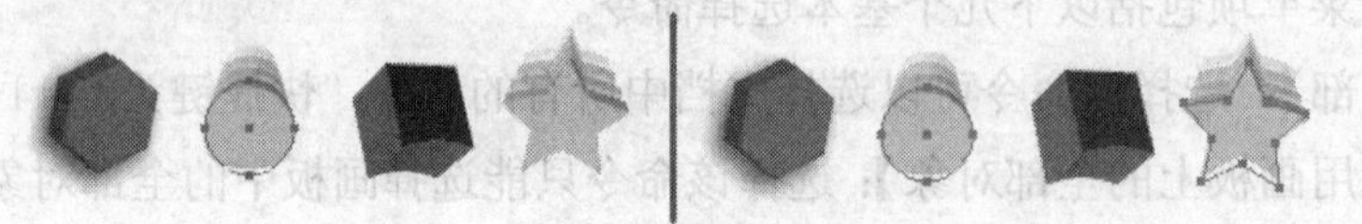

图 4-16　选择相同样式的图形

执行“选择”→“对象”命令，在“对象”命令的扩展菜单下有多个选择对象命令，如图 4-17 所示。通过这些选择命令，可以将页面上的对象归类进行选择。

如图 4-18 所示，选择图形中的头像路径，执行“选择”→“对象”→“同一图层上的所有对象”命令，将和头像路径同一个图层上的所有的对象都选取。

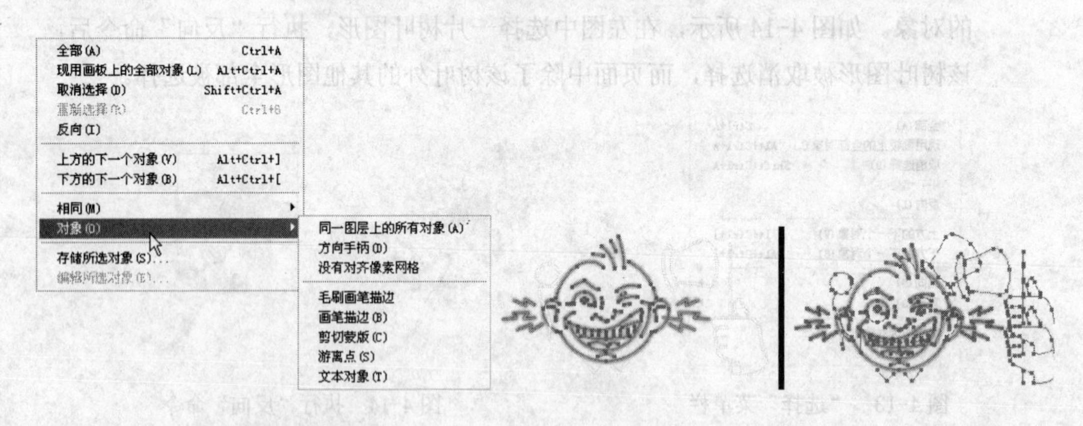

图 4-17　“对象”扩展菜单　　　　图 4-18　选择同一个图层上的所有对象

3. 自定义选择对象

除了系统提供的选择命令和选择工具外，用户还可以自定义选择并进行编辑。下面以实例操作的方式详细讲解自定义选择对象的操作步骤。

（1）在页面中选择 3 个黄色的字母后，执行“选择”→“存储所选对象”命令，打开“存储所选对象”对话框。

（2）在对话框中“名称”文本框中输入选择对象的名称，在本例命名为“黄色字母”，如图 4-19 所示。单击“确定”按钮，再打开“选择”菜单，可以发现“选择”菜单中已经加载了“黄色字母”命令，如图 4-20 所示。

图 4-19　存储所选对象

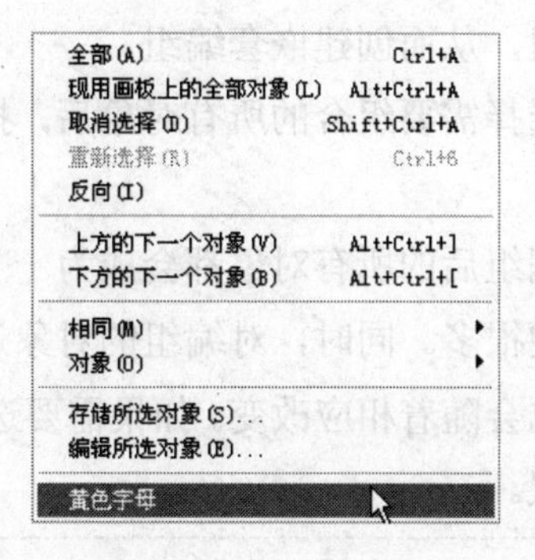

图 4-20　“选择”菜单

（3）当取消选择后，需要重新选择页面上的 3 个黄色字母时，执行“选择”→“黄色字母”命令，即可选择刚定义的字母对象。

（4）执行“选择”→“编辑所选对象”，打开“编辑所选对象”对话框，如图 4-21 所示。在对话框的列表框中，选择自定义对象“黄色字母”并单击“删除”按钮，可以将该选择对象删除。

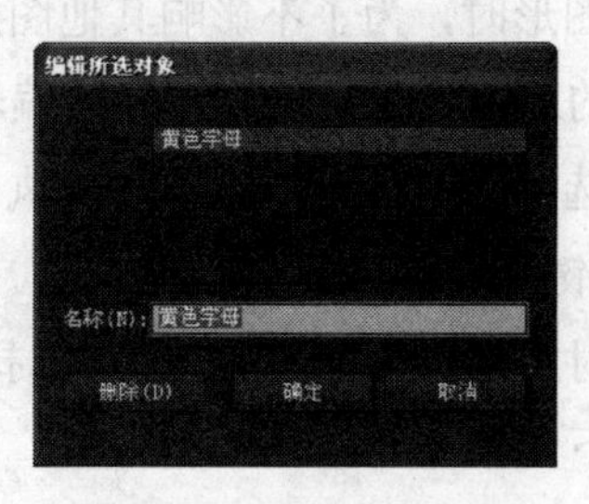

图 4-21　编辑所选对象

（5）选择列表框中的自定义对象“黄色字母”，可以在下方的“名称”文本框中编辑该对象的名称。编辑完毕后，单击“确定”按钮，退出所选对象的编辑。

4.2　图形的管理

在处理复杂的 Illustrator CS6 文档时，页面上的图形和其他对象较多，如果不进行管理会导致页面的混乱，容易错误操作。

4.2.1　编组、锁定和隐藏

在操作过程中，为了方便对多个图形进行选择和修改，通常需要把图形编组、锁定和隐藏。

1．编组

通过编组可以把需要保持联系的系列图形对象组合在一起，编组后的多个图形则可以作为一个整体来进行修改或位置的移动等。Illustrator CS6 中还可以将已有的组进行编组，从而创建嵌套编组。

选择需要组合的所有对象后，执行“对象”→“编组”命令或按下 Ctrl+G 键把对象编组。

编组后的所有对象都会成为一个整体，对编组对象进行移动、复制、旋转等操作都会方便很多。同时，对编组的对象进行填充、描边或调整不透明度时，群组中的每一个对象也会随着相应改变。如果需要选择群组中的部分对象，可以使用编组选择工具直接选取。

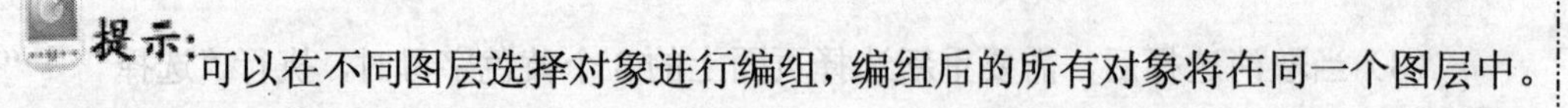

提示: 可以在不同图层选择对象进行编组，编组后的所有对象将在同一个图层中。

如果要解散编组对象，选择编组后，执行“对象”→“取消编组”命令或按下 Shift+Ctrl+G 键把对象取消编组。

2．锁定

在绘制和处理比较复杂的图形时，为了不影响其他图形，可以使用锁定命令将其他图形加以保护。执行锁定命令的对象，将不能进行任何编辑。

锁定图形的方法很简单，选择需要锁定的对象后，执行“对象”→“锁定”→“所选对象”命令，或按下 Ctrl+2 键即可完成锁定操作。

除了可以锁定当前选择的对象外，还可以锁定其他选择对象集。如图 4-22 所示，“锁定”命令扩展菜单还包括了以下两个命令：

- 【上方所有图稿】：选择该命令，将锁定页面中在当前选择对象上方的所有图稿。
- 【其他图层】：选择该命令，将锁定当前选择对象在页面中其他图层中的所有对象。

如果要取消对象的锁定，执行“对象”→“全部解锁”命令或按下 Alt+Ctrl+2 键把对象取消锁定。

3．隐藏

在处理复杂图形时，除了锁定图形外，还可以执行“隐藏”操作。这样，可以把页面中暂时不需要操作的部分隐藏起来，易于观察和编辑当前显示的图形。

隐藏图形的方法和锁定图形的操作相似，选择需要隐藏的对象后，执行“对象”→“隐藏”→“所选对象”命令，或按下 Ctrl+3 键即可完成隐藏操作。

另外，在“隐藏”扩展菜单中的命令和“锁定”扩展命令是一样的，除了隐藏当前的对象外，还可以隐藏所选对象的“上方所有图层”或“其他图层”，如图 4-23 所示。

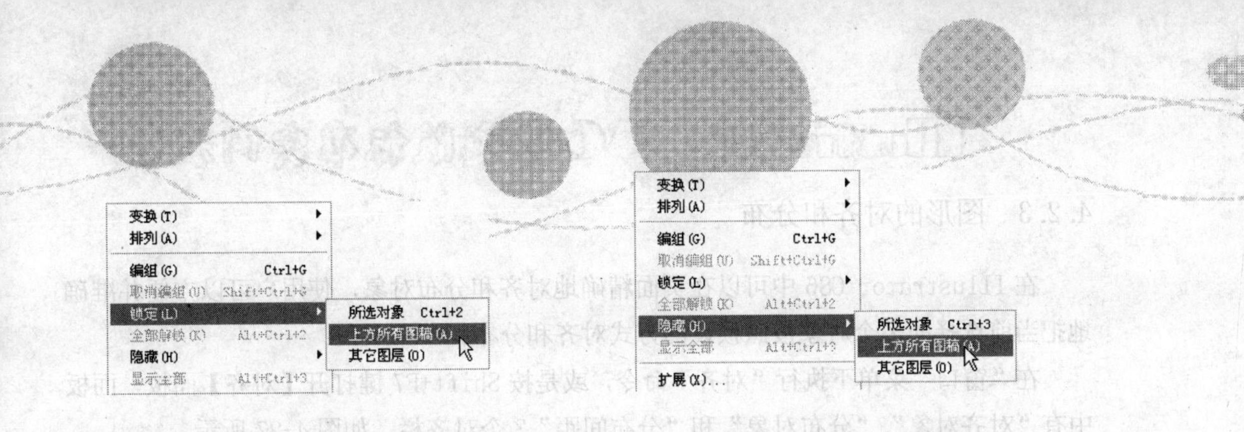

图 4-22 “锁定”扩展菜单　　　　图 4-23 “隐藏”扩展菜单

如果要取消对象的隐藏，执行“对象”→“显示全部”命令，或按下 Alt+Ctrl+3 键显示页面中的所有对象。

4.2.2 图形的排列

在绘制和处理比较复杂的图形时，图形经常会出现重叠或相交的情况。这样，就需要调整图形之间的前后叠放顺序。如图 4-24 所示，“BEDLAM”文本一共分为 3 层，从顶层到底层进行有序的排列，组合成带有 3D 效果和阴影的文本。

执行“对象”→“排列”命令，在“排列”菜单中有 5 项扩展命令，如图 4-25 所示。这 5 项排列命令介绍如下（如图 4-26 所示）：

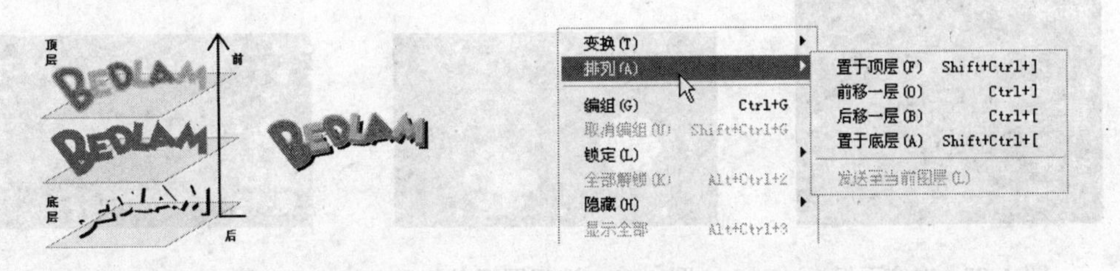

图 4-24 顺序排列示意　　　　图 4-25 “排列”扩展命令

- 【置于顶层】：执行该命令，可以将当前选择对象移到当前图层的顶层，星形置于顶层。
- 【前移一层】：执行该命令，可以将当前选择对象向前移动一层。
- 【后移一层】：执行该命令，可以将当前选择对象向后移动一层。
- 【置于底层】：执行该命令，可以将当前选择对象移到当前图层的底层。
- 【发送至当前图层】：执行该命令，可以将当前选择对象从原来的图层移动到目标图层。

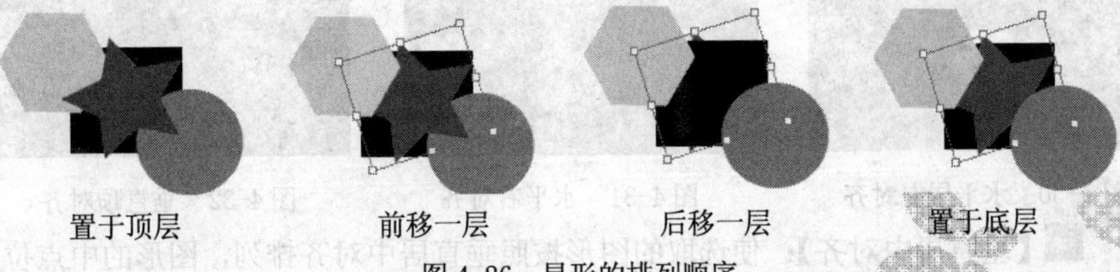

图 4-26 星形的排列顺序

4.2.3 图形的对齐和分布

在 Illustrator CS6 中可以在页面精确地对齐和分布对象，使用户可以方便并准确地把当前选择的多个对象按照预设的方式对齐和分布。

在“窗口”菜单下执行“对齐”命令，或是按 Shift+F7 键打开【对齐】面板，面板中有“对齐对象”、“分布对象”和“分布间距”3 个对齐栏，如图 4-27 所示。

在页面上选取多个图形对象后，在对齐面板中单击其中一个对齐按钮，当前选择的对象则以相应的对齐方式进行排列或分布。

下面简单介绍对齐面板的使用方法以及对齐效果。

1. 对齐对象

使用“对齐对象”中的对齐选项可以调整多个对象的位置，按照一定的方式进行对齐。

- 【水平左对齐】：单击该按钮，选取的图形按照水平左对齐排列，即在页面最左边处在同一条垂直线上。如图 4-28 所示，在页面中选择 3 朵鲜花图形，单击“对齐”面板中的“水平左对齐”按钮，则对齐效果如图 4-29 所示。

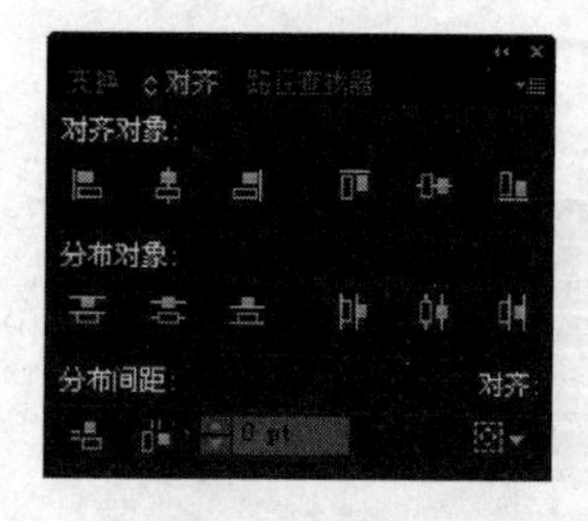

图 4-27 对齐面板

图 4-28 选择图形对象

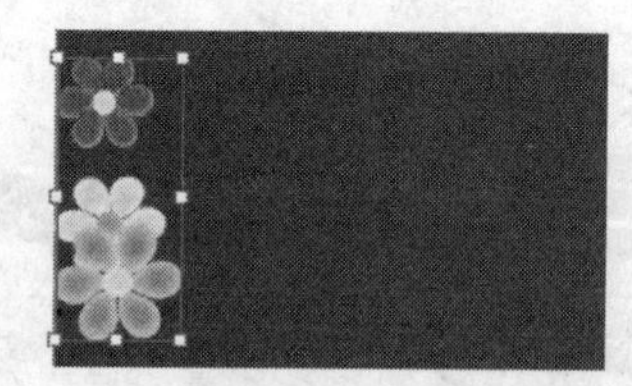
图 4-29 水平左对齐

- 【水平居中对齐】：使选取的图形按照水平居中方式排列，图形的中心点处在同一条垂直线上，效果如图 4-30 所示。
- 【水平右对齐】：使选取的图形按照水平右对齐方式排列，即在页面最右边并图形的最右边处在同一条垂直线上，效果如图 4-31 所示。
- 【垂直顶对齐】：使选取的图形按照垂直顶对齐排列，图形的顶端位于同一水平线，效果如图 4-32 所示。

图 4-30 水平居中对齐

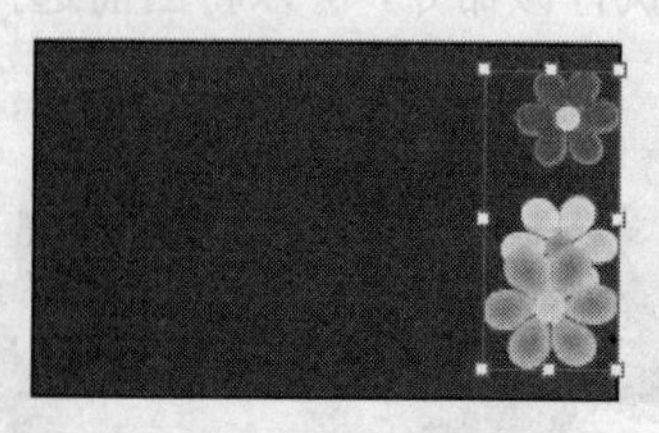
图 4-31 水平右对齐

图 4-32 垂直顶对齐

- 【垂直居中对齐】：使选取的图形按照垂直居中对齐排列，图形的中点位于

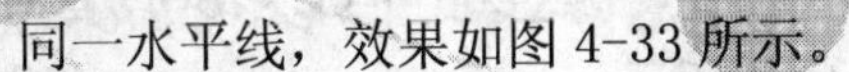
同一水平线，效果如图 4-33 所示。

- 【垂直底对齐】：使选取的图形按照垂直底对齐排列，图形的底端位于同一水平线，效果如图 4-34 所示。

2．分布对象

“分布对象”中的选项是以每一个选择对象同方位的锚点为基准点进行分布。

- 【垂直顶分布】：以选取的图形顶端为基准垂直均匀分布，效果如图 4-35 所示。

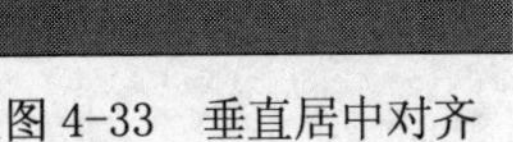
图 4-33　垂直居中对齐

图 4-34　垂直底对齐

图 4-35　垂直顶分布

- 【垂直居中分布】：以选取的图形水平中线为基准垂直均匀分布，效果如图 4-36 所示。
- 【垂直底分布】：以选取的图形底端为基准垂直均匀分布，效果如图 4-37 所示。
- 【水平左分布】：以选取的图形左侧为基准水平均匀分布，效果如图 4-38 所示。

图 4-36　垂直居中分布

图 4-37　垂直底分布

图 4-38　水平左分布

- 【水平居中分布】：以选取的图形垂直中线为基准水平均匀分布，效果如图 4-39 所示。
- 【水平右分布】：以选取的图形右侧为基准水平均匀分布，效果如图 4-40 所示。

图 4-39　水平居中分布

图 4-40　水平右分布

3．分布间距

- 【垂直分布间距】：使选取的图形按照垂直平均分布间距，使在垂直方向图

形之间的相互距离相等，效果如图 4-41 所示。

- 【水平分布间距】：使选取的图形按照水平平均分布间距，使在水平方向图形之间的相互距离相等，效果如图 4-42 所示。

图 4-41　垂直分布间距

图 4-42　水平分布间距

4.3　图形的基本编辑

4.3.1　使用选择工具编辑图形

使用选择工具和直接选择工具不仅可以选取对象，还可以对图形进行基本的修改。

1. 选择工具

当使用选择工具选择对象时，该对象的四周会出现定界框。定界框是围绕在对象周围，带有 8 个小四方控制点的矩形框，选择工具通过拖动定界框上的 8 个控制点来修改图形。

选择图形后，将光标放置在图形定界框 4 个中间控制点的任意一个，使鼠标的光标变为↕，如图 4-43a 所示。这时，拖动鼠标即可以改变图形的长宽比例，如图 4-43b 和图 4-43c 所示。

在修改图形过程中，拖动鼠标的同时按住 Alt 键，则以定界框的中线为基准来改变图形的长宽比例，如图 4-44 所示。

a)原图

b)拖动控制点

c)修改比例后

图 4-43　修改图形的长宽比例示意图

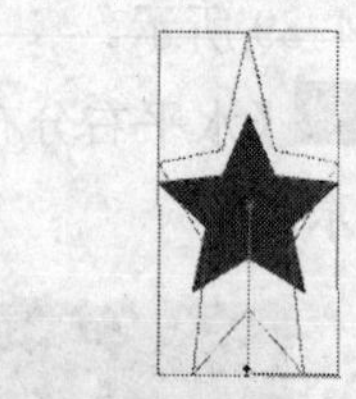

图 4-44　以中线为基准修改图形比例

如果将光标放置在图形定界框 4 个对角控制点的任意一个，使鼠标的光标变为↘。这时，拖动鼠标即可以定界框的对角线为基准点对图形进行缩放，如图 4-45 所示。如果拖动鼠标的同时按住 Alt 键，则以定界框的中点为基准来对图形进行缩放，如图 4-46 所示。

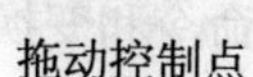

拖动控制点　　缩放图形后　　按住 Alt 键进行拖放　　缩放图形后

图 4-45　对图形进行缩放示意图　　图 4-46　以中点为基准缩放图形

拖动对角控制点的同时按住 Shift 键，则以对角线为基准来规则缩放图形，修改后的图形的长宽比例不变。

如果将光标放置在定界框任意一个对角控制点的周围，使鼠标的光标变为 ↷ 。这时，拖动鼠标即对图形进行旋转，如图 4-47 所示。

原图　　拖动控制点　　旋转图形

图 4-47 旋转图形示意图

如果拖动鼠标的同时按住 Shift 键，则系统强制旋转角度每次为 45°。

2. 直接选择工具

直接选择工具可以直接选取和修改对象的局部，无论对象是否被编组。

使用直接选择工具选择图形的边框，如图 4-48a 所示。这时，图形所有的锚点都显示为空心，表示没有被选中。然后，按下鼠标并进行拖动，可以对图形进行倾斜或者翻转的变换，如图 4-48b 所示。示例效果如图 4-48c 所示。

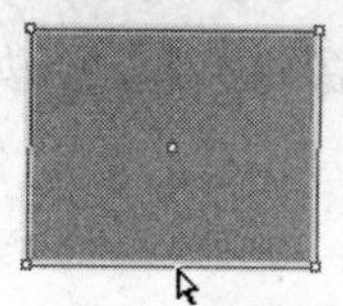

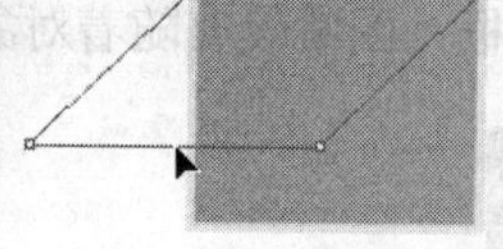

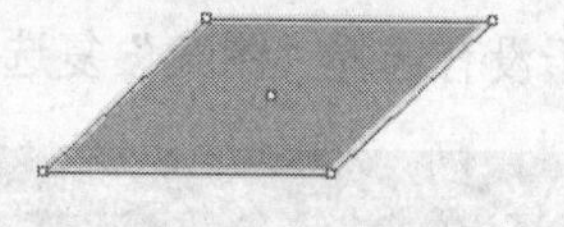

a) 选择边框　　b) 按下鼠标拖动　　c) 编辑后的图形

图 4-48　变换图形示意图

使用直接选择工具选择图形的锚点，如图 4-49a 所示。这时，图形中被选中的锚点显示为实心点，未被选中的锚点显示为空心点。然后，按下鼠标拖动该锚点，可以改变图形的形状，如图 4-49b 所示。最后的示例效果如图 4-49c 所示。

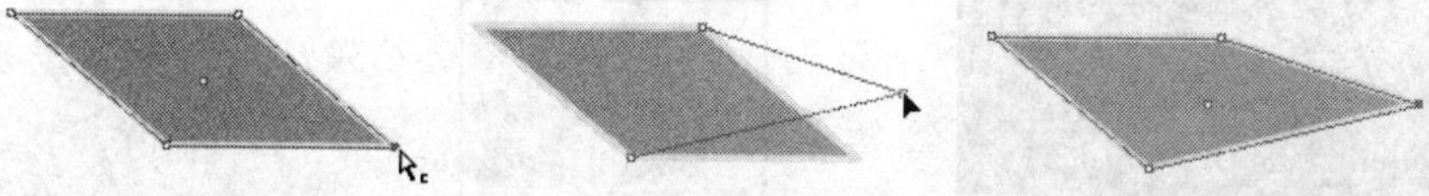

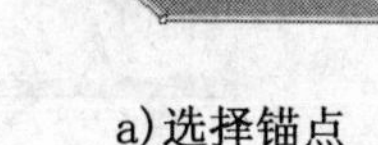

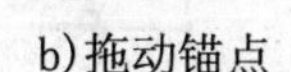

a) 选择锚点　　b) 拖动锚点　　c) 编辑后的图形

图 4-49　选择锚点编辑图形示意图

4.3.2　图形的变换

在作图过程中，变换对象的功能是必不可少的。使用工具箱中的变换工具可以进行旋转、缩放、自由变换等操作。除此之外，还可以通过“变换”菜单命令和变换面板来对图形进行更准确的变换。

1. 移动

除了可以使用选择工具把选中的锚点、路径进行拖动，从而完成移动操作外，还可以使用“移动”对话框来移动对象。

执行“对象”→“变换”→“移动”命令，打开“移动”对话框，如图 4-50 所示。对话框中的各选项介绍如下：

- 【水平】：该选项设置水平方向的位移，正值表示从左到右的移动。
- 【垂直】：该选项设置垂直方向的位移，正值表示从底部到顶部的移动。
- 【距离】：该选项表示图形位移的距离大小。
- 【角度】：该选项指定移动的方向，角度值以向左的方向为起点，负值表示图形向相反方向移动。
- 【变换对象】：选择该复选框，表示移动当前选择的对象。否则，只移动对象的图案。
- 【变换图案】：选择该复选框，表示移动当前选择对象的图案。
- 【复制】：单击该按钮，可以移动并复制当前选择的对象。

例如，选择一个带有星形图案的矩形，如图 4-51 所示。然后，执行“变换对象”→“变换”→“移动”命令，打开“移动”对话框，在对话框中设置选项的参数，并选择“对象”复选框，如图 4-50 所示。单击“确定”按钮后，按照对话框中设置的参数移动矩形。由于没有选择“图案”复选框，图案没有随着对象进行移动，如图 4-52 所示。

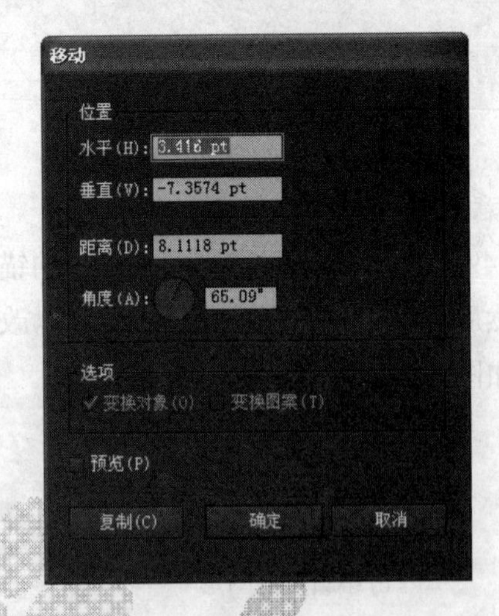

图 4-50　“移动”对话框

图 4-51　选择星形

图 4-52　移动并复制星形效果

2. 旋转

使用旋转工具可以旋转选中的图形。旋转图形可以任意拖动旋转，也可以在“旋转”对话框中设置旋转角度进行精确的旋转。

使用旋转工具手动旋转图形的操作步骤如下：

（1）选择需要旋转的图形后，单击工具箱的旋转工具，这时的光标变为十字光标，如图 4-53 所示。

（2）在当前选中的图形上单击，则可以设置旋转中心点。

（3）确定旋转中心点后，光标变为 ▶，如图 4-54 所示。这时，拖动图形就能绕旋转中心点进行自由旋转，直至一个合适的角度，如图 4-55 所示。

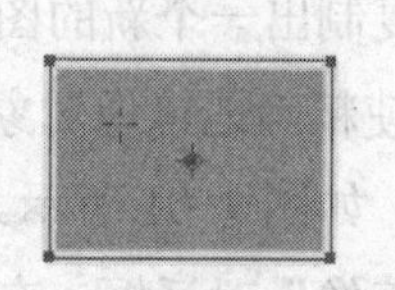

图 4-53　设定中心点前

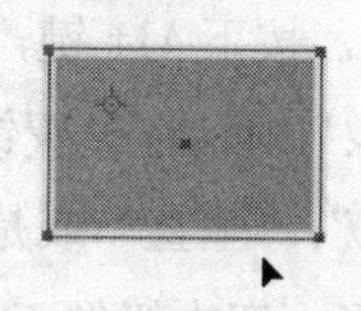

图 4-54　设定中心点

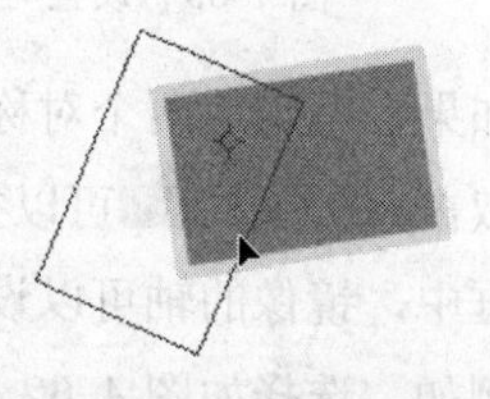

图 4-55　绕中心点旋转

双击旋转工具可以打开“旋转”对话框设置旋转角度，使精确地旋转对象。当旋转角度数为正值时，图形将逆时针旋转；当旋转角度数为负值时，图形将顺时针旋转。

选择如图 4-56 所示的矩形。然后，双击工具箱的旋转工具，在弹出的“旋转”对话框设置旋转角度为 45°，并单击“复制”按钮，如图 4-57 所示。这时，复制出一个新的矩形并旋转 45° 角，效果如图 4-58 所示。

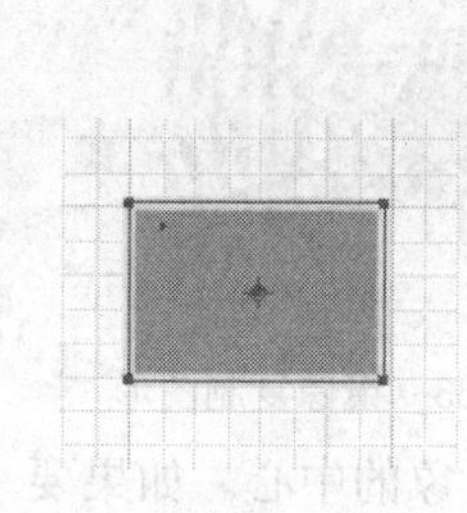

图 4-56　选择矩形

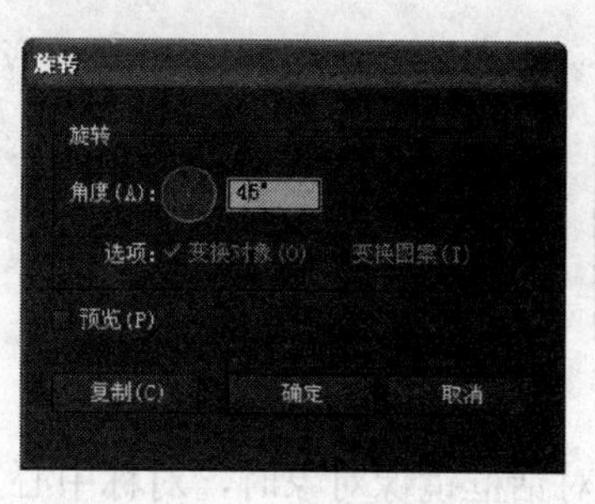

图 4-57　设置旋转角度

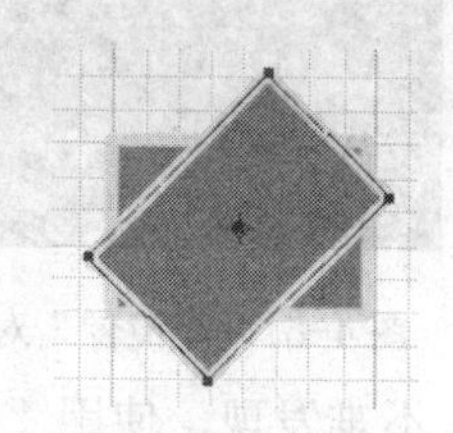

图 4-58　复制并旋转图形

执行“对象”→“变换”→“旋转”命令，也可以打开如图 4-57 所示的“旋转”对话框进行角度的设置。

3. 镜像

在现实生活中有很多物体是对称的。在绘制对称的物体时，使用镜像工具可以使对象进行翻转，使工作量减半。

使用镜像工具手动镜像图形的步骤如下：

（1）选择需要镜像的图形后，单击工具箱的镜像工具，这时的光标变为十字光标。

（2）在图形上单击，则可以设置对称中心点⊹。

（3）确定对称点后，光标变为▶，在页面上单击鼠标确定第两个对称点。通过对称中心和第两个对称点之间连成的直线就是隐形的镜像对称轴，如图 4-59 所示。这时，图形基于设定的镜像对称轴进行镜像，效果如图 4-60 所示。

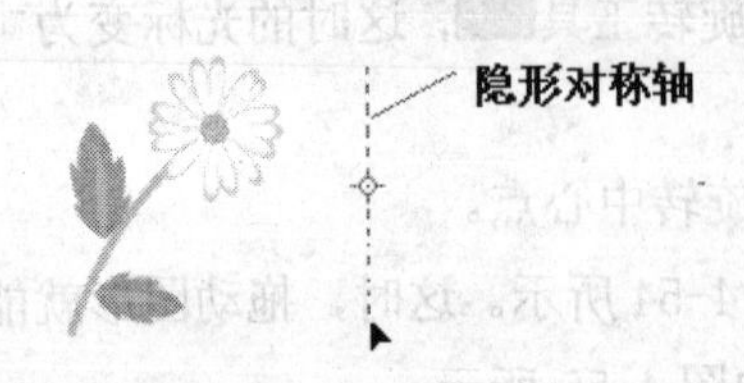

图 4-59　设置对称轴

图 4-60　镜像效果

如果在确定第两个对称点的同时，按下 Alt 键，则可以镜像复制出一个新的图形。

双击镜像工具可以打开“镜像”对话框设置镜像对称轴，使精确地镜像对象。在对话框中，镜像的轴可以设置“水平”、“垂直”或是成自由角度，如图 4-61 所示。

例如，选择如图 4-62 所示的图形，双击镜像工具打开“镜像”对话框。在对话框中选择“水平”复选框，并单击“复制”按钮。这时，以水平为轴镜像复制出一个新的图形，如图 4-63 所示。

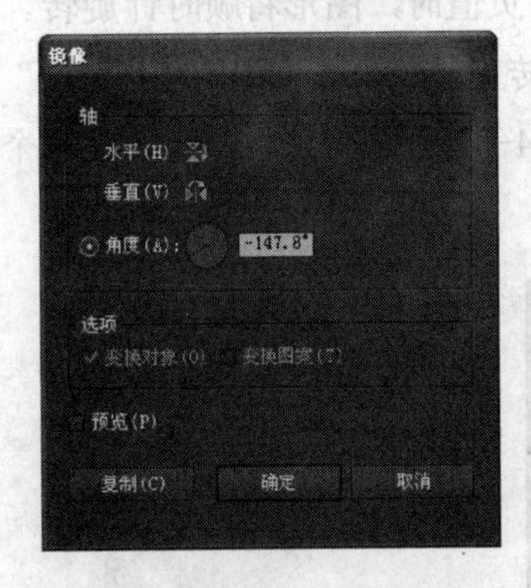

图 4-61　“镜像”对话框

图 4-62　选择图形

图 4-63　镜像复制图形

不难发现，使用“镜像”对话框镜像对象时，对称中心点都在对象的中心。如果要在其他位置确定精确的对称轴就需要配合快捷键来打开“镜像”对话框来进行设置，步骤如下：

（1）选择需要镜像的图形后，单击工具箱的镜像工具，这时的光标变为十字光标。

（2）按住 Alt 键，这时的光标变为十…。

（3）在页面中单击，则可以设置对称中心点⊹，同时并打开了“镜像”对话框。

（4）在对话框中设置镜像轴，单击“确定”按钮完成镜像操作。

另外，执行“对象”→“变换”→“对称”命令，也可以打开如图 4-61 所示的“镜像”对话框，并同样进行轴的设置。

4. 缩放

除了可以使用选择工具来缩放对象外，还可以使用比例缩放工具来实现对图形的缩放。使用比例缩放工具对图形进行缩放的步骤如下：

（1）选择需要缩放的图形后，单击工具箱的比例缩放工具，这时的光标变为十字。

（2）在图形上单击，则可以设置缩放中心点。

（3）确定缩放中心点后，光标变为 ▶。这时，在任意位置拖动鼠标即可自由缩放对象，如图 4-64 所示。

如果在拖动鼠标的同时按住 Shift 键将会规则地缩放对象，如果按住 Alt 键则会在缩放的同时复制出一个新的图形。

如果要精确地缩放图形，就需要通过“比例缩放”对话框。除了双击比例缩放工具打开对话框进行设置外，更加快捷的方法和步骤如下：

（1）选择需要缩放的图形后，单击工具箱的比例缩放工具，这时的光标变为十字。

（2）在图形上按住 Alt 键单击，设置缩放中心点，同时打开“比例缩放”对话框，如图 4-65 所示。

（3）在“比例缩放”对话框中设置相应的比例参数，单击“确定”按钮完成缩放操作。

在“比例缩放”对话框中，分为“等比”和“不等比”缩放方式。“等比缩放”是指将对象沿着水平和垂直方向按相同比例缩放；“不等比缩放”是指将对象沿着水平和垂直方向按所输入的比例数值分别缩放。

在“比例缩放”对话框中，“比例缩放描边和效果”选项也很重要。如图 4-66 所示，对原图进行等比的 150%缩放。在对话框中未选择“比例缩放描边和效果”选项，则如图 4-66 缩放效果 1 所示，图形的描边的粗细没有改变。反之，在对话框中选择该选项，则如图 4-66 缩放效果 2 所示，图形的描边粗细在对象缩放的同时进行调整。

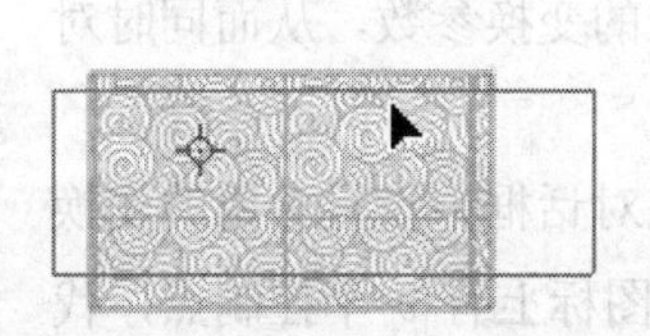

图 4-64　自由缩放图

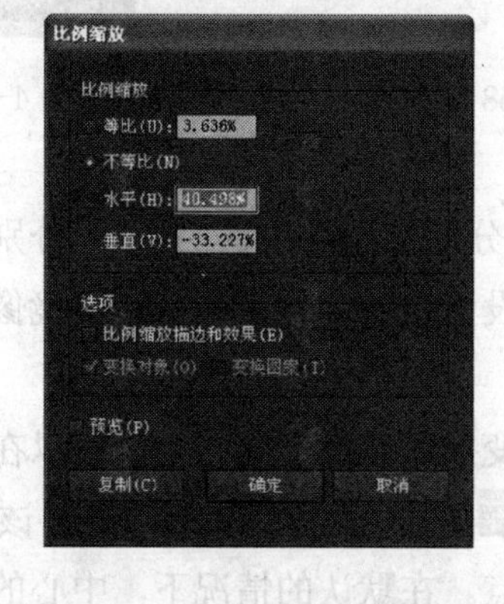

图 4-65　“比例缩放”对话框

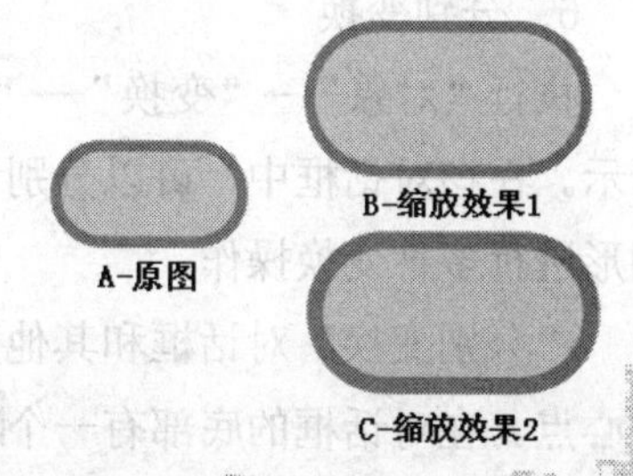

图 4-66　缩放描边效果对比

另外，执行“对象”→“变换”→“缩放”命令，也可以打开如图 4-65 所示的“比例缩放”对话框。

5. 倾斜

使用倾斜工具可以将对象倾斜，制作出特殊的效果，如图 4-67 所示。使用倾斜工具对图形进行缩放的步骤如下：

（1）选择需要倾斜的图形后，单击工具箱的倾斜工具，这时的光标变为十字。

（2）在图形上单击，则可以设置倾斜中心点。

（3）确定中心点后，光标变为▶。这时，在任意位置拖动鼠标即可自由倾斜对象，如图 4-68 所示。

如果在拖动鼠标的同时按住 Shift 键限制对象在水平和垂直两个方向倾斜，如果按住 Alt 键则会在倾斜的同时复制出一个新的图形。

如果要精确地倾斜图形，就需要通过“倾斜”对话框。打开“倾斜”对话框的方式和缩放、镜像等操作相同，可以通过双击倾斜工具打开，可以设置倾斜中心点时按住 Alt 键打开，也可以执行“对象”→“变换”→“倾斜”命令打开。

在“倾斜”对话框的“倾斜角度”文本框中可以设置倾斜的角度，还可以选择沿水平、垂直或角度为轴进行倾斜操作，如图 4-69 所示。

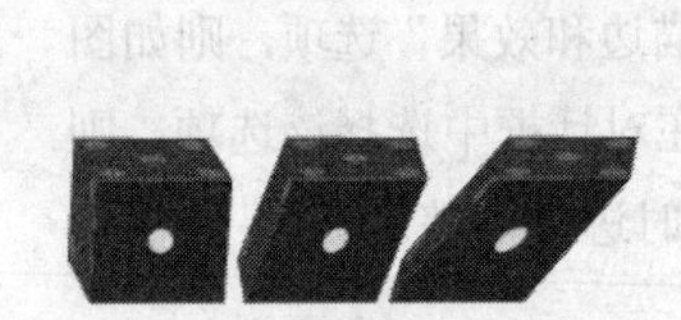

图 4-67 倾斜效果　　图 4-68 自由倾斜对象　　图 4-69 “倾斜”对话框

6. 分别变换

执行“对象”→“变换”→“分别变换”命令，打开“分别变换”对话框，如图 4-70 所示。在该对话框中，可以分别设置缩放、移动、旋转、镜像的变换参数，从而同时对图形进行多种变换操作。

“分别变换”对话框和其他变换对话框不同的是，可以在对话框中设置对象的变换中心点。在对话框的底部有一个图标，如图 4-71 所示。该图标上有 9 个控制点，代表了当前选择对象上的 9 个控制点。在默认的情况下，中心的控制点显示为实心，表示变换中心。单击其他任何一个控制点，可以设置该控制点为新的变换中心点。

对话框中的“随机”变换是指让每个对象各自独立地随机变换，具有一定的不确定性。例如，选择 8 个矩形，打开“分别变换”对话框。在对话框中设置“旋转角度”的数值为 30º，并选择“随机”复选框。单击“确定”按钮，每一个矩形的旋转方向、角度都不一样，但都不会超过设置的数值 30º，如图 4-72 所示。

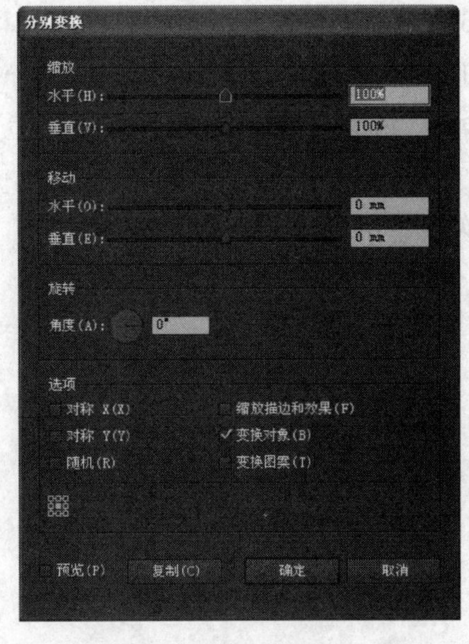

图 4-70 “分别变换”对话框

图 4-71 设置变换中心点

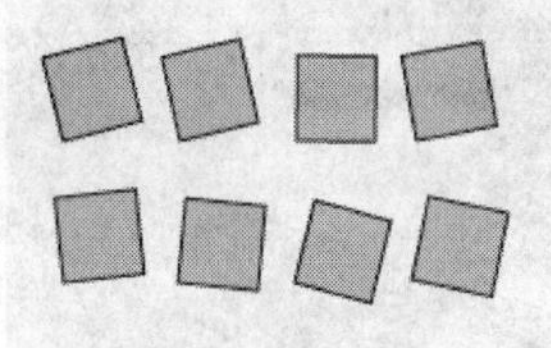

图 4-72 随机旋转的矩形

7. 自由变换

使用自由变换工具可以对图形进行所有方式的变换操作，包括移动、缩放、旋转、镜像、倾斜等。

使用自由变换工具进行变换的方法和使用选择工具进行变换的方法基本相同。选择需要变换的图形后，单击工具箱的自由变换工具，在图形的四周会出现定界框，如图 4-73 所示。通过拖拉定界框的控制点可以对框内的图形进行移动、缩放、旋转和倾斜操作。具体方法可以参考选择工具的使用方法（4.1.1 节选择工具组的使用）。

如果要对图形进行镜像操作，则用自由变换工具将定界框的一边拖过反方向的边，以方向的边为轴进行镜像，在得到适合的图形后释放鼠标即可完成操作，如图 4-74 所示。如果在镜像过程中，按下 Alt 键，则镜像轴为图形的中线，如图 4-75 所示。

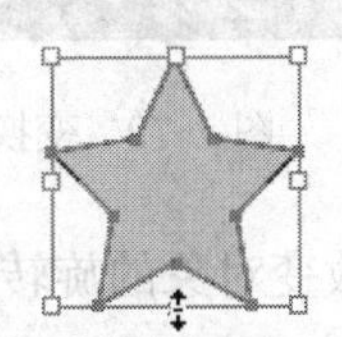

图 4-73 图形的定界框

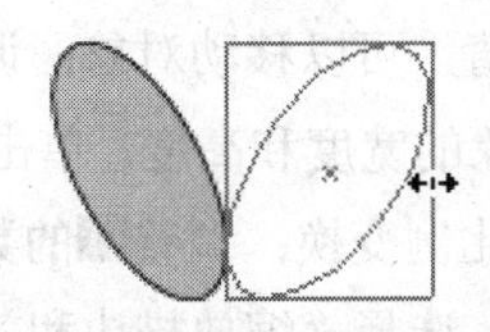

图 4-74 以边线为轴镜像

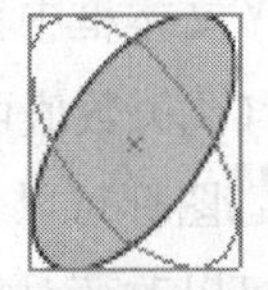

图 4-75 以中线为轴镜像

虽然自由变换工具有多种对象变换功能，但由于它无法编辑控制中心点，而且没有复制功能，也没有对话框精确变换对象，所以不能代替其他变换工具。

8. 再次变换

针对于多次转换操作，Illustrator CS6 提供了“再次变换”命令来简化工作程序。下面通过一个实例来讲解再次变换的使用方法和步骤。

（1）选择一个矩形，执行“对象”→“变换”→“移动”命令，打开“移动”对话框。

（2）在对话框中设置水平移动 50pt，如图 4-76 所示。

（3）单击“复制”，水平移动并复制出一个新的矩形，如图 4-77 所示。

（4）执行“对象”→“变换”→“再次变换”命令，则将复制出的矩形再次进行移动和复制，并保持移动的数值和上一次操作相同。

（5）“再次变换”命令的快捷键是 Ctrl+D。再次按下 Ctrl+D 键，则继续执行“再次变换”命令两次，共移动并复制出 3 个矩形，这 3 个矩形之间的间距均为 50pt，如图 4-78 所示。

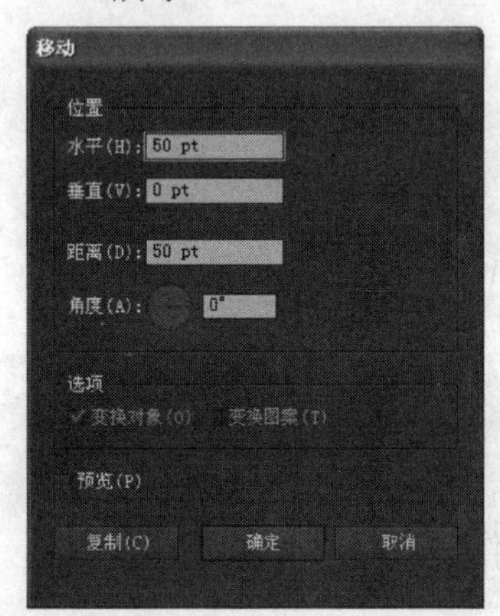

图 4-76 “移动”对话框

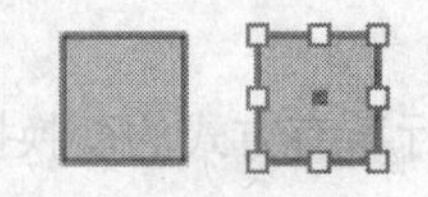

图 4-77 移动并复制矩形

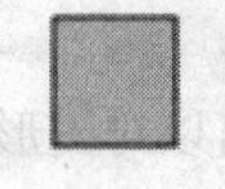

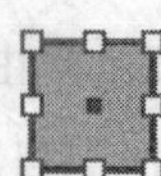

图 4-78 再次变换 3 次效果

9. 变换面板

执行“窗口”→“变换”命令或按下 Ctrl+F8 键，可以打开“变换”面板，如图 4-79 所示。使用变换面板可以快速地对对象进行精确的变换操作。

选择对象后，变换面板会显示该对象的长宽、位置、倾斜度、旋转度以及对齐像素网格信息，用户可以在相应的文本框中输入新的数值来进行变换。

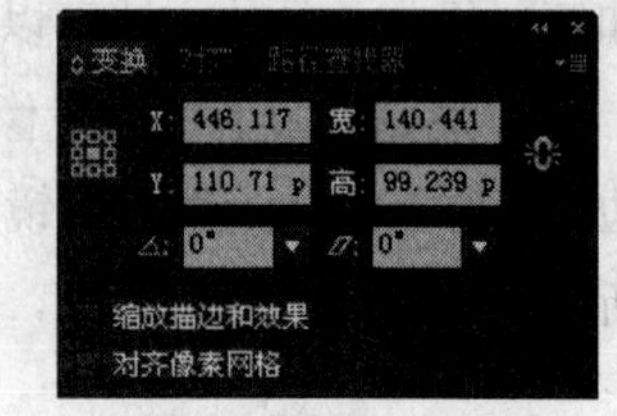

图 4-79 变换面板

在变换面板的 X 和 Y 分别表示对象的 X 坐标值和 Y 坐标值，在 X 或 Y 文本框中输入新的数值，可以移动对象；调整 W（宽）和 H（高）数值可以改变对象的宽度和高度，单击图标切换到图标可以使宽和高等比例变换；调整的数值可以改变对象的旋转角度；调整数值可以改变对象的倾斜度。选择“缩放描边和效果”可以在变换对象时同时变换对象的描边和效果；选择“对齐像素网格”可以保持对象边界与像素网格对齐，防止线条模糊。输入数值后按下 Enter 键就可以完成变换操作。

在面板中的所有数值都是针对对象的定界框而言的，单击定界框图标中的任何一

个控制点，可以设置该控制点为新的变换中心点。

单击面板右上角的图标，可以打开面板的弹出菜单。在菜单中的各个选项可参考以上讲解过的各变换操作对话框的相应选项。

4.3.3 图形的基本变形

在 Illustrator CS6 工具箱中，有一组变形工具，如图 4-80 所示。通过这些工具可以对图形进行旋转扭曲、收缩、膨胀等变形操作。

图 4-80 变形工具组

1. 宽度

使用宽度工具可以对图形进行拉伸，将鼠标移动到拉伸对象上可显示图形的边线和宽度信息，使用宽度工具拉伸图形的操作步骤如下：

(1)选择需要拉伸的图形后，单击工具箱中的宽度工具。

(2)将光标移至页面上，光标变为+时，在页面上拖动鼠标，可以自由改变图形的宽度，如图 4-81 所示。

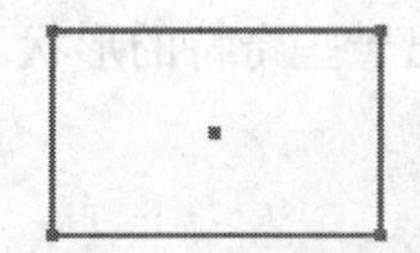

原图

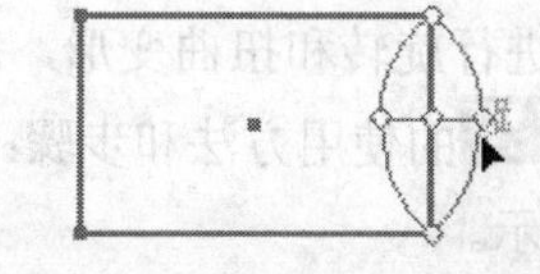

使用“宽度”工具拉伸图像

使用“宽度”工具拉伸图像后的效果

图 4-81 效果示意图

2. 变形

使用变形工具可以对图形进行变形，它通过在图形路径上增加新的锚点来改变原路径形态。它的使用方法很简单，步骤如下：

(1) 选择需要变形的图形后，单击工具箱中的变形工具。

(2) 将光标移至页面上，光标变为画笔⊕。按住 Alt 键，在页面上拖动鼠标，可自由改变画笔的宽度和高度。

(3) 在图形上自由拖动使进行变形，如图 4-82 所示。鼠标在图形路径上拖动时，图形路径中会增加锚点，同时路径随着鼠标的移动方向改变。

双击工具箱的变形工具可以打开“变形工具选项”对话框对变形效果进行设置，如图 4-83 所示。在对话框中各选项介绍如下：

- 【宽度】：该选项控制画笔尺寸的宽度。
- 【高度】：该选项控制画笔尺寸的高度。
- 【角度】：当画笔的高度和宽度的尺寸不一样时，该选项控制画笔的角度。例如，画笔角度-45º 的画笔为。
- 【强度】：该选项控制画笔的压力强度，强度越大，使图形的变形效果越显著。

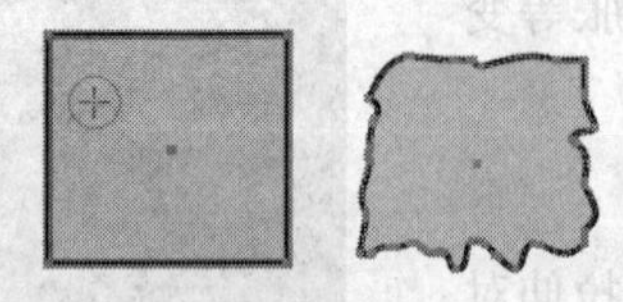

图 4-82 变形操作

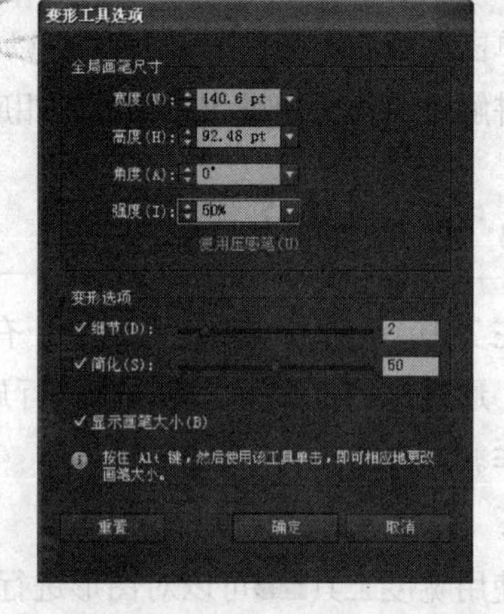

图 4-83 “变形工具选项”对话框

- 【细节】：该选项表示变形处理对象细节时的一个精确程度，数值越大精确度越高。
- 【简化】：该选项表示使用变形工具后的效果的简化程度。
- 【显示画笔大小】：选择该选项复选框后在操作中会显示出画笔的大小尺寸。

3. 旋转扭曲

使用旋转扭曲工具可以使图形进行旋转和扭曲变形，制作出一些奇特的形状。下面通过一个实例来讲解旋转扭曲工具的使用方法和步骤：

（1）创建一个星形，如图 4-84 所示。

（2）单击工具箱的旋转扭曲工具，光标变为画笔。这时，按住 Alt 键，在页面上拖动鼠标，可自由改变画笔的宽度和高度。

（3）在星形上单击，则可以设置扭曲中心点。中心点在旋转扭曲中是不可见的，但却在起作用。在本例中，旋转中心点的位置设置在星形的中心，单击星形中心后，将自动进行旋转扭曲操作，释放鼠标效果如图 4-85 所示。

如果旋转中心点不设置在图形的中心，单击鼠标确定中心点后，在图形路径上拖动鼠标可以进行自由旋转扭曲，能得到意想不到的各种旋转扭曲效果，如图 4-86 所示。在图形的路径锚点上鼠标拖动时间越长旋转扭曲的旋转线也就越复杂。

图 4-84 绘制星形

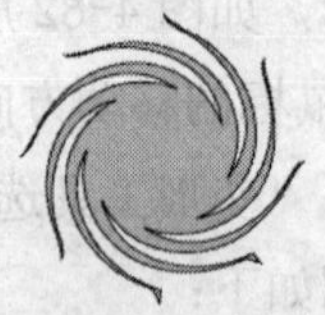

图 4-85 规则旋转扭曲

图 4-86 自由旋转扭曲

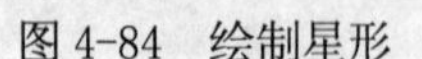

双击工具箱的旋转扭曲工具打开“旋转扭曲工具选项”对话框，通过设置对话框的选项可以改变旋转扭曲的效果，如图 4-87 所示。

由于“旋转扭曲工具选项”对话框和“变形工具选项”对话框的选项基本相同，在

此不再重复。除此以外，对话框增加了“旋转扭曲速率”选项。该选项的数值用来设置当画笔放置在对象上时，旋转扭曲的转速，数值越大旋转扭曲速度越快。

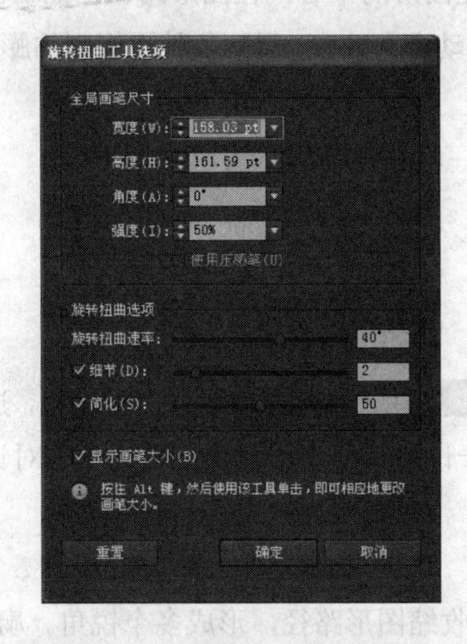

图 4-87 “旋转扭曲工具选项”对话框

4．缩拢

缩拢工具可以使图形的路径会自动发生收缩成为曲线路径，还可以将多个路径融合在一起，并保持原路径的锚点。

缩拢工具和旋转扭曲工具的使用方法一样，在此不再重复。同样，在如图 4-84 所示的星形上进行收缩操作。如果收缩中心点的位置设置在星形的中心，单击星形中心后，将自动进行收缩操作，释放鼠标效果如图 4-88 所示。

如果收缩中心点不设置在图形的中心，在图形路径上拖动鼠标可以进行自由收缩操作，能得到意想不到的各种收缩效果，如图 4-89 所示。

图 4-88 规则缩放效果

图 4-89 自由缩放效果

双击工具箱中的缩拢工具打开“收缩工具选项”对话框，通过设置对话框的选项可以改变缩放的效果。由于该对话框和“变形工具选项”对话框的选项完全相同，在此不再重复讲解。

5．膨胀

使用膨胀工具能使图形以圆形向四周膨胀形成新的路径图形。

膨胀工具和旋转扭曲工具的使用方法一样。同样，在 8 角星形上进行膨胀操作，如图 4-90 所示。如果膨胀中心点的位置设置在星形的中心，单击星形中心后，将自动进行规则的膨胀操作，释放鼠标效果如图 4-91 所示。

如果膨胀中心点不设置在图形的中心，在图形路径上拖动鼠标可以进行自由膨胀操作，膨胀的方向随着鼠标的移动方向改变，得到各种不规则的膨胀效果，如图 4-92 所示。

图 4-90　8 角星形

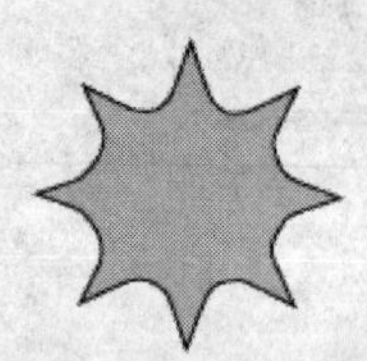

图 4-91　规则膨胀效果

图 4-92　自由膨胀效果

双击工具箱的膨胀工具打开“膨胀工具选项”对话框，通过设置对话框的选项可以改变图形膨胀的效果。由于该对话框和“变形工具选项”对话框的选项完全相同，在此不再重复讲解。

6．扇贝

使用扇贝工具可以使收缩图形路径，形成多个锐角。扇贝工具和其他变形工具的方法一样。本例在如图 4-93 所示的多边形上进行扇贝操作，如果中心点的位置设置在多边形的中心，单击多边形的中心后，多边形自动收缩形成多个锐角，释放鼠标效果如图 4-94 所示。

如果中心点不设置在图形的中心，在图形路径上拖动鼠标可以进行自由扇贝变形操作，收缩的方向随着鼠标的移动方向改变，得到各种不规则的收缩效果，如图 4-95 所示。

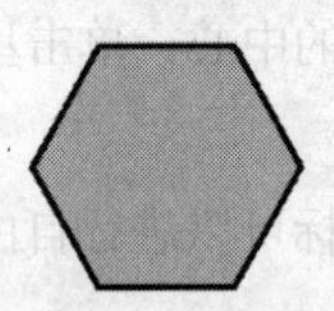

图 4-93　多边形

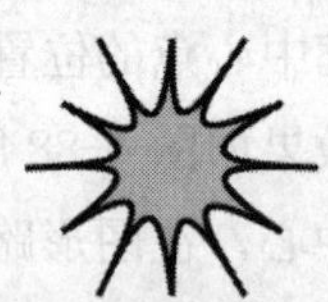

图 4-94　规则收缩效果

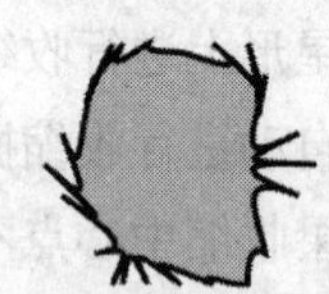

图 4-95　自由收缩效果

双击工具箱的扇贝工具打开“扇贝工具选项”对话框，通过设置对话框的选项可以改变图形收缩的效果，如图 4-96 所示。

在“扇贝工具选项”对话框中，除了熟悉的“全局画笔尺寸”栏的 4 个选项外，增加了“扇贝选项”栏，该栏中各选项介绍如下：

- 【复杂性】：该选项控制扇形扭曲产生的弯曲路径数量。
- 【细节】：选择该选项表示可以设置变形细节，细节的数值越大变形产生的锚点越多，对象的细节会越细腻。
- 【画笔影响锚点】：选择该选项表示变形时对象锚点的每一个转角均产生相对应的转角锚点。
- 【画笔影响内切线手柄】：选择该选项表示对象将沿着内切线方向变形。
- 【画笔影响外切线手柄】：选择该选项表示对象将沿着外切线方向变形。

7．晶格化

使用晶格化工具可以对图形路径产生晶格化的效果，形成锐、尖角的路径。

晶格化工具和其他变形工具的方法一样，但效果却不一样。如果同样对多边形进行变形操作，如果中心点的位置设置在多边形的中心，单击鼠标后，多边形自动进行规则的晶格化变形，释放鼠标效果如图 4-97 所示。

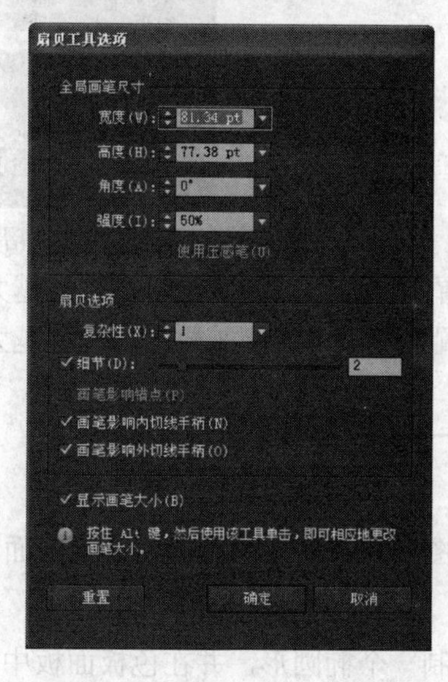

图 4-96　“扇贝工具选项”对话框

如果中心点不设置在图形的中心，在图形路径上拖动鼠标可以进行自由晶格化变形操作，变形的方向随着鼠标的移动方向改变，得到各种不规则的晶格化变形效果，如图 4-98 所示。

双击工具箱的晶格化工具打开“晶格化工具选项”对话框，通过设置对话框的选项可以改变图形晶格化变形的效果。该对话框中的选项和“扇贝工具选项”对话框中的选项完全相同，在此不再重复讲解。

8．褶皱

使用褶皱工具可以对图形路径产生褶皱效果，形成波浪形舒缓的圆角。

例如，同样选择一个多边形，在工具箱中单击褶皱工具。然后，将光标移至图形上，在图形的路径上拖动鼠标进行自由褶皱变形操作。图形的路径随着鼠标的拖动不断增加锚点，并随着鼠标拖动的方向形成圆角变形效果，如图 4-99 所示。

图 4-97　规则晶格化变形

图 4-98　自由晶格化变形

双击工具箱的褶皱工具打开“褶皱选项”对话框，通过设置对话框的选项可以改变图形褶皱变形的效果，如图 4-100 所示。除了与“扇贝工具选项”对话框中相同的选项，该对话框中增加如下选项：

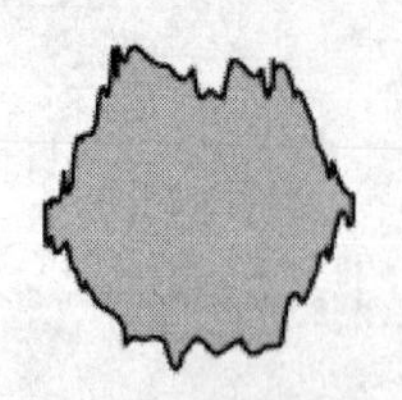

图 4-99　褶皱变形效果

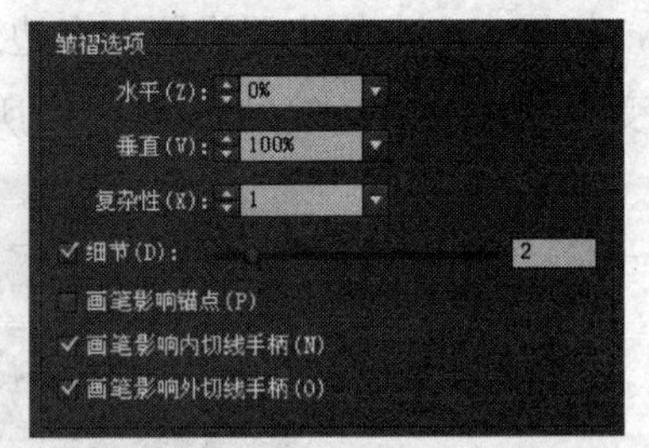

图 4-100　“褶皱选项”对话框

- 【水平】：该选项设置水平方向的褶皱数量，数值越大褶皱效果越强烈。
- 【垂直】：该选项设置垂直方向的褶皱数量，数值越大褶皱效果越强烈。

4.4　图形编辑实例——婀娜身材

在本章中主要通过基本绘图工具和变换工具，结合对齐面板绘制图形，来表现女性婀娜的身材曲线。

01 使用椭圆工具绘制一个椭圆形，并在色板面板中设置填色为“CMYK 黄”，描边为“黑色”，效果如图 4-101 所示。

02 在工具箱中单击旋转工具，并将鼠标指针移至页面上单击，确定旋转中心点。中心点位置如图 4-102 所示。

03 确定中心点后，按住 Alt 键拖动图形，使复制出一个新的图形，并围绕中心点旋转一定的角度。释放鼠标后，旋转效果如图 4-103 所示。

04 选择旋转的图形，按下 Ctrl+D 键，使进行再次旋转和复制。多次重复该操作，使复制出多个新的图形，使效果如图 4-104 所示。

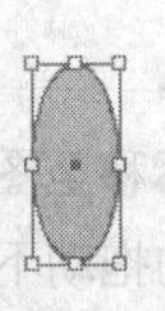

图 4-101　椭圆效果

图 4-102　中心点位置

图 4-103　复制并旋转图形

图 4-104　多个图形效果

05 按下 Ctrl+A 键，选中所有的图形。然后，执行“窗口”→“路径查找器”命令，打开路径查找器面板。单击该面板的“差集”按钮，如图 4-105 所示。这时，所选的图形的重叠区域被挖空，并自动群组为一个图形组，效果如图 4-106 所示。

06 使用选择工具选择图形组，使四周出现定界框。将鼠标指针放在定界框 4 个对角控制点的任意一个，使鼠标的光标变为↖↘。这时，拖动鼠标对图形组进行缩放，使其缩放到合适的大小，并拖移到页面的左上角。

07 选择图形组，双击选择工具，打开“移动”对话框。在对话框中，设置图形组的水平移动距离，如图 4-107 所示。

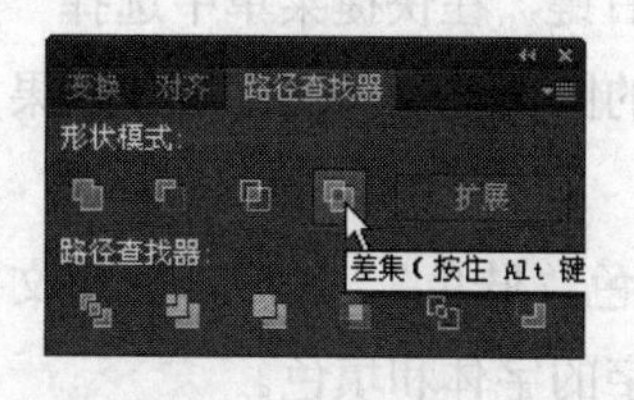

图 4-105 单击“排除重叠形状区域”按钮

图 4-106 挖空效果

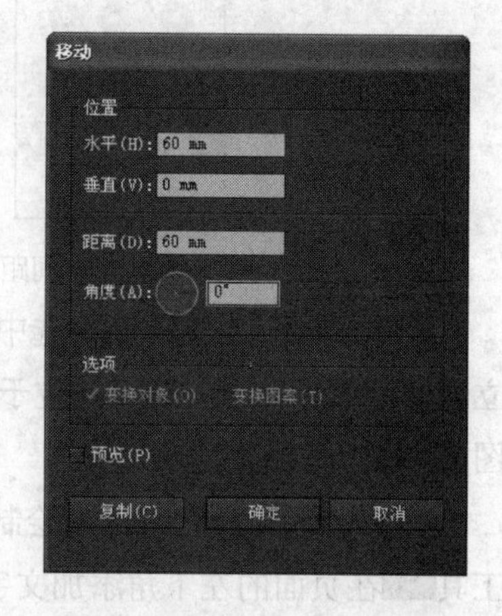

图 4-107 设置水平移动距离

08 单击“复制”按钮，将图形组进行复制并水平移动一定距离。选择新复制出的图形组，按下 Ctrl+D 键，使再次进行复制和移动。这时，在页面上共有 3 个图形组。

09 按下 Ctrl+A 键，选中所有的图形，并双击选择工具，打开“移动”对话框。在对话框中，设置水平移动距离为 0mm，垂直移动的距离为 60mm。

10 单击“复制”按钮，将选中的 3 个图形组进行复制并垂直向下移动一定距离。选择新复制出的 3 组图形，按两次 Ctrl+D 键，使再次进行复制和移动两次。这时，页面中的图形组分布效果如图 4-108 所示。

11 按下 Ctrl+A 键，选中所有的图形。然后，执行“窗口”→“对齐”命令，打开对齐面板，如图 4-109 所示。

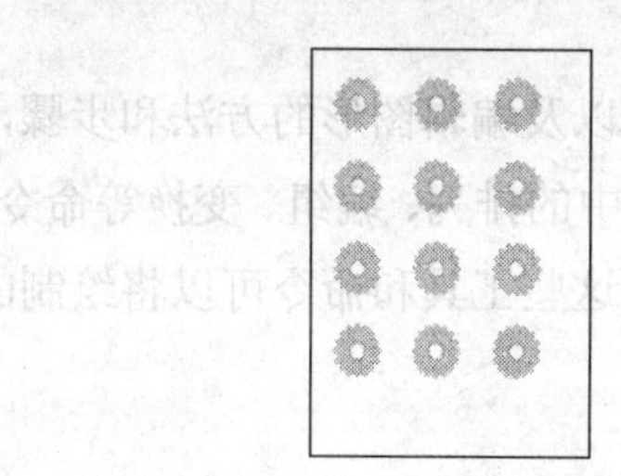

图 4-108 图形组分布效果

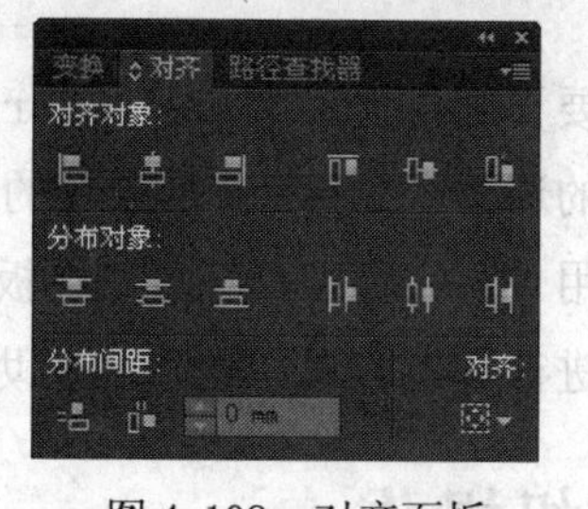

图 4-109 对齐面板

12 在对齐面板中单击“水平分布间距”按钮，使选取的图形水平平均分布间距，效果如图 4-110 所示。然后，单击“垂直间距分布”按钮，使图形垂直平均分布间距，效果如图 4-111 所示。

13 使用矩形工具绘制一个和页面相同大小的矩形，并设置填色为“深海蓝色”。然后，执行“对象”→“排列”→“置于底层”命令，使效果如图 4-112 所示。

14 使用钢笔工具绘制一个人体剪影图形，并任意设置一个填充颜色，效果如图 4-113 所示。

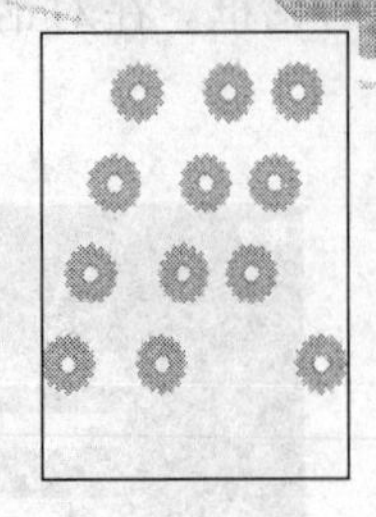

图 4-110　水平分布间距效果

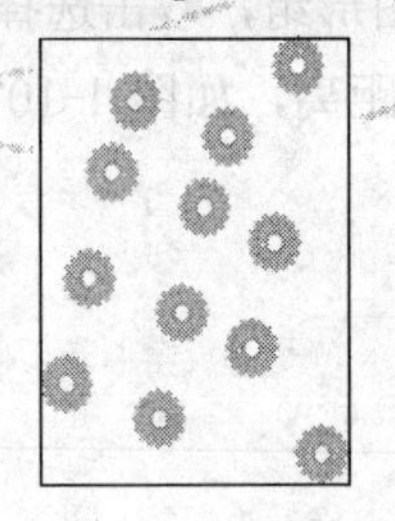

图 4-111　垂直分布间距效果

15 按下 Ctrl+A 键，选中所有的图形。然后，单击右键，在快捷菜单中选择“建立剪切蒙版”命令。这时，位于顶层的图形将排列在下层的图形进行剪切蒙版，效果如图 4-114 所示。

16 使用钢笔工具绘制一个领口图形，并填充颜色“肤色”。然后，使用文字工具在页面的左下角添加文字“婀娜身材”，并设置文字的字体和填色。

至此，该实例的制作完成了，效果如图 4-115 所示。

图 4-112 矩形效果

图 4-113 人体剪影图效果

图 4-114 剪切蒙版效果

图 4-115 完成效果

4.5　本章小结

本章主要详细讲解了 Illustrator CS6 中选择、管理以及编辑图形的方法和步骤，包括工具箱的选择、变换和变形工具的应用，“对象”菜单中的排列、编组、变换等命令，还学习了使用“对齐”和“变换”面板的方法。熟练掌握这些工具和命令可以将绘制的图形快速地进行基本编辑和处理，有助于下一步的学习。

4.6　上机操作

1. 打开本书配套光盘/源文件/4/上机操作/4-1-1.ai 文档，文档中的图形为一张 CD 封面，如图 4-116 所示：将封面图形变换为有透视效果的 CD 封盘，如图 4-117 所示。

提示：将图形进行编组后，使用倾斜工具、选择工具来调整图形的角度和高宽比例。然后，使用直接选择工具进行形状的微调，使透视效果更加逼真。最后，绘制出 CD 封盘的另两个面。

2. 绘制一个不规则的图形，用来起来促销时醒目的作用，效果如图 4-118 所示。

提示：首先，绘制一个椭圆，然后使用晶格化工具将椭圆变形为带锐、尖角的图形。最后，设置填充和添加文字。

图 4-116　封面效果

图 4-117　封盘透视效果

图 4-118　促销图形效果

4.7　思考练习

一．填空题

1. ＿＿＿＿＿工具可以选择不规则范围内的多个对象。

2. 通过＿＿＿＿操作可以把需要保持联系的系列图形对象组合在一起。

3. 在绘制对称的物体时，使用＿＿＿＿工具可以使对象进行翻转，使工作量减半。

4. 使用＿＿＿＿＿工具可以对图形进行所有方式的变换操作，包括移动、缩放、旋转、镜像、倾斜等。

5. 在对齐面板中有＿＿＿＿＿、＿＿＿＿＿和＿＿＿＿＿ 3 个对齐栏。

二．选择题

1. 使用＿＿＿＿工具可以对图形进行基本变形操作。

A：扇贝　　B：倾斜

C：镜像　　D：旋转

2. 使用＿＿＿＿工具可以使图形进行旋转和扭曲变形，制作出一些奇特的形状。

A：旋转　　B：旋转扭曲

C：变形　　D：收缩

三．思考题

1.进行编组后的图形是否可以进行形状的编辑？是否可以使用系列变形工具对其进行变形操作？

2. 如何使选取的多个图形在垂直方向上相互距离相等？

3. 如何快速地在页面中选择所有的具有相同描边粗细的对象？

Chapter 05

第 5 章 路径的创建和编辑

路径在图形绘制过程中应用非常广泛，尤其在不规则图形的绘制和编辑上，有着较强的灵活性。本章中主要学习的是路径工具的使用方法和特性，以及使用路径编辑命令对图形路径的编辑。

- 路径的认识
- 路径的建立
- 路径的编辑方法和效果
- 将位图转换为路径
- 将路径转换为位图

5.1 路径的认识

路径是由两个或多个锚点组成的矢量线条，在两个锚点之间会组成一条线段，在一条路径中可能包含多个直线线段和曲线线段。通过调整路径中锚点的位置以及控制手柄的方向、长度，可以调整路径的形态。因此，使用路径工具可以绘制出任意形态的曲线或图形。基本的路径结构示意如图 5-1 所示。

在编辑矢量图形时，经常要通过编辑锚点来进行操作，锚点分为以下 4 种：

（1）边角型锚点：该锚点的两侧无控制手柄，锚点的两侧的线条曲率为 0，表现为直线，如图 5-2 所示。

（2）平滑型锚点：该锚点两侧有两个控制手柄，锚点的两侧的线条以一定的曲率平滑地连接该锚点，如图 5-3 所示。

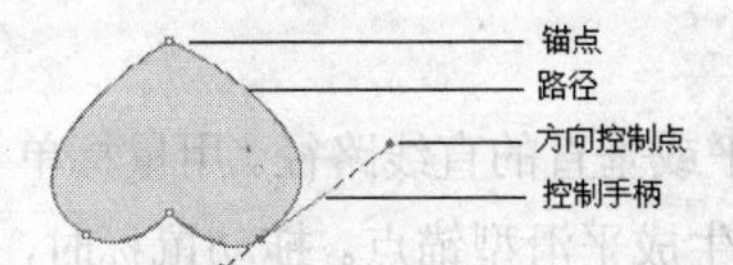

图 5-1 路径结构示意图

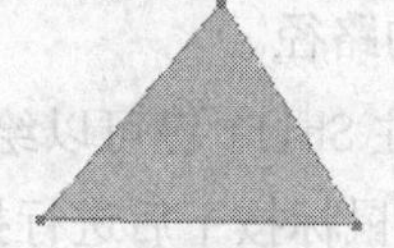

图 5-2 边角锚点

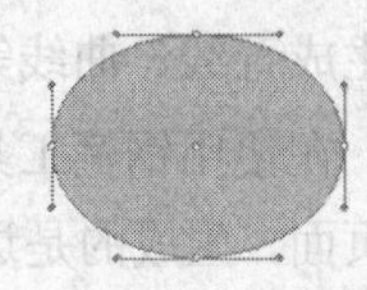

图 5-3 平滑锚点

（3）曲线型锚点：该锚点两侧有两个控制手柄，但相互独立，单个控制手柄调整的时候，不会影响到另一个手柄，如图 5-4 所示。

（4）复合型锚点：该锚点两侧只有一个控制手柄，是一段直线和一条曲线相交后产生的锚点，如图 5-5 所示。

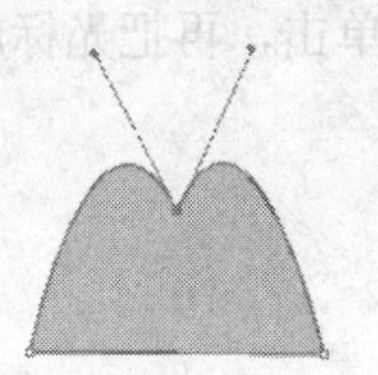

图 5-4 曲线锚点

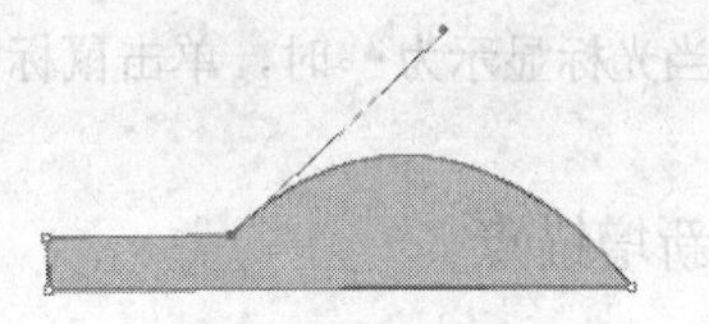

图 5-5 复合锚点

使用钢笔工具可以创建闭合式路径和开放式路径。闭合路径是连续不断的，没有始末之分，一般用于图形的绘制，如图 5-6 所示；开放式路径的两端有两个位置不重合的锚点，用于曲线和线段的绘制，如图 5-7 所示。

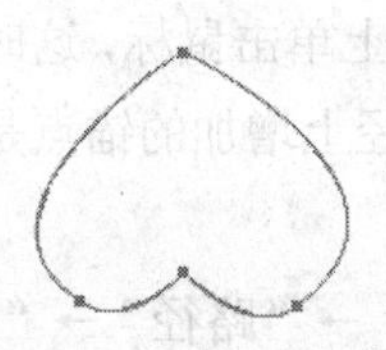

图 5-6 闭合式路径

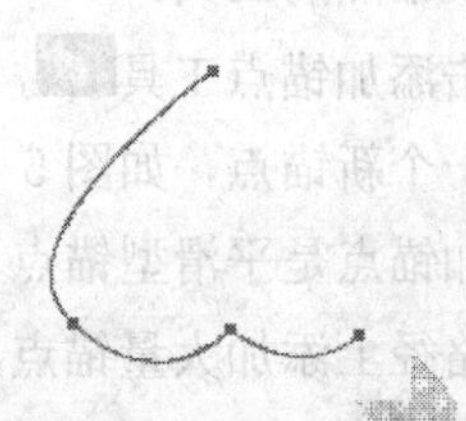

图 5-7 开放式路径

不同的锚点和路径组合在一起，加上对各种不同的路径应用不同的填色和不同粗细的描边，得到复杂的艺术图形。

5.2 路径的建立

绘制路径通常使用钢笔工具和铅笔工具。铅笔工具绘制的路径方式相对自由，绘制的图形具有一定的随意性。相反，钢笔工具绘制的图形比较准确，是 Illustrator CS6 最基本和重要的矢量绘图工具。使用它可以绘制直线、曲线和任意形状的图形。

5.2.1 创建路径

使用钢笔工具的方法很简单。在工具箱中选择钢笔工具后，在页面上单击可以生成直线、曲线等多种线条的路径。

在使用钢笔工具时，按住 Shift 键可以绘制出水平或垂直的直线路径。用鼠标单击页面，生成的是边角型锚点；鼠标按下后进行拖动，能生成平滑型锚点。拖动鼠标时，拖动的长短和方向直接影响到两个锚点之间的曲率。

要结束正在绘制的开放式路径可以再次单击钢笔工具图标，或按住 Ctrl 键来结束绘制。绘制闭合式路径时，将光标放置在路径的起点位置，光标显示为。，这时单击鼠标即可将路径闭合并结束绘制。

另外，使用钢笔工具还可以连接开放路径。首先在页面中选中两个开放路径的锚点，单击工具箱中的钢笔工具。然后，在其中一个锚点上单击，再把光标放置到另一个锚点上。当光标显示为。时，单击鼠标即可连接路径。

5.2.2 新增锚点

锚点是路径的基本元素，通过对锚点的调整可以改变路径的形状。在平滑锚点上可以通过拖动控制柄上的方向控制点来改变曲线路径的曲率和凹凸的方向。控制柄越长，曲线的曲率越大，如图 5-8 所示。

在绘制路径时，很难一步到位，经常需要调节锚点的数量和类型。这时，需要用到增加、删除和转换锚点的工具。

在工具箱单击添加锚点工具，将光标移动到路径上单击鼠标，这时系统将在单击鼠标的位置添加一个新锚点，如图 5-9 所示。在直线路径上增加的锚点是边角型锚点，在曲线路径上增加锚点是平滑型锚点。

如果需要在路径上添加大量锚点，可以选择“对象”→“路径”→“添加锚点”，系统会自动在路径的每两个锚点之间再添加一个锚点。

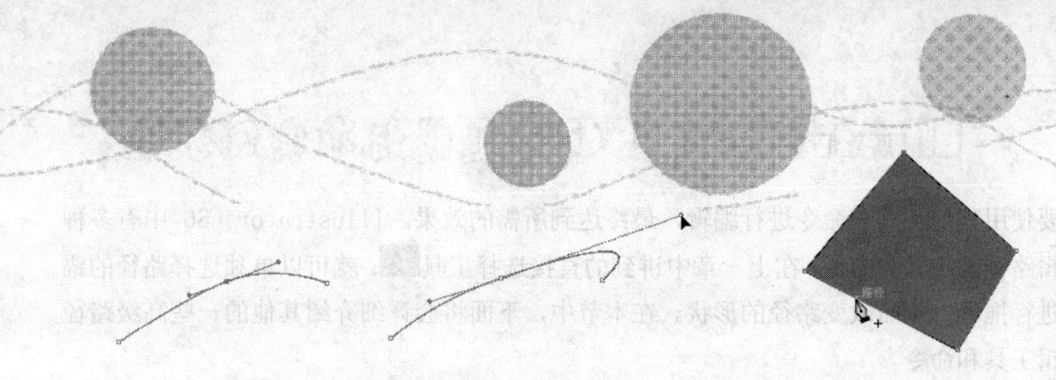

图 5-8　拖动控制手柄来改变路径曲率　　　图 5-9　添加锚点

5.2.3　删除锚点

使用删除锚点工具可以删除路径上的锚点。首先在工具箱单击删除锚点工具，将光标移动到需要删除的锚点上单击鼠标，这时系统将删除该锚点，如图 5-10 所示。删除锚点后，图形的路径会发生改变，如图 5-11 所示。

图 5-10　删除锚点　　　图 5-11　删除锚点后的效果

5.2.4　转换锚点

使用转换锚点工具可以使路径的边角锚点和平滑锚点相互转换，从而改变路径的形状。

选择需要转换类型的边角型锚点后，使用转换锚点工具在该锚点上按下鼠标并进行拖动，这时该锚点转换为平滑型锚点，锚点的两侧产生控制手柄。通过拖动控制柄来改变路径的曲率和凹凸的方向，如图 5-12 所示。

如果要将平滑锚点转换为边角型锚点，使用转换锚点工具在平滑锚点上单击即可，如图 5-13 所示。转换为边角型锚点后，图形的路径将发生改变，如图 5-14 所示。

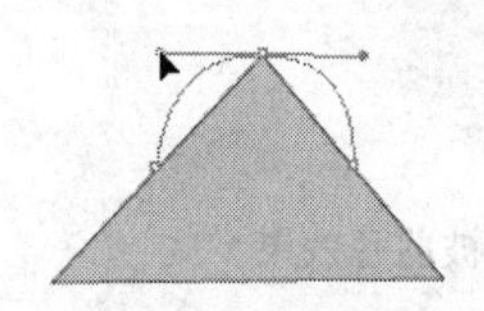

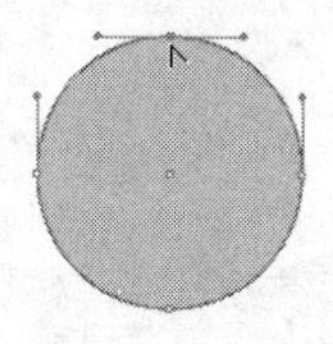

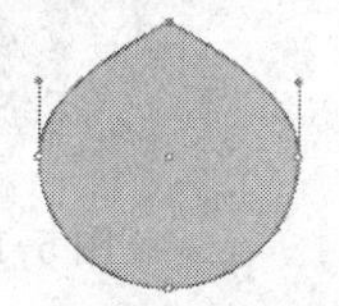

图 5-12　转换为平滑锚点　　　图 5-13　转换为边角锚点　　　图 5-14　转换锚点后的效果

5.3　路径的编辑

在绘制复杂的路径时，往往都不能在一开始就精确地完成需要绘制的对象轮廓，而是要使用其他工具和命令进行编辑，最终达到所需的效果。Illustrator CS6 中有多种编辑路径的工具和命令，在上一章中讲到的直接选择工具，就可以单独选择路径的锚点进行拖动，从而改变路径的形状。在本节中，下面将会详细介绍其他的一些高级路径编辑工具和命令。

5.3.1 使用工具编辑路径

1．整形工具

使用整形工具可以轻松地改变对象的形状。

首先使用直接选择工具选择路径线段，单击工具箱的改变形状工具。然后，使用整形工具在路径上单击并拖动鼠标，使路径发生变形，如图 5-15 所示。当整形工具在路径上时，将在路径上添加一个平滑锚点。

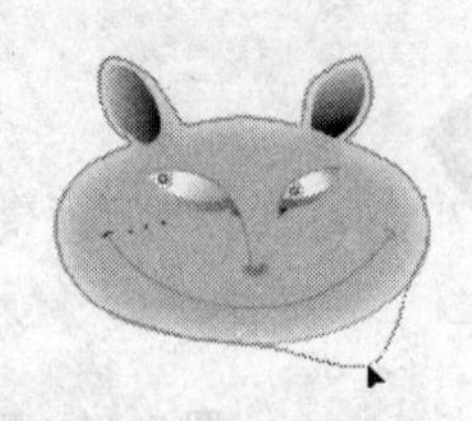

图 5-15　改变路径形状示意图

2．剪刀工具

使用剪刀工具可以将路径剪开。

首先选择路径，单击工具箱的剪刀工具。然后，将鼠标移至页面上，光标变为十字光标，如图 5-16 所示。这时，如果在锚点上单击鼠标，将添加一个新的锚点重叠在原锚点上；如果在路径上单击，将添加两个新的重叠锚点，同时新添加的锚点显示为被选取状态。使用直接选择工具拖动新添加的锚点即可观察到路径被剪开的效果，如图 5-17 所示。

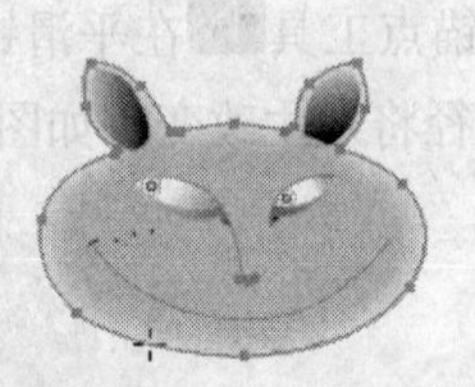

图 5-16　剪刀工具光标

图 5-17　路径被剪开效果

3．刻刀工具

使用刻刀工具可以在对象上作不规则线条的任意分割。

首先选择对象，单击工具箱的刻刀工具。然后，在对象上拖动鼠标画出切割线条，如图 5-18 所示。切割完成后，可以看到刻刀工具在对象上面分割出新的路径，如图 5-19 所示。使用直接选择工具拖动分割的路径即可观察到路径被分割成几块的效果，如图

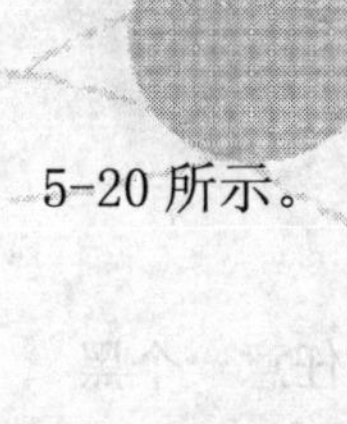

5-20 所示。

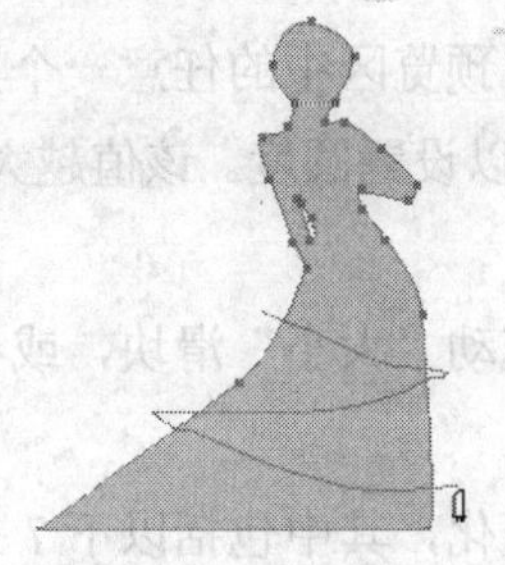

图 5-18　切割对象

图 5-19　产生新的路径

图 5-20　分割效果

如果在切割过程中，按住 Alt 键，可以以直线的方式切割对象；按住 Shift+Alt 键，可以以水平、垂直或 45 度角方向来切割对象。

4. 橡皮擦工具

橡皮擦工具可以擦除图稿的任何区域，而不管图稿的结构如何。擦除对象还可以包括路径、复合路径、“实时上色”组内的路径和剪贴路径等。

使用橡皮擦工具，首先需要选择擦除对象。但如果未选定任何内容时，橡皮擦工具将抹除画板上的任何对象。若要抹除特定对象，可以在隔离模式下选择或打开这些对象。确定擦除对象后，选择工具箱中的橡皮擦工具，在要抹除的区域上拖动，橡皮擦经过的区域将被抹除，如图 5-21 右图所示。

选择橡皮擦工具后，在工作区中按住 Alt 键拖动出一个选框，则该选框域内的所有对象将被擦除，如图 5-22 所示。若要将选框限制为方形，拖动时按住 Alt+Shift 组合键。

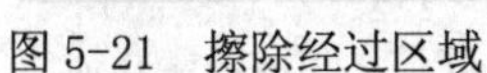

图 5-21　擦除经过区域

图 5-22　擦除选框区域

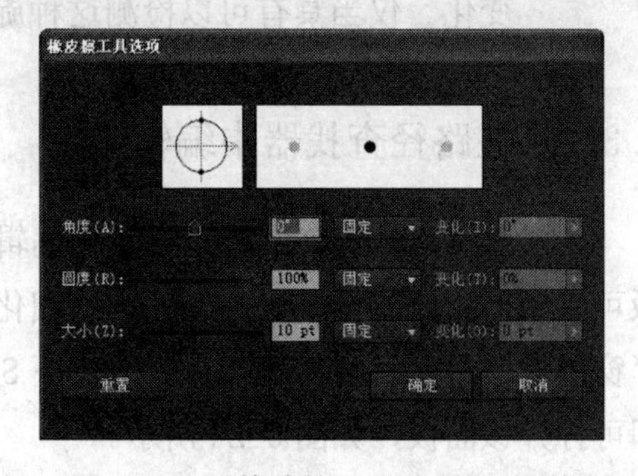

图 5-23　“橡皮擦工具选项”对话框

除此之外，在擦除对象过程中，还可以随时更改橡皮擦的擦除直径，按“]”可增加直径，按“[”可减少直径；如果按住 Shift 键，可以沿垂直、水平或对角线方向限制橡皮擦工具走向。

双击橡皮擦工具，打开“橡皮擦工具选项”对话框，如图 5-23 所示。在该对话框中，可以更改该工具的默认选项，具体选项如下：

- 【角度】：该选项数值可以确定旋转的角度。通过拖移预览区中的箭头，或在

"角度"文本框中输入一个值都可以设置角度。

- 【圆度】：该选项数值可以确定橡皮擦工具的圆度。将预览区中的任意一个黑点进行拖移，或者在"圆度"文本框中输入一个值都可以设置圆度。该值越大，圆度就越大。
- 【大小】：该选项数值可以确定橡皮擦工具的直径。拖动"大小"滑块，或在"大小"文本框中输入一个值都可以设置直径。

除此之外，每个选项右侧的弹出列表可还控制工具的形状变化，其中包括以下 7 个选项：

- 【固定】：该选项表示使用固定的角度、圆度或直径。
- 【随机】：该选项表示使角度、圆度或直径随机变化。在"变化"文本框中输入一个值，可以指定画笔特征的变化范围。例如，当"直径"值为 15，"变化"值为 5 时，直径可能是 10 或 20，或是其间的任意数值。
- 【压力】：该选项表示根据绘画光笔的压力使角度、圆度或直径发生变化。仅当有图形输入板时，才能使用该选项。压力越小，画笔描边越尖锐。
- 【光笔轮】：该选项表示根据光笔轮的操作使直径发生变化。
- 【倾斜】：该选项表示根据绘画光笔的倾斜使角度、圆度或直径发生变化。仅当具有可以检测钢笔倾斜方向的图形输入板时，才能使用此选项。
- 【方位】：该选项表示根据绘画光笔的压力使角度、圆度或直径发生变化。仅当具有可以检测钢笔垂直程度的图形输入板时，才能使用此选项。
- 【旋转】：该选项表示根据绘画光笔笔尖的旋转程度使角度、圆度或直径发生变化。仅当具有可以检测这种旋转类型的图形输入板时，才能使用此选项。

5.3.2 在路径查找器中编辑路径

路径查找器是一个带有强大路径编辑功能的面板，该面板可以帮助用户方便地组合、分离和细化对象的路径。执行"窗口"→"路径查找器"命令或按下 Shift+Ctrl+F9 键，即可打开该面板，如图 5-24 所示。

图 5-24 路径查找器

路径查找器面板提供了 10 种不同的路径编辑功能。其中，可以分为"形状模式"和"路径查找器"两类路径运算命令。

1. 与形状区域相加

单击"联集"按钮可以使两个或两个以上的重叠对象合并为具有同一轮廓线的一个对象，并将重叠的部分删除。几个不同颜色的形状区域相加后，新产生的颜色将和原来重叠在最上层对象的颜色相同。

如图 5-25 所示，同时选中 3 个不同颜色的椭圆，单击“路径查找器”面板中的“联集”按钮，将 3 个椭圆合并为一个对象。并且，合并后的对象颜色和最上层的椭圆颜色相同，为白色，效果如图 5-26 所示。

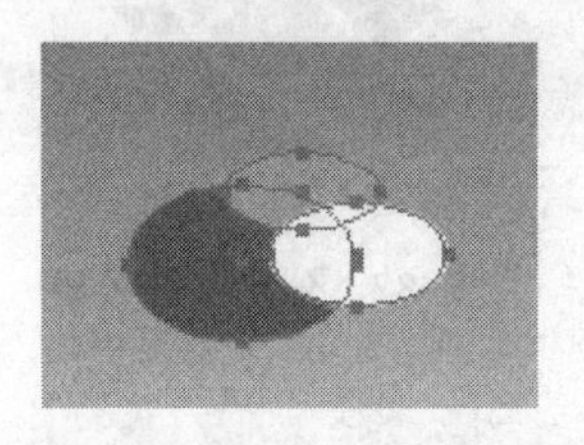
图 5-25　选择 3 个椭圆

图 5-26　合并区域后效果

2．与形状区域相减

单击“减去顶层” 按钮可以使两个重叠对象相减，位于顶层的路径将被删除，新产生的颜色将和原来重叠在底层对象的颜色相同。如图 5-27 所示，同时选择两个图形，单击“减去顶层”按钮，使底层的图形减去顶层的图形，效果图 5-28 所示。

图 5-27　选择两个重叠对象

图 5-28　重叠区域相减后效果

3．与形状区域相交

单击“交集”按钮可以使两个重叠对象相减，但重叠的区域会得到保留，不重叠的区域将被删除。同样，选择图 5-27 的两个图形，单击“交集”按钮，效果如图 5-29 所示。新产生的路径颜色属性将和顶层对象的颜色相同。

4．排除重叠形状区域

单击“差集”按钮可以使两个重叠对象保留不相交的区域，重叠的区域将被删除。选择图 5-27 的两个图形，单击“差集”按钮，效果如图 5-30 所示。新产生的路径颜色属性将和顶层对象的颜色相同。

图 5-29　与形状区域相交后效果

图 5-30　排除重叠形状区域后效果

5．分割

单击“分割”按钮可以将所选择路径的重叠对象按照边界进行分割，最后形成一个路径的群组。解组后，可以对单独的路径进行编辑修改。

选择图 5-31 的两个图形，单击“分割”按钮，分割两个图形重叠的区域。然后，执行“对象”→“取消编组”命令，将分割后的群组取消。这时，拖动路径即可观察到路径被分割的效果，如图 5-32 所示。

图 5-31　选择分割图形

图 5-32　分割路径效果

6. 修边

单击“修边”按钮可以使两个或多个重叠对象相减并进行分割，形成一个路径的群组。重叠区域中，排列在后层的区域将被删除，保留排列在顶层的路径。

同样选择如图 5-31 所示的两个图形，单击“修边”按钮，使分割两个图形重叠的区域，并将排列在后层的区域删除。这时，将修边后产生的群组取消编组，拖动路径即可观察到路径被分割和删除的效果，如图 5-33 所示。

7. 合并

单击“合并”按钮可以将重叠对象的颜色相同的重叠区域合并为一个图形，形成一个路径的群组，而重叠区域中颜色不同的部分则被删除。

选择如图 5-34 所示的 4 个图形，单击“合并”按钮，使 4 个路径合并为一个群组。执行“取消编组”命令后，编辑单独的路径，可以看到 4 个图形中相同颜色的区域已经合并，不同颜色的重叠部分被删除，如图 5-35 所示。

图 5-33　修边后效果

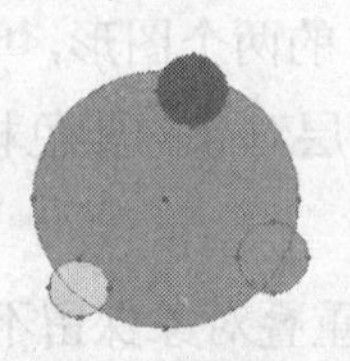

图 5-34　选择 4 个图形

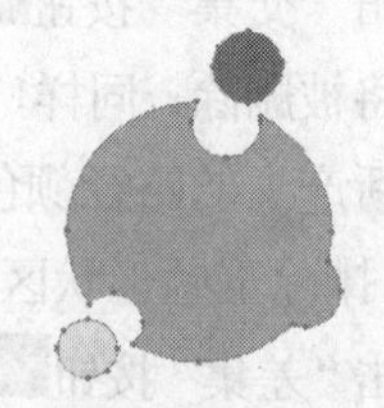

图 5-35　合并后效果

8. 裁减

单击“裁减”按钮可以使重叠对象相减并进行分割，形成一个路径的群组。重叠区域的底层路径会保留，其余的区域将会被删除。新产生的路径颜色属性将和底层对象的颜色相同。

选择如图 5-36 所示的两个图形，单击“裁减”按钮。这时，底层的图形未重叠的区域被删除，只保留和顶层图形重叠的区域，效果如图 5-37 所示。

9. 轮廓

单击“轮廓”按钮可以将重叠的对象分割并转换为编组的轮廓线。

选择如图 5-38 所示的两个图形，单击“轮廓”按钮，将图形进行分割并转换为群组的轮廓线。执行“取消编组”命令后，分别拖动轮廓线，可以看到分割后的轮廓线为开放式路径，如图 5-39 所示。

图 5-36　选择两个图形

图 5-37　裁减后效果

图 5-38　选择图形

10．减去后方对象

单击“减去后方对象”按钮可以以使重叠对象相减，顶层对象中的重叠区域和底层的对象将被删除。

选择如图 5-40 所示的两个图形，单击“减去后方对象”按钮。这时，后方的星形对象被删除，圆形和星形的重叠区域也被删除，效果如图 5-41 所示。

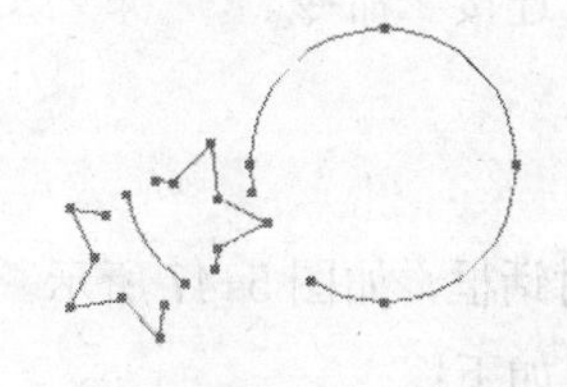

图 5-39　分割后称为开放式路径

图 5-40　选择图形

图 5-41　减去后方对象效果

5.3.3　使用菜单命令编辑路径

除了前面章节中介绍的基本路径操作外，Illustrator CS6 还提供了很多编辑路径的高级命令，比如“连接”、“平均”等命令。执行“对象”→“路径”命令，即可看到“路径”的扩展菜单命令，如图 5-42 所示。

1．连接

“连接”命令可以将当前选中的，并分别处于两条开放路径末端的锚点合并为一个锚点。具体操作步骤如下：

（1）使用直接选择工具，选取开放路径中末端的两个锚点，如图 5-43 所示。

（2）执行“对象”→“路径”→“连接”命令，被分离的两个锚点互相连接，开放式路径转换为封闭式路径，效果如图 5-44 所示。

连接(J)　Ctrl+J
平均(V)...　Alt+Ctrl+J
轮廓化描边(U)
偏移路径(O)...
简化(M)...
添加锚点(A)
移去锚点(R)
分割下方对象(D)
分割为网格(S)...
清理(C)...

图 5-42　路径编辑菜单

（3）使用“连接”命令还可以合并重叠的两个锚点。如图 5-45 所示，使用直接选择工具将图 5-43 中路径末端的其中一个锚点拖曳到另一个末端锚点上。但实际上，这两个重叠的锚点并没有连接在一起，路径也仍然保持开放类型路径。

那么，如何将重叠的两个锚点合并呢，具体操作步骤如下：

（1）使用直接选择工具拖曳出一个选择框，选取重叠的两个锚点。

（2）执行“对象”→“路径”→“连接”命令。

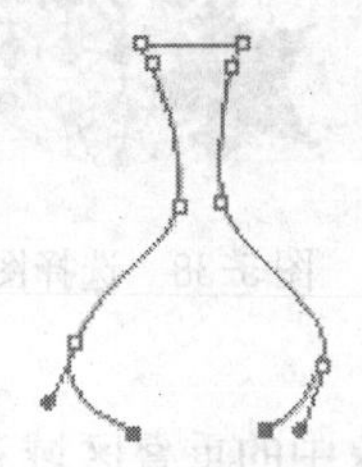
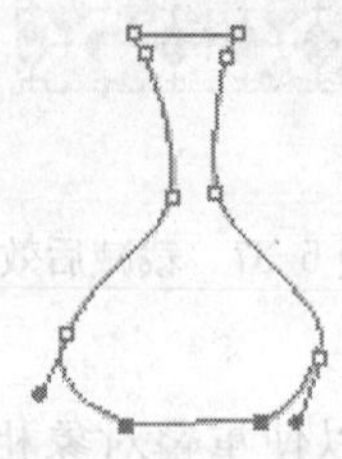
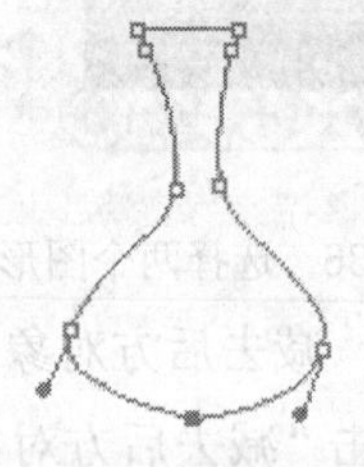
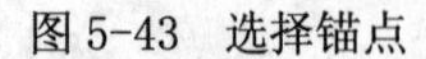

图 5-43　选择锚点　　图 5-44　连接锚点　　图 5-45　重叠的锚点

（3）在控制面板上选择将合并的锚点为“边角”锚点或“平滑”锚点，如图 5-46 所示。这时，两个重叠的锚点合并为一个锚点，开放式路径转换为闭合式路径。

另外，也可以在选择重叠的锚点后，按住 Alt 键，再执行“连接”命令。

2. 平均

“平均”命令可以将所选择的多个锚点以平均位置来排列。

执行“对象”→“路径”→“平均”命令，将弹出“平均”对话框，如图 5-47 所示。在该对话框中，用户可以设置平均放置锚点的方向，各选项含义如下：

- 【水平】：该选项可以使被选择的锚点在水平方向平均并对齐位置。
- 【垂直】：该选项可以使被选择的锚点在垂直方向平均并对齐位置。
- 【两者兼有】：该选项可以使被选择的锚点在水平和垂直方向平均和对齐位置，锚点将移至同一个点上。

例如，创建如图 5-48 所示的两个图形，并使用直接选择工具通过框选的方法同时选中这两个图形末端的锚点。

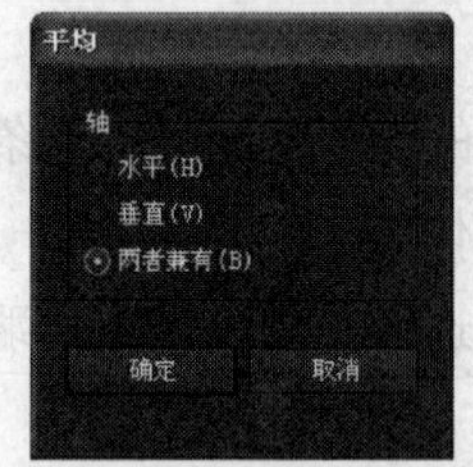

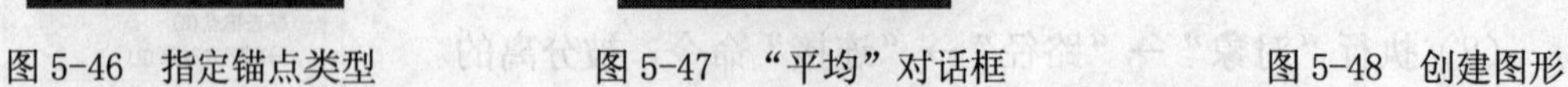

图 5-46　指定锚点类型　　图 5-47　“平均”对话框　　图 5-48　创建图形

选中两个锚点后，执行“对象”→“路径”→“平均”命令。在弹出的“平均”对话框中分别试验 3 种轴选项的不同效果，如图 5-49～图 5-51 所示。

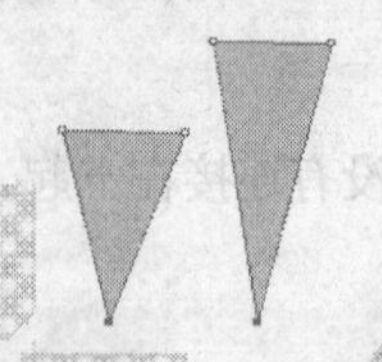
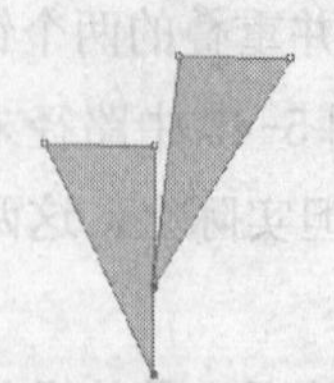
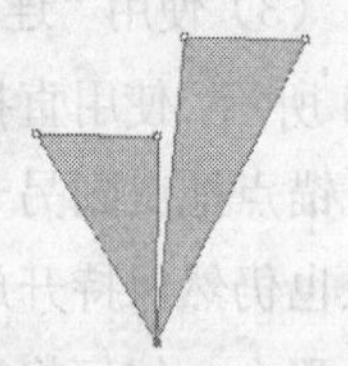

图 5-49　“水平”效果　　图 5-50　“垂直”效果　　图 5-51　“两者兼有”效果

3. 轮廓化描边

使用“轮廓化描边”命令可以跟踪所选路径的轮廓，并将描边转换为封闭路径。下面通过一个实例来讲解“轮廓化描边”命令的应用。

（1）使用星形工具在页面上绘制一个五角星形。

（2）执行“窗口”→“描边”命令，打开描边面板。在该面板中，设置星形的描边“粗细”为 30pt，如图 5-52 所示。这时的星形效果如图 5-53 所示。

（3）执行“对象”→“路径”→“轮廓化描边”命令，将星形的描边转换为封闭路径，如图 5-54 所示。

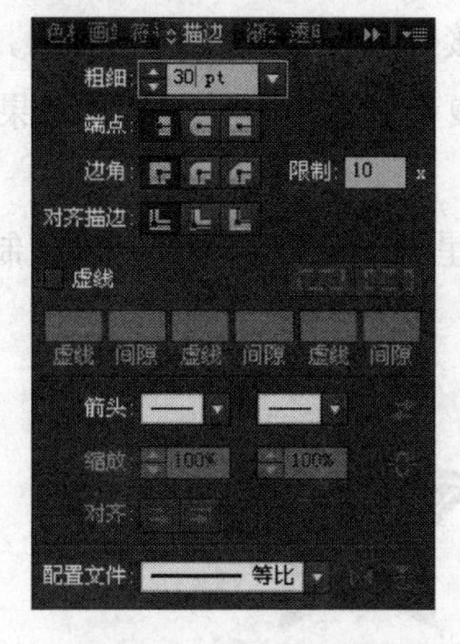

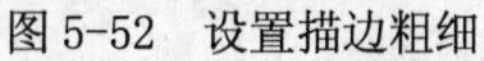

图 5-52 设置描边粗细　　图 5-53 星形效果　　图 5-54 轮廓化描边效果

（4）选择描边转换的新路径，执行“窗口”→“色板”命令，打开“色板”面板。在该面板中，选择渐变色板中的“混合彩虹效果”填色，如图 5-55 所示。这时，路径被进行渐变填色，效果如图 5-56 所示。

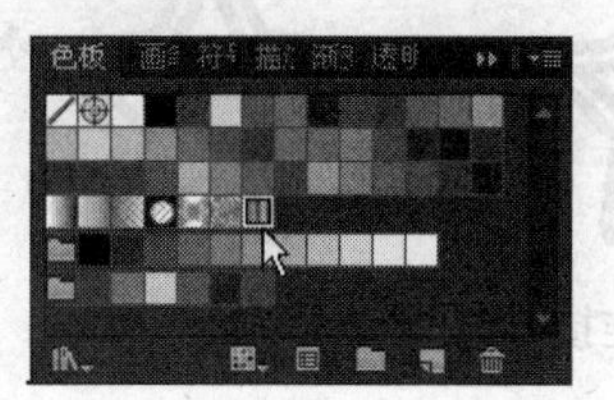

图 5-55 设置渐变填色　　图 5-56 填色效果

4. 偏移路径

使用“偏移路径”命令可以将路径向内或向外偏移一定距离，并复制出一个新的路径。

执行“对象”→“路径”→“偏移路径”命令，将弹出“位移路径”对话框，如图 5-57 所示。在该对话框中，用户可以设置位移选项参数，各选项含义如下：

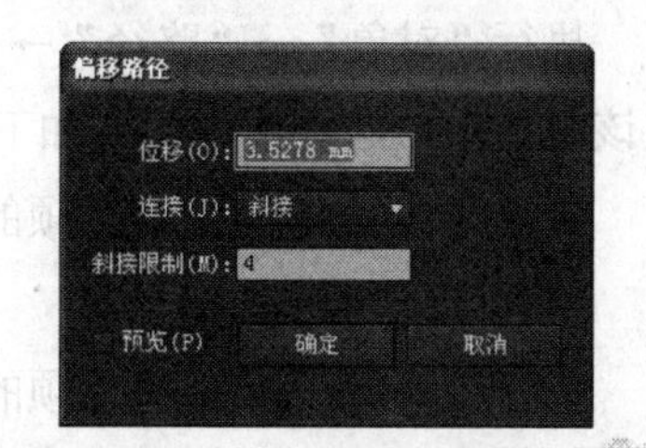

图 5-57 “位移路径”对话框

- 【位移】：该选项数值可以控制路径的偏移量。数值为正值，路径向外偏移；数值为负值，路径向内偏移。

- 【连接】：在该选项下拉列表中可以选择转角的连接方式，包括斜接、圆角和斜角。
- 【斜接限制】：该选项数值可以限制斜角的突出。

应用“偏移路径”命令的具体步骤如下：

（1）使用星形工具☆在页面上绘制一个五角星形，并设置描边粗细为 10pt，星形效果如图 5-58 所示。

（2）执行“对象”→“路径”→“偏移路径”命令，打开“偏移路径”对话框。在对话框中，设置“位移”数值为-10pt，“连接”方式为斜接，“斜接限制”数值为 4。

（3）单击“确定”按钮，星形则向内偏移了 10pt 并复制了一个新的图形，效果如图 5-59 所示。

在“偏移路径”对话框，调整“位移”数值为 10pt，星形则向外偏移并进行复制，效果则如图 5-60 所示。

图 5-58　绘制星形　　图 5-59　向内偏移效果　　图 5-60　向外偏移效果

在对话框中调整“连接”方式，斜接、圆角和斜角连接的效果依次如图 5-61 所示。

图 5-61　不同的连接效果

5. 简化

使用“简化”命令可以控制锚点的数量，从而改变路径的形状。

执行“对象”→“路径”→“简化”命令，将弹出“简化”对话框，如图 5-62 所示。在该对话框中，各选项含义如下：

- 【曲线精度】：该选项的数值用来确定简化程度，数值越低表示曲线的简化的程度越高。
- 【角度阈值】：该选项的数值用来确定角度的平滑度。如果转角的角度低于该数值，转角的锚点将不会被改变。
- 【直线】：选择该选项可以使曲线路径都转换为直线路径。
- 【显示原路径】：选择该选项可以在操作中显示原路径，从而产生对比效果。

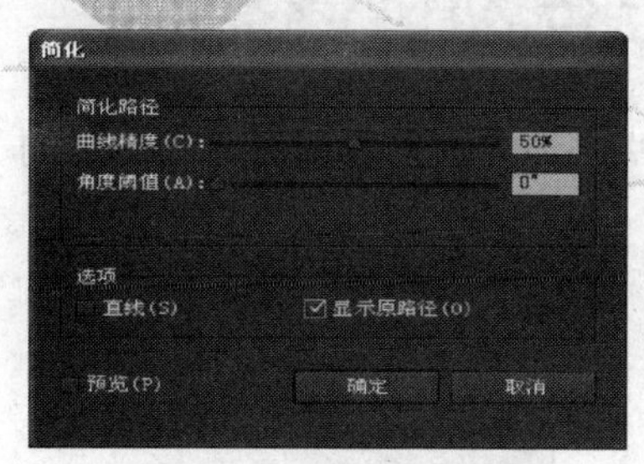

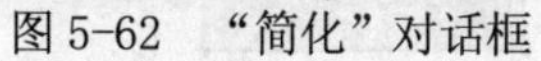

图 5-62 “简化”对话框　　图 5-63 选择图形　　图 5-64 简化效果

下面通过一个实例来讲解“简化”命令的应用。

（1）选择 5-63 所示的图形，执行“对象”→“路径”→“简化”命令。

（2）在“简化”对话框中设置曲线精度为 50%，其他选项设置不变。单击“预览”复选框，在页面上图形的简化效果如图 5-64 所示。

（3）选择“直线”复选框，将所有曲线转换为直线，效果如图 5-65 所示；再选择“显示原路径”复选框，可以在图形中看到原路径和调整后路径的对比效果，如图 5-66 所示。

（4）通过预览确定简化效果后，单击“确定”按钮退出对话框。

（5）绘制一个矩形，并执行“对象”→“路径”→“简化”命令。在“简化”对话框中设置“曲线精度”为 90%，选择“显示原路径”和“预览”复选框，其余选项保持系统默认设置，矩形的简化效果如图 5-67 所示。

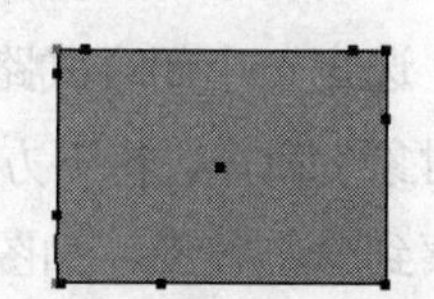

图 5-65 直线效果　　图 5-66 显示原路径　　图 5-67 简化矩形效果

（6）调整“曲线精度”的数值为 15%，可以看到矩形上的锚点减少了，曲率变大，如图 5-68 所示。

（7）拖动“角度阈值”下面的滑块，调节简化的角度阈值。当“角度阈值”的数值在 0～89º 之间时，矩形的简化效果都保持如图 5-69 所示，没有发生改变。

（8）设置“角度阈值”为 90º，这时，矩形的简化效果和原路径效果相同，如图 5-69 所示。因为矩形的 4 个转角的角度都为 90º，当“角度阈值”的数值大于或等于 90º，转角将不会被改变。确定简化效果后，单击“确定”按钮退出对话框。

6. 添加锚点

选择路径后，执行“对象”→“路径”→“添加锚点”命令，系统会自动在路径的每两个锚点之间再添加一个锚点，效果如图 5-70 和 5-71 所示。

7. 移去锚点

选择路径后，执行“对象”→“路径”→“移去锚点”命令，系统会自动在选中的路径上移去描点。效果如图 5-72 和图 5-73 所示。

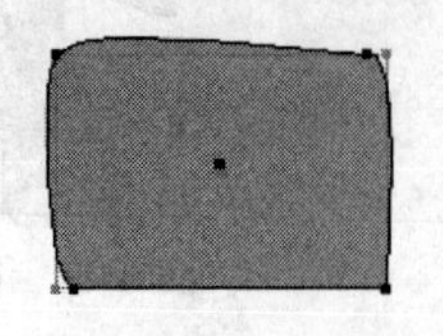

图 5-68　调整“曲线精度”为 15%效果

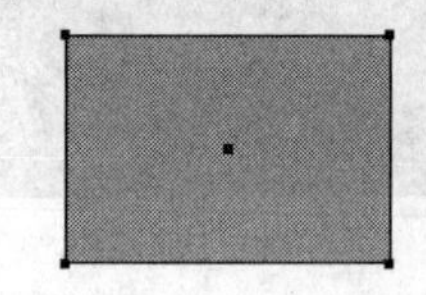

图 5-69　角度阈值大于或等于转角角度效果

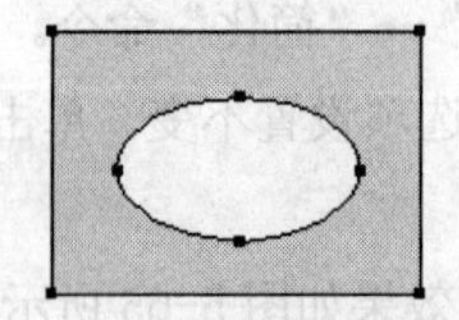

图 5-70　添加锚点前效果

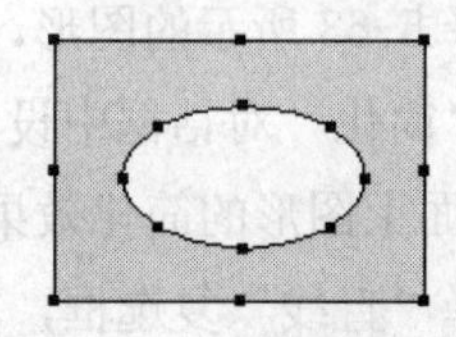

图 5-71　添加锚点后效果

图 5-72　移去锚点前效果

图 5-73　移去锚点后效果

8．分割下方对象

使用“分割下方对象”命令可以将选定的对象作为切割器对其他对象进行切割。用于切割的对象可以是闭合式路径，也可以是开放式路径。分割后，该选定对象被删除。

选定一个闭合式路径，如图 5-74 所示。然后，执行“对象”→“路径”→“分割下方对象”命令，将下方的圆形进行分割，如图 5-75 所示。分别拖动分割后的路径，可以观察到分割效果，如图 5-76 所示。

图 5-74　选择闭合式路径　　图 5-75　分割效果

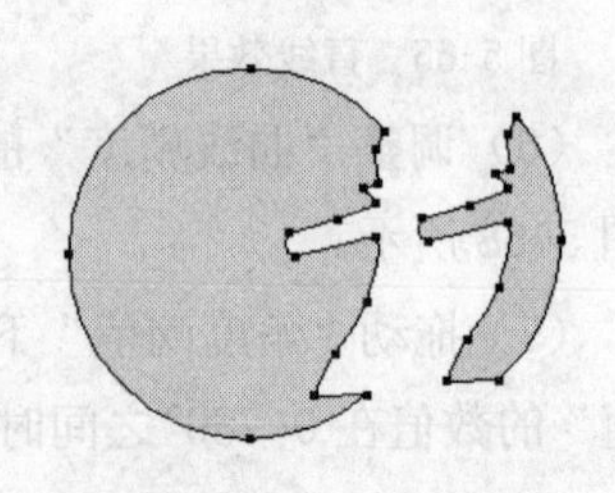

图 5-76　拖动分割后路径

选定一个开放式路径，如图 5-77 所示。然后，执行“对象”→“路径”→“分割下方对象”命令，将下方的圆形进行分割，如图 5-78 所示。拖动分割后的路径，可以观察到分割效果，如图 5-79 所示。

9．分割为网格

使用“分割为网格”命令可以将任何形状的对象分割为网格式对象。执行“对象”→“路径”→“分割为网格”命令，将弹出“分割为网格”对话框。在该对话框中，各选项含义如下：

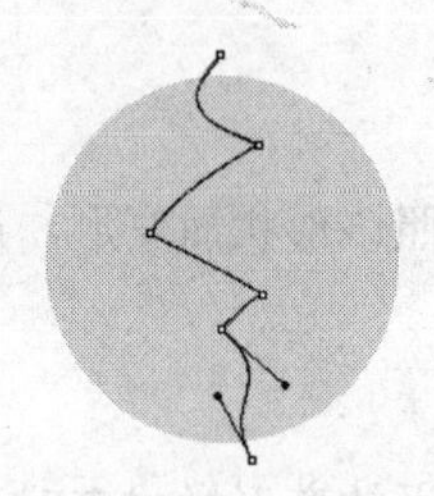
图 5-77　选择开放式路径

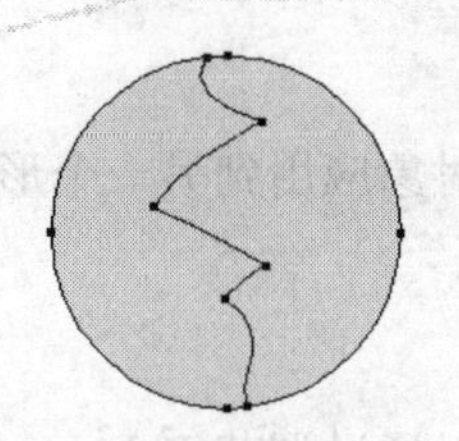
图 5-78　分割效果

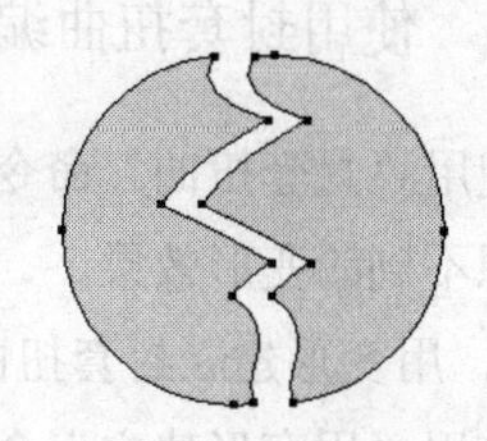
图 5-79　拖动分割路径效果

- 【行】：在“数量”中设置网格水平的数量；在“高度”中设置单元格的高度；在“间距”中设置单元格的垂直间距；在“总计”中设置整个网格的高度。
- 【列】：在“数量”中设置网格的列数；在“宽度”中设置单元格的宽度；在“间距”中设置单元格的水平间距；在“总计”中设置整个网格的宽度。
- 【添加参考线】：选择该选项表示可以在网格边缘显示参考线。

选择如图 5-80 所示的路径，执行“对象”→“路径”→“分割为网格”命令。在弹出“分割为网格”对话框中设置网格参数，如图 5-81 所示。单击“确定”按钮，被选择的路径分割为如图 5-82 所示的网格。

图 5-80　选择路径

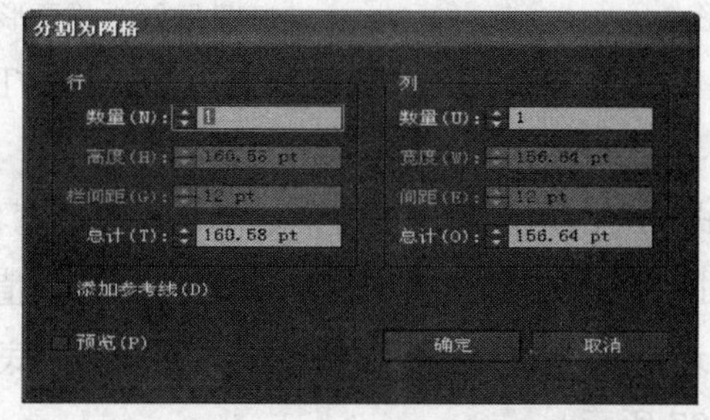

图 5-81　设置网格参数

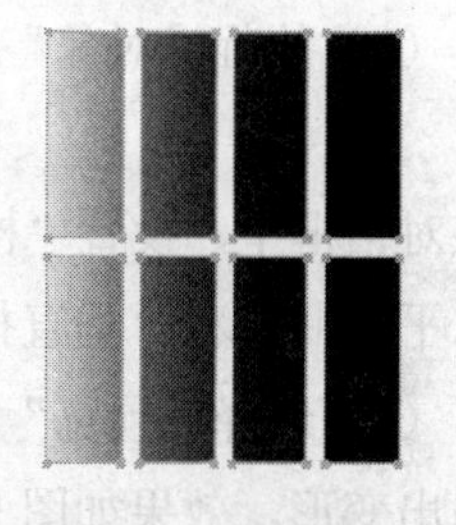
图 5-82　分割网格效果

10．清理

使用“清理”命令可以清除文档中残余的游离点（和其他锚点不发生关联的锚点）、无填充对象和空文本路径。

执行“对象”→“路径”→“清理”命令，将弹出“清理”对话框，如图 5-83 所示。在对话框中有“游离点”、“未上色”和“空文本路径”3 个选项，选择需要清理的选项的复选框，单击“确定”按钮，即可删除相应的对象。如果文档无需清除，执行“清理”命令后，将弹出如图 5-84 所示的警告对话框，提示无需清理。

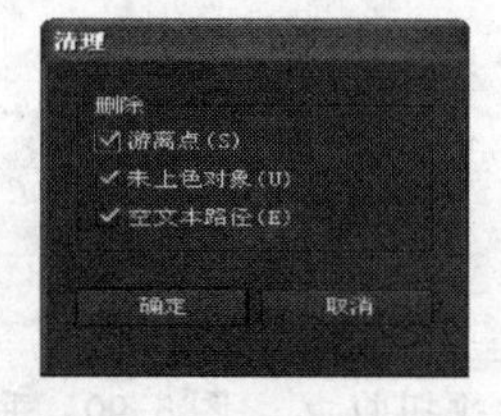

图 5-83　“清理”对话框

图 5-84　警告对话框

5.3.4 使用封套扭曲编辑路径

使用“封套扭曲”命令可以将对象应用到另一个形状中，并依照该形状而变形，产生意想不到的变形效果。

1. 用变形建立封套扭曲

使用“用变形建立”命令，可以通过调节 Illustrator CS6 预设的变形样式来对当前选择的对象进行理想的扭曲变形。下面通过一个实例来讲解该命令的使用方法和步骤。

（1）选择一个矩形，如图 5-85 所示。

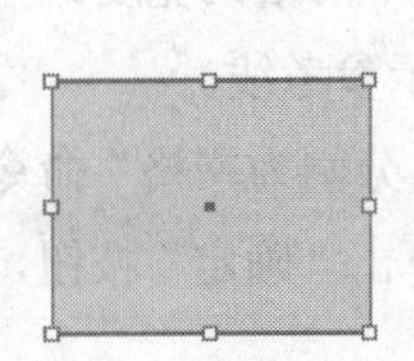

图 5-85 选择矩形

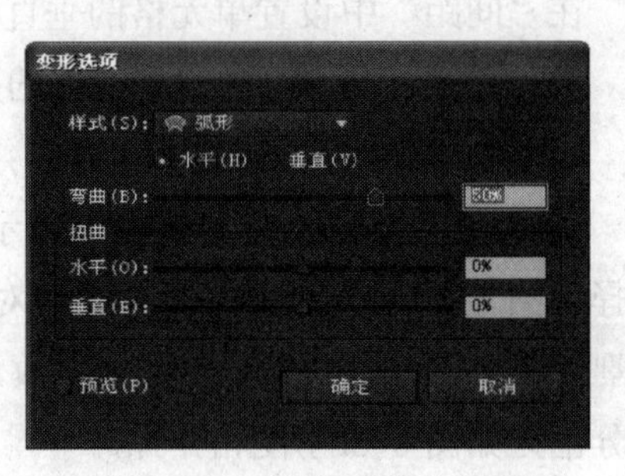

图 5-86 “变形选项”对话框

（2）执行“对象”→“封套扭曲”→“用变形建立”命令，打开“变形选项”对话框。

在该对话框中，设置“样式”为凸出，凸出的方向为“水平”，“弯曲”选项设置为 50%，“水平扭曲”和“垂直扭曲”选项的数值都为 0%，即保持默认数值，如图 5-86 所示。

（3）选择“预览”复选框，可以看到矩形的水平方向的边（底端和顶端）产生规则的凸出变形，效果如图 5-87 所示。

（4）在对话框中，其他选项的数值不变，调整凸出方向为“垂直”。这时，矩形的垂直方向的边（左端和右端）产生规则的凸出变形，效果如图 5-88 所示。

（5）继续调整对话框中的选项，调整“弯曲”选项的数值为 0%，“水平扭曲”选项的数值为 50%。这时，矩形的水平方向的边（底端和顶端）发生扭曲变形，效果如图 5-89 所示。

（6）调整“水平扭曲”选项的数值为 0%，“垂直扭曲”选项的数值为 50%。这时，矩形的垂直方向的边（左端和右端）发生扭曲变形，效果如图 5-90 所示。

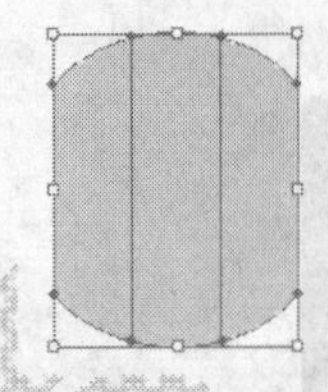

图 5-87 水平凸出

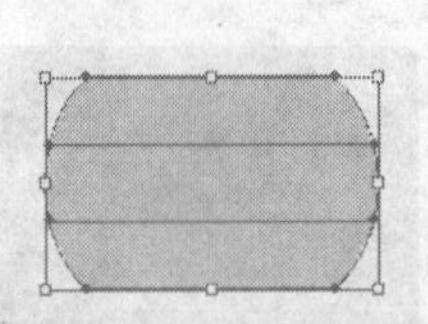

图 5-88 垂直凸出

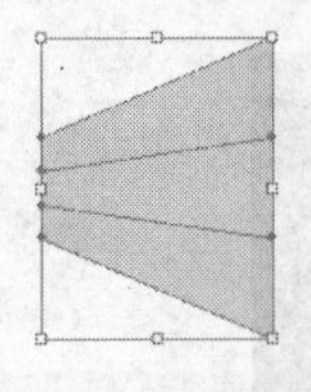

图 5-89 水平扭曲

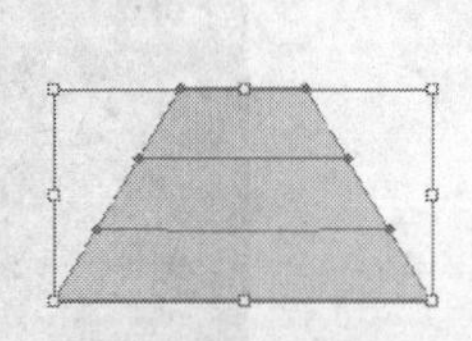

图 5-90 垂直扭曲

（7）当确定变形效果后，单击“确定”按钮退出对话框。

通过这个实例，可以了解到“水平弯曲”、“垂直弯曲”、“水平扭曲”和“垂直扭曲”的效果。

在“变形选项”对话框，单击“样式”选项的下拉按钮，弹出下拉列表。在列表中有很多 Illustrator CS6 预制的样式可供调用，如图 5-91 所示。选择不同的样式，并根据需要设置弯曲度、扭曲等数值，可以达到多种变形效果。

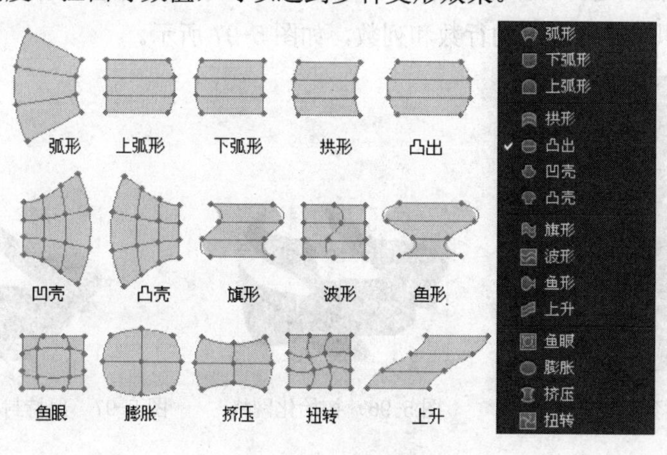

图 5-91　样式效果

如图 5-91 所示的各种样式变形效果，可供参考。这些样式均设置凸出的方向为“垂直；“弯曲”选项数值为 50%；“水平扭曲”和“垂直扭曲”选项数值为 0%。

2. 用网格建立封套扭曲

使用“用网格建立”命令可以在对象上应用封套网格，拖动网格即可自由地调节对象的变形效果。下面通过一个实例来讲解该命令的使用方法和步骤，同时该实例还讲解了编辑封套方法。

（1）选择一个图形路径。执行“对象”→“封套扭曲”→“用网格建立”命令，打开“封套网格”对话框。

（2）在对话框中，设置网格的行数和列数的数值都为 4，如图 5-92 所示。

（3）单击“确定”按钮，对象上则被覆盖封套网格，效果如图 5-93 所示。

（4）使用直接选择工具选择封套网格上的锚点，并进行拖动。根据鼠标拖动的方向和距离，图形路径产生扭曲变形，如图 5-94 所示。

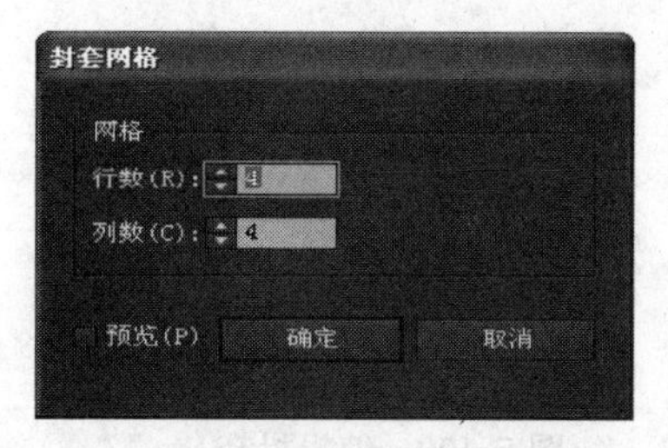

图 5-92　“封套网格”对话框

图 5-93　对象被网格封套

图 5-94　拖动网格锚点

（5）在编辑网格变形过程中，如果变形效果始终不理想，可以执行“对象”→“封套扭曲”→“用网格重置”命令。在弹出的“重置封套网格”对话框中，调整网格的行数和列数，选择“预览”复选框，如图 5-95 所示。这时，在页面上可以看到对象上的网格进行初始化调整，效果如图 5-96 所示。

（6）在对话框中选择“保持封套形状”复选框，则使得网格保持编辑变形后的封套形状的基础上，只调整了网格的行数和列数，如图 5-97 所示。

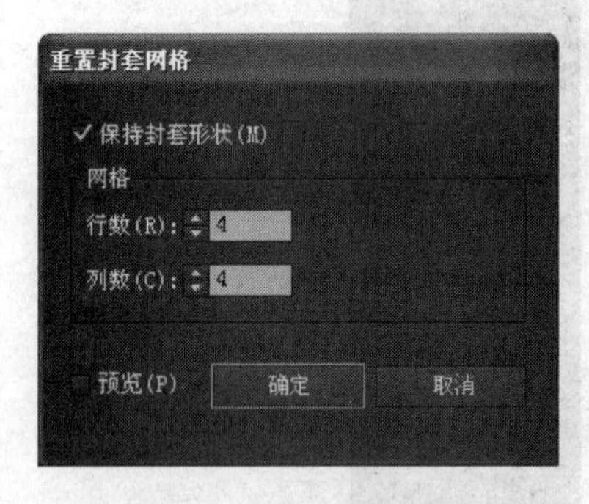

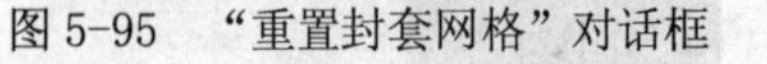

图 5-95 “重置封套网格”对话框　　图 5-96 初始化网格　　图 5-97 保持封套形状并调整网格

（7）调节路径到合适的形状后，在封套网格外任意位置单击，结束编辑。封套网格也随之消失。

（8）如果在对象上添加封套后，还想继续编辑原来的封套内容，执行“对象”→“封套扭曲”→“编辑内容”命令。这时，就可以对封套进行编辑，使用直接选择工具选择封套网格上的锚点进行拖动，直到达到满意的效果。

3．用顶层对象建立封套扭曲

使用“用顶层对象建立”命令可以自定义封套的形状，创造更丰富的效果。

选择如图 5-98 所示的两个图形对象，执行“对象”→“封套扭曲”→“用顶层对象建立”命令。这时，位于顶层的对象作为封套，将底层的对象置入封套中并进行扭曲，效果如图 5-99 所示。

完成封套扭曲后，Illustrator CS6 将进行封套的两个对象组合，但仍然可以进行编辑。使用直接选择工具选择封套上的锚点并进行拖动，从而编辑封套。编辑的同时，置入封套的内容也随着封套而变形，如图 5-100 所示。

图 5-98 选择封套对象　　图 5-99 封套效果　　图 5-100 编辑封套

4．释放和扩展封套

使用封套扭曲可以随时将添加封套的对象恢复到原来的效果，也可以将封套删除使对象成为普通的路径。

如果需要将添加封套的对象恢复到原来的效果，可以执行“对象”→“封套扭曲”→“释放”命令。这时，置入封套的对象和封套对象都被释放，效果如图5-101所示。

如果对封套对象执行“对象”→“封套扭曲”→“扩展”命令，则封套对象仍然保持封套扭曲后的形状，但并不具备封套效果，成为普通的路径，如图5-102所示。

5. 设置封套扭曲属性

完成封套扭曲后的对象，还可以设置封套扭曲的选项，从而进一步编辑扭曲效果。

选择添加了封套的对象后，执行“对象”→“封套扭曲”→“封套选项”命令，打开“封套选项”对话框，如图5-103所示。在该对话框中，可以进行以下设置的调整。

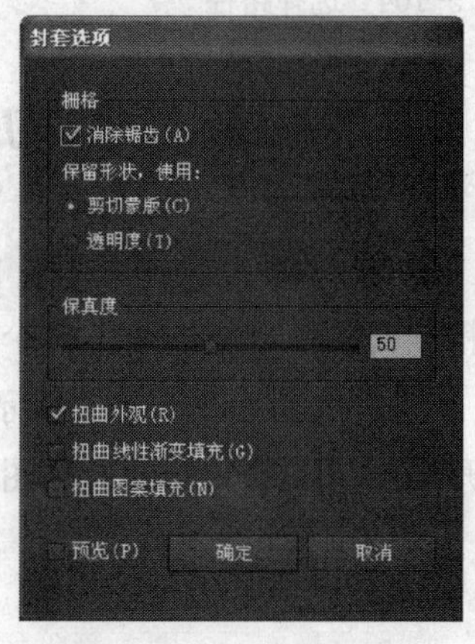

图5-101　释放封套　　图5-102　扩展封套　　图5-103　设置封套选项

- 【消除锯齿】：选择该选项，可以在栅格化图形后得到平滑的变形效果。
- 【剪切蒙版】：选择该选项，可以在栅格化图形后使用矢量的蒙版以保持封套形状。
- 【透明度】：选择该选项，可以使用栅格化的Alpha通道来保留封套形状。
- 【保真度】：该选项设置封套和置入封套的内容之间相近似的程度。数值越大，封套的锚点越多，封套内的对象的扭曲变形更加接近封套的形状。
- 【扭曲外观】：选择该选项，可以使外观属性随着封套而扭曲。
- 【扭曲线性渐变填充】：选择该选项，可以使线性渐变随着封套而扭曲。
- 【扭曲图案填充】：选择该选项，可以使填充的图案随着封套而扭曲。

5.3.5　建立复合路径

使用“复合路径”命令可以将多个路径编辑为一个复杂的路径，并将底层的路径和排列在前层路径的重叠区域挖空。

选择如图5-104所示的5个图形路径，4个红色的椭圆形和底层的黑色圆形重叠。执行“对象”→“复合路径”→“建立”命令，将底层的圆形和椭圆相重叠的区域挖空，并合并为一个路径，如图 5-105 所示。合并后路径的颜色和底层的颜色相同。

如果需要把复合路径分解为初始的路径，执行“对象”→“复合路径”→“释放”命令，即将复合路径中的对象释放出来，为初始的 5 个图形路径，但颜色仍然为底层颜色，如图 5-106 所示。

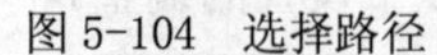

图 5-104　选择路径　　图 5-105　建立复合路径　　图 5-106　释放复合路径

5.4　将位图转换为路径

在 Illustrator CS6 中，可以通过“实时描摹”命令将位图转换为路径，以方便进行精确的编辑。下面通过一个实例来讲解该命令的使用方法和步骤。

（1）选择如图 5-107 所示的位图，执行主菜单栏中的“窗口”→“图像描摹”命令，打开“图像描摹”面板，如图 5-108 所示。

图 5-107　选择位图

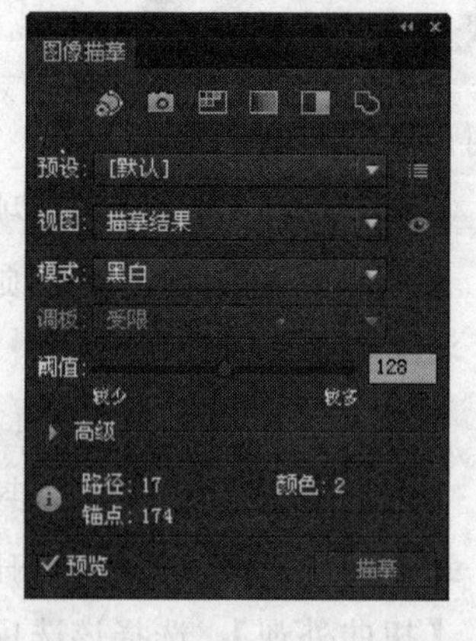

图 5-108　“图像描摹”对话框

（2）在对话框中，设置描摹的各个选项，以达到所需要的效果。在该对话框中，可以进行以下设置的调整。

- 【预设】：在“预设”下拉列表中，除了默认设置外，Illustrator CS6 提供了 12 种预设样式可供选择。默认的预设效果如图 5-109 所示。
- 【模式】：在该选项中可以调整图像和描摹结果的颜色模式，图 5-109 所示的效果为“黑白”模式；“彩色”模式的效果如图 5-110 所示；“灰度”模式的效果如图 5-111 所示。
- 【阈值】：该选项用于区分黑色和白色的值；位图中所有较亮的像素转换为白色，

较暗的像素转换为黑色。数值越大，转换后的黑色区域越多。如图 5-112 所示为阈值数值为 200 的路径效果，可以看出比图 5-109（默认的阈值为 128）所示的黑色区域大很多。

图 5-109　默认描摹效果

图 5-110　彩色模式

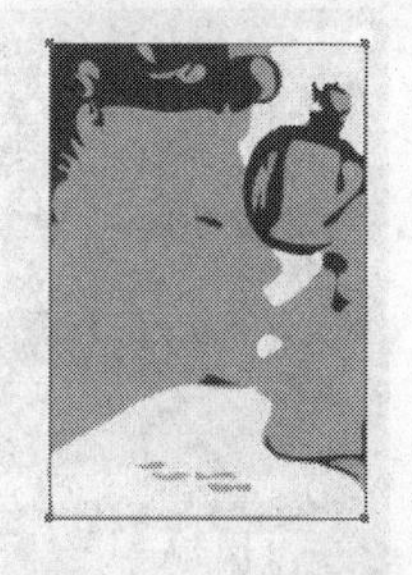
图 5-111　灰度模式

图 5-112　调整阈值效果

- 【调板】：选择该选项，则自动选择或取自打开的“色板库”。
- 【颜色】：该选项数值表示描摹结果中的颜色数值。
- 【创建填色】：选择该选项，可以在描摹结果中创建颜色区域。
- 【创建描边】：选择该选项，可以在描摹结果中创建描边路径。
- 【描边】：该选项数值表示在位图中可供描边的像素宽度。
- 【忽略白色】：选择该选项，可忽略图像中可见的白色区域。

(3)设置完描摹选项后，单击“描摹”按钮，Illustrator 将根据设置参数将位图描摹成矢量路径。

图 5-113　描摹并扩展效果

除此之外，选择位图后，执行“对象”→“图像描摹”→“建立”命令，则根据默认的或上次执行描摹时设置的描摹参数，也可以得到同样的描摹效果。

但通过“建立”命令描摹出来的路径只有 4 个锚点，不适合于进行下一步的编辑。如果执行“对象”→“图像描摹”→“建立并扩展”命令，能使描摹的路径有多个锚点，如图 5-113 所示。使用直接选择工具选择路径锚点并进行拖动，就可以编辑路径，调整描摹结果到满意的程度。

5.5　将路径转换为位图

在 Illustrator CS6 中不仅可以将位图转换为路径，也可以将矢量路径转换为位图。将矢量图形转换为位图图像的过程称为栅格化。

选择矢量对象后，执行“对象”→“栅格化”命令，打开“栅格化”对话框，如图 5-114 所示。在栅格化过程中，Illustrator 会将图形路径转换为像素，在对话框中所设置的栅格化选项将决定像素的大小及特征。单击“确定”按钮，即可将所选矢量图形转换为相应的位图。

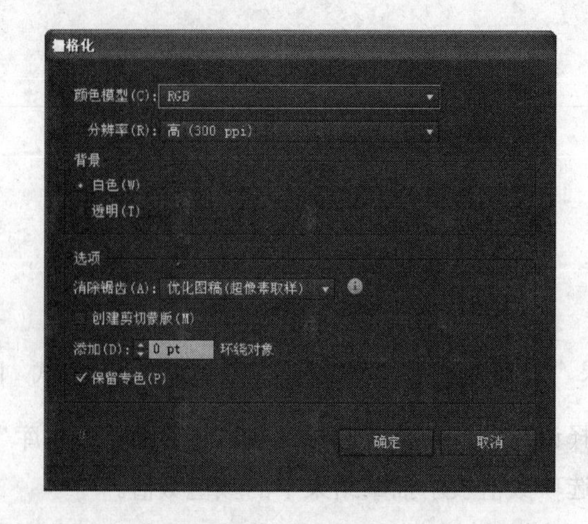

图 5-114　“栅格化”对话框

在“栅格化”对话框中可以对以下选项进行设置。

- 【颜色模型】：在该选项下拉列表中可以选择栅格化过程中所用的颜色模型。
- 【分辨率】：该选项用于确定栅格化图像中的每英寸像素数(ppi)。
- 【背景】：该选项用于确定矢量图形的透明区域如何转换为像素。选择“白色”可用白色像素填充透明区域，选择“透明”可使背景透明，并创建一个 Alpha 通道。
- 【消除锯齿】：在该选项中可以选择消除锯齿效果，从而改善栅格化图像的锯齿边缘外观。选择“无”，则不会应用消除锯齿效果；选择“优化图稿”，可应用最适合无文字图稿的消除锯齿效果；选择“优化文字”，可应用最适合文字的消除锯齿效果。
- 【创建剪切蒙版】：选择该选项可以创建一个使栅格化图像的背景显示为透明的蒙版。
- 【添加环绕对象】：该选项数值表示围绕栅格化图像添加像素的数量。
- 【保留专色】：选择该选项可以保留单独的一种颜色。

5.6　应用路径实例——新品上市广告

本实例主要绘制一张新品上市的广告图，在实例中主要用到的路径命令有：创建路径、使用选择工具修改路径、使用封套扭曲编辑路径等。

01 在工具箱中选择矩形工具，并在页面中绘制一个和页面大小相同的矩形。

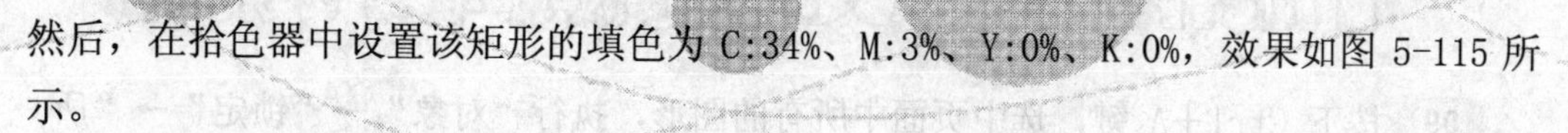

然后，在拾色器中设置该矩形的填色为 C:34%、M:3%、Y:0%、K:0%，效果如图 5-115 所示。

02 选择刚绘制的矩形，执行“对象”→“锁定”→“所选对象”命令，将矩形作为背景进行锁定，以免在后面的操作中被误选。

03 选择椭圆工具，按住 Shift 键在页面中绘制一个圆形。然后，在色板面板中设置该圆形的描边为“深海蓝色”，填色为“无”。

04 按下 Ctrl+F10 键，打开描边面板。在面板中设置圆形的描边“粗细”为 20pt。然后，调整圆形在页面中的位置，使如图 5-116 所示 。

05 选择圆形，在工具箱中双击比例缩放工具，打开“比例缩放”对话框。在对话框中，设置比例缩放的数值，并选择“比例缩放描边和效果”复选框，如图 5-117 所示。

06 单击“复制”按钮，使复制出一个新的圆形，并放大到原图形的两倍大小，效果如图 5-118 所示。选择刚复制的圆形，连续按下 Ctrl+D 键 3 次，使按照上一次缩放设置连续 3 次进行比例缩放和复制，效果如图 5-119 所示。

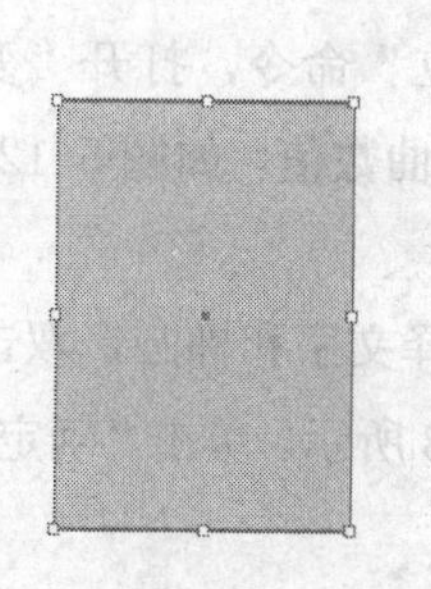

图 5-115　绘制矩形

图 5-116　圆形的位置

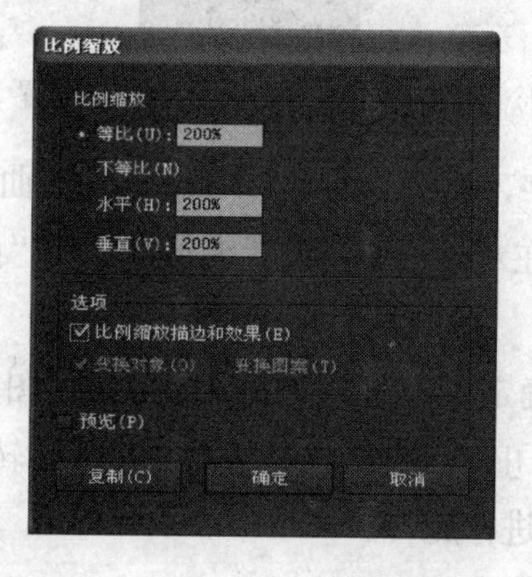

图 5-117　设置比例缩放

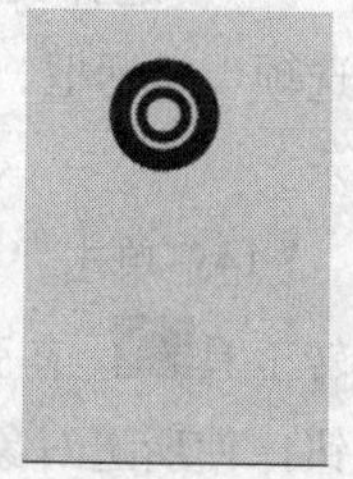

图 5-118　缩放效果

07 选择矩形工具，绘制一个矩形，该矩形和在第 1 步骤中绘制的矩形大小相等，填色可任意设置颜色。然后，按下 Ctrl＋A 键，选中页面中所有的图形，如图 5-120 所示。

08 选中所有图形后，单击右键，在弹出的快捷菜单中选择“建立剪切蒙版”命令。这时，矩形外的所有区域被剪切，效果如图 5-121 所示。

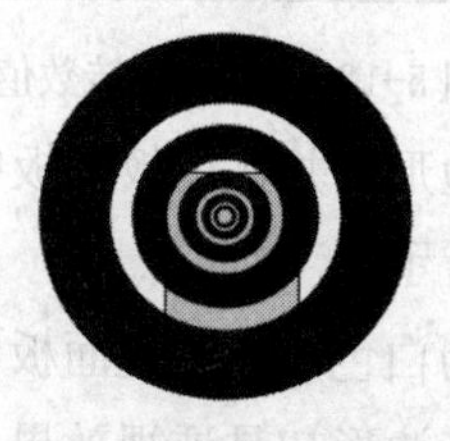

图 5-119　比例缩放和复制效果

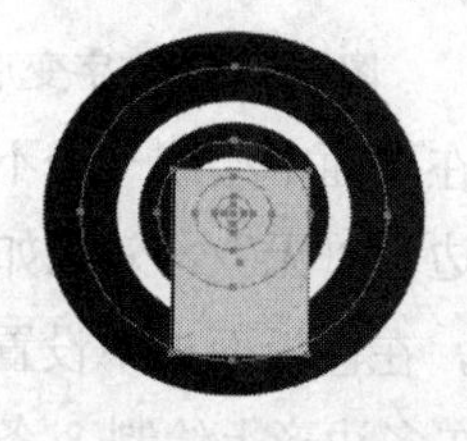

图 5-120　选中所有图形

图 5-121　剪切蒙版效果

09 按下 Ctrl+A 键，选中页面中所有的图形，执行“对象”→“锁定”→“所选对象”命令，将所有的图形进行锁定，以便在图形上进行路径的绘制。

10 选择钢笔工具，在页面中绘制一个飞机剪影图形，并在色板面板中设置填色为“红色”，飞机图形如图 5-122 所示。然后，调整飞机图形在页面中的大小和位置，如图 5-123 所示。

11 选择椭圆工具，在页面中绘制多个大小不一的椭圆形，并设置填色为“红色”，描边为“无”，效果如图 5-124 所示。

12 选择椭圆工具，在页面中绘制一个红色的椭圆形。然后，使用文字工具在椭圆形上输入文字“JET”，并设置文字的填色为白色，效果如图 5-125 所示。

图 5-122 飞机图形

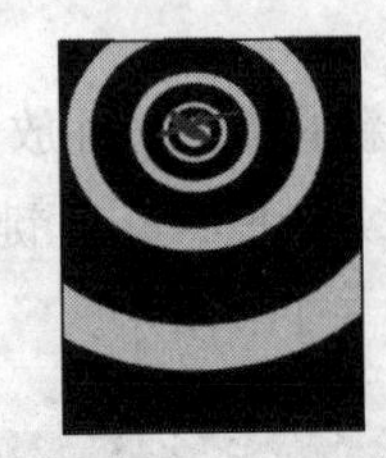
图 5-123 飞机的大小和位置

图 5-124 椭圆形效果

图 5-125 文字效果

13 选择文字，执行“对象”→“封套扭曲”→“用变形建立”命令，打开“变形选项”对话框。在对话框中，设置变形样式为“凸出”，并设置弯曲数值，如图 5-126 所示。

14 单击“确定”按钮，文字变形效果如图 5-127 所示。选择文字和椭圆，双击旋转工具，在弹出的“旋转”对话框中设置旋转角度，如图 5-128 所示。单击“确定”按钮，使所选对象进行旋转。

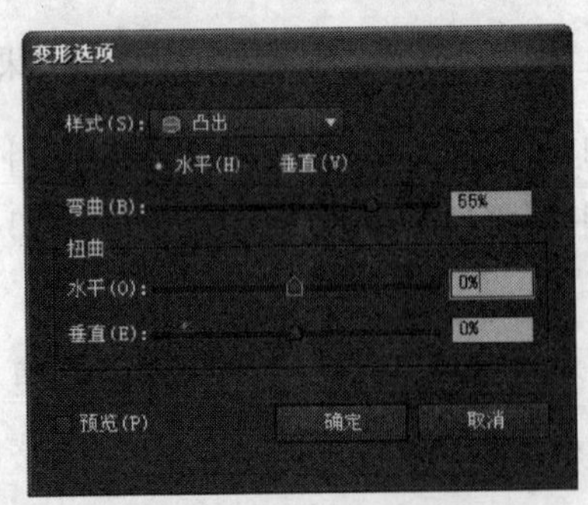

图 5-126 设置弯曲数值

图 5-127 文字变形效果

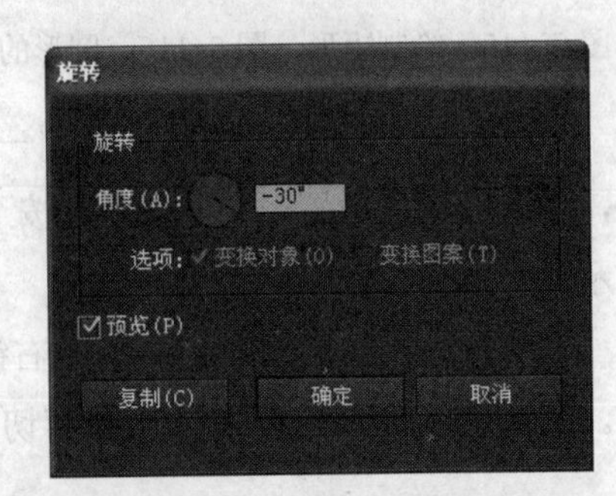

图 5-128 设置旋转数值

15 选择钢笔工具，在页面中绘制一个不规则的多边形，并在色板面板中设置多边形的填色为“红色”，描边为“无”，效果如图 5-129 所示。

16 选择直线段工具，在色板面板中设置描边颜色为白色，在描边面板中设置描边“粗细”为 2pt。然后，在多边形上绘制 3 条线段，使多边形初具透视效果，如图 5-130 所示。

17 选择直接选择工具，依次选择多边形的锚点进行拖移，微调多边形的透视效果，使透视更加逼真自然，如图 5-131 所示。

18 选择直线段工具，继续在多边形上绘制多条线段，效果如图 5-132 所示。

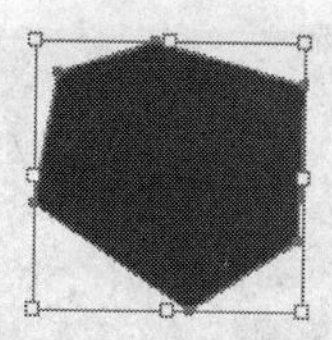

图 5-129　多边形效果

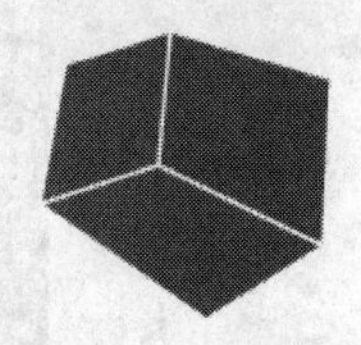

图 5-130　添加线段效果

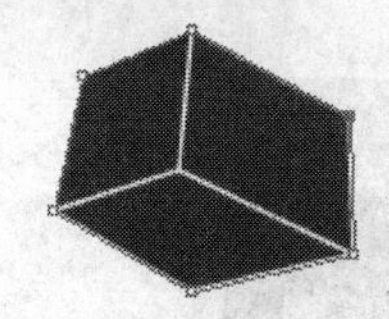

图 5-131　微调透视效果

图 5-132　添加多条线段效果

19 选择直线段工具，设置描边颜色为红色，描边“粗细”为 2pt。然后，在页面绘制多条线段，使连接带文字的椭圆形和多边形，效果如图 5-133 所示。

20 选择如图 5-133 所示的图形，执行“对象”→“编组”命令，将所选图形进行编组。然后，调整该图形组在页面中的大小和位置，使如图 5-134 所示。

图 5-133　线段效果

图 5-134　图形组的大小和位置

21 选择椭圆工具，在页面中绘制一个红色的椭圆形。然后，使用文字工具在椭圆形上输入文字“THE LINES”，打开“字符”面板，设置如图 5-135 所示，并设置文字的填色为白色。文字效果如图 5-136 所示。

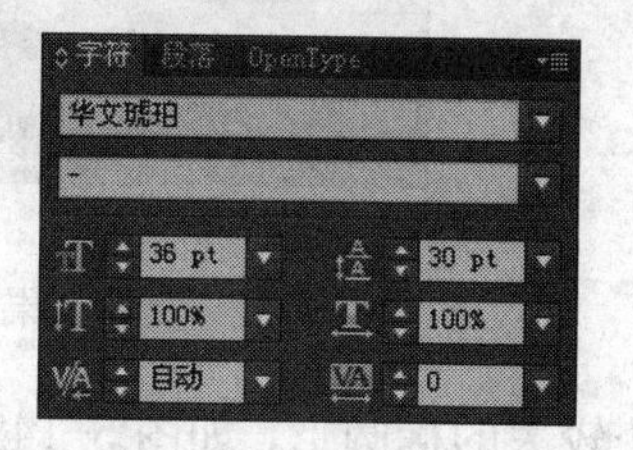

图 5-135　设置字符参数

图 5-136　文字效果

22 选择文字，执行“对象”→“封套扭曲”→“用变形建立”命令，打开“变形选项”对话框。在对话框中，设置变形样式为“膨胀”，并设置弯曲数值，如图 5-137 所示。

23 单击“确定”按钮，文字变形效果如图 5-138 所示。然后，选择文字和椭圆，双击旋转工具，在弹出的“旋转”对话框中设置旋转角度为 30º，单击“确定”按钮，使所选对象逆时针旋转 30º。

24 使用编组选择工具，框选图形组中的多边形和红色连接线段。然后，双击镜像工具，打开“镜像”对话框。在对话框中，设置镜像轴，如图 5-139 所示。单击“复制”按钮，将所选图形镜像复制出一个对称的图形。

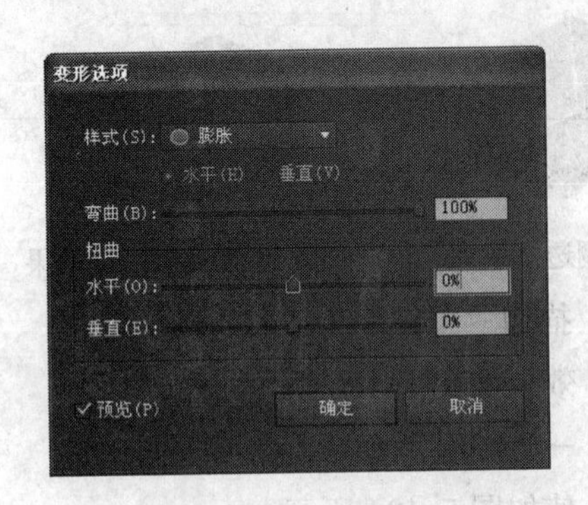

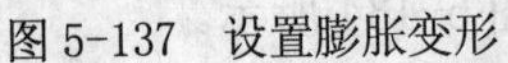
图 5-137　设置膨胀变形

图 5-138　变形效果

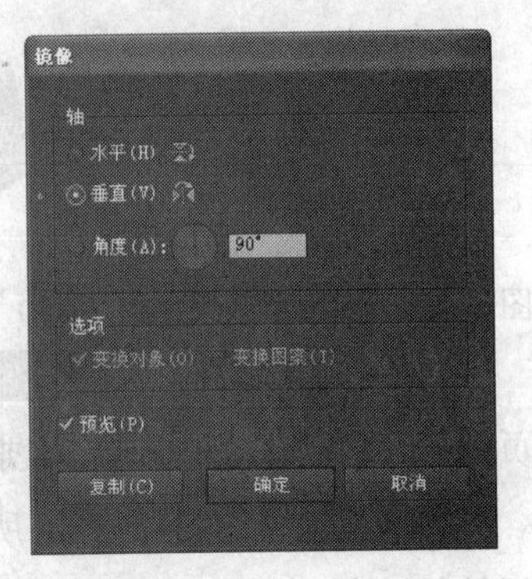

图 5-139　设置镜像轴

25 选择如图 5-140 所示的椭圆形、文字和镜像复制的图形组，按下 Ctrl+G 键进行编组，然后，调整该编组在页面中的大小和位置。

26 使用第 21 ～ 25 步骤同样的方法，创建出第 3 组图形组，调整大小和位置后，页面效果如图 5-141 所示。

图 5-140　调整编组的位置和大小

图 5-141　页面效果

27 使用椭圆工具在页面底部绘制一个较大的椭圆形，如图 5-142 所示。然后，选择该椭圆形，在工具箱中双击比例缩放工具，打开“比例缩放”对话框。在对话框中，设置比例缩放的数值为 95%。

28 单击“复制”按钮，以原椭圆形为中心，复制出一个新的椭圆，并等比缩放为原椭圆的 95%的大小。选择复制出的椭圆，单击工具箱的文字工具，并在所选椭圆上单击鼠标。这时，该椭圆形转换为无填色的输入文字区域，如图 5-143 所示。

29 在字符面板中设置将要输入文字的字体、字体大小和行距，如图 5-144 所示。然后，在椭圆区域中输入文字，并设置文字的填色为白色，效果如图 5-145 所示。

30 选择文字工具，在页面的顶部分两行输入文字“AUSSIE INVASION USA-

SPRING-2012”，并在字符面板中设置该文字的字体、字体大小和行距，如图 5-146 所示。

图 5-142　椭圆形效果

图 5-143　转换为文字区域

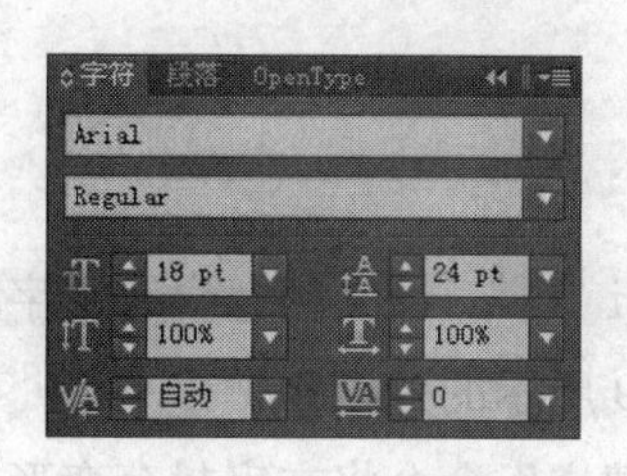

图 5-144　设置字符

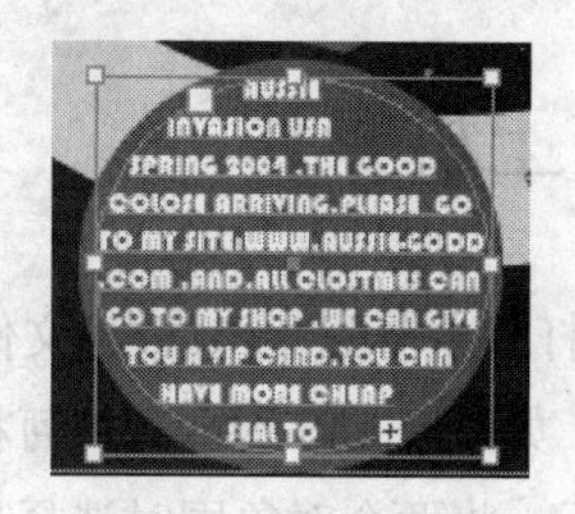

图 5-145　白色文字效果

31 按下 Alt+Ctrl+T 键，打开段落面板。选择刚输入的文字，在面板中单击“居中对齐”按钮，使文字居中对齐。然后，设置文字的填色为“红色”，描边为“白色”。

32 使用文字工具选择第 2 行文字，在字符面板中设置该行字符的“水平缩放”数值为 125%。

33 选择星形工具，在文字第一行的两边各绘制一个星形。至此，该广告图绘制完毕，效果如图 5-147 所示。

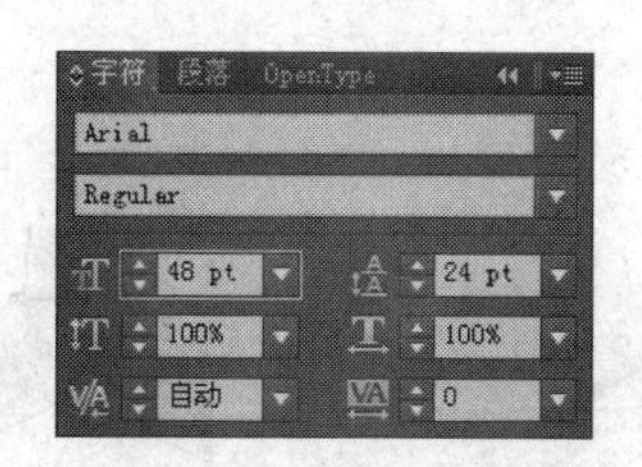

图 5-146　设置顶部文字字符

图 5-147　广告图效果

5.7 本章小结

在本章中认识了路径，并讲解了钢笔工具的应用，使读者了解如何建立路径，并通过编辑锚点来改变路径的形状。除此之外，还讲解了路径的高级编辑——用工具箱的改变形状工具、剪刀工具、刻刀来调整或剪切路径，使用“路径查找器”的各选项来对路径进行相加、相减、分割、裁减等操作，通过菜单中的路径高级命令来对路径实行连接、平均、简化等操作，对路径进行“封套扭曲”变形，建立复合路径，描摹路径等。

通过学习路径的认识、建立和编辑，相信读者对 Illustrator CS6 的了解又有了更深刻的认识。

5.8 上机操作

1. 打开本书配套光盘/源文件/5/上机操作/5-1-1.ai 文档，该文档包含有文字和图形对象，如图 5-148 所示。如何将文字转换为如图 5-149 所示的效果？

提示：将两个对象同时选择后，使用“用顶层对象建立”命令将文字封套变形在图形中。

图 5-148　文档对象

图 5-149　文字效果

2. 打开本书配套光盘/源文件/5/上机操作/5-2-1.ai 文档，该文档包含了 3 个不同角度的三角形，如图 5-150 所示。如何将这 3 个图形组合成的倒三角形空隙补上，使效果如图 5-151 所示。

提示：使用添加锚点工具在各个三角形的底部的中间段添加一个锚点。然后，使用直接选择工具按住 Shift 键，依次选中添加的 3 个锚点，如图 5-152 所示。最后，使用“对象”→“路径”→“平均”命令，将这 3 个锚点水平和垂直对齐。

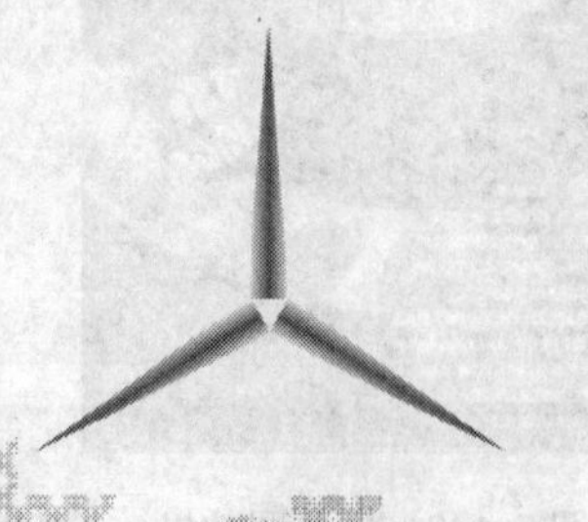

图 5-150　不同角度的三角形

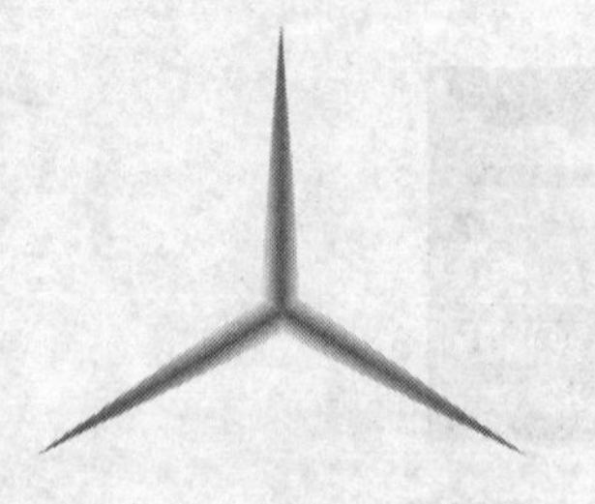

图 5-151　填补空隙后效果

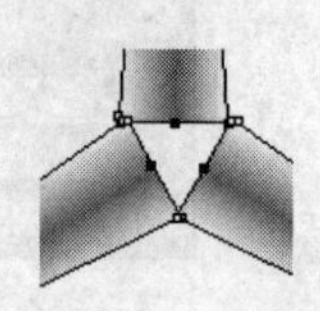

图 5-152　选择锚点

5.9 思考练习

一．填空题

1．锚点分为______型锚点、_______型锚点、_______型锚点和_______型锚点。

2．使用________工具可以在对象上作不规则线条的任意分割。

3．___________面板可以帮助用户方便地组合、分离和细化对象的路径。

4．使用________命令可以控制锚点的数量，从而改变路径的形状。

5．使用________命令可以将矢量路径转换为位图，而通过__________命令可以将位图转换为路径。

二．选择题

1．使用__________命令可以自定义封套的形状，创造更丰富的效果。

A：用顶层对象建立　　B：用变形建立

C：用网格建立　　D：封套选项

2．在路径查找器中，使用_______可以使两个或多个重叠对象相减并进行分割，形成一个路径的群组。

A：修边　　B：分割

C：合并　　D：轮廓

三．思考题

1．工具箱中有哪几种工具可以编辑路径的形状？

2．如何一次性清除文档中多余的锚点？

3．如何将应用封套的对象转换为普通的对象？

Chapter 06

第 6 章 图形填充与混合

本章导读

在本章中，将系统地讲解图形的填充的方法，设置颜色的工具和菜单命令。另外，还会涉及到图形的高级填充方式的讲解，包括实时上色和混合的应用。

- 单色填充
- 渐变填充
- 渐变网格填充
- 透明度填充
- 图案填充
- 上色工具
- 图形的混合

6.1 单色填充

Illustrator CS6 提供了 3 种基本的填充模式和两种描边模式。设置图形的填充和路径的方法很简单，选择图形后，单击工具箱中相应的填充模式图标即可。对象的填充分为填色和描边，分别表示为对对象内部的填充和对对象描边的填充。

单色填充是对象最基本的填充方式，使用“颜色”、“颜色参考”和“色板”面板就可以快速为对象进行单色填充。如果要将图形设置为颜色填充，在工具箱中单击“填色”按钮将其置前，然后单击“颜色”填充图标，如图 6-1 所示；如果要将填充类型设置为渐变，则在工具箱中单击“渐变”图标，如图 6-2 所示；如果将填充类型设置为“无”，则在工具箱中单击“无”图标，如图 6-3 所示。

如果要将图形的描边设置为颜色填充，在工具箱中单击“描边”按钮将其置前，然后单击“颜色”填充图标，如图 6-4 所示；如果要将描边设置为“无”，则在工具箱中单击“无”图标，如图 6-5 所示。

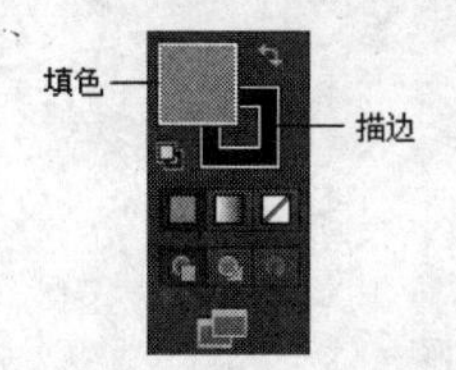

图 6-1 填充颜色

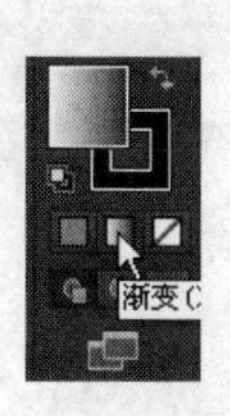

图 6-2 填充渐变图

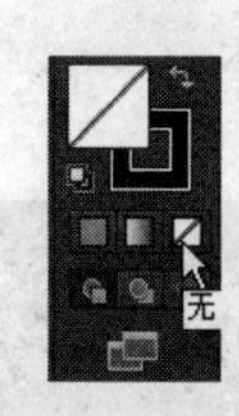

图 6-3 无填充

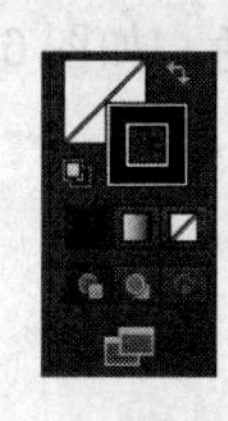

图 6-4 填充描边

图 6-5 无描边

如果要详细设置图形的填充效果和描边颜色，则需要通过“颜色”、“颜色参考”、“色板”、“渐变”和“描边”面板来进行操作。

6.1.1 使用“颜色”面板

使用“颜色”面板可以创建、调配颜色，并将颜色应用于当前选择对象的填色或描边上。

执行“窗口”→“颜色”命令，单击工具箱的“填色”或“描边”按钮或按下 F6 键都可以打开“颜色”面板。单击面板右上角的按钮，可以打开面板的扩展菜单，如图 6-6 所示。在菜单中，有 5 种颜色模式，可根据需要进行选择。如果选择“反相”或“补色”命令，当前选择的颜色将转换为反相颜色或补色。

当选择的颜色非 CMYK 颜色模式时，“颜色”面板有时会出现 Illustrator CS6 的一种警告标识，这表示当前选择的颜色超出色域，不可以用 CMYK 的油墨打印；如果出现警告标识，这表示当前选择的颜色超出 Web 色域，在 Web 上将不会正确显示，如图 6-7 所示。单击警告标识，Illustrator CS6 将自动校正该颜色，用近似的颜色来替换。

如果需要取消已经填充的颜色，可以单击工具箱的无填充按钮，或“颜色”面板中色谱左面的无填充按钮。这时，图形被设置为无填充，面板的下方会出现“最后一个颜色”标识。如果单击该标识，标识内的颜色将再次运用到填色。

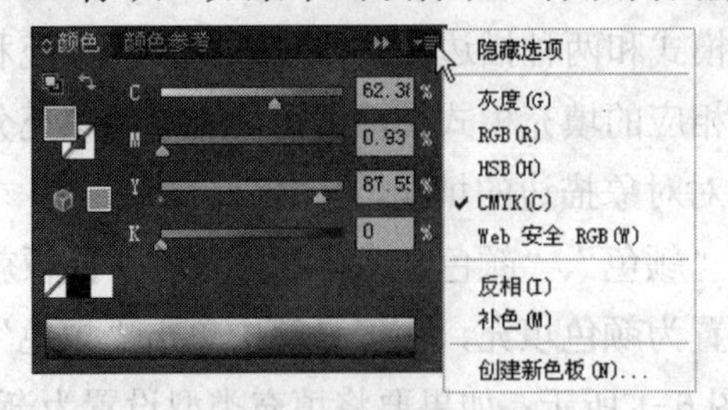

图 6-6 “颜色”面板

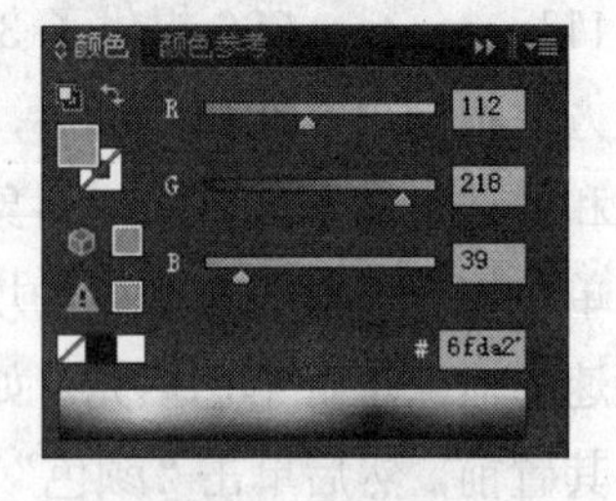

图 6-7 颜色警告

下面通过一个实例来讲解使用“颜色”面板进行单色填色的方法和步骤。

01 绘制如图 6-8 所示的路径，并选择该路径。

02 按下 F6 键打开“颜色”面板，把鼠标放在色谱上光标将变成。这时，在所需要的颜色上单击即可获取颜色，如图 6-9 所示。这时，当前选择的路径被进行填色，颜色为在色谱上获取的颜色，如图 6-10 所示。

图 6-8 绘制路径

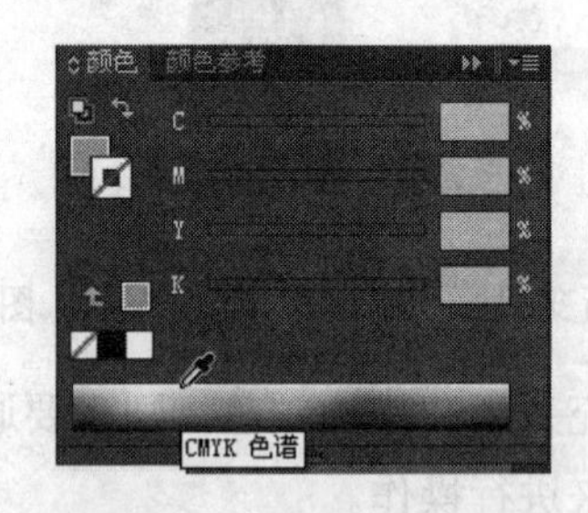

图 6-9 在色谱上选择颜色

图 6-10 填色效果

03 如果觉得在色谱上获取的颜色不够准确，可以拖动颜色滑块来进一步进行调整，如图 6-11 所示。或者，在 CMYK 颜色滑块后的 4 个文本框中分别输入百分比数值来精确设置颜色。

04 设置路径的描边颜色。单击“颜色”面板中的“描边”按钮，将其置前，如图 6-12 所示。然后，使用同第 2 步骤和第 3 步骤相同的方法为路径设置描边颜色。最后，填色和描边效果如图 6-13 所示。

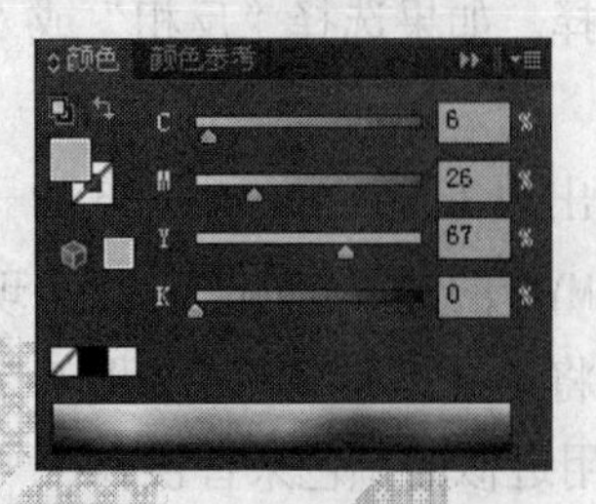

图 6-11 拖动滑块调整颜色

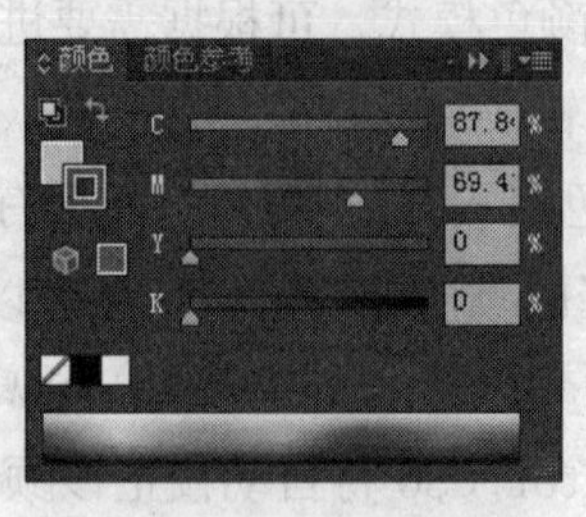

图 6-12 设置描边颜色

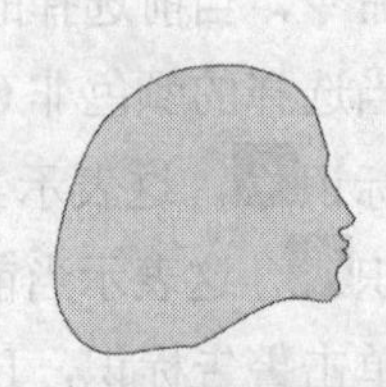

图 6-13 填色和描边效果

6.1.2 使用“色板”面板

“色板”面板可以保存颜色、渐变、图案等，以便需要时随时调用。选择需要填色的路径后，单击色板上的颜色，即可把该颜色应用到路径上。

1.“色板”的显示

执行“窗口”→“色板”命令，可以打开“色板”面板。单击面板右上角的按钮，可以打开面板的扩展菜单，如图 6-14 所示。在扩展菜单中，可以选择相应的命令进行色板的创建、复制、删除、排列、视图显示、打开色板库等操作。

色板可以分为颜色、渐变和图案 3 种类型，可以根据用户的需要显示相应的类型，或显示所有色板，以便快速调用颜色。单击显示“色板类型”菜单按钮，弹出“色板类型”菜单，在该菜单中可以选择在“色板”面板中显示的色板类型，如图 6-15 所示。

“色板”还提供了两种视图的显示方式：大/中/小缩览图视图和大/小列表视图。在扩展菜单中选取不同的视图命令，就能以相应的方式来显示视图。如图 6-14 所示的视图为小缩览图视图，适合在存储大量的颜色情况下使用；如图 6-15 所示的视图为大缩览视图，该视图方式有较大的颜色显示范围，适合复杂的颜色对比使用；如图 6-16 所示的视图为列表视图，该视图能提供最完整的颜色信息。

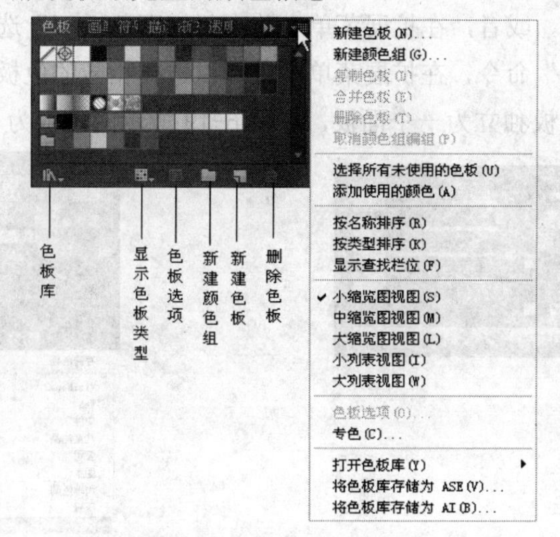

图 6-14 “色板”面板

2. 新建和删除色板

在“颜色”面板中调配颜色后，为了可以重复使用该颜色，可以将颜色存储到色板中以便随时调用。这时，在“色板”面板中单击“新建色板”按钮，就可以在“色板”上新增该颜色。除此之外，也可以在“颜色”面板中的按住“填色”按钮，并拖动到“色板”上，这样也可以在“色板”上增加当前调配的颜色，如图 6-17 所示。如果按住 Alt 键，拖动颜色到“色板”的某个颜色上，可以将新增加的颜色替换色板原有的颜色。

如果“色板”面板中的颜色很少使用，需要删除某个颜色。这时，可以选择该颜色后

单击“删除色板”按钮，将弹出 Illustrator CS6 的警告对话框，询问是否删除所选色板，单击“是”按钮即把色板删除。除此之外，也可以在扩展菜单中选择“删除色板”命令，将所选色板进行删除。

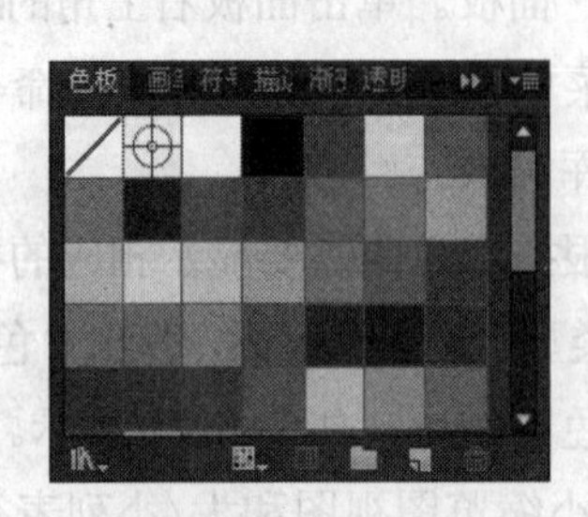

图 6-15　大缩览视图

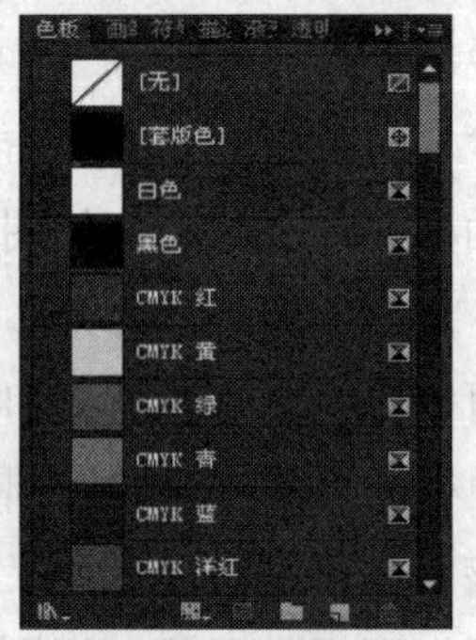

图 6-16　列表视图

3. 运用色板库

Illustrator CS6 提供了众多的不同主题的色板库，使用户可以在处理特别的场景时可以随时调用。单击“色板库”面板按钮，可以看到 Illustrator CS6 提供的色板库列表，如图 6-18 所示。或者，在扩展菜单中单击“打开色板库”选项，或者执行菜单栏的“窗口”→“色板库”命令，在扩展菜单中也可以选择相应的色板。在色板库中打开某一主题的色板后，该色板独立为一个面板，如图 6-19 所示的色板为“蜡笔”色板。

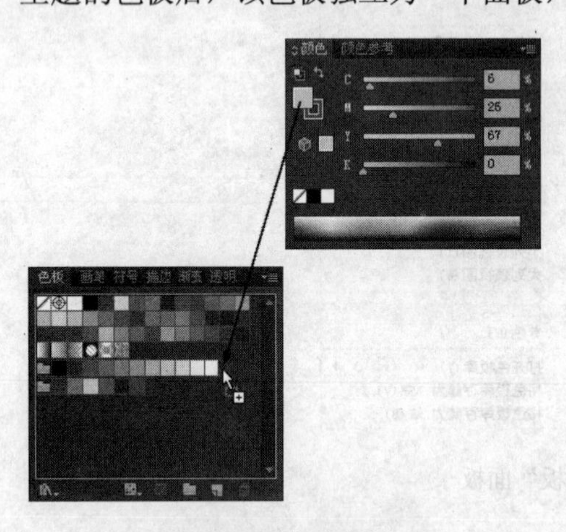

图 6-17　新建色板

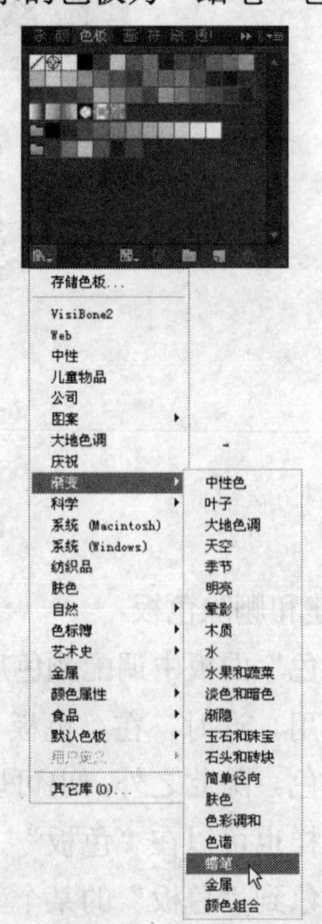

图 6-18　选择色板库

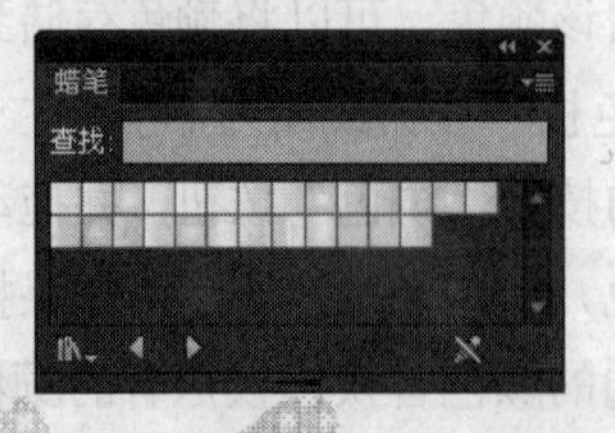

图 6-19　“蜡笔”色板

4. 编辑色板颜色

双击“色板”面板中的色板，或者选择色板后单击“色板选项”按钮，可以打开“色板选项”对话框对该颜色进行编辑，如图 6-20 所示。在该对话框中，可以重命名色板名称、颜色类型、颜色模式等。

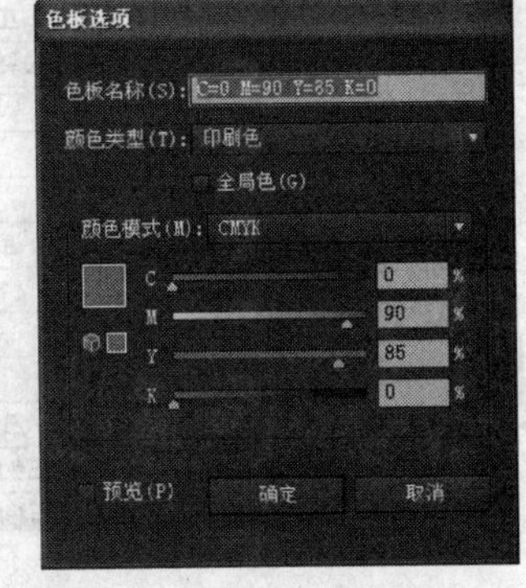

图 6-20 “色板选项”对话框

6.1.3 使用“颜色参考”面板

在创建图稿时，可使用“颜色参考”面板作为激发颜色灵感的工具。“颜色参考”面板会基于当前选择的颜色建议协调颜色，用户可以用这些颜色对图稿着色，也可以将这些颜色存储为色板。

执行“窗口”→“颜色参考”命令，可以打开“颜色参考”面板，如图 6-21 所示。在该面板根据工具箱中的当前颜色来显示系列近似颜色，打开“协调规则”下拉菜单，还可以选择“互补色”、“近似色”、“单色”等近似颜色组进行显示，如图 6-22 所示。

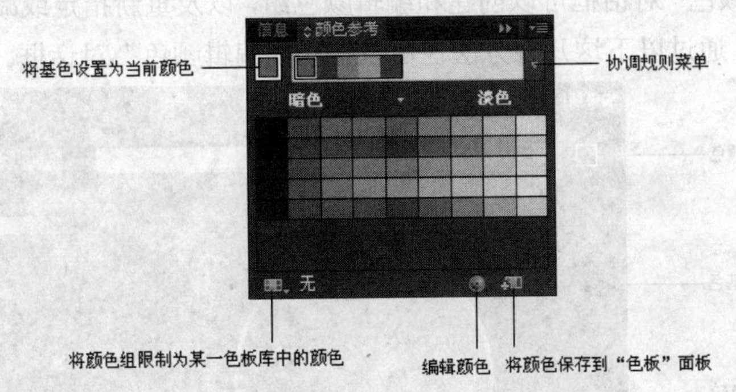

图 6-21 “颜色参考”面板

单击面板右上角的按钮，可以打开面板的扩展菜单。在扩展菜单中，可以选择相应的命令显示当前颜色的冷/暖色、淡/暗色和亮/暗光。

单击面板下部的“将颜色组限制为某一色板库中的颜色”按钮，可以打开色板库菜单。在该菜单中选择一个色板库，可以在面板中显示该色板库的颜色。

在面板菜单中选择“颜色参考选项”命令，在打开的“变化选项”对话框中可以指定颜色变化的数目和范围，如图 6-23 所示。“步骤”选项表示每种颜色的左侧和右侧显示的颜色数目，如果需要设置每种颜色的 6 种较深的暗色和 6 种较浅的暗色，则设置步骤数值为 6。“变量数”表示颜色的变化范围，将滑块向左拖动可以减少变化范围，生成与原始颜色更加相似的颜色。

在面板中选择颜色后，单击面板下部的“将颜色保存到色板”按钮，即可将颜色组和颜色变化存储到“色板”面板。但如果希望对颜色进行更多调整，可以单击“编辑颜色”按钮，在打开的“实时颜色”对话框中进行调整。

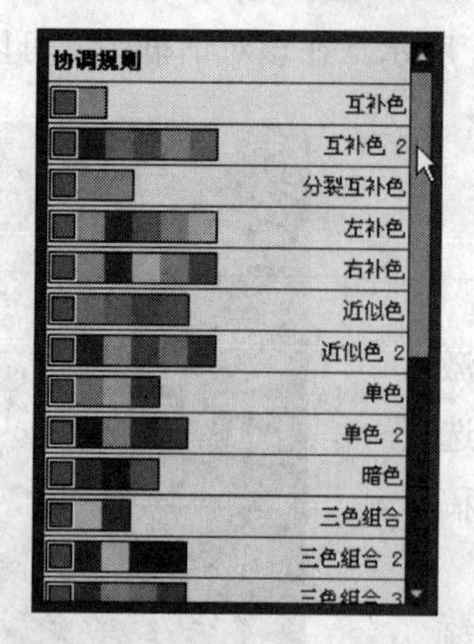

图 6-22 “协调规则”下拉菜单

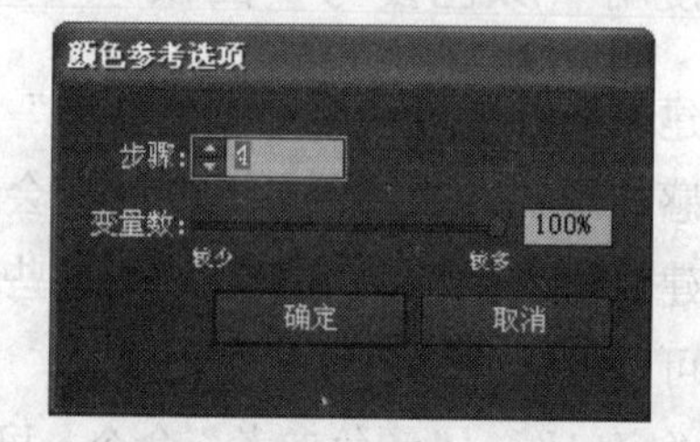

图 6-23 “变化选项”对话框

6.1.4 使用“编辑颜色”对话框

使用“编辑颜色”对话框可以创建和编辑颜色组，以及重新指定或减少图稿中的颜色，如图 6-24 所示。通过以下这几种方法也可以打开“编辑颜色”对话框。

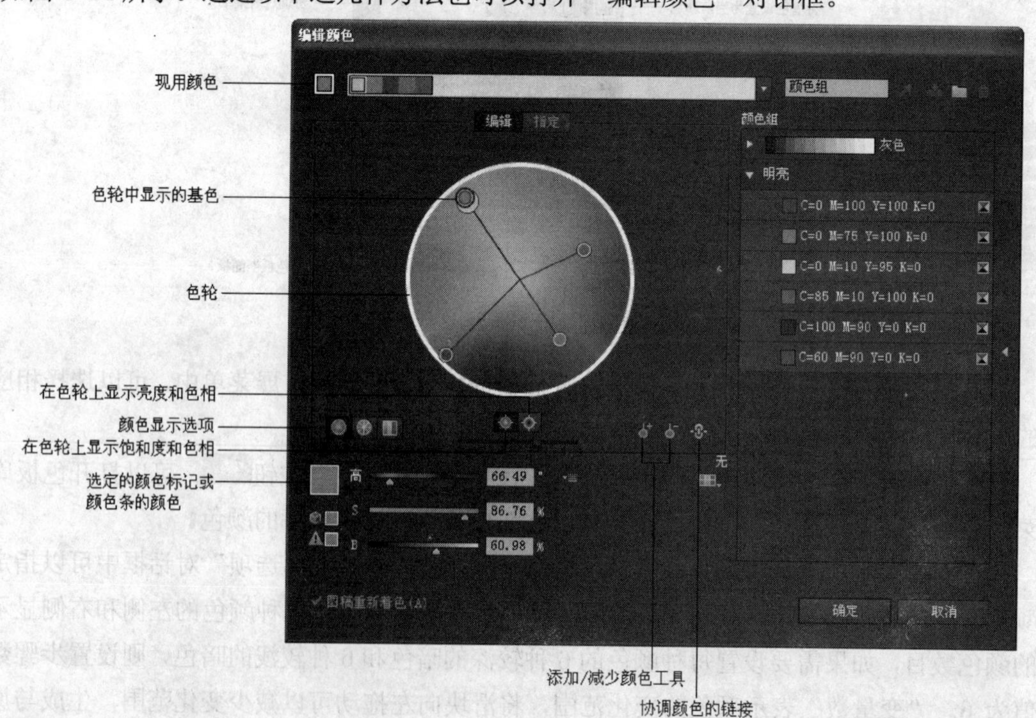

图 6-24 “编辑颜色”对话框

(1) 执行“编辑”→“编辑颜色”→“重新着色图稿”或“使用预设值重新着色”命令。

（2）在“颜色参考”面板中单击“编辑或应用颜色”按钮。

（3）在图稿中选定着色对象后，单击“控制”面板中的“重新着色图稿”按钮。

（4）双击“色板”面板中的颜色组或选择一个颜色组并单击“编辑或应用颜色组”按钮。

在“编辑颜色”对话框中，颜色的变化都会反映在色轮上。如图 6-25 所示，在对话框右部的颜色组预览框中，选择灰度颜色组。单击该颜色组的图标展开该组的颜色，该组包括颜色：黑色和白色，在色轮上则显示了对应的两个基色。

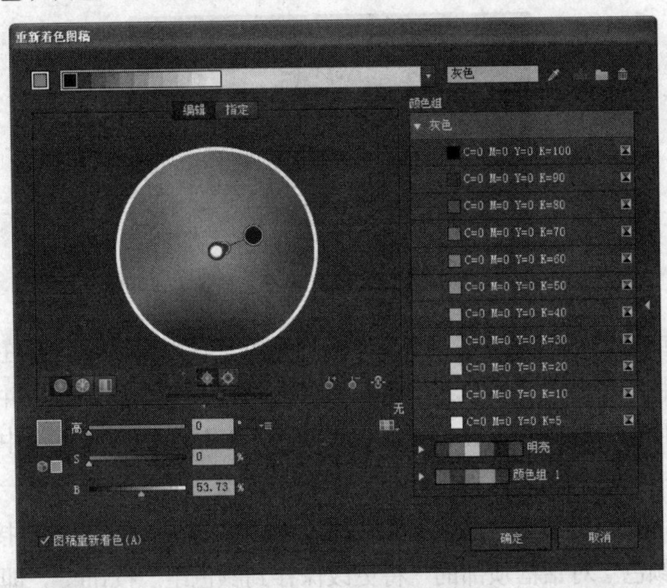

图 6-25　灰度颜色组显示

图 6-25 所示的是平滑的色轮。单击“显示平滑色轮”按钮即可显示平滑的色轮，表示在平滑的连续圆形中显示色相、饱和度和亮度，便于从多种高精度的颜色中进行选择。

单击“显示分段色轮”按钮，可以将颜色显示为一组分段的颜色片，便于轻松查看单个的颜色，但是提供的可选择颜色没有连续色轮中提供的多，如图 6-26 所示。

单击“显示颜色条”按钮，则仅显示颜色组中的颜色，这些颜色条可以单独选择和进行编辑，如图 6-27 所示。单击红色的颜色条，颜色滑块左侧的色板则显示为红色，拖动颜色滑块即可调整该颜色。另外，单击“随机更改颜色顺序”按钮，可以变换当前颜色组的显示顺序。

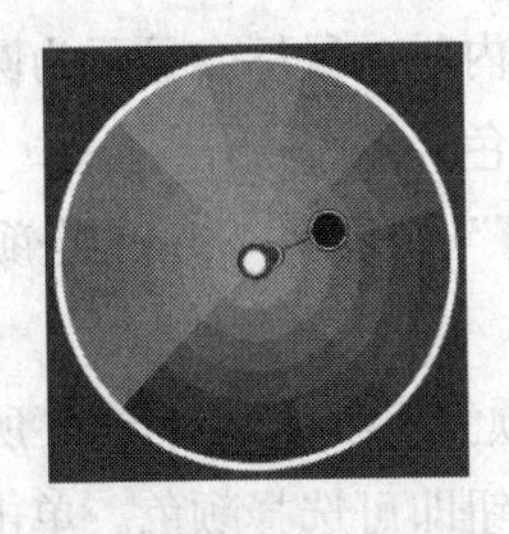

图 6-26　显示分段色轮

图 6-27　显示颜色条

单击色轮正下方的“在色轮上显示饱和度和色相”按钮，可以在色轮上仅显示颜色色相和饱和度；单击“在色轮上显示亮度和色相”按钮，可以在色轮上仅显示颜色色相和亮度；如果要在色轮上显示当前选择的图稿的颜色，单击对话框顶部的“从所选图稿获取颜色”按钮。

单击“指定颜色调整滑块模式”按钮，在弹出的快捷菜单中选择“全局调整”选项，这时，可以通过拖动滑块来更改饱和度、亮度、色温和明度的值，如图 6-28 所示。

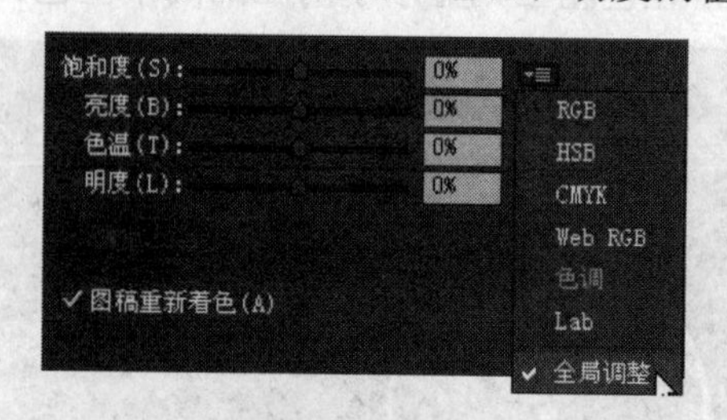

图 6-28　更改饱和度、亮度、色温和明度

色轮在平滑或分段显示状态下，单击“添加颜色工具”按钮，并在色轮上单击要添加的颜色，即可将颜色添加到颜色组。单击“移去颜色工具”按钮，并在要删除的颜色标记上单击，即可删除该颜色。在编辑颜色过程中，默认情况下颜色组中的颜色是协调链接的，当改变其中一个颜色，其他的颜色也随着被改变。如果要编辑某一个颜色而不更改其他颜色，单击“取消链接协调颜色”按钮，即可取消颜色之间的链接。

单击“编辑颜色”对话框顶部的“将更改保存到颜色组”按钮，即可保存调整后的颜色；单击“编辑颜色”对话框顶部的“删除颜色组”按钮，即可删除需要保存的颜色组。

6.1.5　使用“拾色器”

双击工具箱底部或“颜色”面板的“填色”按钮或“描边”按钮，都可以打开“拾色器”进行颜色的调配，如图 6-29 所示。拾色器是 Illustrator CS6 中最常用的标准选色环境，在 HSB、RGB、CMYK 色彩模式下都可以用它来进行颜色选择。

使用拾色器选择颜色的方法如下：

（1）单击字母 H（色相）、S（饱和度）、B（亮度）、R（红色）、G（绿色）或 B（蓝色）可以更改“拾色器”中显示的色谱。将鼠标移到色谱内时，鼠标会显示为圆形的图标。通过单击或拖动这个颜色图标在色域内选择所需要的颜色。

（2）选择“仅限 Web 颜色”选项，则“拾色器”仅显示 Web 安全颜色，即与平台无关的所有 Web 浏览器使用的颜色，如图 6-30 所示。

（3）单击“颜色色板”按钮，可以查看并选择颜色色板，如图 6-31 所示。然后，在“颜色色板”列表中选择一个色板，单击“确定”按钮即可选择颜色。单击“颜色模型”

按钮可以返回并查看色谱。

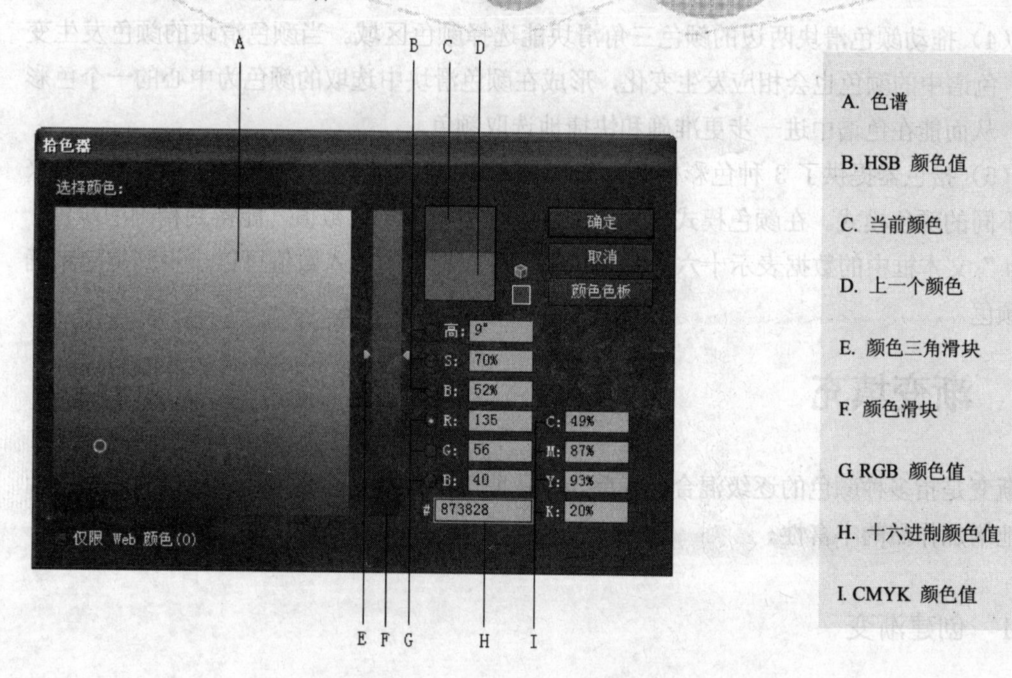

图 6-29　拾色器

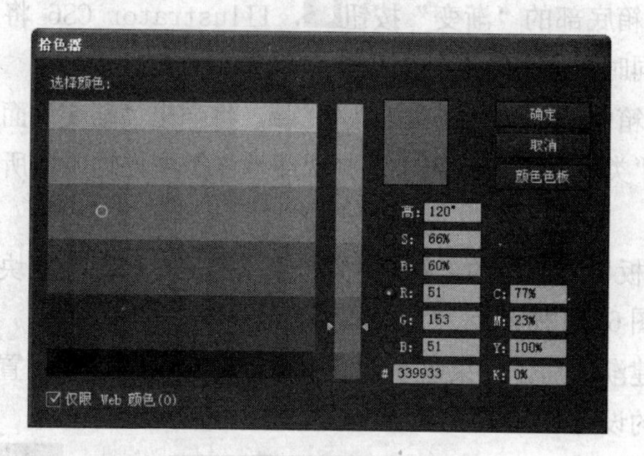

图 6-30　选择“仅限 Web 颜色”

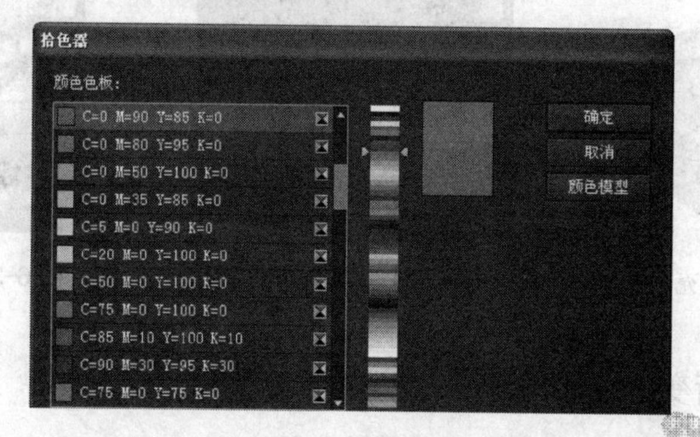

图 6-31　查看“颜色色板”

（4）拖动颜色滑块两边的颜色三角滑块能选择颜色区域。当颜色滑块的颜色发生变化时，色谱中的颜色也会相应发生变化，形成在颜色滑块中选取的颜色为中心的一个色彩范围，从而能在色谱中进一步更准确和快捷地选取颜色。

（5）拾色器提供了 3 种色彩模式，分别是 HSB、RGB 和 CMYK 模式，可以根据需要来选择不同的颜色模式。在颜色模式后相应的文本框中填入颜色数值，能得到精确的颜色。在“＃”文本框中的数据表示十六进制颜色值，在文本框中填入数值可以一步到位地精确定义颜色。

6.2 渐变填充

渐变是指多种颜色的逐级混合，或单一颜色明度阶调变化。运用渐变填充可以简单而快速地增加作品的丰富性。

6.2.1 创建渐变

创建渐变填充有 3 种方法，分别如下：

（1）单击工具箱底部的“渐变”按钮，Illustrator CS6 将为所选对象填充默认的黑白渐变颜色，同时弹出“渐变”面板，效果如图 6-32 所示。

（2）双击工具箱中的“渐变工具”按钮，将弹出“渐变”面板，如图 6-33 所示。在“渐变”面板的“类型”下拉列表中选择“线性”类型，这时，所选对象的被填充为相应的线性渐变。

（3）单击“色板”面板中的“新建色板”按钮存储渐变色块，即可为所选对象填充相应的渐变，如图 6-34 所示。

为所选对象创建渐变后，如果需要调整渐变的颜色、角度和位置等，需要在“渐变”面板中进行进一步的设置。

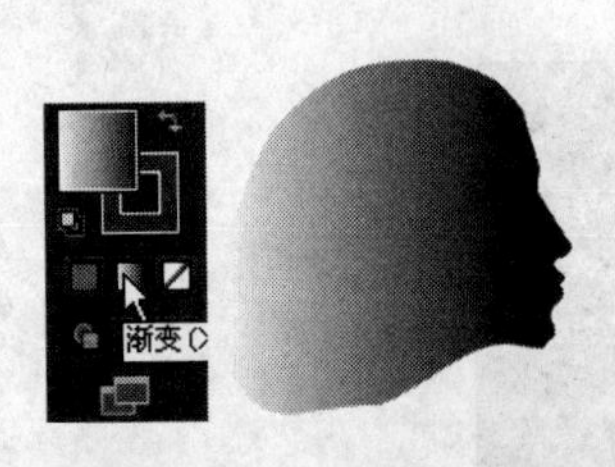

图 6-32　渐变填充效果

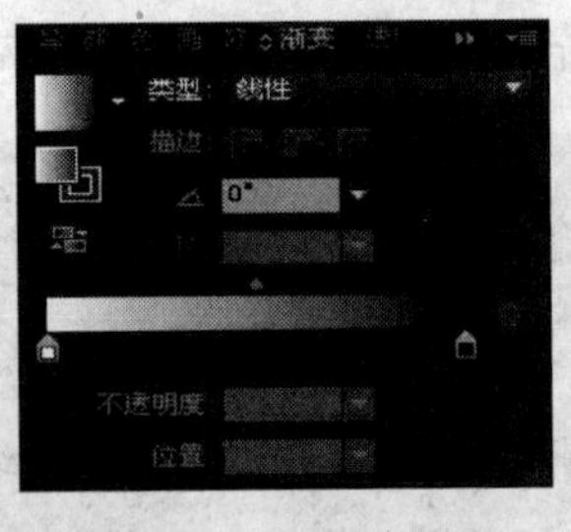

图 6-33　“渐变”面板

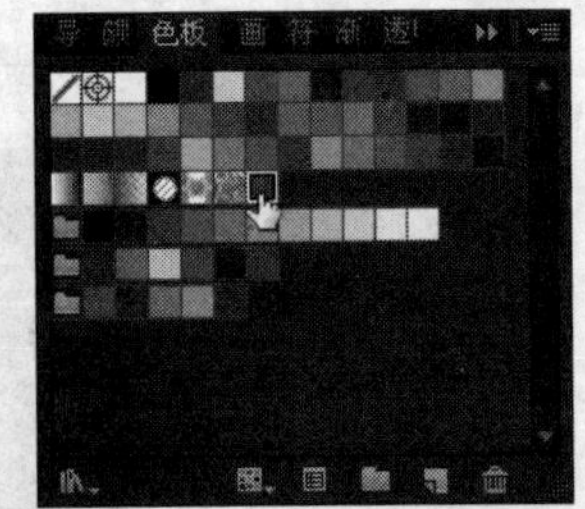

图 6-34　调用渐变色块

6.2.2 使用“渐变”面板

单击工具箱底部的“渐变”按钮，或双击工具箱中的“渐变”工具按钮，或执行

“窗口”→“渐变”命令（Ctrl+F9 键），都可以打开“渐变”面板。在“渐变”面板中，可以创建和编辑渐变。

1. 编辑渐变类型和角度

在渐变中有“线性”和“径向”两种类型，图 6-35 所示为在面板的“类型”下拉列表中分别选择“线性”和“径向”所得到的渐变效果。

在“角度”选项中，可以精确地设置线性渐变的角度。除此之外，使用工具箱中的渐变工具也可以调整渐变的角度。在渐变对象被选中的状态下，单击渐变工具，并将鼠标移至对象上，光标变为形状。然后，在对象上按下鼠标并进行拖动，渐变角度和位置则随着鼠标拖动的方向和距离而改变，如图 6-36 所示。

图 6-35　线性和径向渐变效果

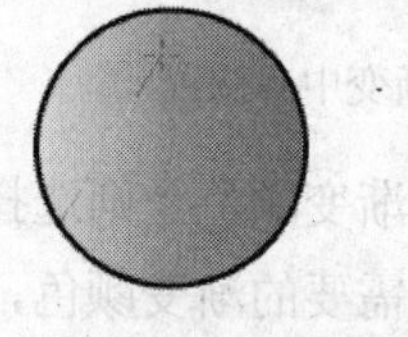

图 6-36　调整渐变角度和效果

使用渐变工具在对象上进行拖动时，如果要限制渐变的角度为水平、垂直或 45°，需要同时按住 Shift 键。

2. 编辑渐变颜色和位置

在“渐变”面板中编辑渐变颜色，需要配合“颜色”面板来完成。

单击“渐变”面板下方任意一个渐变滑块，选中后该渐变滑块的三角形呈现实心黑色，表示被选中。这时，“颜色”面板的“填色”按钮转换为“渐变结束色”按钮，并在按钮下方也出现同样的标识，如图 6-37 所示。接着，就可以在“颜色”面板上编辑渐变结束色。

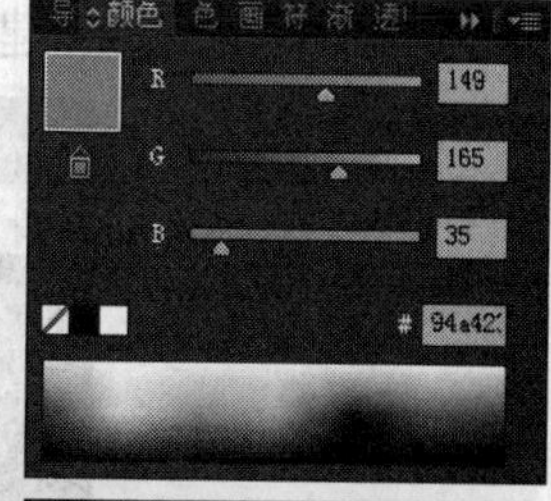

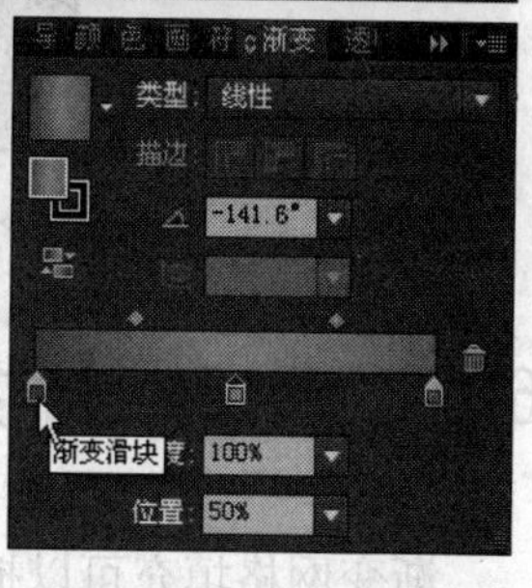

图 6-37　编辑渐变颜色

单击渐变滑块，在面板的“位置”文本框中可以显示该渐变滑块的位置百分比，重新在文本框中输入新的百分比数值即可改变该渐变滑块的位置。也可以直接在渐变条上拖动渐变滑块来改变滑块的位置。

当要调整两个渐变颜色之间的分布比例时，需要调整渐变中点滑块的位置。渐变中点滑块位于渐变条的上方，直接拖动选中的渐变中点滑块或在“位置”文本框中输入渐变中点的数值都可以调整渐变中心位置，如图 6-38 所示。

3. 添加和删除渐变颜色

Illustrator CS6 默认的渐变为双色渐变，为了丰富渐变效果，有时候需要添加渐变颜色，使之成为多色渐变。

在渐变条上单击，即可添加一个新的渐变颜色。除此之外，还可以“色板”面板中选择颜色块，再将颜色拖到“渐变”面板的渐变条上。释放鼠标，所拖动的颜色则添加在渐变条中，如图 6-39 所示。

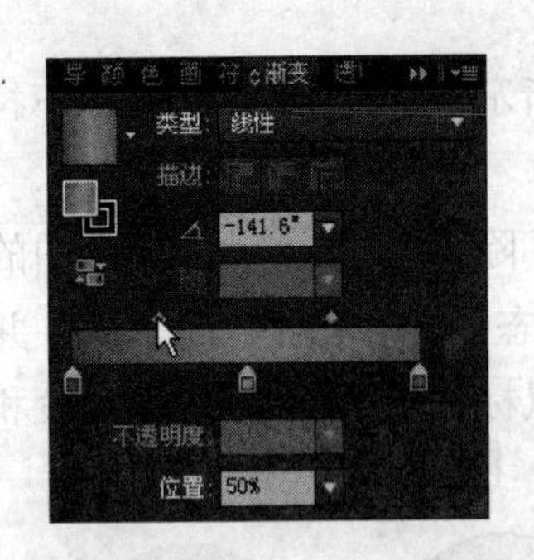

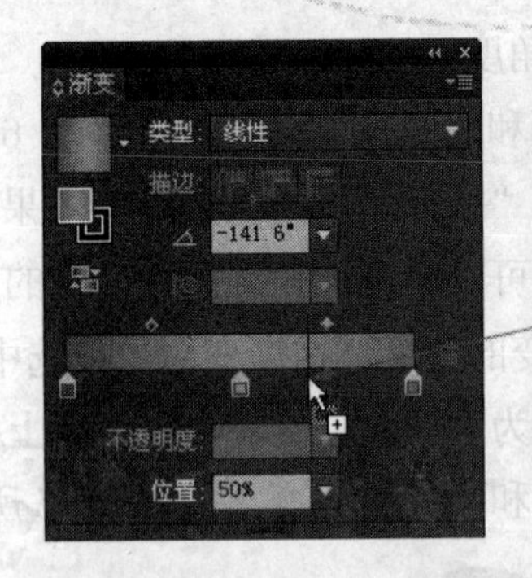

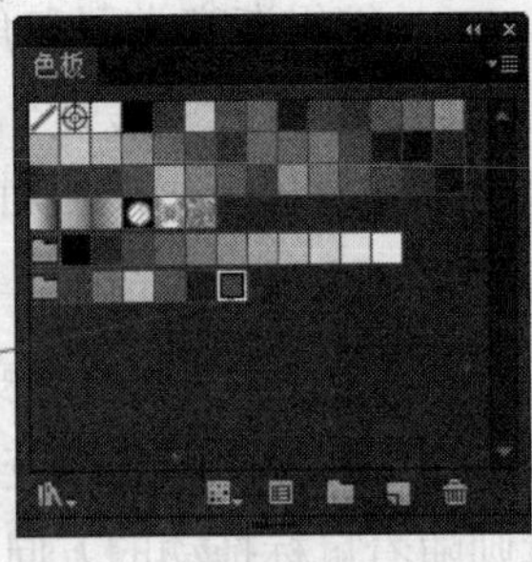

图 6-38　调整渐变中心位置　　　　图 6-39　从色板添加渐变颜色

如果需要删除渐变颜色，则选择该颜色的渐变滑块往下拖曳，使其脱离渐变条。这样，就可以删除不需要的渐变颜色，重新设置渐变。

如果需要保存渐变颜色，则可以拖动“渐变”面板中的“渐变填色”按钮到“色板”面板。释放鼠标时，所拖动的渐变将添加到色板中进行保存，如图 6-40 所示。或者单击“色板”面板中的“新建色板”按钮将所选渐变颜色添加到渐变色板中。

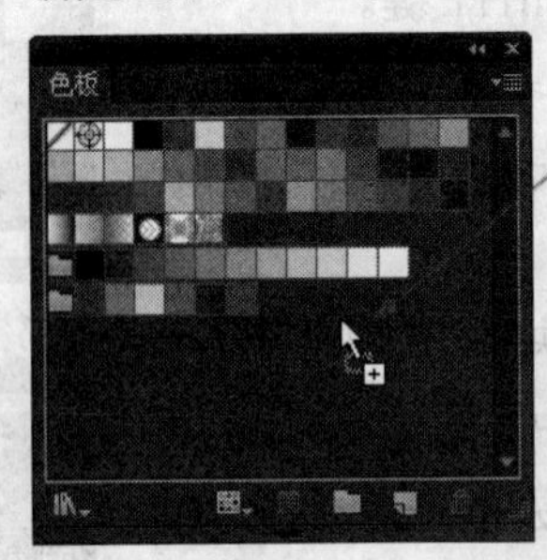

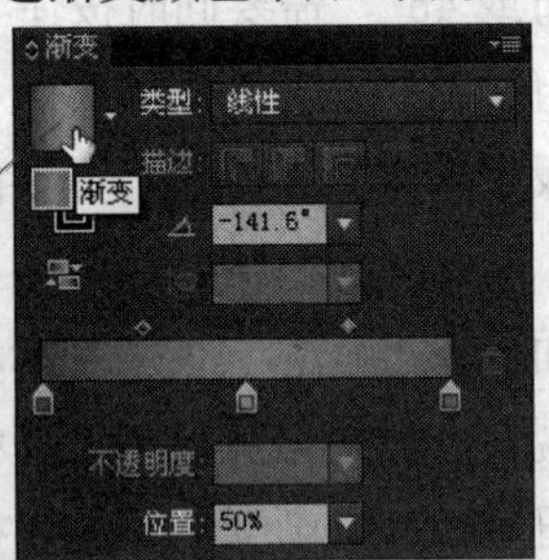

图 6-40　保存渐变颜色到色板

6.3　渐变网格填充

渐变网格填充可以把网格和渐变填充完美地结合，通过控制锚点的位置来编辑颜色渐变，产生自然而丰富的颜色效果。

6.3.1　创建渐变网格填充

创建渐变网格填充有 3 种方法：使用网格工具，使用“创建渐变网格”命令和使用“扩展”命令。下面分别对这 3 种方法逐一详细讲解。

1. 使用网格工具

选择一个单色填充的对象后，在工具箱中单击网格工具。将鼠标移至所选对象上，光标变成形态。这时，单击对象，该对象即被覆盖一组网格，转换为渐变网格对象，如

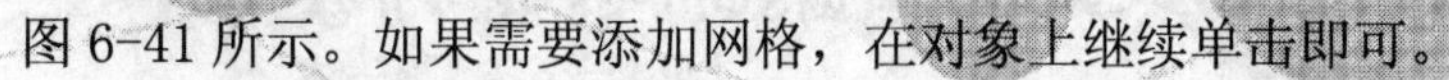

图 6-41 所示。如果需要添加网格，在对象上继续单击即可。

2. 使用“创建渐变网格”命令

选择一个单色填充的对象后，执行“对象”→“创建渐变网格”命令，将弹出“创建渐变网格”对话框，如图 6-42 所示。

在对话框中的“行数”和“列数”选项的文本框中可输入所需要的网格行和列的数值；在“外观”选项的下拉列表中可以选择渐变网格的外观类型，包括“平淡色”、“至中心”和“至边缘”；在“高光”选项文本框中输入的数值表示高光亮度，数值越大越接近白色。确定选项参数后，单击“确定”按钮即可将所选对象转换为设置的渐变网格对象。

如图 6-43 所示为路径相同，行数和列数都为 4，高光 100%，但外观不同的 3 个渐变网格对象，以供读者参考。

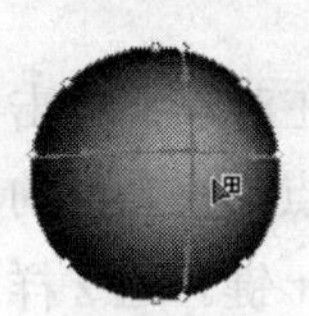

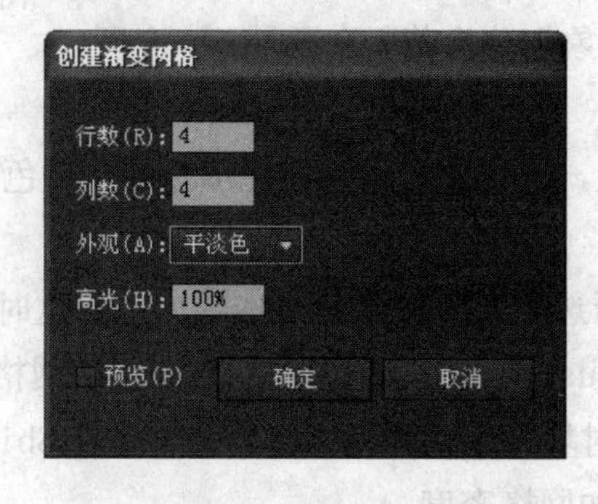

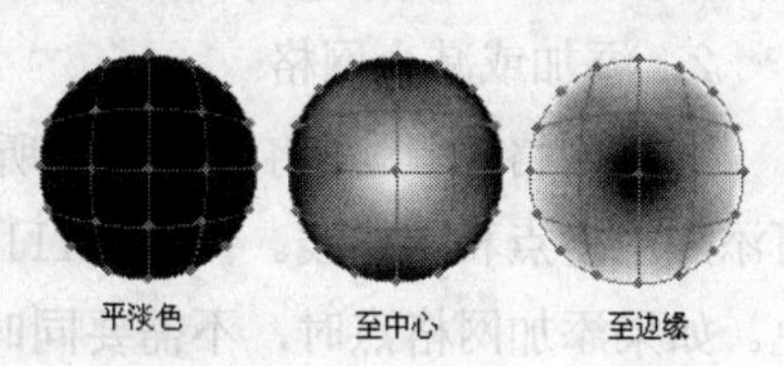

图 6-41　渐变网格对象　　图 6-42　“创建渐变网格”对话框　　图 6-43　外观不同的渐变网格对象

3. 使用“扩展”命令

除了单色填充对象可以转换为渐变网格对象外，渐变填充对象通过“扩展”命令也可以转换为渐变网格对象。

选择一个渐变填充的对象后，执行“对象”→“扩展”命令，将弹出“扩展”对话框，如图 6-44 所示。在对话框中选择“渐变网格”复选框，单击“确定”按钮，即可将所选对象转换为渐变网格对象，如图 6-45 所示。

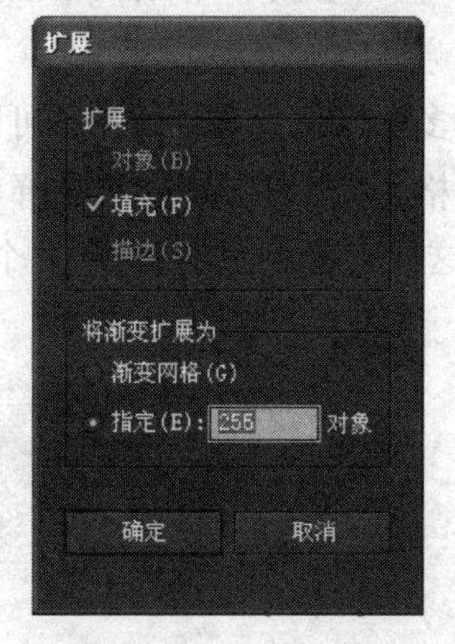

图 6-44　“扩展”对话框

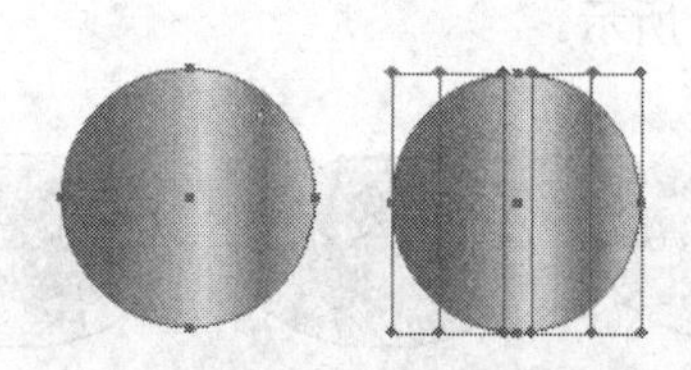

图 6-45　将渐变填充对象扩展为渐变网格对象

6.3.2 编辑渐变网格效果

将所选对象转换为渐变网格对象后，往往需要将对象进行编辑才能达到满意的效果。

1. 渐变网格结构

渐变网格对象是由网格点和网格线组成的，4 个网格点即可组成一个网格区域，如图 6-46 所示。

A－网格点：网格的节点，表现为菱形，用来填充网格颜色。

B－网格手柄：用来控制网格线走向和曲率的控制手柄。

C－网格线：用来控制网格的形状和颜色的分布。

D－网格区域：网格线可以将对象划分为若干个区域，一个区域一般有 4 个网格点。

图 6-46 渐变网格结构图

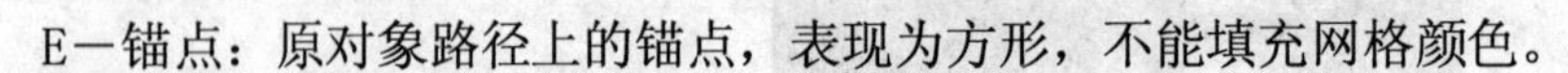

E－锚点：原对象路径上的锚点，表现为方形，不能填充网格颜色。

2. 添加或减少网格

选择网格工具将鼠标移至所选对象上，光标变成形态。这时在对象上单击，即可添加网格点和网格线。同时，Illustrator CS6 将自动为添加的网格点填充当前的前景色。如果添加网格点时，不需要同时填充颜色，可以在单击时按住 Shift 键。这 z 样，通过单击就可以添加网格的数量，增加网格密度。

需要删除多余的网格时，选择网格工具，并按住 Alt 键，靠近网格点或网格线，光标变为状态。这时，单击对象的网格线就能将网格线删除；单击网格点，则可以删除该网格点和与之相连的网格线。

3. 渐变网格的编辑

选择网格工具后，将鼠标移至一个网格点上，光标变成形态。这时，可以选择并移动该网格点。如果该网格点上带有网格手柄，可以按住并拖动手柄上的控制点，从而改变网格线的方向和曲率，从而改变网格的形状，如图 6-47 所示。移动网格点的同时，如果按住 Shift 键则可以限制网格点沿着网格线移动。

网格工具一次只能选择一个网格点，如果需要选择多个网格点进行编辑，可以使用直接选择工具来进行操作。使用直接选择工具在网格区域上单击，可以选择整个网格区域，也就是同时选中网格区域上的 3 个或 4 个锚点。这样，就可以同时移动多个网格点，如图 6-48 所示。

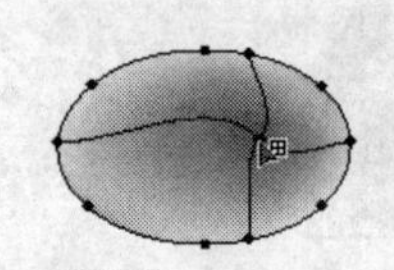
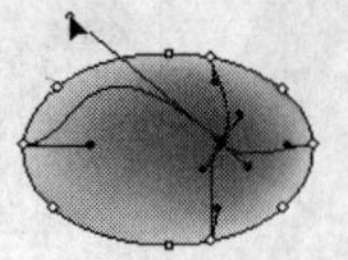
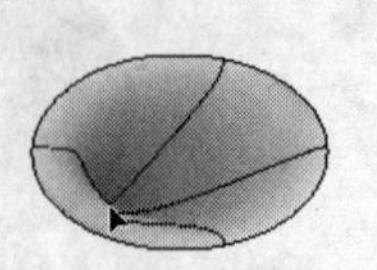

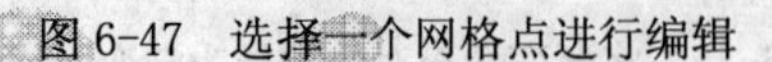
图 6-47 选择一个网格点进行编辑

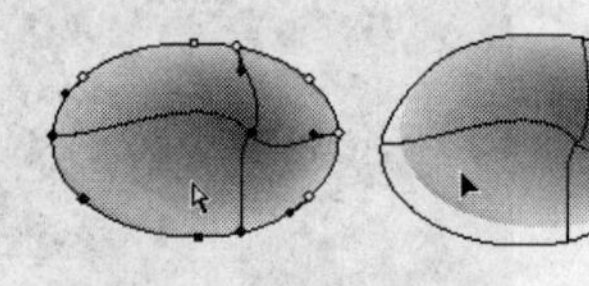

图 6-48 选择多个网格点进行编辑

6.3.3 调整渐变网格颜色

渐变网格对象的颜色是由网格点的颜色根据网格线混合而成，从而调整网格点的颜色能改变渐变网格的效果。

选择网格点后，打开“颜色”面板。在面板的色谱中单击，即可为网格点指定新的颜色，如图 6-49 所示。

除此之外，还可以在“色板”面板中选择一个颜色，并拖动到网格点上。释放鼠标后，网格点的颜色被调整为在“色板”中选择的颜色，如图 6-50 所示。

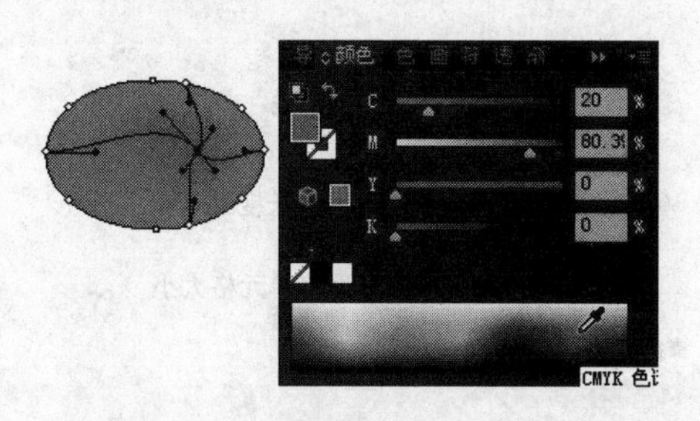

图 6-49 在“颜色”中调整网格点颜色

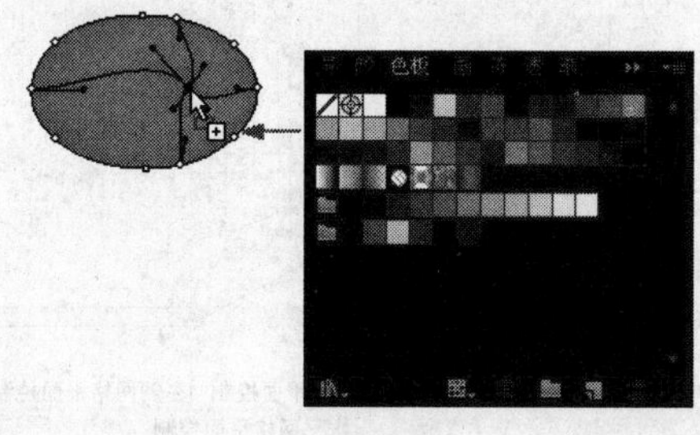

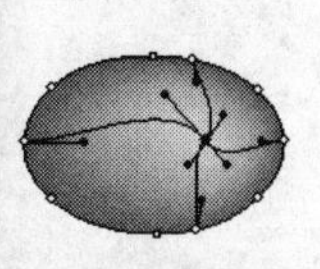

图 6-50 拖动“色板”颜色到网格点

6.3.4 透视网格

在Illustrator CS6中，通过使用基于已建立的透视绘图规则的功能集，可以在透视模式下轻松绘制或渲染图稿。透视网格工具可启用网格功能，支持在真实的透视图平面上直接绘图，以精准的 1、2、3 点透视绘制图形和场景。透视选区工具可实现在透视中动态移动、缩放、复制和变换对象；还可以使用透视选区工具沿对象当前位置垂直移动对象。

通过透视网格工具组，可以使用预设透视模式快速轻松地工作。透视网格提供了窗格预设来控制场景视角和视距，提供构件来控制消失点、水平高度、地平线和原点；还可以使用透视网格在画板上的参考图片或视频中绘制矢量对象，如图6-51所示。

1. 定义网格预设

单击“视图”→“透视网格”→“定义网格”。在“定义透视网格”对话框中，可以为预设配置以下属性，如图6-52所示。

- 【预设】：在“预设”下拉列表中可以自定义选择网格的名称。
- 【类型】：指透视网格的分类，可选择一点透视、两点透视，或三点透视。
- 【单位】：用来测量网格的大小。
- 【缩放】：指选择查看的网格比例或设置画板和现实世界尺寸。如果要自定义比例，可选择“自定义” 选项，在“自定义比例” 对话框中，指定“画板”和“现实世界”比例。
- 【网格线间隔】：用来确定网格中单元格的大小。
- 【视角】：假设一个立方体没有一面与该图片平面（此处指计算机屏幕）平行，则“视角”指该虚构立方体的右侧面与图片平面形成的角度。因此，视角决定了

观察者的左侧消失点和右侧消失点位置。45°视角意味着两个消失点与观察者视线的距离相等；如果视角大于45°，则右侧消失点离视线近，左侧消失点离视线远，反之亦然。

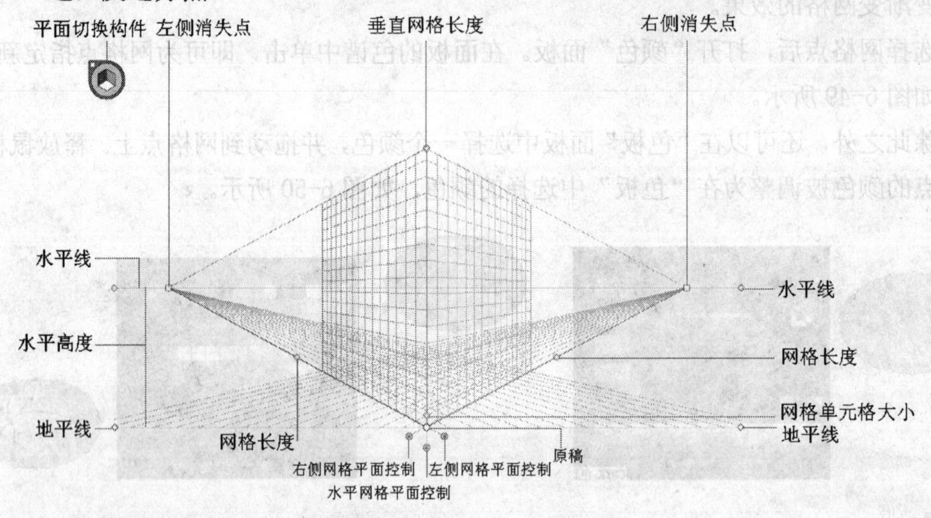

图 6-51　透视网格图

- 【视距】：观察者与场景之间的距离。
- 【水平高度】：指为预设指定水平高度（观察者的视线高度）。水平线离地平线的高度将会在智能引导读出器中显示。
- 【第三个消失点】：在选择三点透视时将启用此选项，可以在 X 和 Y 框中为预设指定 x、y 坐标。

如果要更改左侧网格、右侧网格和水平网格颜色，可以从左侧网格、右侧网格和水平网格的下拉列表中选择颜色；还可以使用“颜色选取器”选择自定义颜色；使用“不透明度” 滑块更改网格的不透明度。将网格存储为预设，请单击“存储预设”按钮。

2. 编辑、删除、导入和导出网格预设

如果要编辑网格预设，可以单击“编辑”→“透视网格预设”。在“透视网格预设”对话框中，选择要编辑的预设，然后单击“编辑”按钮，如图6-53所示，“透视网格预设” 对话框将在编辑模式下打开。输入新的网格设置，然后单击“确定”按钮可以保存新的网格设置，但是无法删除默认预设。如果要删除用户定义的预设，则在“透视网格预设” 对话框中单击“删除”按钮即可。

Illustrator CS6还允许导入和导出用户定义的预设，如果要导出某个预设，则单击“透视网格预设” 对话框中的“导出”；要导入一个预设，则单击“导入”。

6.4　透明度填充

为对象填充上单色或渐变后，还可以设置颜色的透明度和蒙版，使图形获得更加丰富的效果。

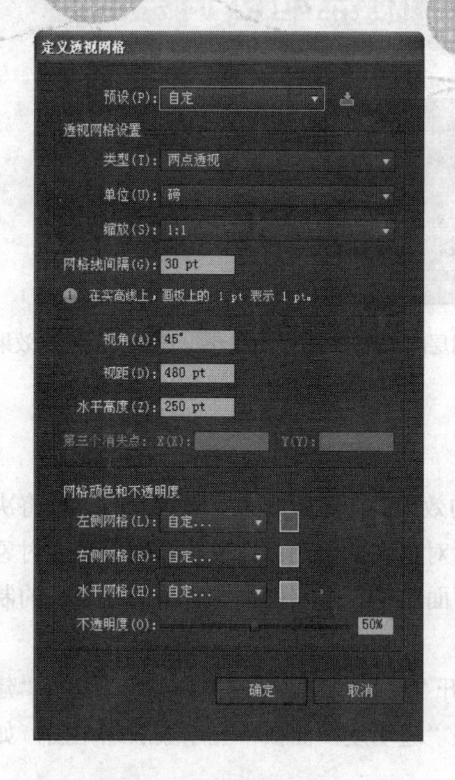

图 6-52　定义透视网格对话框

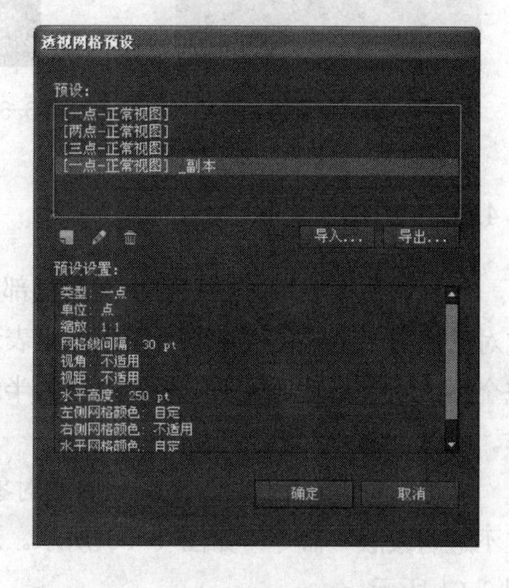

图 6-53　透视网格预设选项对话框

6.4.1　透明度填充

当对象具有颜色属性后，就可以进行透明度的设置。执行“视图”→“显示透明度网格”命令，使视图背景为透明度网格，可以更好地观察对象的透明度效果。

选择如图 6-54 所示的填充对象。然后，执行“窗口”→“透明度”命令，打开“透明度面板。在面板中，调整“不透明度”选项的数值为 30%，如图 6-55 所示。这时，所选对象的单色填充变得有透明度，可以看到背景的透明度网格，效果如图 6-56 所示。

图 6-54　选择对象

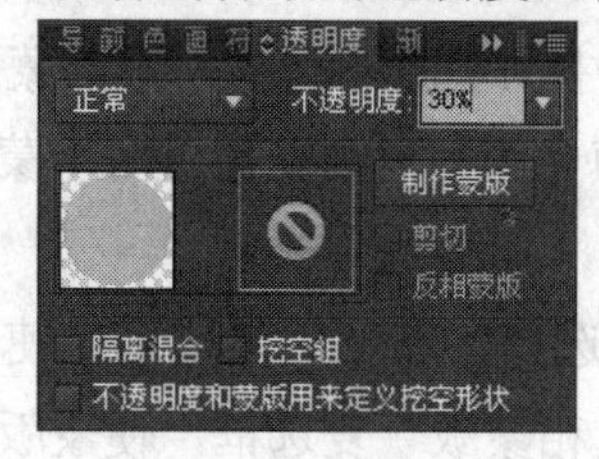

图 6-55　设置不透明度

图 6-56　透明度效果

除此之外，还可以将整个图层设置为透明度属性。按下 F7 键打开“图层”面板，并单击图层上的属性编辑符号。单击后，图层上所有的图形都被选中，图层上的属性编辑符号转换为状态，如图 6-57 所示。这时，在“不透明度”面板中可以编辑整个图层的透明度，如图 6-58 所示。调整了图层的透明度后，图层上的属性编辑符号变为状态，该图层透明度效果如图 6-59 所示。

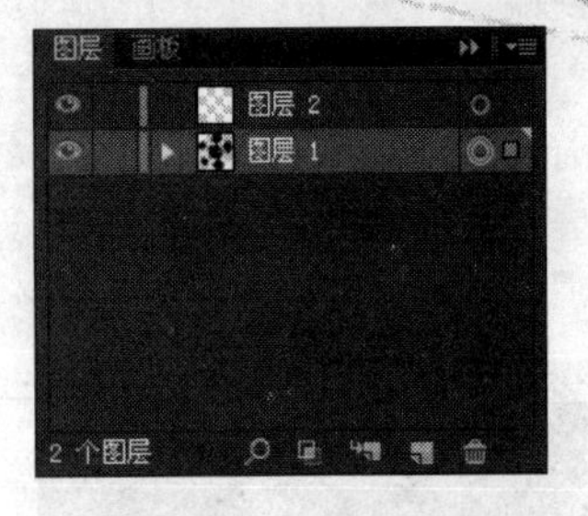

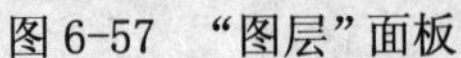
图6-57 “图层”面板

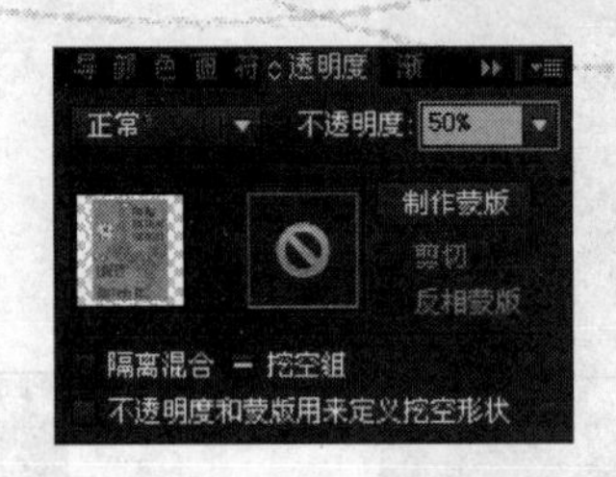

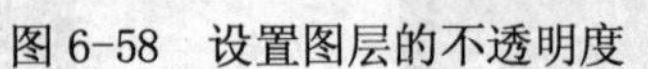
图6-58 设置图层的不透明度

图6-59 图层的透明度效果

6.4.2 透明度蒙版

设置透明度蒙版可以制作出对象局部半透明的效果。在蒙版中，蒙版对象的颜色将决定对象的透明度。蒙版对象是黑色，则表示蒙版后对象完全透明；白色则表示蒙版后对象完全不透明；灰色则表示蒙版后对象为半透明。下面通过一个实例来讲解透明度蒙版的制作。

01 选择需要制作不透明蒙版的对象后，打开“透明度”面板的扩展菜单，选择“建立不透明蒙版”命令，如图 6-60 所示。这时，在“透明度”面板中显示蒙版缩略图，如图 6-61 所示。

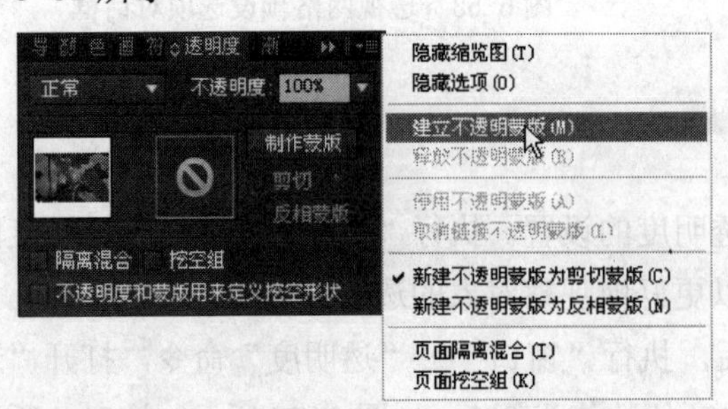

图6-60 选择“建立不透明蒙版”命令

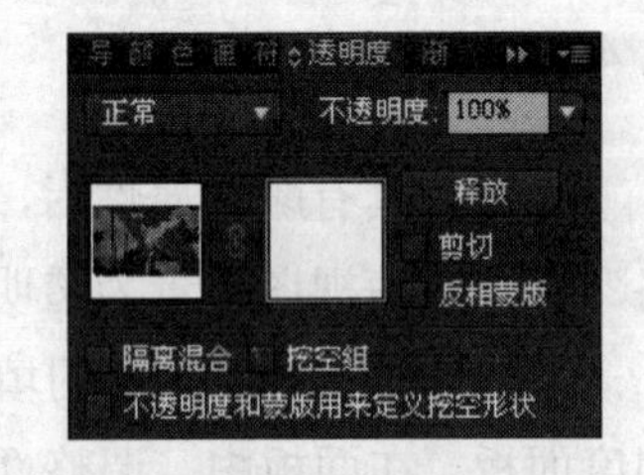

图6-61 显示蒙版缩略图

02 单击“透明度”面板中的蒙版缩略图，进入蒙版编辑状态。然后，在蒙版对象上绘制一个星形作为蒙版，并填充为径向渐变。这时，蒙版效果和“透明度”面板的蒙版缩略图如图 6-62 所示。

03 在“透明度”面板中选择“剪切”复选框，使蒙版范围以外的对象都被裁减，如图 6-63 所示。如果选择“反相蒙版”复选框，使蒙版效果进行反转，白色的区域变为透明，黑色区域变为不透明，效果如图 6-64 所示。

04 在蒙版中绘制多个星形，使蒙版的效果更加丰富。这时蒙版效果如图 6-65 所示。

05 单击“透明度”面板中的图像缩略图，结束不透明蒙版的编辑，如图 6-66 所示。

06 如果需要将不透明度蒙版删除，可以在“透明度”面板菜单中选择“释放不透明度蒙版”命令，即可将不透明度蒙版删除，恢复对象为原来的状态。

图 6-62 蒙版效果和蒙版缩略图

图 6-63 选择“剪切”复选框后的蒙版效果

图 6-64 反相蒙版效果　　图 6-65 绘制多个蒙版图形效果

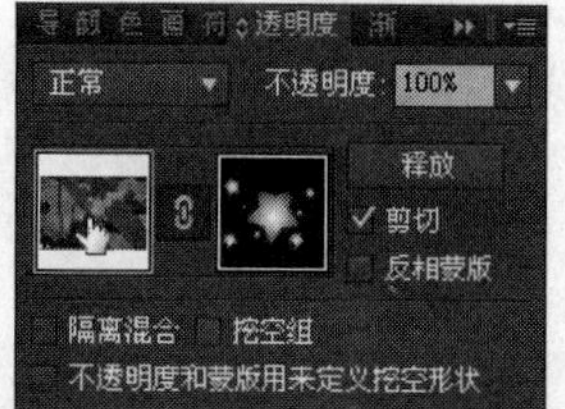

图 6-66 单击图形缩略图

6.4.3 透明度混合模式

当多层对象或图层重叠时，不同的透明度混合模式将对象颜色与底层对象的颜色混合，使图像运算出不同的合成效果。首先，在工作区中选择对象或在“图层”面板中选择一个图层。然后，执行“窗口”→“透明度”命令，打开“透明度”面板，在面板中的“混合模式”下拉列表中选择混色模式，即可运算出相应的图像合成效果，如图 6-67 所示。

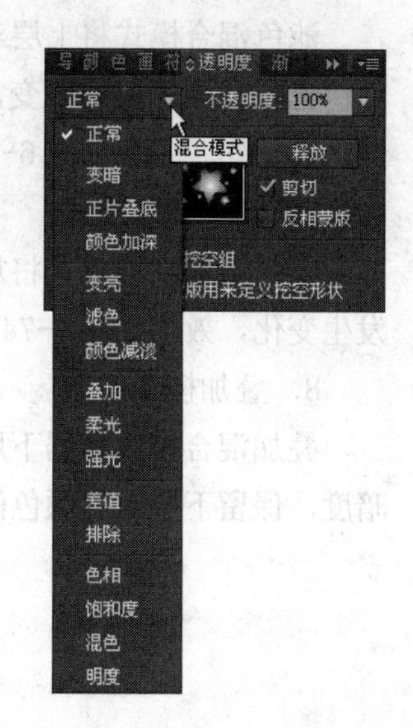

图 6-67 设置混合模式

Illustrator CS6 共提供了 16 种混色运算模式，了解并适当应用混色模式，可以使图像达到更佳的效果。各个混色模式的具体应用讲解如下：

1. 正常模式

正常混色模式下，对象只以不透明度的数值来决定和下层对象之间的混色合成效果，是默认的混色模式。如果对象没有设置不透明度，效果则不变，如图 6-68 所示。

2. 变暗模式

变暗混色模式以上层的图像颜色为基准，下层颜色比上层颜色深的部分，将显示为下层对象的颜色；如果下层颜色比上层颜色浅的部分，将显示为上层对象的颜色，如图 6-69 所示。

3. 正片叠底模式

正片叠底混色模式将下层对象的颜色与上层对象颜色相乘，合成的颜色会变暗一些。另外，将任何颜色与黑色相乘都会产生黑色，将任何颜色与白色相乘则颜色保持不变，效果如图 6-70 所示。

4．颜色加深模式

颜色加深混色模式使下层对象颜色根据上层对象颜色的灰阶程度加深，并再与上层对象颜色相融合。但与白色混合后不产生变化，直接显示下层对象的颜色，如图 6-71 所示。

图 6-68　正常模式

图 6-69　变暗模式

图 6-70　正片叠底模式

图 6-71　颜色加深模式

5．变亮模式

变亮混合模式和变暗模式相反，上层对象颜色和下层对象颜色中较亮的颜色将成为合成颜色。下层颜色比上层颜色深的部分，将显示为上层对象的颜色；如果下层颜色比上层颜色亮的部分，将显示为下层对象的颜色，如图 6-72 所示。

6．滤色模式

滤色混合模式将上层对象颜色的反相颜色与下层对象颜色相乘，合成更亮的颜色。用黑色滤色时颜色保持不变，用白色滤色将产生白色。 此效果类似于多个幻灯片图像在彼此之上投影，效果如图 6-73 所示。

7．颜色减淡模式

颜色减淡混合模式将加亮下层对象颜色以反映上层对象颜色，与黑色混合时颜色则不发生变化，效果如图 6-74 所示。

8．叠加模式

叠加混合模式根据下层对象颜色进行相乘或滤色，并在混合后反映原始颜色的亮度和暗度，保留下层对象颜色的高光和阴影，效果如图 6-75 所示。

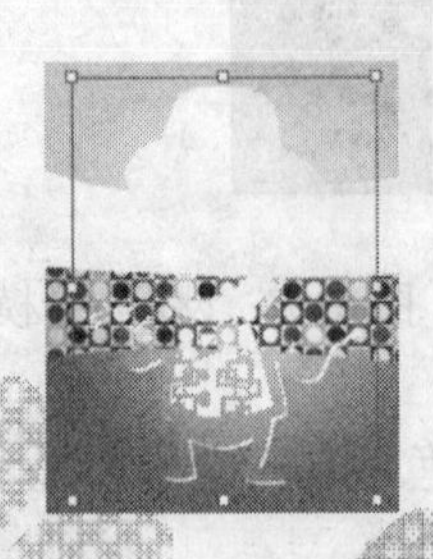
图 6-72　变亮模式

图 6-73　滤色模式

图 6-74　颜色渐淡模式

图 6-75　叠加模式

9. 柔光模式

柔光混合模式使混合颜色变暗或变亮，具体取决于上层对象的颜色。如果上层对象颜色比 50%灰度亮，则混合颜色变亮；如果上层对象颜色比 50%灰度暗，则混合颜色变暗。使用纯黑或纯白进行混合会产生明显的变暗或变亮区域，但不会出现纯黑或纯白，效果如图 6-76 所示。

10. 强光模式

强光混合模式使颜色进行相乘或过滤，具体取决于上层对象的颜色，效果类似于耀眼的聚光灯照在图像上。如果上层对象的颜色比 50%灰度亮，则混合颜色变亮，仿佛是加了滤网。如果上层对象的颜色比 50%灰度暗，则混合颜色变暗，就像正片叠底后的效果。用纯黑色或纯白色进行混合会产生纯黑色或纯白色，效果如图 6-77 所示。

11. 差值模式

差值混合模式使上下层对象的颜色相减，取决于哪一种颜色的亮度值较大。与白色混合将反转下层对象颜色值，与黑色混合则不发生变化，效果如图 6-78 所示。

12. 排除模式

排除模式创建一种与差值模式相似但对比度更低的效果。与白色混合将反转下层对象颜色值分量，与黑色混合则不发生变化，效果如图 6-79 所示。

图 6-76 柔光模式　图 6-77 强光模式　图 6-78 差值模式　图 6-79 排除模式

13. 色相模式

色相模式根据下层对象颜色的亮度和饱和度以及上层对象颜色的色相来创建混合颜色，效果如图 6-80 所示。

14. 饱和度模式

饱和度模式用下层对象颜色的亮度和色相以及上层对象颜色的饱和度创建混合颜色。在无饱和度（灰度）的区域上用此模式着色不会产生变化。效果如图 6-81 所示。

15. 混色模式

混色模式用下层对象颜色的亮度以及上层对象颜色的色相和饱和度创建混合颜色，效果如图 6-82 所示。

16. 亮度模式

亮度模式用下层对象颜色的色相和饱和度以及上层对象颜色的亮度创建混合颜色。此模式创建的效果与颜色模式创建的效果相反，效果如图 6-83 所示。

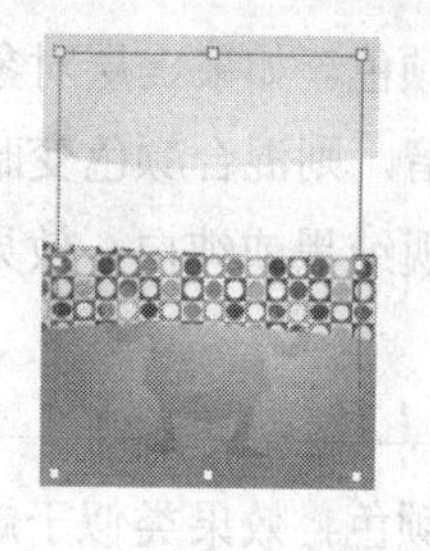

图 6-80　色相模式

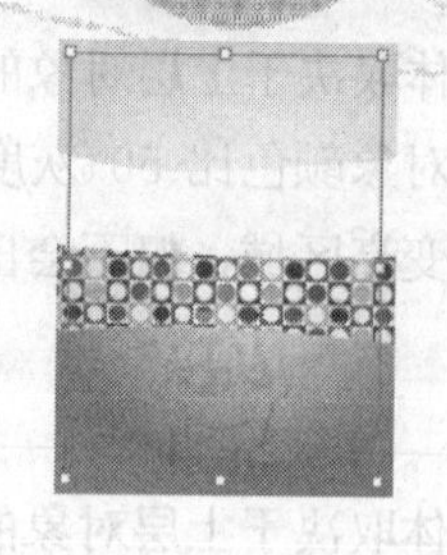

图 6-81　饱和度模式

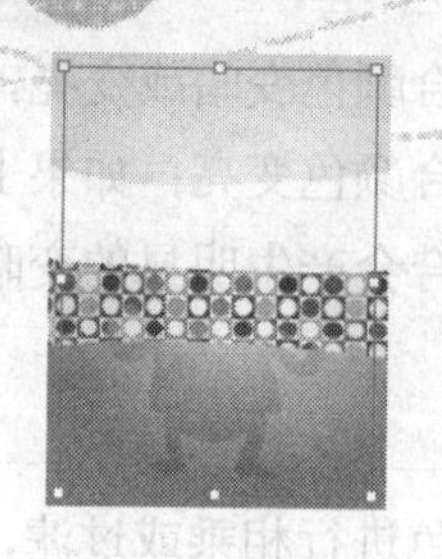

图 6-82　混色模式

图 6-83　亮度模式

6.5　图案填充

图案填充表示由标尺的原点开始从左至右在路径范围内重复拼贴图案。图案的填充可以用于路径的内部填充，也可以用于描边的填充。

6.5.1　创建图案

创建图案填充，首先需要定义图案。下面通过一个实例讲解图案制作的步骤和方法。

01 绘制多个圆形，并填充径向渐变，如图 6-84 所示。

02 选择刚绘制的所有圆形，执行“对象”→“图案”→“建立”命令，弹出“图案选项”面板，如图 6-85 所示。同时弹出对话框提示用户新图案已添加到“色板”面板中。

03 在“名称”文本框中输入图案的名称为 Circle，单击“确定”按钮。这时，创建的图案出现在图案“色板”面板中，如图 6-86 所示。单击“完成”按钮返回图案编辑窗口。

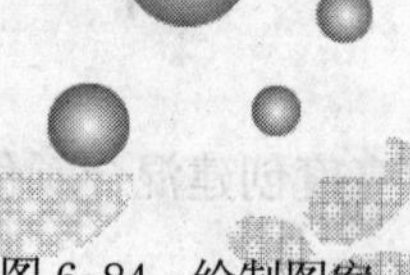

图 6-84　绘制图案

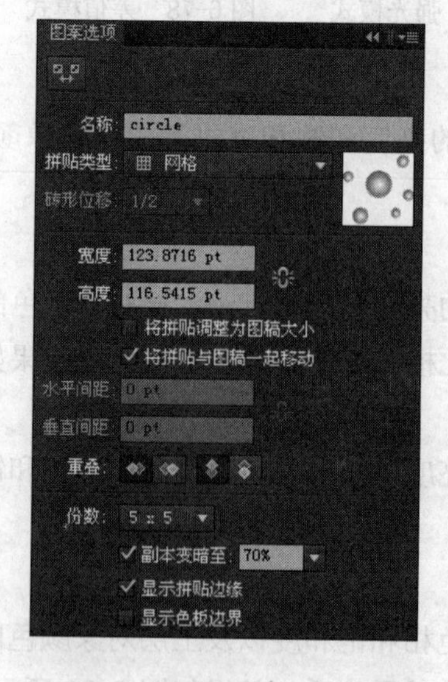

图 6-85　“新建色板”对话框

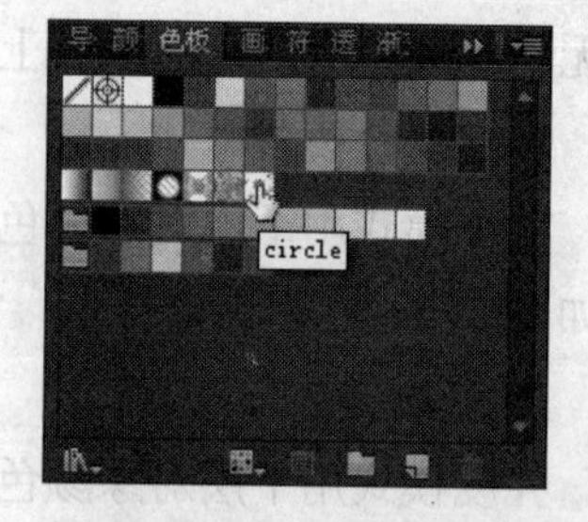

图 6-86　“色板”面板

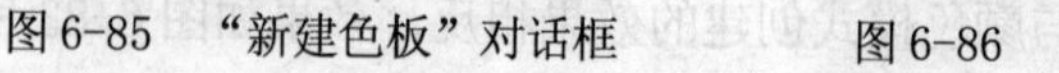

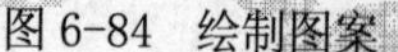

04 绘制一个较大的圆形，如图 6-87 所示。然后，选择该圆形，在“色板”面板中单击刚创建的 Circle 图案色板。这时，图案被填充到所选的圆形上，效果如图 6-88 所示。

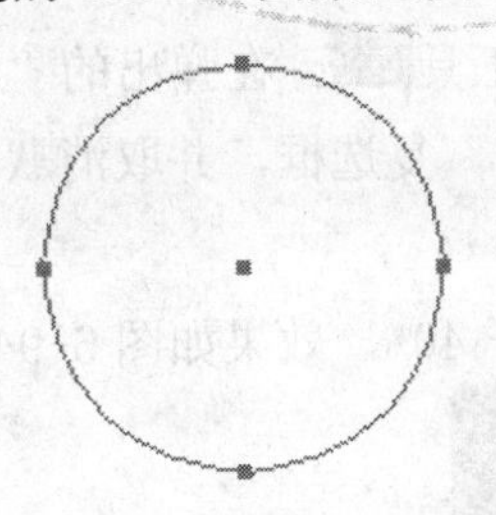
图 6-87　绘制圆形

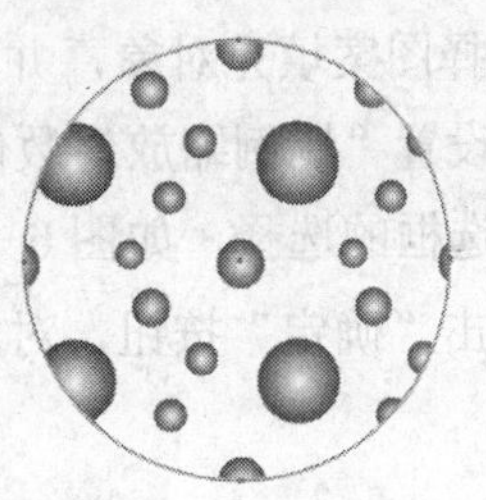
图 6-88　填充图案效果

6.5.2　编辑图案

编辑填充图案可以通过编辑标尺或使用工具箱内的变换工具来进行操作，下面分别对这两种编辑方法进行介绍。

01 调整图案位置。由于图案的拼贴是由标尺的原点从左至右开始的，所以可以通过调整标尺的原点位置来调整图案的位置。下面通过一个实例来讲解使用标尺调整图案位置的方法。

❶绘制一个圆形，并进行图案填充。执行“视图”→“标尺”→“显示标尺”命令，使在视图上显示标尺，如图 6-89 所示。

❷将鼠标置于顶部标尺和左侧标尺的交界处，这时鼠标将变为一个“＋”字光标。在“＋”字光标处按下鼠标，向视图内拖动，这时将显示一个“＋”字相交线，如图 6-90 所示。

❸将“＋”字相交线拖动到需要设置为新原点的位置释放鼠标。单击“色板”面板上的图案，这时，图案的位置随着新原点的设置进行变换，效果如图 6-91 所示。

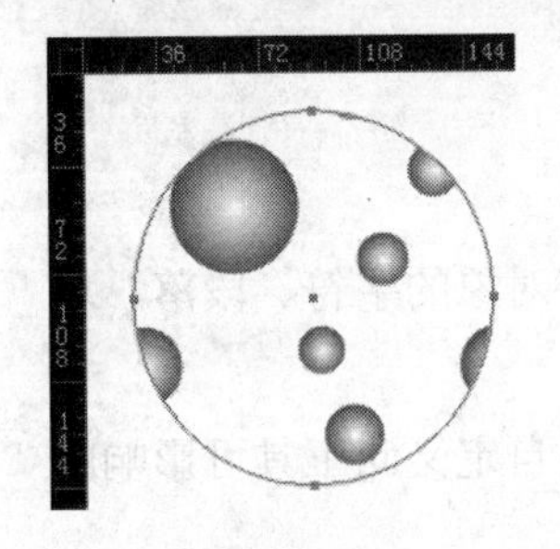

图 6-89　显示标尺

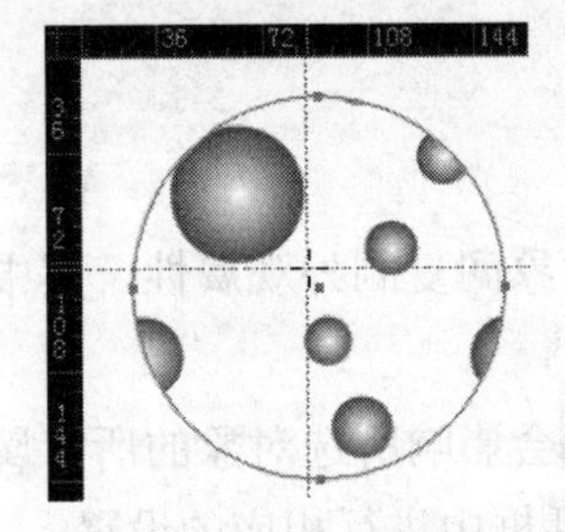

图 6-90　拖动相交线

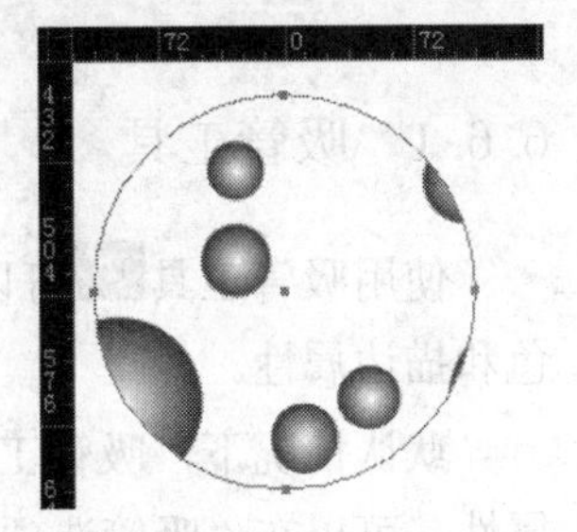

图 6-91　图案变换效果

02 图案的变换。通过工具箱的变换工具可以将图案填充进行单独地变换，如：选择工具、比例缩放工具、旋转工具、倾斜工具等。下面以使用比例缩放工具为例来讲解图案的变换。

❶使用钢笔工具绘制多段路径，并为其中一段路径填充图案，如图 6-92 所示。图案来自（“窗口”→“色板库”→“默认 CMYK”命令）“默认 CMYK”面板中的“星空”图

案。

❷选择图案填充对象，并双击工具箱中的比例缩放工具。在弹出的“比例缩放”对话框中设置“比例缩放”数值为 40%，选择“变换图案”复选框，并取消默认的“变换对象”复选框的选择，如图 6-93 所示。

❸单击“确定”按钮，对象中填充的图案比例缩放了 40%，效果如图 6-94 所示。

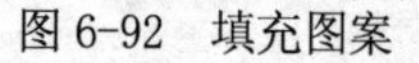

图 6-92　填充图案

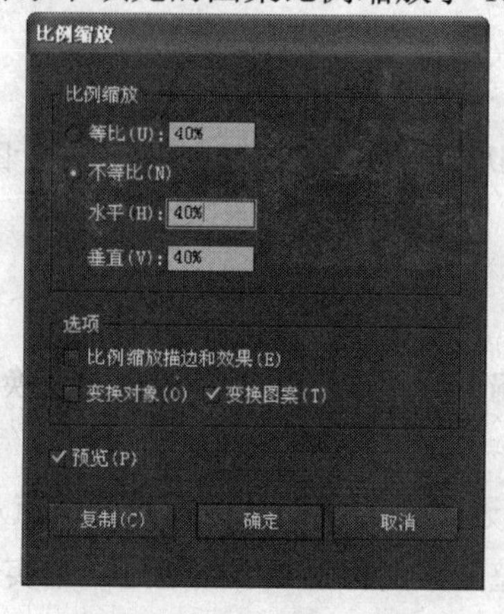

图 6-93　设置比例缩放参数

图 6-94　比例缩放图案效果

同样，如果需要对图案进行旋转、倾斜、移动等变换操作，可以使用同样的方法通过相应的变换工具来完成。

6.6　上色工具

除了前面介绍的填充上色外，上色工具还包括吸管工具、度量工具、实时上色工具、实时上色选择工具。

6.6.1　吸管工具

使用吸管工具可以在对象间复制外观属性，其中包括文字对象的字符、段落、填色和描边属性。

默认情况下，吸管工具会影响所选对象的所有属性。若要自定义此工具可影响的属性，可以在“吸管选项”对话框中进行相应的设置。

双击工具箱中的吸管工具，弹出“吸管选项”对话框，如图 6-95 所示。在对话框中选择吸管工具需要挑选和应用的属性，属性包括透明度、各种填色和描边属性，以及字符和段落属性。在“栅格取样大小”的下拉列表中选择取样大小区域。然后，单击“确定”退出对话框。

下面通过一个简单的实例来介绍吸管工具的使用。

01 单击工具箱的矩形工具，在工作区中绘制一个矩形。然后，在“色板”面板中设置矩形的填充图案和描边颜色，并在“描边”面板中设置描边粗细为 8pt。这时，矩形效果如图 6-96 所示。

02 单击工具箱的星形工具，在工作区中绘制一个五角星形，效果如图 6-97 所示。

03 选择五角星形，单击工具箱中的吸管工具。然后，将吸管工具移至矩形上并单击鼠标。这时，星形复制并应用了矩形的外观属性，效果如图 6-98 所示。

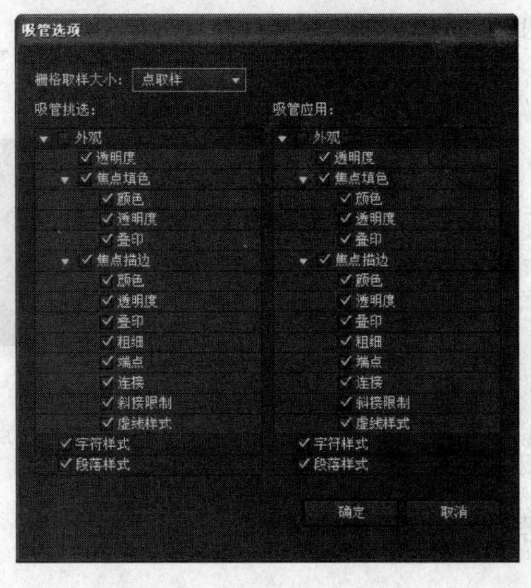

图 6-95　吸管选项对话框

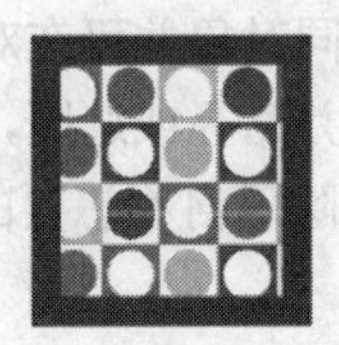

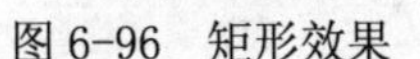

图 6-96　矩形效果　　图 6-97　星形效果　　图 6-98　复制并应用矩形外观属性

除了外观属性外，吸管工具还可以复制并应用字符和段落属性，和以上复制并应用外观属性的方法相同。但将吸管工具移至文字上时，光标指针会显示一个小的 T 字形。

6.6.2　度量工具

度量工具用于测量任意两点之间的距离并在“信息”面板中显示测量信息，如图 6-99 所示。

使用度量工具的方法很简单，下面用一个简单的实例介绍度量工具的使用步骤。

01 执行“窗口”→“信息”命令或按下 F8 键，打开“信息”面板。

02 单击工具箱的度量工具，并移至工作区中需要度量的对象上。这时，鼠标指针显示为 状态。

03 在需要度量的对象上单击第一点并拖移到第二点，如果按住 Shift 键拖移可以将拖移的角度限制为 45° 的倍数。这时，“信息”面板则显示 X（到 X 轴的水平距离）、Y（到 Y 轴垂直距离）、W（绝对水平距离）、H（绝对垂直距离）、D（两点之间总距离）和度量的角度，如图 6-100 所示。

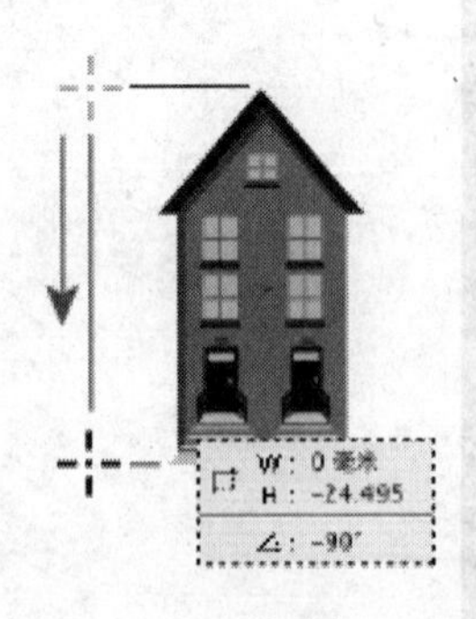

图 6-99　度量工具的作用

图 6-100　测量两点之间的距离和角度

6.6.3　形状生成器

形状生成器工具是自Illustrator CS6新增的一项功能，是一个通过合并或擦除简单形状创建复杂形状的交互式工具。它可用于简单和复杂路径，并会自动亮显所选作品的边缘和区域，可加以合并以形成新的图形。还可分离重叠的形状以创建不同对象并可在对象合并时轻松采用图稿样式。默认情况下，该工具处于合并模式，可以合并路径或选区，还可以切换至抹除模式以按住 Alt 键 (Windows) 或 Option键 (Mac) 删除任何不想要的边缘或选区。在工具箱中双击按钮，弹出如图6-101所示对话框。

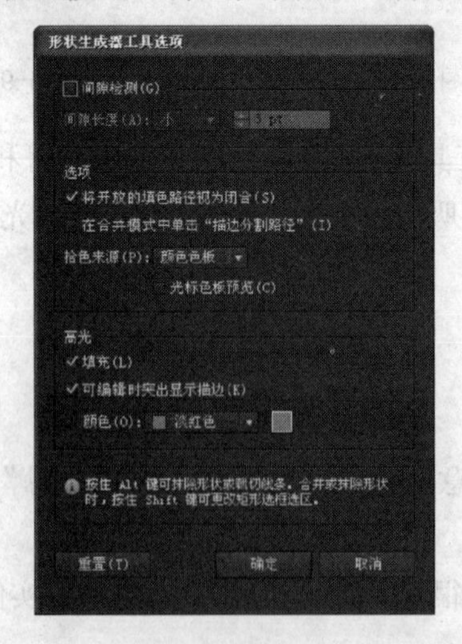

图 6-101　“形状生成器工具选项”对话框

- 【间隙检测】：选择该选项，激活“间隙长度”下拉列表，可以设置间隙的长度小（3点）、中（6点）、大（12点）。单击“自定”按钮，可以精确设置间隙的长度。
- 【将开放的填色路径视为闭合】：选择该选项，将为开放路径创建一个不可见的边缘以创建选区，单击选区内部时，会创建一个形状。
- 【在合并模式中单击“描边分割路径”】：选择该选项，将父路径拆分为两个路径。第一个路径将从单击的边缘创建，第二个路径是父路径中除第一个路径外剩余的部分。如果选择此选项，则在拆分路径时鼠标将更改为↖✱。
- 【拾色来源】：选择“颜色色板”选项时，“光标色板预览”处于可选状态，可以选中“光标色板预览”复选框来预览和选择颜色。选择此选项时，它允许迭代（使用方向键）从色板面板中选择颜色。选择“图稿”选项时，“光标色板预览”不可选。如果在鼠标按下时没有可用艺术样式，则鼠标释放时会对合并形状应用可用的艺术样式；如果鼠标按下或释放时都没有可用图稿样式，则应用“图层”面板中选择最多对象的图稿样式。
- 【填充】：对所选对象进行填充。
- 【可编辑时突出显示描边】：选择该选项，Illustrator CS6 将突出显示可编辑的描边效果。可编辑的描边效果将从“颜色”下拉列表中选择所需的颜色。

6.6.4 实时上色工具

“实时上色”是一种创建彩色图画的直观方法。Illustrator CS6 的实时上色工具结合了上色程序的直观与矢量插图程序的强大功能和灵活性。进行实时上色填充时，所有填充对象都可以被视为同一平面中的一部分，如果在工作区中绘制了几条路径，实时上色工具可以对这些路径所分割的每个区域内分别着色，也可以对各个交叉区域相交的路径指定不同的描边颜色，如图 6-102 所示。

1. 设置实时上色工具选项

在“实时上色工具选项”对话框中可以自定义实时上色工具的工作方式。

双击实时上色工具，打开“实时上色工具选项”对话框，如图 6-103 所示。在对话框中，可以决定是只选择填色上色，还是只选择描边上色，还是两者都选择并上色。另外，还可以设置当实时上色工具移动到对象的表面和边缘上时进行突出显示，并设置突出显示的颜色和显示线的宽度。

图 6-102 使用实时上色工具着色

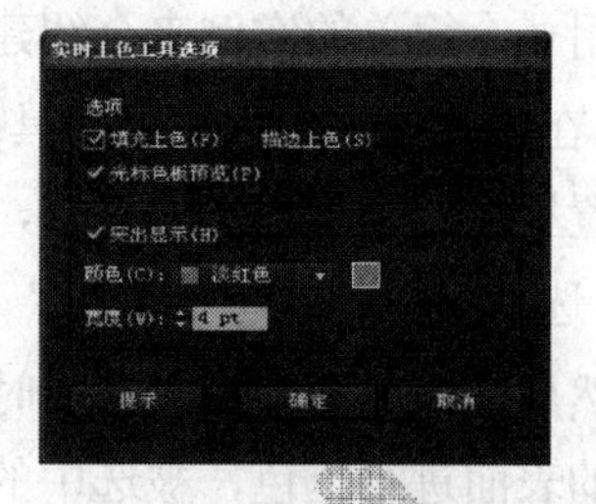

图 6-103 “实时上色工具选项”对话框

2. 设置实时上色间隙选项

实时上色间隙是路径之间的小空间，如果颜色渗漏并在预期之外的对象表面涂上了颜色，就有可能是因为图稿中存在间隙。这时，可以编辑现有路径来封闭间隙，或调整实时上色的间隙选项。

通过“间隙选项”对话框可以预览并控制实时上色组中可能出现的间隙。执行“对象”→“实时上色”→“间隙选项”命令，打开“间隙选项”对话框，如图6-104所示。在对话框中设置以下各选项后，单击“确定”按钮。

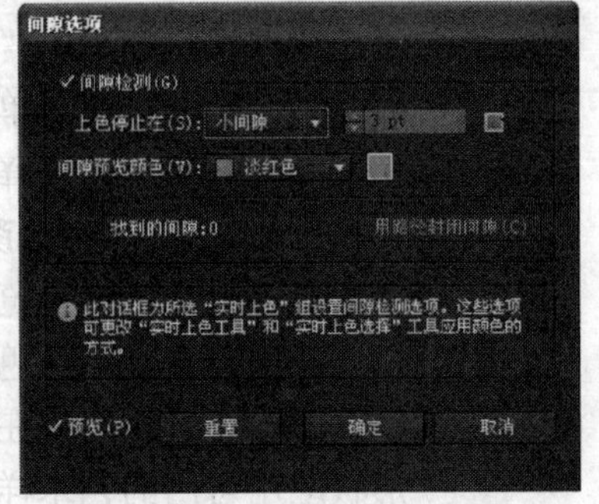

图6-104 “间隙选项”对话框

- 【间隙检测】：选择该选项，使Illustrator CS6识别路径中的间隙。但Illustrator CS6不会封闭其发现的任何间隙，它仅仅防止颜色渗漏过这些间隙。
- 【上色停止在】：设置颜色不能渗入的间隙的大小。如果选择“自定间隙”，可以在后面的文本框中精确设置“上色停止在”间隙大小。
- 【间隙预览颜色】：设置在实时上色组中预览间隙的颜色。可以从菜单中选择颜色，也可以单击“间隙预览颜色”菜单旁边的颜色井来指定自定颜色。
- 【用路径封闭间隙】：单击该按钮后，Illustrator CS6可以将未上色的路径插入要封闭间隙的实时上色组中。
- 【预览】：选择该选项，可以将当前检测到的间隙显示为彩色线条，所用颜色根据选定的预览颜色而定。

除此之外，执行“视图”→“显示实时上色间隙”命令，此命令会根据当前所选“实时上色”组中设置的间隙选项，突出显示在该组中发现的间隙。

3. 建立和编辑实时上色

使用实时上色工具为对象上色时，首先需要创建一个实时上色组。实时上色组中可以上色的部分称为边缘和表面。边缘是一条路径与其他路径交叉后，处于交点之间的路径部分。表面是一条边缘或多条边缘所围成的区域。在实时上色组中可以为边缘描边、为表面填色。

下面用一个简单的实例来介绍建立实时上色的具体步骤。

01 在工具箱中选择钢笔工具，在工作区中绘制一个五角星形。然后，在“色板”面板中设置星形的描边和填充颜色，效果如图6-105所示。

02 选择星形，执行“对象”→“实时上色”→“建立”命令，在星形上建立实时上色组。然后，在工具箱中单击实时上色工具，并移至星形上。这时，可以分别选择星形不同的表面进行上色，被选中的表面高亮显示，如图6-106所示。

03 在“色板”面板中或“拾色器中”中选择一个不同的颜色后，即可给选中的表面进行实时上色，效果如图 6-107 所示。

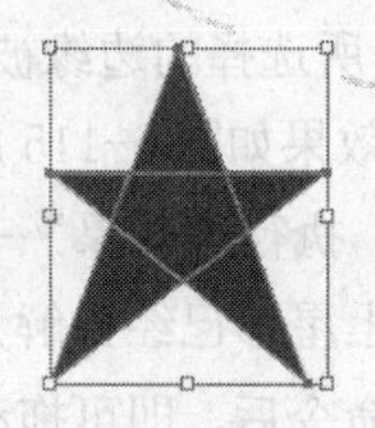
图 6-105　星形效果

图 6-106　高亮显示所选择的表面

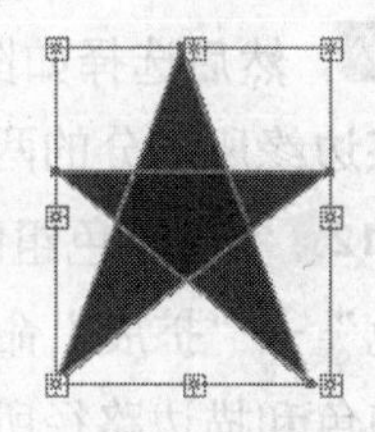
图 6-107　为选中表面上色效果

04 使用同样的方法，选择星形不同的表面并进行实时上色，效果如图 6-108 所示。

05 除了可以为星形的不同表面填充外，还可以为星形的各段边缘描边。在工具箱中选择实时上色选择工具，在星形上单击需要描边的边缘，被选中的边缘高亮显示，如图 6-109 所示。然后，在“色板”面板中或“拾色器”中选择颜色，即可给选中的边缘进行描边。

06 使用同样的方法，选择星形不同的边缘进行描边，效果如图 6-110 所示。

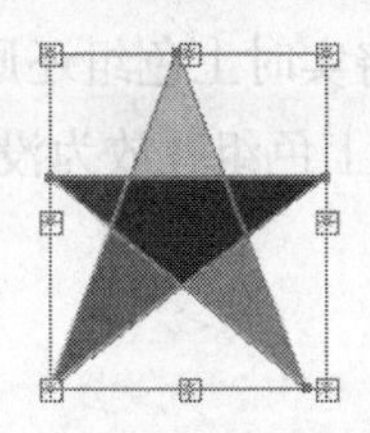
图 6-108　不同表面填充效果

图 6-109　选择边缘

图 6-110　为不同边缘上色效果

07 建立了实时上色组后，每条路径仍然保持可编辑状态。移动或调整路径形状时，则会同时修改现有的表面和边缘。在工具箱中单击直接选择工具选择星形上的锚点并拖移，表面的填充和边缘的描边随着路径的变化而变化，效果如图 6-111 所示。

08 如果在实时上色组添加更多路径，还可以对创建的新表面和边缘继续进行填色和描边。在工具箱中选择钢笔工具，在星形上绘制一条路径，效果如图 6-112 所示。

09 按住 Shift 键，依次单击星形和新绘制的路径，将星形和路径同时选中。然后，执行“对象”→“实时上色”→“合并”命令，将新绘制的路径添加到实时上色组中。

10 添加路径后，使用实时上色工具为划分的 4 个新的表面填充图案后，效果如图 6-113 所示。

图 6-111　调整路径效果

图 6-112　绘制新路径

图 6-113　填充图案

11 选定实时上色组的表面和边缘，可以将其删除。在工具箱中单击实时上色选择工具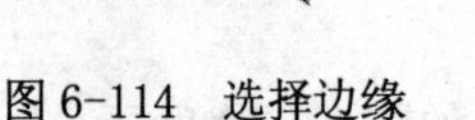，然后选择如图 6-114 所示的边缘，按下 Delete 键。这时，所选择的边缘被删除，同时该边缘所划分的两个表面的填色进行合并并扩展到新的表面，效果如图 6-115 所示。

12 实时上色组的表面和边缘还可以进行拆分。选择星形后，执行“对象”→“实时上色”→“扩展”命令。这时，表面上看起来没有变化，但事实上星形已经分解为由单独的填色和描边路径所组成的对象。执行“对象”→“取消编组”命令后，即可拖动各个已经拆解的表面和边缘，如图 6-116 所示。

图 6-114　选择边缘

图 6-115　删除边缘效果

图 6-116　扩展并拆分表面和边缘

13 除了“扩展”命令可以将拆分实时上色组外，还可以将实时上色组还原为普通路径。执行“对象”→“实时上色”→“释放”命令，可以将实时上色组释放为没有填色、0.5 点宽的黑色描边的一条或多条普通路径。

6.6.5　实时上色选择工具

使用实时上色选择工具可以更加准确地选择实时上色组中的边缘或表面。在工具箱中单击实时上色选择工具后，将工具移近实时上色组，使需要选择的表面或边缘被突出显示。这时，单击鼠标即可选中突出显示的表面或边缘，从而进一步进行各种编辑。

除了通过单击进行选择之外，使用实时上色选择工具还可以拖动鼠标穿越多个表面和边缘，同时选择这些表面和边缘。如果双击一个表面或边缘，还可选择与之颜色相同的所有相连的表面或边缘。

如果需要选择的表面或边缘的面积比较小，不容易进行准确地选择，可以放大工作区视图进行选择。另外，还可以双击工具箱的实时上色选择工具，在弹出的“实时上色选择选项”对话框中取消“选择填色”或“选择描边”的选择。

6.7　图形的混合

混合的最简单用途之一就是在两个对象之间平均创建和分布形状，如图 6-117 所示。另外，还可以在两个开放路径之间进行混合，以在对象之间创建平滑过渡；或结合颜色和对象的混合，在特定对象形状中创建颜色过渡，如图 6-118 所示。开放路径、闭合路径、渐变填充对象、图案填充对象、混合滤镜等都可以成为混合对象。

在对象之间创建了混合之后，所混合对象将合成为一个对象。 如果移动了其中一个原始对象，或编辑了原始对象的锚点，则混合将会随之变化。此外，原始对象之间混合的新对象不会具有其自身的锚点。

图 6-117　平均创建和分布形状

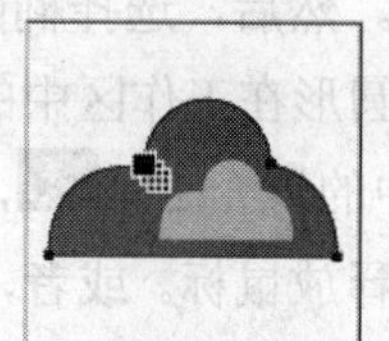

图 6-118　创建颜色过渡

6.7.1　混合选项的设置

双击工具箱的混合工具，或执行“对象”→“混合”→“混合选项”命令，可以打开“混合选项”对话框来设置混合属性，如图 6-119 所示。

在“混合选项”对话框中，“间距”选项可以控制要添加到混合的步骤数，在该选项的下拉列表中有 3 个选项。选择“平滑颜色”表示 Illustrator CS6 将自动设置混合的步骤数。如果对象是使用不同的颜色进行的填色或描边，则计算出的步骤数将是为实现平滑颜色过渡而取的最佳步骤数；选择“指定的步数”则可以在后面的文本框中设置混合开始与结束之间的步数；选择“指定的距离”则可以在文本框中设置混合步数之间的距离，即从一个对象边缘起到下一个对象相对应边缘之间的距离。

在对话框中，“取向”用来确定混合对象的方向，包括“对齐页面”和“对齐路径”两个选项。如果单击“对齐页面”按钮，可以使混合垂直于页面的 X 轴，效果如图 6-120 所示；如果单击“对齐路径”按钮，可以使混合垂直于路径，效果如图 6-121 所示。

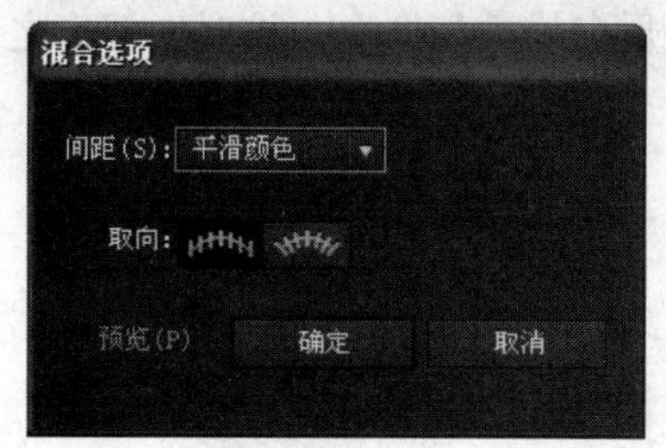

图 6-119　“混合选项”对话框

图 6-120　对齐页面效果

图 6-121　对齐路径效果

6.7.2　混合的创建与编辑

混合的创建有两种方法，一种是通过混合工具创建，一种是通过菜单的建立混合命令来创建。创建混合后可以对混合进行改变形状、改变混合轴、替换混合轴、扩展等编辑。

下面通过一个简单的实例来介绍创建混合并进行编辑的方法。

01 在工具箱中单击矩形工具，在工作区中绘制一个矩形，并在“色板”面板中设置矩形的颜色为红色。然后，选择椭圆工具在工作区中继续绘制一个圆形，并设置颜色为淡黄色。矩形和圆形在工作区中的位置和效果如图 6-122 所示。

02 选择工具箱中的混合工具，单击矩形的任意位置并拖移到圆形上，当鼠标指针显示为时，单击并释放鼠标。或者，同时选中矩形和圆形，并执行“对象”→“混合”→“建立”命令。这时，矩形和圆形之间建立了混合，效果如图 6-123 所示。

03 选择刚建立的混合对象，双击工具箱的混合工具或执行“对象”→“混合”→“混合选项”命令，打开“混合选项”对话框。在对话框中，设置间距选项为“指定的步数”，并设置步数为 4，如图 6-124 所示。

图 6-122 矩形和圆形效果 图 6-123 混合效果

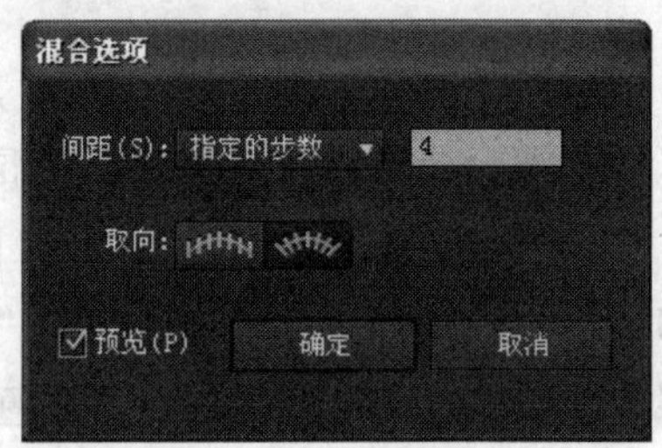

图 6-124 设置混合间距步数

04 单击“确定”按钮，矩形和圆形的混合之间均匀分布为 4 个图形对象，效果如图 6-125 所示。

05 混合轴是混合对象中各步骤对齐的路径。默认情况下，混合轴会形成一条直线。选择混合对象，执行“对象”→“混合”→“反向混合轴”命令。这时，图形混合在轴上的顺序被反转，效果如图 6-126 所示。

06 选择混合对象，执行“对象”→“混合”→“反向堆叠”命令。这时，混合之后的上下堆栈顺序变为反向排列，效果如图 6-127 所示。

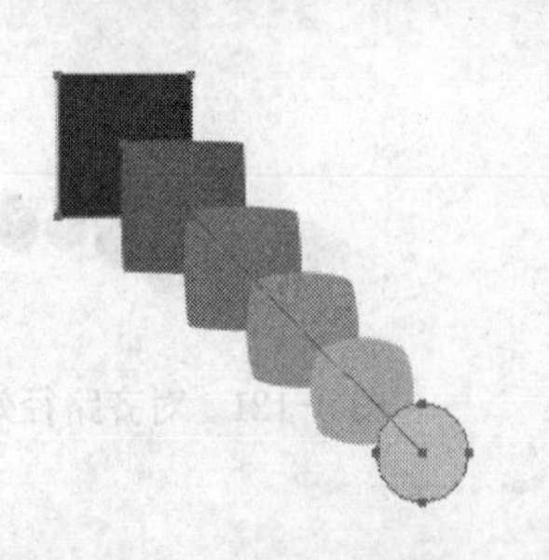

图 6-125 设置步数效果

图 6-126 反向混合轴效果

图 6-127 反向堆叠效果

07 在对象之间创建了混合之后，如果移动或编辑了原始对象，则混合将会随之变化。在工具箱中单击直接选择工具，选择原始对象圆形上的一个锚点并进行拖移，使发生变形。这时，混合随着圆形的变形而进行混合形状的变化，效果如图 6-128 所示。

08 同样，如果调整混合轴的形状，也可以改变混合效果。在工具箱中单击添加锚点工具，在混合轴上添加一个锚点，并使用直接选择工具选择该锚点进行拖移。然后，单击工具箱的转换锚点工具，将刚添加的锚点转换为平滑锚点使混合轴成为一条曲线路径。这时，混合随着混合轴的变形而进行混合路径的变化，效果如图 6-129 所示。

09 除了改变混合轴的形状和位置外，还可以使用其他路径替换混合轴使混合进行新的排列。在工具箱中单击钢笔工具，在混合组旁边绘制一条新的路径，如图 6-130 所示。

图 6-128　改变混合形状

图 6-129　改变混合路径

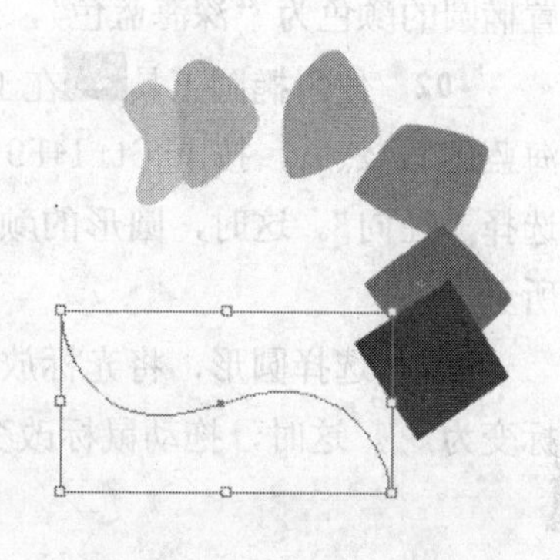

图 6-130　绘制新的路径

10 同时选中混合组和新创建的路径，执行“对象”→“混合”→“替换混合轴”命令。这时，原始的混合轴被新创建的路径所替换，混合路径也由此发生变化，效果如图 6-131 所示。

11 双击工具箱的混合工具，打开“混合选项”对话框。在对话框中，单击“对齐页面”按钮，使混合垂直于页面，效果如图 6-132 所示。

12 在混合组中，原始对象之间混合的新对象不会具有其自身的锚点。但通过扩展混合，可以将混合分割为不同的对象。选择混合组，执行“对象”→“混合”→“扩展”命令，将混合组中的对象拆分为独立的对象。单击工具箱中的编组选择工具，可以分别选中混合组中的对象进行拖移和编辑，如图 6-133 所示。

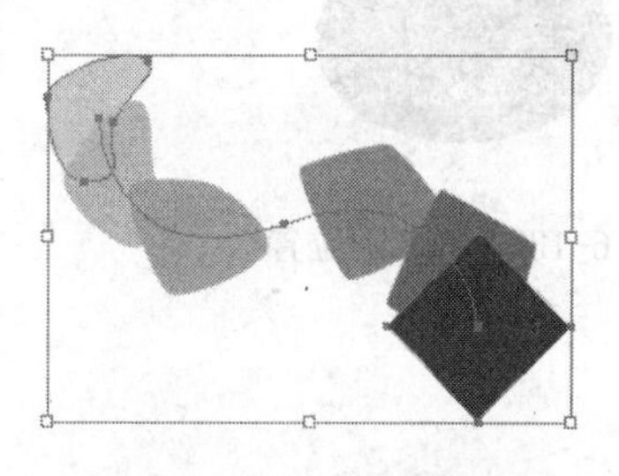

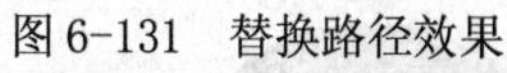

图 6-131　替换路径效果

图 6-132　对齐路径效果

图 6-133　扩展混合后拆分效果

13 除了“扩展”命令可以将拆分混合色组外，还可以将混合组恢复为原始对象。执行“对象”→“混合”→“释放”命令，将混合组释放为原始的圆形和矩形。但在混合组中，如果将原始对象进行了形状的编辑，释放后的原始对象保持为编辑后的形状。

6.8 图形填充实例——百事可乐标志

在本节中主要介绍百事可乐标志的制作，通过这个简单的实例可以进一步巩固有关颜色填充的各个知识点，制作具体步骤如下：

01 在工具箱单击椭圆工具，在工作区中绘制一个椭圆，并在“色板”面板中设置椭圆的颜色为“深海蓝色”，效果如图 6-134 所示。

02 使用椭圆工具在工作区中继续绘制一个较小的圆形，并同样设置颜色为“深海蓝色”。然后，按下 Ctrl+F9 键打开“渐变”面板，并在面板中的“类型”下拉列表中选择“径向”。这时，圆形的颜色被设置为深海蓝色到白色的径向渐变，效果如图 6-135 所示。

03 选择圆形，将光标放置在圆形定界框 4 个中间控制点的任意一个，使鼠标的光标变为 ↕。这时，拖动鼠标改变圆形的比例，使圆形被变形为 6-136 所示的小椭圆形。

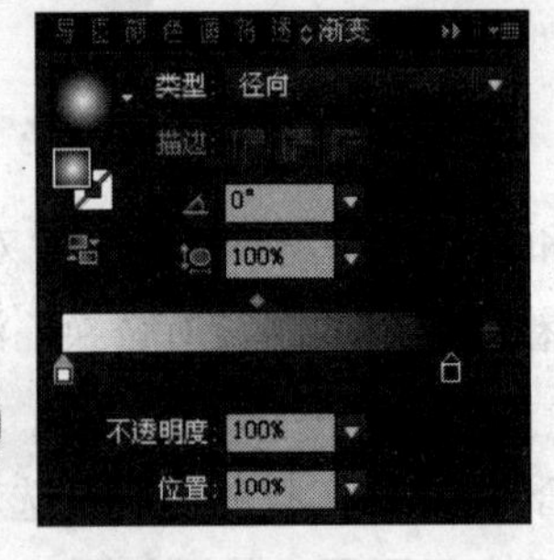

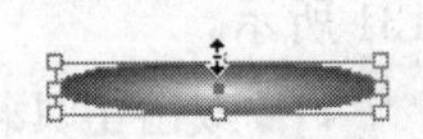

图 6-134 椭圆形效果　　图 6-135 圆形渐变效果　　图 6-136 圆形变形效果

04 在工具箱中单击直接选择工具，选择小椭圆形的锚点并进行拖移，使椭圆形被变形为如图 6-137 所示的效果。然后，将变形后的椭圆形缩放到合适的大小，并放在第 1 步骤中创建的椭圆形上，效果如图 6-138 所示。

图 6-137 椭圆变形效果

图 6-138 椭圆的位置

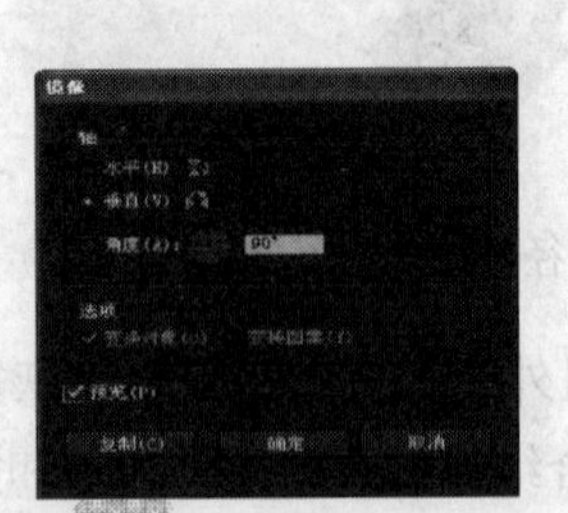

图 6-139 设置镜像选项

图 6-140 图形镜像效果

05 选择变形的椭圆图形，双击工具箱的镜像工具，弹出“镜像”对话框。在对话框中，设置以垂直轴进行镜像，如图 6-139 所示。然后，单击“复制”按钮，将图形镜像复制出一个新的图形，并移动到适当的位置。

06 使用同上步骤同样的方法，继续镜像复制出两个新的图形，并摆放在适当的位置上，效果如图 6-140 所示。

07 在工具箱单击椭圆工具，在工作区中绘制一个圆形。然后，选择工具箱的钢笔工具，在圆形上绘制一条路径，效果如图 6-141 所示。

08 同时选择刚创建的圆形和路径，执行“对象”→“实时上色”→“建立”命令，创建了一个实时上色组。然后，在工具箱中单击实时上色工具，为实时上色组中的表面填充颜色，从上到小依次填充表面为红色、白色和深海蓝色，效果如图 6-142 所示。

图 6-141　圆形和路径效果

图 6-142　实时上色效果

09 执行“对象”→“实时上色”→“扩展”命令，将实时上色组拆分为几个独立的路径。然后，单击工具箱的编组选择工具，选中红色的图形。

10 在工具箱中选择网格工具，并在红色图形上单击，使在图形上建立网格，如图 6-143 所示。然后，使用直接选择工具，选择网格点和网格手柄进行拖移，如图 6-144 所示。

图 6-143　建立网格效果

图 6-144 调整网格点位置

11 使用直接选择工具选择中心网格点，在“色板”面板中单击白色，为该网格点设置颜色为白色，如图 6-145 所示。

12 使用第 10 、 11 步骤同样的方法，将蓝色的图形上也建立网格，并调整网格点的位置和颜色，效果如图 6-146 所示。

图 6-145　设置网格点为白色

图 6-146　网格效果

13 使用编组选择工具分别选择红色图形和蓝色图形，在“色板”面板中设置描边颜色为深海蓝色。然后，按下 Ctrl+F10 键，打开“描边”面板，在面板中设置描边“粗细”为 4pt。再选中白色图形，在工具箱中依次单击“描边”和“无”按钮，设置白色图形无描边。这时，这 3 个图形的描边效果如图 6-147 所示。

14 使用选择工具移动扩展后的实时上色组，将其移动到大椭圆形上，效果如图 6-148 所示。

图 6-147 描边效果

图 6-148 调整实时上色组位置

15 单击工具箱中的文字工具，在工作区中输入文字“PEPSI”。然后，选择文字，按下 Ctrl+T 键，打开“字符”面板。在面板中，设置文字的字体、大小和缩放，如图 6-149。

16 选择文字，在“色板”面板中设置文字的填充颜色为白色，描边颜色为黑色。调整文字的位置后，效果如图 6-150 所示。

17 选择文字，双击工具箱的倾斜工具，弹出“倾斜”对话框。在对话框中，设置“倾斜角度”为 10º，并单击“确定”按钮。这时，文字向右倾斜了 10º，如图 6-151 所示。

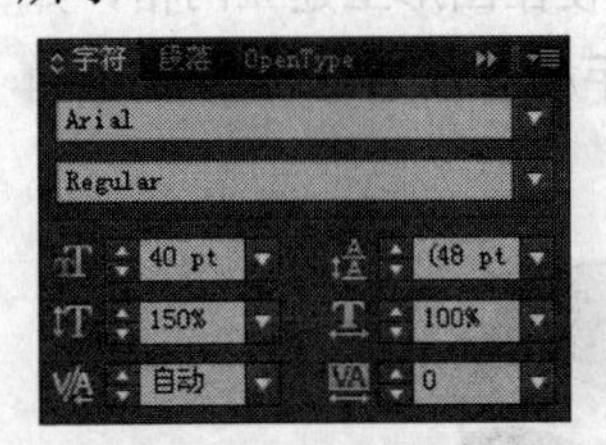

图 6-149 设置字符选项

图 6-150 文字的位置

图 6-151 文字倾斜效果

6.9 本章小结

在本章系统地介绍了图形的填充的方法，包括单色填充、渐变填充、渐变网格填充、透明度填充、图案填充的方法。除此之外，还介绍了一些上色工具的使用，包括吸管工具、度量工具、实时上色工具、混合工具和渐变工具。通过上色工具配合“色板”面板、“颜色”面板、“渐变”面板、“透明度”面板、拾色器以及一些菜单命令，可以赋予对象各种各样的颜色变化，并灵活进行编辑。

6.10 上机操作

1. 打开本书配套光盘中源文件/6/上机操作/6-1-1.ai 文档，文档中包括简单的路径。然后，通过“色板”面板、“渐变”面板和“透明度”面板将图 6-152 所示的路径设置填充和描边颜色，使最后的填充效果如图 6-153 所示。

图 6-152　路径效果

图 6-153　填充效果

2．使用钢笔工具绘制一个立体效果的盒子，为其设置渐变填充。然后，通过文字工具输入文字 BOX，并调整位置和设置填充为如图 6-154 所示的效果。

提示：将文字置于盒子图形的上层，并在“透明度”面板中设置文字为“滤色”混合模式和不透明度，如图 6-155 所示。

3．绘制一个太极图案，并进行颜色填充，使效果如图 6-156 所示。

提示：使用椭圆工具绘制出如图 6-157 所示的几个圆形，并进行对齐。然后，使用直接选择工具选择并删除两段路径，如图 6-158 所示，最后，选择所有路径建立一个实时上色组，并进行表面填充和边缘描边即可。

图 6-154　填充效果

图 6-155　设置混合模式和不透明度

图 6-156　太极图案效果

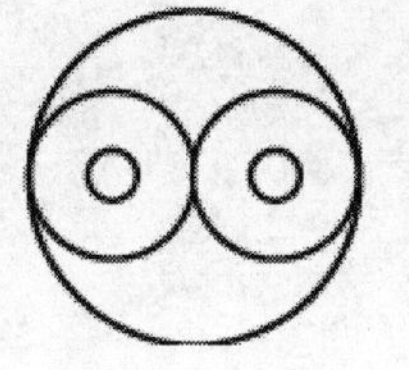

图 6-157　绘制圆形

图 6-158　删除路径后效果

6.11　思考练习

一．填空题

1. Illustrator 提供了 3 种基本的填充模式，分别为__________、__________、__________。

2．__________面板可以保存颜色、渐变、图案等，以便需要时随时调用。

3．__________是 Illustrator 中最常用的标准选色环境，在 HSB、RGB、CMYK 色彩模式下都可以用它来进行颜色选择。

4．在颜色渐变中有__________和__________两种类型。

5. Illustrator 共提供了_____种混色运算模式，在__________面板中可以进行设置。

二．选择题

1．下面的_________不是属于和填充颜色相关的工具。

A：吸管工具　　　　　　　　　　B：网格工具

C：渐变工具　　　　　　　　　　D：剪刀工具

2．执行“混合”子菜单的__________命令，可以使混合之后的对象上下堆栈顺序变为反向排列。

A：反向堆叠　　　　　　　　　　B：反向混合轴

C：替换混合轴　　　　　　　　　D：扩展

三．思考题

1．为对象设置了渐变填充后，通过哪些方法可以改变颜色的渐变方向？

2．将对象建立了网格后，是否可以还原为普通的路径对象？

3．怎样将整个图层设置透明度？

第 7 章 面板的运用

本章导读

Illustrator CS6 软件为用户提供了 37 个面板，分别用于不同的用途。有些面板在前面的章节中已经进行详细的介绍，比如“颜色”、“色板”、“路径查找器”等。除此之外，本章主要介绍几个常用的面板，比如“图层”、“外观”、“图形样式”等。

- 图层面板
- 外观面板
- 图形样式面板
- 动作面板

7.1 图层面板

图层如同透明的纸，所有对象都叠放排列在这些透明的纸片上，形成复杂图形。用户可以在不同的图层上放置不同的图形，以便进行管理。也可以单独为一个图层设置隐藏、显示、透明度、蒙版等，增加了编辑图形的灵活性。

“图层”面板用来管理和安排图形对象，为绘制复杂图形带来方便。用户可以通过该面板来管理当前文件中所有图层，完成对图层的新建、移动、删除、选择等操作。

7.1.1 图层的基本操作

执行“窗口”→“图层”命令或按下 F7 键即可打开“图层”面板，如图 7-1 所示。在“图层”面板的左下角显示当前文档的图层总数。每个图层还可以包含有嵌套的子图层。

图 7-1 “图层”面板

1. 图层的可视性

在实际操作中，为了更好观察或选择图层上的对象，经常需要隐藏一些图层。

在“图层”面板的最左侧有一个可视性标识，如果单击该标识，这个标识将会消失，表示对应的图层为隐藏状态。再次单击同样的位置，则重新显示可视性标识，对应的图层会恢复可视状态。

如果按住 Ctrl 键单击可视性标识，该标识则切换为，相对应的图层中图形显示为轮廓模式，可以加快系统的操作速度。再次按住 Ctrl 键单击标识，标识则恢复成，图层也恢复为预览模式。

如果按住 Alt 键单击可视性标识，则将会隐藏除了当前所选图层外的所有图层。再次按住 Alt 键单击该标识，则恢复所有图层的可视性。

2. 图层的锁定

在“图层”面板的可视性标识右面有一个空白的按钮，如果单击该按钮，该按钮切换为锁定标识，这表示该层的对象被锁定，不能进行编辑或删除等操作。再次单击锁定标识，即可对图层进行解锁，使该图层可以正常地进行编辑。

3. 图层的选择

在相应的图层名称上单击，即可选择该图层为当前工作图层，并使该图层高亮显示。如果选择图层的同时按住 Shift 键，可以选择相邻的多个图层；按住 Ctrl 键，可以逐一同时选择或取消选中的任意图层。

如果要选择图层中的对象，可以单击图层右侧的标识。这时，该标识转换为状态，右边出现一个彩色方块，表示该图层中的所有对象被选中。

4. 图层的显示

单击“图层”面板右上角的按钮，打开面板菜单。在面板菜单中选择“面板选项”命令，打开“图层面板选项”对话框，如图 7-2 所示。

在对话框中，选择缩略图“图层”复选框，使在图层上可以显示该图层所有对象的缩略图。另外，还可以选择“小”、“中”、“大”和“其他”4 种图层行大小的显示模式。在“其他”文本框中输入数值，可以自定义图层行的显示大小。在前面的面板中都是使用的系统默认的“中”显示模式，其他的“小”、“大”显示模式分别如图 7-3 和图 7-4 所示。

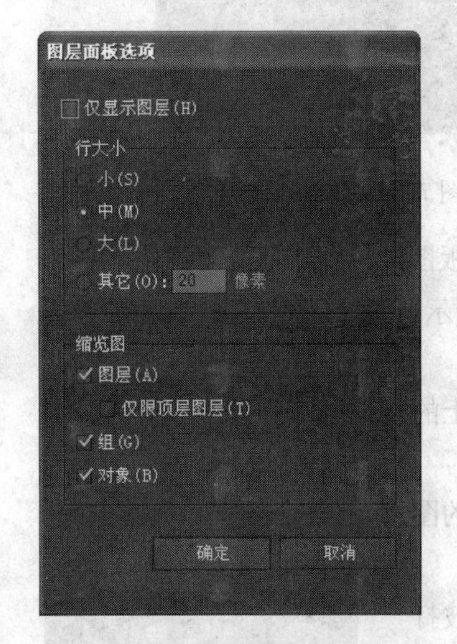

图 7-2 “图层面板选项”对话框

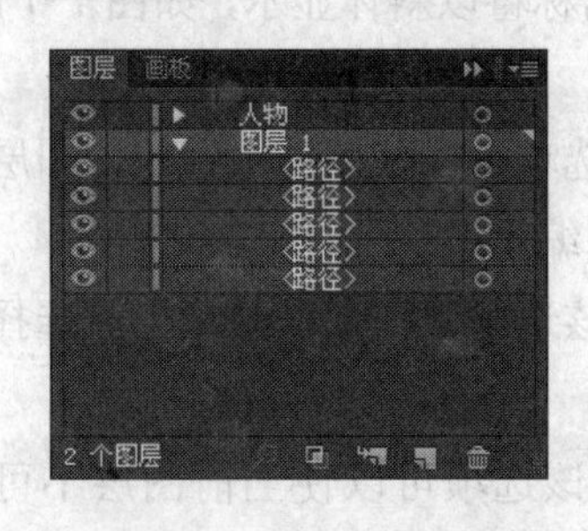

图 7-3 “小”显示模式

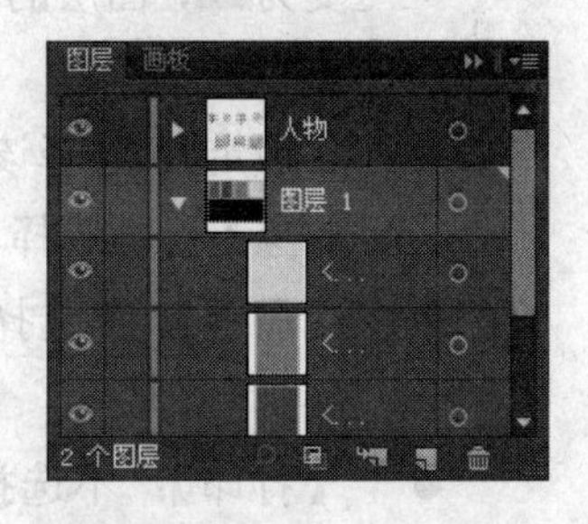

图 7-4 “大”显示模式

5. 移动图层中的对象

选择图层中的对象，使该图层右侧出现一个彩色方块■。然后，在彩色方块上按下鼠标拖往目标图层，这时的目标图层的方块显示为空心状态□，如图 7-5 所示。释放鼠标后，该图层上的对象被移动到目标图层中。

如果拖动彩色方块的同时，按住 Alt 键，可以将选中的对象复制到目标图层中。如果目标图层被锁定，则在移动时按住 Ctrl 键。

6. 新建图层

单击“图层”面板右下角的“新建图层”按钮即可在当前选择图层上新建一个图层。单击“新建图层”按钮的同时，如果按住 Ctrl 键，则可以在所有图层的上方新建图层。

或者，单击“图层”面板右上角的按钮，在面板菜单中选择“新建图层”命令，打开“图层选项”对话框，如图 7-6 所示。在对话框中单击“确定”按钮，即可新建图层。

在“图层选项”对话框中，可以设置以下选项参数。

- 【名称】：在该选项文本框中可以设置图层的名称。
- 【颜色】：在该选项下拉列表中可以选择颜色来定义图层的对象定界框和边缘的

颜色，以便用户方便识别不同图层的对象。

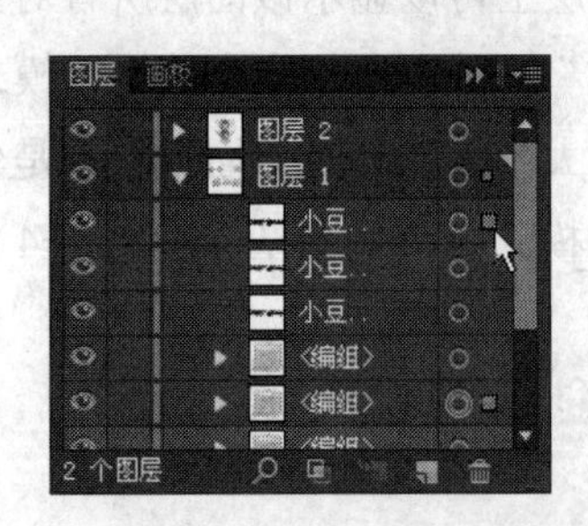

图 7-5 移动图层上的对象

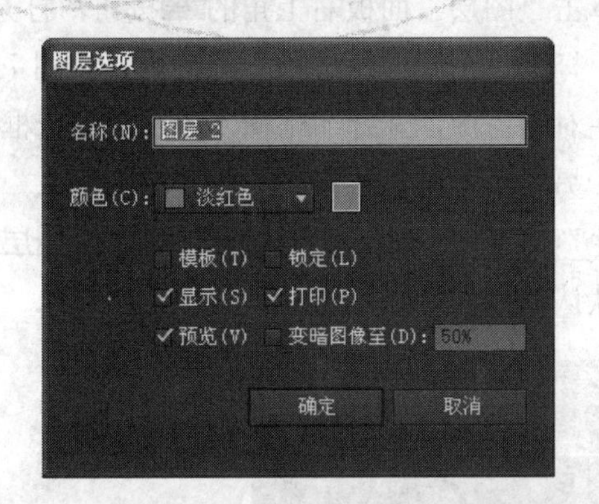

图 7-6 编辑图层选项

- 【模板】：选择该选项可以使当前图层转换为模板图层，图层前的可视性标识变为，图层的名称将以斜体显示，如图 7-7 所示。同时，该图层上的对象将无法被编辑。
- 【锁定】：选择该选项可以使图层被锁定，图层上的对象不可被选择和编辑。
- 【显示】：不选择该选项，则可以隐藏当前选择的图层。
- 【打印】：不选择该选项可以使当前图层不可被打印，图层的名称也将以斜体显示。
- 【预览】：选择该选项可以使当前图层上的所有对象以预览模式显示。

图 7-7 模板图层以斜体显示

- 【变暗图像至】：选择该选项可以在后面的文本框中输入数值来调整图层中位图的亮度。但图像的明暗显示不会影响到打印输出结果。

单击“图层”面板的“新建子图层”按钮，或者选择面板面板菜单中的“新建子图层”命令，打开“图层选项”对话框。通过这两种方法，都可以在当前所选图层中新建一个嵌套子图层。

7. 删除图层

单击“图层”面板右下角的“删除所选图层”按钮，即可删除当前选择的图层。或者，选中要删除的图层，按下鼠标并拖曳到“删除所选图层”按钮上，也可以删除选中的图层。

如果需要删除的图层中含有图稿，选择删除操作后，将会弹出 Illustrator CS6 警告对话框，询问用户是否要删除此图层。单击“是”按钮，即可删除当前图层。

8. 复制图层

单击“图层”面板右上角的按钮，在面板菜单中选择“复制”命令，即可在当前所选图层上复制一个新的图层。或者，选中要复制的图层，按下鼠标并拖曳到“新建图层”按钮上，也可以复制选中的图层。

9. 在图层中粘贴图形

在默认状态下对图形进行复制、粘贴，该图形复制后的对象将粘贴在当前的图层。

如果需要把复制的图形粘贴在其他图层上，单击“图层”面板右上角的按钮，在面板菜单中确定取消“粘贴时记住图层”命令的选择，使该命令前没有标识。然后，单击需要粘贴的目标图层，执行主菜单栏中的“编辑”→“粘贴”命令即可。

如果希望复制的图形粘贴在原来的位置上，可以在复制图形后执行主菜单栏中的“编辑”→“粘贴在前面/后面”命令或按 Ctrl+F 键或 Ctrl+B 键。

10. 合并图层

如果图层过多，将会使计算机操作速度变慢，所以有时需要合并图层。

按住 Shift 键或 Ctrl 键在图层上单击，可以选择多个图层。然后，单击“图层”面板右上角的按钮，在面板菜单中选择“合并所选图层”命令，即可将选中的多个图层合并为一个图层。合并后的图层的名称将和所选图层中排列在最下方的图层名称相同。

如果选择面板菜单中的“拼合图稿”命令，则将面板中的所有图层都合并为一个图层，合并后的图层名称将和排列在最下方的图层名称相同。

7.1.2 创建图层剪切蒙版

剪切蒙版可以将图形的局部剪切，并根据图形的形状来显示对象，创建蒙版后仍然可以编辑图层中的图形。不论是单一路径、复合路径、群组、文本等都可以用来创建剪切蒙版。即使打印输出时，蒙版以外的内容不会打印出来。

1. 创建蒙版

首先，在需要制作蒙版的图层上绘制蒙版图形，并使得该蒙版图形位于图层组中的最上层，即子图层中的顶层，如图 7-8 所示。然后，在“图层”面板中选择图层组的名称，单击“图层”面板右下角的“建立/释放剪切蒙版”按钮。这时，该图层组创建了剪切蒙版，图层组中的最上面的子图层中的对象作为蒙版图形，下面所有的子图层都是被蒙版的对象。在蒙版图形边界外的对象将全部被剪切，而蒙版图形的填充和画笔变为无色，效果如图 7-9 所示。

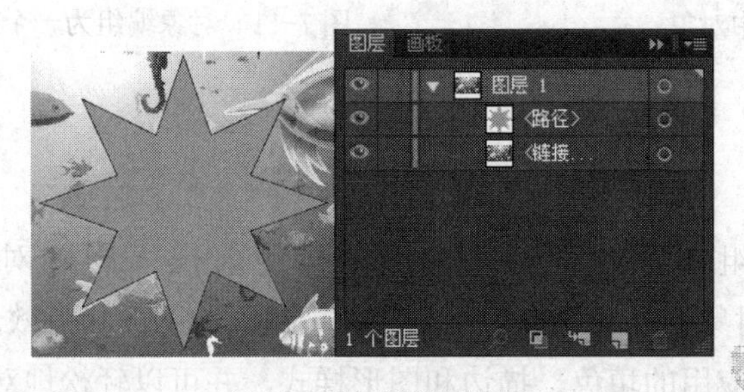

图 7-8 绘制蒙版图形

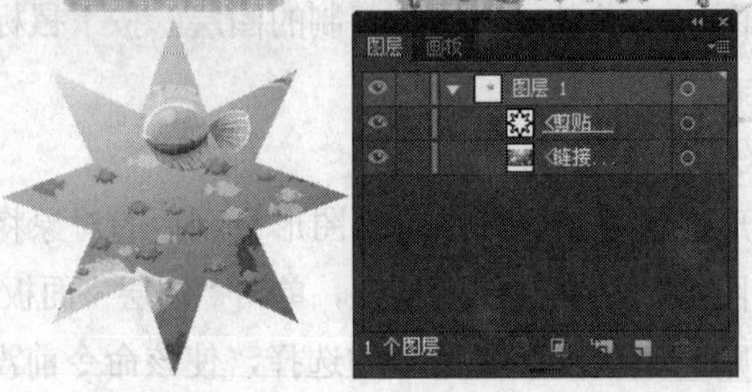

图 7-9　创建剪切蒙版效果

2．编辑蒙版

剪切蒙版后，在“图层”面板中蒙版图层的名称下带有下划线，同时蒙版中的对象仍然可以被编辑。选择蒙版中的对象，可以显示对象的边缘，使用直接选择工具就可以选中锚点进行拖动变形，如图 7-10 所示。

3．释放蒙版

如果需要释放剪切蒙版，选择蒙版图层后，再次单击“图层”面板的“建立/释放剪切蒙版”按钮；或选择面板面板菜单中的“释放剪切蒙版”命令即可。

4．菜单命令

除此之外，使用主菜单的“对象”→“剪切蒙版”命令也可以达到同样的效果。不同的是，在进行蒙版操作前，需要将蒙版图形和其他将被蒙版的对象同时选中。被选中的对象中，位于顶层图形将作为蒙版图形，其余的图形将被作为被蒙版对象。然后，执行“对象”→“剪切蒙版”→“建立”命令，即可建立剪切蒙版。

使用该命令剪切蒙版后，所有的对象将被编组，合并为一个子图层，如图 7-11 所示。如果需要释放剪切蒙版，则选择该组，执行“对象”→“剪切蒙版”→“释放”命令即可。

图 7-10　编辑蒙版中对象

图 7-11　对象编组为一个子图层

7.2　“外观”面板

外观属性是一组在不改变对象基础结构的前提下影响对象外观的属性。在 Illustrator CS6 中对象的外观属性包括描边、填色、透明度和特效。“外观”面板可以显示对象、组或图层所应用的填色、描边和图形样式，并可以轻松地对外观属性进行添加、复制、移去和清除。

执行“窗口”→“外观”命令，或按下 Shift+F6，即可打开“外观”面板，如图 7-12 所示。“外观”面板帮助用户方便并有效地管理和编辑各种外观属性，当文档中使用到描边、填色、透明度或特效等任何一种属性，都会按照使用的次序从上到下被记录在面板中。

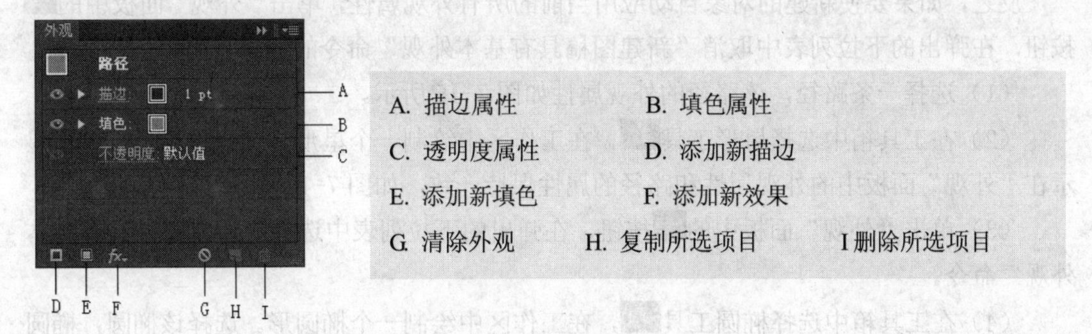

图 7-12 “外观”面板

7.2.1 查看外观属性

在“外观”面板中显示了对象、组或图层所应用的填色、描边和图形样式，如图 7-13 所示。当选择包含了其他对象的图层或组时，“外观”面板会显示一个相应的项目，可以单击该项目来查看其包含的项目。例如，单击图 7-13 所示的“图层”选项，或者在“图层”面板中单击该图层右侧的◎标识，使该标识变为◎(表示该图层中的所有对象被选中)。这时，“外观”面板中则显示“图层”中包含的外观属性，如图 7-14 所示。

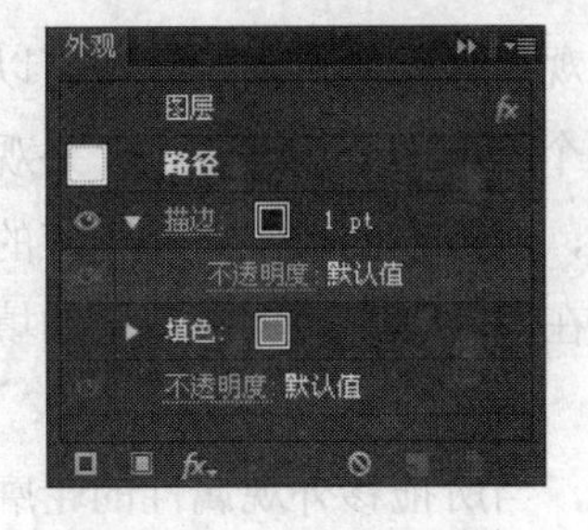

图 7-13 显示外观属性

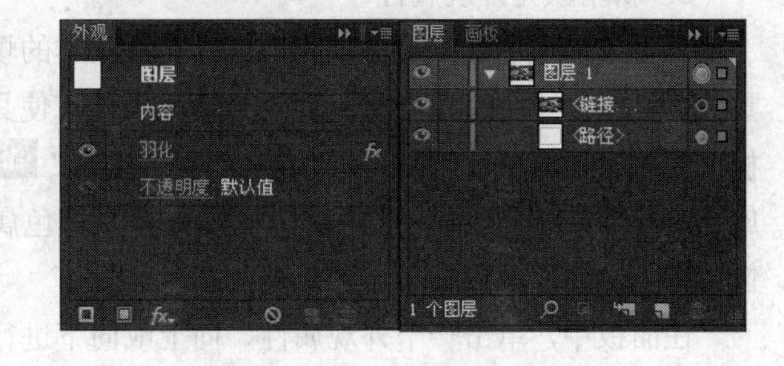

图 7-14 查看“图层”外观属性

当“外观”面板中的某个项目含有其他属性时，该项目名称的左侧便会出现一个三角形▶，可以单击此三角形来显示或隐藏包含的属性内容。

7.2.2 外观属性的编辑

在“外观”面板中，除了可以显示对象的外观属性外，还可以轻松地对外观属性进行添加、复制、移去和清除。

1. 应用外观属性

通过“外观”面板可以指定是让对象继承外观属性还是只具有基本外观。如果只需要将新对象应用一种单一的填色和描边效果，可单击“外观”面板中的按钮，在弹出的下拉列表中选择“新建图稿具有基本外观”命令。

反之，如果要使新建的对象自动应用当前的所有外观属性，单击“外观”面板中的按钮，在弹出的下拉列表中取消“新建图稿具有基本外观”命令的选择。简单举例如下。

（1）选择一条路径，该路径的外观属性如图 7-15 所示。

（2）在工具箱中选择星形工具，在工作区中绘制一个星形。选择该星形，星形显示在“外观”面板中的外观属性和路径的属性保持一致，如图 7-16 所示。

（3）单击“外观”面板中的按钮，在弹出的下拉列表中选择“新建图稿具有基本外观”命令。

（4）在工具箱中选择椭圆工具，在工作区中绘制一个椭圆形。选择该椭圆，椭圆在“外观”面板中显示为基本外观，如图 7-17 所示。

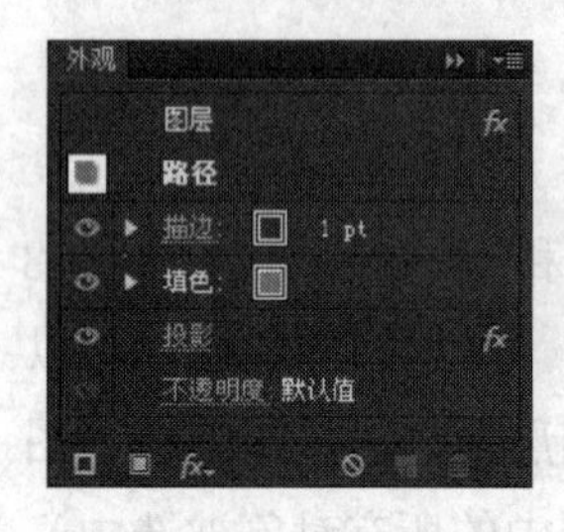

图 7-15　路径外观属性

图 7-16　星形外观属性

图 7-17　椭圆外观属性

2. 新增填充外观属性

当对象的填色和描边被填充，就具有了基本的填充外观属性。但对象的外观可以是多重的，可以为一个对象同时添加多个填充属性，使具有多个不同的外观。单击“外观”面板中的“添加新填色”按钮或“添加新描边”按钮，即可在面板中添加相应的外观属性。如图 7-18 所示，选中的矩形具有 3 个填色属性，在“外观”面板中顶层的填色属性为黄色填充，所以矩形填色显示为黄色。

在面板中，单击一个外观属性，向上或向下进行拖移，当所拖移外观属性的轮廓出现在所需位置时，释放鼠标按键即可更改外观属性的堆栈顺序。将图 7-18 所示的面板中的蓝色填充属性拖到顶层进行排列，矩形填色显示为蓝色，如图 7-19 所示。

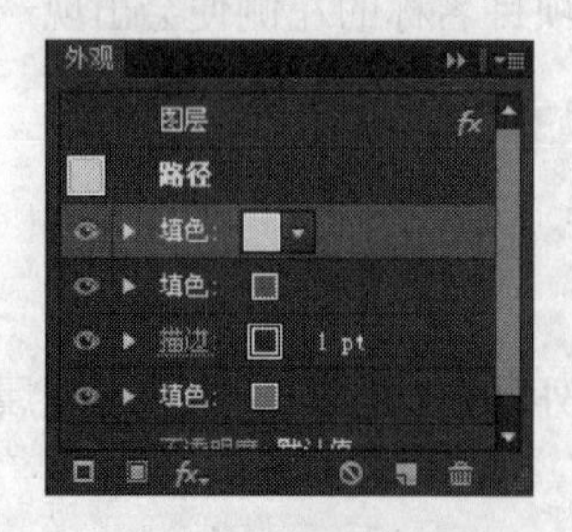

图 7-18　黄色填色属性为顶层

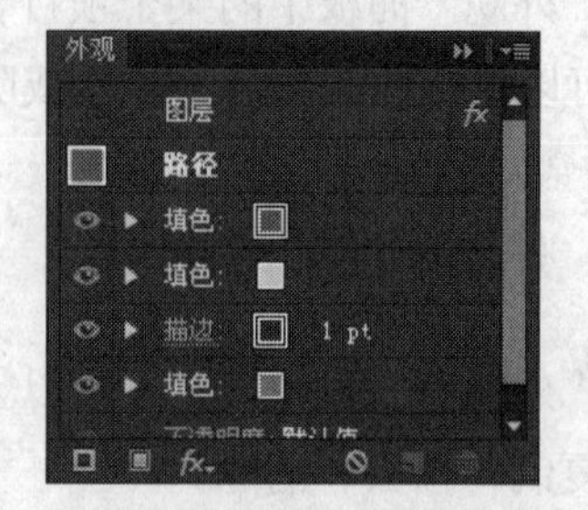

图 7-19　蓝色填色属性为顶层

群组层和图层不会自动带有外观属性，如图 7-20 所示。选择群组或图层组后，在“外

观”面板中选择“添加新填色”按钮或“添加新描边”按钮即可添加群组层或图层组相应的外观属性。这时，图层中所有的对象将被添加同样的填色或描边属性，默认的填充颜色为黑色，如图 7-21 所示。

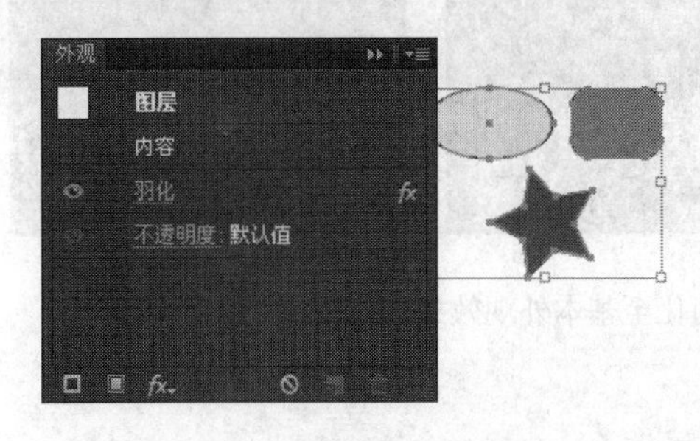

图 7-20　图层外观属性

图 7-21　添加填充外观属性

3．编辑外观属性

根据对象的效果，可以重新编辑填色、描边和透明度等基本的外观属性。选择普通对象图层或群组层后，在“外观”面板中选择要编辑的外观属性，再通过相关工具（“色板”面板、拾色器、吸管工具、“描边”面板、“透明度”面板等）来对所选外观进行编辑即可。

如果需要编辑特效属性，在面板中双击该特效属性，即可打开特效的设置对话框，在对话框中重新编辑特效参数。

4．复制外观属性

除了可以通过添加来获得多重外观属性外，还可以通过复制来进行。在“外观”面板中选择一种属性，单击面板中的“复制所选项目”按钮，或从面板菜单中选择“复制项目”命令即可复制所选外观属性。或者，将选中的外观属性拖移到“复制所选项目”按钮上也可以进行复制操作。

如果需要在对象间复制外观属性，在工作区中选择要复制其外观的对象或组，并将“外观”面板顶部的缩览图拖移到另一个对象上，如图 7-22 所示（如果缩览图未显示出来，在面板菜单中选择“显示缩览图”命令）。释放鼠标时，所选择的对象或组的外观属性被复制到新对象上。

5．删除外观属性

外观属性是随时可以被删除的。在“外观”面板选择需要删除的外观项目，并单击“删除所选项目”按钮，或将所选外观项目拖到“删除所选项目”按钮上即可删除所选外观项目。或者，从面板菜单中选择“移去项目”命令，也可以进行同样的删除操作。

如果要删除单一填色、描边和透明度以外的所有外观属性，可以从面板菜单中选择“简化至基本外观”命令。这时，“外观”面板中只显示了填色、描边和默认透明度项目，如图 7-23 所示。

如果要删除所有外观属性（包括单一的填色、描边和透明度项目），可以单击“外观”面板中的“清除外观”按钮，或从面板面板菜单中选择“清除外观”命令，这时，“外观”面板如图 7-24 所示。

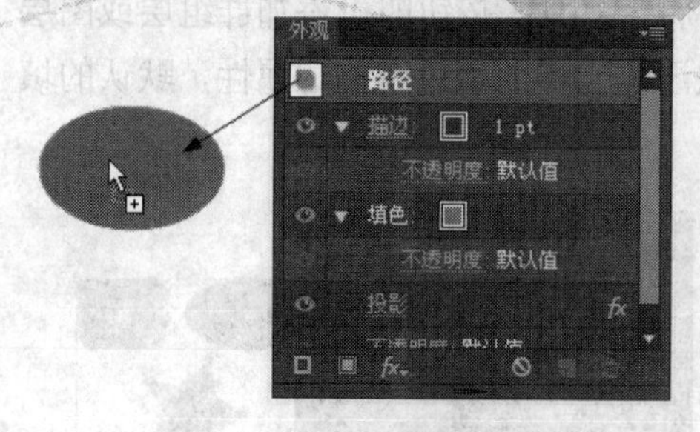

图 7-22　复制外观属性

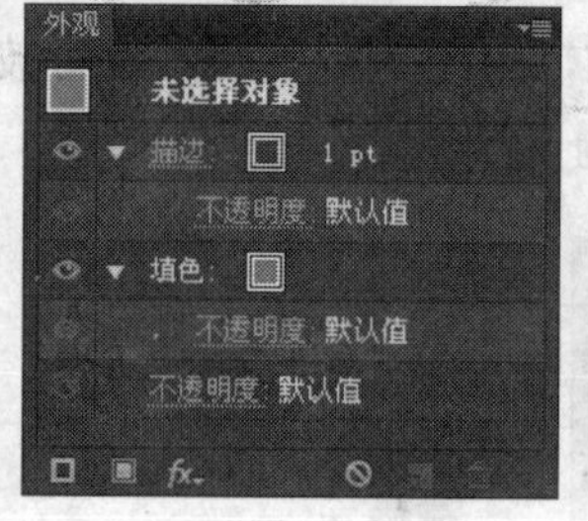

图 7-23　简化至基本外观效果

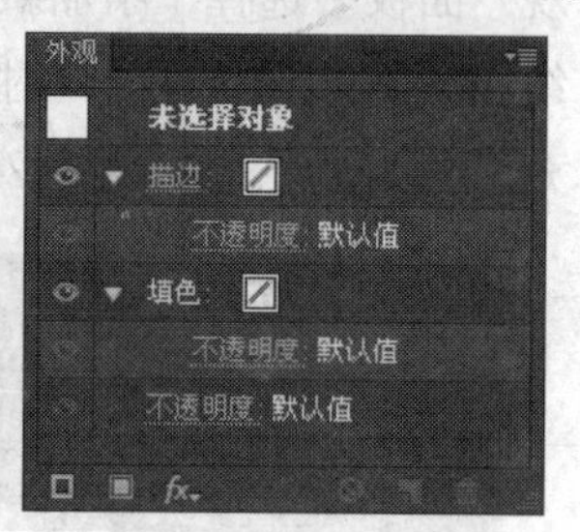

图 7-24　清除外观

7.3　“图形样式”面板

图形样式是一组可反复使用的外观属性，可以使用“图形样式”面板来保存各种外观属性，并将其应用到不同的对象、群组或图层上。这样，可以快速更改对象的外观，并进行外观和对象的链接，更加方便地控制图像效果。

执行“窗口”→“图形样式”命令，即可打开“图形样式”面板，如图 7-25 所示。通过“图形样式”面板可以创建、重命名及应用外观属性集。当创建一个新文档时，面板中会列出默认的图形样式集；当文档处于打开状态且正在被使用时，与当前文档一同存储的图形样式将显示在面板中。

1．更改显示和排列方式

如果要更改“图形样式”面板的视图显示方式，可以从面板菜单中选择一种视图选项：“缩览图视图”可显示缩览图，如图 7-25 所示；“小列表视图”可显示带有小缩览图的指定样式列表，如图 7-26 所示；“大列表视图”可显示带有大缩览图的指定样式列表，如图 7-27 所示。

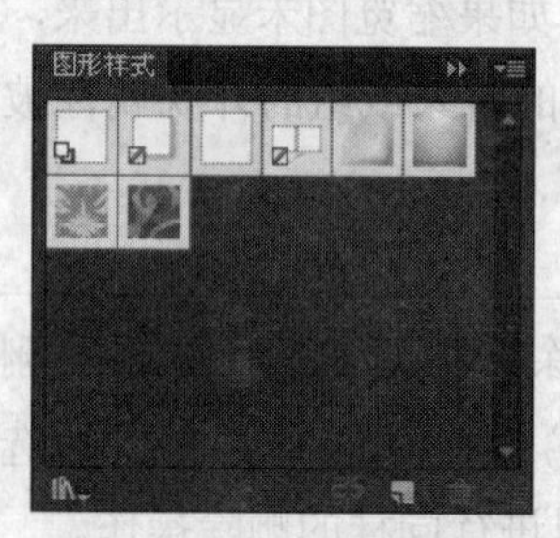

图 7-25　“图形样式”面板

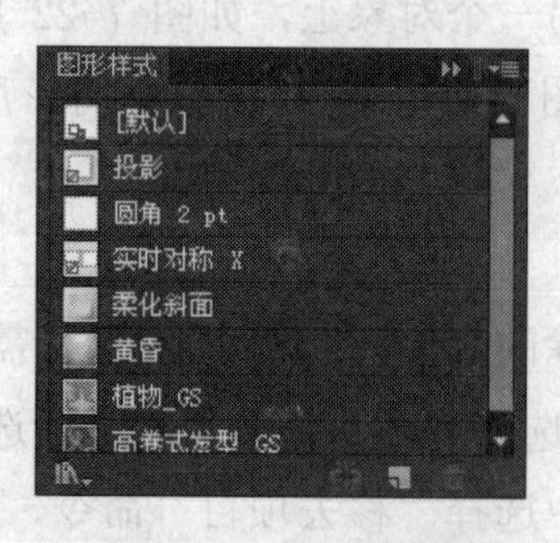

图 7-26　小列表视图

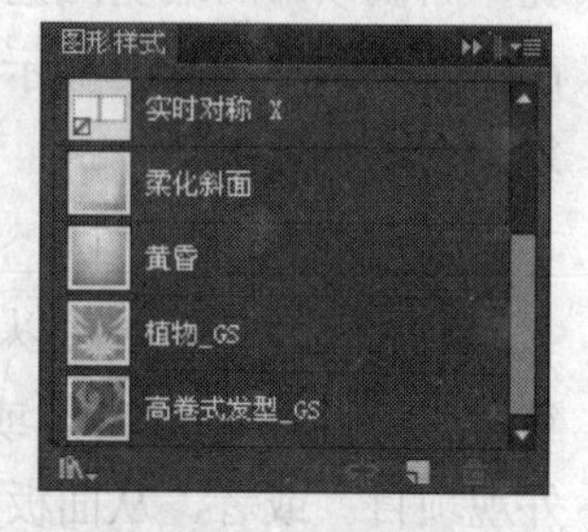

图 7-27　大列表视图

如果要调整面板中的图形样式的位置，可以选择要改变位置的图形样式直接拖移至其他位置。当有一条黑线出现在所需位置时，松开鼠标按键即可。

在面板菜单中选择“按名称排序”命令，可以按字母顺序列出图形样式。

2．应用图形样式

图形样式可以应用到对象、群组或图层上。在工作区中选择一个对象或组，在“图形样式”面板或图形样式库中单击一种图形样式，即可将图形样式应用到所选的对象上。另

外，直接将图形样式拖移到工作区中的对象上，也可以应用图形样式。

例如，选择如图 7-28 所示的文字，在“图形样式”面板中单击 Illustrator CS6 预设的“高卷式发型”图形样式，将该图形样式应用到文字上，如图 7-29 所示。

图 7-28　选择文字

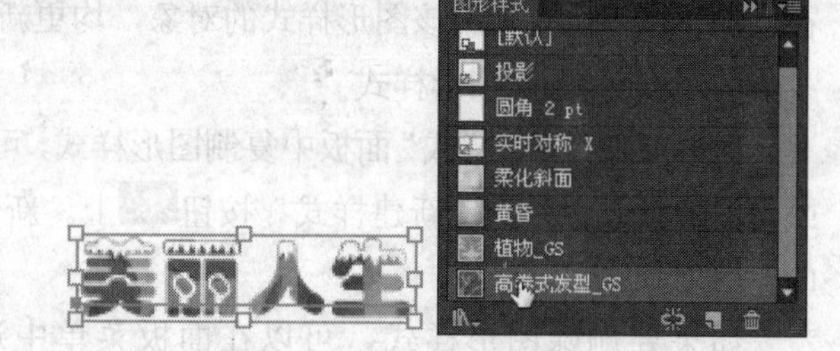

图 7-29　应用图形样式

如果要应用图形样式的对象中包括文字，需要在应用样式后仍然保留原始文字的颜色，可以在面板菜单中取消选择“覆盖字符颜色”选项。

3. 新增图形样式

除了 Illustrator CS6 提供的预设图形样式，用户可以自定义添加图形样式。

在“外观”面板中编辑所需要的外观属性后，单击“图形样式”面板中的“新建图形样式”按钮，或从面板菜单中选择“新建图形样式”命令，即可添加“外观”面板中当前显示的外观属性。

除此之外，还可以将缩览图从“外观”面板中直接拖移到“图形样式”面板中，如图 7-30 所示。释放鼠标时，即可在“图形样式”面板中创建新的图形样式。如果在拖移的同时按住 Alt 键，并拖移到面板中的一个图形样式上，即可替换该图形样式。

如果需要为新添的图形样式重命名，双击该图形样式，弹出“图形样式选项”对话框，如图 7-31 所示。在对话框的“样式名称”文本框中输入新样式的名称，单击“确定”按钮即可完成重命名。

图 7-30　增加图形样式

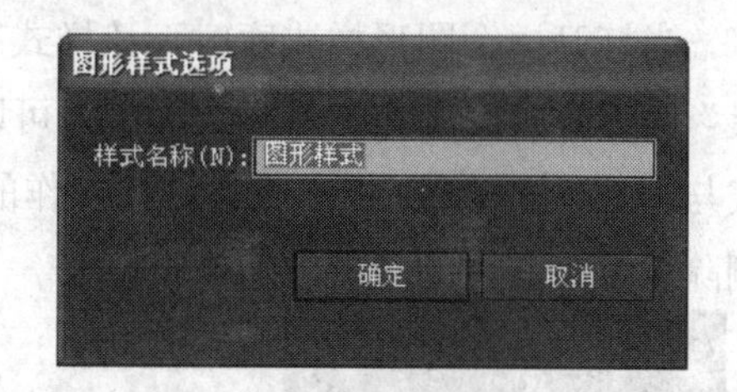

图 7-31　“图形样式选项”对话框

4. 替换图形样式

对于存储在“图形样式”面板中的图形样式，用户可以进行再次编辑。

在“图形样式”面板中选择需要编辑的图形样式，这时在“外观”面板中即可显示该图形样式的外观属性，如图 7-32 所示。在“外观”面板中编辑图形样式的外观属性后，在该面板菜单中选择“重新定义图形样式”命令。这时，“图形样式”面板中被选中的图形样式被新编辑的图形样式所替换。

被替换的图形样式的名称仍保持为编辑前的名称，但应用的却是新的外观属性。同时，在当前文档中所有使用该图形样式的对象，均更新图形样式效果。

5. 复制和删除图形样式

如果要在“图形样式”面板中复制图形样式，可以在面板菜单中选择“复制图形样式”，或将图形样式拖移到“新建样式”按钮上。新创建的图形样式将出现在“图形样式”面板的列表底部。

如果要删除图形样式，可以在面板菜单中选择“删除图形样式”命令。在弹出Illustrator CS6警告对话框中单击“是”按钮，如图7-33所示；或直接将图形样式拖移到面板的“删除图形样式”按钮上，即可进行删除操作。

6. 合并图形样式

若要将两种或多种现有的图形样式合并为一种图形样式，可以按住Ctrl键连续单击选取要合并的所有图形样式，然后从面板菜单中选择“合并图形样式”命令。这时，将弹出“图形样式选项”对话框。在对话框的“样式名称”文本框中输入新样式的名称，单击“确定”按钮即可合并所选择的样式。

7. 断开图形样式链接

图形样式和应用该样式的对象之间存在一种链接的关系。但样式更改后，应用样式的对象效果也将随之改变。如果需要切断这种链接关系，选择应用图形样式的对象后，单击面板中的“断开图形样式链接”按钮，或选择面板菜单中的“断开图形样式链接”命令。这样，当图形样式进行编辑后，被断开样式链接的对象将不会随着样式的编辑而改变。

8. 图形样式库

图形样式库是Illustrator CS6中预设的图形样式集合。如果要打开一个图形样式库，可以从“窗口”→“图形样式库”子菜单中选择该样式库，或从“图形样式”面板面板菜单的“打开图形样式库”子菜单中选择该样式库。

当打开一个图形样式库时，该样式库将以一个新的面板出现，图7-34所示为“3D效果”图形样式库。在图形样式库中，可以对库中的项目进行选择、排序和查看，其操作方式与“图形样式”面板中执行这些操作的方式一样。不过，用户不能在图形样式库中添加、删除和编辑其中的项目。

图7-32　显示样式的外观属性

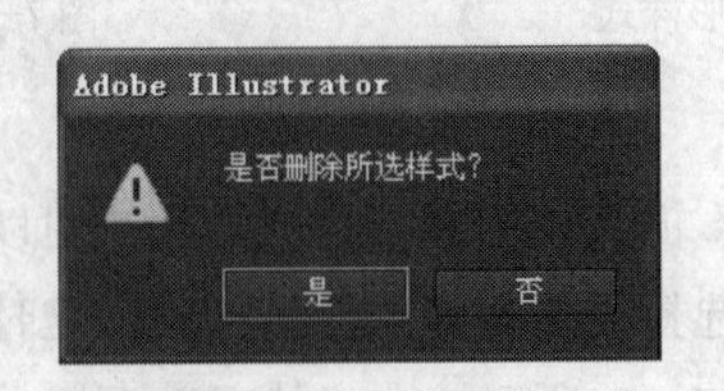

图7-33　警告对话框

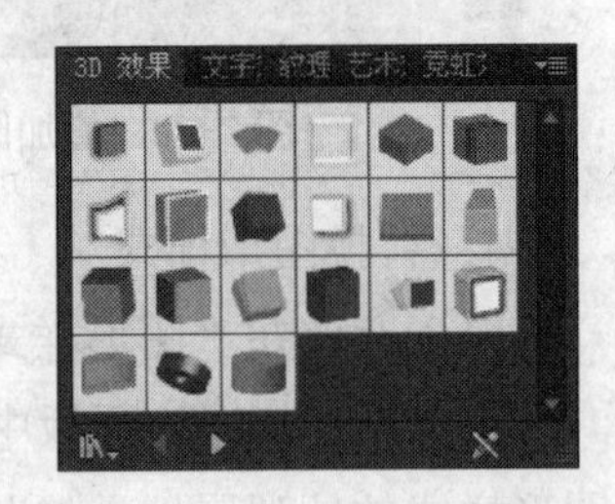

图7-34　“3D效果”图形样式

库

如果需要在启动 Illustrator CS6 时自动打开一个常用的样式库，在样式库的面板菜单中选择“保持”命令即可。

7.4 “动作”面板

动作就是在使用 Illustrator CS6 的过程中记录下来的一系列任务——菜单命令、面板选项、工具动作等。播放动作时，Illustrator CS6 将执行所有已记录的任务，这使得可以反复创建在文档中需要频繁使用的效果。

Illustrator CS6 存储了一些预录的动作，以帮助完成常用任务。这些动作以默认动作集的形式安装在“动作”面板中。通过该面板，可以执行记录、播放、编辑和删除动作，也可以保存、加载和替换动作设置。

执行“窗口”→“动作”命令，即可打开“动作”面板，如图 7-35 所示。

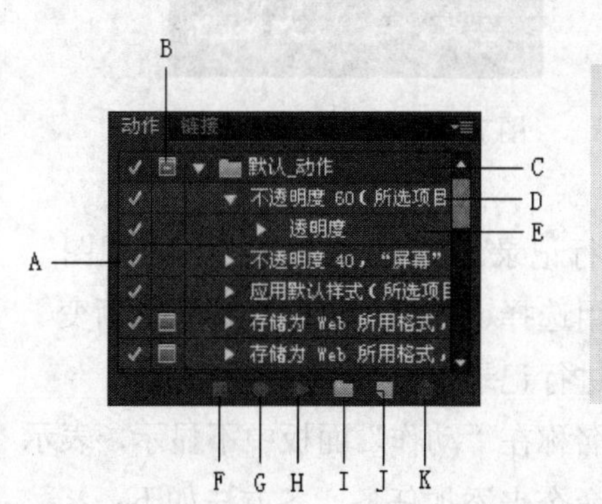

A. 切换项目的开关状态	B. 切换模式控制的开关状态
C. 动作集	D. 动作
E. 记录的命令	F. 停止播放/记录
G. 开始记录	H. 播放当前选区
I. 新建动作集	J. 新建动作　　K. 删除选区

图 7-35　“动作”面板

7.4.1　动作的创建

除了 Illustrator CS6 提供的常用预设动作外，还可以根据用户的需求，自定义创建动作。

1. 创建动作

在“动作”面板中，单击“创建新动作”按钮，打开“新建动作”对话框，图 7-36 所示。在对话框中，可进行以下设置：

- 【名称】：在该选项文本框中可输入一个动作名称。
- 【动作集】：在该选项下拉列表中可以选择一个动作集。
- 【功能键】：在该选项的下拉列表中可以为该动作选定一个键盘快捷键。可以选择功能键、Ctrl 键和 Shift 键的任意组合（例如，Ctrl + Shift + F3 键）。如果指定动作与命令使用同样的快捷键，快捷键将适用于动作而不是命令。
- 【颜色】：在该选项的下拉列表中可以为按钮模式显示指定一种颜色。

设置完“新建动作”对话框中的选项后，单击“记录”按钮，使“动作”面板中的“开始记录”按钮变为红色。这时，可以开始执行需要记录的任务。完成所有的任务后，单击“停止播放/记录”按钮即可结束动作的记录，可以看到新建的动作被存储在“动作”面板的列表底层。

如图7-37所示的“动作”面板中，“新建动作”动作为刚记录的动作，单击该动作前的三角形图标，即可展开该动作中记录的命令。单击命令前的三角形图标，即可展开该命令的具体参数。

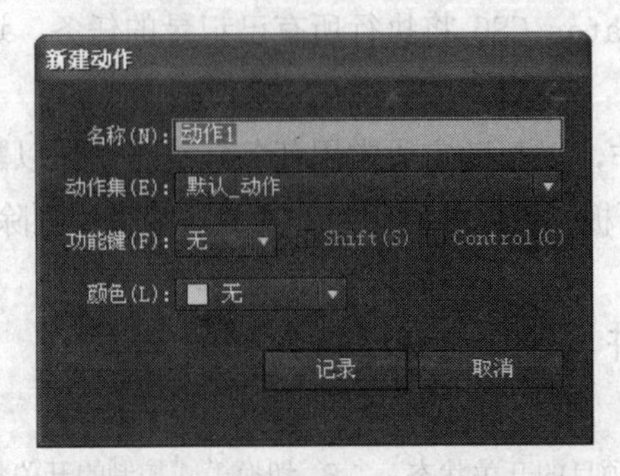

图7-36 “新建动作”对话框

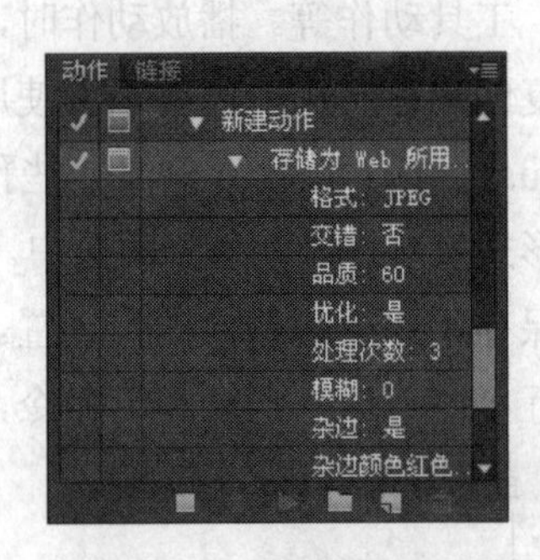

图7-37 查看“新建动作”

2. 在动作中插入无法记录的任务

在记录动作时，并非动作中的所有任务都可以进行记录。例如，“效果”和“视图”菜单中的命令，用于显示或隐藏面板的命令，以及使用选择、钢笔、画笔、铅笔、渐变、网格、吸管、剪刀和上色工具等工具的操作，都无法进行记录。

如果录制动作过程中，执行任务后命令或工具的名称在“动作”面板中不显示，表示无法记录该命令。这时，可用“动作”面板菜单中的命令来添加任务，各方法如下：

- 【插入菜单命令】：从“动作”面板菜单上选择“插入菜单项”命令，打开“插入菜单项”对话框。然后，从菜单中选择要执行的命令。这时，选取的菜单命令将自动显示在对话框中的文本框中，如图7-38所示。或者，在该文本框中输入要执行的命令名称，并单击“查找”按钮。单击“确定”按钮即可在记录该菜单命令为动作。
- 【插入停止点】：从“动作”面板菜单中选择“插入停止”命令，打开“记录停止”对话框。在对话框的“信息”文本框中键入要显示的信息，如图7-39所示。如果需要该选项无停顿地继续动作，可以选择“允许继续”复选框。然后，单击“确定”按钮即可插入停止点。
- 【插入路径】：选择该路径，然后从“动作”面板菜单中选择“插入选择路径”命令，即可在面板中创建“设置工作路径”动作。
- 【插入某个选择对象】：按下Ctrl+F11键打开“属性”面板，在面板菜单中选择“显示注释”命令，使显示注释文本框。然后，选择对象，在注释文本框中键入该对象名称，如图7-40所示。然后，在“动作”面板菜单中选择“选择对象”

命令，打开“设置选择对象”对话框。在对话框中的文本框中输入当前选中对象的注释名称，如图 7-41 所示。单击“确定”按钮，即可在面板中创建“设置选择对象”动作。

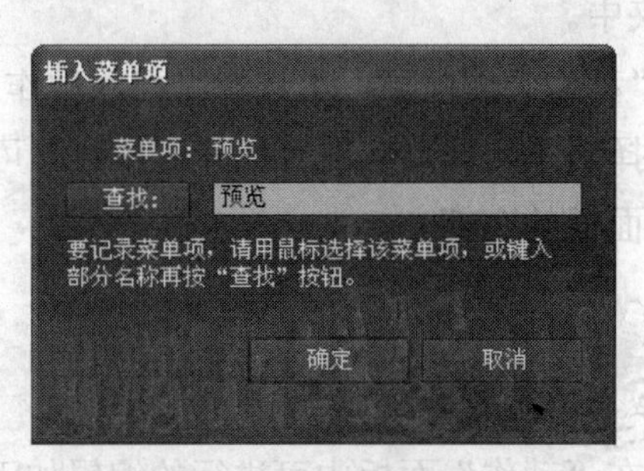

图 7-38　显示选择的菜单项

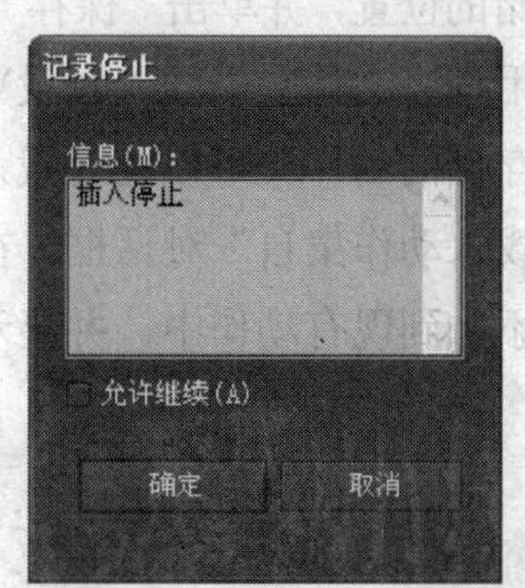

图 7-39　输入显示信息

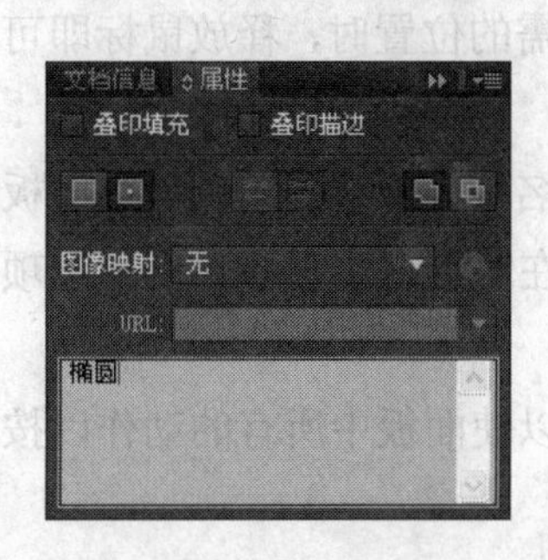

图 7-40　输入对象名称

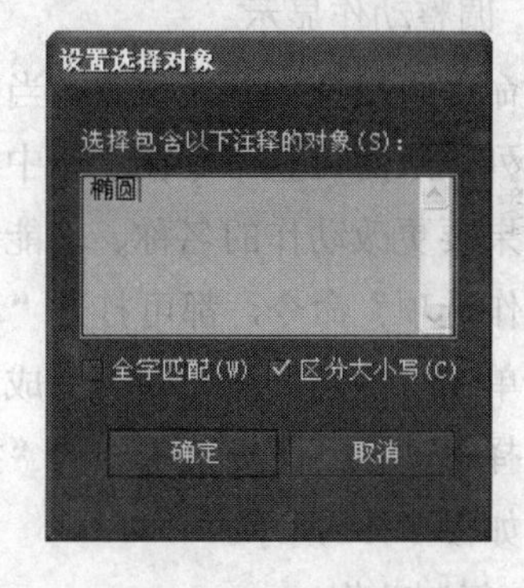

图 7-41　输入选择对象的注释名称

3. 创建和存储动作集

为了便于动作的管理，可以创建和组织任务相关的动作集，这些动作集可以存储到电脑硬盘中并转移到其他计算机。在“动作”面板中，可以选择动作直接拖移到动作集中，释放鼠标时该动作即被存储在所选动作集中。单击动作集前的三角形图标，即可显示动作集中的所有动作，如图 7-42 所示。

如果要创建一个动作集，单击“动作”面板底部的“创建新动作集”按钮，打开“新建动作集”对话框。在对话框的“名称”文本框中输入动作集的名称，如图 7-43 所示。单击“确定”按钮，即可在面板列表底部创建动作集。

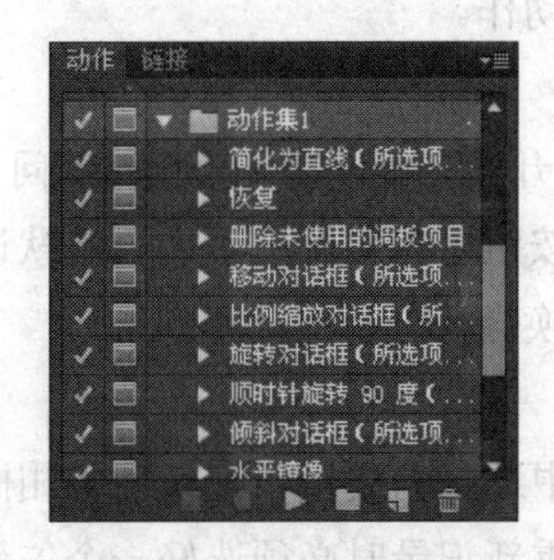

图 7-42　展开动作集

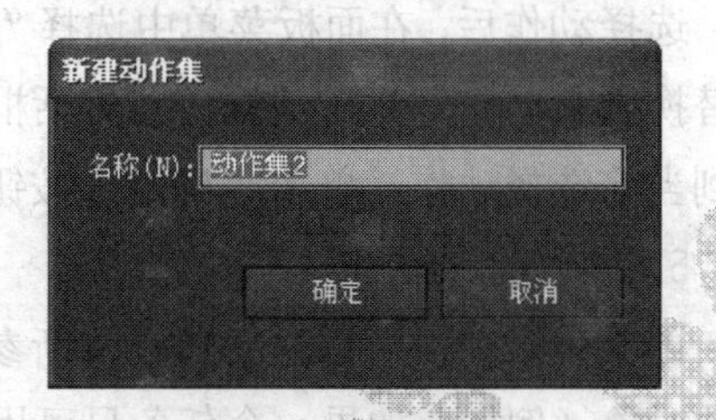

图 7-43　输入动作集名称

第7章　面板的运用

如果要将动作集进行存储，可以在选择动作集后，在“动作”面板菜单中选择“存储动作”命令，打开“将动作集存储到”对话框。然后，在对话框中输入动作集的名称，选择要存储的位置，并单击“保存”按钮。这时，被选择的动作集存储在 Adobe Illustrator CS6 应用程序文件夹中的“预设\动作”文件夹中。

被存储的动作集可以随时载入以便调用，“动作”面板菜单上选择“载入动作”命令，打开“载入动作集自”对话框。在对话框中选择动作文件，单击“打开”按钮即可将外部的动作添加到现有动作中，并显示在“动作”面板的底部。

7.4.2 动作的编辑

记录动作后，有时需要对动作进行编辑，在“动作”面板中可进行的编辑如下：

1. 调整动作显示

将命令直接拖动到新位置，当突出显示行出现在所需的位置时，释放鼠标即可调整命令的排列，从而调整命令在动作中的执行顺序。

如果要更改动作的名称、功能键或颜色，双击动作名称，或选择“动作”面板菜单中的“动作选项”命令，都可打开“动作选项”对话框。在对话框中重新对动作选项进行编辑后，单击“确定”按钮即可完成更改。

选择“动作”面板菜单中的“按钮模式”命令，可以使面板中所有的动作以按钮方式显示，如图 7-44 所示。

2. 复制动作

动作、动作集或命令在“动作”面板中都可以进行复制。选择要复制的项目后，在“动作”面板菜单上选择“复制”命令，即可复制出一个新项目。另外，还可以直接把动作或命令拖到“创建新动作”按钮上，或者把一个动作集拖到“创建新动作集”按钮上。复制的动作集显示在“动作”面板的底部，复制的命令或动作显示在原命令或动作之后。

3. 删除动作

选择动作或命令后，单击“删除所选动作”按钮，或者从面板菜单中选择“删除”命令，即可删除所选项目。或者，直接把所选动作拖到“删除所选动作”按钮上。

如果从面板菜单中选择“清除动作”命令，在弹出的 Illustrator CS6 询问“是否删除所有动作？”对话框中单击“是”按钮则可以删除所有动作。

4. 重置动作

选择动作后，在面板菜单中选择“重置动作”命令，打开 Illustrator CS6 的询问“是否替换当前动作？”对话框。在对话框中，单击“追加”按钮可在面板中添加一组默认动作到当前选择动作；单击“确定”按钮可以使默认设置替换当前选择的动作。

5. 再次记录动作

再次记录动作可以为动作设置新参数。首先，在文档中选择与要重新记录任务相同类型的对象（例如，如果一个任务只可用于矢量对象，那么重新记录时必须选好一个矢量对象）。然后，在面板中选择需要再次记录的动作，并在面板菜单中选择“再次记录”命令。这时，将依次出现动作中的同各个命令相应的选项对话框。在对话框中重新设置命令参数，单击“确定”按钮即可重新记录该命令。

例如，选择一个矢量图形，在面板中选择“顺时针旋转 90 度”动作，并选择“再次记录”命令，则打开“旋转”对话框，如图 7-45 所示。在对话框中调整“角度”选项的数值为 30°，单击“确定”按钮。这时，“动作”面板中的“顺时针旋转 90 度”动作被再次记录，所显示的旋转参数被改变，但动作名称保持不变，如图 7-46 所示。

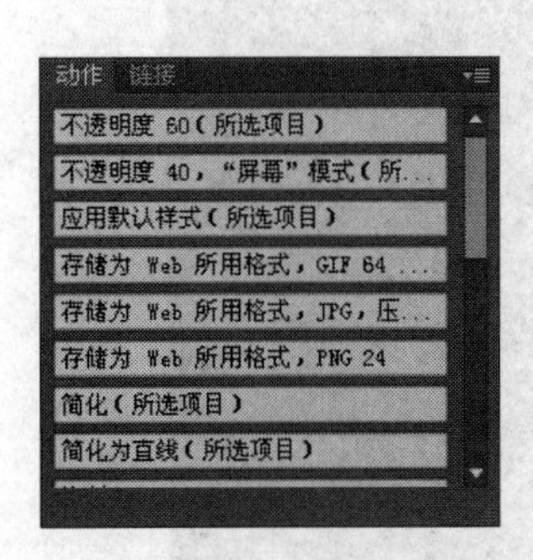

图 7-44　按钮模式显示

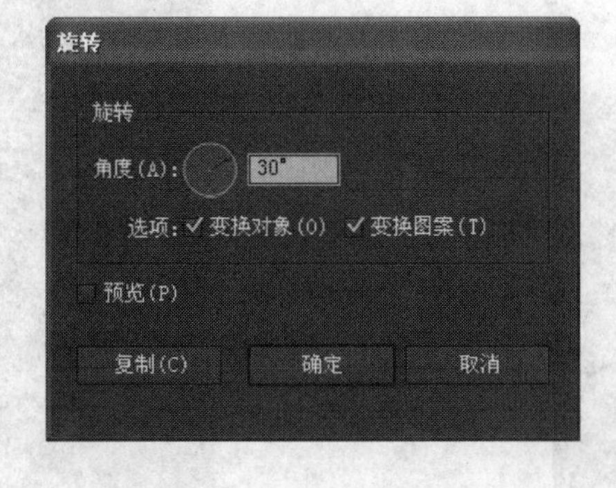

图 7-45　调整旋转角度数值

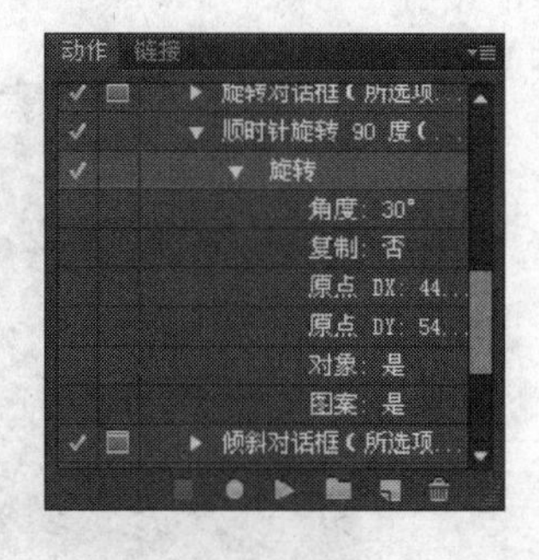

图 7-46　动作被再次记录

6. 从动作中排除命令

在动作中如果要排除一个动作或命令，可以单击项目名称左边的“切换项目开/关”标记，使该标记隐藏；再次单击该标记，可再次添加该项目。

7.4.3　动作的播放

在“动作”面板中选择一个动作、动作集或动作开始处的命令，单击“播放当前所选动作”按钮，或者从面板菜单中选择“播放”命令，即可开始播放动作。

1. 设置播放性能速度

有些动作比较复杂，从而导致播放不正常却难于确定问题所在。这时，可以选择面板菜单中的“回放选项”命令，打开“回放选项”对话框，如图 7-47 所示。在对话框中，提供了播放动作的速度选项，通过选择不同的速度可以观察到每一条命令的执行情况。可供选择的速度选项如下。

- 【加速】：选择该选项表示以正常的速度播放动作，该选项为默认设置。
- 【逐步】：选择该选项表示完成每个命令，并在动作中进行下一个命令之前重绘图像。
- 【暂停】：选择该选项可以指定动作中执行每个命令之间 Illustrator CS6 应该暂停的时间。

指定播放性能速度后，单击“回放选项”对话框中的“确定”按钮退出对话框。

2. 设置批处理播放

批处理可以用来播放文件夹和子文件夹的动作，也可以将带有不同数据组的数据驱动图形合成一个模板。在“动作”面板菜单中选择“批处理”命令，打开“批处理”对话框，如图 7-48 所示。

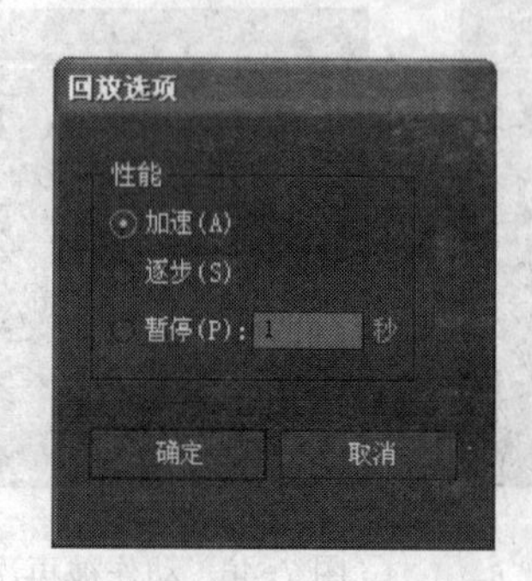

图 7-47 “回放选项”对话框

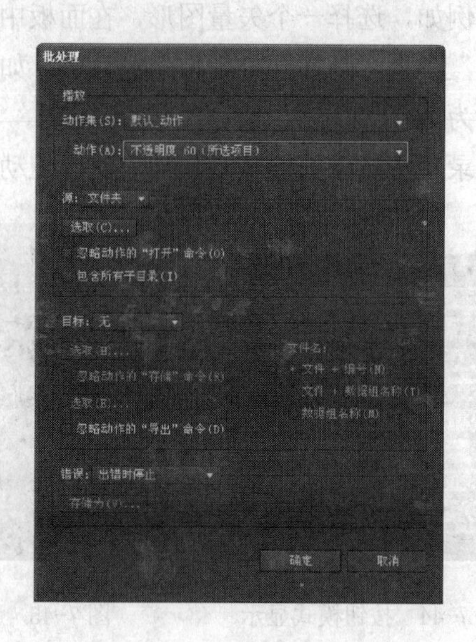

图 7-48 “批处理”对话框

在对话框中可以进行以下设置：

- 【播放】：在该栏目中可以选择需要播放的动作集和动作。
- 【源】：在该栏目中可以选择要播放动作的文件夹，或选择“数据组”以对当前文件中的各数据组播放动作。如果选择某个文件夹，就可以为播放动作设置附加选项。

（1）忽略动作的“打开”命令：选择该选项表示从指定的文件夹打开文件，忽略记录为所有“打开”命令。

（2）包含所有子目录：选择该选项表示处理指定文件夹中的所有文件和文件夹。

- 【目标】：在该选项下拉列表中可以指定要对已处理文件进行的操作。其中，“无”选项表示可以保持文件打开而不存储更改；“存储并关闭”选项表示在其当前位置存储和关闭文件；“文件夹”选项表示将文件存储到其他位置。根据选择的不同选项，可以为存储文件设置附加选项。

（1）忽略动作的“存储”命令：选择该选项表示将已处理的文件存储在指定的目标文件夹中，忽略记录为所有“存储”命令，单击“选取”按钮以指定目标文件夹。

（2）忽略动作的“导出”命令：选择该选项表示将已处理的文件导出到指定的目标文件夹，忽略记录为所有“导出”命令，单击“选取”按钮以指定目标文件夹。

- 【错误】：在该选项中的下拉列表中可以指定 Illustrator 在批处理过程中处理

错误的方式。如果选择“将错误记录到文件”，单击“存储为”按钮以指定存储错误记录的目标文件夹。

7.5　面板的应用——制作海报

01 新建一个文档，将文档大小设置为A4大小，颜色模式设置为CMYK颜色。

02 在工具箱中选择矩形工具绘制一个与页面大小相同的矩形，如图7-49所示。填充颜色如图7-50所示。

图7-49　绘制矩形

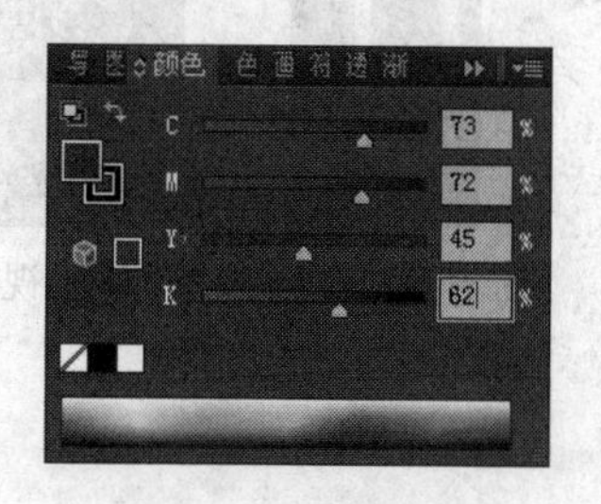

图7-50　填充矩形颜色

03 用选取工具选中矩形，如图7-51所示。执行主菜单栏“窗口→透明度”命令打开透明度调板；或按下Shift+Ctrl+F10键打开。单击透明度调板右上角的选项菜单按钮，在命令菜单中选择“建立不透明蒙版”，如图7-52、图7-53所示。

图7-51　选取绘制矩形

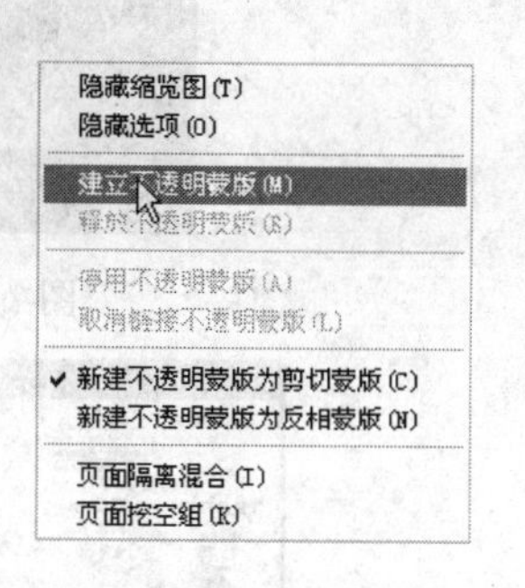

图7-52　执行建立不透明蒙版命令

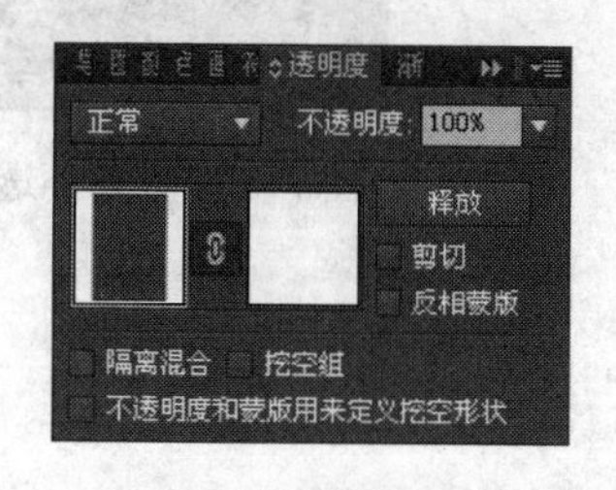

图7-53　制作不透明蒙版工具调板

04 在透明度调板中单击不透明蒙版视图，如图7-54所示，在工具箱中选择光晕工具，在绘图区绘制光晕图形，如图7-55所示。单击绘制矩形的视图应用不透明蒙版，如图7-56所示，单击“透明”调板的图像缩略图，完成不透明蒙版的编辑，效果如图7-57所示。

05 在图层调板中，单击图层面板中的创建新图层命令按钮，新建一个图层为图层2，如图7-58所示。

06 在图层调板中用鼠标单击图层2，执行主菜单栏中“文件→置入”命令，在弹出的置入对话框中选择需要置入的图形，单击“置入”按钮，退出对话框，如图 7-59 所示。选取置入的图形，如图 7-60 所示。在打开的透明度调板中，将置入的图形不透明度设置为 70%，如图 7-61 所示。

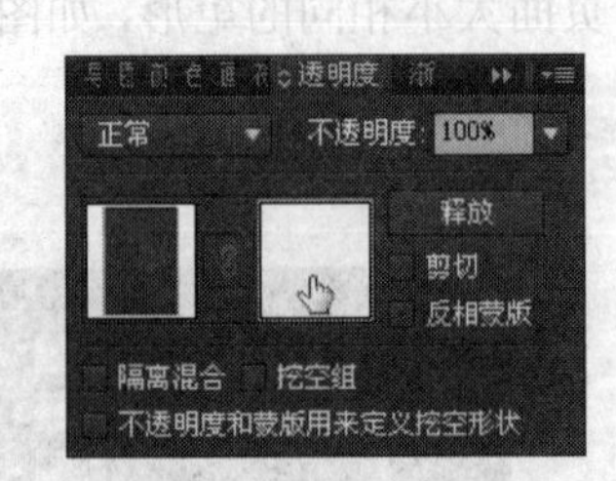

图 7-54　选择不透明蒙版视图

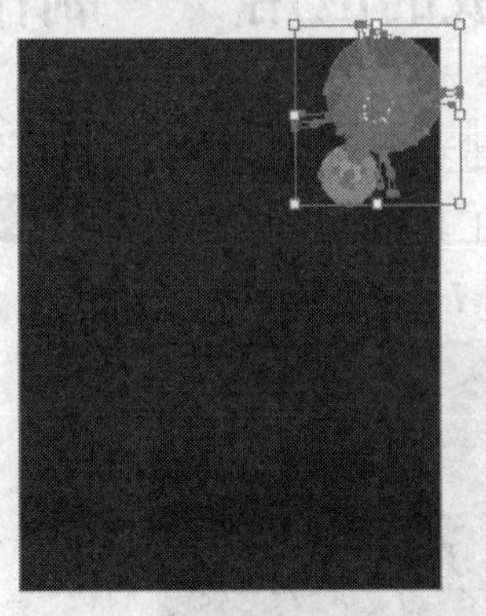

图 7-55　绘制光晕

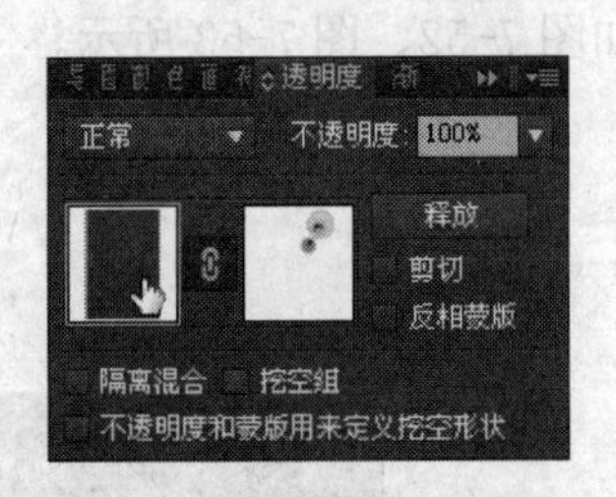

图 7-56　制作不透明蒙版

图 7-57　制作后效果

图 7-58　新建图层 2

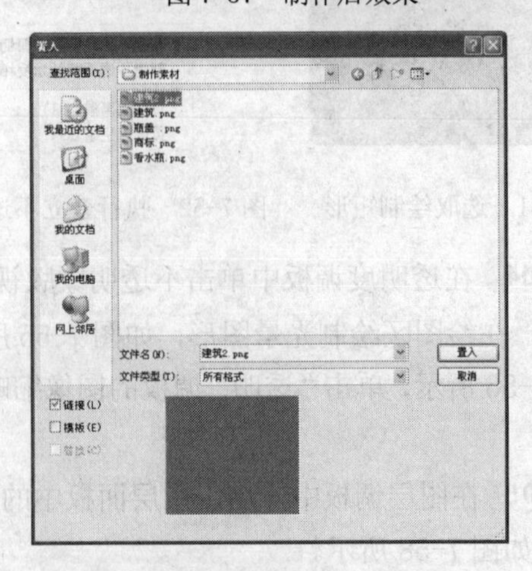

图 7-59　执行置入命令

图 7-60　选取置入图形

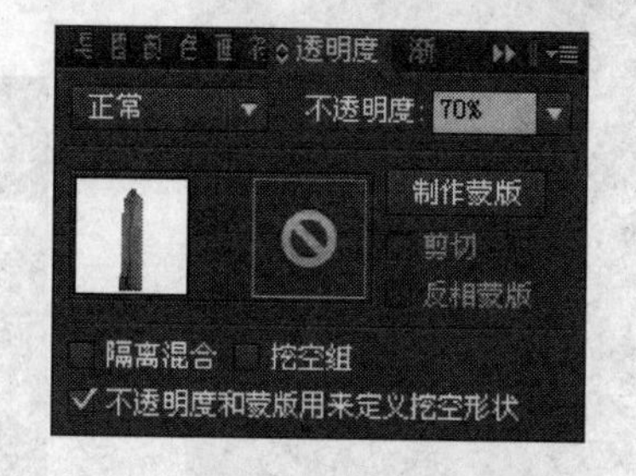

图 7-61　设置置入图形不透明度

07 用上一步同样的方法置入图形，如图 7-62 所示。在透明度调板中将置入的图形不透明度设置为 51%，如图 7-63 所示。

图 7-62　置入图形

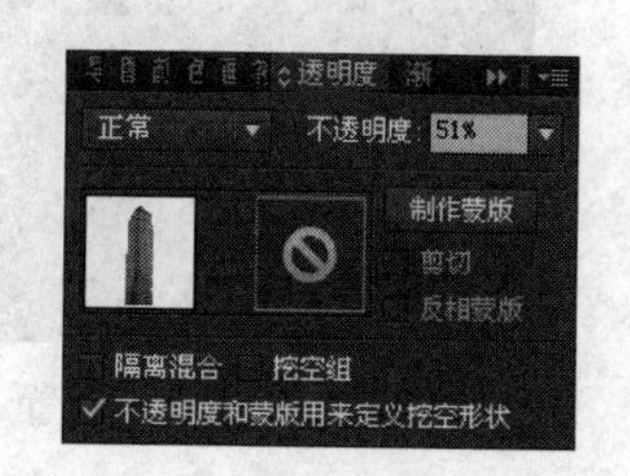

图 7-63　设置不透明度

注意：

为了在视觉上有前后的关系，这两个图形的透明度的设置数是不一样的。

08 执行主菜单栏中的“文件→置入”命令，在弹出的置入对话框中选择需要置入的图形，单击“置入”按钮，置入香水瓶和瓶盖，如图 7-64 所示。在工具箱中选择椭圆工具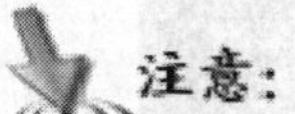绘制圆，按下 Ctrl+F9 键打开渐变调板，设置渐变颜色，将渐变类型设置为“径向”渐变，如图 7-65 所示，按住 Alt 键拖动渐变圆形复制，如图 7-66 所示。

09 在工具箱中选择选取工具，调整渐变椭圆位置，如图 7-67 所示。单击图层调板的新建按钮，新建图层 3，如图 7-68 所示。

10 在图层面板中，用鼠标单击“图层 3”使它处于可编辑的状态，为了不影响其他图层中的图形，把其他图层锁定，如图 7-69 所示。在工具箱中选择文字工具T，在图层 3 上输入文字，如图 7-70 所示，按 Esc 键退出文字输入。

图 7-64　置入香水瓶图片

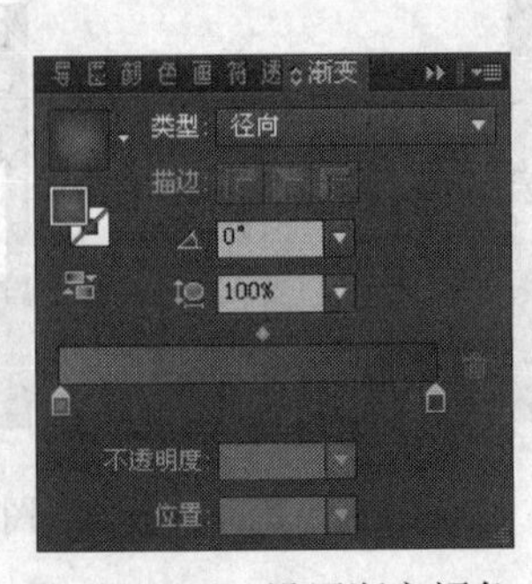

图 7-65　设置渐变颜色

图 7-66　复制后效果

图 7-67　调整椭圆位置

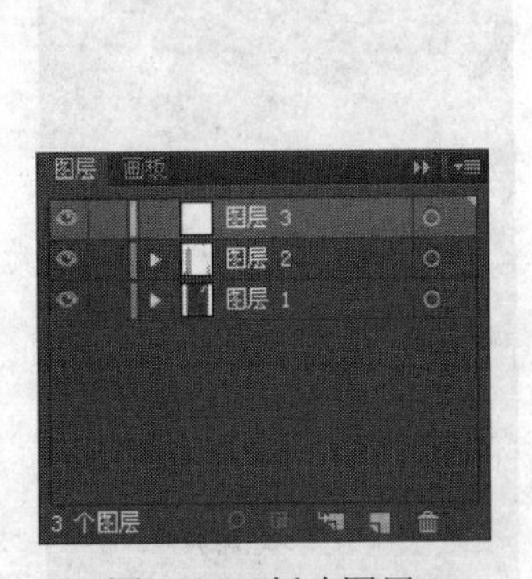

图 7-68　新建图层 3

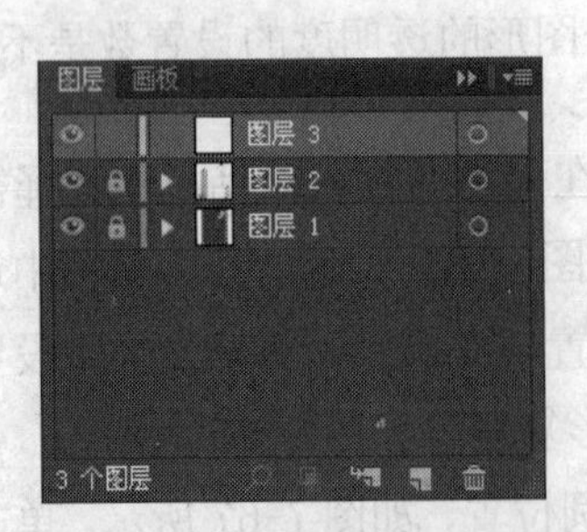

图 7-69　新建并锁定其他图层

图 7-70　置入文字效果

11 新建图层 4，在图层 4 上使用矩形工具绘制矩形，双击矩形工具在弹出的矩形工具的对话框中设置矩形的宽度和高度，单击“确定”退出对话框，如图 7-71 所示。

矩形填充红色，同样的方法创建一个灰色的矩形，如图 7-72 所示。

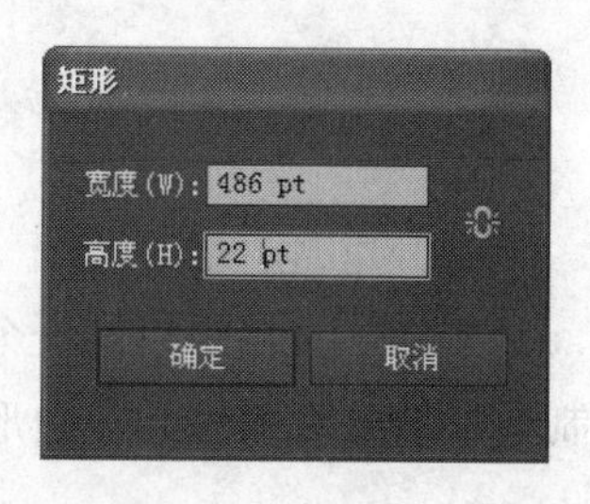

图 7-71　设置矩形大小

图 7-72　置入后效果

12 执行主菜单栏中“文件→置入”命令，置入商标图形，如图 7-73 所示。用第 4 步同样的方法制作不透明蒙版，如图 7-74 所示。在不透明视图中用椭圆工具绘制椭圆，并填充径向渐变，与置入的商标制作不透明蒙版，如图 7-75 所示。

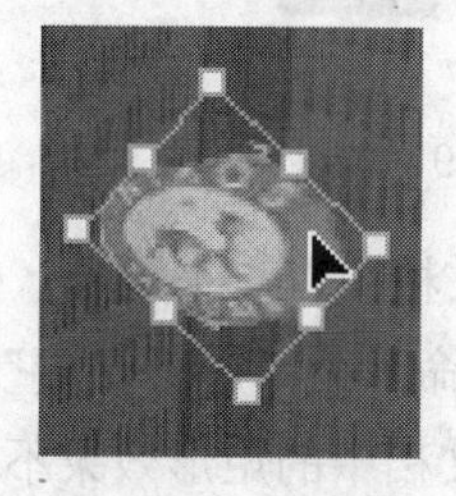

图 7-73　置入图形

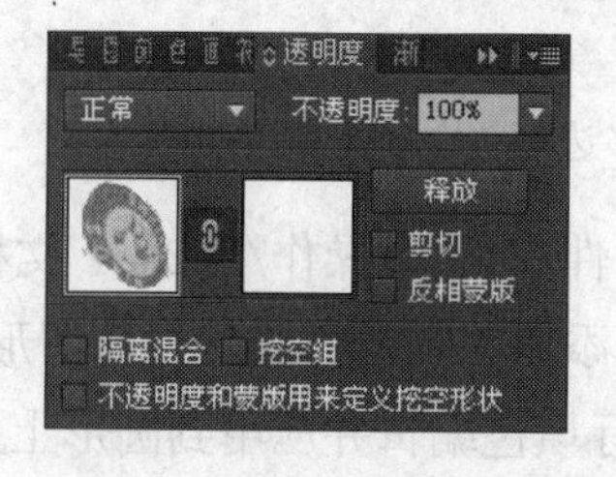

图 7-74　选择不透明蒙版视图

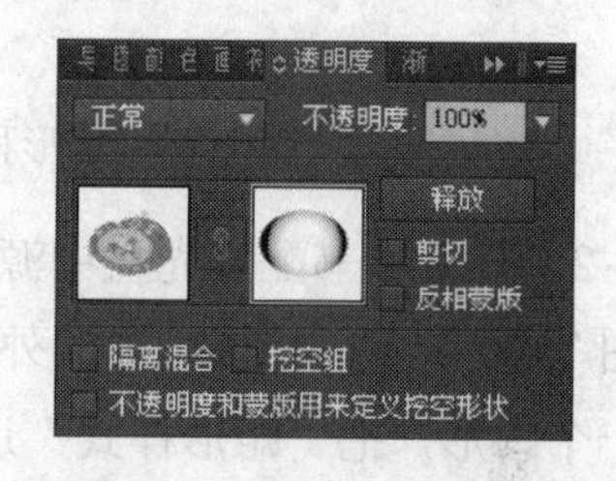

图 7-75　制作不透明蒙版

13 制作完成效果，如图 7-76 所示。执行主菜单栏中“文件→存储为”命令，在弹出的输出对话框的保存类型文本框下拉菜单中选择 JPEG 格式，需要保留可编辑则选择 AI 格式，如图 7-77 所示。

图 7-76　最后效果

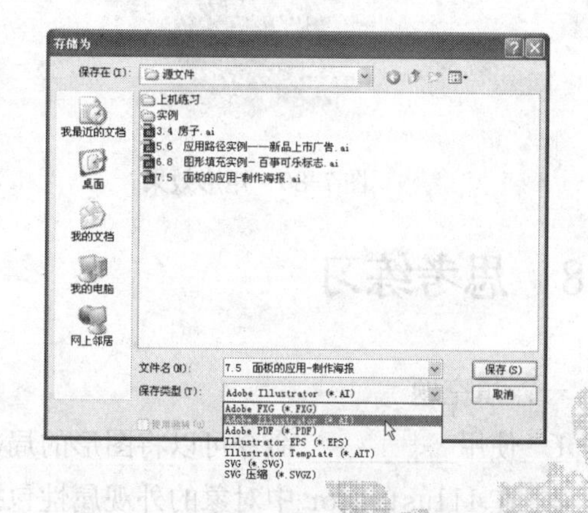

图 7-77　文件输出

7.6　本章小结

本章主要介绍4个常用的面板，包括“图层”、“外观”、“图形样式”和“动作”面板。通过这几个面板，可以方便并有效地管理对象和控制图像效果，从而提高作图速度，并增加一些意想不到的图像特效。

7.7　上机操作

1. 打开本书配套光盘中源文件/7/上机操作/7-1.ai 文档，文档中包括一个星形和一个多边形，如图 7-78 所示。通过“外观”面板，复制星形的外观属性到多边形上，使多边形效果如图 7-79 所示。

图 7-78　星形和多边形

图 7-79　多边形效果

2. 打开本书配套光盘中源文件/7/上机操作/7-2.ai 文档，文档中有一个矩形，效果如图 7-80 所示。将该矩形的外观添加为图形样式，为该图形样式命名为“矩形样式”。绘制一个圆形，把“矩形样式”进行填色编辑并应用到圆形上，使文档中的矩形效果不变，圆形效果如图 7-81 所示。

提示：将图形样式和矩形断开链接后，在“外观”面板中编辑该图形样式的填色属性，并应用到圆形上。

图 7-80　矩形效果

图 7-81　圆形效果

7.8　思考练习

一. 填空题

1. 使用__________命令可以将图形的局部剪切，并根据图形的形状来显示对象。

2. 在 Illustrator 中对象的外观属性包括_______、________、_________和________。

3. 如果要在“外观”面板中删除所有外观属性（包括单一的填色、描边和透明度项

目），可以从面板菜单中选择__________命令。

4．__________是一组可反复使用的外观属性。

5．_________是在使用 Illustrator 的过程中记录下来的一系列任务——菜单命令、面板选项、工具动作等。

二．选择题

1．使用________可以删除除了单一填色、描边和透明度以外的所有外观属性？

A:“删除所选项目”按钮　　　　　　　　B:“移去项目”命令

C:“简化至基本外观”按钮　　　　　　　D:“清除外观”按钮

2．在图形样式库中，可以进行下面的________操作。

A：排序　　　　　　　　　　　　　　　B：添加

C：删除　　　　　　　　　　　　　　　D：编辑

三．思考题

1．对象的外观是否可以是多重的；如果可以的话，那么哪个外观属性决定着对象的外观？

2．如何将常用的外观属性进行存储并命名？

3．如果要使用同样的命令来处理一批不同的图像文档，使用什么样的方法能最快地完成处理？

第 8 章 使用画笔与符号工具

本章导读

画笔可以提供给用户一种接近于手绘的矢量绘图效果。通过画笔工具可以轻松地绘制出自然笔触、书法笔触、图案笔触等效果，并保持矢量图形的基本特性。

符号是在 Illustrator CS6 中应用得最广泛的工具之一。它可以方便、快捷地生成很多同样的图形实例，比如一片森林、一簇鲜花、一群飞鸟等。同时，符号被置入文档后，还有多种方法可以灵活、快速地调整实例的大小、色彩、样式等，且不会增加文档的大小。

- 画笔的运用
- 斑点画笔的运用
- 符号的运用
- 画笔和符号的应用实例——瑞果图
- 用符号工具制作海底世界广告

8.1 画笔的运用

画笔可使路径的外观具有不同的风格。Illustrator CS6 中有 5 种画笔：

- 【书法画笔】：书法画笔所创建的路径，类似用笔尖呈某个角度的书法笔，沿着路径的中心绘制出来，如图 8-1a 所示。
- 【散点画笔】：散点画笔所创建的路径，表现为将一个对象（如一朵鲜花）的许多副本沿着路径分布，如图 8-1b 所示。
- 【艺术画笔】：艺术画笔所创建的路径，表现为沿路径长度均匀拉伸画笔形状（如粗炭笔）或对象形状，如图 8-1c 所示。
- 【图案画笔】：图案画笔可以绘制一种图案，该图案由沿路径重复的各个拼贴组成。 图案画笔最多可以包括 5 种拼贴，即图案的边线、内角、外角、起点和终点，如图 8-1d 所示。
- 【毛刷画笔】：使用毛刷创建具有自然画笔外观的画笔描边。

“散点画笔”和“图案画笔”的效果有点类似。它们之间的区别在于，“图案画笔”会完全依循路径，如图 8-2 所示；而“散点画笔”则散点状沿路径分布，如图 8-3 所示。

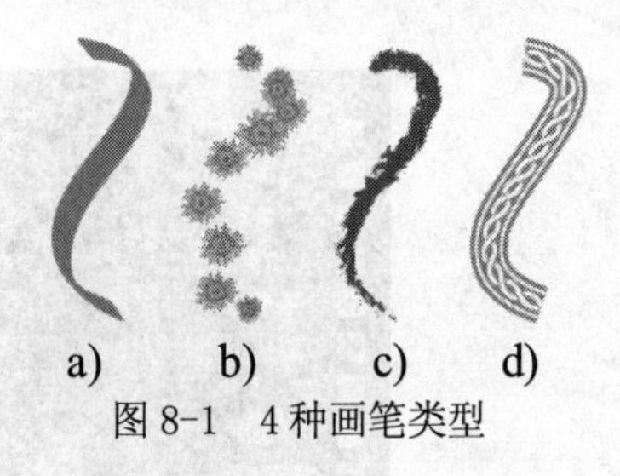

图 8-1　4 种画笔类型

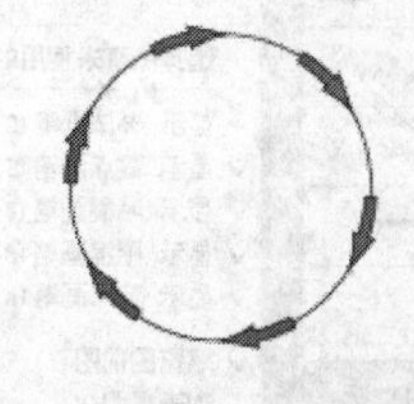

图 8-2　图案画笔效果

图 8-3　散点画笔效果

8.1.1　画笔库

画笔库是 Illustrator CS6 自带的预设画笔的集合，用户可以打开多个画笔库来浏览其中的内容并选择画笔。执行“窗口”→“画笔库”命令，然后从“画笔库”子菜单中选择一个库，即可打开相应的画笔库。另外，也可以使用“画笔”面板菜单来打开画笔库。例如，如图 8-4 所示的画笔库为“装饰_横幅和封条”，用户可以通过单击该画笔库的画笔来进行选择。

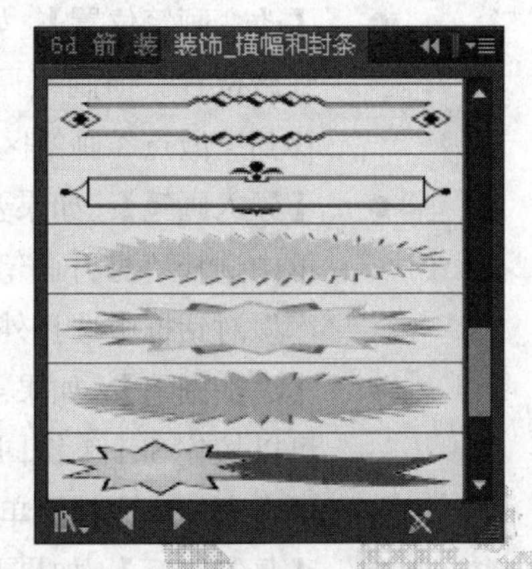

图 8-4　“装饰_横幅和封条”画笔

如果要创建新的画笔库，可以在画笔库的面板菜单中选择“存储画笔库”命令，并存储到 Illustrator CS6 文件夹的“预设/画笔”文件夹下。这样，重新启动 Illustrator CS6 时，画笔库的名称就会自动显示在“画笔库”中。

8.1.2 “画笔”面板

“画笔”面板可以显示当前文档的画笔。如果从画笔库中选择画笔，该画笔都将自动添加到“画笔”面板中。在该面板中，用户可以选择相应的画笔并编辑画笔的属性，还可以创建和保存新的画笔。

执行“窗口”→“画笔”命令，即可打开“画笔”面板。单击面板右上角的图标，即可打开面板菜单，如图 8-5 所示。

“画笔”面板的使用方法具体如下：

- 【显示和隐藏画笔】：如果要显示或隐藏一种画笔，可以从面板菜单中选择下列相应的画笔显示命令：“显示书法画笔”、“显示散点画笔”、“显示毛刷画笔”、“显示艺术画笔”和“显示图案画笔”。
- 【改变显示视图】：如果需要改变画笔的显示视图，可以在面板菜单中选择“缩览图视图”或“列表视图”，图 8-4 所示为缩览图视图，列表视图如图 8-6 所示。

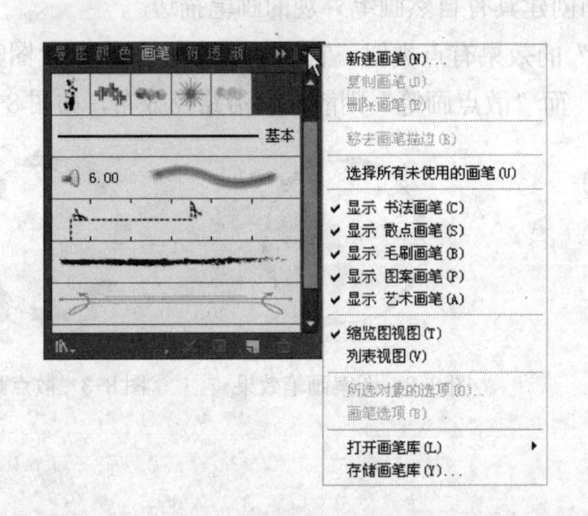

图 8-5 “画笔”面板菜单

图 8-6 列表视图

- 【改变画笔位置】：如果需要改变画笔在面板中的位置，可以直接将画笔拖动到新位置。但画笔只能在其所属的类别中移动。例如，不能把“书法”画笔移到“散点”画笔区域。
- 【导入画笔】：如果要将画笔从另一个文件导入“画笔”面板，可以在面板菜单中选择“打开画笔库”→“其他库”命令，然后在弹出的“选择要打开的库”对话框中选择外部文件。
- 【添加画笔】：如果需要把一个画笔库中的多个画笔复制到“画笔”面板中，可以按住 Shift 键同时选中多个画笔，然后将这些画笔拖移至“画笔”面板，或在画笔库面板菜单中选择“添加到画笔”命令。
- 【复制画笔】：如果要复制“画笔”面板的画笔，可以选中画笔并拖到“新建画笔”按钮上，或从面板菜单选择“复制画笔”命令。

- 【删除画笔】：如果需要删除画笔，可以选择画笔并单击“删除画笔”按钮 。
- 【选择未使用的画笔】：在面板菜单中选择“选择所有未使用的画笔”命令，即可选中未在文档中使用的所有画笔。

在 Illustrator CS6 中，可以将画笔应用于由任何绘图工具（包括钢笔工具、铅笔工具，或其他基本的形状工具）所创建的线条。

选择路径后，从“画笔库”、“画笔”面板中单击选择相应的画笔，即可将选择的画笔应用到路径上。或者，还可以直接将画笔拖移到工作区的路径上。如果所选的路径已经应用了画笔描边，那么新画笔将替换旧画笔。

8.1.3 画笔工具

创建画笔路径有两种方法，一种是将画笔描边应用于由任何绘图工具（包括“钢笔”工具“铅笔”工具，或基本的形状工具）所创建的线条。另一种更加简单的方法是使用画笔工具直接创建。

1. 创建画笔路径

使用画笔工具创建画笔路径的方法简单，具体步骤如下：

（1）在画笔库或“画笔”面板上单击选择一个画笔，在此选择“油墨泼溅”画笔。

（2）在工具箱中单击“画笔”工具，然后将鼠标指针在希望画笔描边开始的地方单击并进行拖移，以绘制线条。随着拖移，会出现画笔路径。

（3）如果要绘制的是一条开放式路径，在路径形成所需形状时，释放鼠标按键即可完成画笔路径的绘制，绘制效果如图 8-7 所示；如果要绘制封闭式路径，释放鼠标前按下 Alt 键即可封闭路径，效果如图 8-8 所示。

2. 设置画笔工具选项

Illustrator CS6 在绘制画笔时将自动设置锚点，锚点的数目取决于线条的长度和复杂度，以及“画笔”的容差设定。通过设置画笔工具的首选项可以调整画笔工具，从而影响画笔绘制的路径效果。双击画笔工具，即可打开“画笔工具首选项”对话框，如图 8-9 所示。

图 8-7 开放式路径

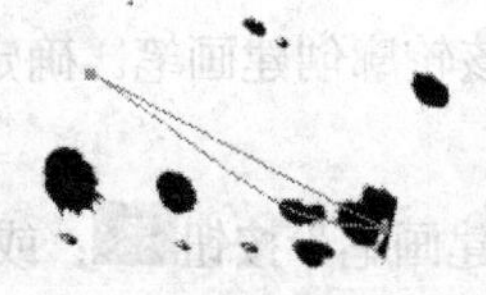

图 8-8 封闭式路径

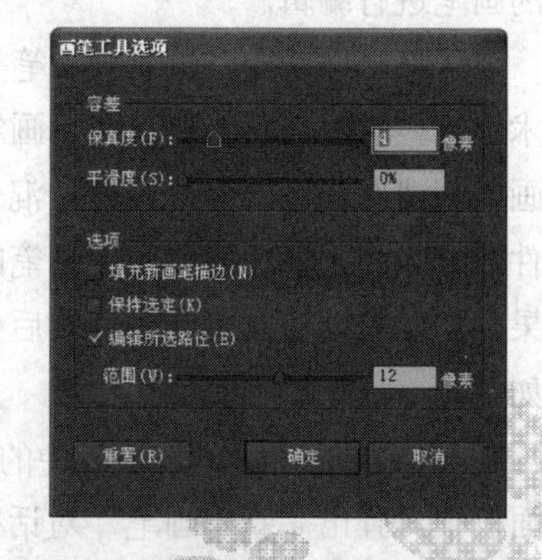

图 8-9 “画笔工具选项”对话框

在“画笔工具选项”对话框中包含了以下各选项设置。

- 【保真度】：该选项控制移动多少像素距离，Illustrator CS6 才在路径上添加新锚点。例如，保真度值为 2.5，表示小于 2.5 像素的工具移动将不生成新的锚点。保真度的范围可介于 0.5～20 像素之间；值越大，路径越平滑，复杂程度越小；数值越小精度就越高，书写的笔画就越真实。
- 【平滑度】：该选项控制生成笔画的平滑程度，范围在 0～100%之间。百分比越高，路径越平滑。
- 【填充新画笔描边】：选择该选项表示将填色应用于路径。图 8-10 左图所示为未选择该选项的效果，右图为选择该选项的填色效果。

图 8-10 未选择和选择“填充新画笔描边”的效果

- 【保持选定】：选择该选项表示绘制出一条路径后，Illustrator CS6 将使该路径保持选定。
- 【编辑所选路径】：选择该选项表示可以使用画笔工具改变一条现有的画笔路径。
- 【范围】：该选项的数值表示修改的感应范围。此选项仅在选择了“编辑所选路径”选项时可用。

8.1.4 画笔选项的设置

如果用户对 Illustrator CS6 预设的画笔效果不是很满意，还可以新建画笔或对预设的画笔进行编辑。

Illustrator CS6 中的画笔类型包括散点画笔、书法画笔、毛刷画笔、图案画笔和艺术画笔。新建散点画笔、艺术画笔和图案画笔时，必须首先创建要使用的图稿。同时，为画笔创建图稿不能包含渐变、混合、其他画笔描边、网格对象、位图图像、图表、置入文件或蒙版。艺术画笔和图案画笔的图稿中不能包含文字。若要实现包含文字的画笔描边效果，需要先创建文字轮廓，然后使用该轮廓创建画笔。确定图稿后，新建画笔的具体步骤如下：

（1）单击“画笔”面板中的“新建画笔”按钮；或者，将所选对象拖移到“画笔”面板中。弹出“新建画笔”对话框，如图 8-11 所示。

（2）在“新建画笔”对话框中，选择要创建的画笔类型。

（3）单击“确定”按钮。在“画笔选项”对话框中，输入画笔名称，设定画笔选项，然后单击“确定”按钮，即可新建画笔到“画笔”面板中。

如果要编辑画笔，可以双击“画笔”面板中的画笔，在弹出的“画笔选项”对话框中设置画笔选项，然后单击“确定”按钮。

在新建画笔过程中，需要设置的每种画笔的“画笔选项”对话框选项都不一样，下面分别介绍 5 种画笔的“画笔选项”。

1. 书法画笔

书法画笔是一种可以变化笔触粗细和角度的画笔，“书法画笔选项”对话框如图 8-12 所示，对话框中包含了以下各选项设置：

- 【名称】：在该选项文本框中输入画笔的名称。
- 【角度】：该选项数值决定画笔旋转的角度。
- 【圆度】：该选项数值决定画笔的圆度。这个数值越高，画笔就越接近于圆形。
- 【直径】：该选项数值决定画笔的粗细。

画笔的角度、圆度和直径都是可以动态变化的，可以在右侧的下拉框里面选定它的变化方式：固定、随机和压力，还可以拖动“变量”滑块或在“变量”文本框中输入数值来限定随机变动的范围。这些变化方式的具体用法和散点画笔的变化方式相同，在此不赘述。

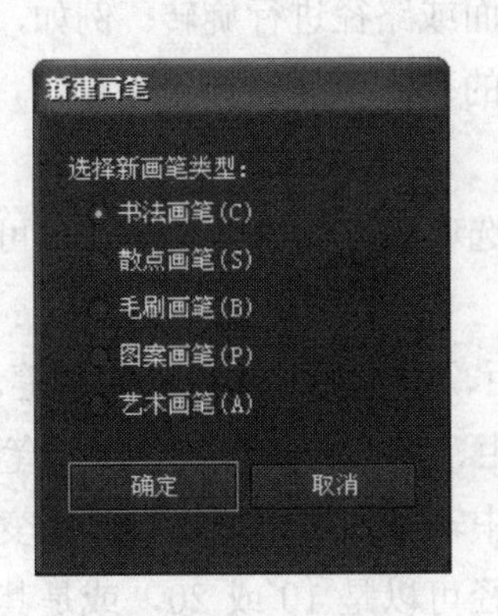

图 8-11　选择画笔类型

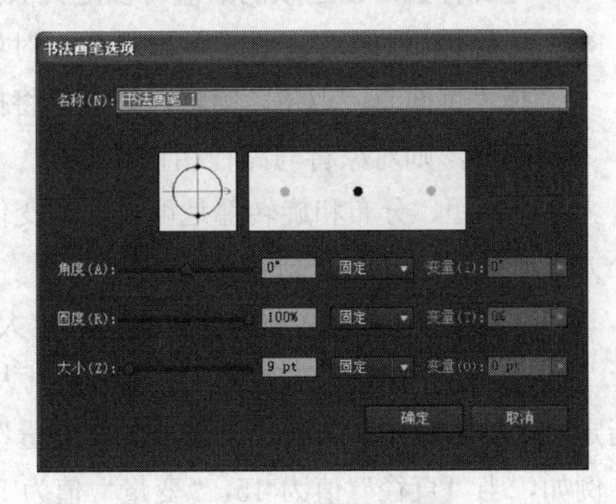

图 8-12　书法画笔选项

在画笔形状编辑器中，可以通过鼠标指针直接拖移编辑器中的画笔，从而改变画笔的形状。画笔形状编辑器右侧是画笔变量预览窗口，在窗口中可以直接预览画笔的角度、圆度和直径的变化。当变化模式为“随机”时，中间的画笔是未经过变动的画笔，左侧的画笔表示画笔的下限，右侧的画笔表示画笔的上限，如图 8-13 所示。

2. 散点画笔

散点画笔可以将对象沿着画笔路径喷洒，“散点画笔选项”对话框如图 8-14 所示，对话框中包含了以下各选项设置。

- 【名称】：在该选项文本框中输入画笔的名称。
- 【大小】：在该选项文本框中输入数值可以定义散点喷洒对象大小比例范围，范围从 10%～1000%。

- 【间距】：该选项的数值可以定义喷洒对象时对象间的间距。

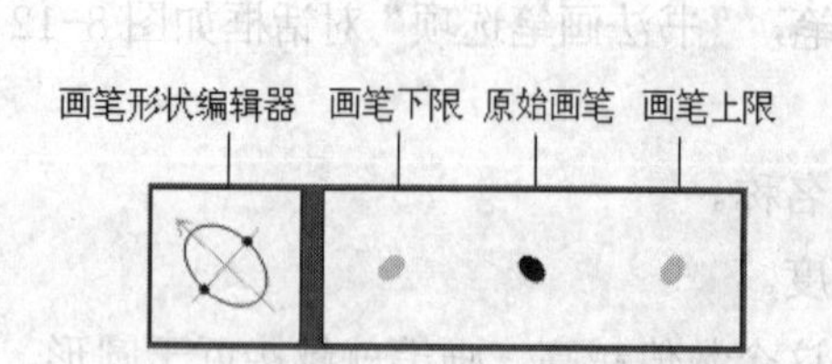

图 8-13　画笔编辑器和变量预览窗口

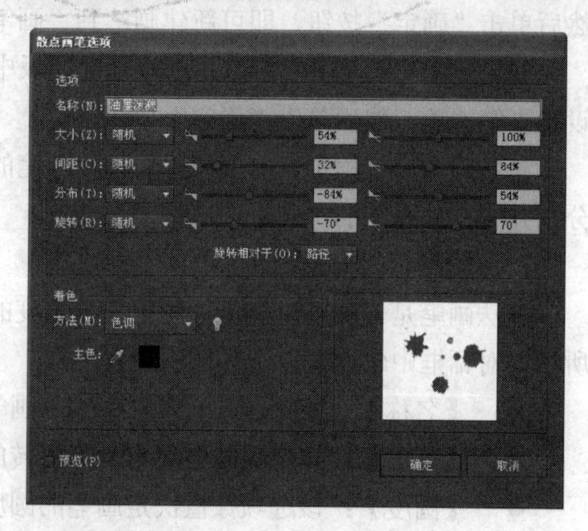

图 8-14　散点画笔选项

- 【分布】：该选项的数值可以定义路径两侧对象与路径之间的接近程度。数值越大，对象距路径越远。
- 【旋转】：该选项的数值可以定义散点喷洒对象的旋转角度。
- 【旋转相对于】：该选项设置散点对象相对页面或路径进行旋转。例如，如果选择“页面”，取 0° 旋转，则对象将指向页面的顶部。如选择“路径”，取 0° 旋转，则对象将与路径相切。

大小、间距、分布和旋转都是可以动态变化的，在选项的右侧的下拉列表中可以选定一个方式来进行变化的控制。

（1）固定：选择该选项将创建具有固定大小、间距、分布和旋转特征的画笔。

（2）随机：选择该选项将创建具有随机大小、间距、分布和旋转特征的画笔，但必须指定一个随机范围。在弹出列表前的“变量”文本框中输入数值可以指定画笔变化的范围。例如，当“直径”值为 15，“变量”值为 5 时，直径可以是 10 或 20，或是其间的任意数值。

（3）压力：选择该选项将根据画笔压力，创建不同角度、圆度或直径的画笔。该选项仅适用于有数位板的情形。

- 【着色方法】：在该选项的下拉菜单中可以选择不同的对象着色方式。

（1）无：该选项所显示的颜色即为“画笔”面板中的画笔颜色。

（2）色调：该选项使以浅淡的路径颜色显示画笔路径，对象的黑色部分会变为路径颜色，不是黑色的部分则会变为浅淡的路径颜色，白色依旧为白色。

（3）淡色和暗色：该选项以路径颜色的淡色和暗色显示画笔路径，并保留黑色和白色，而黑白之间的所有颜色则会变成路径颜色从黑色到白色的混合。

（4）色相转换：该选项使用画笔对象中的主色，如“主色”框中所示。该选项会保留黑色、白色和灰色。如果要改变主色，单击“主色”吸管，将吸管移至对话框中的预览图，然后单击要作为主色使用的颜色。这样，“主色”框中的颜色就会改变，再次单击吸管则可取消选择。

3．毛刷画笔

使用毛刷画笔可以像真实画笔描边一样通过矢量进行绘画。可以像使用实物媒介（如水彩和油画颜料）那样利用矢量的可扩展性和可编辑性来绘制和渲染图稿。毛刷画笔还提供绘画穿透控制。可以设置毛刷的特征，如大小、长度、厚度和硬度，还可设置毛刷密度、画笔形状和不透明绘制。“毛刷画笔选项”对话框如图8-15所示，对话框中包含了以下各选项设置。

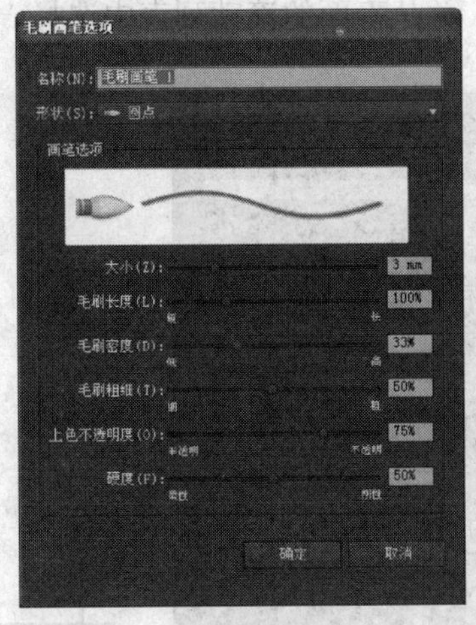

图 8-15　“毛刷画笔选项”对话框

- 【名称】：在该选项文本框中输入画笔的名称。
- 【形状】：从 10 个不同画笔模型中选择，这些模型提供了不同的绘制体验和毛刷画笔路径的外观。
- 【大小】：指画笔的直径，使用滑块或在变量文本字段中输入大小指定画笔大小。范围可以从 1～10 mm。
- 【毛刷长度】：是指从画笔与笔杆的接触点到毛刷尖的长度。与其他毛刷画笔选项类似，可以通过拖移“ 毛刷长度” 滑块或在文本框中指定具体的值（25%～300%）来指定毛刷的长度。
- 【毛刷密度】：是指在毛刷颈部的指定区域中的毛刷数。可以使用与其他毛刷画笔选项相同的方式来设置此属性。范围在 1% ～100% 之间，并基于画笔大小和画笔长度计算。
- 【毛刷粗细】：可以从精细到粗糙（从 1% ～100%）。如同其他毛刷画笔设置，通过拖移滑块，或在字段中指定厚度值，设置毛刷的厚度。
- 【上色不透明度】：可以设置所使用的画图的不透明度。画图的不透明度可以从1%（半透明）～100% （不透明），指定的不透明度值是画笔中使用的最大不透明度，可以将数字键 0～9 作为快捷键来设置毛刷画笔描边的不透明度。
- 【硬度】：表示毛刷的坚硬度。如果设置较低的毛刷硬度值，毛刷会很轻便；设置一个较高值时，它们会变得更加坚硬。毛刷硬度范围在 1% ～100% 之间。

4. 图案画笔

图案画笔可以沿着路径绘制出连续的图案，产生特殊的路径效果。“图案画笔选项”对话框如图 8-16 所示，对话框中包含了以下各选项设置：

- 【名称】：在该选项文本框中输入画笔的名称。
- 【拼贴按钮】：拼贴按钮包括边线拼贴、外角拼贴、内角拼贴、起点拼贴和终点拼贴。通过不同的按钮可以将不同的图案应用于画笔的不同部分，如图 8-17 所示。单击拼贴按钮，并从下面的滚动列表中选择一个图案色板，即可定义拼贴。

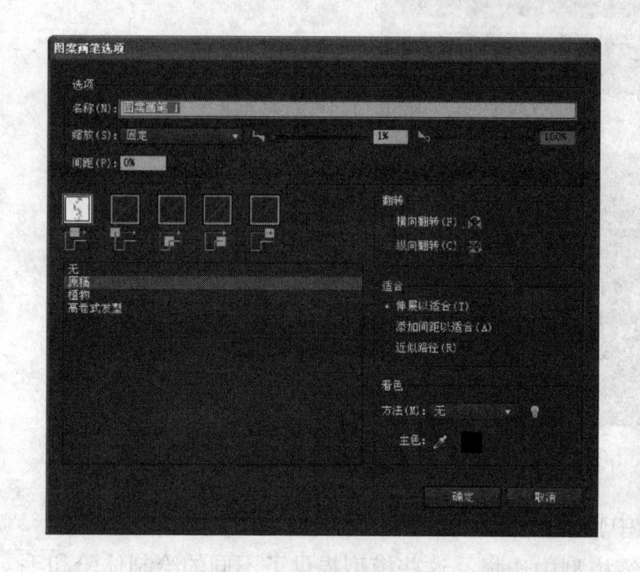

图 8-16　图案画笔选项

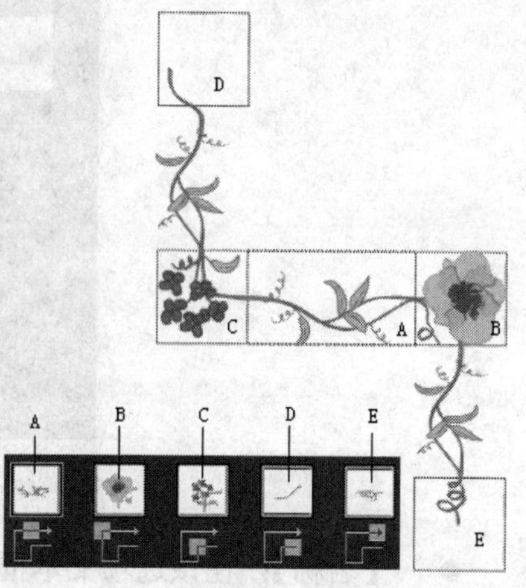

图 8-17　拼贴按钮和对应的图案部分

（1）边线拼贴：可以指定图案作为图案路径的边缘图案。

（2）外角拼贴：可以指定图案作为图案路径的外部转角图案。

（3）内角拼贴：可以指定图案作为图案路径的内部转角图案。

（4）起点拼贴：可以指定图案作为图案路径的起始图案。

（5）终点拼贴：可以指定图案作为图案路径的结束图案。

- 【图案列表栏】：在列表栏中包括所有已经被定义为图案的对象列表。这些图案和“色板”面板中显示的图案一样，可以被指定为图案画笔路径的图案。
- 【缩放】：该选项数值表示图案的大小。
- 【间距】：该选项数值表示图案之间的距离。
- 【横向翻转】：选择该选项可以使图案水平翻转。
- 【纵向翻转】：选择该选项可以使图案垂直翻转。
- 【适合】：该选项决定图案适合线条的方式。

（1）伸展以适合：选择该方式可延长或缩短图案，以适合对象，但也会生成不均匀的拼贴，如图 8-18 所示。

（2）添加间距以适合：选择该方式使每个图案拼贴之间添加空白，将图案按比例应用于路径，如图 8-19 所示。

（3）近似路径：选择该方式会在不改变拼贴的情况下使拼贴适合于最近似的路径。同时，所应用的图案会向路径内侧或外侧移动，以保持均匀的拼贴，如图 8-20 所示。

图 8-18　伸展以适合

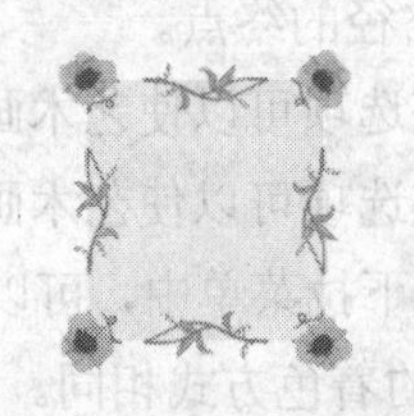

图 8-19　添加间距以适合

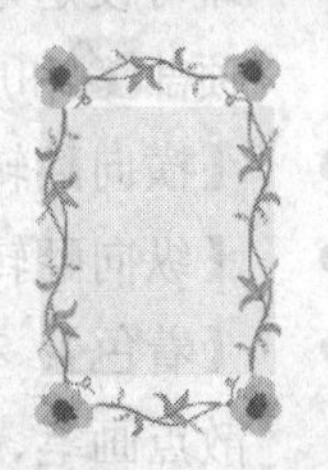

图 8-20　近似路径

- 【着色】：在该选项的下拉菜单中，可以选择不同的着色方式。这些着色方式和散点画笔的着色方式相同。

5. 艺术画笔

艺术画笔可以绘制沿路径长度均匀拉伸对象形状（如粗炭笔）的路径。“艺术画笔选项”对话框如图 8-21 所示，对话框中包含了以下各选项设置：

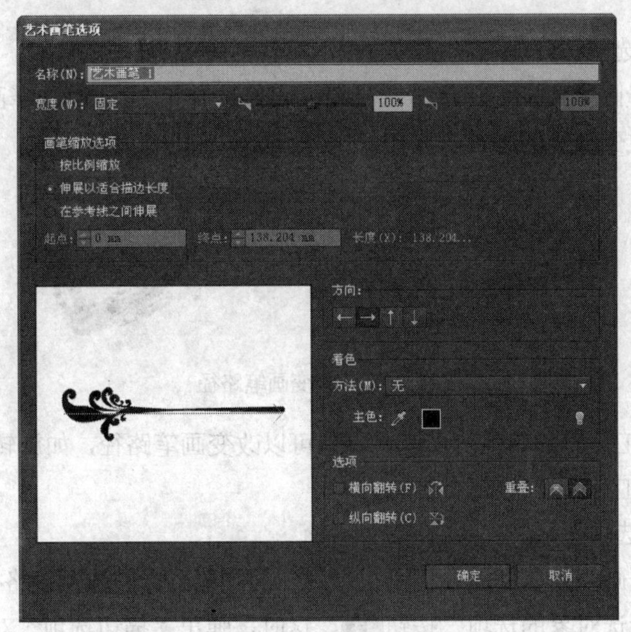

图 8-21　艺术画笔选项

- 【名称】：在该选项文本框中输入画笔的名称。
- 【宽度】：该选项数值表示艺术画笔对象的宽度。
- 【按比例缩放】：选择该选项，可将画笔按照一定的比例放大和缩小。
- 【伸展以适合描边长度】：选择该选项。可以适合比例的描边长度伸展，以保持形状不变。

- 【在参考线之间伸展】：以平铺的形式填满参考线之间。
- 【预览窗口】：在该窗口可以直接预览画笔的编辑结果。
- 【方向】：该选项的 4 个箭头按钮，决定对象相对于路径的方向，单击箭头按钮即可设定方向。4 个箭头按钮从左到右分别表示指定图稿的左边、右边、顶部和底部为路径的终点。
- 【横向翻转】：选择该选项可以使艺术画笔对象水平翻转。
- 【纵向翻转】：选择该选项可以使艺术画笔对象垂直翻转。
- 【着色】：在该选项的下拉菜单中，可以选择不同的着色方式。这些着色方式和散点画笔、图案画笔的着色方式相同。
- 【重叠】：根据用户的需要选择调整或不调整边角和皱折来防止重叠。

8.1.5 画笔路径的编辑

使用预设的画笔绘制路径时，有时候无法达到满意的效果。这时，除了对画笔进行编辑外，还可以对画笔的路径进行编辑。对画笔路径进行编辑的方法有多种，下面将依次进行详细介绍。

1. 使用直接选择工具编辑

在工作区选择画笔路径后，单击工具箱的直接选择工具，选择画笔路径上的锚点进行拖移，即可改变画笔的路径，如图 8-22 所示。

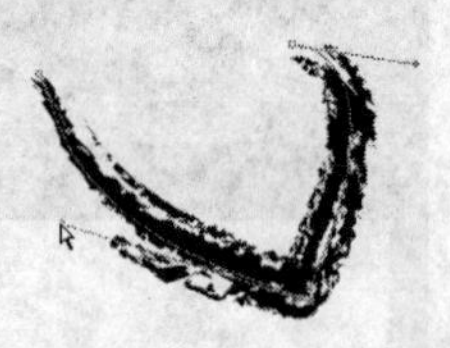

图 8-22 改变画笔路径

同样，使用工具箱的其他变形工具，也可以改变画笔路径，如旋转工具、自由变换工具、倾斜工具、整形工具等。

2. 改变画笔选项

如果要修改用画笔绘制的路径而不更新对应的画笔，可以选择该路径，然后单击“画笔”面板中的“所选对象的选项”按钮。这时，弹出“描边选项”对话框，如图 8-23 所示。在对话框中重新调整相应的描边选项后，单击“确定”按钮即可改变画笔路径。在该对话框中，描边选项和上一节（8.1.4 画笔选项的设置）介绍过的“画笔选项”对话框的一些选项基本相同，在此不赘述。

3. 扩展画笔路径

除了前面讲到的两种编辑画笔路径的方法外，还可以将画笔路径转换为轮廓路径，从而编辑用画笔绘制的路径上的各个组件。

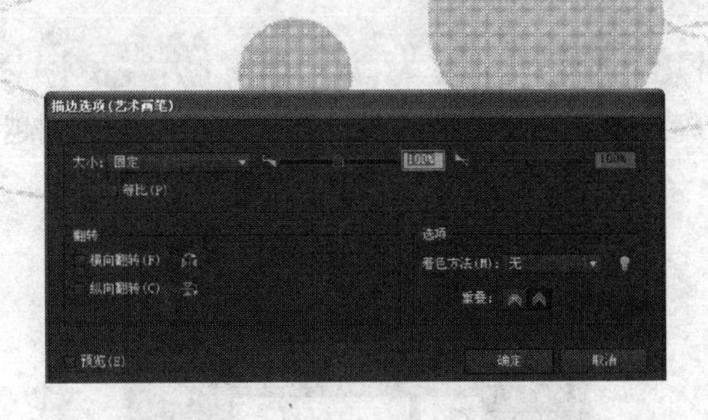

图 8-23 “描边选项”对话框

在工作区选择一条用画笔绘制的路径后，执行“对象”→“扩展外观”命令。这时，Illustrator CS6 会将扩展路径中的组件置入一个组中，组内有一条路径和一个包含画笔路径轮廓的子组。如图 8-24 所示，左图中为原始画笔路径，右图为扩展外观后的路径，右图的路径除了包括原始画笔路径外，还增加了画笔图稿对象的路径组。这样，使用编组选择工具或直接选择工具就可以选择并拖移路径组的组，从而改变画笔路径。

图 8-24 扩展画笔前后效果

4. 删除画笔路径

如果对画笔路径不满意，可以选定该路径，在“画笔”面板中单击“删除画笔”按钮，或在“画笔”面板菜单中选择“删除画笔”命令，即可将画笔效果从路径上删除。

8.1.6 斑点画笔的运用

使用该工具按照手绘方式绘制路径后，然后用选择工具点选它，该线是有外轮廓路径的，也就是由面组成的一条“线”；并且相交的几条线会自动合并到一个路径里。在工具箱中双击按钮，弹出如图 8-25 所示对话框，对话框中包含了以下各选项设置。

- 【保持选定】：选择该选项表示绘制出一条路径后，Illustrator CS6 将使该路径保持选定。
- 【仅与选区合并】：选择该选项表示绘制出一条路径后，将使路径只与选区合并。
- 【保真度】：该选项控制移动多少像素距离，Illustrator CS6 才在路径上添加新锚点。保真度的范围可介于 0.5～20 像素之间；值越大，路径越平滑，复杂程度越小；数值越小精度就越高，书写的笔画就越真实。
- 【平滑度】：该选项控制生成笔画的平滑程度，范围在 0～100%之间。百分比越高，路径越平滑。
- 【大小】：指斑点画笔绘制图形时的大小。
- 【角度】：指斑点画笔绘制图形时形成的角度。

● 【圆度】：指斑点画笔绘制图形时的形状，数值越大，则越接近于圆形。

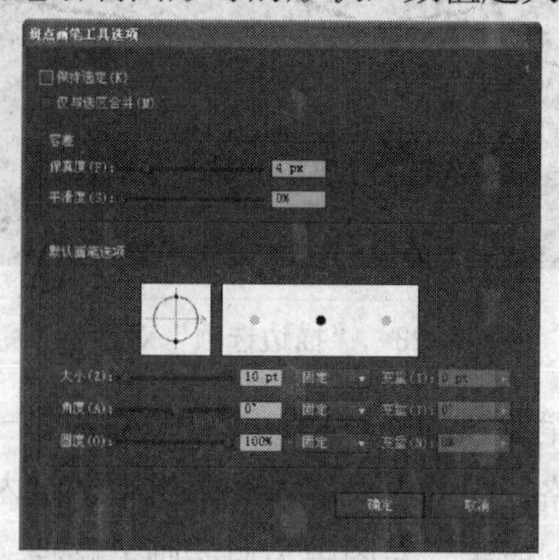

图 8-25　斑点画笔工具选项对话框

8.2　符号的运用

符号是在文档中可重复使用的图形对象，使用符号可节省用户的操作时间并显著减小文件大小。同时，符号还极好地支持 SWF 格式和 SVG 格式的导出。

符号被存储在“符号”面板中，所有被置入到文档的符号被称为“实例”。置入符号后，还可在继续编辑符号的实例，或利用编辑重新定义原始符号。但所有的实例和符号之间是相链接的，编辑符号时，所有应用的实例也会随着被改变。如图 8-26 所示为符号和在文档中相对应的实例。

8.2.1　符号库

符号库是 Illustrator CS6 预设符号的集合，可从“窗口”→“符号库”子菜单，或在“符号”面板菜单的“打开符号库”子菜单访问。

打开符号库后，可以在符号库中选择、排序和查看项目。单击符号库中的符号，在“符号”面板就会添加相应的符号，使用非常方便。但不能在符号库中添加、删除或编辑项目。

符号库包括多种分类，如图 8-27 所示为“地图”符号库，其中的符号都是在地图标记中常用的图形。如果需要在 Illustrator CS6 启动时自动打开该符号库，在符号库菜单中选择“保持”命令即可。

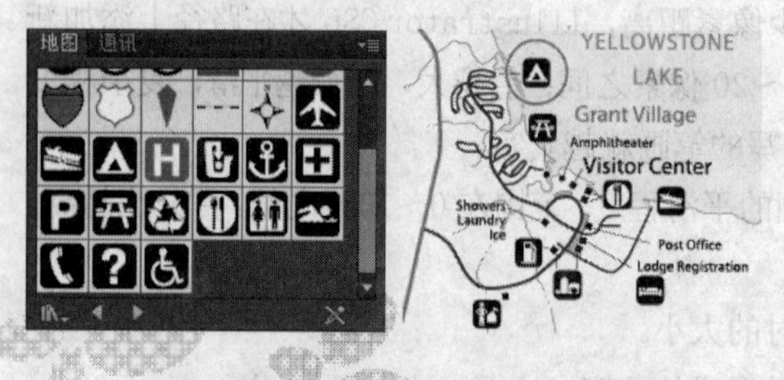

图 8-26　符号和在文档中相对应的实例

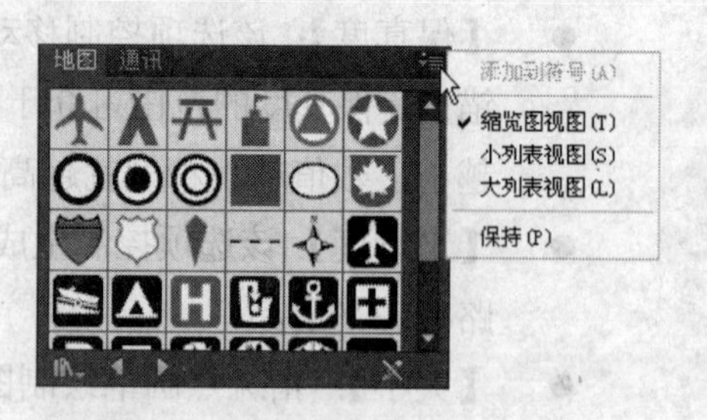

图 8-27　“地图”符号库

8.2.2 “符号”面板

“符号”面板用来存放和管理在文档中所使用到的符号。如果从符号库中选择符号，该符号将自动添加到“符号”面板中。在该面板中，用户可以选择相应的符号并编辑符号的属性，还可以创建、删除和存储新的符号。

执行“窗口”→“符号”命令，即可打开“符号”面板。单击面板右上角的图标，即可打开面板菜单，如图 8-28 所示。

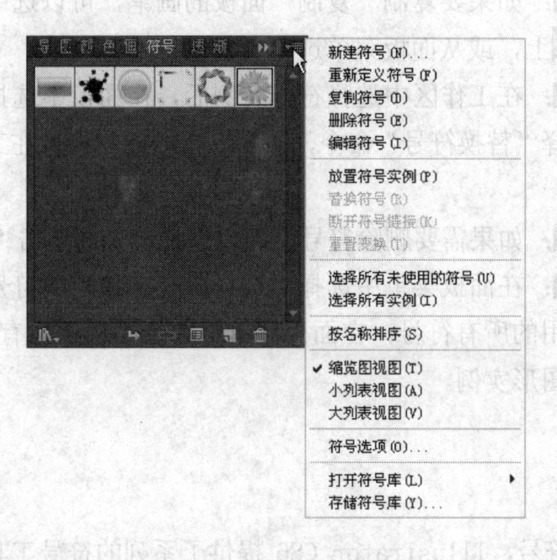

图 8-28　“符号”面板菜单

“符号”面板的使用方法具体如下：

- 【改变显示视图】：在面板菜单中可以选择相应的列表视图显示方式。图 8-28 所示的视图为缩览图视图；小列表视图显示带有小缩览图的命名符号的列表，如图 8-29 所示；“大列表视图”显示带有大缩览图的命名符号列表，如图 8-30 所示。

图 8-29　小列表视图

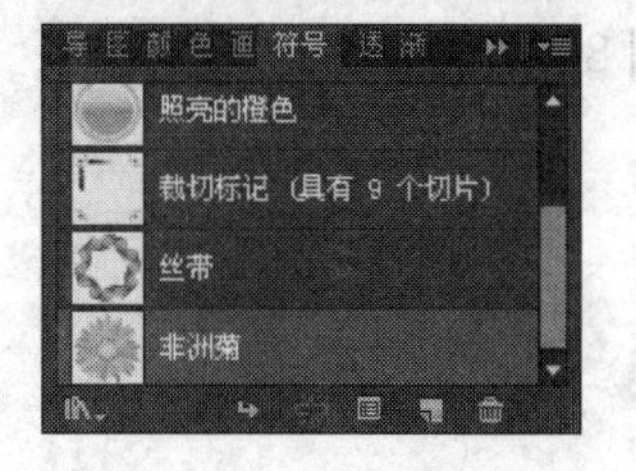

图 8-30　大列表视图

- 【新建符号】：Illustrator CS6 中大部分对象都可以成为创建符号的对象，包括路径、复合路径、文本、栅格图像、网格对象和对象组。选择要用作符号的图形并拖动到“符号”面板，或单击面板中“新建符号”按钮，或是在面板菜单中选择“新建符号”命令，即可新建符号。
- 【置入符号】：单击面板的“放置符号实例”按钮，或在面板菜单中选择“放置符号实例”命令，即可将符号实例置入画板中央。或者直接将面板中的符号拖

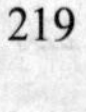

动到画板。

- 【改变符号位置】：如果需要改变符号在面板中的位置，可以直接将符号拖动到新位置。或者从面板菜单中选择“按名称排序”，则以字母顺序列出符号。
- 【导入符号】：如果要将画笔从另一个文件导入“符号”面板，可以在面板菜单中选择“打开符号库”→“其他库”命令，然后在弹出的“选择要打开的库”对话框中选择外部文件。
- 【复制符号】：如果要复制“复制”面板的画笔，可以选中符号并拖到“新建符号”按钮上，或从面板菜单选择“复制符号”命令。
- 【替换符号】：在工作区中选择符号实例后，在面板中选择一个新的符号，在面板菜单中选择“替换符号”命令，即可将新选择的符号在工作区中替换原有的符号实例。
- 【删除符号】：如果需要删除符号，可以选择符号并单击“删除符号”按钮。
- 【选择符号】：在面板菜单中选择“选择所有未使用的符号”命令，即可选中未在文档中使用的所有符号；在面板菜单中选择“选择所有实例”，即可在文档中选择所有的图形实例。

8.2.3 符号工具组

为了有效地使用符号，Illustrator CS6 提供了系列的符号工具。通过符号工具可以创建和修改符号实例集。首先，用户可以使用符号喷枪工具创建符号集，然后可以使用其他符号工具更改集内实例的密度、颜色、位置、大小、旋转、透明度和样式。在工具箱中，符号工具组共有 8 种工具，如图 8-31 所示。

1. 符号工具常规选项

符号工具有许多共同的设置，双击任意一个符号工具都可以打开“符号工具选项”对话框，如图 8-32 所示。

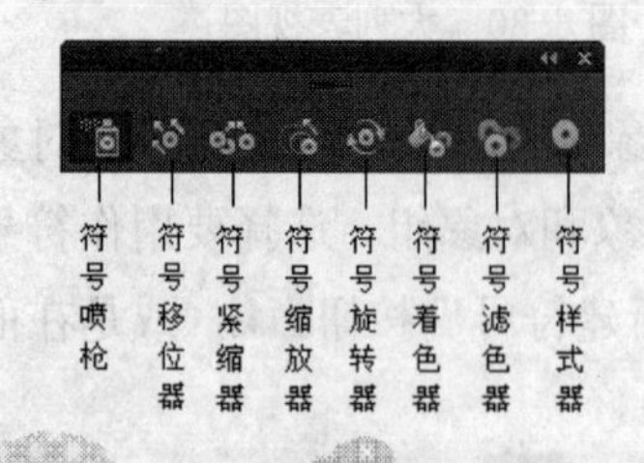

图 8-31 符号工具组

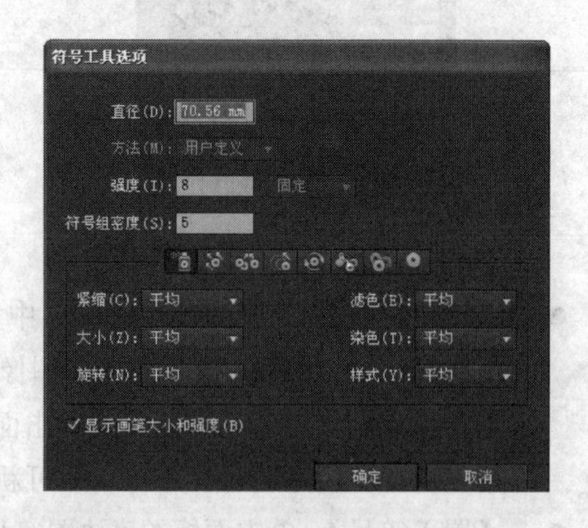

图 8-32 “符号工具选项”对话框

在“符号工具选项”对话框中，直径、强度、符号组密度和方法等常规选项显示在顶部，与所选的符号工具无关，具体如下：

- 【直径】：该选项数值可以指定符号工具的画笔大小。另外，可按下“[”键以减小直径，或按下“]”键以增加直径。
- 【强度】：该选项数值表示当使用符号工具编辑符号时所变动的强度，值越高，变动越强烈。另外，可按住 Shift +[键以减小强度，或按住 Shift +] 键以增加强度。
- 【符号组密度】：该选项数值表示符号组的密度值，值越高，符号实例堆积密度越大。
- 【方法】：该选项可设置符号实例的编辑方式，包括用户定义和平均。选择“用户定义”表示根据光标位置逐步调整符号，选择“随机”表示在光标下的区域随机修改符号，选择“平均”表示逐步平滑符号值。
- 【显示画笔大小和强度】：选择该选项表示使用符号工具时显示画笔大小和强度。

在对话框底部的选项为符号工具选项，根据选择不同符号（可单击对话框中的工具图标进行切换）显示不同的个别选项。

2．符号喷枪工具

符号喷枪工具可以将多个符号实例作为集置入到文档中，如图 8-33 所示。在“符号”面板中选择一个符号，然后在工具箱中选择符号喷枪工具，并在工作区中单击鼠标，即可在单击鼠标处创建符号实例。

如果用户要减少喷绘的符号实例，在使用符号喷枪工具的同时按下 Alt 键。这时，符号喷枪类似于吸管，可以将经过区域的符号吸回喷枪中。

双击符号喷枪工具，打开“符号工具选项”对话框。在对话框底部，显示为符号喷枪工具的个别选项，包括“紧缩”、“大小”、“旋转”、“滤色”、“染色”和“样式”选项，控制着新符号实例添加到符号集的方式，如图 8-34 所示。

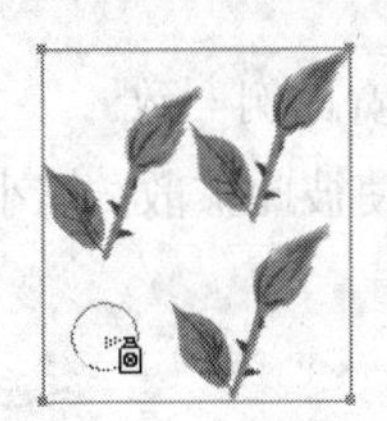

图 8-33　符号喷枪工具的使用

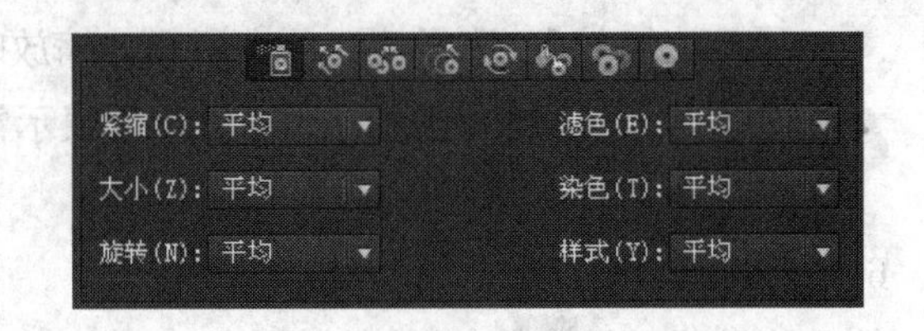

图 8-34　符号喷枪个别选项

每个选项提供有“用户定义”和“平均”两个选项，具体如下：

- 【平均】：该选项表示以平均的方式来添加一个新符号。
- 【用户定义】：该选项表示为每个选项的参数应用特定的预设值——“紧缩”（密度）预设为基于原始符号大小；“大小”预设为使用原始符号大小；“旋转”预设为使用鼠标方向（如果鼠标不移动则没有方向）；“滤色”预设为使用 100% 不透

明度；“染色”预设为使用当前填充颜色和完整色调量；“样式”预设为使用当前样式。

3. 符号移位器工具

符号移位器工具用于移动符号实例，如图 8-35 所示。单击符号移位器工具，在工作区中单击选中的符号实例进行拖移，即可移动符号实例。

如果要前移一层符号实例，在拖移符号实例时按住 Shift 键；如果要后移一层符号实例，在拖移符号实例时按住 Alt+Shift 键。

4. 符号紧缩器工具

符号紧缩器工具用于将符号实例靠拢，如图 8-36 所示。单击符号紧缩器工具，在工作区中单击选中的符号实例进行拖移，即可将符号实例相互聚集。

如果需要扩散选中的符号实例，在拖移符号实例时按住 Alt 键即可。

5. 符号缩放器工具

符号缩放器工具用于调整符号实例大小，如图 8-37 所示。单击符号缩放器工具，在工作区中单击选中的符号实例进行拖动，即可增大符号实例大小。

图 8-35　符号移位器工具

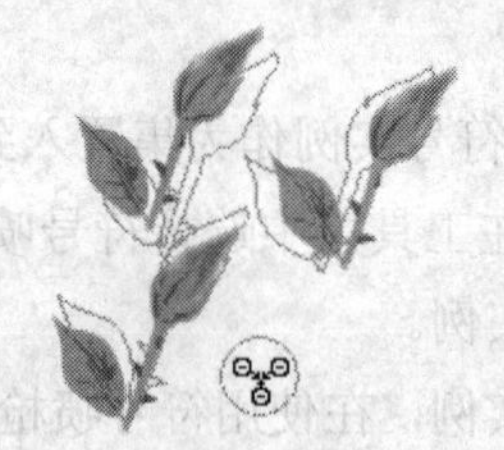

图 8-36　符号紧缩器工具

图 8-37　符号缩放器工具

如果需要缩小选中的符号实例，在拖移符号实例时按住 Alt 键即可。

双击符号缩放器工具，打开“符号工具选项”对话框。在对话框底部，显示为符号缩放的个别选项，具体如下：

- 【等比缩放】：选择该选项表示保持缩放时每个符号实例长宽比例一致。
- 【调整大小影响密度】：选择该选项表示符号实例放大时，使彼此扩散；缩小时，使彼此靠拢。

6. 符号旋转器工具

符号旋转器工具用于旋转符号实例，如图 8-38 所示。单击符号旋转器工具，在工作区中将选中的符号实例往希望朝向的方向进行拖动，即可旋转符号实例。

7. 符号着色器工具

符号着色器工具使用填充色来为符号实例上色，如图 8-39 所示。使用该工具可以使符号实例更改色相，但亮度不变。这样，具有极高或极低亮度的符号实例颜色将改变很少；对于黑色或白色对象将完全无变化。但使用该工具后，文件大小将明显增加，从而一定程度上影响作图操作速度。

图 8-38　符号旋转器工具　　　　图 8-39　符号着色器工具

在“颜色”面板中选择填充颜色后，选择符号着色器工具。然后，在工作区中单击或拖动选中的符号实例。这样，上色量将逐渐增加，符号实例的颜色逐渐更改为上色颜色。

如果上色后需要减小上色量并显示更多原始符号颜色，在单击或拖移符号实例时按住 Alt 键即可。

8．符号滤色器工具

符号滤色器工具用于为符号实例应用不透明度，如图 8-40 所示。单击符号滤色工具，在工作区中单击选中的符号实例进行拖动，即可增加符号实例的透明度。

如果需要减小透明度，在单击或拖移符号实例时按住 Alt 键即可。

9．符号样式器工具

符号样式器工具用于将所选样式应用于符号实例，如图 8-41 所示。首先，选择符号样式器工具，拖动“图形样式”面板中的样式到选中的符号实例上。在同一个实例上，可多次应用样式，使样式量增加。

图 8-40　符号滤色器工具

图 8-41　符号样式器工具

如果需要减少样式量，在单击或拖移符号实例时按住 Alt 键；需要保持样式数量不变，在单击或拖移符号实例时按住 Shift 键；如果要删除样式，在符号实例上单击即可删除。

8.2.4　符号的编辑

置入符号实例后，可以像对其他对象一样移动、比例缩放、旋转、倾斜或镜像符号实例。另外，还可以从“透明度”、“外观”和“图形样式”面板执行任何操作，并应用“效果”菜单的任何效果。但是，符号和实例之间是相互联系的，如果编辑符号，实例也将随着符号的改变而改变。

1．编辑符号实例

如果需要修改符号实例的各个组件，必须首先扩展它，破坏符号和符号实例之间的链接。选择一个或多个符号实例，单击“符号”面板中的“断开符号链接”按钮，或从面板菜单中选择“断开符号链接”命令，即可将符号和符号实例断开链接，使符号实例转换为普通的路径组，从而可进行各种编辑。

除了通过“断开符号链接”命令外，还可以通过“扩展”命令来使符号和符号实例之间断开链接。执行“对象”→“扩展”命令，弹出“扩展”对话框，如图 8-42 所示。在对话框中，可进行以下选项设置。

- 【对象】：选择该选项表示可以扩展复杂对象，包括实时混合、封套、符号组和光晕等。
- 【填充】：选择该选项表示可以扩展填充。
- 【描边】：选择该选项表示可以扩展描边。
- 【渐变网格】：选择该选项表示将渐变扩展为单一的网格对象。
- 【指定】：选择该选项表示将渐变扩展为指定数量的对象。数量越多越有助于保持平滑的颜色过渡；数量较低则可创建条形色带外观。

单击“确定”按钮，Illustrator CS6 即可将符号实例组件置入组中。这时，该组所有的组件的，锚点都被自动选中，如图 8-43 所示。通过编组选择工具和直接选择工具都可以选择或拖移实例组件从而进行路径的编辑，如图 8-44 所示。

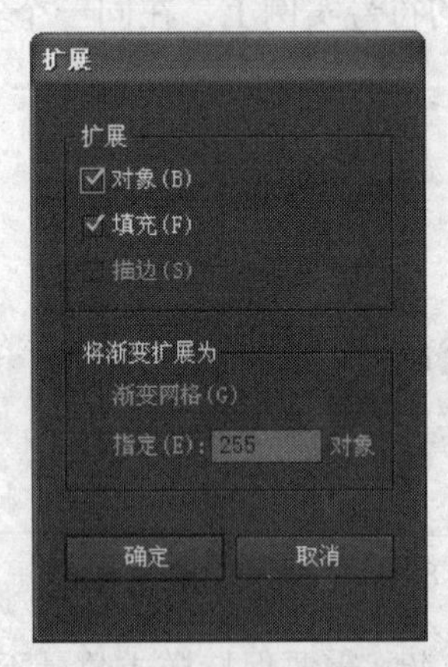

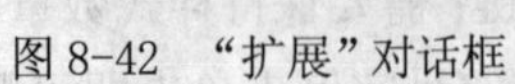

图 8-42 “扩展”对话框　　图 8-43 扩展后自动选中所有组件　　图 8-44 选择和拖移组件

2．修改和重新定义符号

重新编辑符号实例后，还可以将编辑后的实例重新定义原有的符号。选中编辑后图形实例，再在“符号”面板中选中要重新定义的符号，然后从面板菜单中选择“重新定义符号”命令即可重新定义符号。

除此之外，还可以按住 Alt 键将编辑后的实例拖动到“符号”面板中旧符号上，该符号将在“符号”面板中替换旧符号。

8.3 画笔和符号应用实例——瑞果图

01 在工具箱中选择钢笔工具绘制一段路径。然后，在“色板”面板中设置该路径的填充为“烟”色，描边色为“无”，效果如图 8-45 所示。

02 选择刚绘制的路径，执行“效果”→“模糊”→“高斯模糊”命令，打开“高斯模糊”对话框。在对话框中设置模糊的半径数值，如图 8-46 所示。单击“确定”按钮，路径的模糊效果如图 8-47 所示。

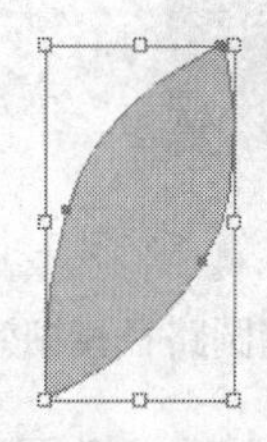

图 8-45 路径效果

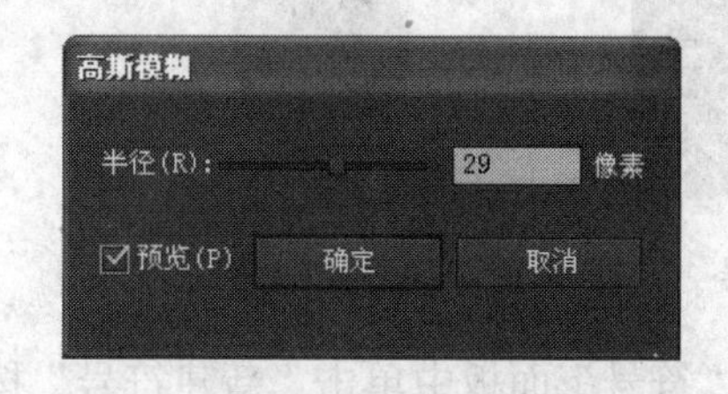

图 8-46 设置模糊的半径数值

图 8-47 路径的模糊效果

03 双击工具箱中的画笔工具，打开“画笔工具首选项”对话框。在对话框中，画笔工具选项的设置如图 8-48 所示。单击“确定”按钮退出对话框。

04 按下 Ctrl+F10 键，打开“描边”面板。在面板中，设置描边的“粗细”为 0.25pt。然后，在“色板”面板中设置描边颜色为“石墨色”。

05 按下 F5 键，打开“画笔”面板。在面板中，单击“炭笔-羽化”艺术画笔。然后，单击画笔工具，在工作区中绘制路径，效果如图 8-49 所示。

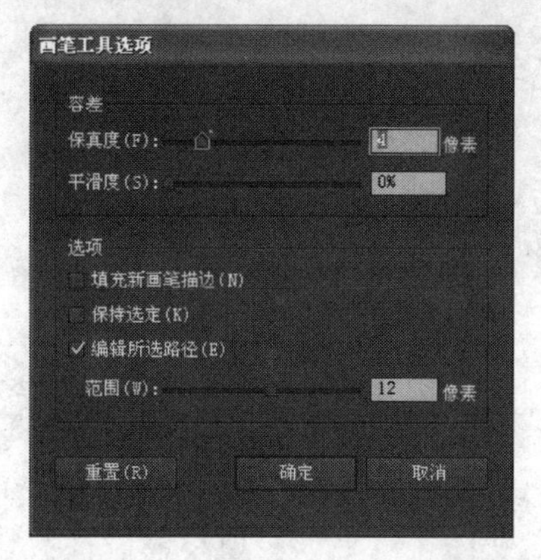

图 8-48 设置画笔工具首选项

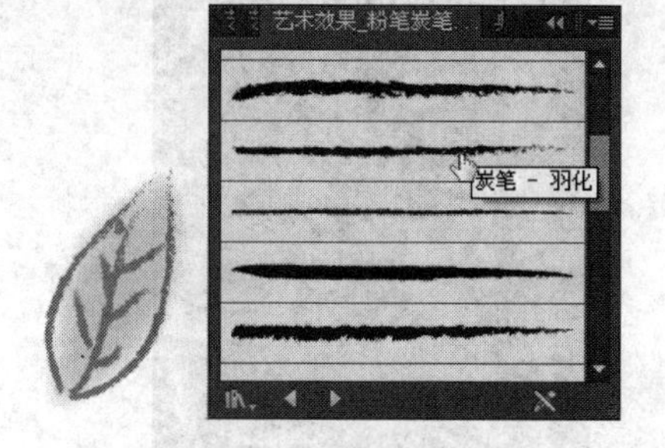

图 8-49 选择画笔进行绘制

06 执行“窗口”→“符号”命令，打开“符号”面板。然后，选择绘制的所有路径，在“符号”面板中单击“新建符号”按钮。这时，所选路径被转换为符号存储在“符号”面板中，默认名称为“新符号 1”，如图 8-50 所示。

07 单击工具箱中的椭圆工具，在工作区中绘制一个椭圆。然后，在“色板”面板中设置椭圆的填充为“纯洋红”色，描边色为“无”。

08 单击工具箱中的直接选择工具，选择椭圆的锚点进行拖移，使改变椭圆的路径，效果如图 8-51 所示。

09 选择椭圆路径，执行“效果”→“模糊”→“高斯模糊”命令，在打开的“高斯模糊”对话框中设置模糊的半径数值，如图 8-46 所示。单击“确定”按钮，椭圆路径的模糊效果如图 8-52 所示。

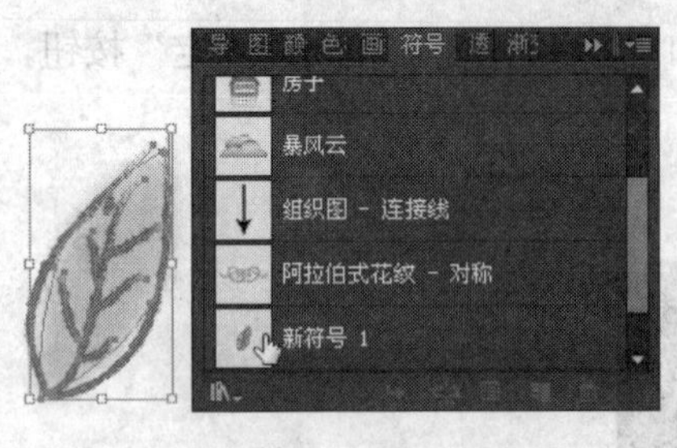

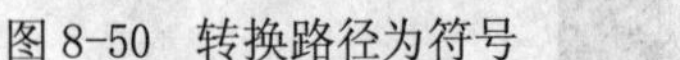

图 8-50　转换路径为符号

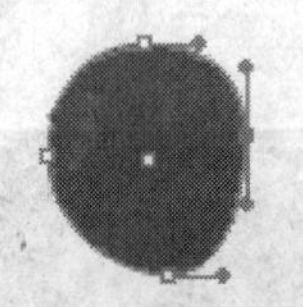

图 8-51　改变椭圆路径

图 8-52 椭圆路径模糊效果

10 选择椭圆路径，在“符号”面板中单击“新建符号”按钮。这时，椭圆路径被转换为符号，名称为“新符号 2”，如图 8-53 所示。单击“确定”按钮退出对话框。

11 在“符号”面板中选择“新符号 1”并拖移到工作区中。然后，选择符号实例，将鼠标指针放置在符号实例的定界框任意一个对角控制点的周围，使鼠标的光标变为↷。这时，拖动鼠标对符号实例进行旋转，如图 8-54 所示。

12 将鼠标指针放置在符号实例定界框 4 个中间控制点的任意一个，使鼠标的光标变为↕。这时，拖动鼠标改变符号实例的长宽比例。

13 重复步骤 **11** 、 **12** 的操作，置入符号并将符号实例进行旋转和缩放，最后使符号实例在工作区中的效果如图 8-55 所示。

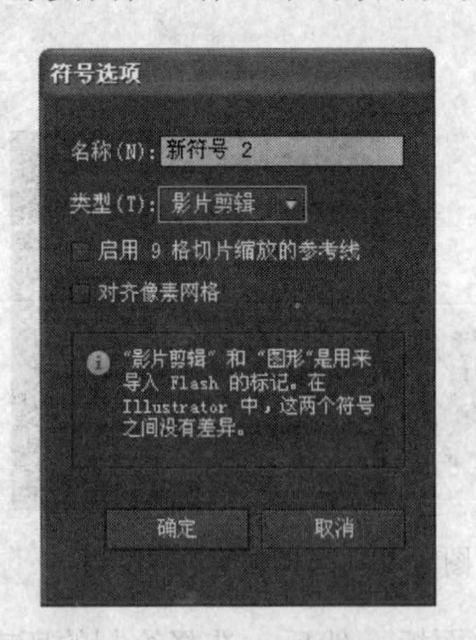

图 8-53　设置符号名称

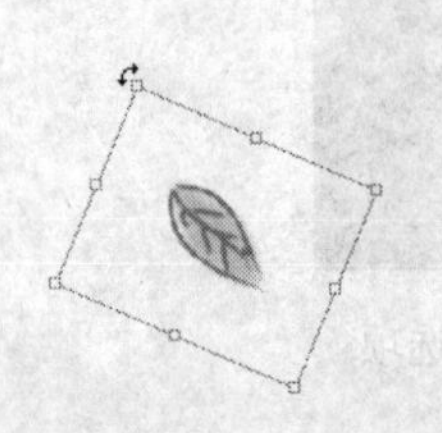

图 8-54　旋转符号实例

图 8-55　符号实例效果

14 除了为符号实例进行旋转和缩放外，还需添加样式和颜色，进一步加强画面的艺术效果。按下 Shift+F5 键，打开“图形样式”面板。然后，在工作区中选择一个符号实例，在“图形样式”面板中单击“投影柔化”样式。这时，为所选的符号实例添加了投

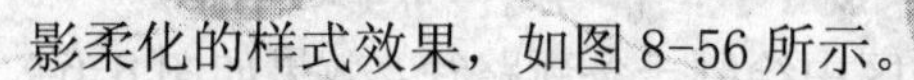

影柔化的样式效果，如图 8-56 所示。

15 双击工具箱的“填色”按钮，打开拾色器。在拾色器中的色谱中单击，选择一个暗红色（C:10、M:59、Y:11、K:0）。单击“确定”按钮退出拾色器。

16 选择一个符号实例，再在工具箱中单击符号着色器工具。然后，在所选的符号实例上单击鼠标，为符号实例进行着色，效果如图 8-57 所示。

17 重复步骤 **14** ～ **16** 的操作，为工作区中其他的符号实例添加样式和颜色，使效果如图 8-58 所示。

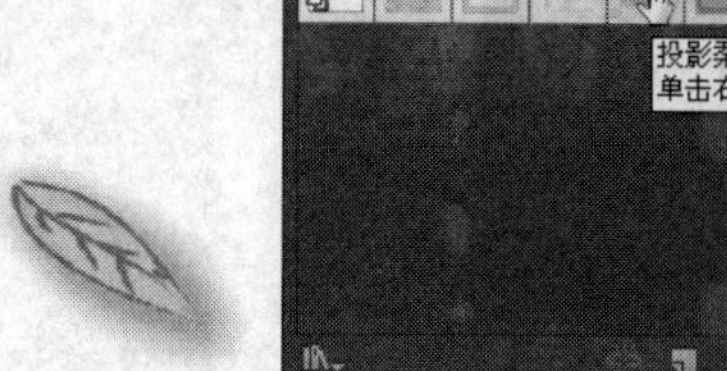

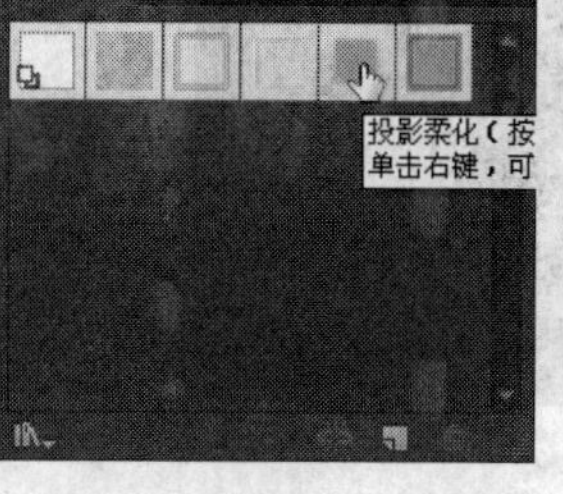

图 8-56　添加图形样式

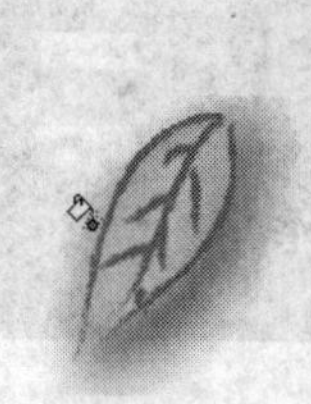

图 8-57　为符号着色

图 8-58　添加样式和着色效果

18 在“色板”面板中，设置描边的颜色为“炭笔灰”。然后，选择画笔工具，并在“画笔”面板中单击“炭笔-羽化”艺术画笔。在工作区中绘制新的路径，效果如图 8-59 所示。

19 在“符号”面板中选择“新符号 2”并拖移到工作区中。多次重复该操作，使符号 2 的实例在工作区中的位置如图 8-60 所示。

20 选择一个椭圆符号实例，在工具箱中单击符号滤色器工具，在选中的符号实例上单击，使增加符号实例的透明度，如图 8-61 所示。选择其他一些椭圆符号实例，重复该操作，使工作区中的椭圆符号实例的颜色深浅不一，富有节奏感。

图 8-59　绘制新路径

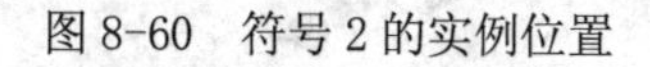

图 8-60　符号 2 的实例位置

图 8-61　增加符号实例透明度

21 在“画笔”面板双击“15 点椭圆”画笔，打开“书法画笔选项”对话框。在对话框中调整画笔选项，如图 8-62 所示。单击“确定”按钮退出对话框。

22 在“色板”面板中，设置描边的颜色为“火星红色”。然后，选择画笔工具，并在“画笔”面板中单击编辑后的“15 点圆形”书法画笔。在工作区中的椭圆符号实例上进行绘制，使效果如图 8-63 所示。

23 在“色板”面板中，设置描边的颜色为“黑色”。然后，选择画笔工具，并在

"画笔"面板中单击"炭笔-羽化"艺术画笔。在工作区中绘制一条新路径，效果如图8-64所示。

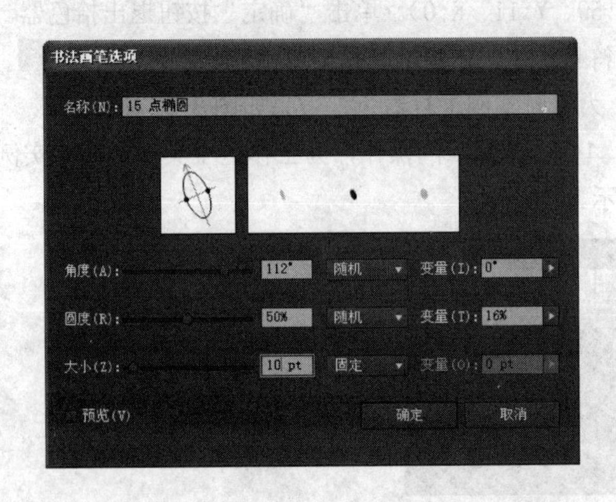

图8-62　设置画笔选项

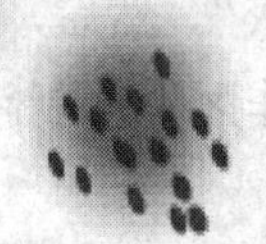

图8-63　在椭圆符号实例上绘制

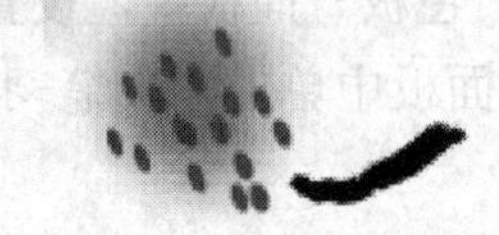

图8-64　绘制路径效果

24 选择画笔工具，在菜单下的画笔工具选项栏中设置画笔的描边为"火星红色"，描边粗细为0.25pt，画笔为"粉笔涂抹"。然后，绘制一条新的路径，效果如图8-65所示。多次重复绘制路径的操作，为每个符号实例都绘制一条类似的路径，效果如图8-66所示。

25 在工具箱选择矩形工具，在工作区绘制一个矩形。然后，设置矩形的填充颜色为"无"，描边色可设置为任意颜色。矩形的大小和位置如图8-67所示。

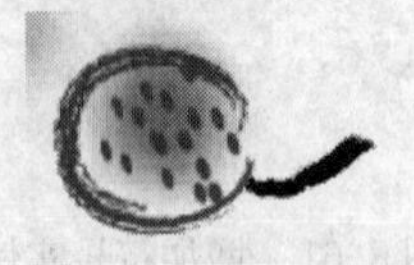

图8-65　绘制路径

图8-66　反复绘制类似路径

图8-67　矩形的大小和位置

26 执行"窗口"→"画笔库"→"边框_框架"命令，打开"边框_框架"画笔库，如图8-68所示。

27 选择刚绘制的矩形，单击画笔库中的"毛边"画笔，即可将"毛边"画笔应用到矩形路径上。然后，选择该路径，在画笔路径选项栏中设置画笔的描边为0.5pt。这时，矩形的画笔边框效果如图8-69所示。

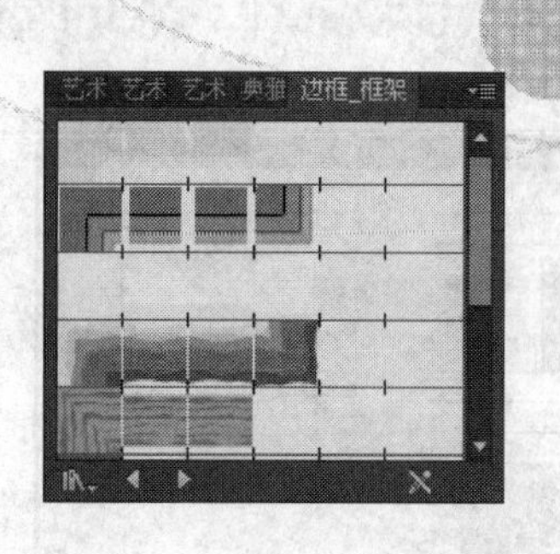

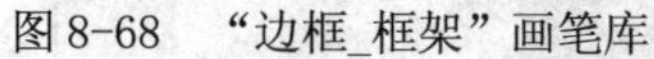

图 8-68 “边框_框架”画笔库　　图 8-69 矩形的画笔边框效果

8.4 用符号工具制作海底世界广告

01 在工具箱中选择矩形工具绘制一个矩形，执行“窗口→渐变”命令在打开的渐变调板上设置填充颜色为蓝色，渐变类型设置为线性渐变，如图 8-70 所示，效果如图 8-71 所示。

02 执行主菜单栏“效果→扭曲→海洋波纹”命令，如图 8-72 所示。将渐变的矩形制作海洋波纹效果，在弹出的“海洋波纹”选项调板对话框中对波纹大小、波纹幅度进行设置，如图 8-73 所示。执行该命令后按住 Alt 拖动矩形，复制一个矩形，效果如图 8-74 所示。

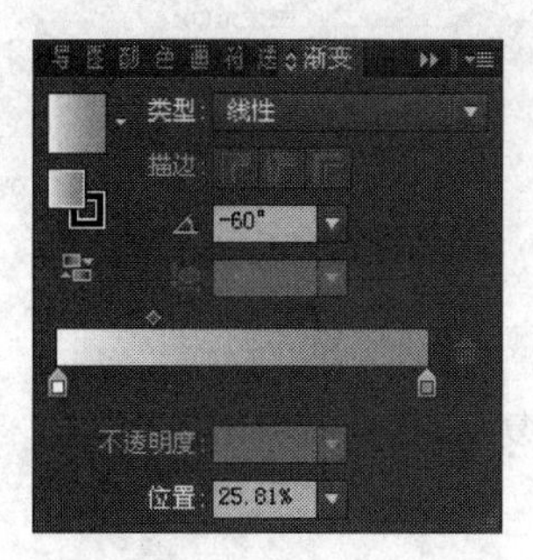

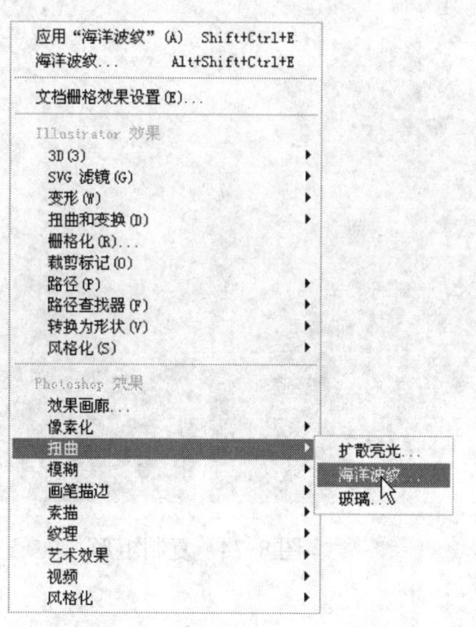

图 8-70 设置渐变颜色　　图 8-71 设置渐变后矩形效果　　图 8-72 执行海洋波纹效果命令

03 对复制的矩形执行羽化命令，选择效果→风格化→羽化命令，在羽化调板上设置的羽化半径为 22mm 效果如图 8-75～图 8-77 所示。

04 按下 Shift+Ctrl+F10 键打开透明调板，在透明度滑调上将已经羽化的矩形的不透明度设置为 50%，如图 8-78 所示。执行后效果如图 8-79 所示。

05 选择符号喷枪工具，选择符号→打开符号库→自然界，如图 8-80 所示。选择沙子符号，如图 8-81 所示将符号置入矩形下方，如图 8-82 所示。选择符号紧缩工具将沙子调整成需要的状态，效果如图 8-83 所示。

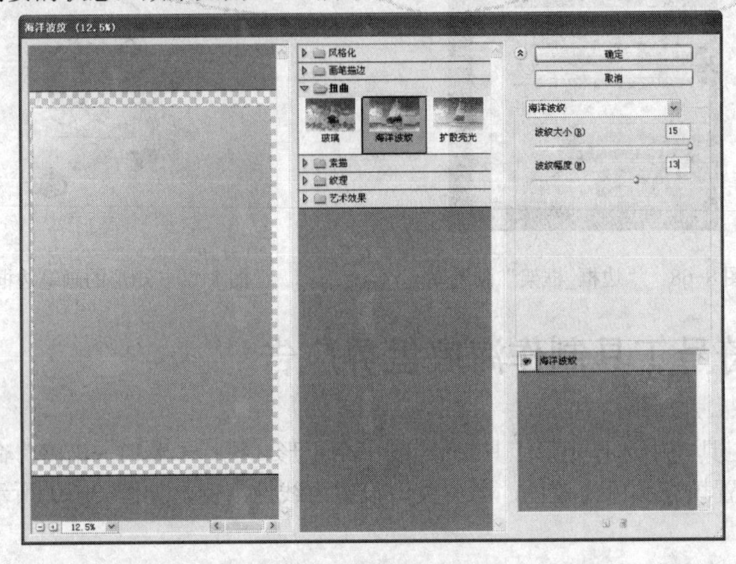

图 8-73　设置海洋波纹效果

图 8-74　复制矩形

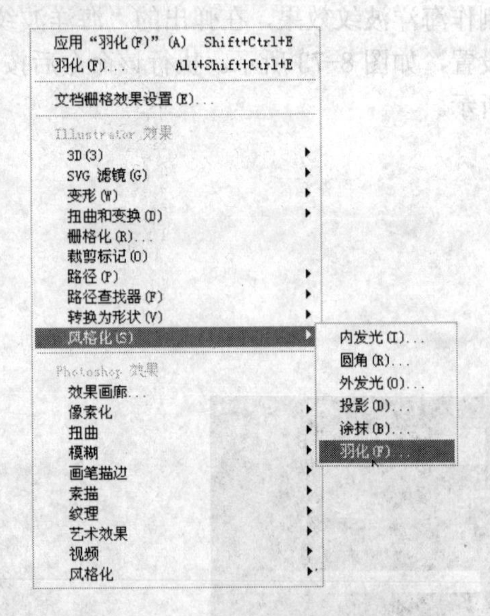

图 8-75　对复制图形执行羽化命令

图 8-76　设置羽化半径

图 8-77　对复制的矩形执行羽化命令后效果

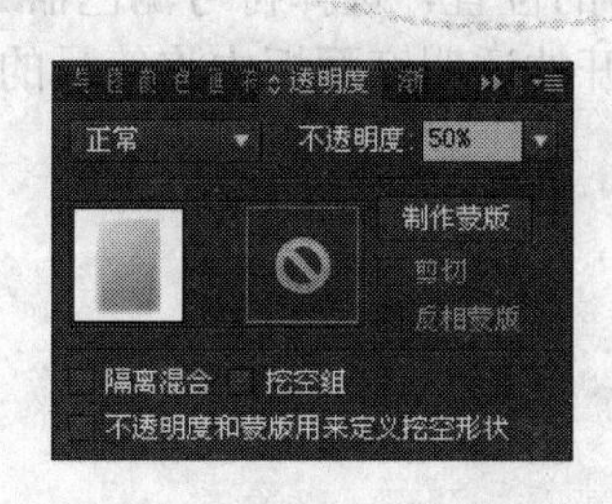

图 8-78 设置羽化矩形不透明度

图 8-79 执行后效果

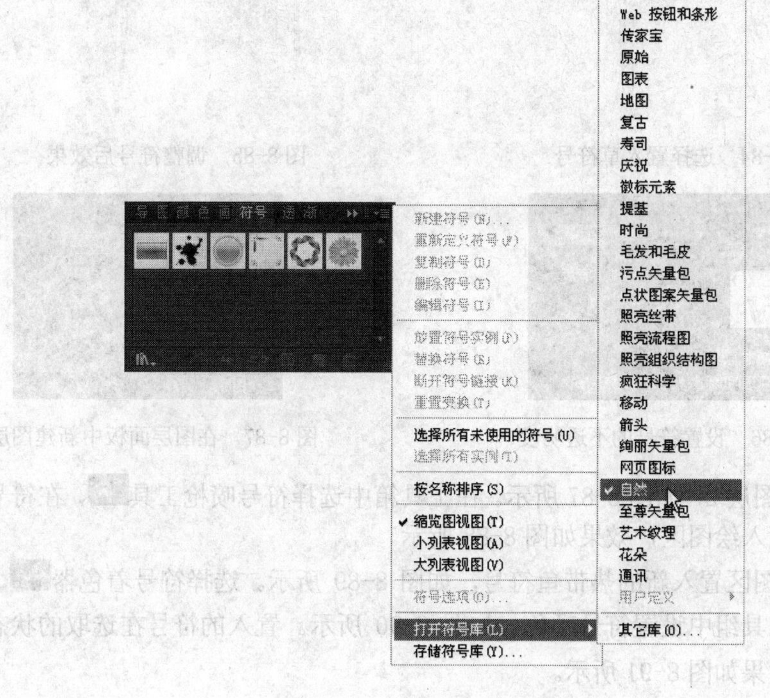

图 8-80 打开自然界符号库命令

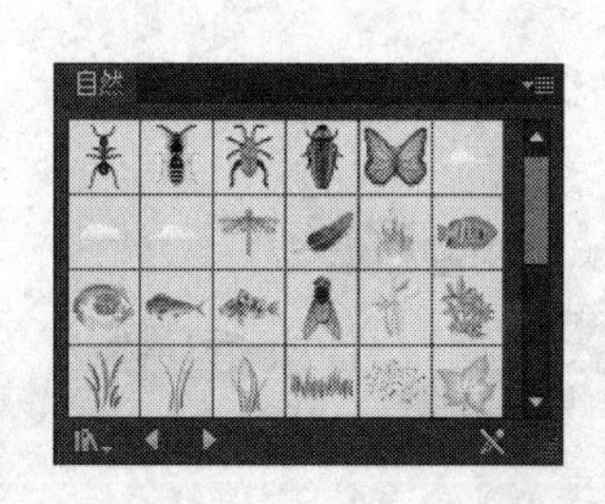

图8-81 在打开的符号库中选择符号

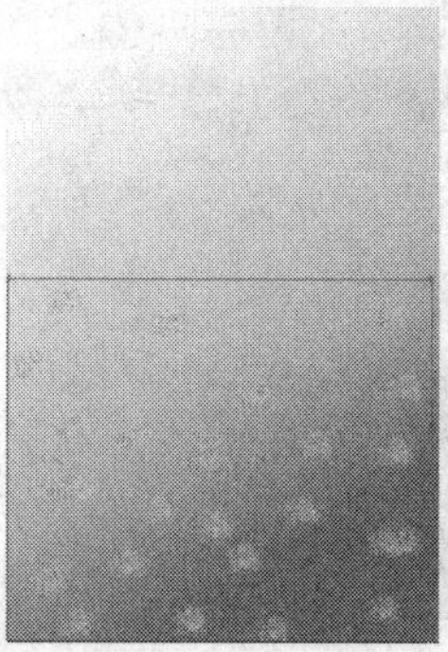

图8-82 将符号置入图形内

图8-83 用符号紧缩工具调整符号

06 选择符号喷枪工具，选择不同的小草符号，在大致需要放置的位置点击，小草的排列如图 8-84 所示。用符号移位工具调整符号的位置，选择符号滤色器，在需要颜色减弱符号上点击调整，如图 8-85 所示。在打开的透明度面板中将符号的“不透明度”设置为 30%，如图 8-86 所示。

图 8-84　选择置入草符号

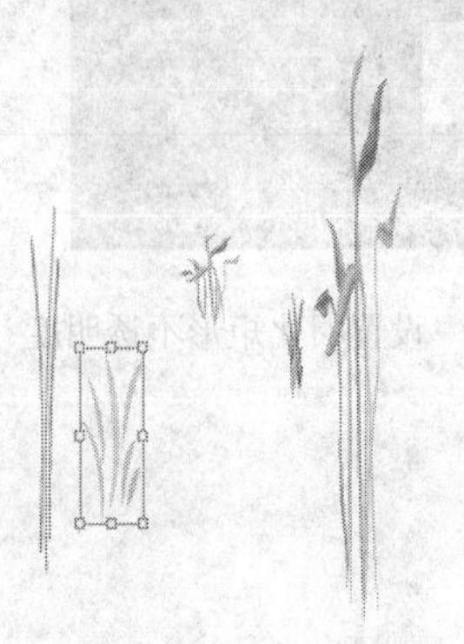
图 8-85　调整符号后效果

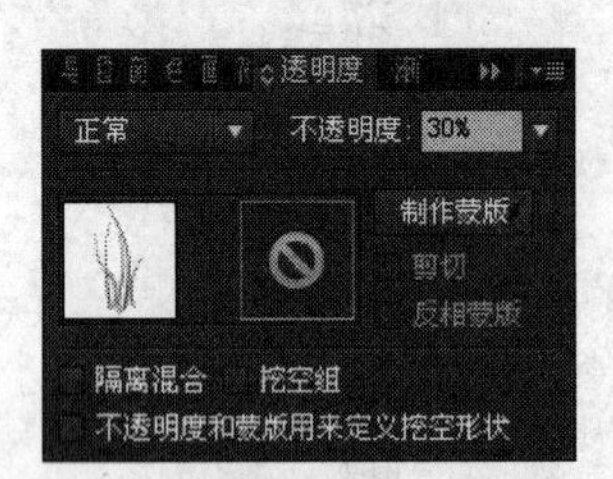

图 8-86　设置符号的不透明度

图 8-87　在图层面板中新建图层

07 新建图层 2，如图 8-87 所示。在工具箱中选择符号喷枪工具，在符号样板中选择鱼符号并置入绘图区，效果如图 8-88 所示。

08 在绘图区置入新的热带鱼符号，如图 8-89 所示。选择符号着色器，在工具箱下面的填充工具组中设置符号颜色，如图 8-90 所示。置入的符号在选取的状态下改变符号的颜色，效果如图 8-91 所示。

图 8-88　选择鱼符号置入图形内

图 8-89　选择热带鱼符号

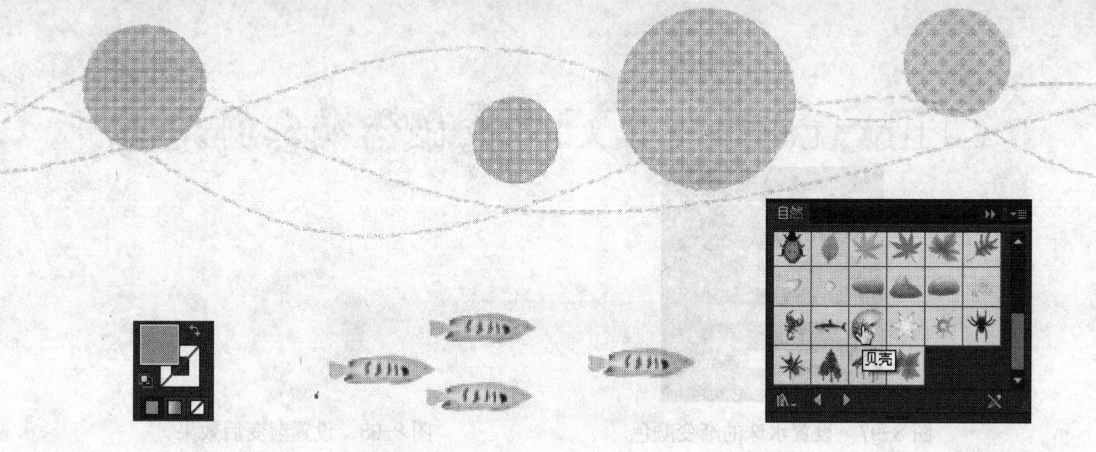

图 8-90　设置符号着色器　　图 8-91　修改符号颜色后效果　　图 8-92　在符号面板中选择贝壳符号

09 选择符号喷枪工具，在绘图区置入贝壳符号，如图 8-92 所示。在绘图区置入贝壳符号，如图 9-93。在工具箱中选择符号旋转器，将贝壳符号调整方向，如图 8-94 所示。选择符号着色器，在工具箱下面的填充工具组中设置符号颜色，如图 8-95 所示。将贝壳填充不同的颜色，调整位置，效果如图 8-96 所示。

图 8-93　置入贝壳符号　　　　图 8-94　使用符号旋转工具调整符号方向

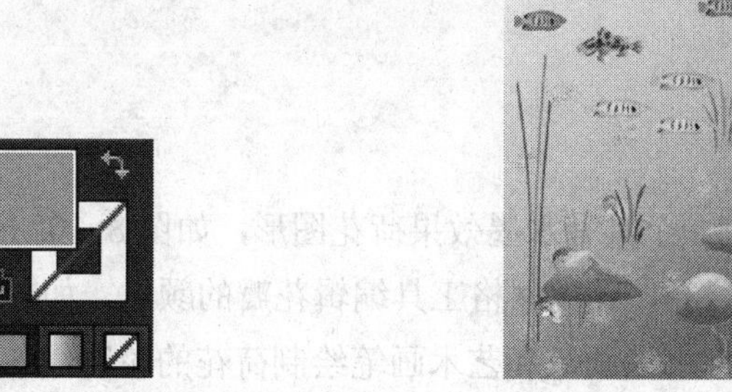

图 8-95　设置符号着色器颜色　　　　图 8-96　调整贝壳符号颜色后效果

10 选择椭圆工具，按住 Shift 键绘制一个圆，在打开的渐变面板中设置填充蓝色，渐变效果选择“径向”渐变类型，如图 8-97 所示，执行后效果如图 8-98 所示。在透明调板中设置圆形的不透明度为 48%，如图 8-99 所示，执行后效果如图 8-100 所示。按住 Alt 键复制多个圆形，用选取工具调整圆形的大小，放在羽化矩形之上。同样的方法转入多个岩石符号，最终效果如图 8-101 所示。

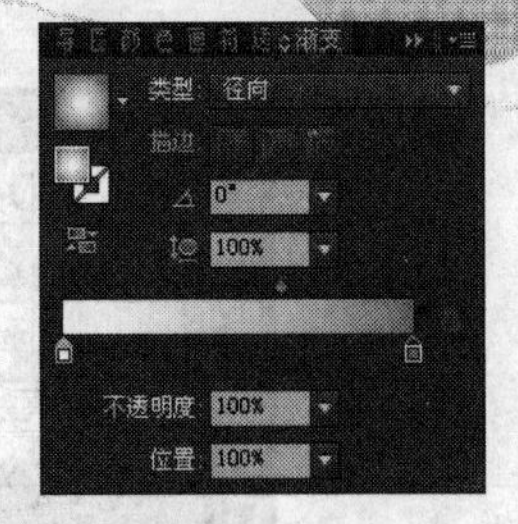

图 8-97　设置水珠的渐变颜色

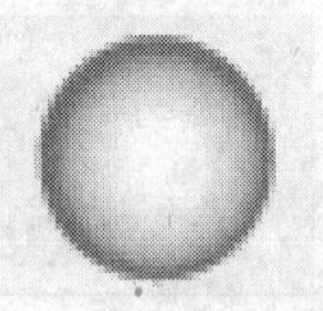

图 8-98　设置渐变后效果

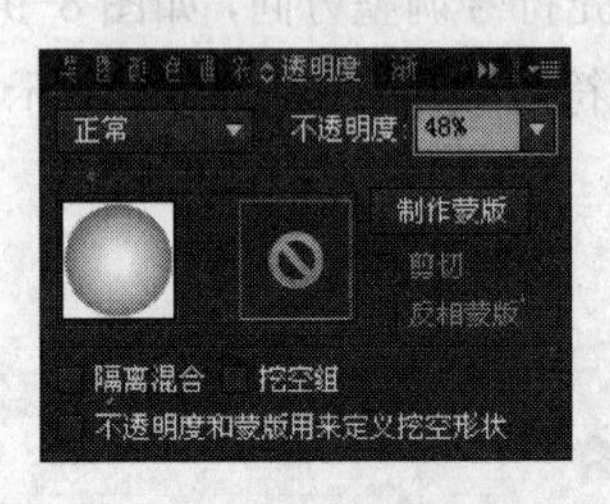

图 8-99 设置水珠的不透明度

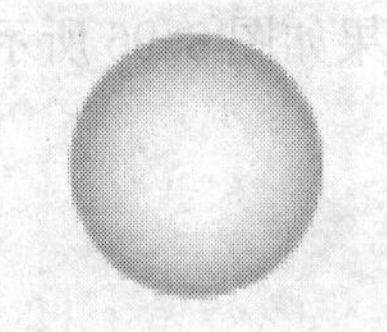

图 8-100　水珠制作完成后效果

图 8-101 将水珠置入图形内最终效果

8.5　本章小结

在本章中主要介绍画笔和符号的功能和使用方法。其中，包括创建画笔和符号、编辑画笔和符号、置入画笔和符号、编辑画笔路径和符号实例、扩展画笔路径和符号实例等。通过学习这两种工具，可以方便和快速地使用特效画笔来创建丰富的图像效果，生成多个同样的图形实例。

8.6　上机操作

1. 使用画笔工具绘制一个具有水墨效果荷花图形，如图 8-102 所示。

提示：先绘制出花瓣路径，使用网格工具编辑花瓣的颜色，如图 8-103 所示。然后，设置画笔描边和颜色，使用书法画笔和艺术画笔绘制荷花的轮廓线条。

图 8-102　水墨荷花效果

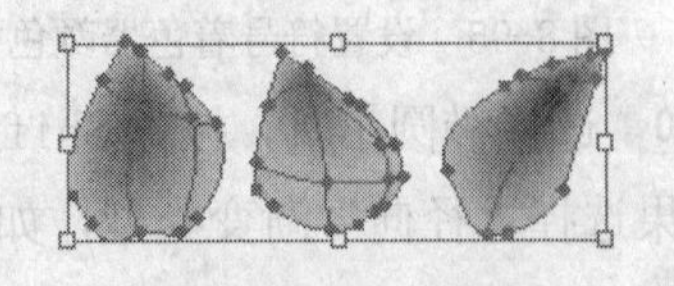

图 8-103　编辑花瓣颜色

2. 使用符号库的符号和符号喷枪工具绘制出如图 8-104 所示的图像。

图 8-104 图像效果

8.7 思考练习

一．填空题

1．Illustrator CS6 中的 4 种画笔包括：__________、__________、和__________。

2．选择画笔后，执行“对象”→“__________”命令。这时，Illustrator 会将画笔转换为一个图形路径组，从而可以进行编辑。

3．__________工具用于将符号实例靠拢，__________工具用于调整符号实例大小，__________工具用于为符号实例应用不透明度。

4．使用__________工具可以将多个符号实例作为集置入到文档中。如果用户要减少工作区上的符号实例，在使用该工具的同时按下_____键。

二．选择题

1．下面_______对象可以用来创建画笔？

A：渐变对象　　B：网格对象

C：位图图像　　D：具有不透明度对象

2．“图案画笔选项”对话框中不包括的拼贴方式为__________。

A：边线拼贴　　B：内角拼贴

C：边角拼贴　　D：终点拼贴

三．思考题

1．Illustrator CS6 在使用画笔进行绘制时将自动设置路径的锚点，锚点的数目取决于什么？

2．在图像中多次使用同一符号，是否会增加文档的大小？

3．如何将符号实例转换为单一的渐变网格对象？

第9章 文本的创建与编辑

本章导读

Illustrator CS6 提供强大的图文混排功能，使得页面编排软件和绘图软件之间的界限变得模糊。在本章中，主要介绍文字的创建、置入、沿曲线路径编排文本、文本框的链接等文字的编辑方法。

- 字体的常用知识
- 文本的创建
- 文字的编辑
- 文本的特效制作
- 制作 CD 封面

9.1 字体设计

从文字的雏形甲骨文开始到现在的简体文字，文字是传达信息的主要方式。作为最简单明了而又具有艺术性的创作的一个表现形式，应用于各种设计中。在对文字进行设计要在整个布局和谐、主次分明，美观。在对文字进行设计时要注意文字表达的意思加入创造性艺术美感。

9.1.1 字体设计

字体设计不是脱离原文字的设计一味的讲究艺术创造性就是一个好的设计，首先要遵循字体本身的结构框架，因为文字本身的结构框架是最简单明了，在原文字的结构上再进行设计美观实用，如图 9-1、图 9-2 所示。

图 9-1 字体设计

图 9-2 字体设计

9.1.2 创意方法

1．外形变化

外形变化，如长方形、不规则方形、扇形等，突出文字的内容含义和文字的结构特征，如图 9-3、图 9-4 所示。

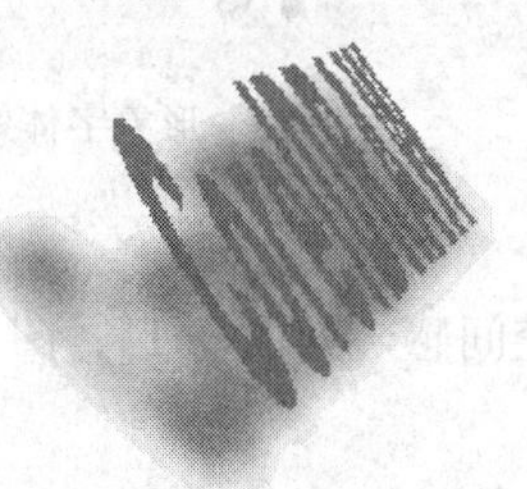

图 9-3 字体的外形变化

图 9-4 字体的外形变化

2．笔画变化

在文字结构上的变化主要是对于文字的副笔画的变化，在变化时可以对笔画的粗细、表现形式等但是不能过于复杂，这样易于辨认文字，如图 9-5、图 9-6 所示。

3．结构变化

通过将文字的放大或缩小或改变文字的位置，使字形变得独特新颖，如图 9-7、图 9-8 所示。

图 9-5　字体的笔画变化　　　　图 9-6　字体的笔画变化

图 9-7　字体的结构变化　　　　图 9-8　字体的结构变化

9.1.3　字体类型

1．形象字体

通过把文字形象化来表达文字的含义，运用独特的创意把文字的内容表达成为一幅美丽的图形，这就要深刻的理解文字的含义，如图 9-9、图 9-10 所示。

图 9-9　形象字体效果　　　　图 9-10　形象字体效果

2．立体字体

利用透视学原理突出文字的立体效果产生四维空间感，如图 9-11、图 9-12 所示。

图 9-11　立体字体效果　　　　图 9-12　立体字体效果

3. 装饰字体

装饰字体常在字体的结构上进行装饰会给人以浪漫的感觉，应用也比较广泛，如图9-13、图 9-14 所示。

图 9-13　装饰字体效果

图 9-14　装饰字体效果

9.2　文本的创建

在 Illustrator CS6 的工具箱中共有 6 种文字工具，分别为文字工具、区域文字工具、路径文字工具、直排文字工具、直排区域文字工具和直排路径文字工具，如图 9-15 所示。使用这些工具可以创建各式各样的文本效果。

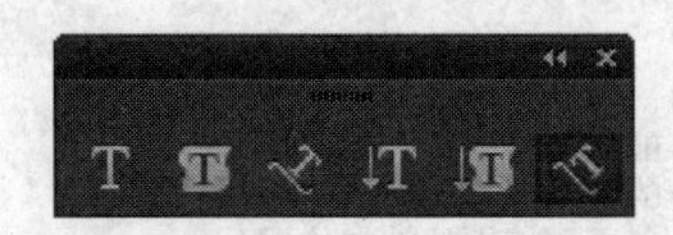

图 9-15　文字工具组

9.2.1　使用普通文字工具

单击工具箱中的文字工具或直排文字工具，在页面上需要输入文字的位置单击，鼠标将变成输入光标或，这时可以开始输入文字。在输入的过程中，可以按 Enter 键进行换行。输入的文本效果如图 9-16 和图 9-17 所示。

使用文字工具时，按下 Shift 键可以暂时切换到直排文字工具；反之，使用直排文字工具时按下 Shift 键可以暂时切换到文字工具。

使用
文字工具

使用
文字工具

图 9-16　文字工具输入效果　　图 9-17　直排文字工具输入效果

如果需要在一定文本框内输入大量文字，可以单击工具箱中的文字工具或直排文字工具，在页面中拖曳出一个文本输入框，即可在文本框区域中输入文字。使用文字工具创建文本框文字的过程如图 9-18 所示。

如果使用直排文字工具创建的文本框，输入点将在文本框的右上角，由右至左排列文字，效果如图 9-19 所示。

在文本框中输入的文本和普通文本有一定的区别。结束输入一段文字后，使用选择工具选择这段文本。这时，文本上出现定界框，拖动定界框的控制点来改变文本块的大小，文本大小随着定界框的大小而变化，如图 9-20 所示。如果旋转定界框，定界框内的文本的角度随着旋转的角度改变，如图 9-21 所示。

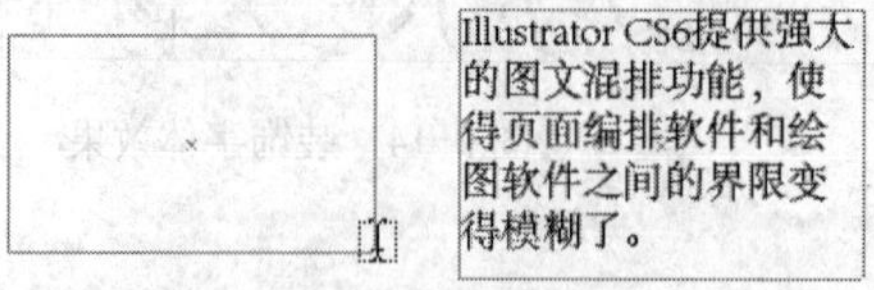

图 9-18　创建文本框输入文字

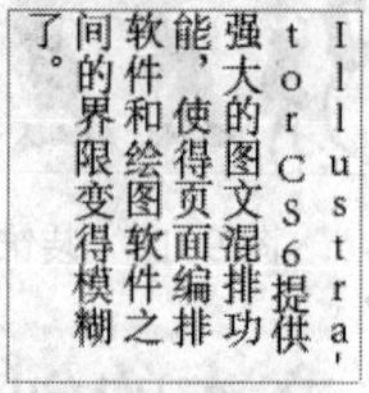

图 9-19　创建文本框输入直排文字效果

如果拖动文本框类型文本的定界框控制点，文本的大小不会随着拖动而改变，改变的仅仅是文本框类每行显示的字数；如果旋转定界框，定界框内的文本也不会随着旋转而改变角度，效果如图 9-22 所示。

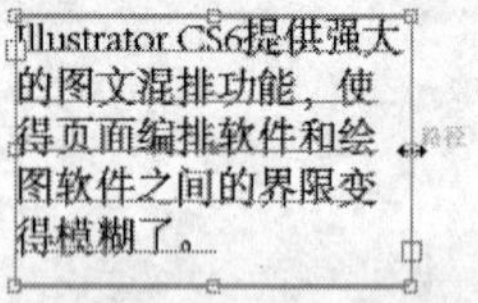

图 9-20　改变文本的大小

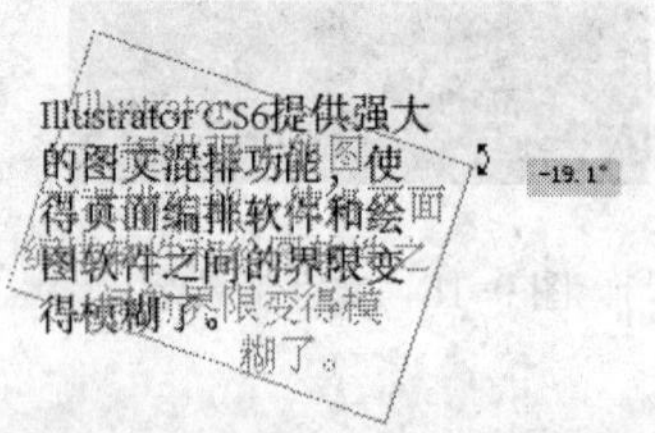

图 9-21　改变文本的角度

图 9-22　文本的旋转效果

如果需要输入大量文字，可以使用“置入”命令将在其他软件中准备好的文本文件导入文本框区域，从而节省输入时间。置入文本的基本步骤如下：

（1）将处理好的文本文件转换为 Text 或 Microsoft RTF 格式。

（2）单击工具箱中的文字工具或直排文字工具，在页面中拖曳出一个文本输入框。

（3）执行“文件”→“置入”命令，在“置入”对话框中选择文本文件，并单击“置入”命令将文本导入文本框中。

9.2.2　使用区域文字工具

通过区域文字工具或直排区域文字工具可以将文字输入到路径区域内，形成多样的文字效果。

首先绘制一段路径。然后，在工具箱中选择区域文字工具，在刚绘制的路径上单击，使该路径上出现输入文字的插入点。这时，就可以在该路径中输入文字，如图 9-23 所示。如果选择的是直排区域文字工具，在路径中输入的文本效果如图 9-24 所示。

如果文本框中出现⊞标识则表示文本框内的文本溢出文本框。

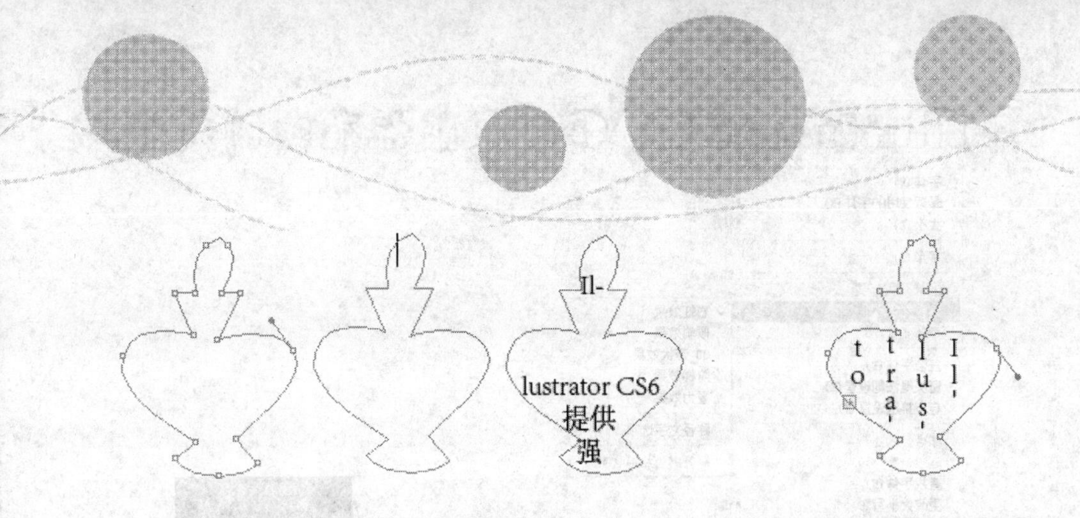

图 9-23 使用区域文字工具示意图　　图 9-24 使用直排区域输入工具效果

9.2.3 使用路径文字工具

通过路径文字工具或直排路径文字工具可以沿着各种路径输入文字，从而创造出富有变化的文字效果。

首先绘制一段路径。然后，在工具箱中选择路径文字工具，在刚绘制的路径上单击，使该路径上出现输入文字的插入点。这时，就可以在该路径中输入文字，文字则沿着路径自动进行编排，如图 9-25 所示。如果选择的是直排路径文字工具，在路径中输入的文本效果如图 9-26 所示。

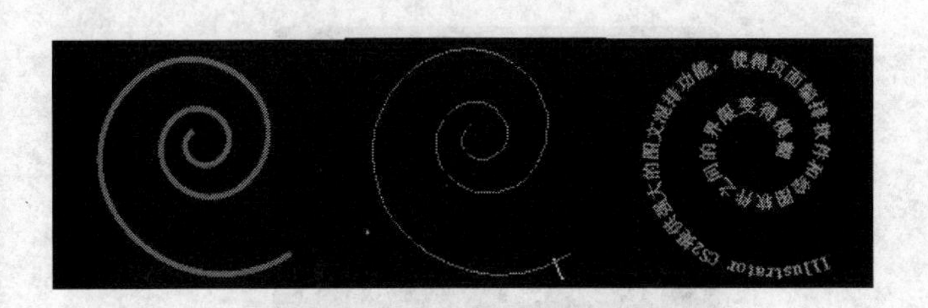

图 9-25 使用路径文字工具示意图

图 9-26 使用直排路径文字工具效果

如果要将路径文字进行调整或变形，可以执行“文字”→“路径文字”命令，在“路径文字”的扩展菜单中有路径文字的 5 种效果命令，如图 9-27 所示。Illustrator 默认的路径文字效果为彩虹效果，其余 4 种效果分别如图 9-28～图 9-31 所示。

执行“文字”→“路径文字”→“路径文字选项”命令，打开“路径文字选项”对话框，如图 9-32 所示。在对话框中可以进行以下各选项设置。

- 【效果】：在该选项的下拉列表中可以选择 5 种不同的路径文字变形效果。
- 【对齐路径】：在该选项的下拉列表中可以选择 4 种不同的路径文字和路径的对齐方式。
- 【间距】：该选项的数值控制路径文字的间距。
- 【翻转】：勾选该选项可以使路径文字翻转编排。

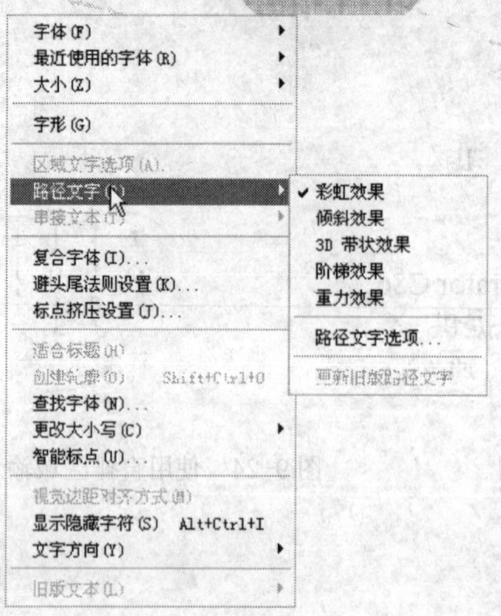

图 9-27 “路径文字”扩展菜单

图 9-28 倾斜效果

图 9-29 3D 带状效果

图 9-30 阶梯效果

图 9-31 重力效果

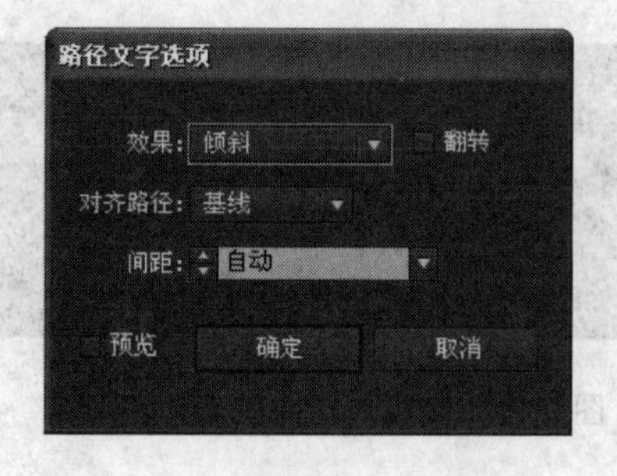

图 9-32 “路径文字选项”对话框

9.3 文字的编辑

在 Illustrator CS6 中，主要通过“字符”、“段落”、“字符样式”等面板和“文字”菜单命令对文字进行编辑。

9.3.1 “字符”面板的使用

执行“窗口”→“文字”命令，可以看到“文字”扩展菜单中的多个面板命令，通过设置这些面板的数值可以对文字进行编辑，如图 9-33 所示。其中，执行“窗口”→“文字”→“字符”命令或按下 Ctrl+T 键，可以打开“字符”面板对文字进行大小、字体缩放、间距、基线等各项设置，如图 9-34 所示。

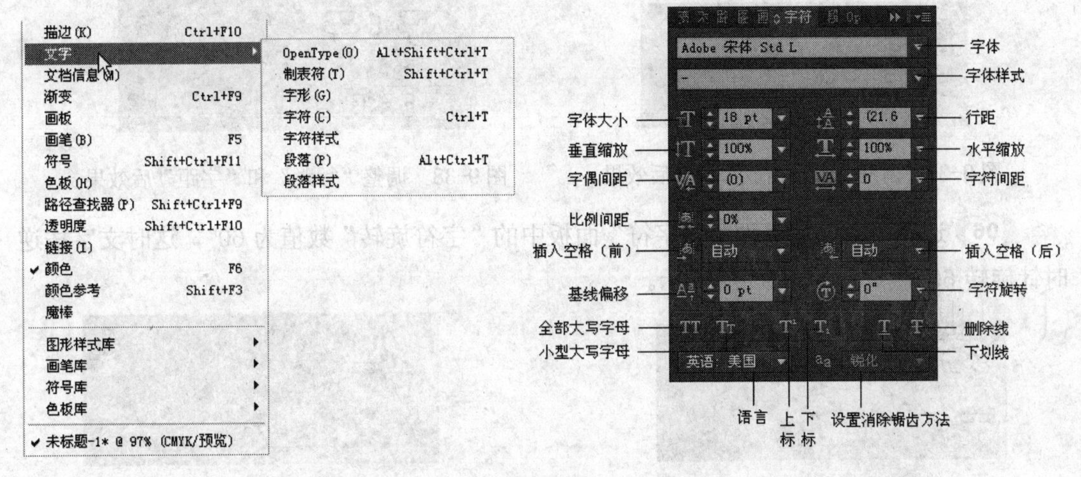

图 9-33 “文字”扩展菜单　　图 9-34 “字符”面板选项

在进行编辑前需要先选择文字，可以选择一个或多个文字。然后，在“字符”面板中设置相应的字符选项。对于数值选项，可以使用选项的上下箭头调整数值，也可以直接编辑文本框中的数值并按 Enter 或 Return 应用数值。

由于“字符”面板中的命令较多，下面通过一个简单的实例来讲解几个常用的命令使用方法。

01 选择文档中如图 9-35 所示的文字，并按下 Ctrl+T 键打开“字符”面板。

02 在“字符”面板中，设置“字体”选项为“华文彩云”，并调整“字体大小”选项为 36pt，这时的文字效果如图 9-36 所示。

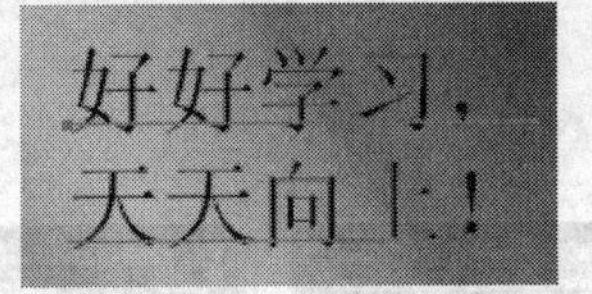

图 9-35 选择文字

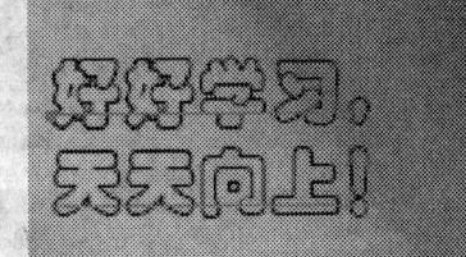

图 9-36 调整“字体”和“字体大小”后的效果

03 除了改变整体的文字效果外，也可以选择单个的字符来进行修改。选择“好好学习”4 个字符，在“字符”面板中，设置“水平缩放”的数值为 175%，使选中的字符变宽，效果如图 9-37 所示。如果要改变字符的高度，可以调整“垂直缩放”的数值。

04 选择所有文字，调整“字符”面板中的“行距”的数值为 72pt，使文字上下两行的基线距离增大；然后，调整“字符间距”的数值为 200，使字符之间的距离增大，如图 9-38 所示。

05 在“天”和“向”字符之间双击，鼠标变为插入点。这时，调整“字符”面板中的“字偶间距”数值为 1000，使“天”和“向”字符之间的距离增大，效果如图 9-39 所示。

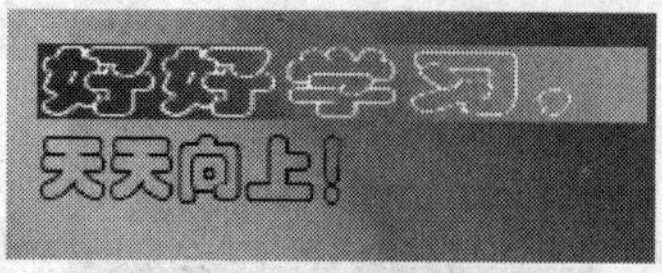

图 9-37　调整“水平缩放”数值后效果 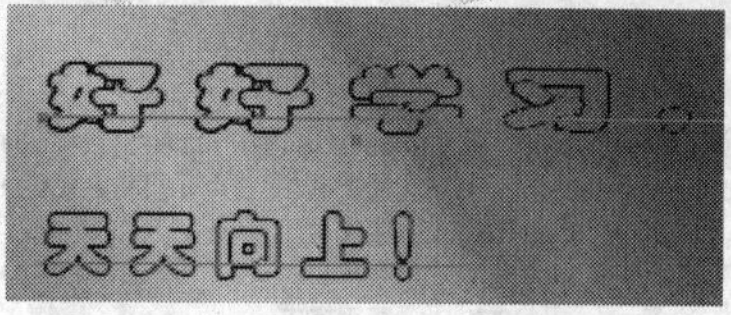　　　图 9-38　调整“行距”和“字距”后效果

06 选择所有文字，调整“字符”面板中的“字符旋转”数值为 60º，这时文字按逆时针旋转 60º，效果如图 9-40 所示。

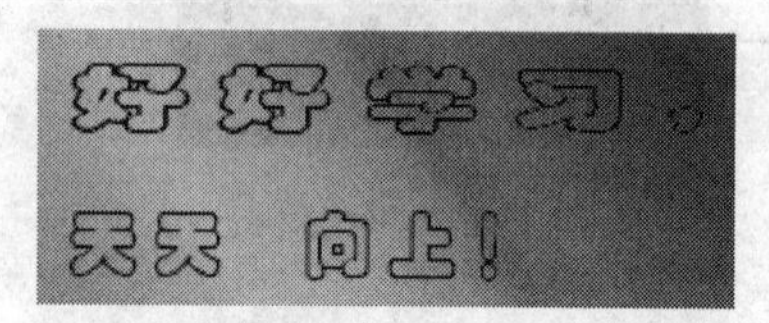

图 9-39　调整“字偶间距”后效果

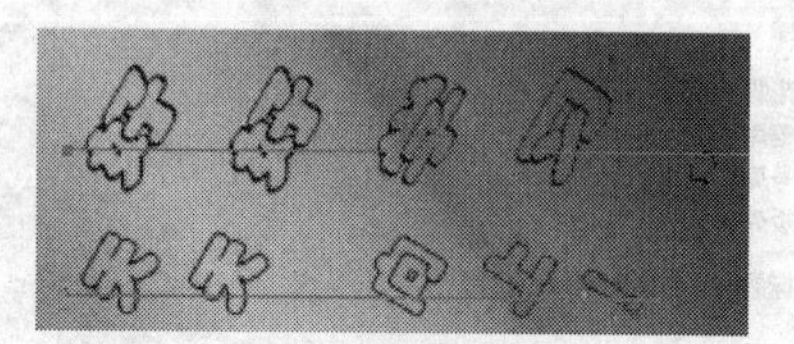

图 9-40　调整“字符旋转”后效果

9.3.2　段落面板的使用

使用“段落”面板对文字的段落属性进行调整，包括文本的缩进、对齐和悬浮标点等。执行“窗口”→“文字”→“段落”命令或按下 Alt+Ctrl+T 键，可以打开“段落”面板，如图 9-41 所示。

在“段落”面板中，有 7 种段落对齐方式，分别为左对齐、居中对齐、右对齐、两端对齐/末行左对齐、两端对齐/末行居中对齐、两端对齐/末行右对齐、全部两端对齐。这 7 种段落对齐效果分别如图 9-42～图 9-48 所示。

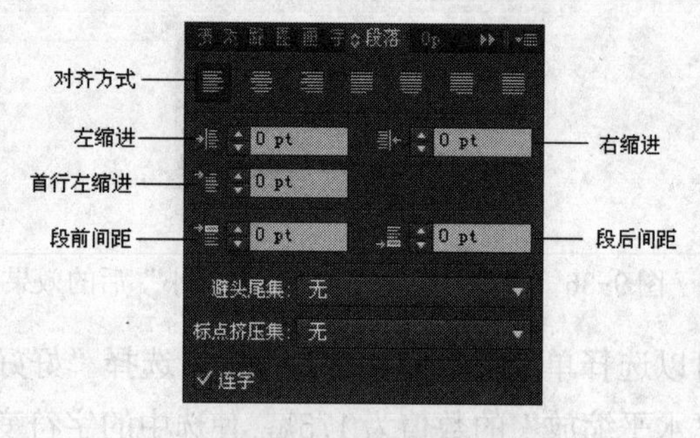

图 9-41　“段落”面板

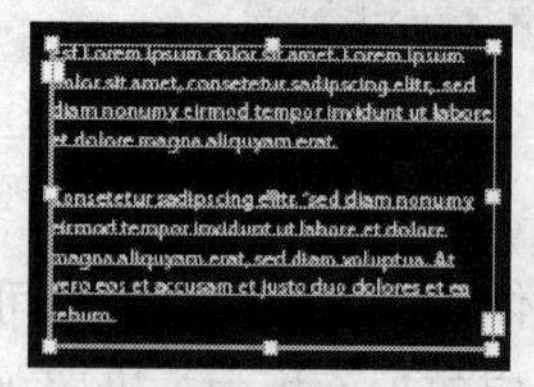

图 9-42　左对齐

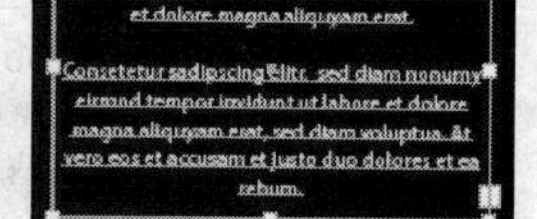

图 9-43　居中对齐

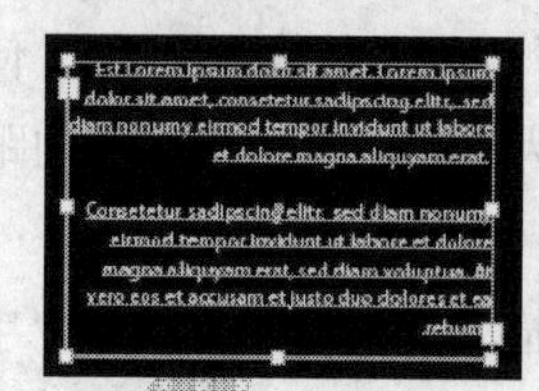

图 9-44　右对齐

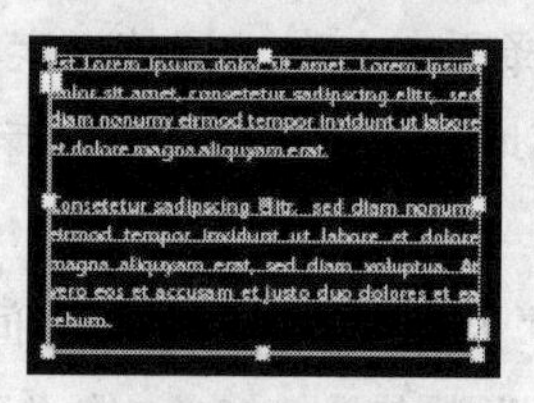

图 9-45　两端对齐/末行左对齐

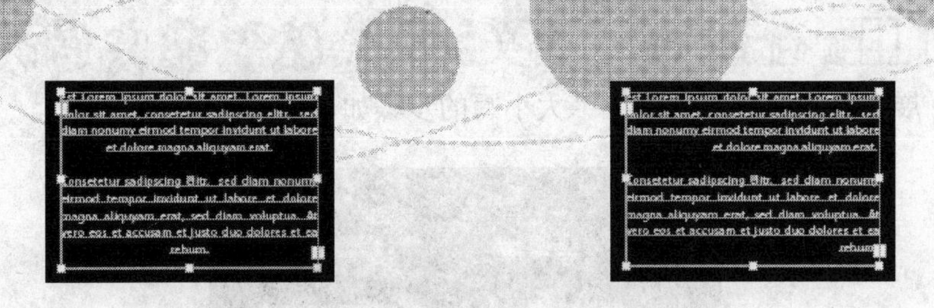

图 9-46　两端对齐/末行居中对齐　　　　图 9-47　两端对齐/末行右对齐

下面通过一个简单的实例来讲解“段落”面板中其他常用选项的使用方法。

01 选择如图 9-48 所示的文字段落，并按下 Alt+Ctrl+T 键打开“段落”面板。

02 在“段落”面板中，调整“左缩进”选项的数值为 30pt，使文字段落向左缩进 30pt，效果如图 9-49 所示。同样，如果要设置文字段落向右缩进，则调整“右缩进”选项的数值。

03 调整“段落”面板中“首行左缩进”选项的数值为 15pt，使得文字段落的首行向右缩进，效果如图 9-50 所示。

04 调整“段前间距”选项的数值为 10pt，使得文字段落的段前间距增大，效果如图 9-51 所示。同样，调整“段后间距”选项数值，可以使文字段落的段后间距增大。

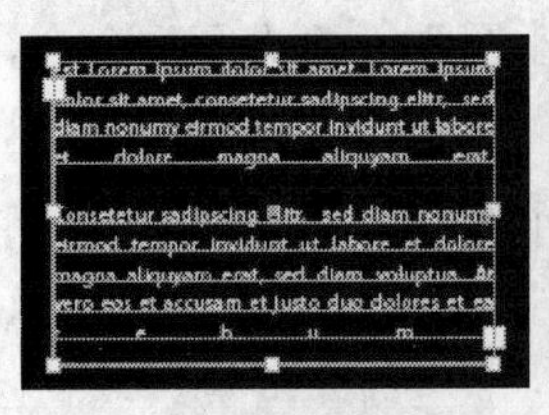

图 9-48　全部两端对齐

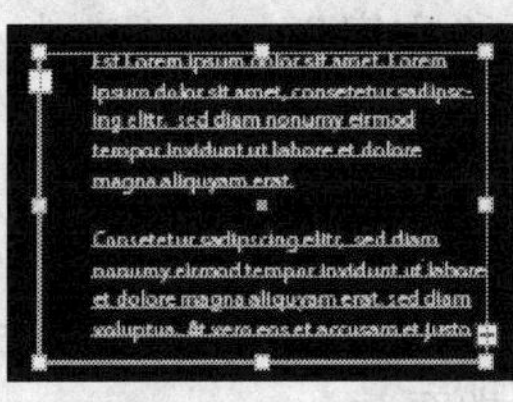

图 9-49　左缩进

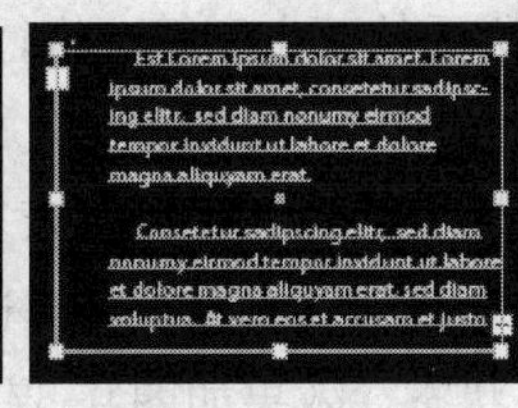

图 9-50　首行左缩进

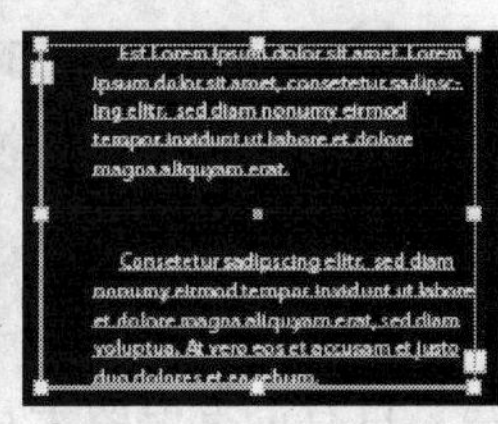

图 9-51　调整段前间距

9.3.3　文本的其他编辑

除了使用“字符”和“段落”面板来编辑文字外，还可以使用菜单命令。下面简单介绍几种常用的文字编辑命令。

01 文字分栏。在进行文字排版时，经常需要将段落文字进行分栏排列。将段落文字分栏的具体步骤如下：

❶选择如图 9-52 所示的段落文字，执行“文字”→“区域文字选项”命令，打开“区域文字选项”对话框，如图 9-53 所示。

❷在“区域文字选项”对话框中的行和列的“数量”文本框中可以分别设置水平方向和垂直方向的栏数；在行和列的“跨距”文本框中可以分别设置栏的高度和宽度；在行和列的“间距”文本框中可以分别设置水平方向或垂直方向栏之间的距离。调整列的“数量”选项的数值为 2，其他设置保持默认。

❸单击“确定”按钮，段落文字转换为 2 列的分栏段落文字，效果如图 9-54 所示。

02 更改大小写。如果需要更改英文字符的大小写，可以通过“文字”→“更改大小写”的扩展命令来完成。更改文字大小写的步骤如下：

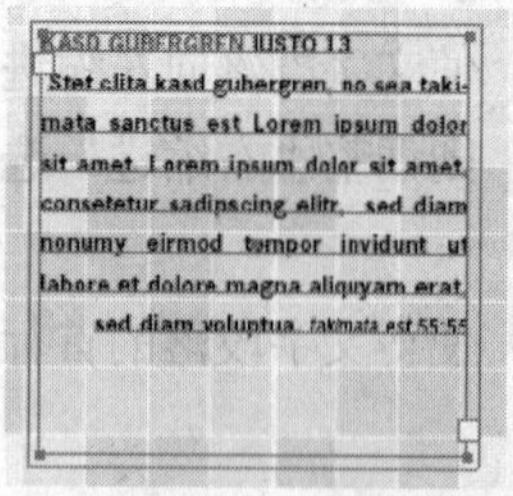

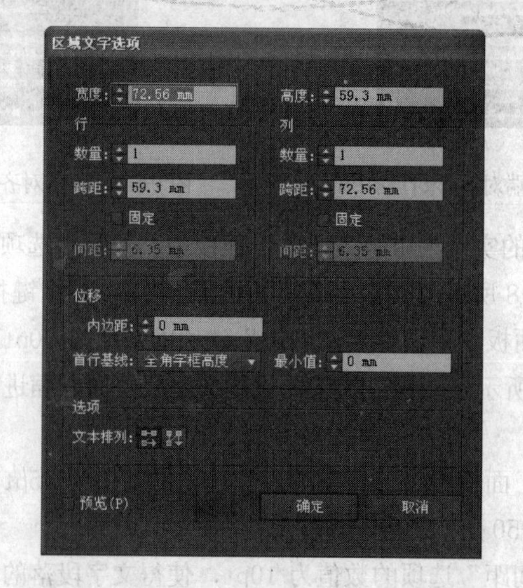

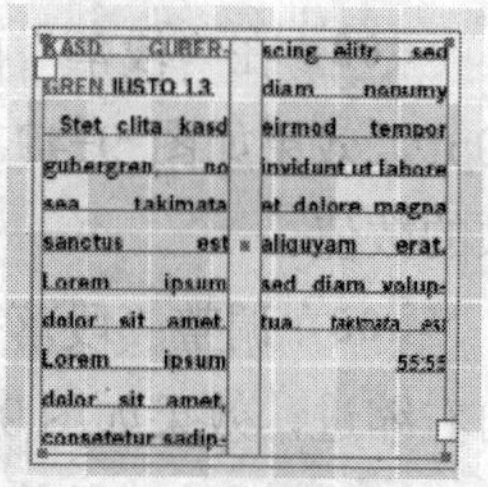

图 9-52　选择段落文字　　图 9-53　设置区域文字选项　　图 9-54　分栏段落文字效果

❶选择如图 9-55 所示的英文字符，执行“文字”→“更改大小写”→“大写”命令，所有的英文字符都转换为大写，如图 9-56 所示。反之，如果执行“文字”→“更改大小写”→“小写”命令，所有的英文字符将恢复到如图 9-55 所示的小写状态。

❷执行“文字”→“更改大小写”→“词首大写”命令，被选中的英文字符转换为小写，只有词首保留大写状态，效果如图 9-57 所示。

❸执行“文字”→“更改大小写”→“句首大写”命令，被选中的英文字符只有句首的字符为大写状态，效果如图 9-58 所示。

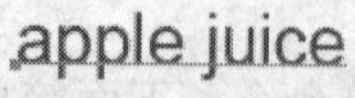

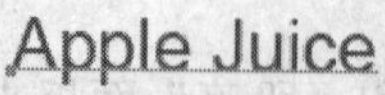

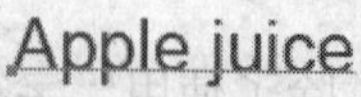

apple juice　　APPLE JUICE　　Apple Juice　　Apple juice

图 9-55　选择字符　　图 9-56　大写　　图 9-57　词首大写　　图 9-58　句首大写

03 更改文字方向。如果需要更改文字的排列方向，可以通过“文字”→“文字方向”的扩展命令来完成。选择如图 9-59 所示的段落文字，执行“文字”→“文字方向”→“垂直”命令，将文字转换为垂直方向排列的段落文字，效果如图 9-60 所示。反之，如果要将垂直排列的文字转换为水平排列，选中文字后执行“文字”→“文字方向”→“水平”命令即可。

04 创建文本绕排。通过创建文本绕排可以将文字环绕图像进行排版，从而得到更丰富的文字效果。创建文本绕排效果的步骤如下：

❶同时选中如图 9-61 所示的文字和图像。另外，在创建文本绕排前需要将选中的文本和图像放置在一个图层组中，图像在文字的上一层。

❷执行“对象”→“文本绕排”→“文本绕排选项”命令，打开“文本绕排选项”对

话框，如图 9-62 所示。在对话框中，可以设置绕排的“位移”选项的数值。

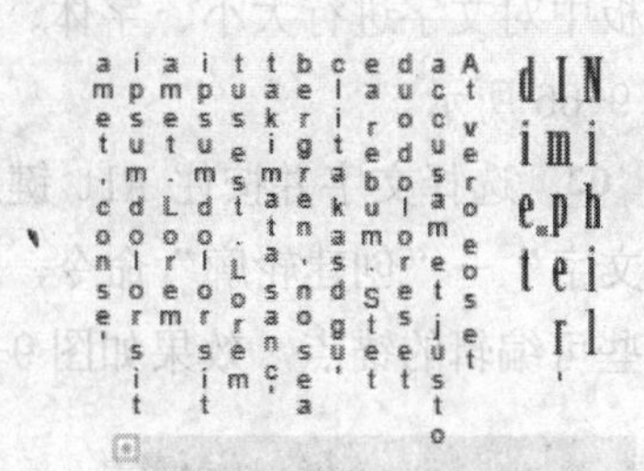

图 9-59　选择段落文字　　　　图 9-60　垂直方向排列的文字效果

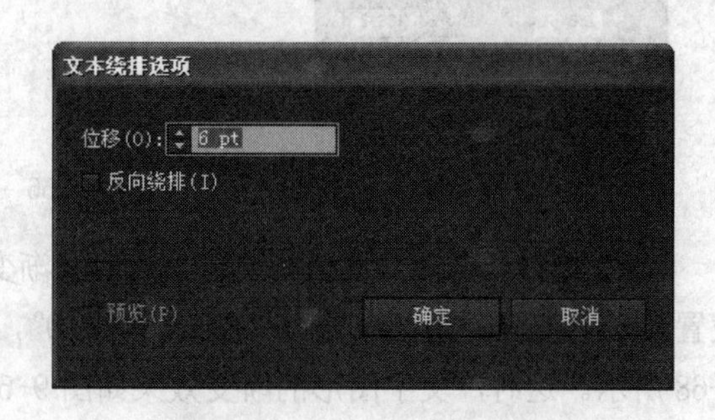

图 9-61　选择文字和图像　　　　图 9-62　设置文字绕排选项

❸单击“确定”按钮，执行“对象”→“文本绕排”→“建立”命令。这时，文字将环绕图像重新编排，效果如图 9-63 所示。

❹如果要取消文字绕排效果，执行“对象”→“文本绕排”→“释放”命令即可将图像和文字分开排列。

05 创建轮廓。通过为文字创建轮廓，可以将文字转换为图形。选择文字后，执行“文字”→“创建轮廓”命令，即可将选中的文字转换为图形。如图 9-64 所示，第 2 行的文字为创建轮廓后的图形路径，由许多锚点组成，使用直接选择工具可以拖动锚点从而改变文字轮廓的形状。

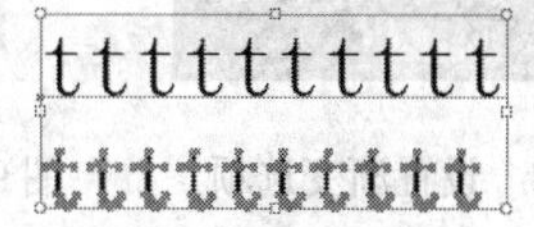

图 9-63　文字绕排效果　　　　图 9-64　创建轮廓效果

9.4　文本的特效制作——投影字

在本节中主要介绍简单的文字特效投影字的制作，具体步骤如下：

01 单击工具箱中的文字工具 T，在工作区中单击鼠标并输入文字“Illustrator”。

02 执行“窗口”→“文字”→“字符”命令或按下 Ctrl+T 键，打开“字符”面板。在面板中对文字进行大小、字体、字体缩放的设置，如图 9-65 所示。这时，文字的效果如图 9-66 所示。

03 选择文字并按住 Alt 键进行拖动，复制出一个新的文字。选择复制的文字，执行“文字”→“创建轮廓”命令，将复制的文字转换为图形。这时，图形化的文字上出现了一些可编辑的锚点，效果如图 9-67 所示。

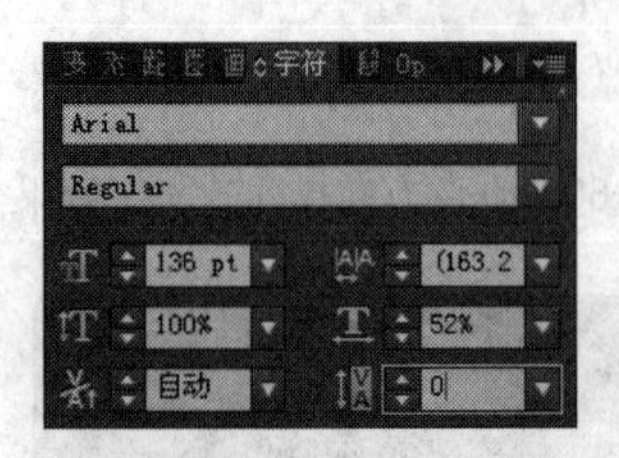

图 9-65 设置文字字符选项

Illustrator

图 9-66 文字效果

图 9-67 转换图形效果

04 选择文字图形，执行“窗口”→“渐变”命令，打开“渐变”面板。在面板中，设置渐变“类型”为“线性”，“角度”为-90º，渐变颜色为“咖啡色”到“紫色”，如图 9-68 所示。这时，文字图形的渐变效果如图 9-69 所示。

05 选择文字图形，执行“对象”→“变换”→“倾斜”命令，打开“倾斜”对话框。在对话框中设置图形的倾斜角度，如图 9-70 所示。

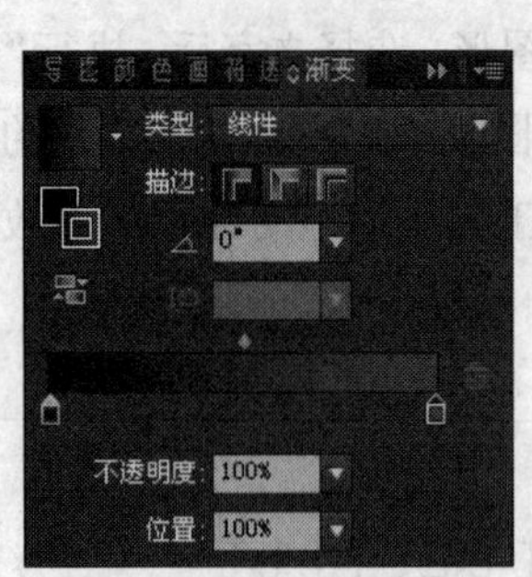

图 9-68 设置渐变选项

Illustrator

图 9-69 文字图形渐变效果

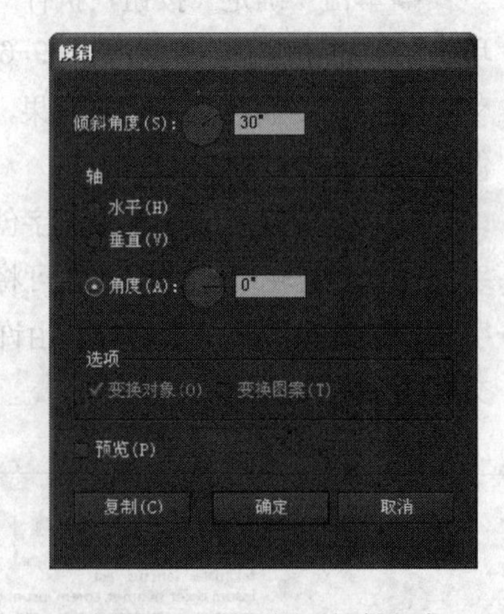

图 9-70 设置图形倾斜角度

06 单击“确定”按钮，图形倾斜效果如图 9-71 所示。选择文字图形，在图形四周出现定界框。将光标放在定界框上部的中间控制点上，使鼠标的光标变为 ↕。这时，向下拖动鼠标从而调整图形的高度，效果如图 9-72 所示。

07 选择文字，执行“对象”→“排列”→“置于顶层”命令，将文字放在文字图形的上层。然后，移动文字和文字图形，使它们的位置如图 9-73 所示。

08 选择文字，执行“窗口”→“色板”命令，打开“色板”面板。在面板中，单击“白色”，使文字的颜色设置为白色。

图 9-71　图形倾斜效果

图 9-72　调整图形高度效果

09 单击工具箱的矩形工具，在工作区中绘制一个矩形，并在“色板”面板中设置矩形颜色为“烟”色。然后，执行“对象”→“排列”→“置于底层”命令，将矩形放在文字下层。这时，简单的投影字特效已经完成，效果如图 9-74 所示。

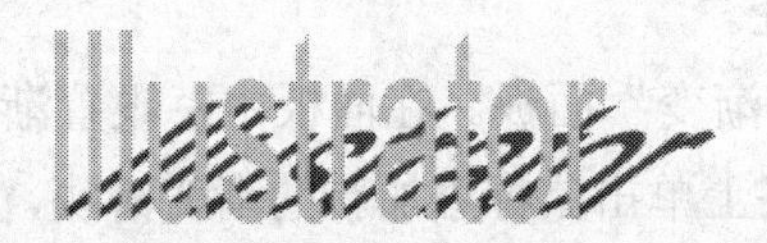

图 9-73　调整文字和图形的位置

图 9-74　投影字效果

9.5　文本的特效制作——金属字

金属光泽的文字在设计中会经常被应用，在本节中主要介绍文字特效金属字的制作，具体步骤如下：

01 单击工具箱中的文字工具，在工作区中单击鼠标并输入文字“Adobe”。

02 执行“窗口”→“文字”→“字符”命令或按下 Ctrl+T 键，打开“字符”面板。在面板中对文字进行大小、字体、字体缩放的设置，如图 9-75 所示。这时，文字的效果如图 9-76 所示。

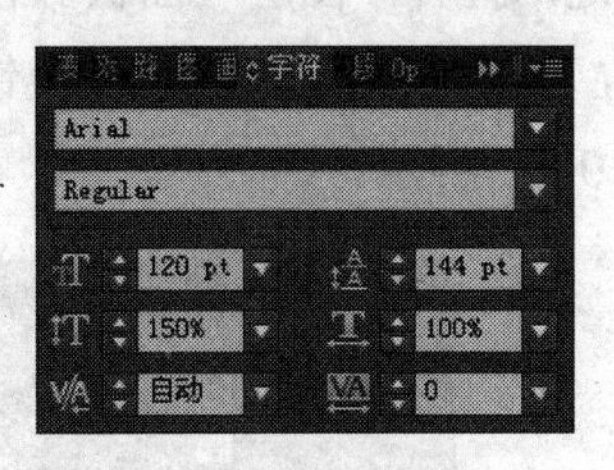

图 9-75　设置文字字符选项

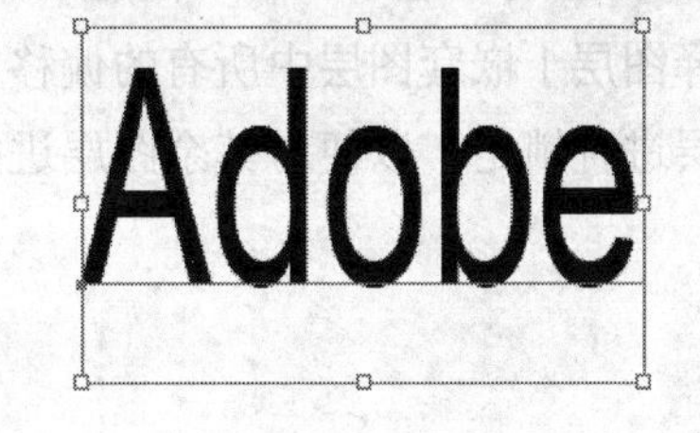

图 9-76　文字效果

03 选择文字，执行“文字”→“创建轮廓”命令，将文字转换为图形。然后，执行“对象”→“路径”→“偏移路径”，在弹出的“偏移路径”对话框中设置位移的距离，如图 9-77 所示。单击“确定”按钮，文字外围增加了一圈新的路径，位移效果如图 9-78 所示。

04 选择文字，在工具箱中单击“填色”按钮，再单击“无”填色，使文字效果如图 9-79 所示，这样可以更准确地选择文字路径。

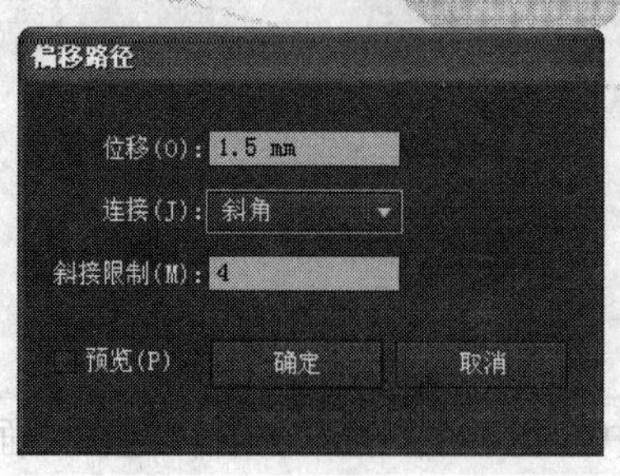

图 9-77　设置位移距离

图 9-78　位移效果

05 选择文字，执行“对象”→“取消编组”命令，将偏移路径时自动生成的编组取消。按住 Shift 键，依次选取所有的偏移文字路径。

06 执行“窗口”→“渐变”命令，打开“渐变”面板。在面板中，设置渐变“类型”为“线性”，“角度”为 90°。然后，在渐变条上单击鼠标添加新的渐变滑块，渐变滑块的颜色依次设置为“炭笔灰”、“烟”、“炭笔灰”、“白”和“炭笔灰”，渐变位置依次为 0、25、38、50 和 100，如图 9-80 所示。这时，外圈文字路径的渐变效果如图 9-81 所示。

图 9-79　设置文字无色填充

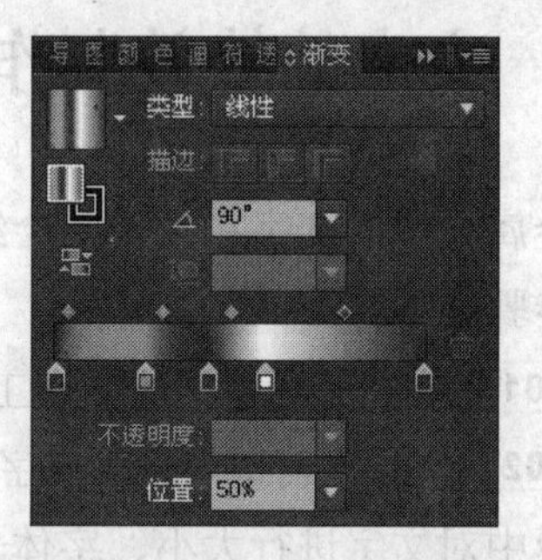

图 9-80　设置外圈文字路径渐变

07 执行“窗口”→“图层”命令或按下 F7 键，打开“图层”面板。在面板中，分别选择图层 1 嵌套图层中所有的偏移文字路径图层，并单击图层前的“切换锁定”按钮，将图层进行锁定，以便对其余图层进行编辑，如图 9-82 所示。

图 9-81　外圈文字路径的渐变效果

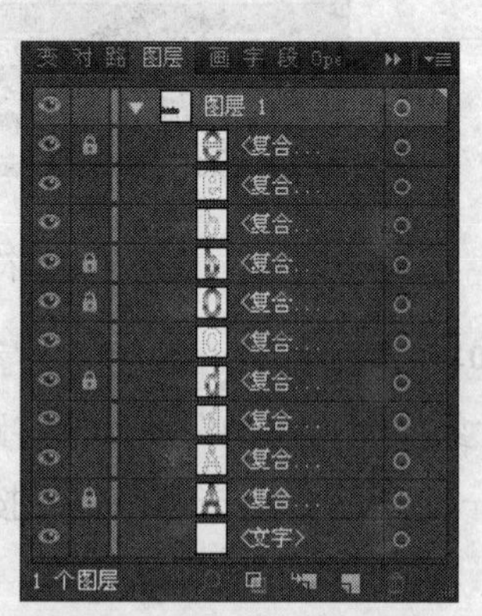

图 9-82　锁定偏移路径图层

08 由于偏移文字路径图层已经被锁定，框选所有的文字，即可选中其余的位于内圈的文字路径。

09 打开“渐变”面板，设置所选文字的渐变颜色。在面板中，在渐变条上单击鼠标添加新的渐变滑块，并设置渐变滑块的颜色依次为 “烟”、“炭笔灰”、“白”、“白”和“烟”，渐变位置依次为 26、45、50、80 和 100，如图 9-83 所示。

10 在工具箱中单击“描边”按钮，再单击“无”按钮，使内圈的文字无描边。这时，金属文字效果如图 9-84 所示。至此，金属字特效的实例就完成了。

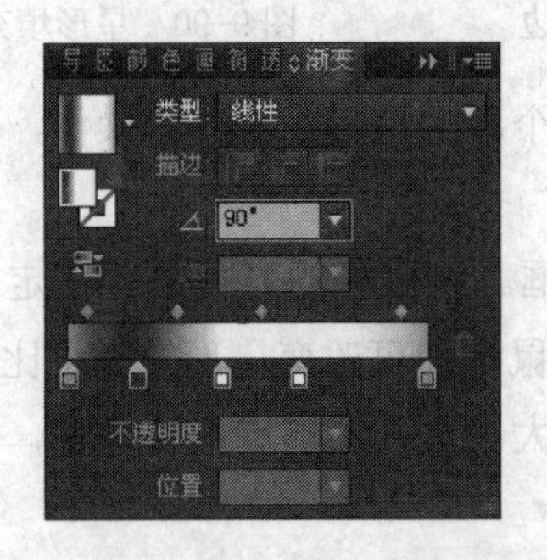

图 9-83　设置内圈文字路径渐变

图 9-84　金属文字效果

9.6　文本的特效制作——图案字

在本节中将要制作的特效文字为图案字，即在文字填充中包含有图案的效果，具体步骤如下：

01 选择工具箱中的星形工具，在工作区单击，弹出“星形”对话框。在对话框中设置星形的半径和角点数，如图 9-85 所示。单击“确定”按钮，创建的星形效果如图 9-86 所示。

02 选择工具箱中的旋转扭曲工具，将鼠标的光标移至刚创建的星形上，使旋转扭曲的中心点和星形的中心点重合，如图 9-87 所示。然后，单击鼠标使星形进行中心旋转扭曲，效果如图 9-88 所示。

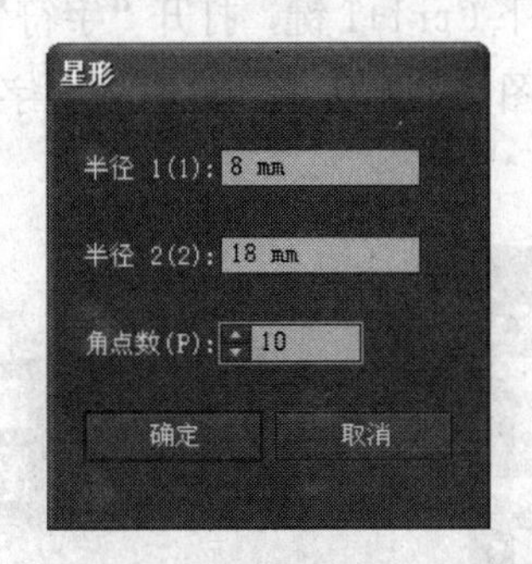

图 9-85　设置星形选项

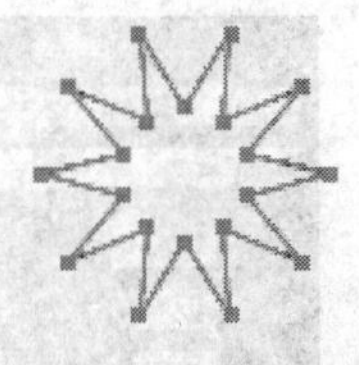

图 9-86　星形效果

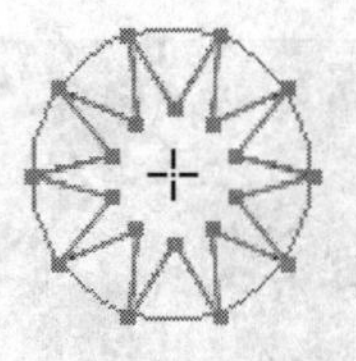

图 9-87　中心点重合

03 选择星形，执行“窗口”→“色板”命令，打开“色板”面板。在面板中，单击“纯洋红”，为星形填充洋红颜色。然后，在工具箱中依次单击“描边”和“无”按钮，将星形设置为无描边填充，如图 9-89 所示。这时，星形的填充效果如图 9-90 所示。

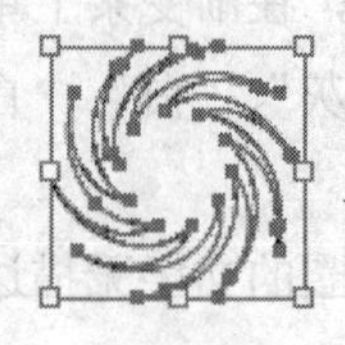

图 9-88 旋转扭曲效果

图 9-89 设置星形描边

图 9-90 星形填充效果

04 选择星形，按住 Alt 键进行拖动，复制出一个新的星形。重复此操作，则在工作区中复制出多个星形，如图 9-91 所示。

05 选择任意一个星形，星形的四周将出现定界框。将鼠标的光标放置在定界框 4 个对角控制点的任意一个，使鼠标的光标变为↖↘，拖动鼠标即可改变星形的大小比例，如图 9-92 所示。重复该操作，调整工作区中各个星形的大小，并调整星形的位置，使排列疏密得当。

图 9-91 复制多个星形

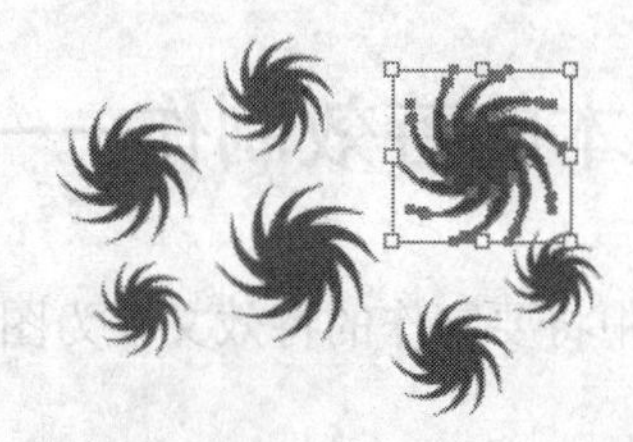

图 9-92 调整星形的大小比例

06 单击工具箱的矩形工具，在工作区中绘制一个矩形，并在“色板”面板中单击“拿铁咖啡”颜色，为矩形填充颜色。然后，选择矩形，执行“对象”→“排列”→“置于底层”命令，将矩形放在星形的下层。这时，矩形的效果如图 9-93 所示。

07 单击工具箱中的文字工具，在工作区中单击鼠标并输入文字“NICE”。

08 执行“窗口”→“文字”→“字符”命令或按下 Ctrl+T 键，打开“字符”面板。在面板中对文字进行大小、字体、垂直缩放的设置，如图 9-94 所示。这时，文字的效果如图 9-95 所示。

图 9-93 矩形效果

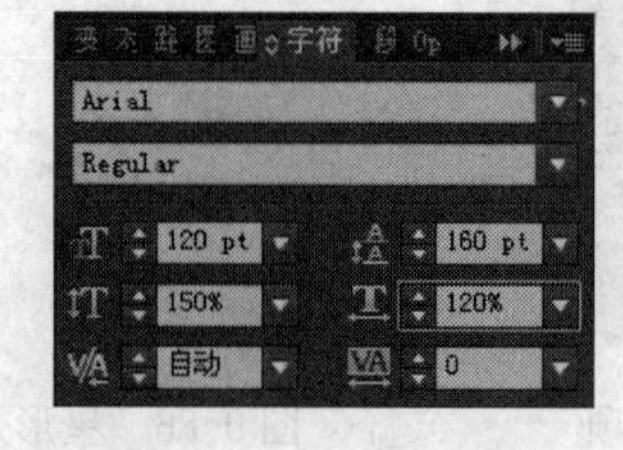

图 9-94 设置字符选项

图 9-95 文字效果

09 按下 Ctrl+A 键，全选工作区中的所有图形和文字。然后，单击右键，在弹出的快捷菜单中选择“建立剪切蒙版”命令，如图 9-96 所示。这时，文字中被嵌入了星形和矩形组成的图案，效果如图 9-97 所示。至此，文字特效图案字就完成了。

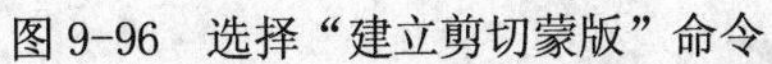

图 9-96　选择“建立剪切蒙版”命令

图 9-97　文字嵌入图案效果

9.7　文字应用——制作 CD 封面

01 执行主菜单“文件→新建”命令在新建文档对话框中对文档的大小进行设置，颜色模式设置为 CMYK 模式，如图 9-98 所示。

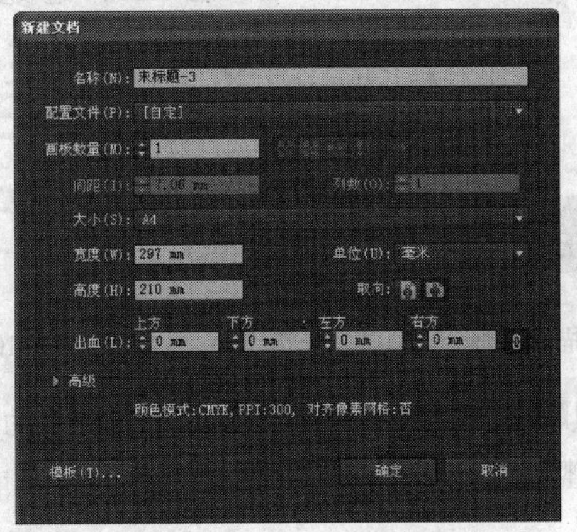

图 9-98　新建文档选项

02 选择文字工具 T 在绘图区输入文字，按下 Esc 结束输入文字，按下 Ctrl+T 键打开字符调板，在字符调板中选择字体，设置大小、间距，如图 9-99 所示。在描边调板中设置描边宽度为 3pt，描边颜色为“蓝色”，填充“无”，如图 9-100 所示。将文字设置后效果如图 9-101 所示。

03 选择文字工具 T 点击文字，使文字处在可编辑状态，拖动鼠标将两个 f 分别选取，如图 9-102 所示。将 f 的描边粗度设置为 4pt，如图 9-103 所示。将文字进行设置后，如图 9-104 所示。

04 执行主菜单“文字→创建轮廓”命令，或按下 Shift+Ctrl+O 键将文字变路径文字，这样就能像编辑图形一样来编辑文字，如图 9-105 所示。

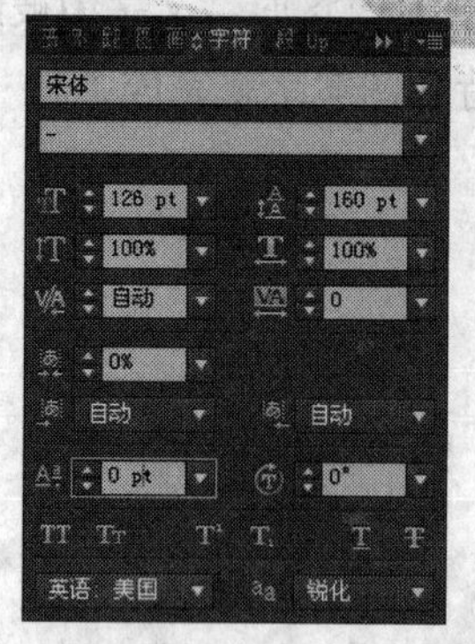

图 9-99　设置字符大小

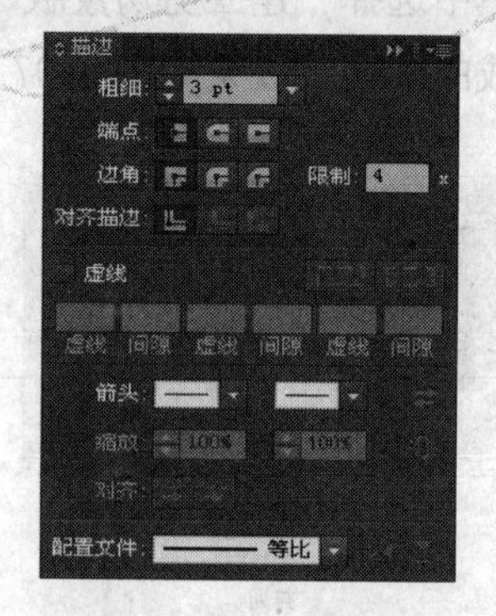

图 9-100　设置描边大小

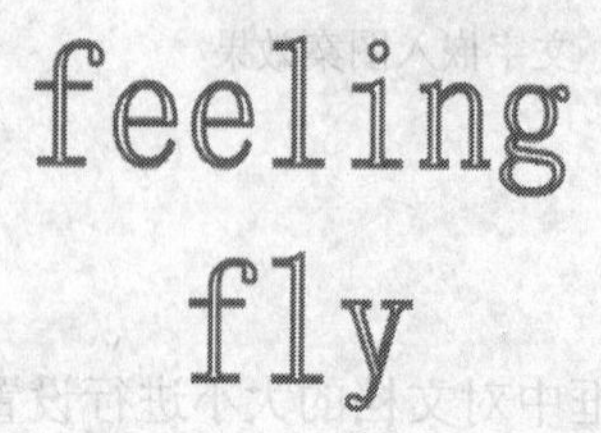

图 9-101　设置后效果

图 9-102　选取要改变的字母

图 9-103　设置描边粗细

图 9-104　设置后效果

05 用编组选择工具 ，将字母单独选取后，用鼠标拖动字母改变字母的位置，如图 9-106 所示。将字母调整位置后如图 9-107 所示。

图 9-105　将文字转换为路径图形

图 9-106　移动字母位置

图 9-107　调整后效果

06 按下 Ctrl+A 键将文字全选，按住 Alt 拖动选中字母，将复制的文字设置白色，在描边调板中将描边粗细设置为 1pt，如图 9-108 所示。设置后效果如图 9-109 所示。

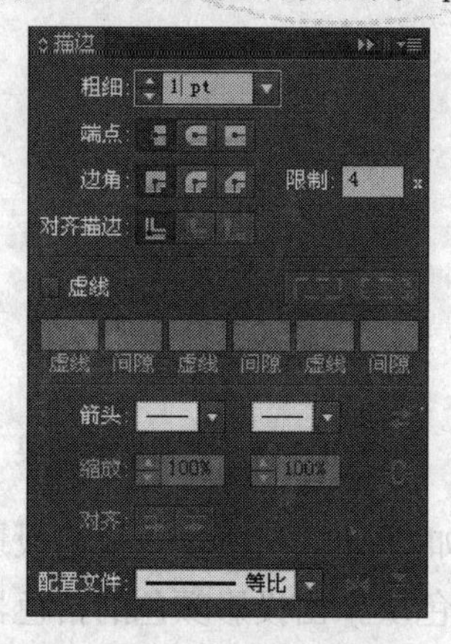

图 9-108 设置描边粗细

图 9-109 设置后效果

07 用编组选择工具分别选取字母，执行主菜单栏中“效果→变形→拱形”命令，在选取时按住 Shift 键能够同时选取多个字母，应用变形命令，按下 Alt+Shift+Ctrl+W 键打开变形调板对话框，在对话框的文本框中设置变形参数，如图 9-110、图 9-112、图 9-114 所示，执行变形后效果如图 9-111、图 9-113、图 9-115 所示。

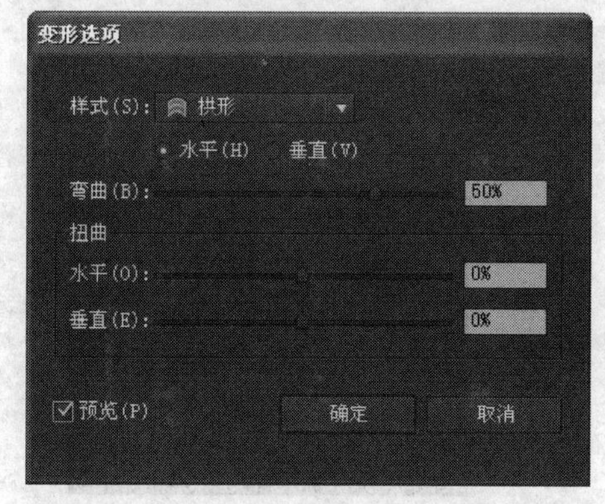

图 9-110 在变形选项中设置变形效果

图 9-111 变形后的效果

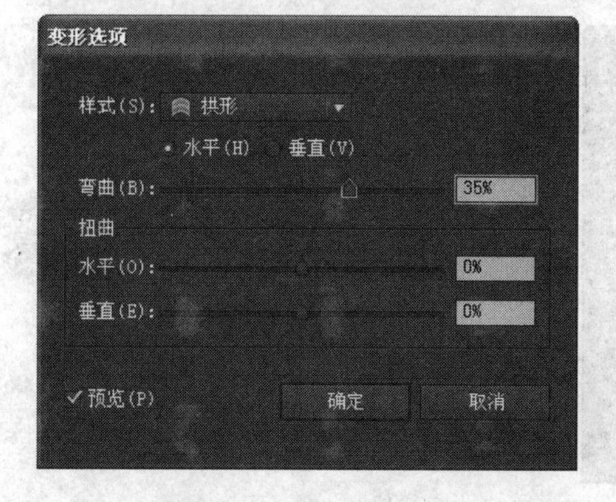

图 9-112 设置变形效果

图 9-113 变形后的效果

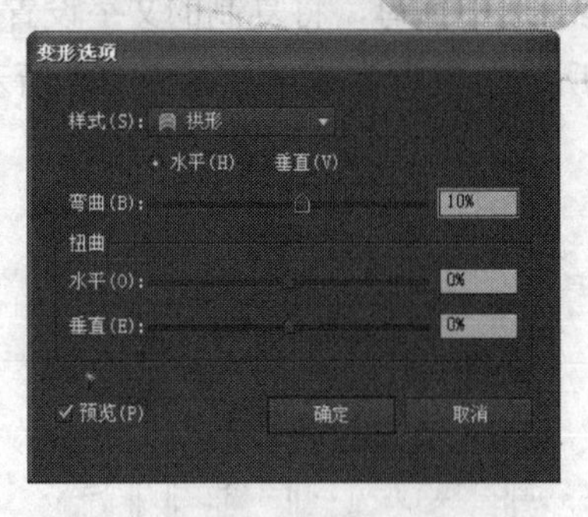

图 9-114 设置变形效果

图 9-115 变形后的效果

08 执行主菜单“效果→风格化→投影”命令，如图 9-116 所示。弹出投影命令面板中进行设置，如图 9-117 所示。在选项面板中双击颜色块弹出投影颜色的拾色器调板对话框，如图 9-118 所示，选择颜色后单击“确定”退出对话框，完成投影颜色设置。单击投影面板中的“确定”按钮对文字执行投影命令，效果如图 9-119 所示。

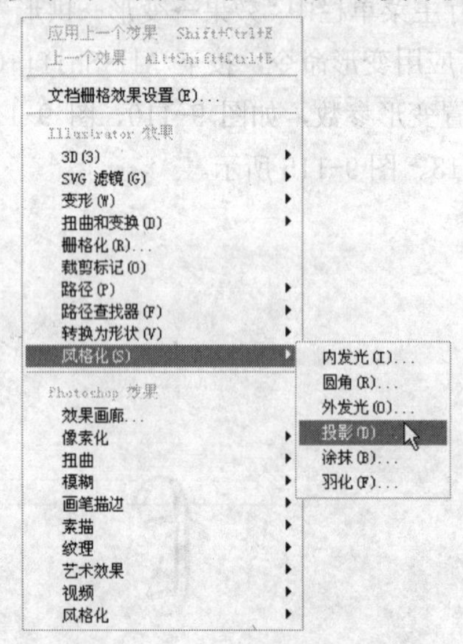

图 9-116 选择投影命令

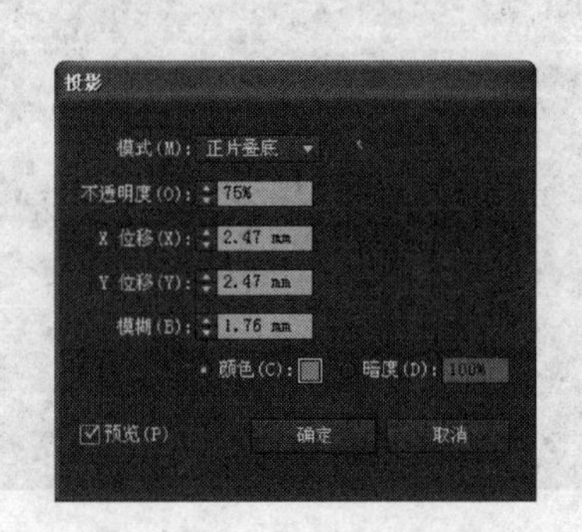

图 9-117 设置投影效果

图 9-118 选择投影颜色

图 9-119 执行后效果

09 新建图层 2 ，选择矩形工具绘制一个正方形，填充黑色，笔画颜色也设置为黑色，如图 9-120 所示。按下 Shift+Ctrl+[键将矩形排列在底层，如图 9-121 所示。按下 Ctrl+C 键→Ctrl+V 键复制一个矩形并填充颜色，选择直接选取工具选取矩形，将复制的矩形缩小，如图 9-122 所示。

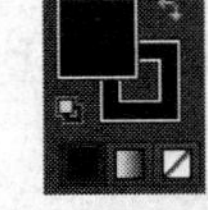

图 9-120 设置颜色

图 9-121 绘制矩形

图 9-122 绘制并填充矩形后效果

10 新建图层 3 ，如图 9-123 所示。将文字粘贴到图层 3 中，如图 9-124，打开字符面板，在这里设置字体、大小等，如图 9-125 所示，最终效果如图 9-126。

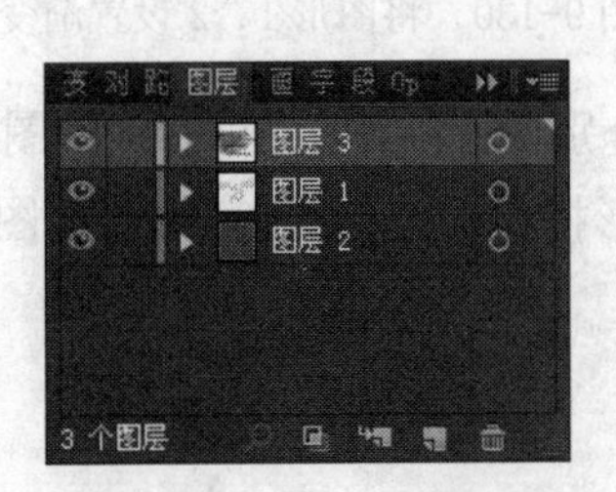

图 9-123 新建图层 3

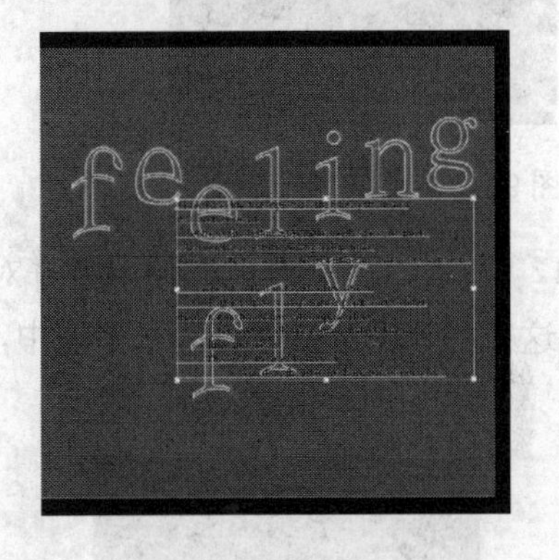

图 9-124 粘贴入文字

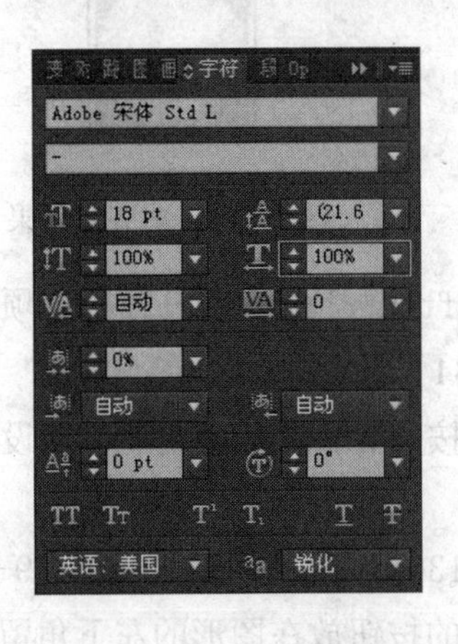

图 9-125 设置字体大小

图 9-126 文字置入图形内

11 新建图层 4，如图 9-127 所示。选择矩形工具绘制两个小正方形，在打开的渐变选项中选择“径向”渐变模式，使用渐变颜色的滑块来调整渐变颜色的位置，如图 9-128、图 9-129 所示。执行渐变后的效果如图 9-130 所示。

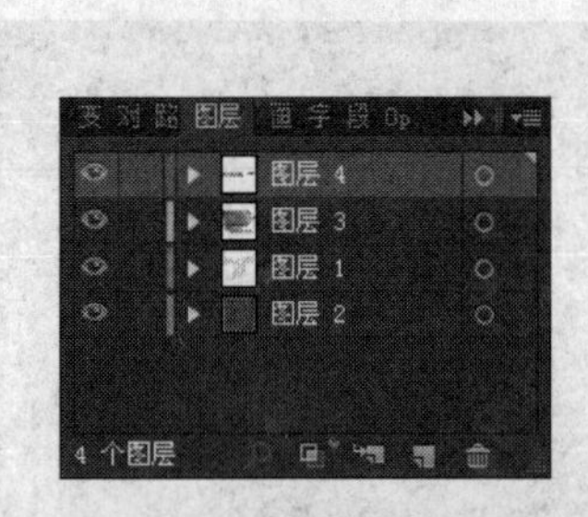

图 9-127　新建图层 4

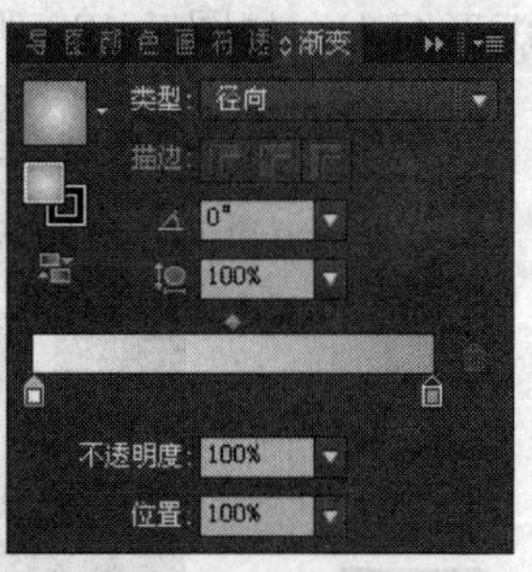

图 9-128　设置图形渐变 1

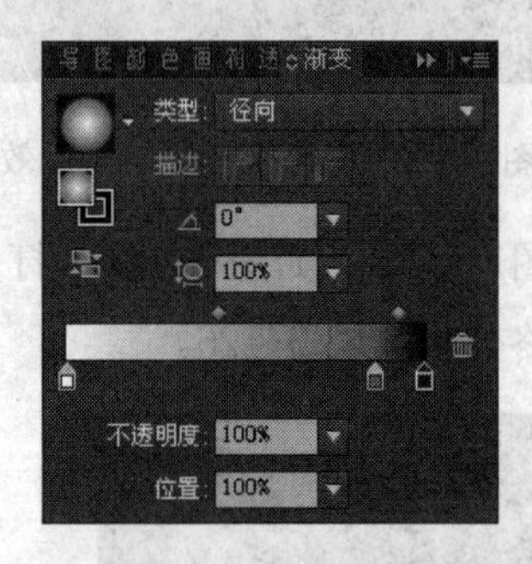

图 9-129　设置图形渐变 2

图 9-130　将图形 1、2 设置渐变后效果

12 选取这两个图形，使用打开对齐调板快捷键分别单击和按钮，如图 9-131 所示。这样两个图形就垂直、水平居中，形成一个正方形按钮，按 Ctrl+G 键，如图 9-132 所示。

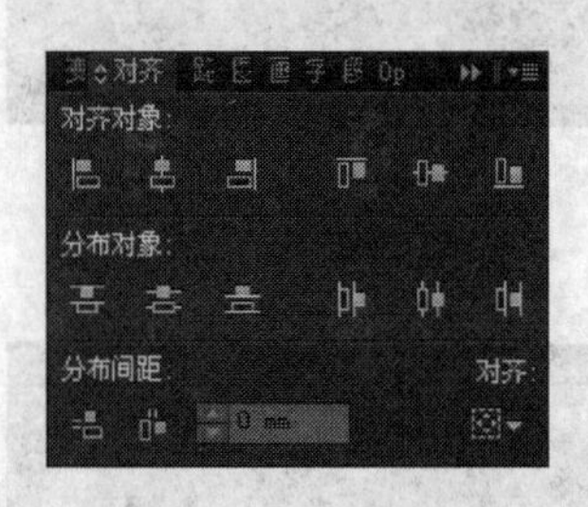

图 9-131　打开对齐调板

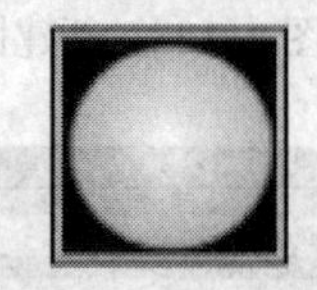

图 9-132　对齐后效果

13 用选取工具选取上面绘制的按钮，按 Alt+Shift+Ctrl+E 键打开投影选项面板进行设置，如图 9-133 所示。制作投影后的效果如图 9-134 所示。

14 选择直接选取工具，选取绘制的按钮，并按住 Alt 键拖动复制，并设置为不同的渐变颜色，如图 9-135 所示。

15 执行主菜单栏“窗口→符号”命令，如图 9-136 所示。在打开的如图 9-137 所示的符号库中选择符号样本放置在按钮上，并把绘制好的按钮放在图形的左下角留白处，如图 9-138、图 9-139 所示。

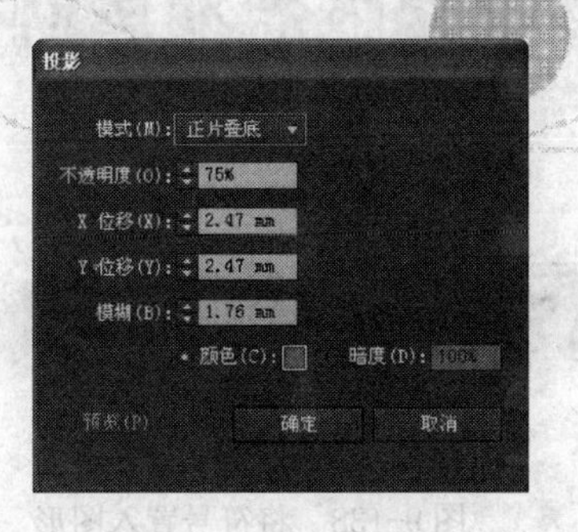

图 9-133　设置投影效

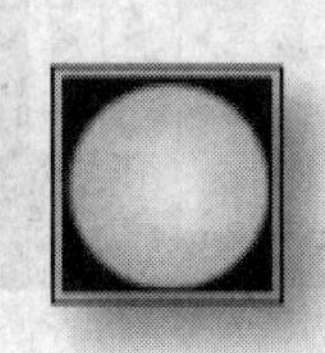

图 9-134　制作投影后效果

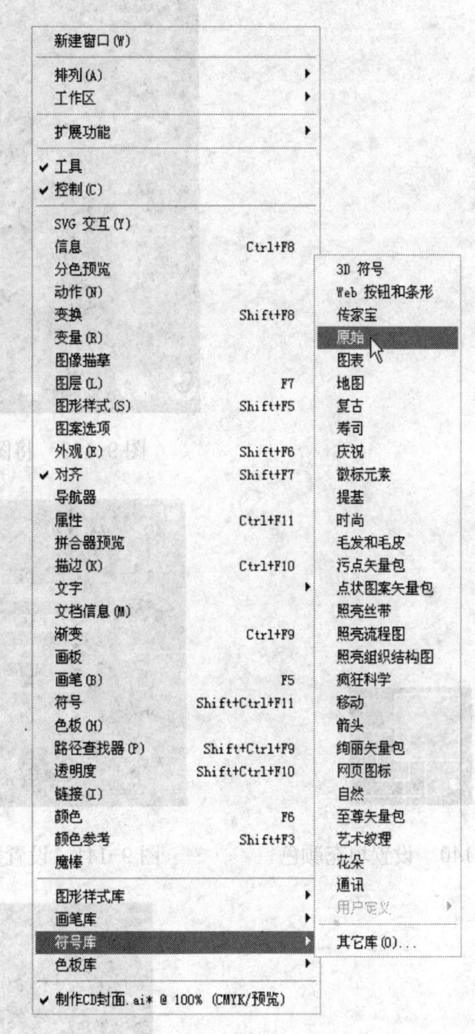

图 9-135　复制并改变按钮的颜色

图 9-136　打开符号面板

16 选择文字工具，在绘图区输入数字，填充颜色为紫色，笔画颜色选择黑色，如图 9-140 所示。执行主菜单栏中“效果→风格化→投影”命令，在弹出的投影对话框中设置投影效果，如图 9-141 所示。制作投影后的效果如图 9-142 所示。将数字放置在图形的右下侧，如图 9-143 所示，完成 CD 封面制作。

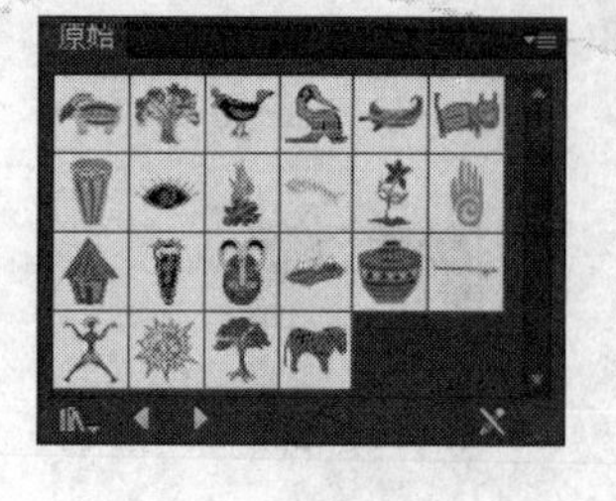

图 9-137　选择符号板　　　　图 9-138　将符号置入图形

图 9-139　将图标置入图形内

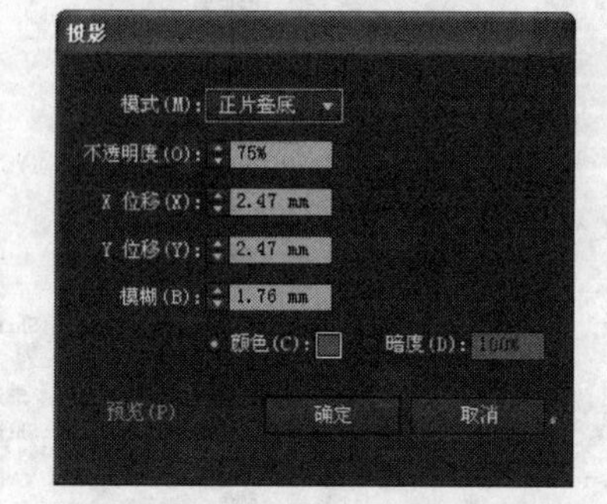

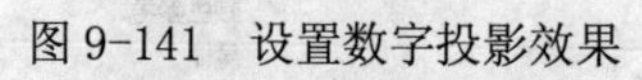

78537

图 9-140　设置填充颜色　　　　图 9-141　设置数字投影效果　　　　图 9-142　制作投影效果

图 9-143　将制作的数字置入后效果

9.8 本章小结

在本章中介绍了3种文本工具的使用方法，并讲解了编辑文本的基本工具——“字符”、“段落”面板的使用。除此之外，还介绍了其他几种常见的文本编辑菜单命令，如“文本分栏”、“文本绕排”、“创建轮廓”等。最后，通过3个简单的文本特效实例来进一步巩固文本的使用。

9.9 上机操作

1. 打开附送光盘中源文件/9/上机操作/9-1.ai 文件，文字和图形效果如图 9-144 所示。在这基础上，设置图文混排效果，使最后效果如图 9-145 所示。

提示：将图形在“图层”面板中设置和文字在同一个图层组中，并位于文字嵌套图层的上层。调整文字和图形在工作区中的位置后，同时选中图形和文字，并执行“对象”→“文本绕排”→“建立”命令即可。

图 9-144　打开文件效果

图 9-145　图文混排效果

2. 参考本章“9.4 文本的特效制作——投影字”，制作如图 9-146 所示的特效投影字。

提示：创建字体后，使用“字符”面板调整字体和大小。然后，使用“套封扭曲”命令，为文字加载“凸出”的变形套封。变形后，复制出一个新的文字排列在底层，并结合“套封扭曲”的子菜单“编辑内容”命令来调整底层文字的颜色。

图 9-146　特效投影字效果

9.10 思考练习

一. 填空题

1．通过_________工具或 __________工具可以沿着各种路径输入文字，从而创造出富有变化的文字效果。

2．执行“____”→“__________”菜单命令，即可将选中的文字转换为图形。

3．如果区域文本框中出现⊞标识则表示文本框内的文本__________。

4．按下__________键可以打开“字符”面板对文字进行大小、字体、垂直缩放等设置。

二．选择题

1．在主菜单中，“文字”菜单中不包括______文字编辑命令。

A：文字绕排　　B：更改大小写

C：字体　　D：创建轮廓

2．调整 2 个字符之间的间距，可以调整“字符”面板中的______选项的数值。

A：比例间距　　B：字符旋转

C：字偶间距　　D：水平缩放

三．思考题

1．怎样将一段文本中所有的英文文字的词首设置为大写？

2．设置字符旋转和旋转文本框的效果有什么区别？

3．使用哪一个菜单命令后，能使用直接选择工具对文本进行形状的编辑？

Chapter 10

第 10 章 图表的制作

在统计和比较各种数据和信息时，为了获得更加直观的效果，需要通过图表来进行表达。在 Illustrator 中提供了 9 种图表工具，每种工具可以创建一种不同的图表类型。同时，通过设置各种类型图表的选项，可以得到各式各样的图表外观，最大化地满足信息表达的需要。

- 图表的分类
- 图表的创建
- 图表的编辑
- 图表设计
- 季度销售量图表的制作

10.1　图表的分类

在 Illustrator CS6 的工具箱中有 9 种图表类型。用户可以根据不同的数据信息来选择适合的图表类型进行图表的制作。

1. 柱形图工具

使用柱形图工具创建的图表通过垂直柱形来比较数据数值，如图 10-1 所示。

2. 堆积柱形图工具

使用堆积柱形图工具创建的图表与柱形图图表类似。但不同的是该工具创建的柱形堆积排列，而不是互相并列，如图 10-2 所示。这种图表类型适合用于表示部分和总体的关系。

3. 条形图工具

使用条形图工具创建的图表与柱形图图表类似。但不同的是该工具所创建的是水平排列的条形，而不是垂直排列的柱形，如图 10-3 所示。

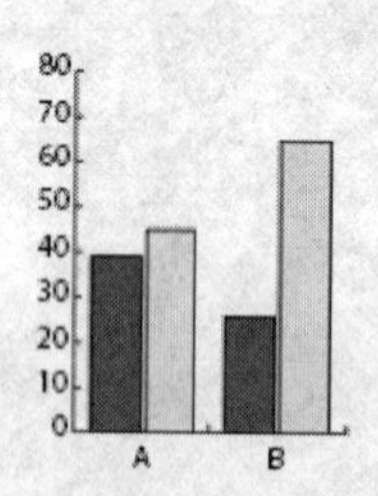

图 10-1　柱形图工具

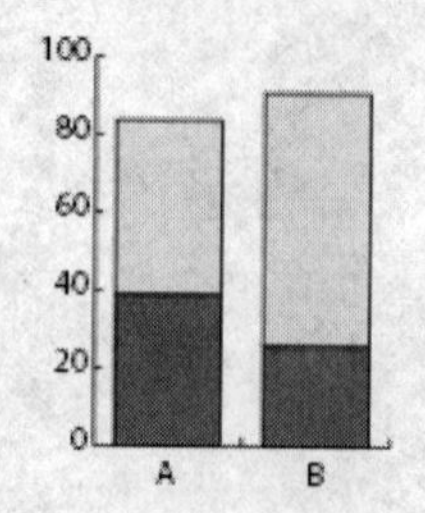

图 10-2　堆积柱形图工具

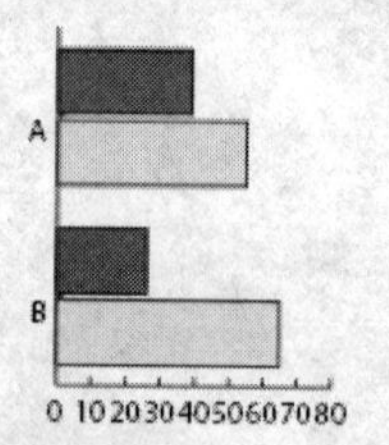

图 10-3　条形图工具

4. 堆积条形图工具

使用堆积条形图工具创建的图表与堆积柱形图表类似，但不同的是该工具所创建的条形是水平堆积排列，而不是垂直堆积排列，如图 10-4 所示。

5. 折线图工具

折线图工具创建的图表使用点来表示一组或多组数值，并且将每组中的点采用不同的线段来进行连接，如图 10-5 所示。这种图表类型通常适用于表示在一段时间内一个或多个主题的趋势。

6. 面积图工具

面积图工具创建的图表与折线图图表类似，但不同的是该工具所创建的图表通过面积的对比来强调数值的整体和变化情况，如图 10-6 所示。

7. 散点图工具

使用散点图工具所创建的图表沿 X 轴和 Y 轴将数据点作为成对的坐标组进行点的绘制，如图 10-7 所示。散点图表适用于识别数据中的图案或趋势，还适合表示变量是否相互影响的情况。

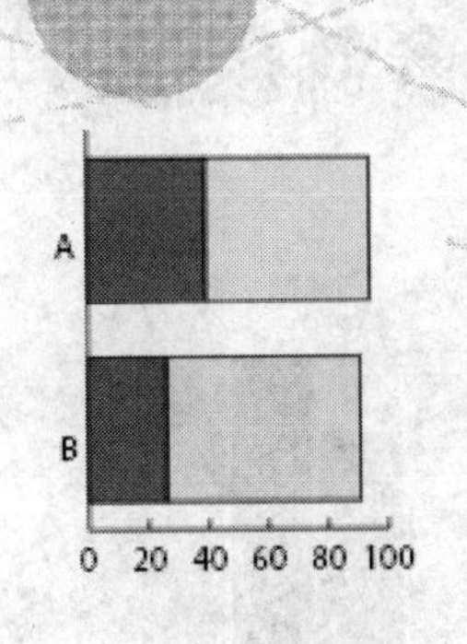

图 10-4　堆积条形图工具

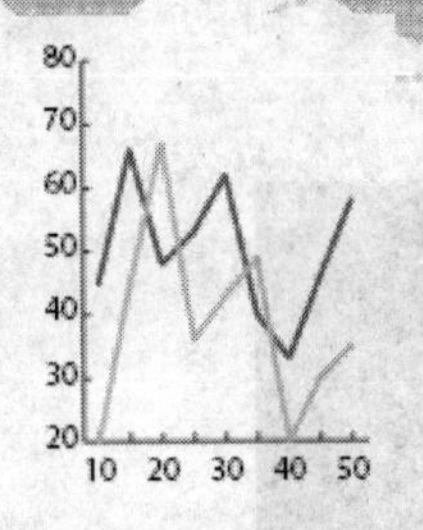

图 10-5　折线图工具

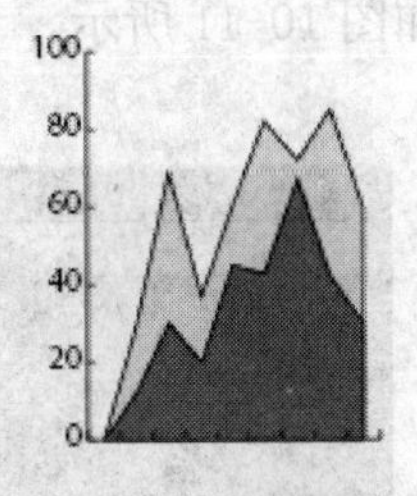

图 10-6　面积图工具

8. 饼图工具

使用饼图工具可以创建圆形的图表，图表的楔形用于比较数值的相对比例，如图 10-8 所示。

9. 雷达图工具

使用雷达图工具所创建的图表可以在某一特定时间点或特定类别上比较数值组，并以圆形格式表示，如图 10-9 所示。这种图表类型也称为网状图。

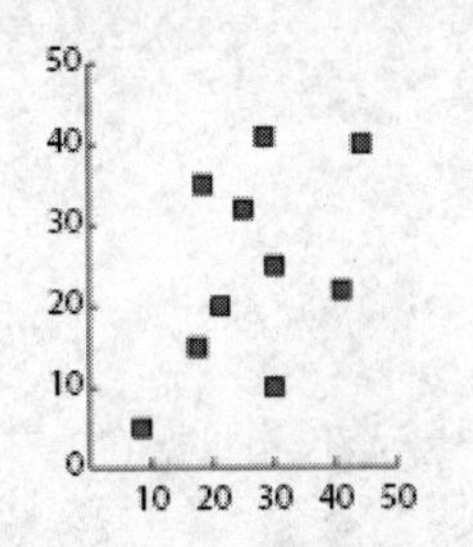

图 10-7　散点图工具

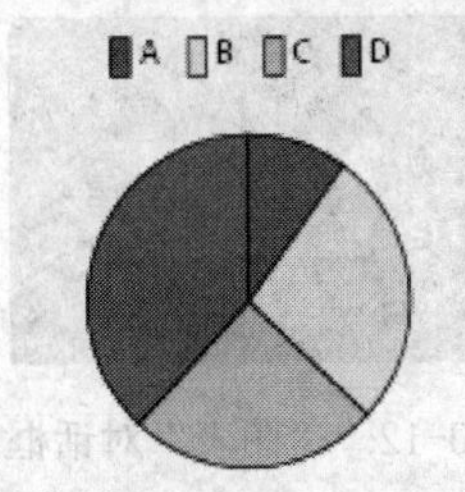

图 10-8　饼图工具

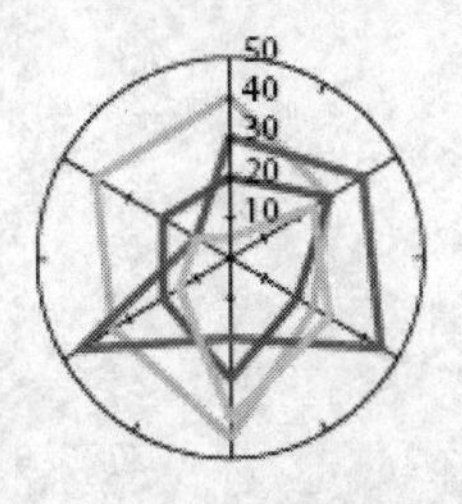

图 10-9　雷达图工具

10.2　图表的创建

创建图表需要先在工具箱中选择一个图表工具，从而确定 Illustrator CS6 将生成的图表类型。确定图表工具后，可以通过在工作区中拖动的方式或指定图表大小的方式来设定图表的大小。然后，在弹出的图表数据对话框中输入相应的数据，应用数据后即可以生成图表。

10.2.1　创建图表

在工具箱中单击图表工具（以柱形图工具为例进行介绍），将鼠标指针移至工作区中。在希望图表开始的角沿对角线向另一个方向进行拖移，直到将图表拖动到合适的大小时释放鼠标。这时，在工作区中将显示图表数据对话框，如图 10-10 所示。在对话框的单元格中输入图表数据后，单击应用图表或者按下 Enter 键以创建图表。关闭图表数据对话框后，单元格的数据已被应用到创建的图表上，也就完成了柱形图图表的初步建立，效

果如图 10-11 所示。

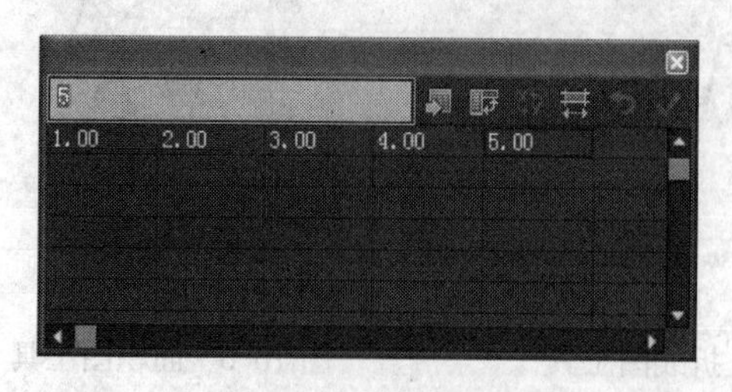

图 10-10　图表数据对话框

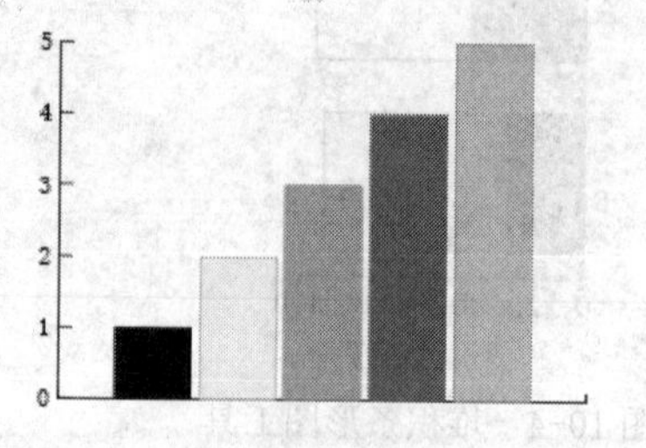

图 10-11　柱形图图表效果

在创建图表进行拖移时，如果按住 Alt 键可以使图表从中心进行绘制；如果按住 Shift 键可将图表限制为一个正方形。

在工具箱中选取图表工具后，在工作区中单击鼠标，打开“图表”对话框，如图 10-12 所示。在对话框中，输入“宽度”和“高度”选项的数值，从而精确地指定图表的大小。单击“确定”按钮，即可打开图表数据对话框。在对话框的单元格中输入图表数据后，单击应用图表✓或者按下 Enter 键即可创建图表。

图 10-12　“图表”对话框

10.2.2　输入数据

无论使用哪种方法创建图表时，都需要在图表数据对话框中输入数据。图表数据对话框的使用如图 10-13 所示。

在图表数据对话框中输入数据的具体使用方法如下：

- 【选择单元格并输入数据】：选择对话框中的单元格后，可以在窗口顶部的输入文本框中输入数据。然后，按 Tab 键可以输入数据并选择同一行中的下一单元格；按 Enter 或 Return 键可以输入数据并选择同一列中的下一单元格；或者只需单击另一单元格即可将其选定。
- 【导入数据】：选择需要导入数据的单元格，然后单击“导入数据”按钮，在弹出的“导入图表数据”对话框中选择文本文件，即可导入文本中的数据。
- 【切换】：如果用户不小心输反了图表数据（在行中输入了列的数据，或者相反），可以单击“换位”按钮，以切换数据行和数据列。如果要切换散点图的 X 轴和 Y 轴，可以单击“切换 X/Y”按钮。
- 【调整小数位数】：单击“单元格样式”按钮，在弹出的“单元格样式”对话框框中可以设置数据的小数位数，如图 10-13 所示。小数位数的设置范围是 0～10 之间，Illustrator CS6 默认参数为 2，根据该默认设置，在单元格中输入的数字 1 在图表数据对话框中显示为 1.00；在单元格中输入的数字 1.55823 显示为 1.56。

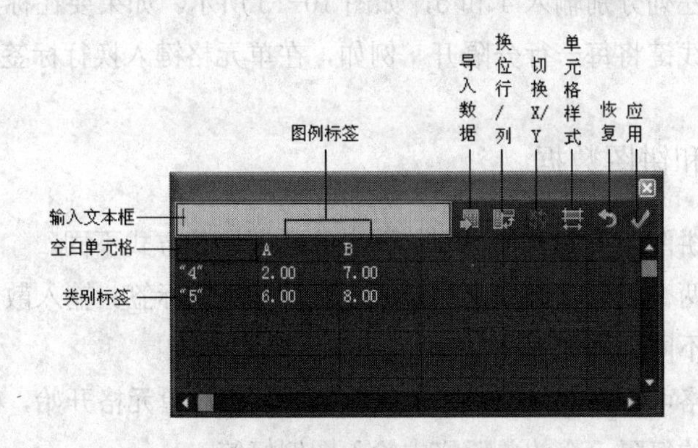

图 10-13　图表数据对话框的使用

- 【调整列宽】：在"单元格样式"对话框中（如图 10-14 所示）还可以设置列宽度，列宽度的设置范围是 0～20 之间。调整列宽不会影响图表中列的宽度；利用它只是可以在列中查看更多或更少的数据。
- 【恢复】：在单元格中输入错误的数据后，单击"恢复"按钮，可使该单元格恢复到输入前的状态。
- 【应用】：输入数据后，单击"应用"按钮或者按 Enter 键来重新生成图表。
- 【生成图例】：如果需要在图表生成图例，可以删除空白单元格的内容并保持此单元格空白。然后，在单元格的顶行中输入用于不同数据组的标签，这些标签将在图例中显示。例如，在如图 10-13 所示的图表数据对话框中，保留了空白单元格的空白，并在单元格顶行输入标签"A"和"B"。单击"应用"按钮后，创建的柱形图图表顶部带有两个图例，并分别标有相应的数据组标签，如图 10-15 所示。

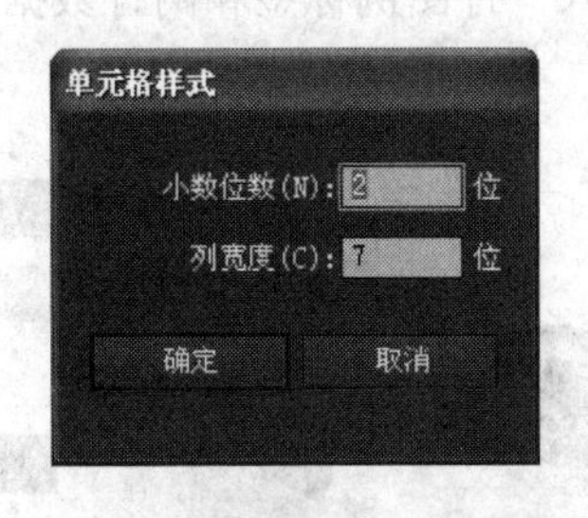

图 10-14 "单元格样式"对话框

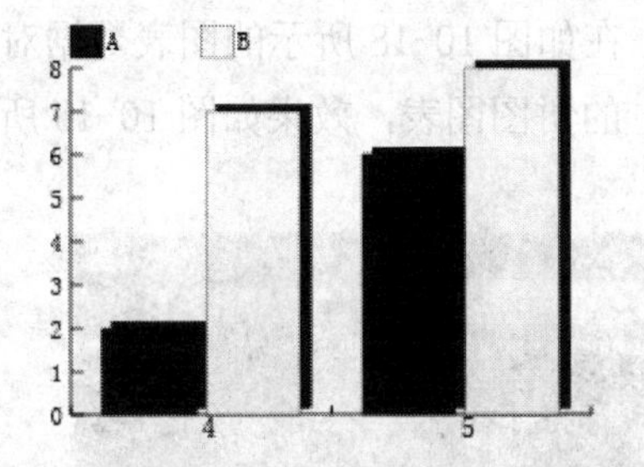

图 10-15 柱形图图表

- 【类别标签】：在单元格的左列中输入的数据为图表标签。类别的标签通常为时间单位，如日、月或年等。这些标签沿图表的水平轴或垂直轴显示。只有雷达图例外，它的每个标签都产生单独的轴。

- 【数字标签】：如果要创建只包含数字的标签，需要使用双引号将数字引起来。例如，如图 10-15 所示的柱形图图表的标签为 4 和 5，则需要在图表数据对话框的单元格左列分别输入 4 和 5，如图 10-13 所示。如果要在标签中创建换行，可以使用竖线键将每一行分隔开。例如，在单元格键入换行标签 4|1996。

10.2.3 散点图和饼图数据

散点图图表和饼图图表和其他类型的图表的数据输入方式不同。

散点图图表的两个数值轴都用来测量数值，没有类别标签。输入散点图数据时，和其他图表输入方式的不同之处如下：

- 空白单元格可不必保持空白来制作图例。从空白单元格开始，在沿着图表数据对话框顶行的每隔一个的单元格中输入图例标签。
- 在第一列单元格中输入 Y 轴数据，在第二列中输入 X 轴数据。例如，在如图 10-16 所示的图表数据对话框中输入图例标签和 X/Y 轴数据，生成的散点图图表如图 10-17 所示。

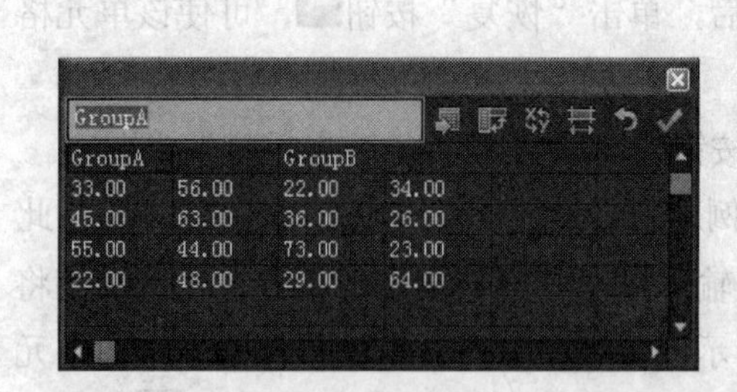

图 10-16 输入图例标签和 X/Y 轴数据

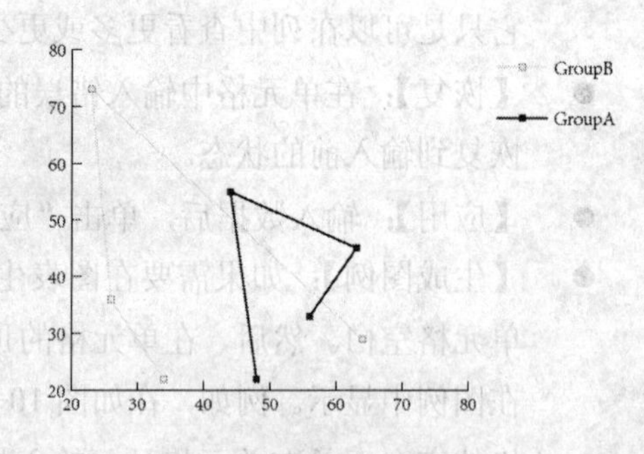

图 10-17 散点图图表

饼图图表和其他图表的不同之处在于图表数据对话框中的每个数据行都可以生成单独的图表。

例如，在如图 10-18 所示的图表数据对话框中输入一行图例标签和两行数据，生成两个大小不一的饼图图表，效果如图 10-19 所示。

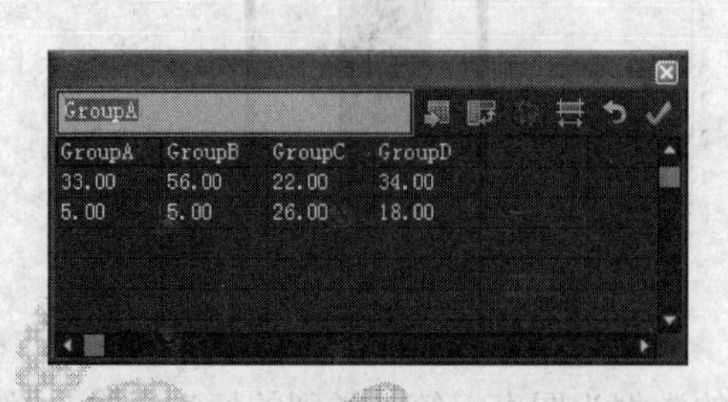

图 10-18 输入图例标签和两行数据

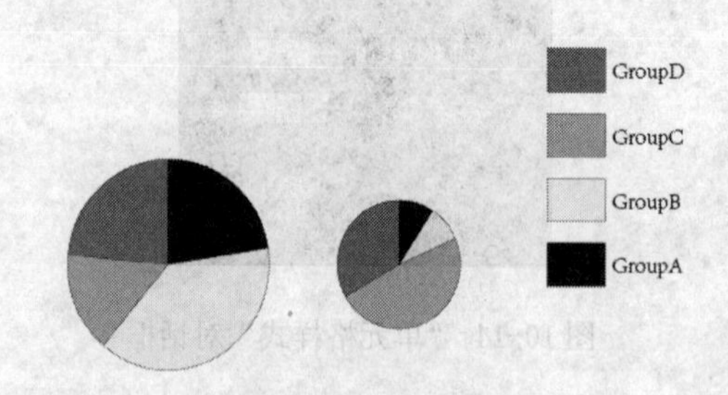

图 10-19 饼图效果

10.3 图表的编辑

创建图表后，还可以调整图表的类型、数据、数值轴和排列等，甚至可以将图表分解组合，并编辑描边和填色。

如果需要编辑图表的数据，执行“对象”→“图表”→“数据”命令，即可重新打开图表数据对话框编辑数据，编辑数据的方法和输入数据的方法相同，不再重复讲述。

10.3.1 编辑图表类型

选择图表后，双击工具箱的图表工具，或执行“对象”→“图表”→“类型”命令，打开“图表类型”对话框，如图 10-20 所示。在对话框中，单击与所需图表类型相对应的按钮，然后单击“确定”按钮即可改变图表的类型。

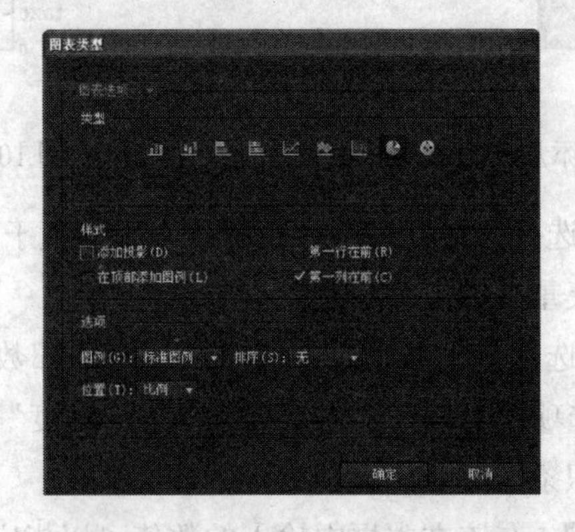

图 10-20 “图表类型”对话框

例如，选择如图 10-21 所示柱形图图表，打开“图表类型”对话框，在对话框中单击“面积图”按钮。单击“确定”按钮后，柱形图图表即可转换为饼图图表，如图 10-22 所示。

通过“图表类型”对话框不但可以改变图表的类型，还可以增加图表阴影效果，改变图例标示位置和数值轴位置等。具体可设置的选项如下：

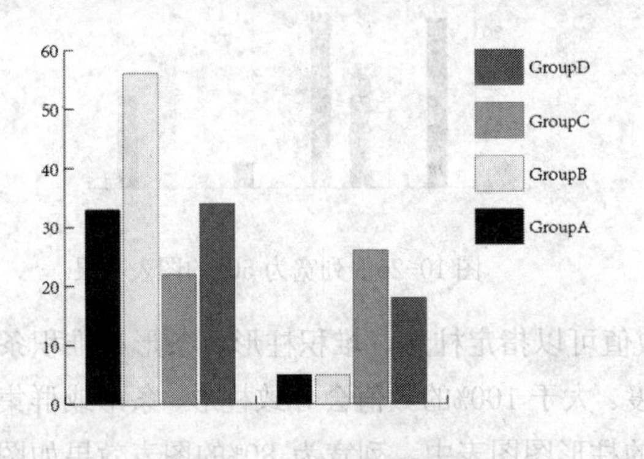

图 10-21 选择柱形图表

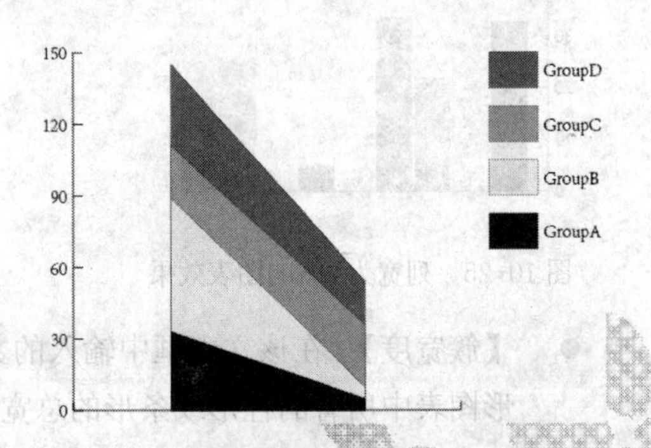

图 10-22 面积图图表

- 【数值轴】：该选项可以确定数值轴（测量单位）出现的位置，如图 10-23 所示为数值轴在左侧。
- 【添加投影】：选择该选项，可以使图表中的柱形、条形、线段或整个饼图应用投影，如图 10-23 所示的为柱形图的投影效果。
- 【在顶部添加图例】：选择该选项，使在图表的图例显示在顶部，而不是右侧，如图 10-24 所示。

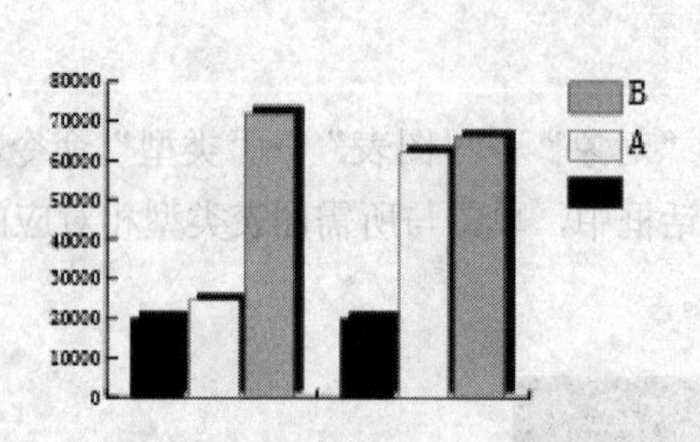

图 10-23　数值轴在左侧、添加投影效果

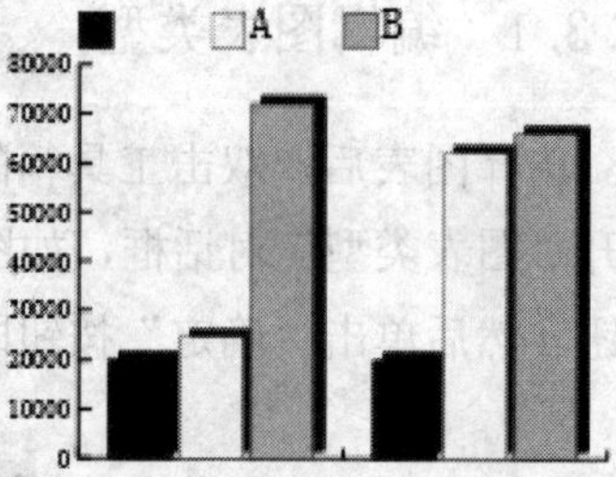

图 10-24　在顶部添加图例效果

- 【第一行在前】：选择该选项使“群集宽度”数值大于 100%时，可以控制图表中数据的类别或群集重叠的方式。
- 【第一列在前】：选择该选项使在图表中放置与顶部数据第一列相对应的柱形、条形或线段。该选项还可以使“列宽”或“条形宽度”大于 100%时，柱形、堆积柱形、条形或堆积条形图表中第一列位于顶部。
- 【列宽/条形宽度】：在该文本框中输入的数值可以指定柱形、堆积柱形、条形或堆积条形图表中柱形或条形的宽度。例如，同样的数据生成的柱形图图表中，列宽为 90%的图表效果如图 10-25 所示；列宽为 50%的图表效果如图 10-26 所示。

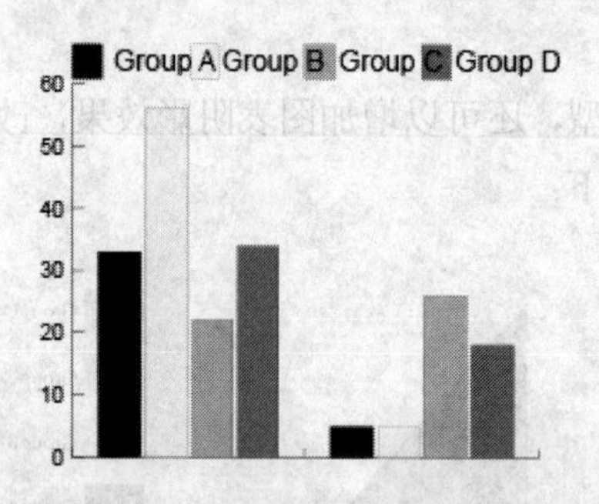

图 10-25　列宽为 90%的图表效果

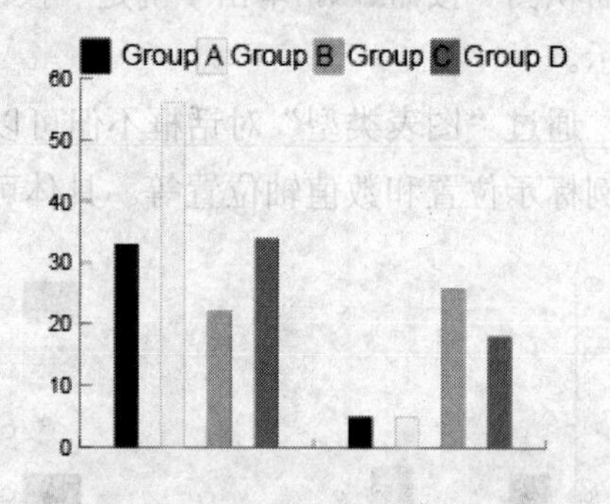

图 10-26　列宽为 50%的图表效果

- 【簇宽度】：在该文本框中输入的数值可以指定柱形、堆积柱形、条形或堆积条形图表中所有的柱形或条形的总宽度。大于 100%的数值会导致柱形、条形或群集相互重叠。例如，同样的数据生成的柱形图图表中，列宽为 80%的图表效果如图

10-27 所示；列宽为 120%的图表效果如图 10-28 所示。

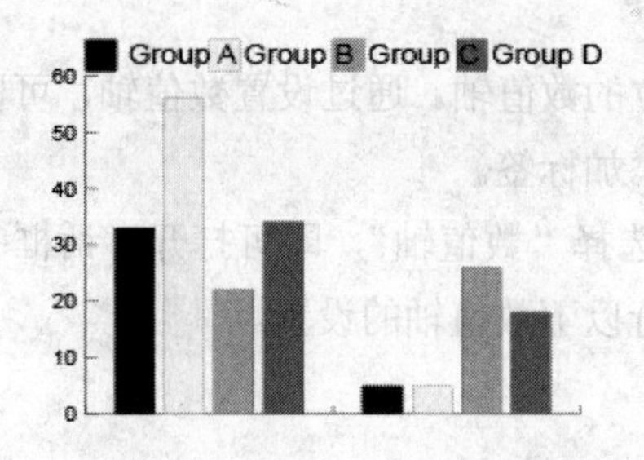

图 10-27　列宽为 80%的图表效果

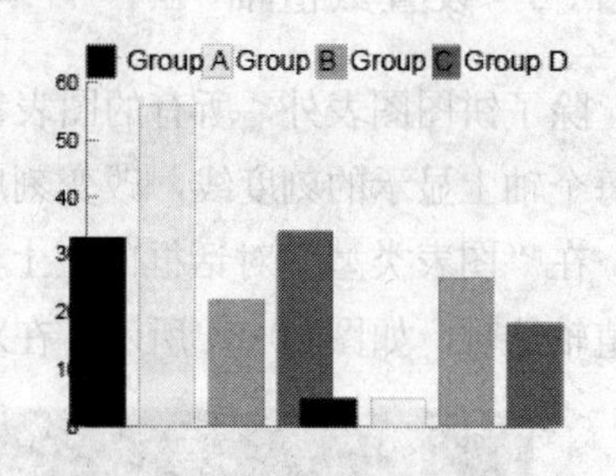

图 10-28　列宽为 120%的图表效果

- 【标记数据点】：选择该选项可以在折线图、散点图或雷达图图表上的每个数据点置入正方形标记，如图 10-29 所示。

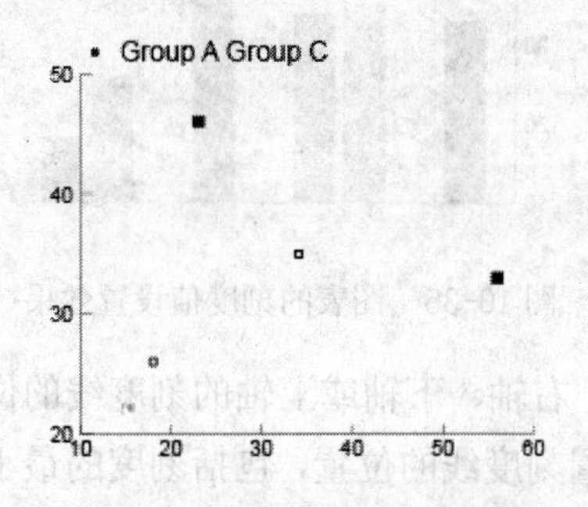

图 10-29　标记数据点效果

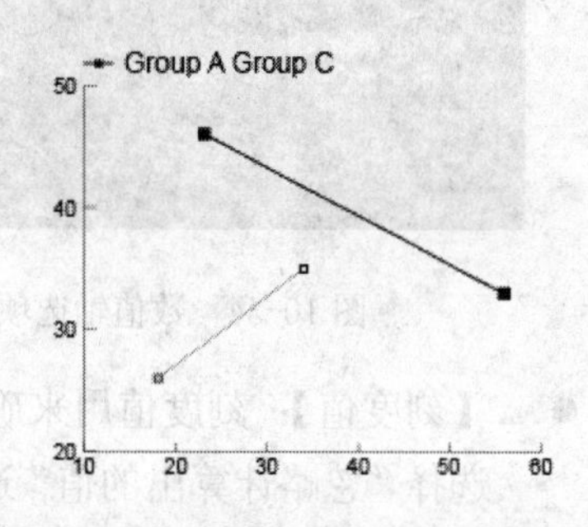

图 10-30　连接数据点效果

- 【连接数据点】：选择该选项可以使折线图、散点图或雷达图图表上的数据点之间进行线段的连接，从而能更轻松地查看数据间的关系，如图 10-30 所示。
- 【线段边到边跨 X 轴】：选择该选项，可以在折线图或雷达图图表中沿水平 X 轴从左到右绘制跨越图表的线段。例如，如图 10-31 所示的折线图图表在选择该选项后，数据点和 X 轴连接线段的效果如图 10-32 所示。
- 【绘制填充线】：选择该选项后，根据“线宽”文本框中输入的值可创建更宽的连接线段。设置如图 10-32 所示的折线图中的填充线为 6pt 后，折线图效果如图 10-33 所示。

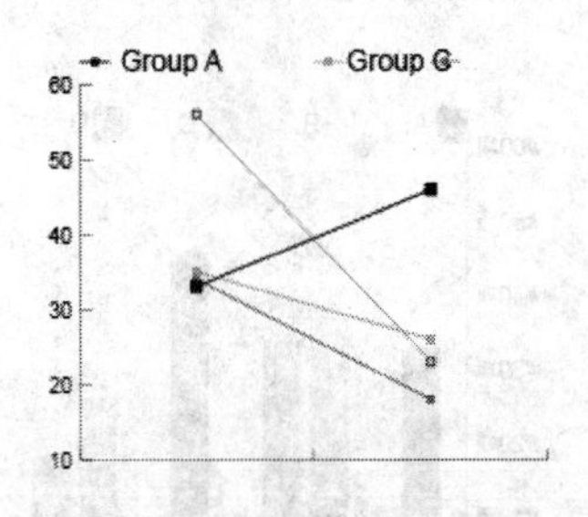

图 10-31　折线图图表

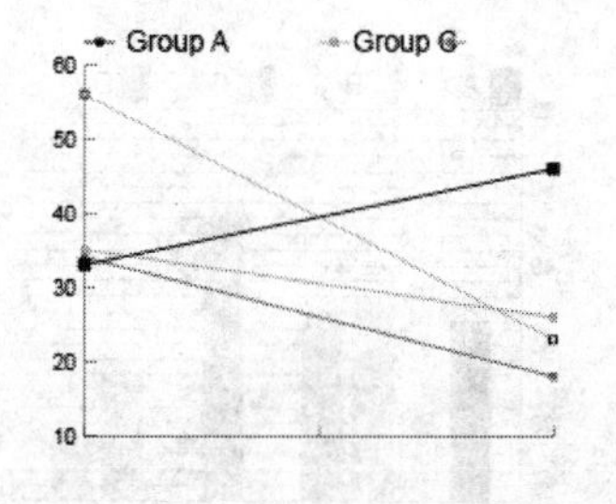

图 10-32　数据点连接 X 轴效果

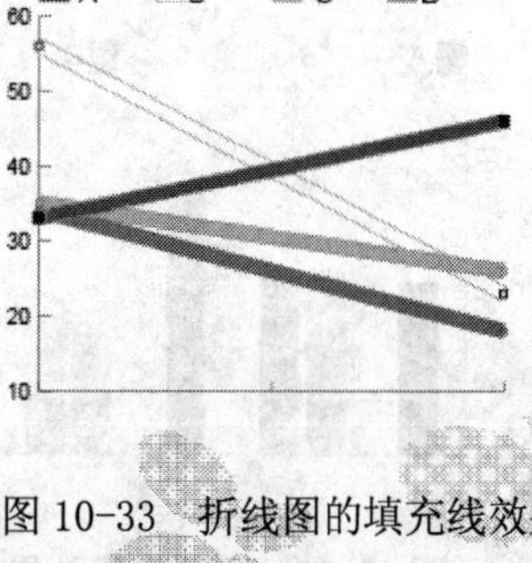

图 10-33　折线图的填充线效果

10.3.2 设置数值轴

除了饼图图表外，所有的图表都显示有测量单位的数值轴。通过设置数值轴，可以控制每个轴上显示的刻度线，改变刻度线的长度，并添加标签。

在“图表类型”对话框的左上角的下拉列表中选择“数值轴”，即可打开对话框中的数值轴选项，如图 10-34 所示。在对话框中可以进行以下数值轴的设置。

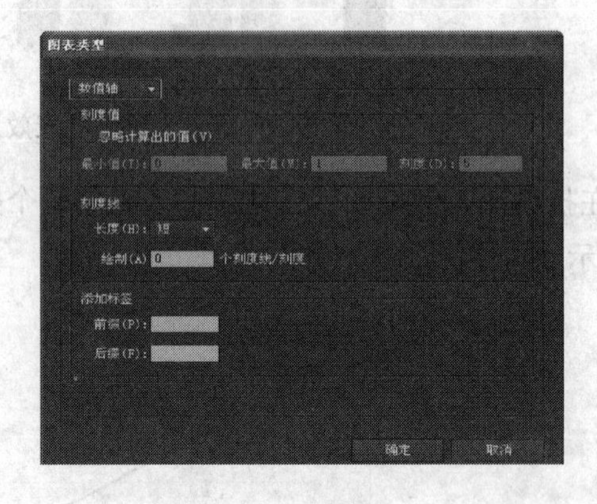

图 10-34 数值轴选项

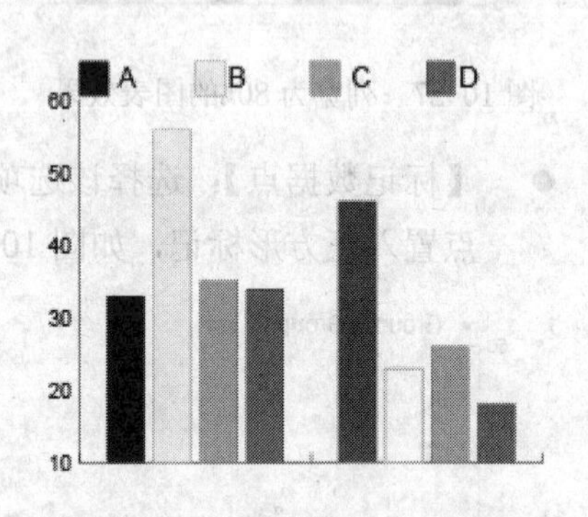

图 10-35 图表的刻度值设置效果

- 【刻度值】：刻度值用来确定数值轴、左轴、右轴、下轴或上轴的刻度线的位置。选择“忽略计算出的值”选项，可以手动设置刻度线的位置，包括刻度的最小值、最大值和标签之间的刻度数量。例如，设置柱形图图表 10-60 之间的刻度值，5 个刻度标记，图表的刻度值效果如图 10-35 所示。
- 【长度】：在该选项中可以设置刻度线的长度。在下拉列表中，选择“无”表示不设置刻度线；选择“短”表示设置较短的刻度线；选择“全宽”表示设置横跨整个图表的水平刻度线。然后，在“绘制”选项的文本框中输入数值可以设置刻度标记间的刻度线数量。例如，设置柱形图图表的每个刻度标记之间有 5 个较短的刻度线，短刻度线效果如图 10-36 所示；如果设置刻度标记之间有 5 个全宽的刻度线，全宽刻度线效果如图 10-37 所示。
- 【添加标签】：在该栏中可以设置数值轴上的数字的前缀和后缀。例如，设置前缀为“＃”，后缀为“项”，生成的柱形图表的数值轴标签效果如图 10-38 所示。

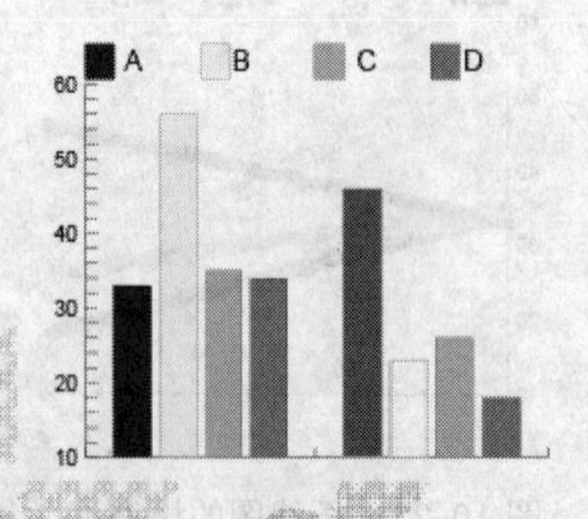

图 10-36 短刻度线效果

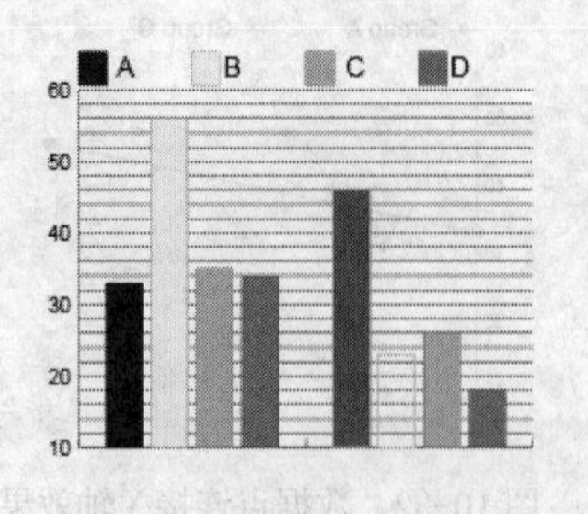

图 10-37 全宽刻度线效果

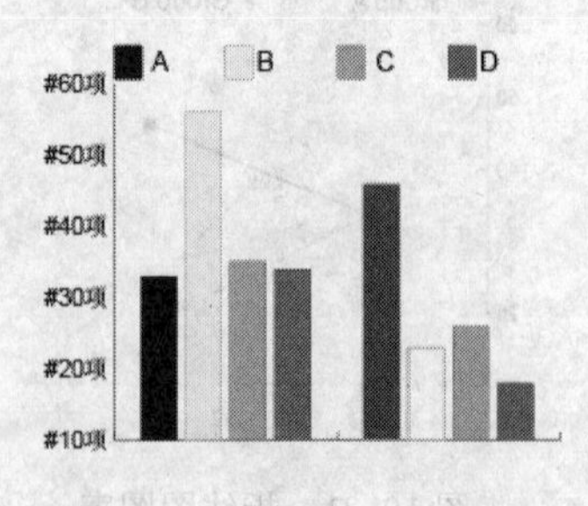

图 10-38 数值轴标签效果

10.3.3 设置类别轴

柱形图、堆积柱形图、条形图、堆积条形图、折线图或面积图图表还可以设置类别轴选项。在“图表类型”对话框的左上角的下拉列表中选择“类别轴”，即可打开对话框中的类别轴选项，如图 10-39 所示。

设置类别轴的刻度线选项同设置数值轴的方法相同，在此不再具体介绍。例如，设置条形图图表的类别轴为全宽，5 个刻度线，并在标签之间绘制刻度线，图表的类别轴效果如图 10-40 所示。

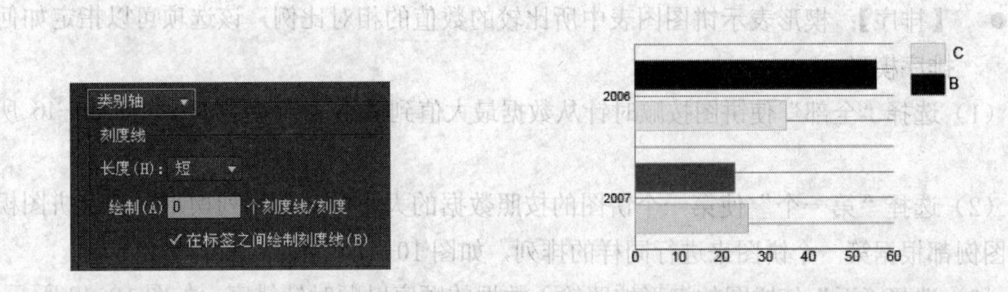
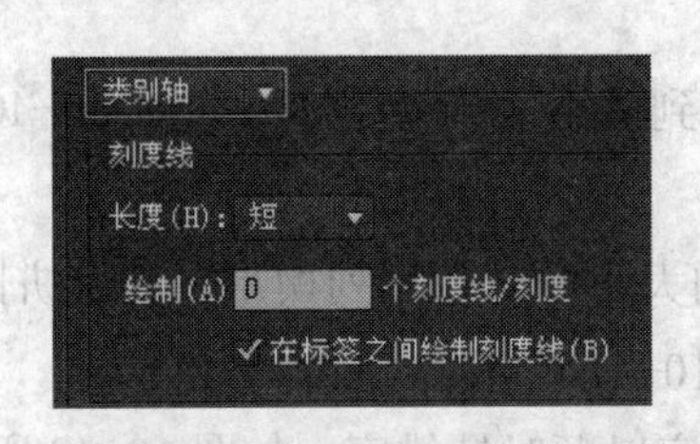

图 10-39　类别轴选项

图 10-40　图表的类别轴效果

10.3.4 设置饼图选项

饼图的“图表类型”对话框中的选项栏和其他图表不同，需要设置的不是“列宽”和“群集宽度”选项，而是“图例”、“排序”和“位置”选项，具体介绍如下：

● 【图例】：该选项可以更改饼图图例的位置。

（1）在下拉列表中选择“无”则不显示图例。

（2）选择“标准图例”则图例在图表的顶部或右侧显示，如图 10-41 所示。

（3）选择“楔形图例”则将图例标签插入到对应的楔形中，如图 10-42 所示。

● 【位置】：该选项可以指定如何显示多个饼图。

（1）在下拉列表中选择“比例”则以饼图的数据行大小总数为基准来按比例显示饼图，总数较小的数据行生成的饼图比例也较小，如图 10-43 所示。

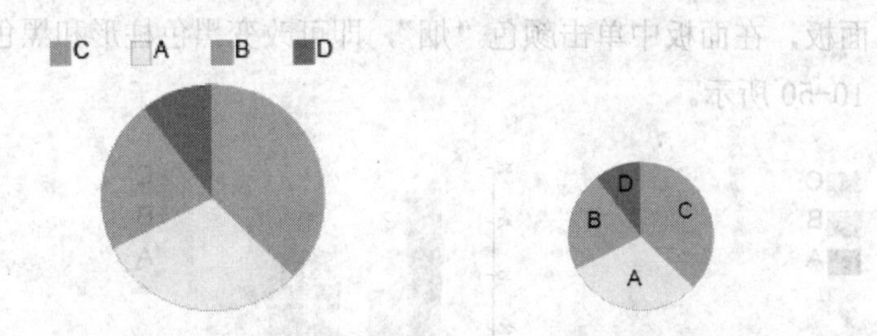

图 10-41　标准图例效果

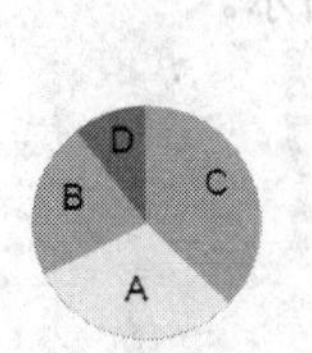

图 10-42　楔形图例效果

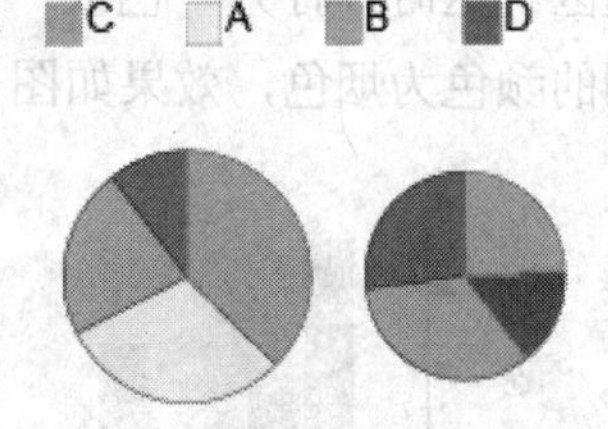

图 10-43　按比例显示饼图位置

（2）选择“相等”则使饼图以相等的比例显示，所有饼图的直径相同，如图 10-44 所示。

（3）选择“堆积”则使饼图按大小比例相互堆积显示，如图 10-45 所示。

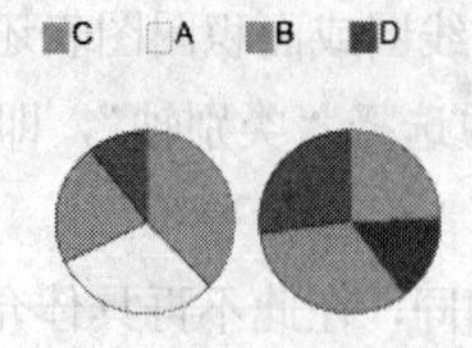

图 10-44　相等比例排列　　　　图 10-45　堆积排列

- 【排序】：楔形表示饼图图表中所比较的数值的相对比例，该选项可以指定如何排序楔形。

（1）选择“全部”使饼图按顺时针从数据最大值到最小值排列楔形，如图 10-46 所示。

（2）选择“第一个”使第一个饼图的按照数据的大小顺时针排列楔形，其余饼图楔形和图例都根据第一个饼图来进行同样的排列，如图 10-47 所示。

（3）选择“无”使饼图的楔形按照输入数据的顺序以顺时针排序，如图 10-48 所示。

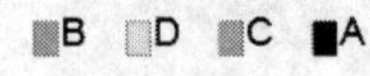

图 10-46　“全部”排序效果　　图 10-47　“第一个”排序效果　　图 10-48　“无”排序效果

10.3.5　选择图表并设置其他属性

图表是以群组的方式存在的，所以选择图表需要使用编组选择工具或直接选择工具来选择图表的部分，从而进行其他属性的编辑，比如填色、描边和文字字体等。

例如，使用编组选择工具单击柱形图图表中的一个黑色柱形，如图 10-49 所示。再次单击鼠标，即可再选中图表中另一个黑色柱形；第 3 次单击鼠标，将黑色图例也添加到选区。这时，打开“色板”面板，在面板中单击颜色“烟”，即可改变黑色柱形和黑色图例的颜色为烟色，效果如图 10-50 所示。

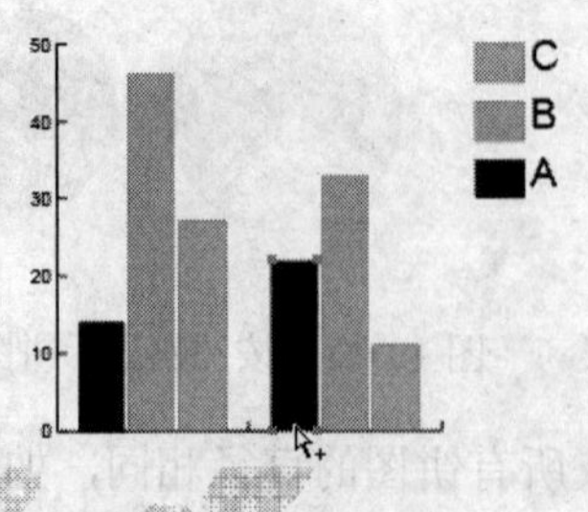

图 10-49　选择黑色柱形

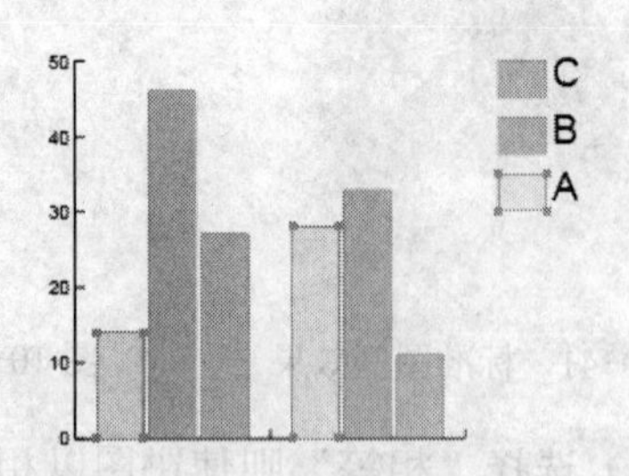

图 10-50　改变黑色柱形颜色为烟色

使用同样的方法，可以设置选中图形的描边颜色、描边粗细等。如果要选中图表中的图例标签或类别标签文字，使用编组选择工具单击一次则选择要更改文字的基线，单击两次则选择所有的文字，从而可以在“字符”面板中设置文字的大小、字体、颜色、填色和描边等属性。

10.3.6　组合显示不同图表

通过选择图表的部分，用户还可以在一个图表中组合显示不同的图表类型。例如，可以让一组数据显示为柱形图，而其他数据组显示为折线图。除了散点图之外，可以将任何类型的图表与其他图表组合。

下面通过一个简单的实例来介绍组合显示图表的方法和步骤。

01 使用编组选择工具单击柱形图图表中的绿色图例，再次单击则再将所有的绿色柱形添加到选区，如图 10-51 所示。

02 执行“对象”→“图表”→“类型”命令，或者双击工具箱中的图表工具，打开“图表类型”对话框。在对话框中单击选择“折线图”按钮。

03 单击“确定”按钮，绿色柱形和图例则显示为折线图，组合显示图表的效果如图 10-52 所示。

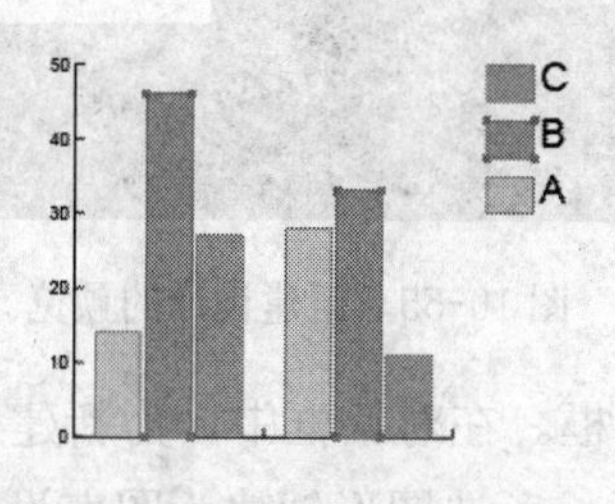

图 10-51　选择绿色柱形和图例

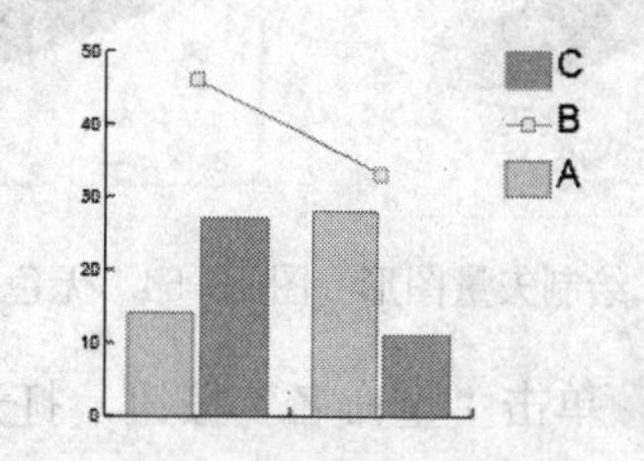

图 10-52　组合显示柱形图和折线图

10.4　图表设计

使用图表设计可以将插图添加到柱形和标记。在 Illustrator 中包含了许多预设的图表设计。 另外，用户还可以创建新的图表设计，并将它们存储在“图表设计”对话框中。

10.4.1　新建图表设计

创建图表设计的方法和创建图案的方法比较相似，首先需要绘制出用于图表设计的图形。下面通过一个简单的实例来讲解具体操作方法。

01 绘制一个矢量图形，如图 10-53 所示。

02 单击工具箱的矩形工具，在图形的外围拖动鼠标，绘制出一个矩形。然后，在“颜色”面板中设置矩形的填色和描边都设置为“无”，使矩形成为图表设计的边界，

如图 10-54 所示。

03 选择矩形，执行“对象”→“排列”→“置于底层”命令，将矩形框放置在图形的下层。

04 选择矢量图形和矩形，执行“对象”→“图表”→“设计”命令，打开“图表设计”对话框。

05 在对话框中，单击“新建设计”按钮，使所选的图形显示在预览框中。在预览中，只有矩形内部的图形部分是可见的，在图表中使用时才会显示所有的图形，如图 10-55 所示。

图 10-53　绘制矢量图形

图 10-54　无色填充的边界框

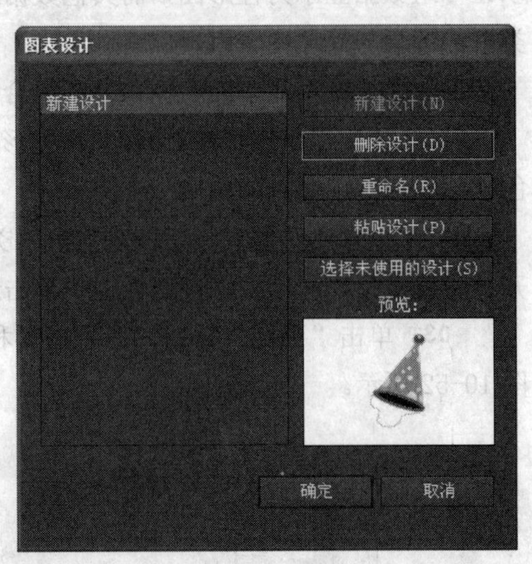

图 10-55　新建设计的预览

06 单击“重命名”按钮，打开“重命名”对话框。在对话框中，为新建设计命名为“聚会帽”，如图 10-56 所示。单击“确定”按钮后，所选图形创建为图表设计，并存储在“图表设计”对话框中。

图 10-56　重命名新建设计

如果要将创建的设计删除，在“图表设计”对话框中的设计列表中选择设计的名称，单击“删除设计”按钮即可。

如果要修改创建的设计，在设计列表中选择设计的名称，单击“粘贴设计”按钮，即可将图形粘贴到文档中进行修改并重新定义为新的图表设计。

单击“图表设计”对话框中的“选择未使用的设计”按钮，即可选择在文档中没有使

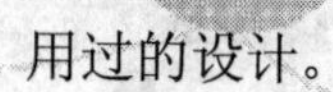

用过的设计。

10.4.2　应用柱形图设计

创建图表设计后，可以将设计应用到柱形图图表中。选择图表后，执行“对象”→“图表”→“柱形图”命令，打开“图表列”对话框。在对话框的“选择列设计”列表中，选择一个列设计，该设计将显示在预览框中，如图 10-57 所示。然后，从“列类型”下拉列表中选择该设计在图表中的显示方式，显示方式的具体介绍如下：

- 【垂直缩放】：选择该选项将根据柱形比例垂直伸展或压缩设计，但宽度不变，如图 10-58 所示。

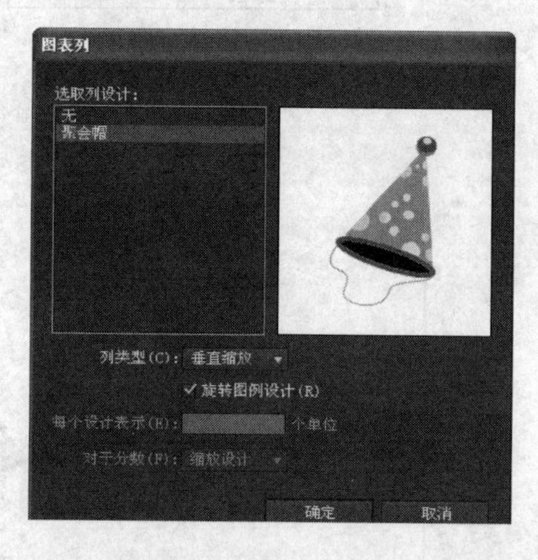

图 10-57　“图表列”对话框中的列设计

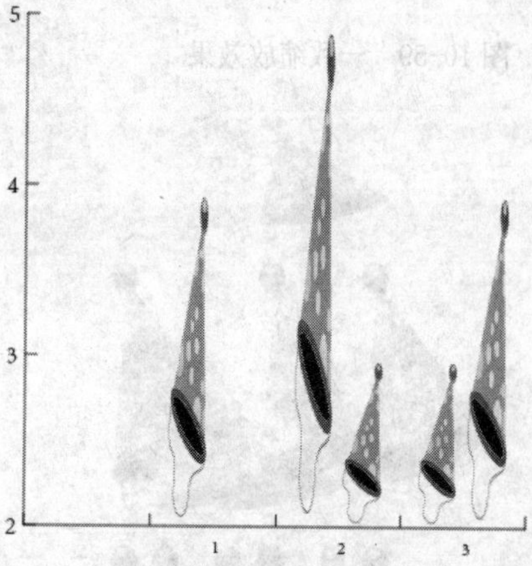

图 10-58　垂直缩放效果

- 【一致缩放】：选择该选项将根据柱形的等比例来水平和垂直缩放设计，如图 10-59 所示。
- 【重复堆叠】：选择该选项将可将设计堆积起来以填充柱形，并通过设置以下选项来确定堆叠方式。

（1）每个设计表示：设置该选项数值后，将根据该数值比例，以设计为单位重复堆叠排列设计。

（2）对于分数截断设计：选择该选项，表示不能按比例全部显示的顶部设计，其图形将被截断显示，效果如图 10-60 所示。

（3）对于分数缩放设计：选择该选项，表示不能按比例全部显示的顶部设计，其图形将被垂直缩放以适合柱形，效果如图 10-61 所示。

- 【局部缩放】：选择该选项将根据柱形比例来伸展或压缩设计，和垂直缩放方式相似。但不同的是，该方式只缩放设计的局部，而不是整体，如图 10-62 所示。
- 【旋转图例设计】：选择该选项，可以使图例设计旋转 90°。

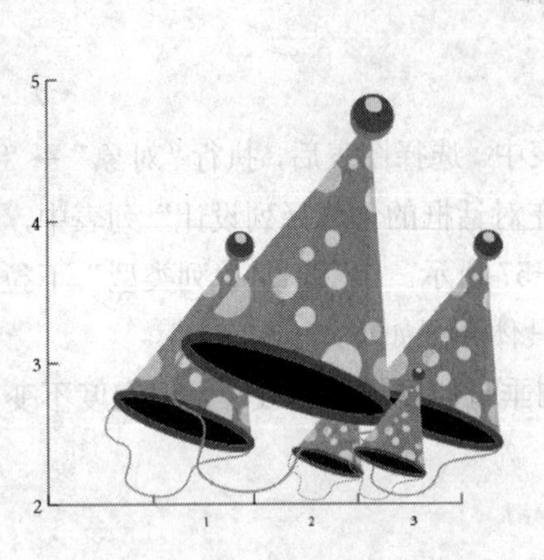

图 10-59　一致缩放效果

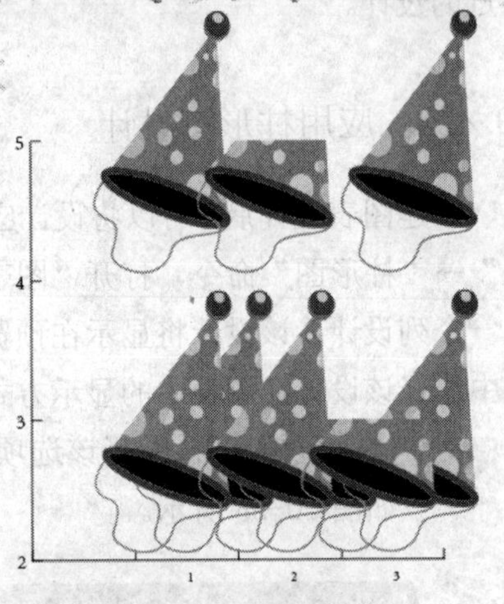

图 10-60　截断设计效果

图 10-61　缩放设计效果

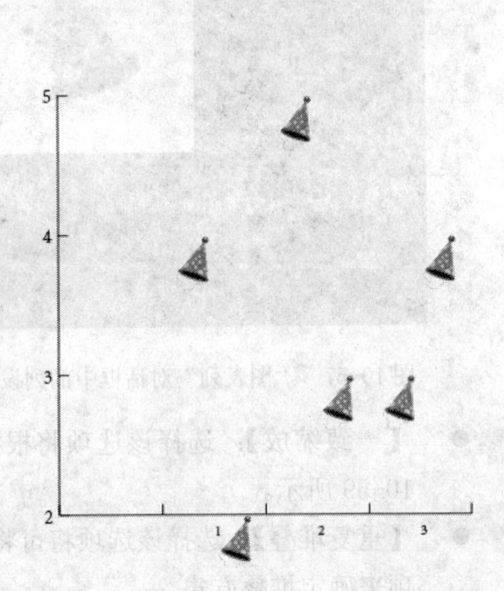

图 10-62　局部缩放效果

10.4.3　应用标记设计

除了可以将设计应用到柱形图外，还可以应用到散点图或折线图的数据标记上。下面通过一个简单的实例来介绍应用标记设计的方法和步骤。

01 创建一个散点图图表，如图 10-63 所示。

02 选择图表，执行“对象”→“图表”→“标记”命令，打开“图表标记”对话框。在对话框中，选择 Illustrator CS6 预设的设计“fish1”，如图 10-64 所示。

03 单击“确定”按钮，即可将所选择的设计应用到图表的标记上。但由于标记在图表中的比例较小，看不清楚新应用的设计标记。所以，下一步需要调整标记的大小比例。

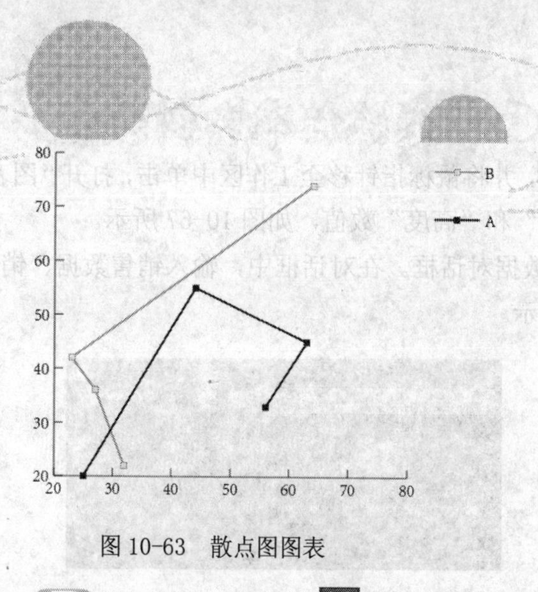

图 10-63　散点图图表

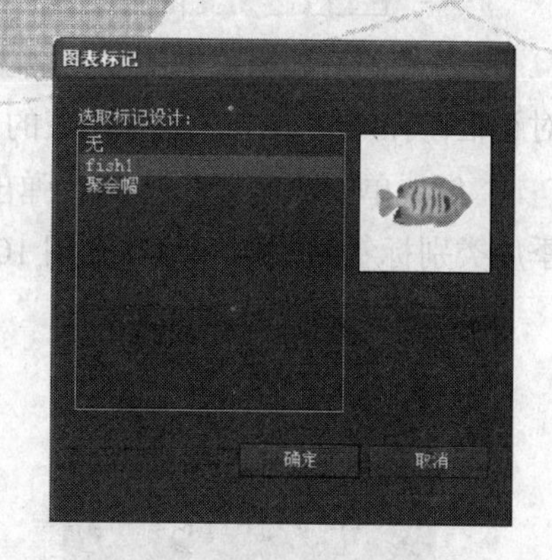

图 10-64　选择“house1”设计

04 使用编组选择工具单击图表中的一个标记，选中标记的一个部分。再次单击，即可选中整个标记设计。

05 双击工具箱的比例缩放工具，打开“比例缩放”对话框。在对话框中，设置“比例缩放”选项的数值为 400%，如图 10-65 所示。

06 单击“确定”按钮，所选择的标记设计比例放大了 4 倍。重复第 04 、 05 步骤的操作，将其余的标记设计同样放大 4 倍。这时，散点图的标记设计效果如图 10-66 所示。

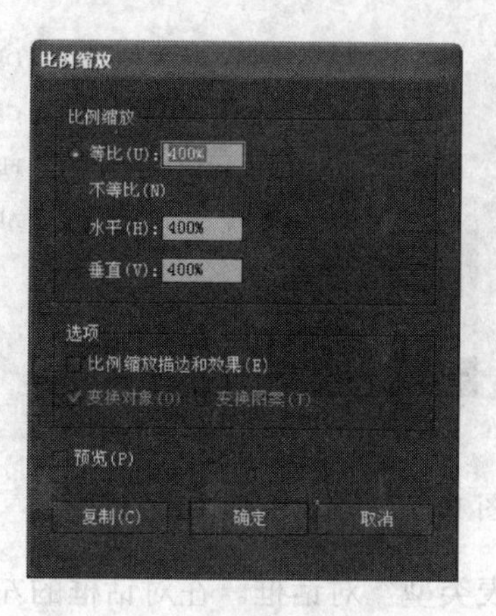

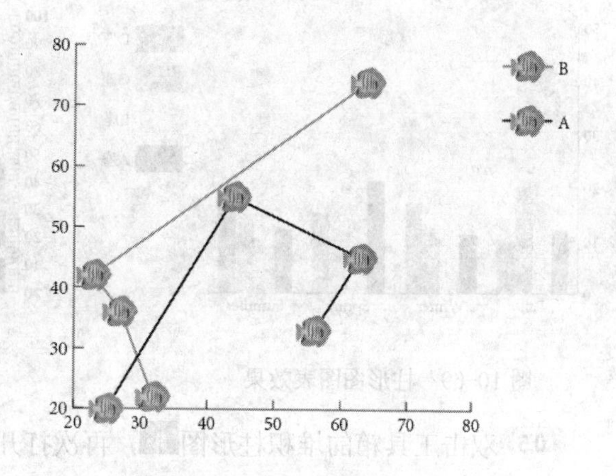

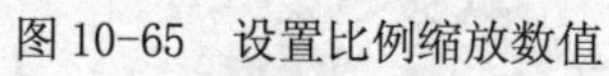

图 10-65　设置比例缩放数值　　图 10-66　散点图的标记设计效果

07 如果需要将设计进行更换，可以再次打开“图表标记”对话框。在该对话框中，选择另一个标记设计，单击“确定”按钮即可显示新的标记设计。但新更换的标记设计的比例仍然保持未放大状态。

10.5　图表的应用——季度销售量图表

在本节中，主要通过演示一个季度销售量的图表制作，将本章中所介绍的创建、编辑图表，以及创建和应用图表设计等知识点进行综合巩固。

01 在工具箱中单击柱形图工具，并将鼠标指针移至工作区中单击，打开“图表”对话框。在对话框中，输入图表的“宽度”和“高度”数值，如图 10-67 所示。

02 单击“确定”按钮，弹出图表数据对话框。在对话框中，输入销售数据、销售季度类别标签和图例标签，如图 10-68 所示。

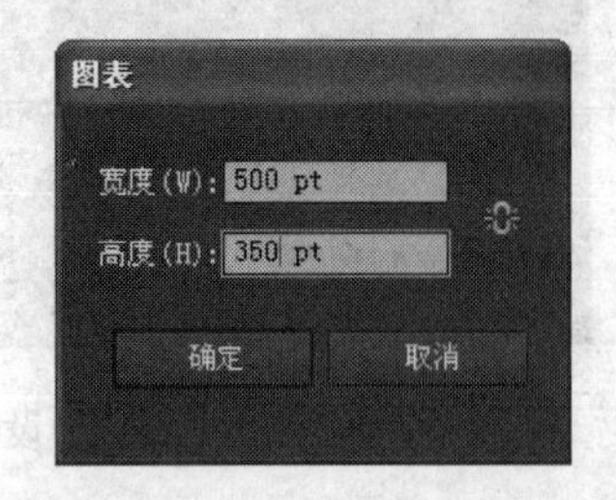

图 10-67 设置图表的宽度和高度

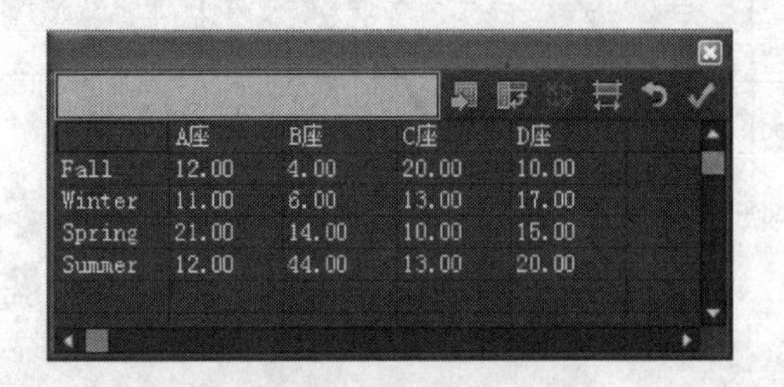

图 10-68 输入图表数据

03 单击图表数据对话框中的“应用”按钮，将数据应用到图表中。然后，关闭图表数据对话框。这时的柱形图图表效果如图 10-69 所示。

04 双击工具箱的柱形图工具，打开“图表类型”对话框。在对话框中，单击堆积柱形图按钮。单击“确定”按钮，柱形图图表转换为堆积柱形图图表，效果如图 10-70 所示。

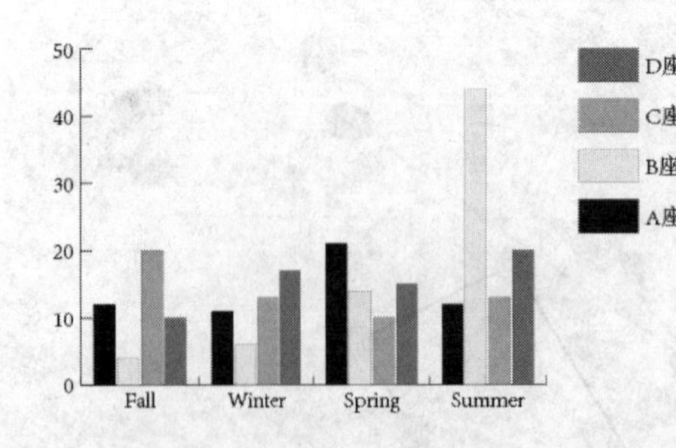

图 10-69 柱形图图表效果

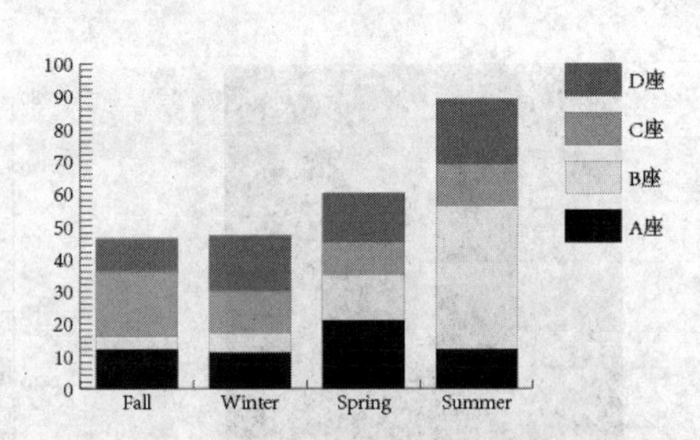

图 10-70 堆积柱形图图表效果

05 双击工具箱的堆积柱形图，再次打开“图表类型”对话框。在对话框的左上角的下拉列表中选择“数值轴”，切换到“数值轴”选项组。

06 在对话框中，选择“忽略计算出的值”，并分别设置刻度值的数值和刻度线的长度和数量，如图 10-71 所示。单击“确定”按钮，图表的数值轴效果如图 10-72 所示。

07 使用矩形工具在文档中绘制图形，将其填充颜色，如图 10-73 所示。

08 选择刚绘制的图形，执行“对象”→“图表”→“设计”命令，打开“图表设计”对话框。在对话框中，单击“新建设计”按钮，使所选的图形显示在预览框中，如图 10-74 所示。

09 单击对话框中的“重命名”按钮，在弹出的“重命名”对话框中，为新建设计命名为“图形 1”，如图 10-75 所示。单击“确定”按钮后，所选图形创建为图表设计“图形 1”，并存储在“图表设计”对话框中。

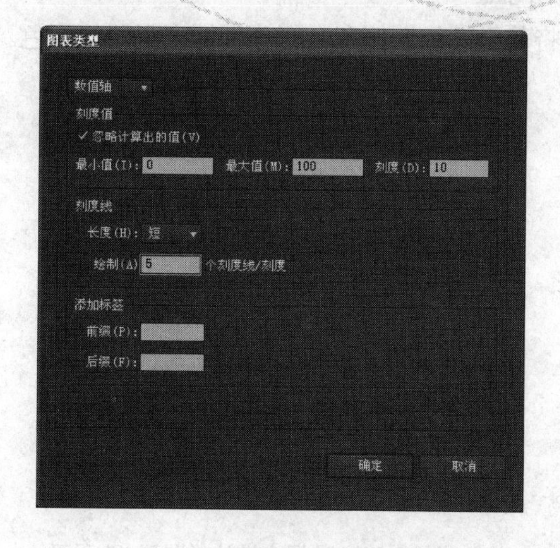

图 10-71　设置刻度值和刻度线

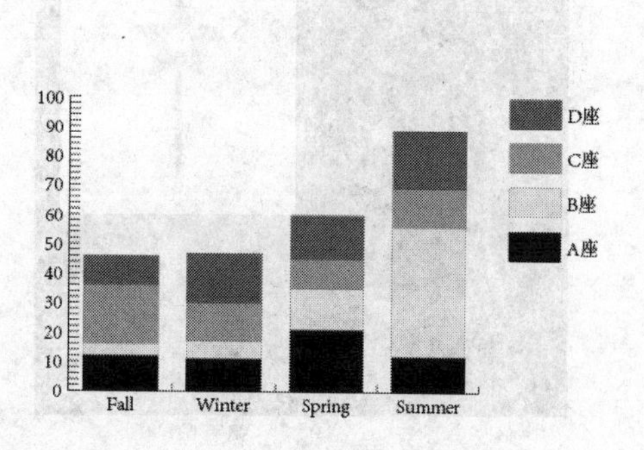

图 10-72　数值轴效果

图 10-73　绘制图形

图 10-74　新建设计预览

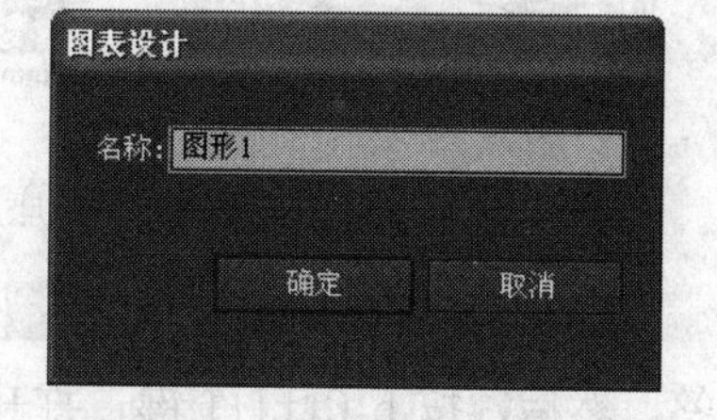

图 10-75　重命名设计为“图形 1”

10 选择堆积柱形图图表，执行“对象”→“图表”→“柱形图”命令，打开“图表列”对话框。在对话框的“选择列设计”列表中，选择设计“图形 1”，并设置该设计的列类型为“垂直缩放”方式显示，如图 10-76 所示。

11 单击“确定”按钮，堆积柱形图图表的数据被显示为设计“图形 1”，如图 10-77 所示。

12 选择编组选择工具，单击图表中的“D 座”图例，再次单击则选中整个“D 座”图例，则将所有的表示 D 座数据的设计图形添加到选区，如图 10-78 所示。

13 在“色板”面板中单击“纯黄”，使被选中的图表部分的填色被填充。但由于图表设计带有矩形框，所以被填充后设计显示为矩形，如图 10-79 所示。

14 选择编组选择工具，依次选择设计中所附带的矩形，按下 Delete 键进行删

除。这时，图表的设计填充效果如图 10-80 所示。

15 重复步骤 **12** ～ **14** 的操作，将其余 3 组图例和数据分别填充不同的颜色。

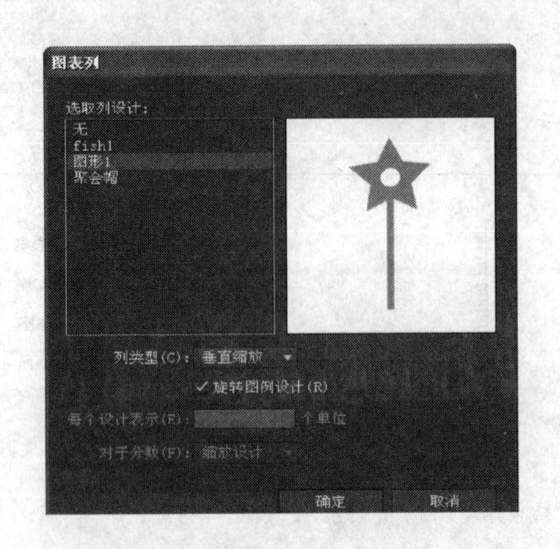

图 10-76　选择列设计并设置“列类型”

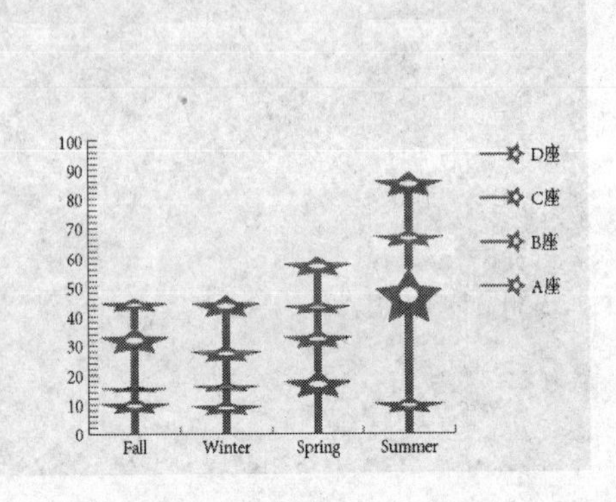

图 10-77　数据由设计“图形 1”显示

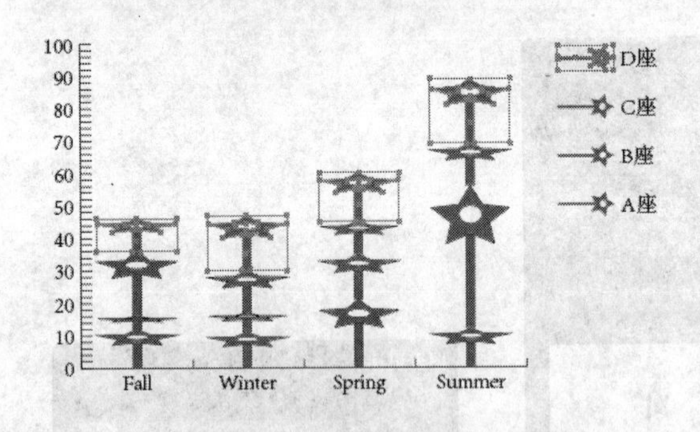

图 10-78　选中 D 座图例和 D 座所有数据设计

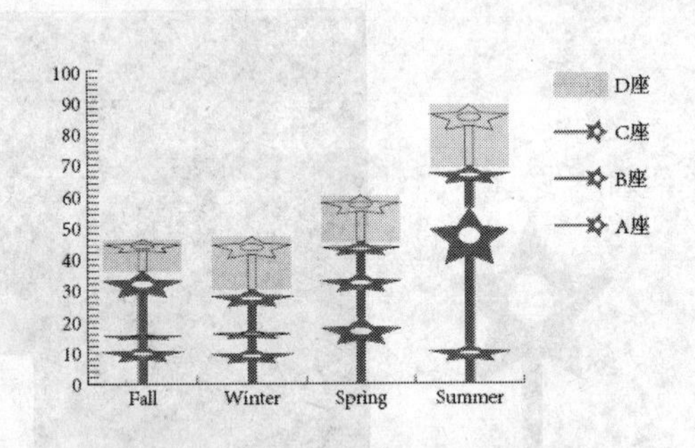

图 10-79　填充选中的图表部分

16 选择编组选择工具，按下 Shift 键，依次单击图例标签，使选中 4 个图例标签。然后，按下 Ctrl+T 键，打开“字符”面板。在面板中，设置字体大小为 24pt。

17 在工具箱中单击文字工具，在工作区中单击鼠标，并输入文字“金顺大厦 2011 年季度销售量图表”。然后，选中刚输入的文字，在“字符”面板中设置字体为“黑体”，字体大小为 30pt。调整文字在文档中的位置后，图表效果如图 10-81 所示。

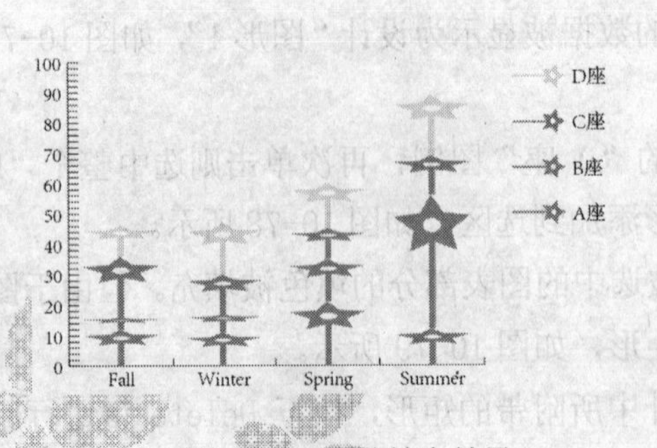

图 10-80　设计填充效果

图 10-81　图表效果

10.6 本章小结

在进行数据统计和科学插图时，图表工具是最常用的工具之一。本章详细介绍了 Illustrator CS6 所提供的 9 种图表工具，这 9 种图表以不同的形式来表达数据信息，并可以互相转换。创建图表后，还可以对图表进行数据的更新、数值轴和类别轴的编辑、图表类型的组合、颜色的调整和插入图形等，将图表功能发挥到了极点。

10.7 上机操作

1. 根据如图 10-82 所示的销售数据，创建一个月份销售额统计图表，效果如图 10-83 所示。

提示：先创建一个折线图图表，然后使用编组选择工具选中 D 组数据，通过“图表类型”对话框将其转换为柱形图。

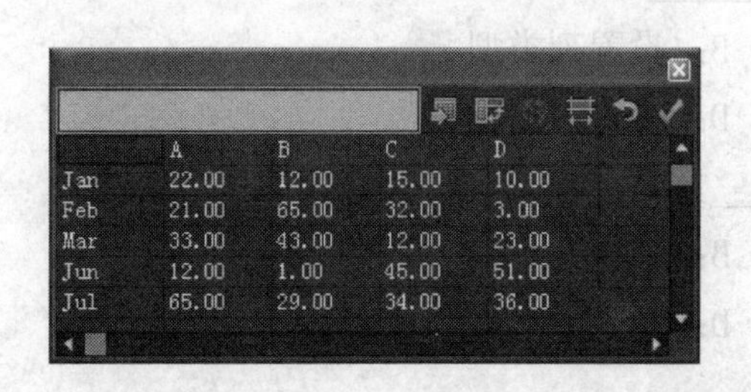

	A	B	C	D
Jan	22.00	12.00	15.00	10.00
Feb	21.00	65.00	32.00	3.00
Mar	33.00	43.00	12.00	23.00
Jun	12.00	1.00	45.00	51.00
Jul	65.00	29.00	34.00	36.00

图 10-82　销售数据表

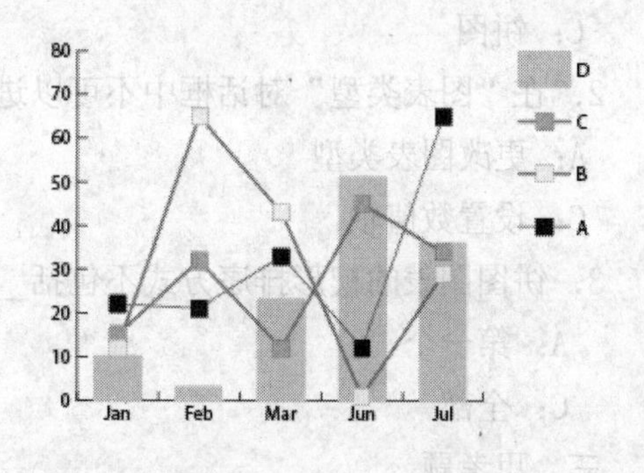

图 10-83　销售额统计图表效果

2. 根据如图 10-84 所示的销售数据，创建一个条形图图表，效果如图 10-85 所示。

提示：创建条形图图表后，应用图表列设计到图表中。列设计为 Illustrator CS6 提供的预设设计“house1”，并设置“局部缩放”的列显示类型。

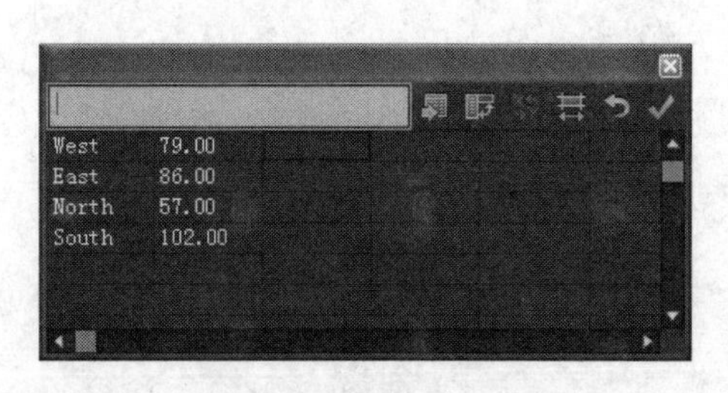

West	79.00
East	86.00
North	57.00
South	102.00

图 10-84　销售数据表

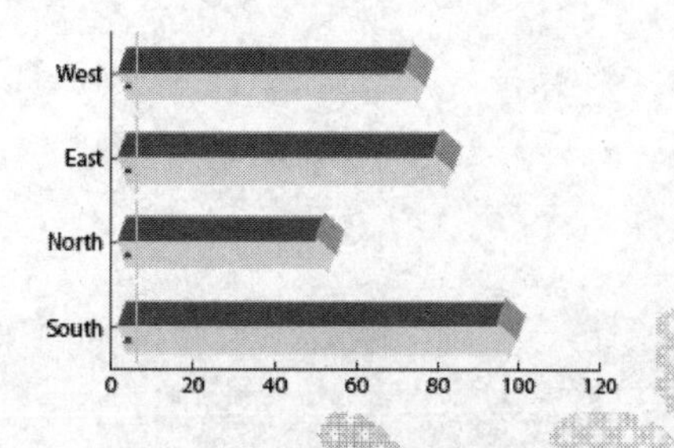

图 10-85　条形图图表效果

10.8 思考练习

一．填空题

1．使用________工具所创建的图表可以在某一特定时间点或特定类别上比较数值组，并以圆形格式表示。

2．_________图表的两个数值轴都用来测量数值，没有类别标签。

3．在单元格的左列中输入的数据为_________，通常表现为时间单位，如日、月或年等。

4．__________的数值可以指定柱形、堆积柱形、条形或堆积条形图表中所有的柱形或条形的总宽度。

5．图表设计可以将插图添加到________和________上。

二．选择题

1．______的图表数据对话框中的每个数据行都可以生成单独的图表。

A：柱形图　　B：折线图

C：饼图　　D：雷达图

2．在“图表类型”对话框中不可以进行______项设置。

A：更改图表类型　　B：设置列类型

C：设置数值轴　　D：设置图例位置

3．饼图图表的楔形排序方式不包括_______方式。

A：第一个　　B：堆积

C：全部　　D：无

三．思考题

1．如何将在计算机中已经编辑好的数据导入图表中？

2．如何将散点图图表中的数据点进行连接，并设置连接线段的粗细？

3．如何将存储在Illustrator CS6中的图表设计重新进行编辑？

Chapter 11

第 11 章 效果的应用

本章导读

效果是 Illustrator CS6 中的精华之一，可以针对矢量图和位图进行特殊效果的处理。本章简要介绍 Illustrator CS6 中常用效果的参数设置，并结合一个实例抛砖引玉讲解效果的使用方法。

学习要点

- 效果概述
- 使用效果
- 制作 3D 效果烛台

11.1　概述

对象应用效果后，对象不会增加新的锚点，但可以继续使用“外观”面板随时修改效果选项或删除该效果，用户可以对该效果进行编辑、移动、复制、删除，或将其存储为图形样式的一部分，如图 11-1 所示。

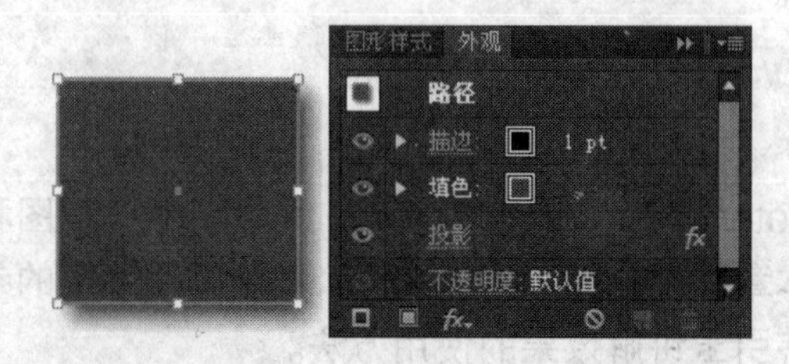

图 11-1　应用效果后效果

可以应用效果的对象很多，包括位图、路径、组、图层、外观属性等。选择对象后，从“效果”菜单中选择一个相应的子命令。如果出现对话框，在设置相应选项后，单击“确定”按钮即可应用效果。

11.2　使用效果

选择对象后，在“效果”菜单中选择一个命令，并在弹出的对话框中设置相应选项。单击“确定”按钮，即可应用所选效果到对象上。

如果要修改效果，可以双击“外观”面板中列出的效果属性，在重新打开在效果对话框中执行所需的更改，单击“确定”按钮即可完成修改。如果要删除效果，可以在“外观”面板所列出的效果中选择要删除的效果，单击“删除”按钮即可删除所选效果。

11.2.1　“3D”效果

应用“3D”效果可以通过二维对象创建出三维对象，并通过高光、阴影、旋转及其他属性来控制 3D 对象的外观。创建 3D 效果的方法包括凸出和斜角、绕转和旋转。

1. 凸出和斜角

使用“凸出和斜角”效果将沿对象的 Z 轴凸出拉伸 2D 对象。例如，选择一个 2D 圆形，应用“凸出和斜角”效果后，使它拉伸为一个 3D 的圆柱形，如图 11-2 所示。执行“效果”→“3D”→“凸出和斜角”命令，即可打开“凸出和斜角”对话框，如图 11-3 所示。

在对话框中，单击“更多选项”按钮可以查看完整的选项列表，其中可进行以下设置：

- 【位置】：在该栏中可以设置对象如何旋转以及观看对象的透视角度。在“位置”下拉菜单中选择一个预设位置，或直接在预览框中拖动 3D 模型，或在相应的轴的文本框中输入数值都可以改变对象的旋转位置。

- 【凸出与斜角】：在该栏中可以确定对象的深度、斜角的类型和高度，以及添加斜角的方式。单击“开启端点”按钮可创建实心3D外观，如图11-4所示；单击“关闭端点”按钮可创建空心外观，如图11-5所示；单击“斜角外扩”按钮可以将斜角添加至对象，如图11-6所示；单击“斜角内缩”按钮可以从对象上砍去斜角，如图11-7所示。

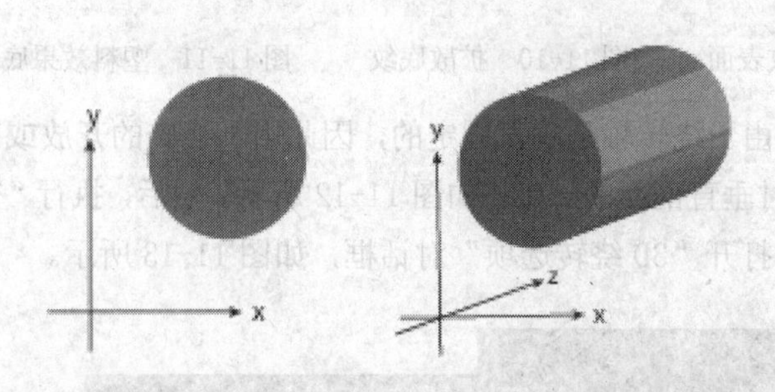

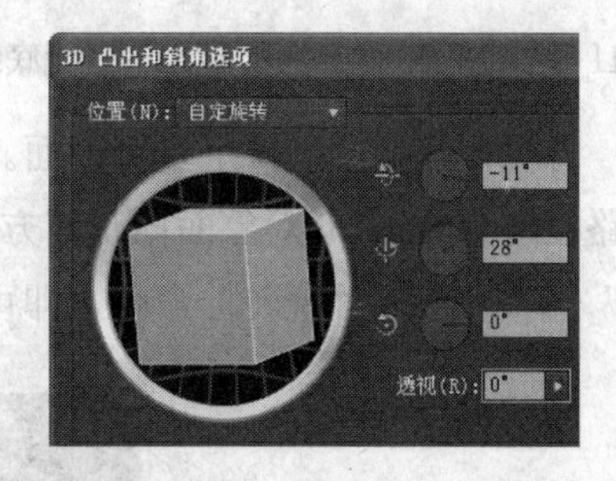

图11-2 应用“凸出和斜角”效果

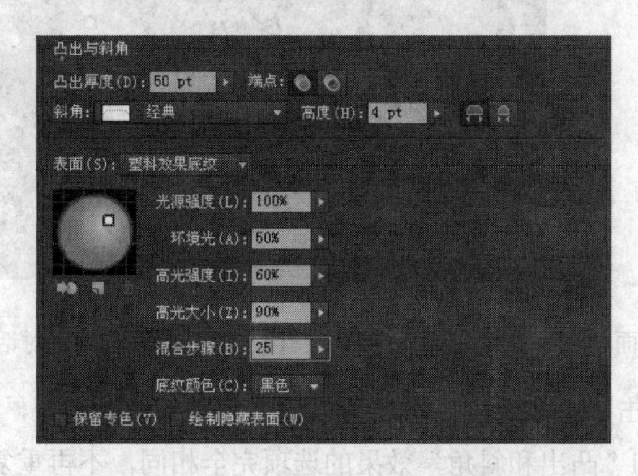

图11-3 “凸出和斜角”对话框

图11-4 开启端点效果 图11-5 关闭端点效果 图11-6 斜角外扩效果 图11-7 斜角内缩效果

- 【表面】：在该栏中可以创建各种形式的对象表面。“线框”表面可以绘制对象几何形状的轮廓，并使每个表面透明，如图11-8所示；“无底纹”表面则不向对象添加任何新的表面属性，使3D对象具有与原始2D对象相同的颜色，如图11-9所示；“扩散底纹”表面能使对象以一种柔和、扩散的方式反射光，如图11-10所示；“塑料效果底纹”表面则使对象以一种闪烁、光亮的材质模式反射光，如图11-11所示。
- 【光照】：根据选择的Illustrator预设表面后，可以添加一个或多个光源，调整光源强度、环境光等，改变对象的底纹颜色。

2．绕转

应用“绕转”效果可以绕Y轴（绕转轴）绕转一条路径或剖面，使其作圆周运动，通过这种方法来创建3D 对象。

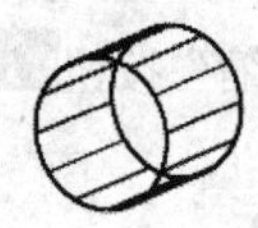
图11-8　线框表面

图11-9　无底纹表面

图11-10　扩散底纹

图11-11　塑料效果底纹

首先，需要绘制一个垂直剖面。由于绕转轴是垂直固定的，因此用于绕转的开放或闭合路径应为所需3D对象面向正前方时垂直剖面的一半，如图11-12所示。然后，执行“效果”→“3D”→“绕转”命令，即可打开“3D绕转选项”对话框，如图11-13所示。

图11-12　绘制垂直剖面

图11-13　“3D绕转选项”对话框

在对话框中，单击“更多选项”按钮可以查看完整的选项列表，其中可进行的3D设置如下。（有些选项和“凸出和斜角”效果的选项完全相同，不再重复介绍）。

- 【角度】：在该选项中可以设置0～360°之间的路径绕转度数。
- 【偏移】：在该选项中可以设置在绕转轴与路径之间的距离，可以输入0～1000之间的值。
- 【自】：在该选项中可以设置对象绕之转动的轴。

单击“确定”按钮，使所绘制的剖面绕转为一个3D对象，效果如图11-14所示。

图11-14　3D对象效果

3．旋转

应用“旋转”效果可以在三维空间中旋转一个2D或3D对象。首先，选中一个2D或3D对象，如图11-15所示。执行“效果”→“3D”→“旋转”命令，即可打开“3D旋转选项”对话框。在对话框中，可进行三维的旋转角度设置，如图 11-16 所示。单击“确定”按钮，使所选择的对象进行相应的旋转，效果如图 11-17 所示。

图 11-15　选择对象

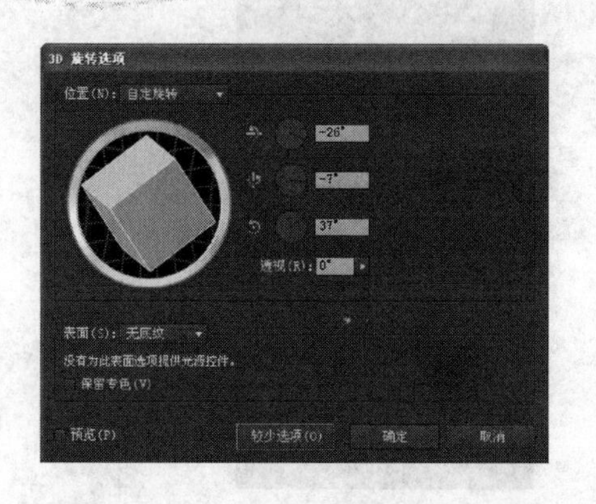

图 11-16　设置旋转角度

图 11-17　旋转效果

11.2.2　“变形”和“路径查找器”效果

在“效果”菜单中，有些命令和前面介绍过的路径变形命令完全相同，生成的效果也几乎相同。但不同的是，应用效果后，效果可以成为外观属性的一部分，并可以重新进行编辑。

1.“变形”系列效果

执行“效果”→“变形”中的任意一个变形命令，打开“变形选项”对话框，该对话框和执行“对象”→“封套扭曲”→“用变形建立”命令后所打开的对话框完全相同。该对话框的具体使用方法可参考本书中 “5.3.4 使用封套扭曲编辑路径” 的章节。

2.“变换”效果

执行“效果”→“扭曲和变换”→“变换”命令，打开“变换效果”对话框。该对话框和执行“对象”→“变换”→“分别变换”命令所打开的“分别变换”对话框几乎完全相同，用法也一样，具体用法可以参考本书中 “4.3.2 图形的变换” 的章节。

不同的是，在“变换效果”对话框中增加了一个“副本”选项，在该选项的文本框中输入的数值可以使选中对象复制相应的份数或次数。例如，选择如图 11-18 所示的圆形，在“变换效果”对话框中设置变换数值，如图 11-19 所示。单击“确定”按钮，圆形被缩放和偏移的同时，复制出 3 份新的圆形，变换效果如图 11-20 所示。

3.“栅格化”效果

执行“效果”→“栅格化”命令，打开“栅格化”对话框。该对话框和执行“对象”→“栅格化”命令所打开的对话框几乎完全相同，具体用法可以参考本书中 “5.5 将路径转换为位图” 的章节。不同的是，执行“对象”→“栅格化”命令将永久栅格化对象；执行“效果”→“栅格化”命令可以为对象创建栅格化外观，而不更改对象的底层结构。

4.“裁剪标记”效果

应用“裁剪标记”可以基于对象的打印区域创建裁剪标记。选择文档中任意一个对象，执行“效果”→“裁剪标记”命令，即可将裁剪标记添加到对象上，如图 11-21 所示。

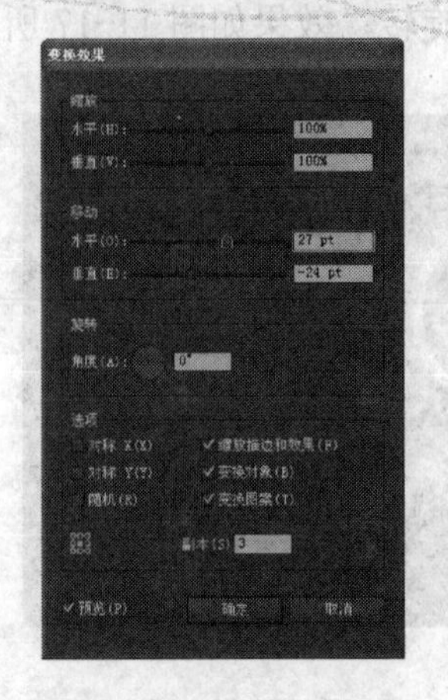
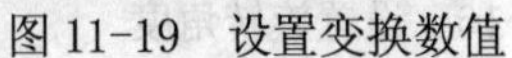

图 11-18　选择圆形　　　图 11-19　设置变换数值　　　图 11-20　变换效果

5.“位移路径”效果

执行“效果”→“路径”→“位移路径”命令，打开“位移路径”对话框。该对话框和执行“对象”→“路径”→“偏移路径”命令所打开的对话框完全相同，具体用法可参考本书中的章节“5.3.3 使用菜单命令编辑路径”。

6.“轮廓化对象”效果

执行“效果”→“路径”→“轮廓化对象”命令和执行“文字”→“创建轮廓”命令一样，可以将文字转换为复合路径进行编辑，比如可以填充渐变。不同的是，执行“创建轮廓”命令后的文字上将带有新的锚点，可以通过编辑这些锚点来编辑对象的路径，如图 11-22 所示。而执行“轮廓化对象”命令后的文字只是暂时地轮廓化，不会增加新的锚点，并可以在“外观”面板中删除轮廓化效果，如图 11-23 所示。

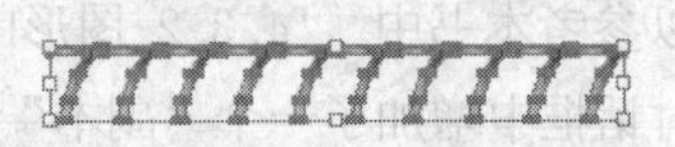

图 11-21　裁剪标记效果　　　图 11-22　创建轮廓效果　　　图 11-23　轮廓化对象效果

7.“轮廓化描边”效果

选择对象描边后，执行“对象”→“路径”→“轮廓化描边”命令，可以将描边转换为复合路径，从而可以修改描边的路径，并可以将渐变用于描边路径中，如图 11-24 所示。

而执行“效果”→“路径”→“轮廓化对象”效果命令可以将选中的描边暂时转换为复合路径。转换后的描边看起来没有变化，也不能应用渐变填色，但可以结合其他命令来编辑描边路径，如图 11-25 所示。例如，将应用了“轮廓化对象”效果命令的描边进行编组，并执行“效果”→“路径查找器”→“差集”命令，运算效果如图 11-26 所示。

8.“路径查找器”系列效果

“路径查找器”系列效果命令和“路径查找器”面板命令基本相同，但它们在使用方法上有所差异。在“路径查找器”面板中，需要先选择多个对象，再单击面板中的运算按钮即可进行路径的运算，具体用法可以参考本书中“5.3.2 在路径查找器中编辑路径”的章节。而“路径查找器”系列效果命令则需要先将多个对象进行群组，或放置在同一个图层上；然后，选择群组或图层执行“效果”→“路径查找器”中的相应命令即可。

图 11-24 应用渐变到描边路径

图 11-25 应用“轮廓化对象”效果

图 11-26 描边运算效果

11.2.3 “转换为形状”效果

应用“转换为形状”效果可以将矢量对象的形状和位图图像转换为矩形、圆角矩形或椭圆，并可以使用绝对或相对尺寸设置形状的尺寸。

首先，选择要转换形状的对象，如图 11-27 所示。然后，执行“效果”→“转换为形状”→“矩形/圆角矩形/椭圆”命令，打开“形状选项”对话框，如图 11-28 所示。在对话框中，可进行以下设置：

- 【形状】：在该选项的弹出菜单中可以选择需要转换的对象形状。
- 【绝对】：点选该选项，则可以设置变换后对象的大小绝对数值，包括宽度和高度。
- 【相对】：点选该选项，则可以设置变换后对象将增加的大小数值，包括额外宽和额外高。
- 【圆角半径】：在“形状”选项选择圆角矩形后，即可以设置该选项。该选项数值表示圆角半径，从而可以确定圆角边缘的曲率。

单击“确定”按钮，即可将所选对象转换为相应的形状。图 11-29 所示为转换为圆角矩形后的效果。转换形状后，对象的锚点仍然保持在原始位置不变。

图 11-27 选择对象

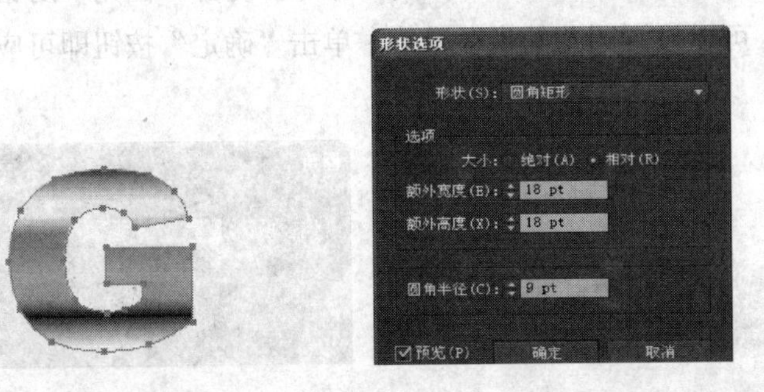

图 11-28 “形状选项”对话框

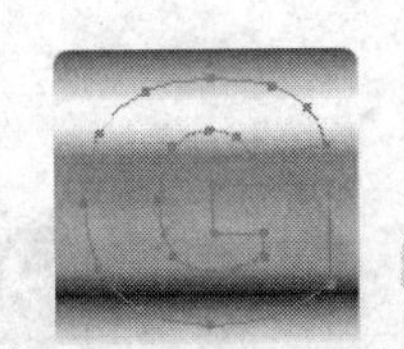

图 11-29 圆角矩形效果

11.2.4 “风格化”效果

“效果”→“风格化”系列效果命令主要可以为选中的对象添加装饰性元素和效果，包括发光、投影、圆角等效果。和前面介绍过的滤镜命令相同的效果命令，不再重复介绍。

1. 内发光和外发光

应用“内发光”效果可以在对象内缘添加光晕效果。选择要应用效果的对象后，执行“效果”→“风格化”→“内发光”命令，打开“内发光”对话框，如图 11-30 所示。在对话框中，可以选择“模式”选项中的混色模式，指定发光颜色，设置光晕的不透明度和模糊度，和点选发光的方式。选择“中心”选项则光晕由中央产生，效果如图 11-31 所示；选择“边缘”选项则光晕由边缘产生，效果如图 11-32 所示。

同样，应用“外发光”效果可以在对象外部边缘添加光晕效果，如图 11-33 所示。在“外发光”对话框中，可以设置发光模式、颜色、透明度和模糊度。

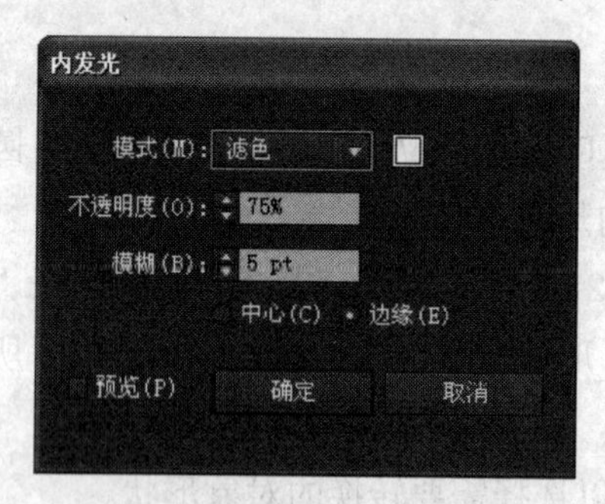

图 11-30 “内发光”对话框

图 11-31 “中心”发光

图 11-32 “边缘”发光

图 11-33 外发光效果

2.“圆角”效果

应用“圆角”效果可以将矢量对象的角落控制点转换为平滑的曲线，如图 11-34 所示。选择矢量对象后，执行“效果”→“风格化”→“圆角”命令，打开“圆角”对话框，如图 11-35 所示。在对话框中，可以设置圆角的半径数值，单击“确定”按钮即可应用该效果。

图 11-34 应用“圆角”的前后对比效果

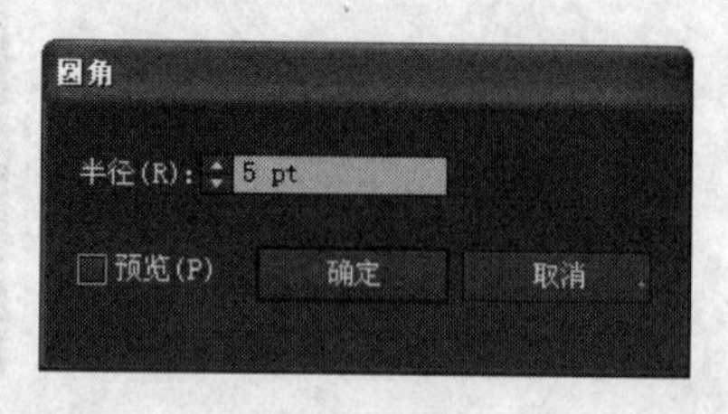

图 11-35 “圆角”对话框

3．投影

应用“投影”效果可以快速地为选定对象创建投影效果，如图 11-36 所示。选择对象后，执行“效果”→“风格化”→“投影”命令，打开“投影”对话框，如图 11-37 所示。在对话框中可进行以下设置：

- 【模式】：在该选项中可以指定投影的混合模式。
- 【不透明度】：在该选项中可以指定所需的投影不透明度百分比。
- 【X/Y 位移】：在该选项中可以指定投影偏离对象的距离。
- 【模糊】：在该选项中可以设置阴影模糊的强度。
- 【颜色】：选择该选项可以指定阴影的颜色（单击后面的色块可以打开拾色器）。
- 【暗度】：选择该选项可以指定为投影添加的黑色深度百分比。

单击对话框的“确定”按钮，即可为所选对象添加相应的阴影效果。

图 11-36　应用“投影”的前后对比效果

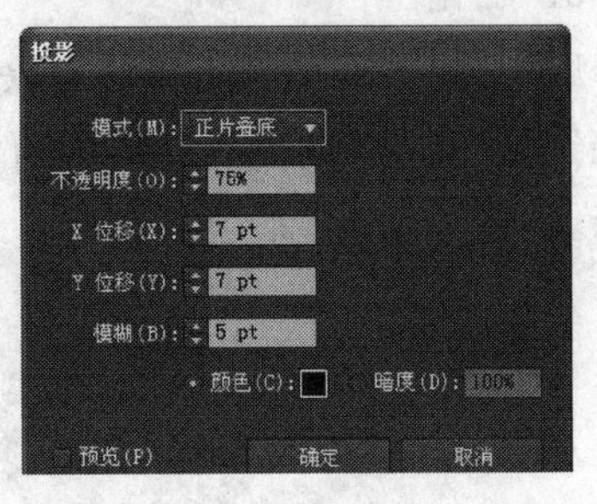

图 11-37　“投影”对话框

4．涂抹

应用“涂抹”效果可以使对象转换为具有粗糙或手绘笔触的效果，如图 11-38 所示。应用该效果的对象可以是矢量对象、群组、图层、外观属性和图形样式等。

选择要应用“涂抹”效果的对象后，执行“效果”→“风格化”→“涂抹”命令，打开“涂抹选项”对话框，如图 11-39 所示。在对话框中可进行如下设置：

图 11-38　应用“涂抹”的前后对比效果

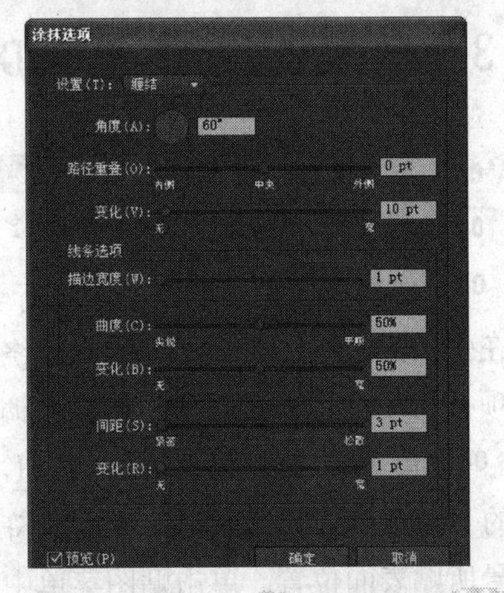

图 11-39　“涂抹选项”对话框

- 【设置】：在该选项中可以选择 Illustrator 预设的涂抹模式或自定义涂抹模式。
- 【角度】：该选项数值用于控制涂抹线条的方向。
- 【路径重叠】：在该选项中可以设置涂抹线条在路径边界内部（负值），还是偏离到路径边界外部（正值）。并可在后面的“变化”选项中设置涂抹线条之间的相对长度差异。
- 【描边宽度】：该选项数值用于控制涂抹线条的宽度。
- 【曲度】：该选项数值用于控制涂抹曲线在改变方向之前的曲度，并可在后面的“变化”选项中设置涂抹曲线之间的相对曲度差异大小。
- 【间距】：该选项数值用于控制涂抹线条之间的距离，并可在后面的“变化”选项中设置间距差异变化数值。

5. 羽化

应用“羽化”效果可以使对象的边缘变得模糊，如图 11-40 所示。执行“效果”→“风格化”→“羽化”命令，在打开的“羽化”对话框中可以设置边缘的模糊距离，如图 11-41 所示。

图 11-40　应用“羽化”的前后对比效果

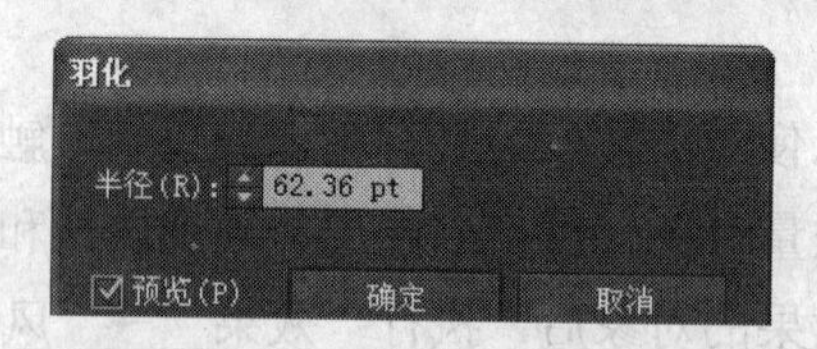

图 11-41　“羽化”对话框

11.3　效果的应用——3D 效果烛台

01 在工具箱中选择钢笔工具在绘图区绘制开放路径，如图 11-42 所示。

02 在主菜单中执行“窗口”→“符号库”→“花朵”命令，如图 11-43 所示。

03 选择绘制的开放路径，执行“效果”→“3D”→“绕转”命令，如图 11-44 所示。在弹出的“绕转”对话框中设置绕转效果，将偏移选项设置为向左偏移。单击显示更多选项按钮，在弹出的选项中设置并调整光源和“底纹颜色”，效果如图 11-45 所示。

04 单击绕转效果中的贴图按钮，弹出贴图选项对话框。如图 11-46 所示。在“符号”的下拉菜单中显示的是可应用的符号，选择马蹄莲图案。单击“表面”中的按钮选择符号所贴表面位置，单击贴图菜单中的“缩放以适合”按钮，调整符号大小。单击“确定”退出贴图对话框。

05 设置完成后单击绕转对话框中的“确定”按钮，执行后效果如图 11-47 所示。

图 11-42　绘制开放路径

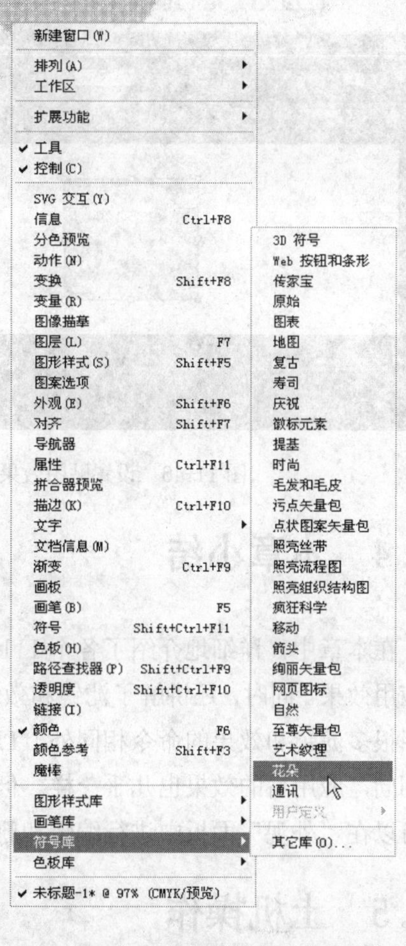

图 11-43　执行主菜单符号库花朵命令

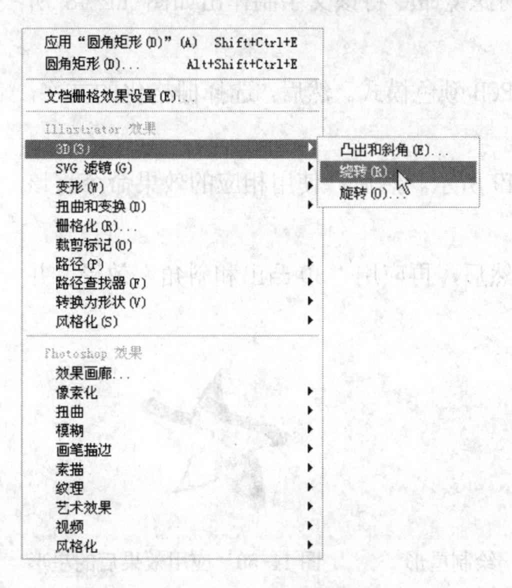

图 11-44　执行主菜单 3D 绕转命令

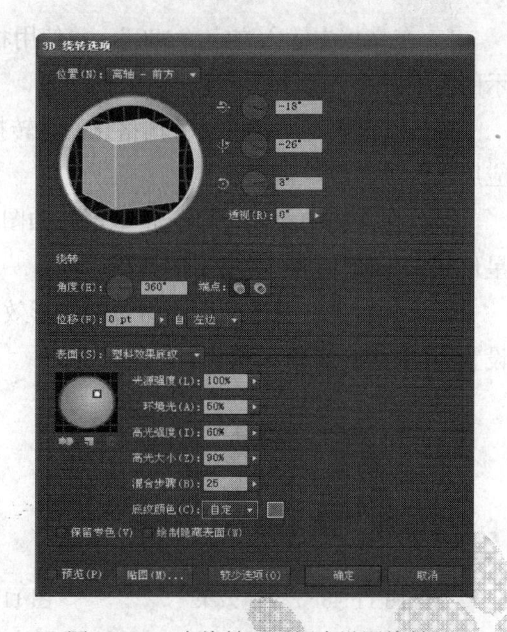

图 11-45　在绕转对话框中设置绕转效果

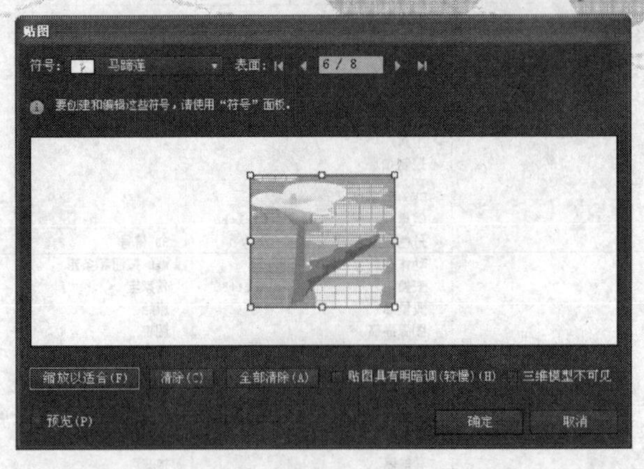

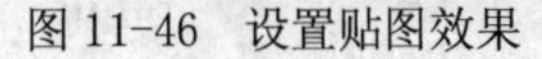

图 11-46　设置贴图效果

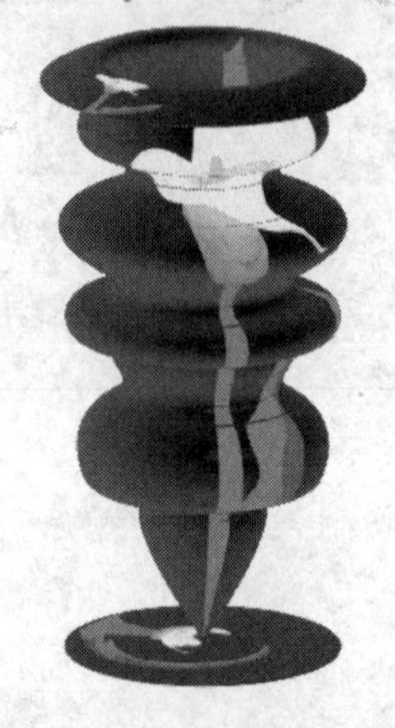

图 11-47　执行后效果

11.4　本章小结

在本章中，详细地介绍了各个 Illustrator CS6 中滤镜、效果的使用方法、选项设置和应用效果。同时，还讲解了滤镜和效果的区别，以及应用滤镜和效果的对象范畴。另外，除了很多滤镜和效果的命令相同外，Illustrator CS6 的很多修改路径的命令和效果命令也相同，应用后的效果也几乎一样。但执行效果后，对象仅仅是暂时被修改了外观属性，还可以在“外观”面板中进行编辑和删除。

11.5　上机操作

1．在文档中输入文字“ABC”，并使用相应的滤镜命令将该文字制作出如图 11-48 所示的效果。

提示：首先，需要将文字栅格化，并转换为 RGB 颜色模式。然后，选择栅格化的文字，应用“海洋波纹”滤镜。

2．　在文档中绘制一个五角星形，如图 11-49 所示。然后，使用相应的效果命令将该星形制作出如图 11-50 所示的效果。

提示：首先将星形应用“扭转”变形效果。然后，再应用“3D 凸出和斜角”效果，并设置 3D 星形的斜角和光源。

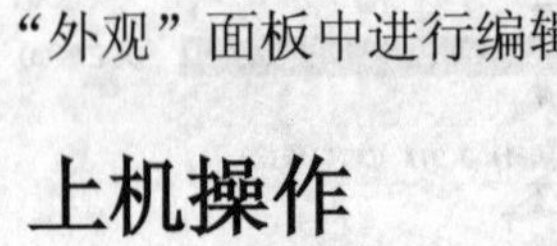

ABC

图 11-48　文字效果

图 11-49　绘制星形

图 11-50　应用效果后的星形

11.6 思考练习

一．填空题

1．使用__________滤镜，可以拖动对象的 4 个控制点自由地改变对象的形状。

2．使用__________滤镜可以改变对象的全局色、灰度、RGB 或 CMYK 颜色模式中的各种颜色的色值。

3．在________ 面板中可以对效果进行编辑、移动、复制、删除等操作。

4．创建 3D 效果的方法包括________ 、________和________ 。

5．应用__________效果可以将矢量对象的形状和位图图像转换为矩形、圆角矩形或椭圆，并可以使用绝对或相对尺寸设置形状的尺寸。

二．选择题

1．“扭曲”滤镜可以应用于_____对象。

A：矢量对象　　　　B：链接的位图

C：图层或群组　　　　D：RGB 颜色模式的位图

2．下面的 Illustrator 效果的相关描述正确的是_____。

A：执行“粗糙化”效果可以使对象的边缘变得粗糙，并增加对象的锚点。

B：将一个复杂的矢量对象应用“转换为矩形”效果后，对象的外观和锚点都将简化。

C：需要将多个对象编组后，才能执行“路径查找器”效果。

D：在“涂抹”效果中，只可以应用 Illustrator 提供的预设涂抹模式。

三．思考题

1．如何导入 Photoshop 格式的滤镜到 Illustrator CS6 中？

2．“轮廓化描边”效果命令和“对象”→“路径”→“轮廓化描边”命令有什么区别？

第 12 章 文件的优化与打印输出

在 Illustrator CS6 中创建矢量对象和处理图像后，要应用到网页中或进行打印输出，都需要将文档进行优化或进行相关的输出设置。在本章中，将详细地讲述在 Illustrator 中使用切片、优化文档和设置打印、分色选项，从而将创作的作品以最佳的方式输出。在本章的实例中除了应用到以前学习的工具外还将学习如何在模板上绘图、如何在位图上制作蒙板等等，这些是需要熟练掌握的新知识。

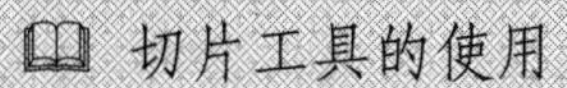

- 切片工具的使用
- 文件的优化
- 画板裁剪的使用
- 文件的打印输出
- 印刷的基本原理和纸张

12.1 切片工具的使用

切片在网页制作中是非常重要的元素之一。在 Illustrator CS6 中，可以使用切片工具将文档分割为几个小的方形图块，从而定义不同 Web 元素的边界。然后，在网页中通过没有间距和宽度的表格重新将这些小的图块没有缝隙地拼接为完整的网页图像。这样做可以减小图像的大小，减少网页的下载时间，并且能创造交互的效果。

12.1.1 创建切片

在 Illustrator CS6 中创建切片的方式有多种，通过切片工具和菜单中的切片命令都可以创建切片，这种创建的切片被称为“用户切片”；同时，Illustrator CS6 会将周围的图稿也分割为切片，以使用基于 Web 的表格来保持布局，这种自动生成的切片被称为“自动切片”。下面将逐一详细介绍创建切片的方法。

1. 建立切片

使用菜单中的“建立”命令创建切片，可以使切片尺寸与对象的边界匹配。选择要建立切片的对象，如图 12-1 所示。然后，执行“对象”→“切片”→“建立”命令，围绕所选的对象的边缘创建切片，效果如图 12-2 所示。

图 12-1　选择对象

图 12-2　切片效果

2. 从所选对象创建切片

选择一个或多个对象后，执行“对象”→“切片”→“从所选对象创建”命令，即可将选择的对象转换为切分的对象，如图 12-3 所示。

3. 从参考线创建切片

执行“视图”→“显示标尺”命令，调出文档的标尺，并从标尺上拖出参考线放置在要切割图稿的位置，如图 12-4 所示。然后，执行“对象”→“切片”→“从参考线创建”命令，Illustrator CS6 则根据参考线的位置来生成切片，效果如图 12-5 所示。

图 12-3　将对象转换为切片

图 12-4　拖出参考线

图 12-5　根据参考线创建切片

4. 使用工具创建切片

在工具箱中选择切片工具，在要创建切片的区域上拖动鼠标，如图 12-6 所示。释放鼠标后，在拖动的区域范围内将生成用户切片，而其他的区域则根据切片的位置来自动生成其他的切片，如图 12-7 所示。如果在拖动时按住 Shift 键可将切片范围限制为正方形，如果按住 Alt 键可以从中心绘制切片范围。

图 12-6　拖动鼠标设置切片区域

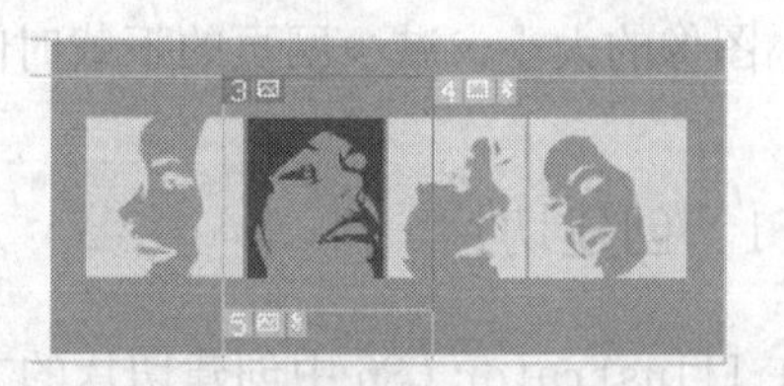

图 12-7　创建切片效果

12.1.2　查看和选择切片

在画板中或“存储为 Web 和设备所用格式”对话框中都可以查看和选择切片。Illustrator CS6 会从图稿的左上角开始，对切片从左到右、从上到下进行编号。 如果更改切片的排列或切片总数，切片编号则会更新，以反映新的顺序。

在工具箱中单击切片选择工具，在画板中单击要选择的用户切片区域，即可选择该切片，被选中的区域边界则高亮显示。如果要选择多个切片，按住 Shift 键逐个单击这些切片即可。

执行“文件”→“存储为 Web 和设备所用格式”命令，打开“存储为 Web 和设备所用格式”对话框。在对话框右部的预览框中可以显示在画板中的图像。在对话框中，选择切片选择工具，可以在预览框中通过单击或框选切片区域来选择一个或多个切片，如图 12-8 所示。

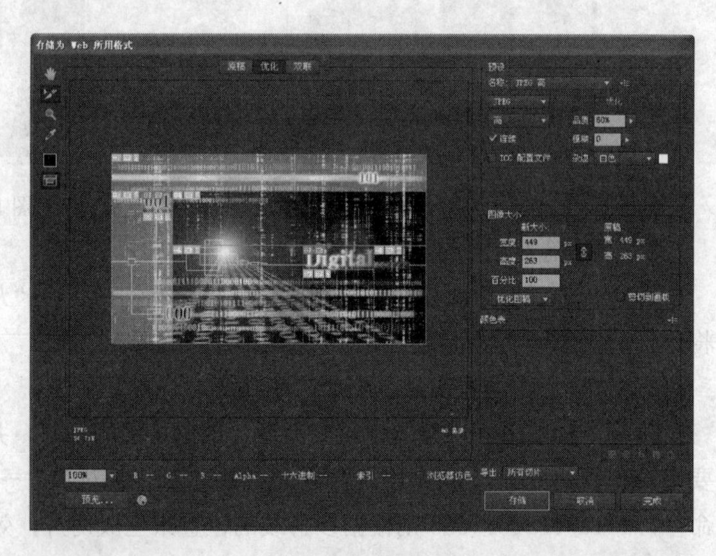

图 12-8　选择切片

注意：

无法对自动切片进行选择，这些切片为灰显状态。

如果要锁定切片，从而防止进行意外更改，例如对切片进行调整大小或移动，可以选择“视图”→“锁定切片”命令；如果要在画板中隐藏切片，可以选取“视图”→“隐藏切片”命令。

除此之外，还可以编辑切片的显示模式。执行“编辑”→“首选项”→“切片”命令，打开“首选项”对话框。可以设置切片是否显示编号和线条颜色，如图 12-9 所示。

图 12-9　编辑切片的显示模式

12.1.3　设置切片选项

Illustrator CS6 文档中的切片与生成的网页中的表格单元格相对应。默认情况下，切片区域可导出为包含于表格单元格中的图像文件。切片的选项用来决定切片内容如何在生成的网页中显示和发挥作用。

按切片内容来分，可以分为“无图像”切片、“图像”切片和“HTML 文本”切片。在切片的编号旁边的标签上可以显示切片类型，如图 12-10 所示（A:“无图像”切片、B:“图像”切片、C:“HTML 文本”切片）。

在画板上选择切片后，执行“对象”→“切片”→“切片选项”命令；或用切片选择工具双击“存储为 Web 和设备所用格式”对话框中的切片，可以打开“切片选项”对话框。

在“切片选项”对话框中可以选择切片类型并设置对应的选项。如果希望切片区域在生成的网页中为图像文件，则选择“图像”切片类型，“图像”类型选项如图 12-11 所示。

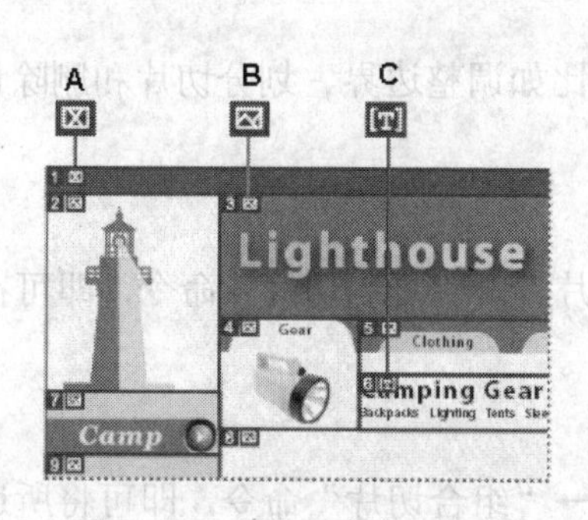

图 12-10　不同的切片类型

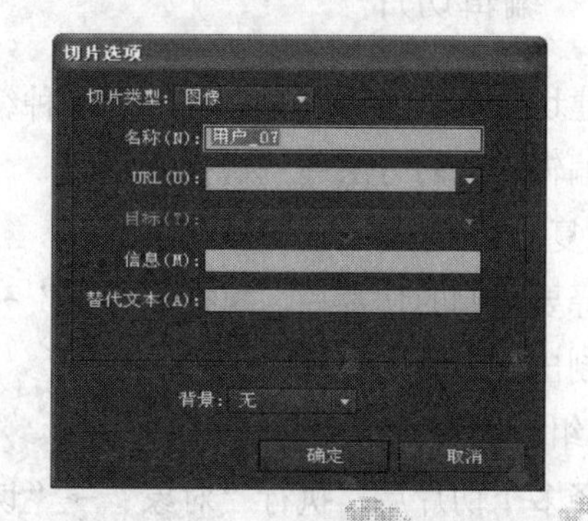

图 12-11　“切片选项”对话框

在“名称”选项中可为图像命名；如果希望图像带有HTML 链接，可以在“URL”文本框中输入链接地址，并在“目标”下拉列表中选择链接的目标框架。另外，还可以设置当鼠标位于图像上时浏览器的状态栏中所显示的信息和未显示图像时所显示的替代文本，以及表单元格的背景颜色。

如果希望在生成的网页中包含HTML文本和背景颜色，则选择“无图像”切片类型，“无图像”类型选项如图12-12所示。在“在单元格中显示的文本”选项文本框中可以输入需要在网页中显示的文本，选择“文本是HTML”复选框可以将输入的文本设置为HTML格式。另外，还可以设置“水平”和“垂直”选项，更改表格单元格中文本的对齐方式。

如果希望将Illustrator文本转换为HTML文本，则选择“HTML文本”切片类型，“HTML文本”类型选项如图12-13所示。然而，只有通过选择文本对象并执行“对象”→“切片”→“建立”命令来创建切片后，此类型才可用。设置该类型的切片，可以通过生成的网页中基本的格式属性将Illustrator CS6文本转换为HTML文本。如果要编辑文本，可以直接更新图稿中的文本。

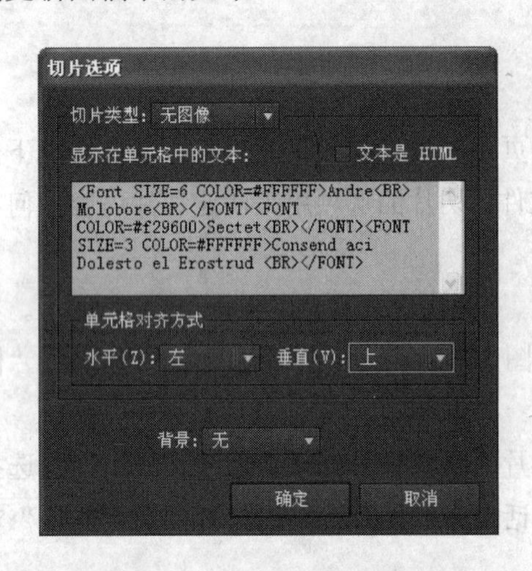

图12-12 “无图像”类型选项

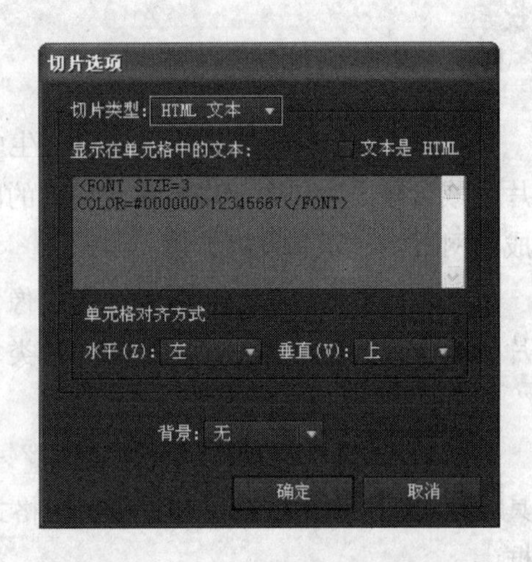

图12-13 “HTML文本”类型选项

12.1.4 编辑切片

创建切片后，还可以对切片进行多种编辑，比如调整边界、划分切片和删除切片等。下面对编辑切片的方法逐一进行介绍。

1. 复制切片

选择要复制的切片后，执行“对象”→“切片”→“复制切片”命令，即可在所选切片上复制出一个新的切片。

2. 组合切片

选择多个切片后，执行“对象”→“切片”→“组合切片”命令，即可将所选的切片合并为一个切片。

3. 划分切片

首先，选择要划分的切片，如图 12-14 所示。然后，执行“对象”→“切片”→“划分切片”命令，打开“划分切片”对话框。在对话框中，可以设置“水平划分为”和“垂直划分为”选项的数值，从而指定在水平方向和垂直方向划分的数值，如图 12-15 所示。如果要指定水平方向每一个切片的宽度或在垂直方向每一个切片的高度，可以选择相应的“像素/切片”选项，并在后面的文本框中输入数值。单击“确定”按钮，所选择的切片按照在对话框中的设置被划分为几个切片，如图 12-16 所示。

4. 删除切片

选择要删除的切片后，按下 Delete 键即可删除该切片。如果选择的是使用“对象”→“切片”→“建立”命令创建的切片，则在删除的同时对应的对象也会被同时删除。如果要在删除的同时保留对应的图稿，可以执行“对象”→“切片”→“释放”命令。

如果要删除所有切片，可以执行“对象”→“切片”→“全部删除”命令。这样，所有的切片将会被释放。

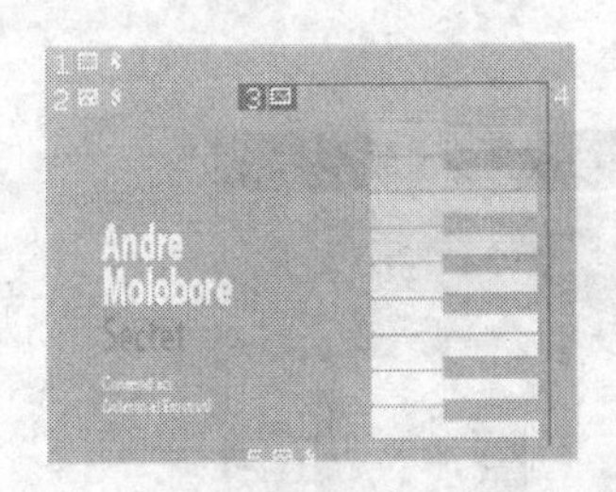

图 12-14 选择切片

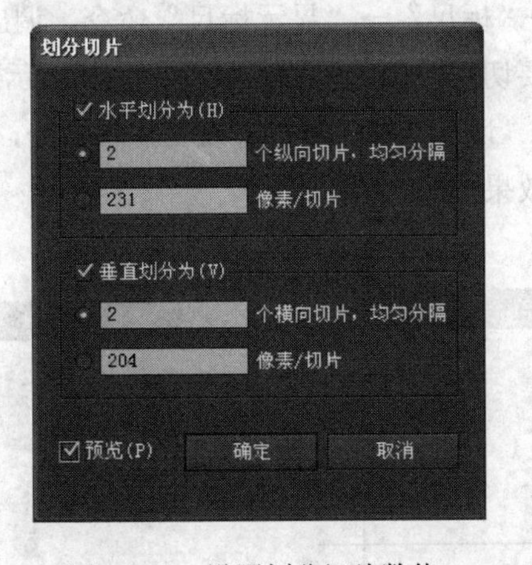

图 12-15 设置划分切片数值

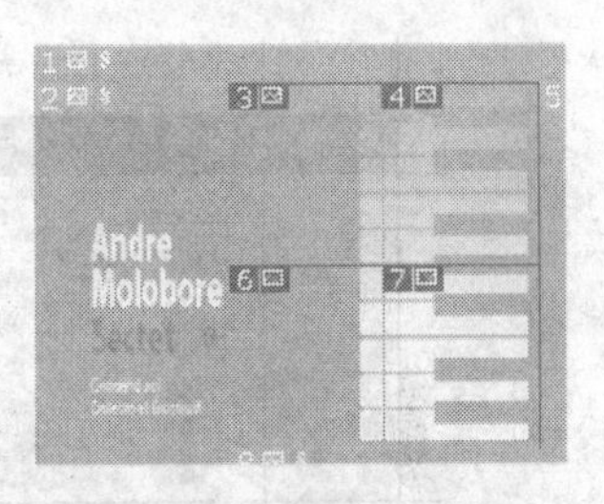

图 12-16 划分切片效果

5. 剪切到画板

如果要将所有切片调整到画板边界，可以执行“对象”→“切片”→“剪切到画板”命令。这样，超出画板边界的切片会被截断以适合画板，在画板内的自动切片会扩展到画板边界以适应画板，而文档中的其他对象并不调整位置，如图 12-17 所示。

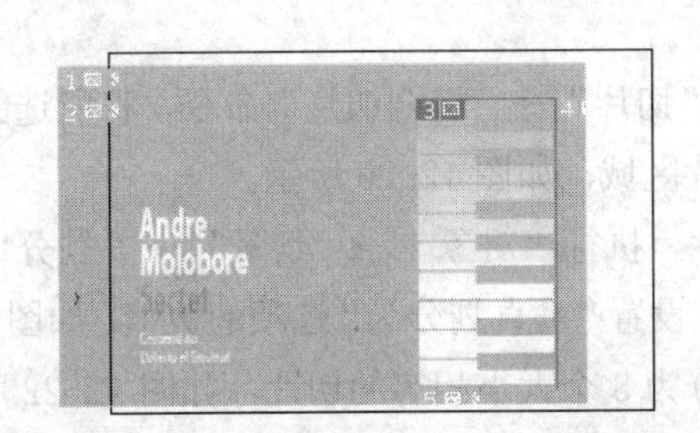

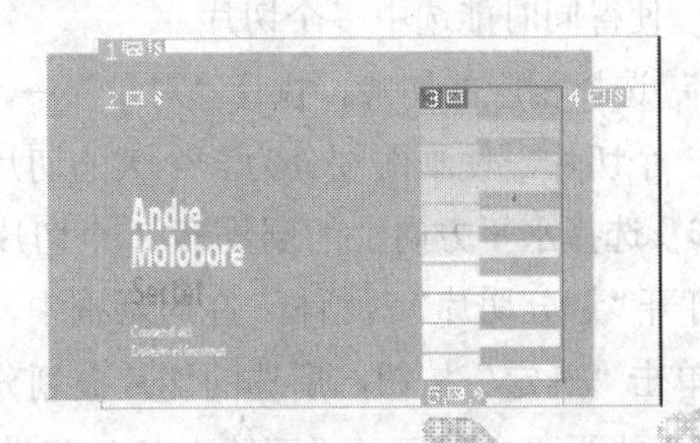

图 12-17 执行“剪切到画板”的切片位置前后对比效果

6. 调整切片大小和位置

如果要重新调整切片的大小，可以使用切片选择工具选择切片，并拖移切片的任一角或边到需要的大小。另外，选择切片后，还可以使用选择工具和自由变换工具来调整切片的大小，使用方法同调整普通对象大小的方式一样。

如果要移动切片，可以直接使用切片选择工具将切片拖移到新位置，拖移的同时按住 Shift 键可将移动限制在垂直、水平或 45° 对角线方向上。

12.1.5 应用切片实例

本节主要通过一个切片的应用实例，来巩固关于切片的运用知识，包括创建切片、设置切片选项和编辑切片等。

01 执行“文件”→“打开”命令，打开本书提供的配套光盘/源文件/实例/第 12 章/切片的应用-1.ai 文档，该文档绘制的是网页版面设计图。

02 执行“视图”→“标尺”→“显示标尺”命令，调出文档的标尺。然后，从标尺上拖出参考线并放置在要切割图稿的位置，如图 12-18 所示。

03 执行“对象”→“切片”→“从参考线创建”命令，Illustrator CS6 则根据参考线的位置来生成切片，效果如图 12-19 所示。

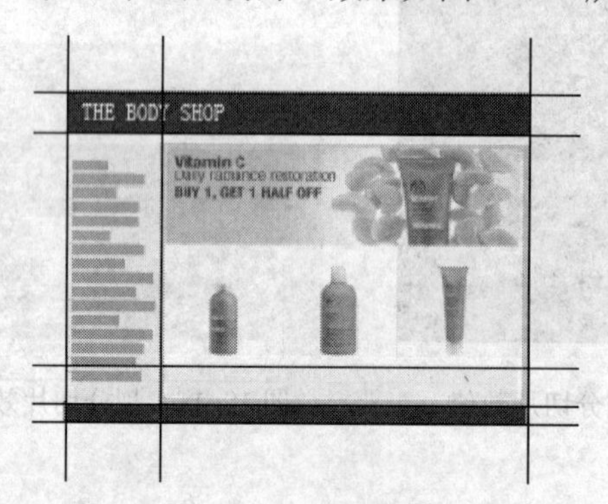

图 12-18 设置参考线

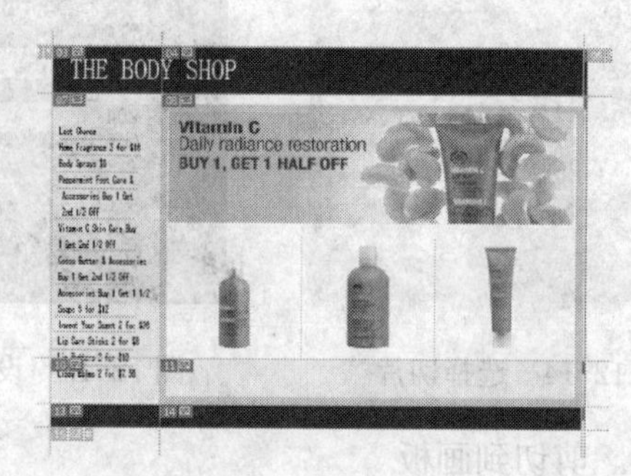

图 12-19 创建切片

04 执行“视图”→“参考线”→“隐藏参考线”命令，将参考线隐藏，使得更画面更清晰。然后，在工具箱中单击切片选择工具，在画板中按住 Shift 键依次单击切片区域，使得同时能选中多个切片。

05 选择相应的切片，执行“对象”→“切片”→“组合切片”命令，将所选的切片合并为一个切片，使画面划分为 5 个大的切片区域，如图 12-20 所示。

06 选择水平方向上的倒数第 2 个切片，执行“对象”→“切片”→“划分切片”命令，打开“划分切片”对话框。在对话框中，设置“垂直划分为”选项的数值，如图 12-21 所示。单击“确定”按钮，所选的切片被划分为 3 个大小相等的切片，如图 12-22 所示。

07 执行“文件”→“存储为 Web 和设备所用格式”命令，打开“存储为 Web 和设备所用格式”对话框，在对话框的右部预览框中可以查看和选择切片。

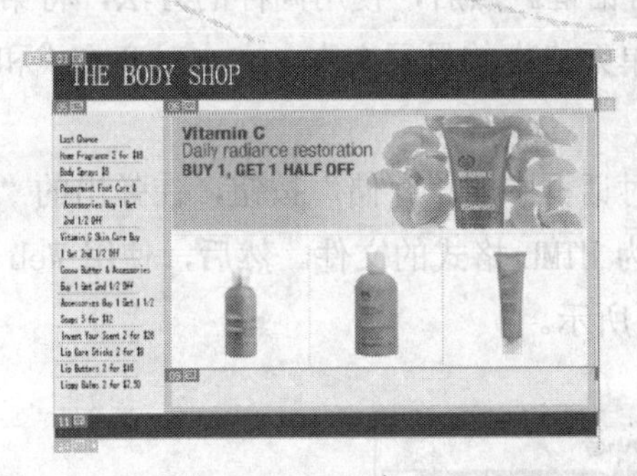

图 12-20　组合切片效果

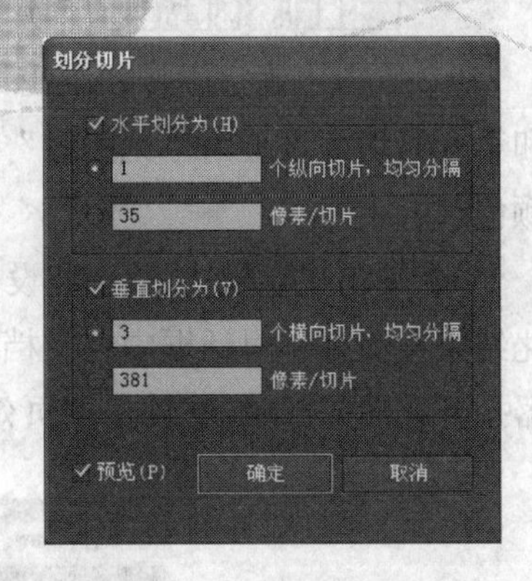

图 12-21　设置垂直划分数值

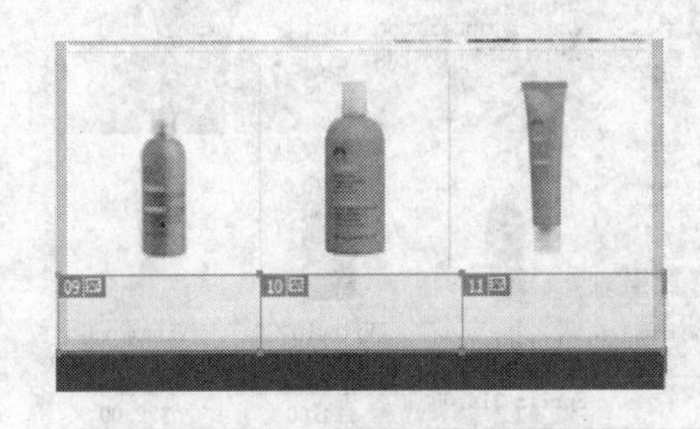

图 12-22　划分切片效果

08 在对话框中单击切片选择工具，并在预览框中双击第 6 编号切片（水平方向上第一个切片），打开该切片的“切片选项”对话框。在对话框中，设置该切片为“图像”类型，并设置该切片的名称、链接地址等选项，如图 12-23 所示。然后，单击“确定”按钮退出对话框。

09 双击第 6 编号切片（在第 6 步骤中划分的切片中的垂直方向第 1 个切片），打开该“切片选项”对话框。在对话框中，设置切片类型为“无图像”，在“在单元格中显示的文本”选项文本框中输入需要在网页中显示的文字，并选择“文本是 HTML”复选框，设置单元格中文本的对齐方式为“居中”和单元格背景颜色，如图 12-24 所示。

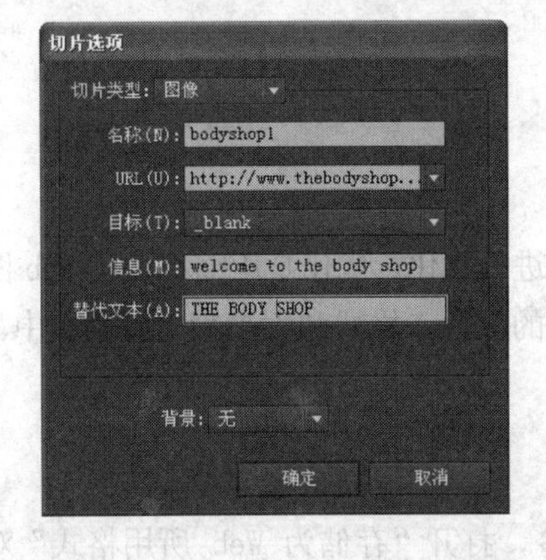

图 12-23　设置“图像”类型切片

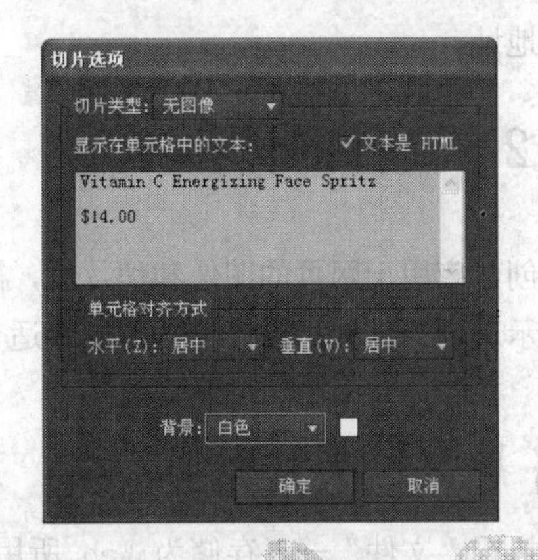

图 12-24　设置“无图像类型”切片

第 12 章　文件的优化与打印输出

10 单击“确定”按钮退出“切片选项”对话框。然后，使用同样的方法，将第 7 号和第 8 号切片设置为“无图像”类型，并设置单元格中的显示文本、文本对齐方式和背景颜色。

11 单击“存储为 Web 和设备所用格式”对话框中的“存储”按钮，在弹出的“将优化结果存储为”对话框中将文档重命名，存储为 HTML 格式的文件。然后，使用 Web 浏览器打开存储的 HTML 文件，网页效果如图 12-25 所示。

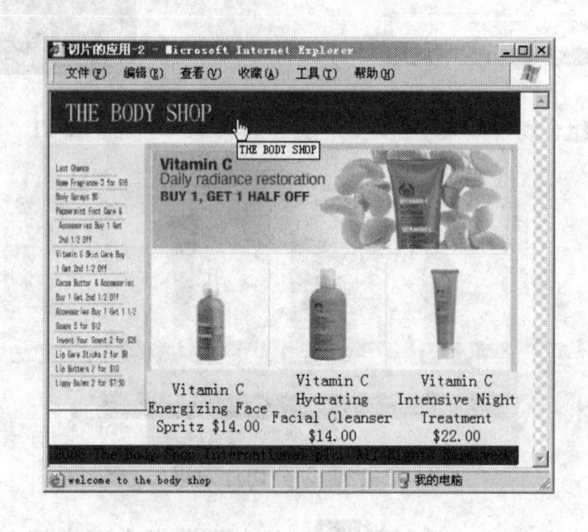

图 12-25　网页效果

在打开的网页中，将鼠标放置在网页顶部的图像上，浏览器的状态栏中则显示出相应的信息，鼠标指针上也显示有替代文本信息。在网页的产品图片下方的单元格中，显示了相应的HTML格式的产品介绍文本。这些在“切片选项”对话框中设置的文本，在Illustrator CS6 中并未显示，在网页浏览器中才能进行查看。另外，这些文本已经转换为 HTML 格式，可以通过 Dreamweaver、PageMaker 等网页制作软件来修改这些文本的大小、颜色、字体等，进行进一步的网页设计。

单击网页顶部的图像，将弹出新的浏览器并转到设置的 http://www.thebodyshop.com 链接地址。

12.2　文件的优化

创建应用于网页的图像和切片后，需要将图像进行优化。优化是压缩和设置 Web 图形的显示选项的过程，以便使图形以最适合网页浏览的颜色、格式和大小输出到网页中。

12.2.1　文件的优化操作

执行“文件”→“存储为 Web 所用格式”命令，打开“存储为 Web 所用格式”对话框。在该对话框中，可以设置优化选项、预览 Web 图形的优化结果，并存储 Web 图形。

1. 优化预览

在“存储为 Web 所用格式”对话框左部，Illustrator CS6 提供了原稿、优化、双联 3 种文件预览方式，可以单击对话框顶部的选项卡选择预览方式，如图 12-26 所示。这 3 种预览方式具体说明如下：

图 12-26　默认预览窗口

- 【原稿】：该预览方式显示文件在优化前的原始外观，并在预览窗口底部显示文件的原始大小。
- 【优化】：该预览方式显示文件经过最佳优化后的外观，并显示优化后的文件大小。
- 【双联】：该预览方式有两个预览窗口，可以同时显示文件优化前和优化后的外观效果，使用户可以比较优化的效果和文件大小。

2. 优化文件格式

在预览窗口中选择需要进行优化的切片后，在对话框右部的“预设”下拉菜单中选择一种 Illustrator CS6 默认的优化类型，预设类型和 GIF 预设设置如图 12-27 所示。如果选取的预设优化设置不能满足用户的需要，还可以设置其他优化选项。

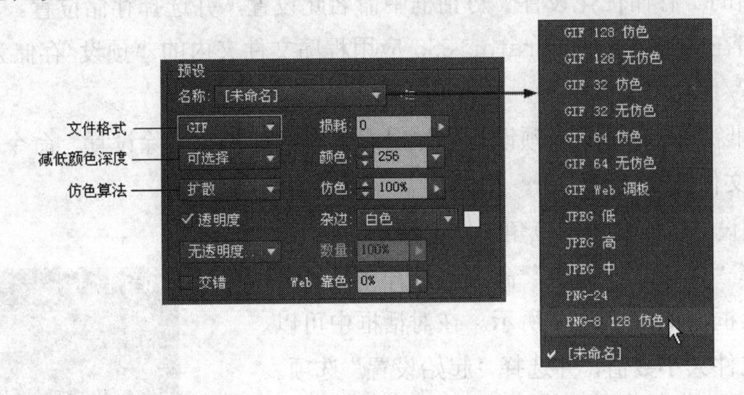

图 12-27　预设类型和 GIF 预设设置

选择预设类型后，在“文件格式”选项的下拉菜单中还有 7 种压缩文件格式可供选择，包括位图格式（GIF、JPEG、PNG 和 WBMP）和矢量格式（SVG 和 SWF），如图 12-28 所示。

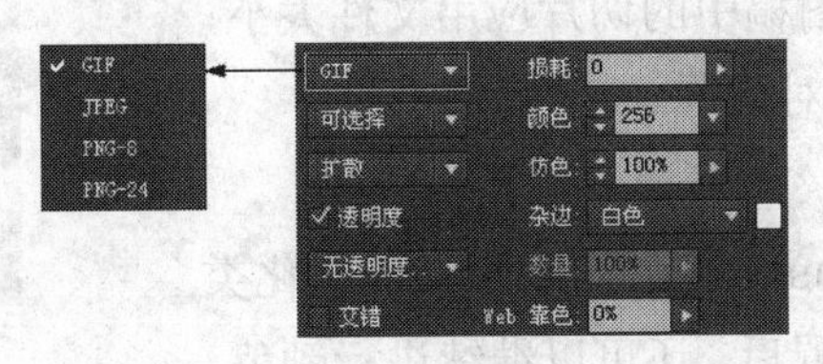

图 12-28　文件格式

这7种文件格式具体说明如下：

- 【GIF】：GIF 格式是用于压缩具有单调颜色和清晰细节的图像（如线状图、徽标或带文字的插图）的标准格式。
- 【JPEG】：JPEG 格式是用于压缩连续色调图像（如照片）的标准格式。将图像优化为 JPEG 格式将有选择地扔掉数据，属于有损压缩。
- 【PNG-8】：PNG-8 和 GIF 格式一样，在保留清晰细节的同时，高效地压缩实色区域；但并不是所有的 Web 浏览器都能显示 PNG-8 文件。
- 【PNG-24】：PNG-24 适合于压缩连续色调图像，并可在图像中保留多达 256 个透明度级别，但会生成比较大的图像。
- 【SWF】：Macromedia Flash (SWF) 文件格式是基于矢量的图形文件格式，它用于创建适合 Web 的可缩放的小型图形，尤其适用于动画帧的创建。
- 【SVG】：SVG 格式是可以将图像描述为形状、路径、文本和滤镜效果的矢量格式，生成的文件在 Web 和印刷上，甚至在手持设备中都可提供高品质的图形。
- 【WBMP】：WBMP 格式是用于优化移动设备（如移动电话）图像的标准格式。但 WBMP 支持 1 位颜色，只包含黑色和白色像素。

3．创建和删除优化预设

除了选择 Illustrator CS6 默认的优化预设外，还可以将手动调整的优化设置存储为一个预设。单击“预设”选项右边的三角形图标，在弹出式菜单中选择“存储设置”命令，在弹出的“存储优化设置”对话框中命名此设置，并选择存储位置。默认情况下，优化设置存储在 Adobe Illustrator CS6 应用程序文件夹内的“预设/存储为 Web 和设备所用格式设置/优化”文件夹中。

如果要删除预设，请从“预设”的弹出式菜单中选择“删除设置”命令即可。

4．优化文件大小

单击“预设”选项右边的三角形图标，在弹出式菜单中选择“优化文件大小”命令，打开“优化文件大小”对话框，如图 12-29 所示。在对话框中可以输入所需的文件大小数值，并选择“起始设置”选项。选择“当前设置”表示使用当前的文件格式；选择“自动选择 GIF/JPEG”表示使用 Illustrator CS6 自动选择的格式。然后，设置“使用”选项来指定希望 Illustrator CS6 如何对图稿中的切片应用文件大小，并单击“确定”按钮退出对话框。

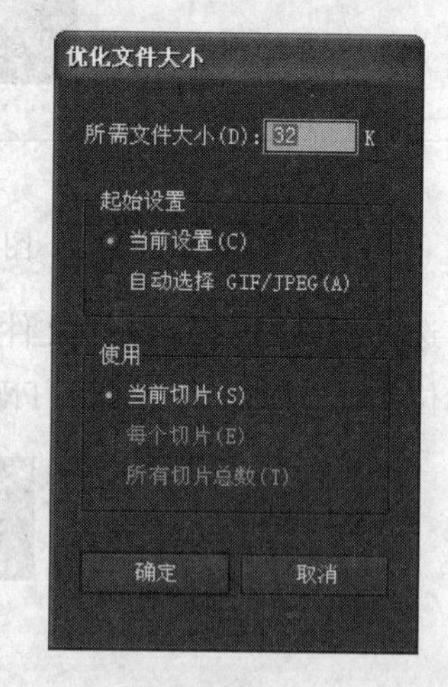

图 12-29 “优化文件大小”对话框

5．优化操作

在对话框中选择 Illustrator CS6 默认的优化类型，并调整相应的优化设置后，还可以继续进行颜色、图像大小和图层的优化。在对话框的右下部，可以通过单击“颜色表”、“图像大小”或“图层”选项卡来显示相应的选项，并进行设置。

设置优化选项时，优化的结果将直接显示在当前选择的优化预览窗口中。可以通过预览结果来调整优化设置，直至达到最满意的效果和图像压缩大小。

完成优化设置后，单击“存储”按钮，打开“将优化结果存储为”对话框。在对话框中，设置文件的名称、保存类型和保存路径，并单击“保存”按钮将优化文件保存到相应路径下。

12.2.2 优化格式和品质

Illustrator CS6 中包括多种预设类型和压缩文件格式，其中 GIF 预设选项和 JPGE 预设选项是最常用的格式。选定预设类型和文件格式后，即可进一步对文件品质进行微调。

1. GIF 预设选项

选择了 GIF 预设类型或 GIF 文件格式后，对话框中显示的 GIF 选项如图 12-30 所示。GIF 的优化选项具体如下：

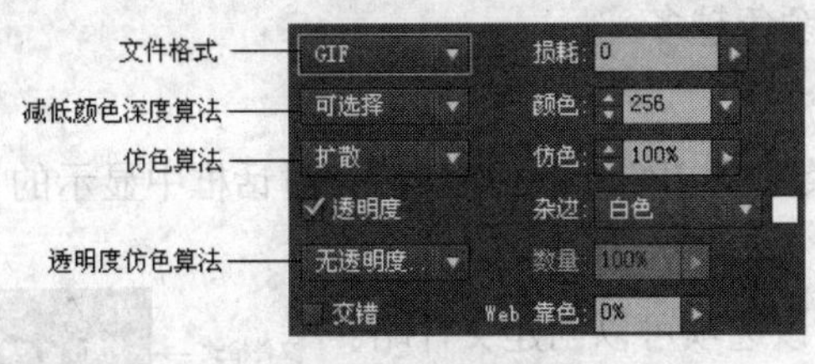

图 12-30　GIF 预设选项

- 【损耗】：设置该选项可以通过有选择地扔掉数据来压缩文件大小。数值越高，文件越小，通常可使文件大小减少 5%～40%。
- 【减低颜色深度方法和颜色】：该选项可以指定生成颜色表的方法和希望在颜色表中包含的颜色数量。可以选择下列减低颜色深度方法之一：

（1）可感知：该方法根据人眼比较灵敏的颜色作为优先权来创建颜色表。

（2）可选择：该方法所产生的颜色和“可感知”颜色表近似，但该颜色表具有最多颜色组合，可以产生较佳的效果，是默认设置。

(3)随样性：该方法通过从色谱中提取图像中最常出现的色样来创建自定颜色表。例如，只包含绿色和蓝色的图像产生主要由绿色和蓝色构成的颜色表。

（4）受限（WEB）：该方法根据标准 216 色颜色表来生成颜色表，可以使图像颜色在不同的浏览器上呈现。

（5）自定：该方法可以使用户自己搭配颜色，来产生自定义颜色表。

- 【颜色】：在该选项中可以设置颜色表中颜色的最大数目。
- 【仿色算法】：该选项可以设置仿色方法，以模拟计算机的颜色显示系统中未提供的颜色。 可以选择下列仿色算法之一：

（1）扩散：该方法将产生不规律的杂点在相邻像素间扩散。指定该算法后，可在“仿色”选项中设置仿色数量。

（2）图案：该方法将产生网点方形图案来模拟颜色。

（3）杂色：该方法将无接缝地产生不规律的随机图案在所有图像上。

- 【透明度】：选择该选项，则文件将以透明背景的方式输出，反之则以不透明的底色输出。
- 【杂边】：单击该选项，可以在弹出的拾色器中选择一种颜色作为和网页背景匹配的杂边颜色来模拟透明度。
- 【透明度仿色方式】：在该选项下拉菜单中可以选择一种透明度图像仿色方式，使半透明图像在网页中以相应方式来显示。如果设置的仿色方式为“扩散透明度仿色”，则可以在“数量”选项中设置透明度仿色数量。
- 【交错】：选择该选项，可以在图像的下载过程中，图像在浏览器中先以低分辨率版本显示。这样，可以使使用户了解到下载正在进行，但是也会增大文件大小。
- 【Web 靠色】：该选项可以设置将颜色转换为最接近的WEB颜色的容差级别，数值越大，转换的颜色越多。

2. JPGE预设选项

选择了JPGE预设类型或JPGE文件格式后，对话框中显示的JPGE选项如图12-31所示。JPGE的优化选项具体如下：

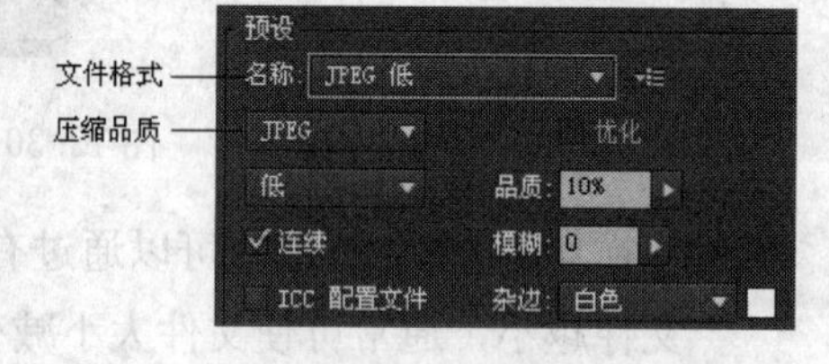

图12-31 JPGE预设选项

- 【优化】：选择该选项可以创建文件略小的增强型JPEG，以获得最大文件压缩量。
- 【压缩品质】：在该选项中可以压缩的级别。
- 【品质】：该数值设置得越高，压缩算法保留的细节越多，但生成的文件也越大。
- 【连续】：选择该选项可以创建在网页浏览器中逐渐叠加显示的图像，使用户在整个图像下载完毕之前，能够看到图像的低分辨率版本。
- 【模糊】：该选项可以指定应用于图像的模糊量，从而降低图像的噪点和不自然感。
- 【ICC配置文件】：选择该选项可以保留图稿的ICC配置文件，用于色彩校正。
- 【杂边】：该选项可以设置透明像素的填充颜色，从而混合透明像素。

12.2.3 优化颜色表和大小

在“存储为 Web 所用格式”对话框右下部可以选择相应的选项卡对颜色和图像大小进行优化选项设置。

1. 颜色表

在“颜色表”调板中，显示有优化设置中所选用的颜色表系统和颜色数目所对应的颜色，如图 12-32 所示。同时，在调板中还可以自定义优化 GIF 和 PNG-8 图像中的颜色，进行添加、删除、转换和锁定颜色等操作，具体如下：

- 【添加颜色】：请选择对话框左部的吸管工具，单击预览图像中的颜色。或者，单击吸管颜色工具，在弹出的拾色器中选择一种颜色。然后，单击“颜色表”调板中的“添加颜色”按钮。如果颜色表已包含最大颜色数目，则不能添加颜色。
- 【更改颜色】：双击要更改的颜色，并在弹出的拾色器中选择一种颜色。
- 【删除颜色】：选择要删除的颜色并单击“删除”按钮。
- 【转换颜色】：如果要将颜色转换为网页安全颜色，选择颜色后单击“转换到 Web 调板”按钮。如果要取消颜色的转换，可以选中颜色后再次单击该按钮。
- 【锁定颜色】：为了防止颜色从颜色表中被删除，可以选择此颜色并单击“锁定”按钮。如果要解锁颜色，再次单击该按钮；如果要解锁所有颜色，在调板的弹出菜单中选择“解锁全部颜色”命令。
- 【排序】：如果要对颜色表中的颜色进行排序，在调板的弹出菜单中选择一个排序命令，包括按色相、亮度或普及度的排序方式，从而可以更轻松地查看图像的颜色范围。
- 【存储颜色表】：如果要存储颜色表，在调板的弹出菜单中选择“存储颜色表”命令，在弹出的“存储颜色表”对话框中设置存储选项并进行保存。
- 【载入颜色表】：如果要载入颜色表，在调板的弹出菜单中选择“载入颜色表”命令，在弹出的“载入颜色表”对话框中选择颜色表文件打开。

2. 图像大小

如果需要调整图像的输出像素尺寸，可以调整“图像大小”调板中的选项，如图 12-33 所示。在调板中，用户可以设置新的像素尺寸和指定调整图像大小的百分比，设置其他选项后，单击“应用”按钮即可应用新设置的尺寸。其他选项的具体如下：

- 【约束比例】：选择按钮可以保持像素宽度和高度的当前比例。
- 【优化图稿】：选择该选项移去图像中的锯齿边缘。
- 【剪切到画板】：选择该选项，可以使图像大小匹配文档的画板边界，任何画板边界外部的图像都将被删除。

图 12-32 “颜色表”调板

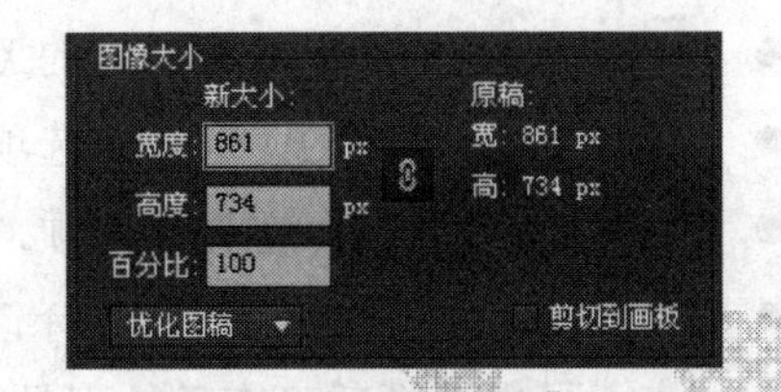

图 12-33 “图像大小”调板

12.3 画板裁剪的使用

单击工具箱中的“画板”工具，当该工具处于激活状态时，将灰显裁剪区域以外的区域，如图 12-34 所示。此时可以用鼠标根据自己需要做上下左右修改调节画板大小，直接按 Esc 键退出画板设置。双击按钮，弹出如图 12-35 所示对话框。

图 12-34 画板裁切窗口

在对话框中，可进行以下设置：

- 【预设】：在“预设”下拉菜单中，可选择裁剪区域大小预设。
- 【宽度/高度】：可以自定义设置裁剪区域的大小。
- 【方向】：可以设置裁剪区域的横向或竖向。
- 【约束比例】：可以将宽度和高度锁定，从而不能更改。
- 【位置】：可以重新指定新的 X 和 Y 值，从而精确定义裁剪区域的位置。
- 【显示中心标记】：选择该选项，表示在裁剪区域中心将显示一个标记点。
- 【显示十字线】：选择该选项，表示将显示裁剪区域每条边中心的十字线。
- 【显示视频安全区域】：选择该选项，表示将显示视频参考线。该参考线的内部表示导出视频后可查看的视频区域。

● 【视频标尺像素长宽比】：该选项数值用来指定用于裁剪区域标尺的像素长宽比。
● 【渐隐画板之外的区域】：选择该选项，表示选择画板工具后，画板区域之外的区域显示比画板区域内的区域暗。
● 【拖动时更新】：选择该选项，表示在拖动裁剪区域以调整其大小时，使裁剪区域之外的区域变暗。否则，在拖动裁剪区域时，外部区域与裁剪区域内部的颜色显示相同。

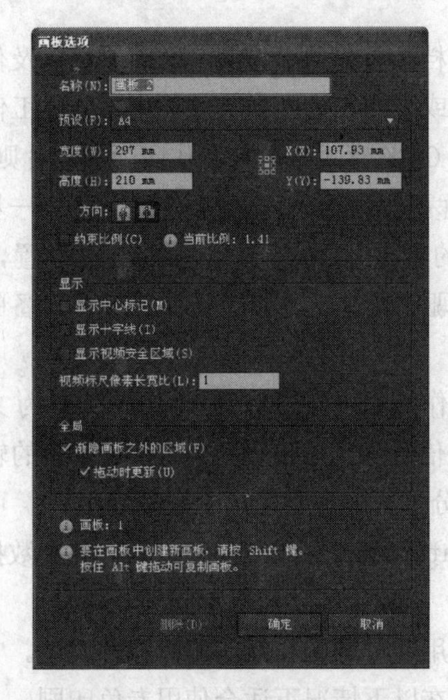

图 12-35 "画板选项"对话框

12.4 文件的打印输出

在本章中主要讲解打印的基础知识，以及如何在 Illustrator CS6 中设置打印、分色等选项，从而以最佳的方式将作品打印出来。

12.4.1 打印的基本知识

印刷是指使用印版或其他方式将图稿上的图文信息转移到承印物上的工艺技术。在打印输出前，了解印刷的相关基础知识是很有必要的。

1. 印刷的分类

● 【平版】：即印版的图文部分和空白部分在同一个平面上的印刷方式，今天平版印刷中的代表印刷方式是胶版印刷，已经在我国的印刷业中占有了主导地位。
● 【凸版】：即印版上的图文部分高于空白部分的印刷方式，如活字版、铅版、铜锌版、感光性树脂版等印刷方式。
● 【凹版】：一般指钢版印刷，即印版上图文部分比空白部分低的印刷方式，在高档包装、塑料薄膜、甚至人民币等有价证券的印刷上都有很广泛的使用。

- 【孔版】：又称丝网印刷，图文部分是由大小不同或是大小相同但单位面积内数量不等的网孔组成，油墨在印刷时候通过这些网孔到达承印物表面完成图像的转移。在印刷数量在数量较少的情况下，孔版印刷具有价格低、制作速度快、效果清晰、防水，防紫外线，色彩饱和明快的优点，并适用于各种印刷介质。

2. 分色

在印刷机上印制彩色文档，首先须分解为 CMYK 原色以及任何要应用的专色，这过程称为分色。在电脑印刷设计或平面设计图像类软件中，分色工作就是将扫描图像或其他来源的图像的色彩模式转换为 CMYK 模式。用来制作印版的胶片则称为分色片。

Illustrator CS6 支持两种常用的模式用于创建分色——基于主机分色或光栅图像处理器分色。 这二者之间的主要区别在于分色的创建位置，是在主机计算机（使用 Illustrator CS6 和打印机驱动程序的系统）还是在输出设备的 RIP（栅格图像处理器）中。

在基于主机的分色工作流程中，Illustrator CS6 为文档所需的每种分色创建 PostScript 数据，然后将该信息运到输出设备；在基于 RIP 的较新型工作流程中是由新一代 PostScript RIP 来完成分色、陷印甚至 RIP 的颜色管理，可腾出主计算机来完成其他任务。这样缩短了 Illustrator CS6 生成文件的时间，并使数据传输量降到了最低。

3. 专色

专色是在印刷过程中，用的一种颜料只印刷一次的颜色。它可以是 CMYK 色域中的颜色，也可是色域外的颜色。在以下情况下适合使用专色印刷：

- 在单色或双色印刷任务中为了节约经费。
- 印刷徽标或其他需要精确配色的图形。
- 印刷特殊颜色的油墨，例如金属色、荧光色或珠光色等。

4. 药膜和图像曝光

药膜是指打印胶片或纸张上的感光层。 药膜的向上（正读）是指面向感光层看时图像中的文字可读；向下（正读）是指背向感光层看时文字可读。一般情况下，印在纸上的图像是“向上（正读）”打印，而印在胶片上的图像则通常为“向下（正读）”打印。

要分辨所看到是药膜面还是非药膜面，请在明亮的光线下检查最终胶片。暗淡的一面是药膜面，光亮的一面是非药膜面。

图像曝光是指图稿是作为正片打印还是作为负片打印。 通常，美国的印刷商要求用负片，而欧洲和日本的印刷商则要求用正片。

5. 打印机分辨率和网线频率

打印机分辨率以每英寸产生的墨点数（dpi）来进行度量。大多数激光打印机的分辨率为 600dpi；而照排机的分辨率为 1200 dpi 或更高。喷墨打印机所产生的实际上不是点而是细小的油墨喷雾，但大多数喷墨打印机的分辨率都约在 300～720 dpi 之间。

网线频率是打印灰度图像或分色稿所使用的每英寸半色调网点数，又叫网屏刻度或线

网，以半色调网屏中的每英寸线数(lpi，即每英寸网点的行数）来进行度量。较高的线网数（例如 150 lpi）密集排列构成图像的点，使印刷机上印出的图像渲染细密；而较低的线网数（60～85 lpi）较疏松地排列这些点，使印出的图像较为粗糙。另外，线网数还决定着这些点的大小，较高的线网数使用较小的网点；而较低的线网数则使用较大的网点。

高分辨率照排机提供可用线网数的范围比较宽泛，可以以匹配不同的打印机分辨率。而低分辨率打印机的一般只有几种线网可选，为介于 53～85 lpi 之间的粗线网。但较粗的网屏可以在较低分辨率的打印机上获得最佳结果。

6. 纸张的规格

通常把一张按国家标准分切好的平板原纸称为全开纸。在以不浪费纸张、便于印刷和装订生产作业为前提下，把全开纸裁切成面积相等的若干小张称之为多少开数；将它们装订成册，则称为多少开本。对一本书的正文而言，开数与开本的涵义相同，但以其封面和插页用纸的开数来说，因其面积不同，则其涵义不同。通常将单页出版物的大小，称为开张，如报纸，挂图等分为全张、对开、四开和八开等。

由于国际国内的纸张幅面有几个不同系列，因此虽然它们都被分切成同一开数，但其规格的大小却不一样。尽管装订成书后，它们都统称为多少开本，但书的尺寸却不同。

12.4.2 打印准备

在打印输出图像前，需要进行一些准备工作，以避免打印时出现意外的问题。具体可以参考以下几个方面：

1. 清除不可打印对象

在 Illustrator CS6 中只打印画板中的内容，可以将画板界限外的内容进行删除。另外，在文档中的空文本路径、游离点和未上色对象会增加文档的大小，使打印机加载这些不能显示的数据，造成不必要的影响。执行“对象”→“路径”→“清理”命令，在打开的“清理”对话框中选择所有的复选框，单击“确定”按钮即可清除这些不显示的对象。

2. 降低图形复杂程度

在图形的路径比较复杂时，在保持一定精度的情况下，可以适当地减少路径的锚点来简化图形，从而加快打印速度。选择需要简化的图形后，执行“对象”→“路径”→“简化”命令，在打开的“简化”对话框中可以调整路径的曲线精度角度阈值。

3. 设置颜色模式

用数字相机拍摄的图像和网上下载的图片大多为 RGB 模式。如果要印刷的话，必须进行分色，分成黄、品红、青、黑 4 种颜色，这是印刷的基本要求。

如果文档为 RGB 模式，可以执行“文件”→“文档颜色模式”→“CMYK 颜色”命令将其转换为 CMYK 模式以适合打印。如果图稿中包含渐变、网格和颜色混合，则应对其进行优化，以使其平滑打印。

4. 创建陷印

打印时在颜色互相重叠或彼此相连处，印刷套不准会导致最终输出时产生颜色的间隙。为了补偿颜色之间的潜在间隙，在两相邻颜色之间创建一个小重叠区域，这称为陷印。

选择两个或两个以上的对象，在“路径查找器”面板的弹出菜单中选择“陷印”命令，或执行“效果”→“路径查找器”→“陷印”命令，打开的“陷印”对话框，如图 12-36 所示。在对话框中，可进行以下设置：

- 【混合比率】：该选项可以设置陷印效果的透明混合程度。
- 【粗细】：在该选项中可以设置 0.01～5000 点之间的描边宽度值。
- 【高度/宽度】：指定不同的高度和宽度值可以补偿印刷过程中的不规则因素，该选项的百分比数值表示高度和宽度之间的比例。默认值 100%可以使陷印高度和宽度相同。
- 【色调减淡】：该选项可以减小被陷印的较浅颜色的色调值。
- 【印刷色陷印】：选择该选项可以将专色陷印转换为等价的印刷色。
- 【反向陷印】：选择该选项可以将较深的颜色陷印到较浅的颜色中，但不能处理复色黑。
- 【精度】：该选项可以将陷印的效果更加精确。
- 【删除冗余点】：选择该选项，可以删除主路径分离的多余点，在查找路径时自动放弃除主路径以外的像素点，从而使陷印效果更加完美。

5．创建叠印

默认情况下，在打印不透明的重叠色时，上方颜色会挖空下方的区域。可使用叠印来防止挖空，使最顶层的叠印油墨相对于底层油墨显得透明。例如，如果把洋红填色打印到的青色填色上，则叠印的填色呈紫色而非洋红色，如图 12-37 所示。

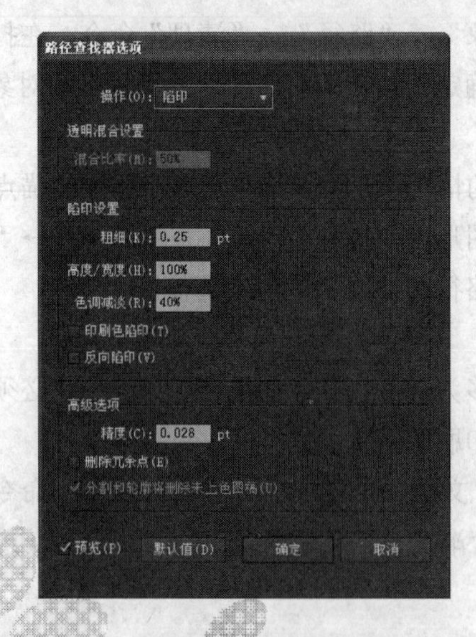

图 12-36 “陷印”对话框

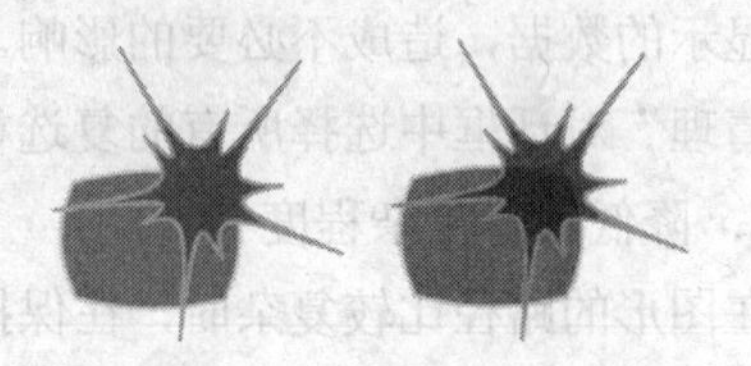

图 12-37 应用叠印的前后对比效果

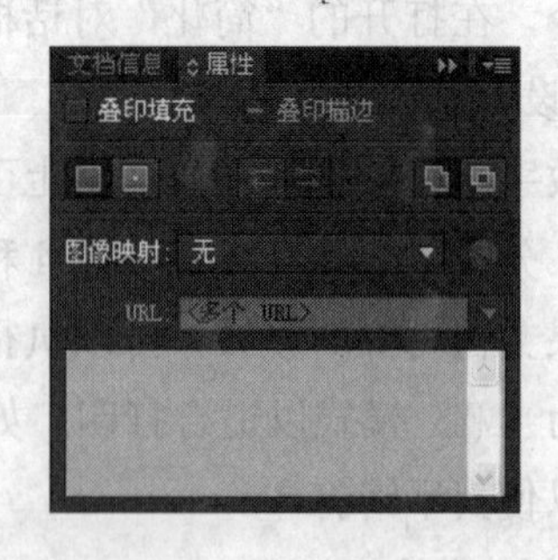

图 12-38 “属性”面板

执行“窗口”→“属性”命令，打开“属性”面板，如图 12-38 所示。在面板中，根据需要选择“叠印填色”和“叠印描边”复选框即可开启叠印效果。设置叠印选项后，执行“视图”→“叠印预览”命令，即可通过“叠印预览”模式来查看叠印颜色的近似打印效果。

12.4.3 打印设置和操作

在完成打印前的准备工作后，执行“文件”→“打印”命令或按下 Ctrl+P 键，即可打开“打印”对话框，从而进一步进行打印设置，如图 12-39 所示。在对话框中，有些选项灰色显示，处于不可选的状态，这表示在系统中没有安装支持该选项的 PPD 文件。

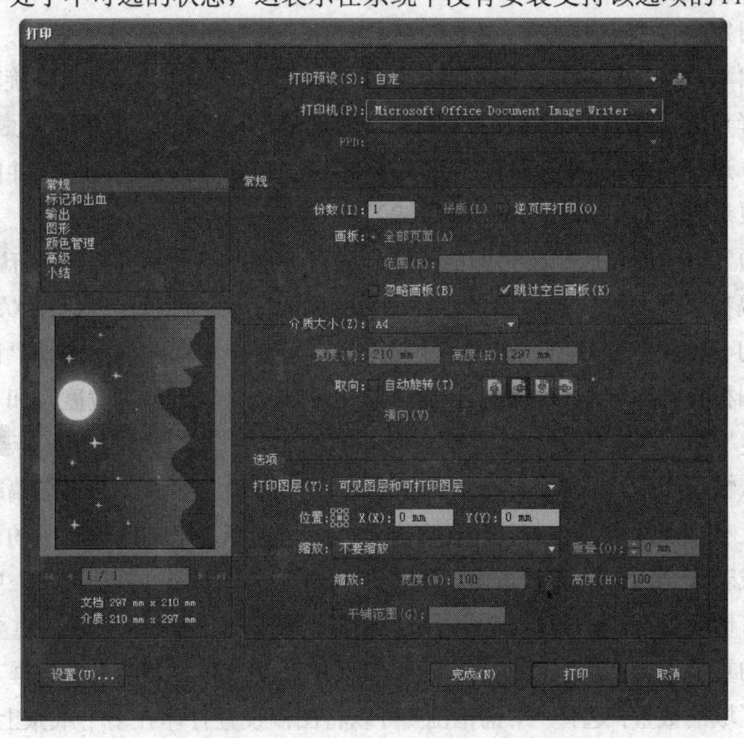

图 12-39 “打印”对话框

在“打印”对话框的顶部是打印公共选项，在这 3 个选项中可以分别设置打印预设、打印机的类型和 PostScript 打印机描述文件（PostScript Printer Description）。

在对话框的左上部是打印选项卡，通过单击这些选项卡名称，可以在对话框的右部显示相应的打印选项。选择“小结”选项卡可以查看和存储打印设置小结。

在对话框的左下部是打印预览窗口，显示打印图稿、打印机标记、画板范围等内容。在预览窗口中单击并拖移可以移动图稿的打印位置。

设置完所有的打印选项并连接打印机后，单击“打印”按钮，即可开始图稿的打印输出。

1. 常规选项卡

在常规选项卡中可以设置页面大小和方向、指定页数、缩放图稿和选择要打印的图层。如图 12-39 所示。

在“常规”组中可以设置打印的份数、如何拼合副本以及按什么顺序打印页面。选择“忽略画板”选项，可以在一页中打印所有画板上的图稿，如果图稿超出了页面边界，可以对其进行缩放和拼贴。如果要打印一定范围的页面，选择“范围”选项，然后在文本框中输入连字符分隔的数字来定义相邻的页面范围，或者输入用逗号分隔的不相邻的页面数。

在“介质”组中可以设置打印的页面大小和页面方向。如果打印机的 PPD 文件允许，可以在“大小”选项的下拉列表中选择“自定”，这样可以在“宽度”和“高度”文本框中指定一个自定页面大小。

单击“自动旋转”按钮打印机将默认设置页面方向。取消选择“自动旋转”按钮，可以在右侧选择设置页面方向。选择按钮为纵向打印并头朝上；选择按钮为横向打印并向左旋转；选择按钮为纵向打印并头朝下；选择按钮为横向打印并向右旋转。选择“横向”复选框，可以使打印图稿旋转 90°。

在“选项”组中可以选择要打印的图层和设置缩放图稿。单击位置图标上的控制点可以更改图稿在页面上的位置，如果要自定义图稿的位置，可以在“原点 X”和“原点 Y”中输入相应的 X 轴和 Y 轴数值；选择“不要缩放”可禁止图稿缩放；选择“调整到页面大小”可以使图稿自动缩放适合页面；选择“自定缩放”可以激活“宽度”和“高度”文本框。在“宽度”和“高度”文本框输入 1～1000 之间的数值，单击链接图标可使宽高值相同。在默认情况下，Illustrator 在一张纸上打印图稿。然而，如果图稿超过打印机上的可用页面大小，那么可以将其打印在多个纸张上。选择“平铺选项”中的“整页”可以将图稿分割成若干个适合的完整页面，不打印部分页面；选择“平铺选项”中的“可成像区域”可以打印全部图稿所需的部分；如果选择“整页”，还可以设置“重叠”选项以指定页面之间的重叠数值；选择“缩放”可以激活“宽度”和“高度”文本框，从而设置分割打印图稿区域的数量；选择“平铺范围”可以将图稿设置打印在多个纸张上；选择在“打印图层”的下拉列表中可以选择可打印的图层对象。

2. 标记和出血

在标记和出血选项卡中可以选择印刷标记与创建出血，如图 12-40 所示。

为打印准备图稿时，打印设备需要几种标记来精确套准图稿元素并校验正确的颜色。这时，可以在图稿中添加几种印刷标记，如图 12-41 所示。在对话框中选择标记复选框则可添加相应的标记，具体如下：

- 【裁切标记】：该标记指一种水平和垂直细标线，用来划定对页面进行修边的位置。
- 【套准标记】：该标记指页面范围外的小靶标，用于对齐彩色文档中的各分色。
- 【颜色条】：该标记指一条彩色小方块，表示 CMYK 油墨和色调灰度（以 10%增量递增）。打印时可以使用这些标记调整打印机上的油墨密度。

- 【页面信息】：该标记指胶片标的文件名、输出时间和日期、所用线网数、分色网线角度以及各个版的颜色，位于图像上方。

出血指在印刷边框或者裁剪标记和裁切标记之外部分的图稿量。如果把出血作为允差范围包括到图稿中，可以保证在页面切边后仍可把油墨打印到页边缘。在“顶”、“左”、“底”和“右”文本框中输入相应值，可以指定出血标记的位置。单击链接图标可使这些值相同。

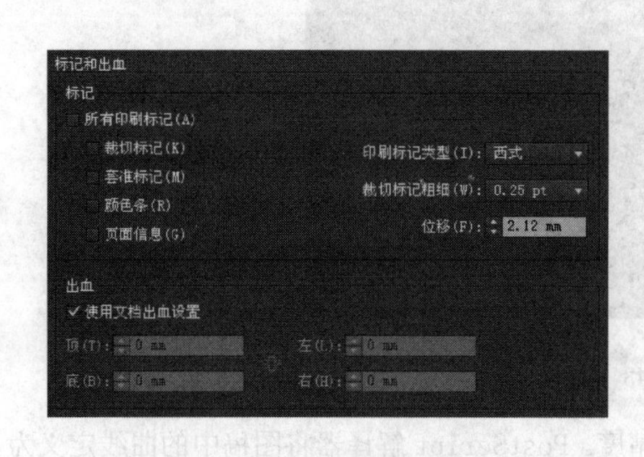

图 12-40　标记和出血选项

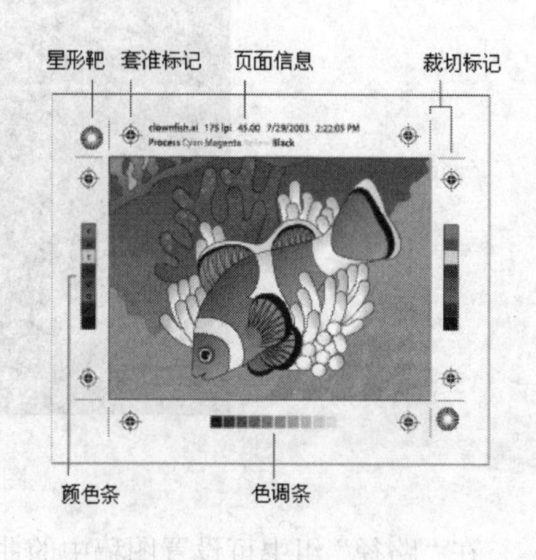

图 12-41　印刷标记

3．输出

在输出选项卡中可以设置分色模式，并为分色指定药膜、图像曝光和打印机分辨率，如图 12-42 所示。具体设置可参本章中的“打印的基本知识”小节中的相关介绍。

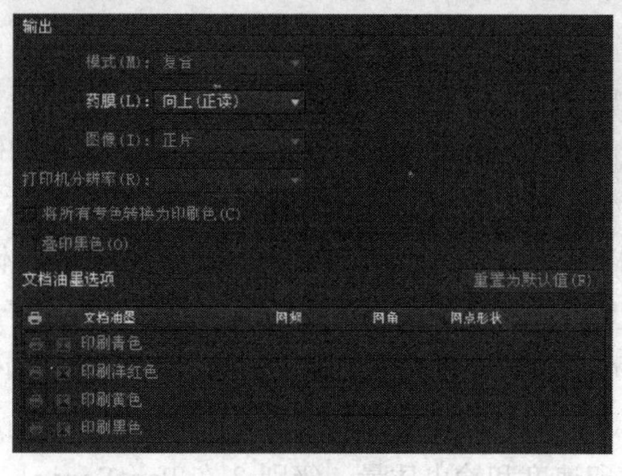

图 12-42　输出选项

选择“将所有专色转换为印刷色”选项可以将所有专色都转换为印刷色，以使其作为印刷色版的一部分而非在某个分色版上打印；选择“叠印黑色”选项可以叠印所有黑色油墨。

在“文档油墨选项”列表中显示了打印的色版。单击色版旁边的打印机图标，即可禁止打印该颜色，再次单击可恢复打印该颜色。单击专色色版旁边的专色图标，可以将该专色转化为印刷色，使出现四色印刷图标。再次单击可将该颜色恢复为一种专色。如果双击油墨的名称，可以进行更改印版的网线频率、网线角度和网点形状。

4. 图形

在图形选项卡中可以设置路径、字体、PostScript 文件、渐变、网格和混合的打印选项，如图 12-43 所示。

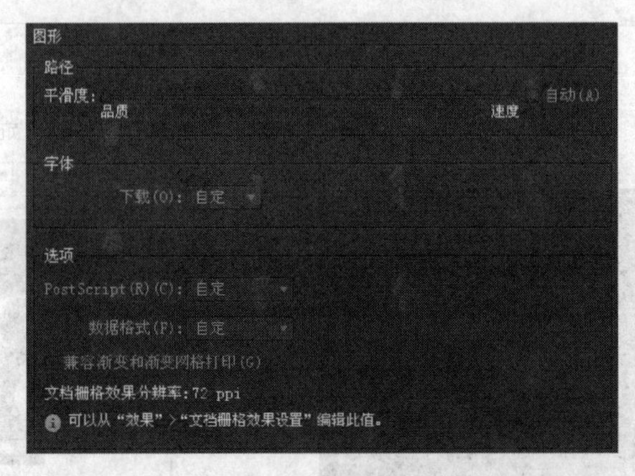

图 12-43　图形选项

在"路径"组中可设置图稿中的曲线精度。PostScript 解译器将图稿中的曲线定义为小的直线段；线段越小，曲线就越精确。根据打印机及其所含内存量不同，如果一条曲线过于复杂会使解译器无法栅格化，就会导致曲线不能打印。取消选择"自动"选项，可以使用"平滑度"滑块设置曲线的精度。"品质"越高可创建较多且较短的直线段，从而更接近于曲线。"速度"越高则会产生较长且较少的直线段，使曲线精度较低，但却提高了速度和性能。

在"字体"组中可以设置图稿中的字体下载选项。打印机驻留字体是存储在打印机内存中或与打印机相连的硬盘上的字体。只要字体安装在计算机的硬盘上，Illustrator CS6 就会根据需要下载字体。在"下载"选项中选择"无"适合字体驻留打印机的情况；选择"子集"则只下载文档中用到的字符，适用于打印单页文档或文本不多的短文档时的情况；选择"完整"则在打印开始便下载文档所需的所有字体，适用于打印多页文档时的情况。

在"选项"组中可以更改在打印 PostScript 或 PDF 文件时 Postscript 级别或文件的数据格式。在"PostScript"选项中可以选择对 PostScript 输出设备中解译器的兼容级别，级别 2 可提高打印速度和输出质量，级别 3 在 PostScript 3 设备上可提供最高速度和输出质量。

如果选择"Adobe PostScript®文件"作为打印机，可以设置"数据格式"选项来指定 Illustrator CS6 从计算机向打印机传送图像数据的方式。选择"二进制"可以把图像数据导出为二进制代码，这比 ASCII 代码更紧凑但却不一定与所有系统兼容；而选择"ASCII"可以把图像数据导出为 ASCII 文本，和较老式的网络和并行打印机都可以兼容。

5. 颜色管理

在颜色管理选项卡中可以选择打印颜色的配置文件和渲染方法，如图 12-44 所示 。

在“颜色处理”选项中，可以选择在应用程序中还是在打印设备中使用颜色管理。

在“打印机配置文件”选项中，可以选择与输出设备和纸张类型相应的配置文件，使颜色管理系统对文档中实际颜色值的转换更加精确。

“渲染方法”选项可以确定颜色管理系统如何处理色彩空间之间的颜色转换，方法如下：

- 【可感知】：该选项可以保留颜色之间的视觉关系，以使眼睛看起来感觉很自然，适合摄影图像的打印。
- 【饱和度】：该选项可以尝试在降低颜色准确性的情况下生成鲜明的颜色，适合图表或图形类的商业图形的打印。
- 【相对比色】：该选项可以比较源色彩空间与目标色彩空间的白色并相应地转换所有颜色。与“可感知”相比，相对比色保留的图像原始颜色更多。
- 【绝对比色】：该选项可以保持在目标色域内的颜色不变，色域外的颜色将转换为最接近的可重现颜色。

“保留 RGB 颜色”选项可以设置 Illustrator CS6 如何处理不具有相关联颜色配置文件的颜色。当选中此选项时，Illustrator CS6 则直接向输出设备发送颜色值；如果取消选择，Illustrator CS6 将颜色值转换为输出设备的色彩空间。

6. 高级

在高级选项卡中可以控制打印期间的矢量图稿拼合（栅格化），如图 12-45 所示。

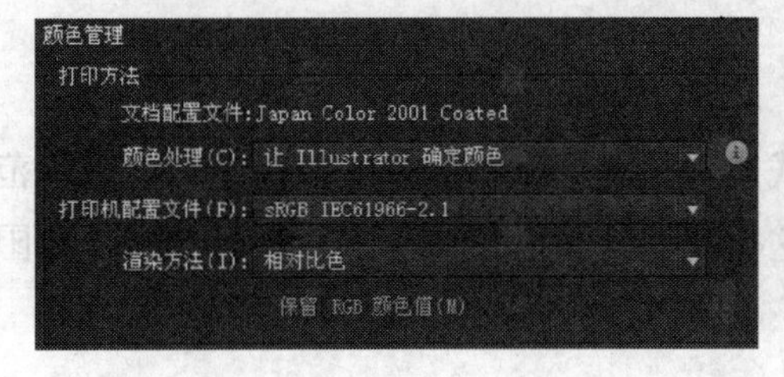

图 12-44　颜色管理选项

图 12-45　高级选项

将图稿打印到低分辨率或非 PostScript 的打印机（如台式喷墨打印机）时，可选择“打印成位图”选项，使在打印过程中栅格化所有图稿，减少打印出错概率。

如果图稿中含有包含透明度叠印对象，可以在“叠印”下拉列表中选择一个选项，设置为保留、模拟或放弃叠印。

在“预设”下拉列表中可以选择一项拼合预设。Illustrator CS6 包括 3 种透明度拼合器预设，通过预设可以根据文档的预期用途，使拼合的质量、速度与栅格化透明区域的适当分辨率相匹配。如果选择“自定”拼合预设，可以单击“自定”按钮，在打开的“自定透明度拼合选项”对话框中设置拼合选项，如图 12-46 所示。

在“自定透明度拼合选项”对话框中，可以拖动“栅格/矢量平衡”选项滑块来指定栅格化数量，设定值越高，图稿上的栅格化就越少。

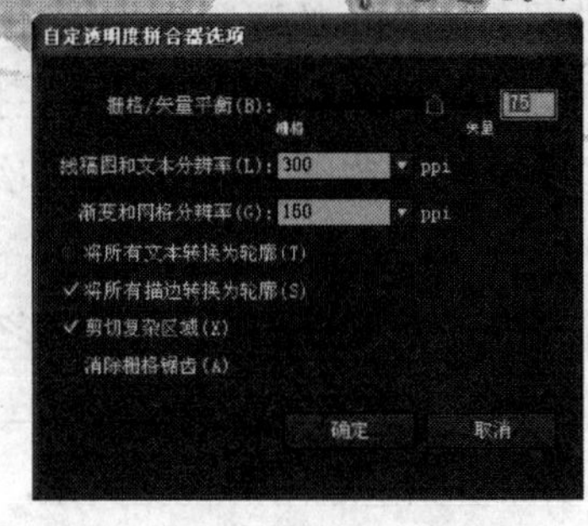

图 12-46 “自定透明度拼合选项”对话框

在“线稿图和文本分辨率”文本框中输入数值可以为栅格化的矢量对象指定分辨率。在“渐变和网格分辨率” 文本框中输入数值可以为栅格化的渐变和网格对象指定分辨率。

选择“将所有文本转换为轮廓”选项可以将各种文字对象全部转换为轮廓，并放弃所有文字字形信息。选择“将所有描边转换为轮廓”选项可以将所有描边转换为简单的填色路径。

选择“剪切复杂区域”选项可以确保矢量图稿和栅格化图稿间的边界与对象路径相一致，但选择此选项可能会导致路径过于复杂，使打印机难于处理。

12.5 关于印刷

12.5.1 印刷的后期加工

1．装订

常见的装订方法是平装、精装、线装等形式。常见的书籍都是平装，成本低，应用范围广泛。精装适用于高级礼品书籍装帧。通常这类装帧的封面用皮革等材料。线装是我国传统的一种装订方法，具有民族特有的风格。

2．对包装的表面加工

对包装的表面进行上光、上蜡、压膜等加工提高印刷品表面的耐用性。不仅提高印刷品的耐用性还提高了印刷品的档次。

3．包装加工

包装加工是通过复合材料如玻璃纸、铝箔等对外包装盒、包装箱等的再次包装，使包装品既能很好的保护商品，又方便实用。

12.5.2 常用的印刷纸种类

1．铜版纸

将颜料、粘合剂和辅助材料制成涂料，经专用设备涂布在纸板表面，经干燥、压光后在纸面形成一层光洁，致密的涂层，获得表面性能和印刷性能良好的铜版纸。多用于烟盒，标签，纸盒等。最常用纸张，表面光泽好，适合各种色彩效果。定量 80～250g/m^2，分单面涂料纸和双面涂料纸，品种甚多，多以平张纸形式供货。

2. 胶版

主要是单面胶版印刷纸。纸面洁白光滑，但白度、紧度、平滑度低于铜版纸。超级压光的胶版纸，它的平滑度，紧度比普通压光的胶版纸好，印上文字，图案后可与黄板纸裱糊成纸盒。

3. 商标纸

商纸面洁白，印刷性能良好，用于制作商标标志。

4. 牛皮纸

包括箱板纸、水泥袋纸、高强度瓦楞纸、茶色纸板。

牛皮纸是用针叶木硫酸盐本色浆制成的质地坚韧、强度大、纸面呈黄褐色的高强度包装纸，从外观上可分成单面光、双面光、有条纹、无条纹等品种，质量要求稍有不同。牛皮纸主要用于制作小型纸袋、文件袋和工业品、纺织品、日用百货的内包装。牛皮纸分为U、A、B3 个等级。

5. 瓦楞纸

瓦楞纸在生产过程中被压制成瓦楞形状，制成瓦楞纸板以后它将提供纸板弹性、平压强度，并且影响垂直压缩强度等性能。瓦楞纸，纸面平整，厚薄要一致，不能有皱折、裂口和窟窿等纸病，否则增加生产过程的断头故障，影响产品质量。

6. 纸袋纸

纸袋纸类似于牛皮纸，大多以针叶木硫酸盐浆来生产，国内也有掺用部分竹浆、棉杆浆、破布浆生产的，因此纸袋纸机械强度很高，一般用来制作水泥、农药、化肥及其他工业品的包装袋。为适合灌装时的要求，纸袋纸要求有一定的透气性和较大的伸长率。

7. 玻璃纸

玻璃纸是一种广泛应用的内衬纸和装饰性包装用纸。它的透明性使人对内装商品一目了然，表面涂塑以后又具有防潮，不透水，不透气，热封等性能，对商品起到良好保护作用。与普通塑料膜比较，它有不带静电、防尘、扭结性好等优点。玻璃纸有白色，彩色等。

8. 白卡纸

是一种平板纸，它表面平滑，质地坚挺。

9. 白纸板

白纸板分为双面白纸板和单面白纸板，双面白纸板只有用于高档商品包装时才采用，一般纸盒大多采用单面白纸板，如制作香烟、化妆品、药品、食品、文具等商品的外包装盒。

10. 复合纸

用粘合剂将纸、纸板与其他塑料、铝箔、布等层合起来，得到复合加工纸。复合加工纸不仅能改善纸和纸板的外观性能和强度，主要的是提高防水，防潮，耐油，气密保香等性能，同时还会获得热封性，阻光性，耐热性等。生产复合纸的方法有湿法，干法，热融和挤出复合等工艺方法。

11. 印刷纸

专供印刷用的纸。按用途可分为：新闻纸、书刊用纸、封面纸、证券纸等。按印刷方法的不同可分为凸版印刷纸、凹版印刷纸、胶版印刷纸等。幅宽有1575mm、1562mm、787mm等规格。

12. 彩印纸

主要包括彩印纸盒、彩印纸箱。

13. 防潮纸

是在两层原纸中间涂上沥青而制成的包装纸。主要供包装卷烟防潮用，也可用作水果包装。防潮纸具有一定的防潮能力，其防潮率最小在15%以上，好的防潮纸涂布均匀，粘合牢固，没有纸层脱裂及柏油渗透现象，耐热度不低于85℃，不应有臭味，以免影响卷烟质量，但目前已不使用该纸包装卷烟。

12.6 本章小结

在本章中主要讲解在作品在设计制作完成后的输出，包括输出为网页和输出打印。如果要输出为网页，需要将网页版式设计图稿划分为切片，并为切片设置属性和进行优化。这样，可以使得图像的大小、颜色、格式、品质等以最佳状态上传到网页上，并提高在网页中的下载速度。如果要将设计作品进行打印输出，则首先需要在打印前做好系列打印准备，并在“打印”对话框中配置最适合的打印选项，如页面大小、图稿位置、颜色、标记、分色模式等，从而将打印的图像进行最佳输出。

12.7 上机操作

1. 打开本书配套光盘/源文件/12/上机操作/12-1-1.ai文档，该文档包括了5个较小的字符，作为网页的导航按钮，如图12-47所示。将这5个字符划分为5个切片，切片之间以字符中的分隔符为界限，效果如图12-48所示。

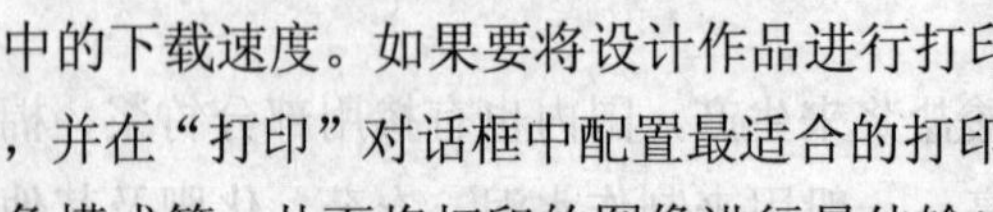

图12-47 网页导航按钮字符

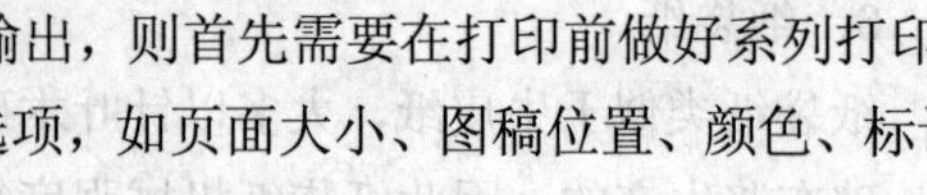

图12-48 按钮切片效果

提示：可以使用切片工具先拖移出一个大的矩形，创建整个按钮条的切片。然后，将这个切片划分为5份。再使用切片选择工具分别选择划分后的5个切片，手动调整切片的大小和位置。

2. 打开本书配套光盘/源文件/12/上机操作/12-2-1.ai 文档，该文档显示效果如图12-49所示。创建一个裁减标记，并将该文档进行打印，使在页面中的效果如图12-50所示。

提示：绘制一个矩形，并将该矩形定义为新的裁减标记。然后，在“图层”面板中，将白色图形的层设置为不可见。打开“打印”对话框，设置图稿适合页面大小并居中，并仅打印可见图层。

图 12-49　文档显示效果

图 12-50　打印效果

12.8　思考练习

一. 填空题

1. 按切片内容来分，可以分为________切片、________切片和________切片。

2. 执行____________命令，可以将所有切片调整到画板边界。

3. 按照印刷机来对印刷进行分类，则分为_____、_____、_____和_____。

4. ______工作就是将扫描图像或其他来源的图像的色彩模式转换为 CMYK 模式。

5. 分割画板以适合打印机的可用页面大小，这称为_______。

二. 选择题

1. ____格式生成的文件在 Web 和印刷上，甚至在手持设备中都可提供高品质的图形。

A：PNG　　B：JPGE

C：SVG　　D：GIF

2. 打印图表类的科学插图，应该使用_______ 渲染方法。

A：可感知　　B：饱和度

C：相对比色　　D：绝对比色

三. 思考题

1. 为什么在删除切片的同时对应的对象也被删除，使用什么方法才能删除切片并保留图像？

2. 如何将图像中的图层转换为网页中的文本 CSS 图层？

Chapter 13

第 13 章 综合实例制作

在本章中主要综合运用 Illustrator 中矢量绘图、处理路径和图像、添加滤镜效果、图文混排等功能，再结合创造性思维，通过 Illustrator 将想象变为现实图像。

- 制作食品宣传海报
- LEEKUU 换购卡
- 鲜奶片包装制作

13.1 制作食品宣传海报

本节详细介绍制作食品宣传海报的步骤，主要运用到渐变填充、矢量图形绘制、描边面板和效果的运用等知识点。

01 新建文档，将文档的颜色模式设置为 CMYK 颜色模式，将页面取向设置为横向模式。

02 选择矩形工具绘制一个与页面同等大小的矩形并填充为黑色，如图 13-1 所示，在已经填充的黑色的矩形上绘制 4 个小矩形并分别填充蓝色、红色、绿色、黄色效果如图 13-2 所示。

图 13-1 绘制页面大小矩形

图 13-2 在黑色矩形上绘制 4 个矩形并填充不同的颜色

03 在图层面板中点击新建图层按钮，新建一个图层。双击图层面板，在弹出的图层选项对话框中将“图层 2”名字改名为“人物”，如图 13-3 所示。图层面板显示如图 13-4 所示。

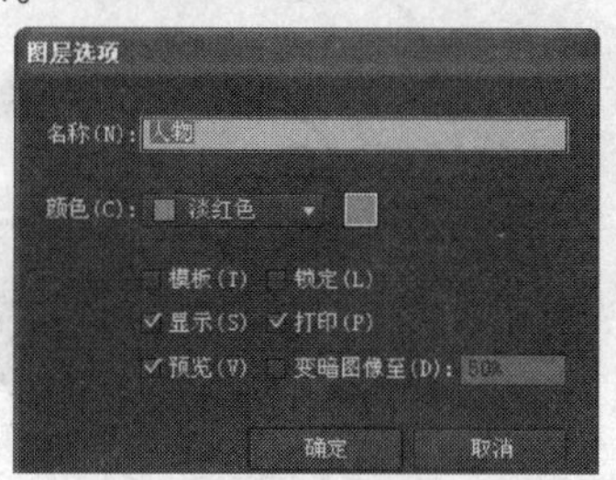

图 13-3 修改图层名字

图 13-4 新建图层

04 选择椭圆形工具，在绘图区按住 Shift 键绘制正圆形如图 13-5 所示，按 Ctrl+F9 打开渐变面板设置，并填充渐变颜色为白绿色径向渐变，如图 13-6 所示。最终效果如图 13-7 所示。

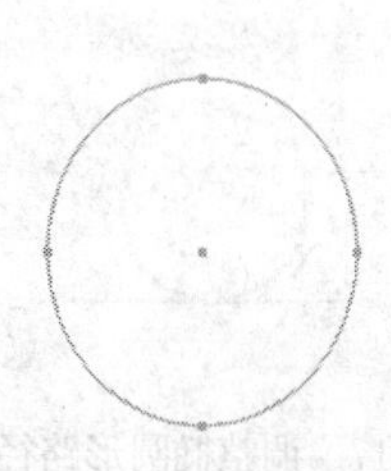

图 13-5 绘制正圆

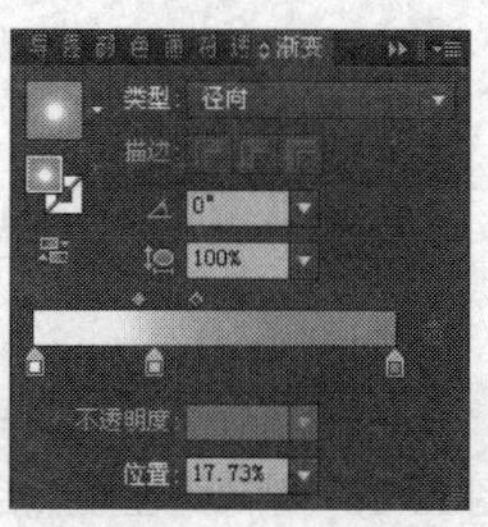

图 13-6 设置渐变颜色

图 13-7 填充渐变颜色后

第 13 章 综合实例制作

05 绘制1个小正圆作为豆豆卡通图形的眼睛，如图13-8所示。填充颜色为白色，描边填充为绿色，如图13-9所示。绘制小椭圆，如图13-10所示。填充为黑色渐变颜色，如图13-11所示。将绘制的两个圆形放置在一起按下Ctrl+G 键将绘制的两个圆形进行编组，如图13-12所示。按住Alt键复制一个，并按住Shift+Ctrl+G键将释放编组，调整小圆形的位置如图13-13所示，将图形置入后最终效果如图13-14所示。

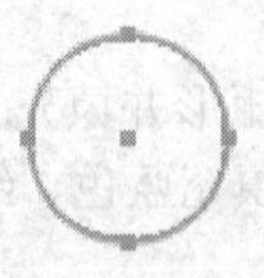

图13-8 绘制圆形

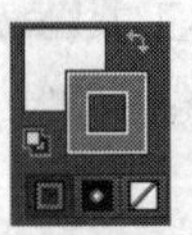

图13-9 设置描边颜色

图13-10 绘制小圆填充渐变颜色

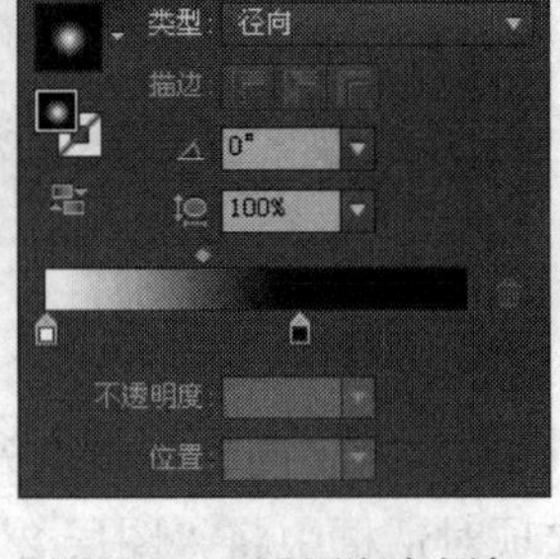
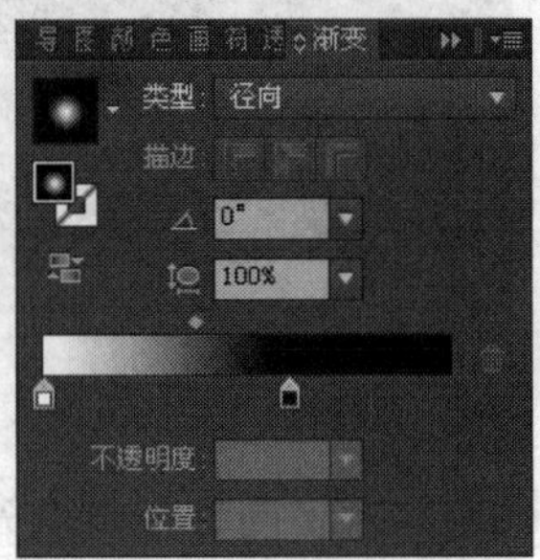

图13-11 设置渐变颜色

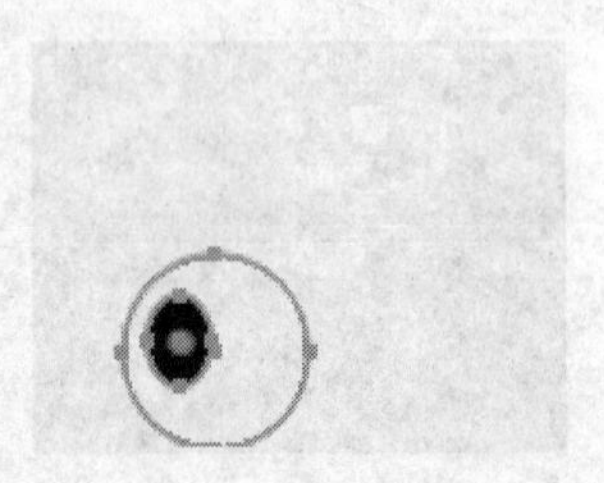

图13-12 对图形进行编组

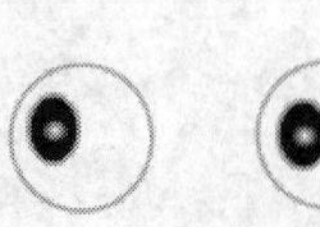

图13-13 复制编组图形

图13-14 将图形置入后效果

06 选择椭圆形工具绘制椭圆，如图13-15所示。再用删除描点工具删除椭圆形路径上的两个描点，如图13-16所示。选择转换描点工具调整椭圆，如图13-17所示。并填充颜色，作为豆豆的嘴置入图形内最后效果如图13-18所示。

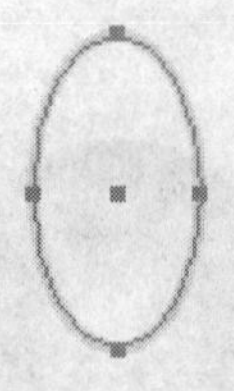

图13-15 绘制椭圆形

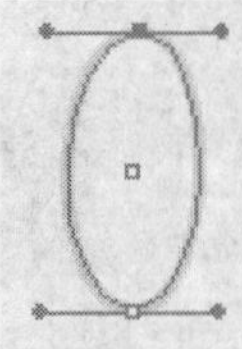

图13-16 删除路径描点后

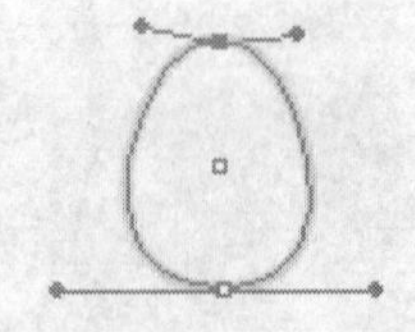

图13-17 调整椭圆形路径

07 选择铅笔工具绘制开放路径作为豆豆的眉毛和睫毛。按下F5键打开画笔面板，选择一种画笔效果如图 13-19 所示。在豆豆的眼睛上绘制睫毛，将铅笔工具绘制的描边设置为 1pt，如图 13-20、图 13-21 所示。绘制眉毛，将笔画设置为 4pt，如图 13-22、13-23 所示。

图 13-18　将调整后的图形置入后效果

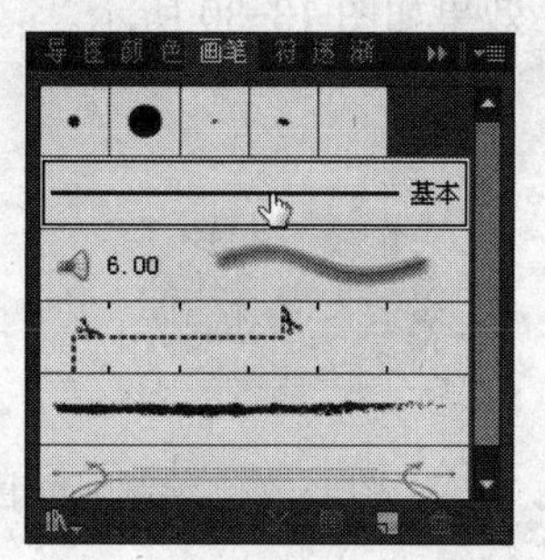

图 13-19　选择画笔

图 13-20　描边设置

图 13-21　绘制开放路径

图 13-22　绘制开放路径

图 13-23　描边设置

08 选择铅笔工具绘制路径做豆豆的手，将描边颜色设置为绿色，无填充颜色，如图 13-24 所示，描边大小设置 1pt，绘制效果如图 13-25 所示，最终完成效果如图 13-26 所示。

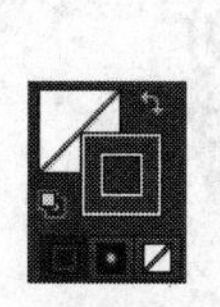

图 13-24　设置铅笔描边颜色

图 13-25　绘制路径

图 13-26　绘制后最终效果

09 选择圆角矩形工具绘制一个圆角矩形并填充颜色为淡绿色，如图 13-27 所示。

执行“效果→风格化→羽化”命令，在弹出的羽化对话框中，将羽化半径设置为7pt，如图13-28所示。将羽化后的图形置入图形后如图13-29所示。将置入的图形按住Alt键拖动复制，效果如图13-30所示。

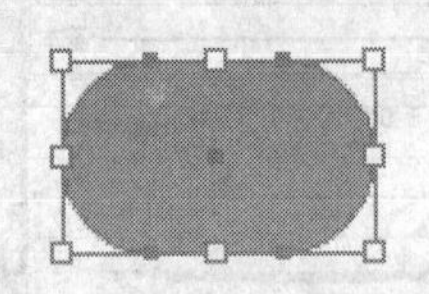

图13-27　绘制圆角矩形

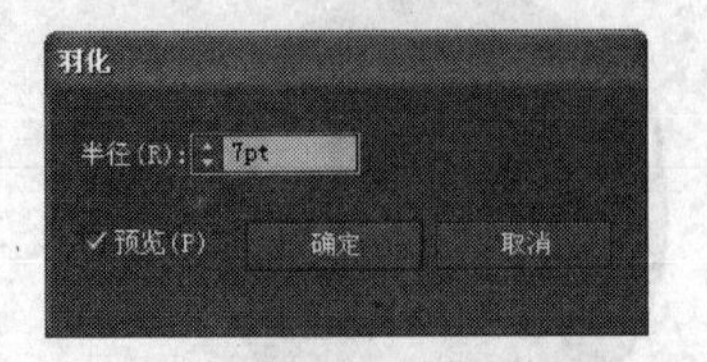

图13-28 设置羽化半径

图13-29　将图形置入

图13-30　置入后最终效果

10 选择铅笔工具绘制闭合路径，并填充颜色为白色，无描边颜色，如图13-31所示。用直接选取工具选取所有图形按Crtl+G键将图形组合，如图13-32所示。

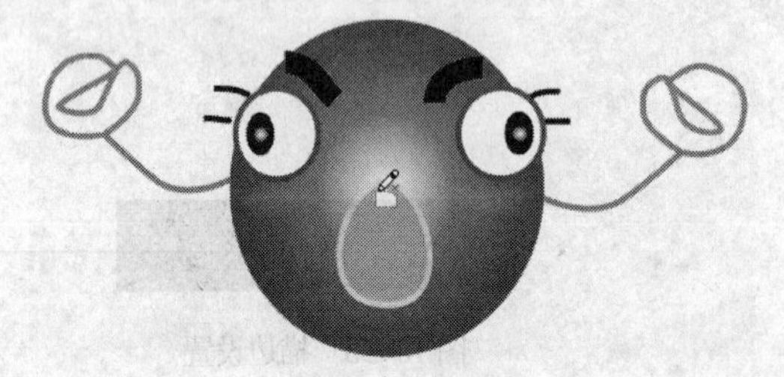

图13-31　绘制闭合路径

图13-32　绘制后效果

11 按住Alt键复制组合图形，如图13-33所示，删除卡通人物的五官后最后效果如图13-34所示。

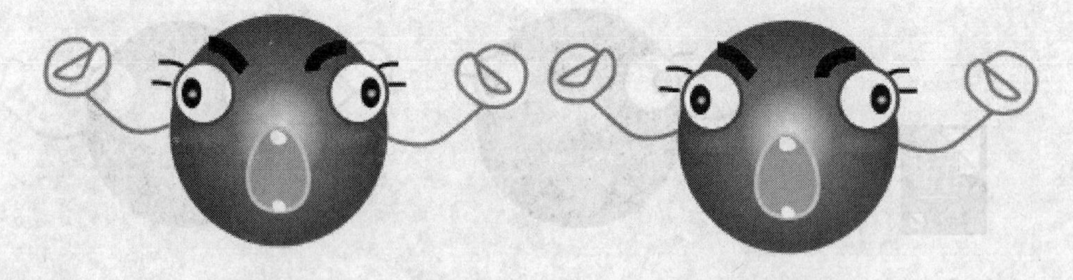

图13-33　复制人物

12 选择铅笔工具绘制闭合路径，并填充颜色为白色作为图形高光部分，如图

13-35 所示。选择椭圆形工具绘制椭圆形并填充渐变颜色，如图 13-36 所示，设置渐变颜色如图 13-37 所示。执行“效果→风格化→羽化”命令，将羽化半径设置为 10pt，如图 13-38 所示。按下 Shift+Ctrl+F11 键，打开不透明调版将不透明度设置为 60%，如图 13-39 所示。执行后效果，如图 13-40 所示。放置在图形下面作为投影，如图 13-41 所示。

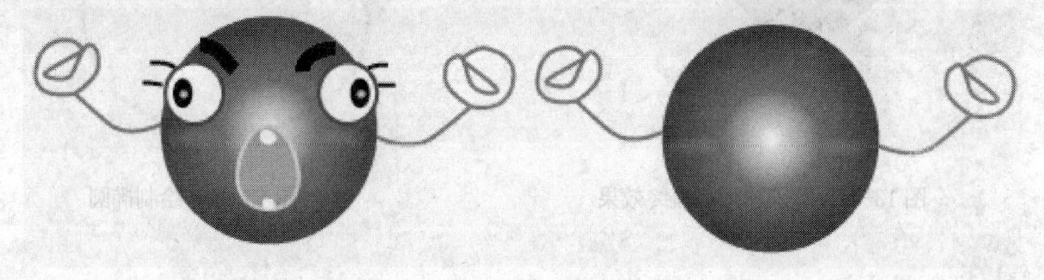

图 13-34　删除五官后

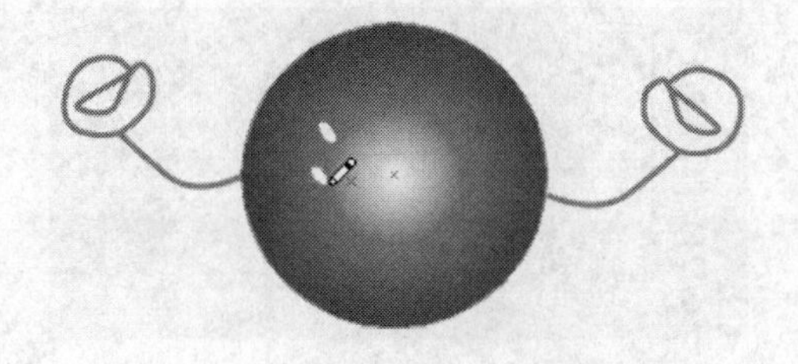

图 13-35　绘制闭合路径

图 13-36　绘制椭圆

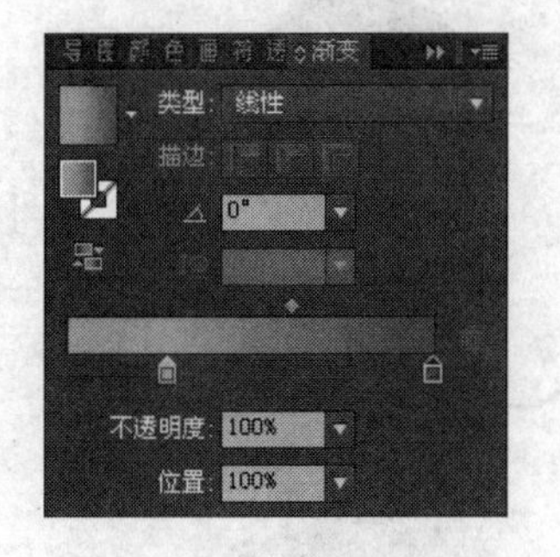

图 13-37　设置渐变颜色

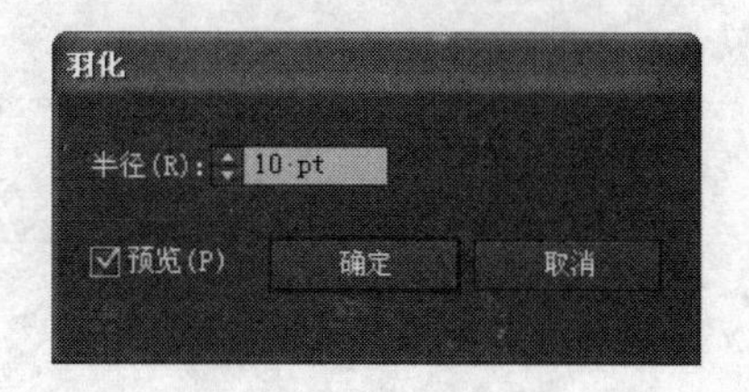

图 13-38　设置羽化半径

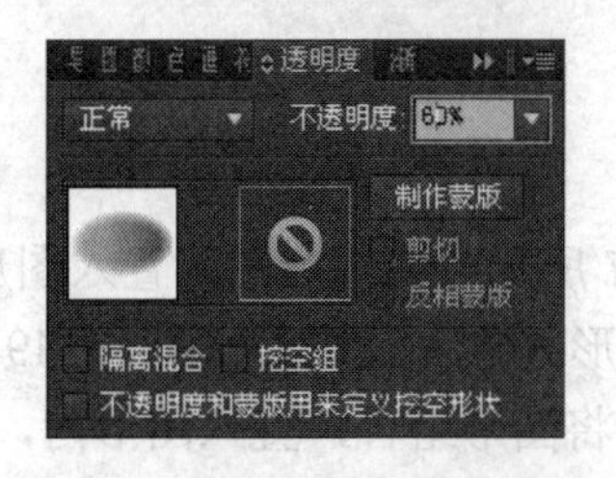

图 13-39　设置不透明度

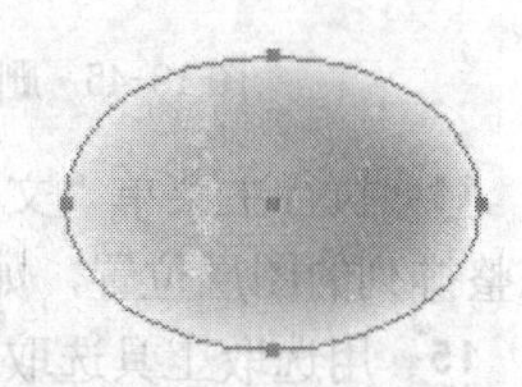

图 13-40　最后效果

13 选择椭圆工具绘制一个椭圆，如图 13-42 所示。将颜色设置为无填充颜色，描边颜色设置为黄色，描边大小设置为 4pt，如图 13-43 所示。选择剪刀工具在椭圆形路径上单击，如图 13-44 所示。按 Delete 键删除剪切的路径，如图 13-45 所示。最后图形效果如图 13-46 所示。

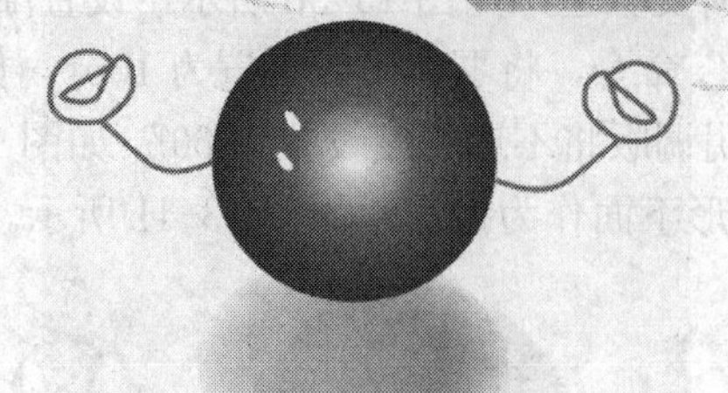

图 13-41　置入图形后最终效果

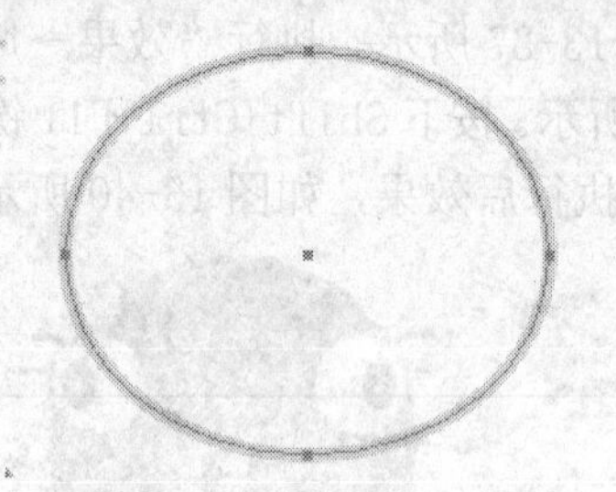

图 13-42　绘制椭圆

图 13-43 设置描边颜色

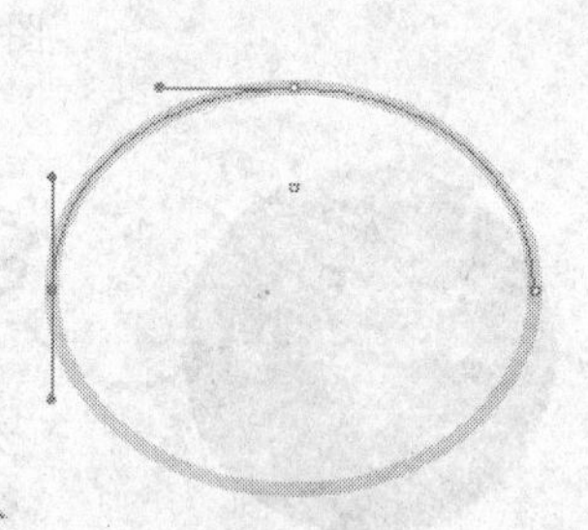

图 13-44　用剪刀工具在路径上分别单击

图 13-45　删除路径后

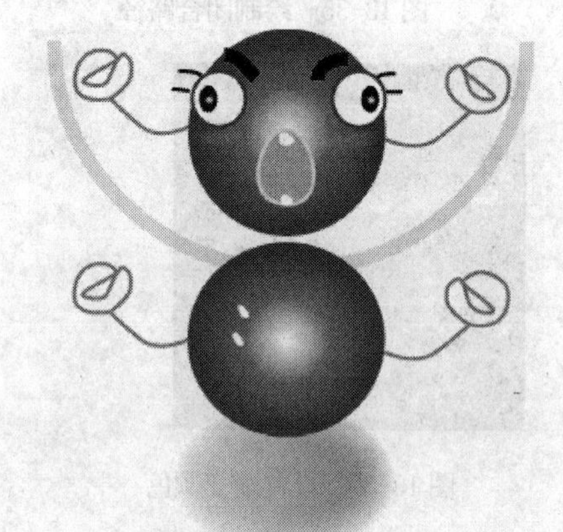

图 13-46　置入后效果

14 执行主菜单“文件→置入”命令，如图 13-47 所示。将地板图片置入图形内，并调整排列的图层位置，如图 13-48 所示，复制地板图形并置入后效果如图 13-49 所示。

15 用选取工具选取所有的图形，按下 Crtl+G 键将图形组合，置入图形内，如图 13-50 所示。

16 选择铅笔工具绘制多条开放路径，将路径描边颜色设置为白色作为图形的细节的刻画，选择文字工具输入文字，如图 13-51 所示。最后置入图形内，效果如图 13-52 所示。

17 选择椭圆形工具绘制正圆形，按 Crtl+F9 键打开渐变调板设置渐变颜色，渐变模式设置为径向渐变类型，如图 13-53 所示。执行后的椭圆形效果如图 13-54 所示。

新建(N)...	Ctrl+N
从模板新建(T)...	Shift+Ctrl+N
打开(O)...	Ctrl+O
最近打开的文件(F)	▸
在 Bridge 中浏览...	Alt+Ctrl+O
关闭(C)	Ctrl+W
存储(S)	Ctrl+S
存储为(A)...	Shift+Ctrl+S
存储副本(Y)...	Alt+Ctrl+S
存储为模板...	
存储为 Web 所用格式(W)...	Alt+Shift+Ctrl+S
存储选中的切片...	
恢复(V)	F12
置入(L)...	
存储为 Microsoft Office 所用格式...	
导出(E)...	
脚本(R)	▸
文档设置(D)...	Alt+Ctrl+P
文档颜色模式(M)	▸
文件信息(I)...	Alt+Shift+Ctrl+I
打印(P)...	Ctrl+P
退出(X)	Ctrl+Q

图 13-47　选择置入命令

图 13-48　置入模糊地板图片作为镜内显示

图 13-49　置入后最后效果

图 13-50　对图形进行编组

图 13-51　绘制细节

图 13-52　置入图形后最后效果

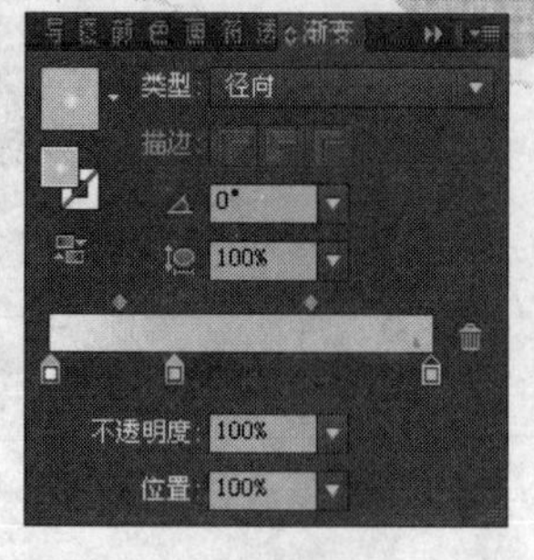

图 13-53　绘制椭圆形

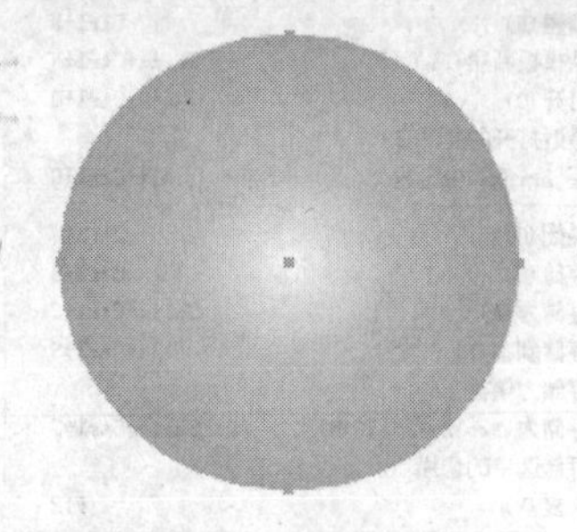

图 13-54　设置渐变颜色

18 选择钢笔工具绘制开放路径，如图 13-55 所示。在打开的描边设置对话框，设置将描边大小设置为 4pt，如图 13-56 所示。描边颜色设置为黑色。

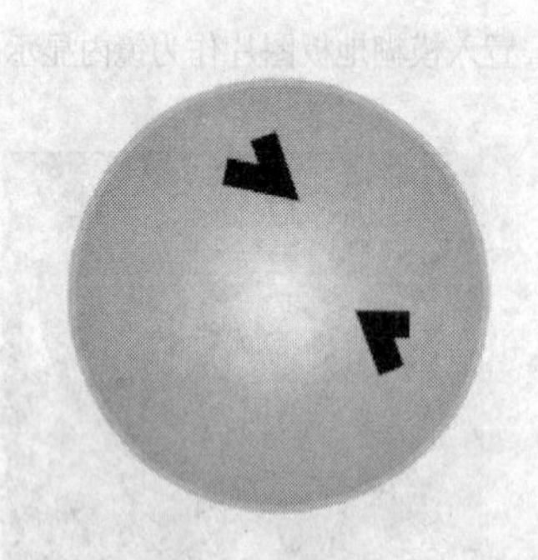

图 13-55　绘制开放路径

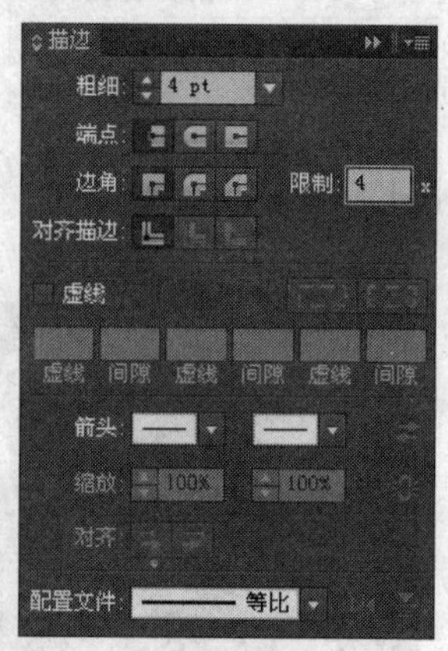

图 13-56　描边大小

19 选择铅笔工具绘制开放路径，如图 13-57 所示。填充颜色和描边颜色均设置为白色，如图 13-58 所示。执行后效果 13-59 所示。

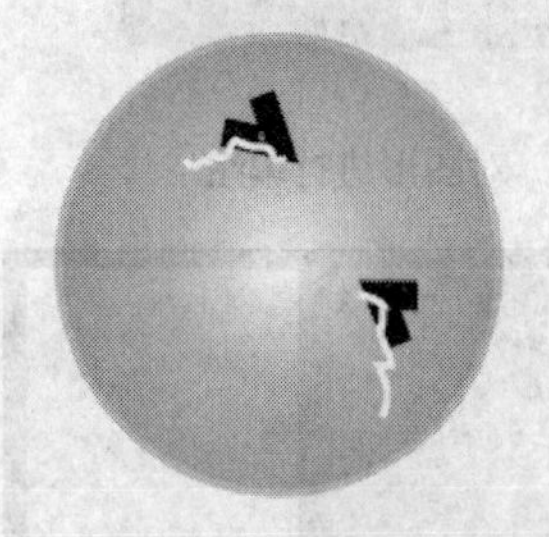

图 13-57　绘制开放路径

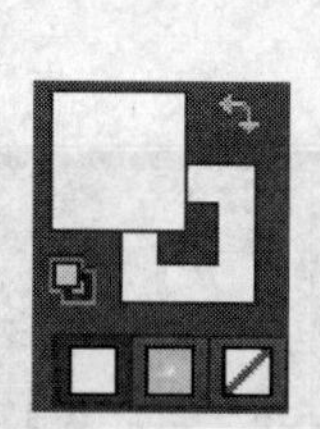

图 13-58　设置填充颜色

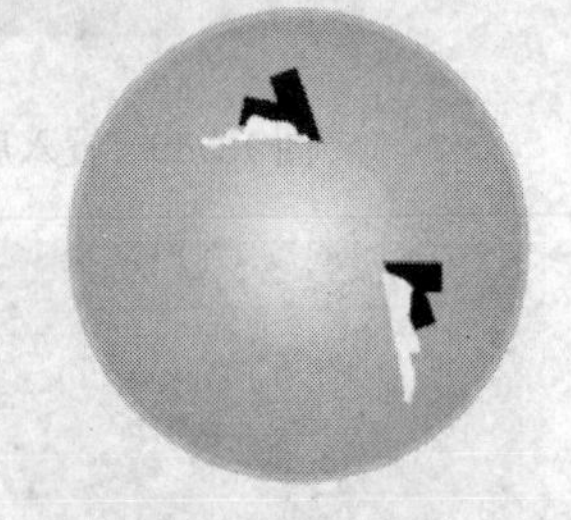

图 13-59　完成后效果

20 选择铅笔工具绘制闭合路径，描边颜色设置为红色，描边大小设置为 4pt，如图 13-60、图 13-61 所示。填充颜色为肤色图 13-62 所示，填充后效果如图 13-63 所示。

21 绘制手的闭合路径，如图 13-64 所示。描边颜色设置为灰色，在描边面板中设置描边粗细设置为 2pt ，如图 13-65 所示。执行后效果如图 13-66 所示。

22 设置绘制的闭合路径填充肤色颜色，如图 13-67 所示，作为人物的舌头，如图 13-68 所示。再绘制一个闭合路径填充颜色为黑色，如图 13-69 所示。拖动复制两个同样的图形作为人物的牙齿，调整大小和位置，将颜色改变为白色。如图 13-70、图 13-71 所示。

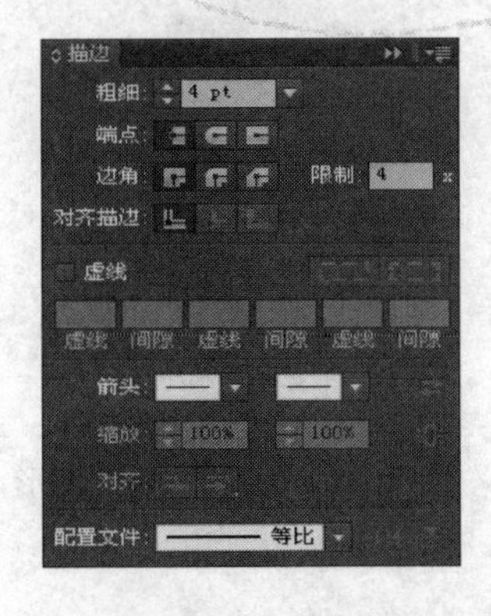

图 13-60　设置描边大小

图 13-61　绘制闭合路径

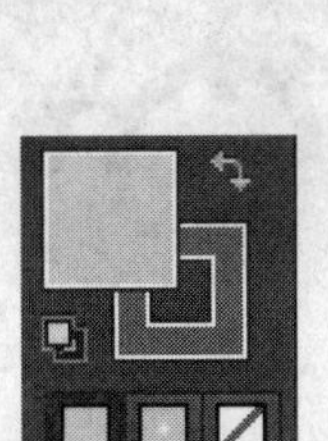

图 13-62　设置颜色

图 13-63　最后效果

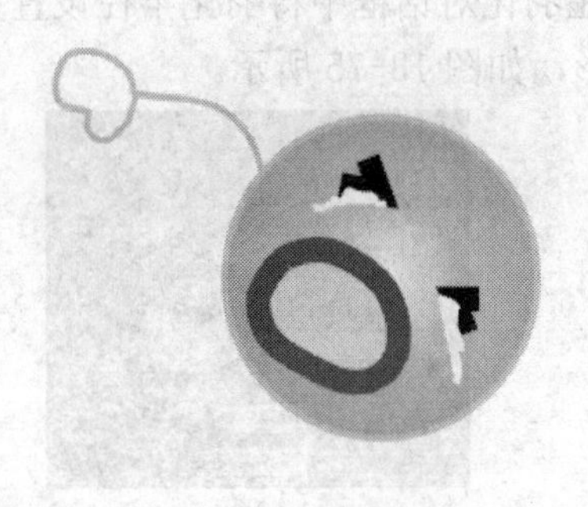

图 13-64　绘制手的路径

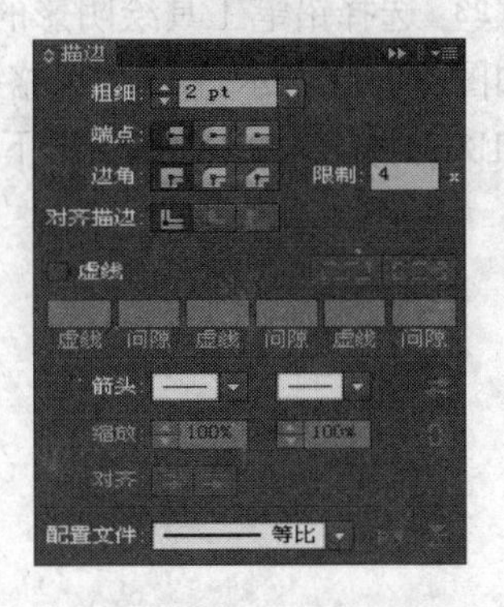

图 13-65　设置手路径的描边大小

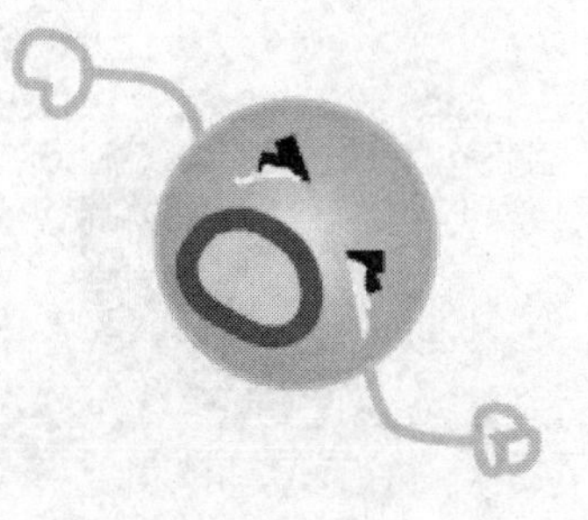

图 13-66　绘制后效果

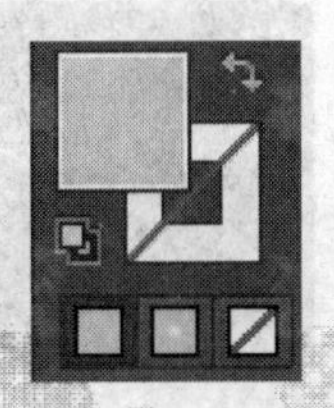

图 13-67　设置填充颜色

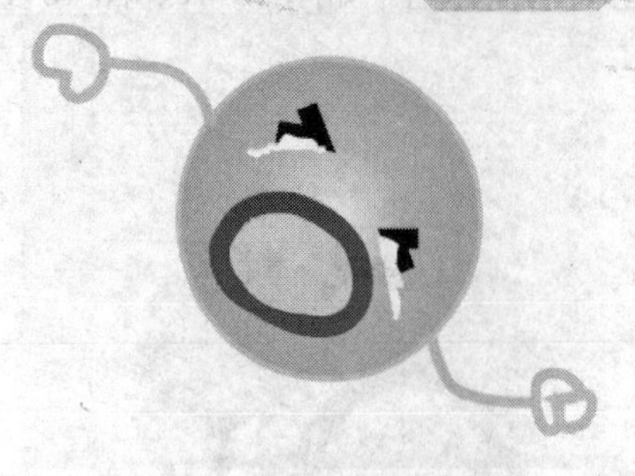

图 13-68　绘制闭合路径

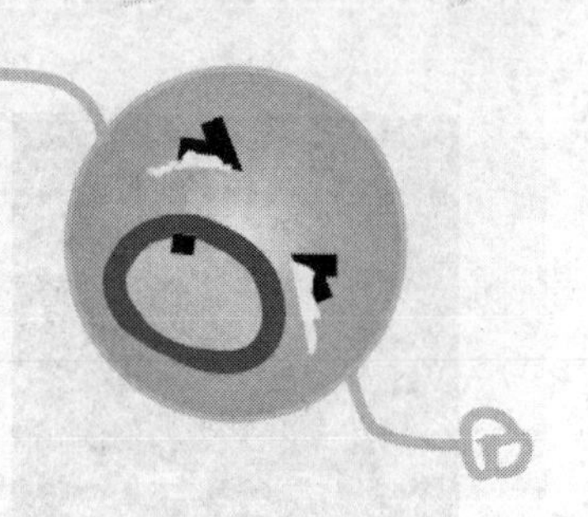

图 13-69　设置闭合路径图形

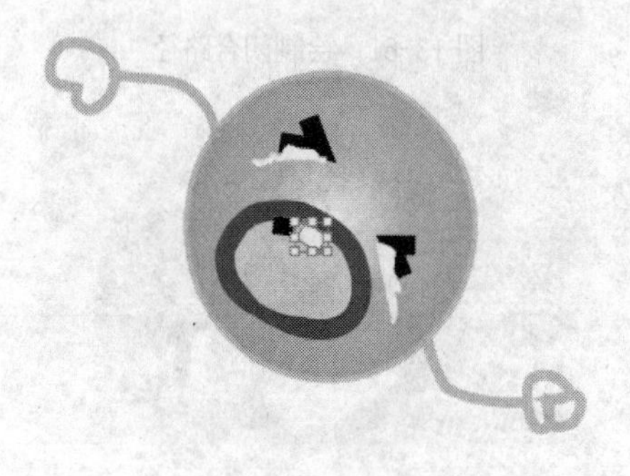

图 13-70　复制闭合路径

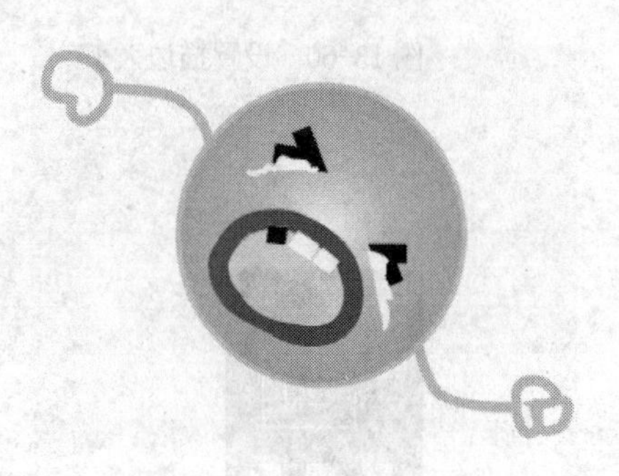

图 13-71　调整后图形效果

23 选择铅笔工具绘阴影的制闭合路径，如图 13-72 所示。打开渐变调板设置渐变颜色，如图 13-73 所示。执行“风格化→羽化”命令，在羽化对话框中将羽化半径设置为 10pt，如图 13-74 所示。放置在图形下方作为图形的阴影，如图 13-75 所示。

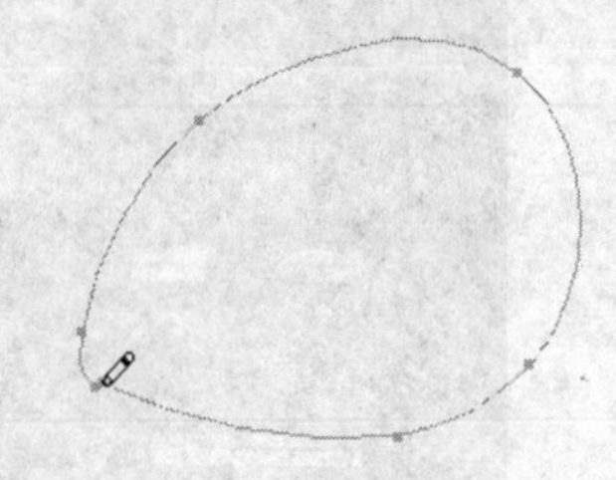

图 13-72 绘制闭合路径

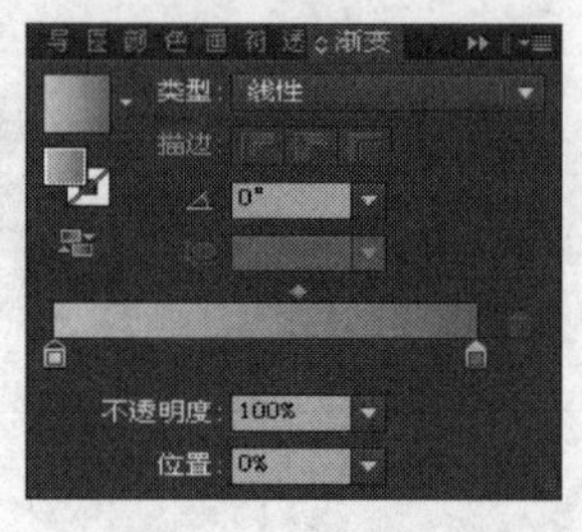

图 13-73 设置渐变颜色

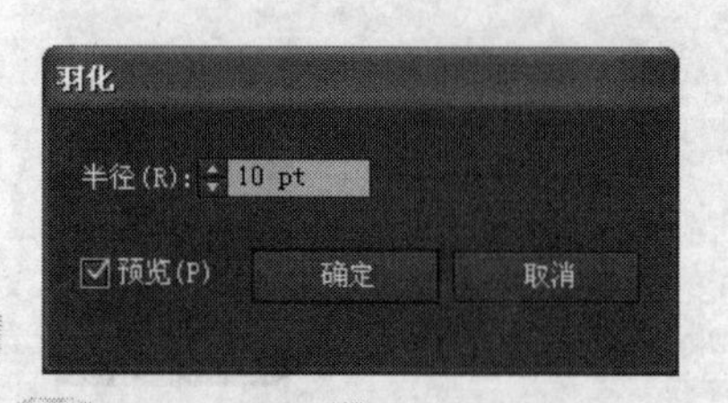

图 13-74　设置羽化半径

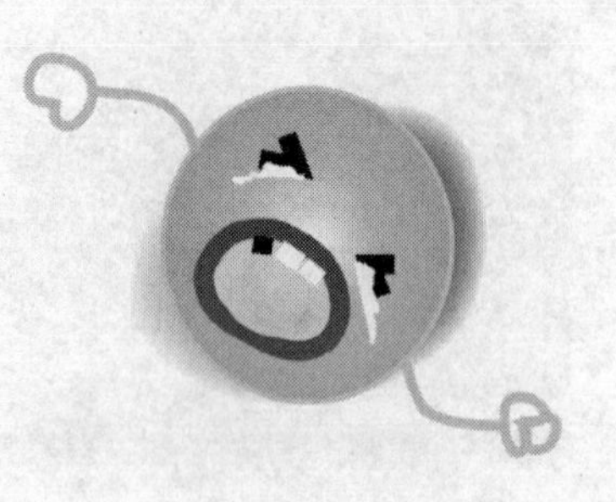

图 13-75　置入后效果

24 选择铅笔工具绘制开放路径，如图 13-76 所示。无填充颜色，描边颜色设置为浅咖啡色，如图 13-77 所示。

25 选择文字工具输入文字，如图 13-78 所示。执行“文字→创建轮廓”命令，或按下 Shift+Crtl+O 键，将文字转换为路径文字，如图 13-79 所示。执行“对象→取消编组”命令，然后使用选择工具调整文字的方向和位置，如图 13-80 所示。

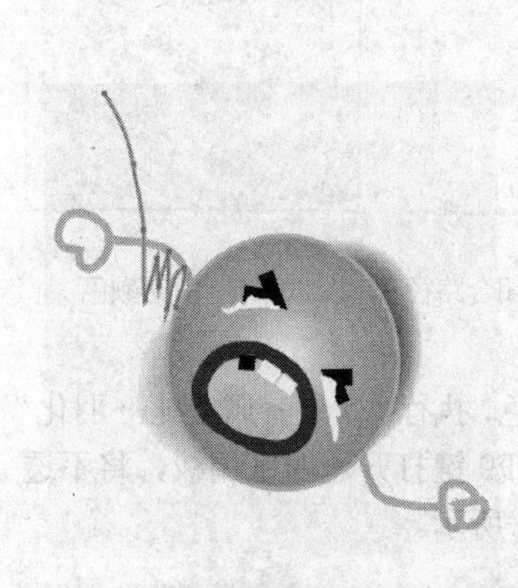

图 13-76　绘制开放路径

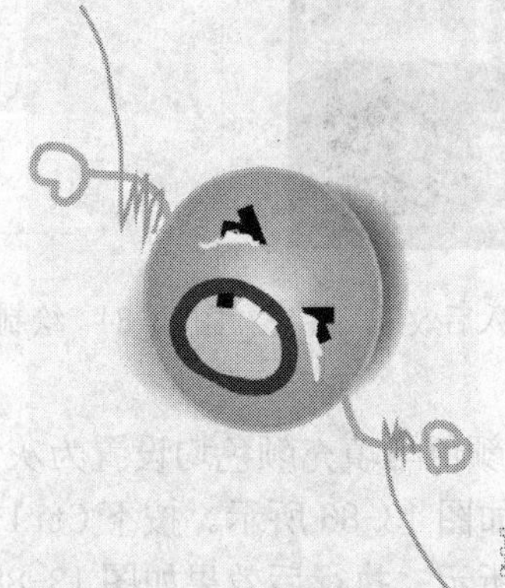

图 13-77　绘制后效果

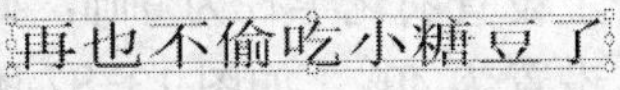

再也不偷吃小糖豆了

图 13-78　输入文字

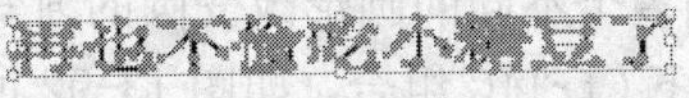

再也不偷吃小糖豆了

图 13-79　将文字转换为路径

再
也
不
偷
吃
小
糖
豆
了

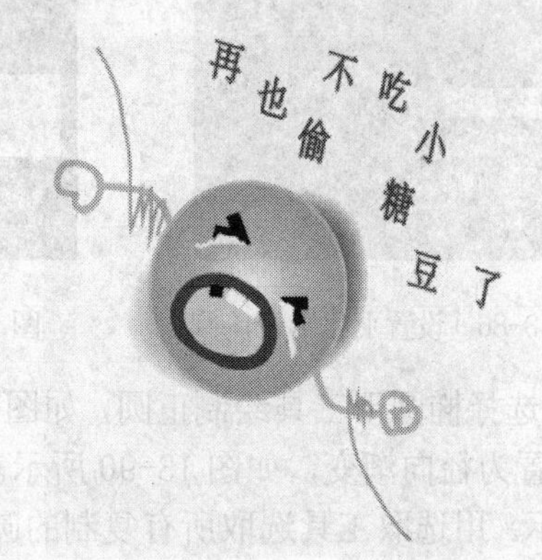

图 13-80　置入后最效果

26 执行主菜单“文件→置入文件”命令，置入图片作为图片的背景，如图 13-81 所示。最后置入后效果，如图 13-82 所示。

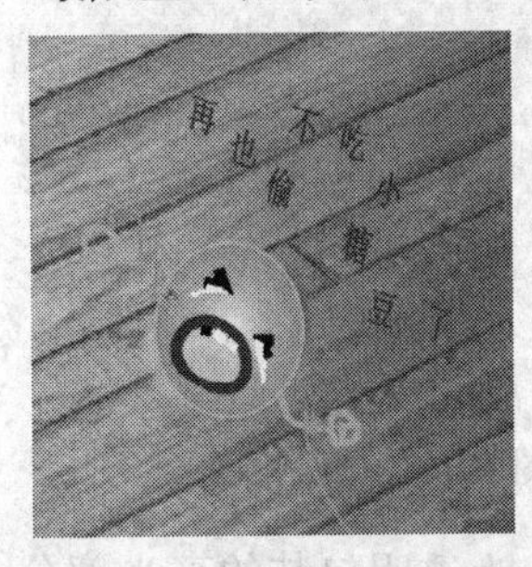

图 13-81　置入背景图片

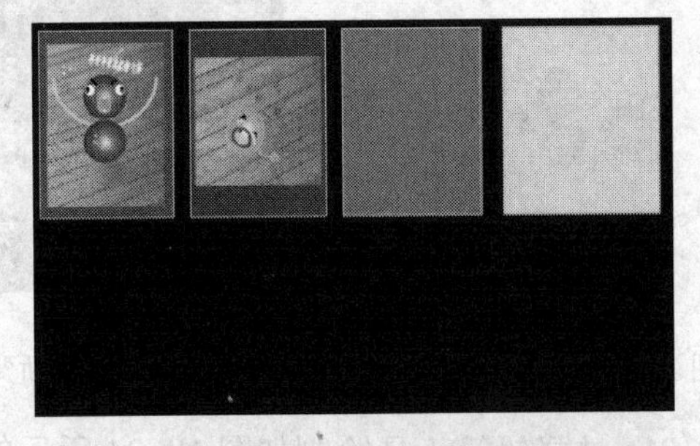

图 13-82　将绘制好的图形置入图形内

27 按住 Alt 键复制图形置入其他的图片中，如图 13-83 所示。

28 选择铅笔工具绘制闭合路径，如图 13-84 所示。描变颜色和填充颜色设置为灰色，描边大小设置为 1pt，效果如图 13-85 所示。

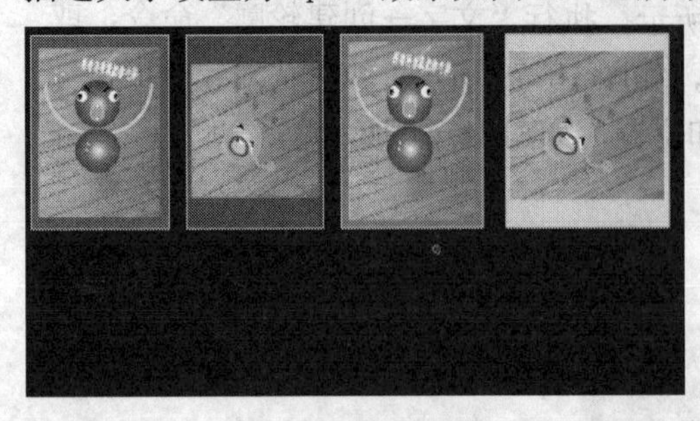

图 13-83　将复制的图形置入后效果

图 13-84　绘制闭合路径

图 13-85　填充颜色

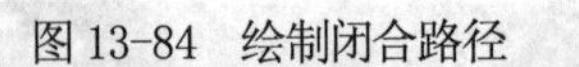

29 复制闭合路径，描边颜色与填充颜色均设置为灰色，执行“效果→风格化→羽化”命令，设置羽化半径为 9mm，如图 13-86 所示。按下 Ctrl+F9 键打开透明度调板，将不透明度设置为 40%，如图 13-87 所示。执行后效果如图 13-88 所示。

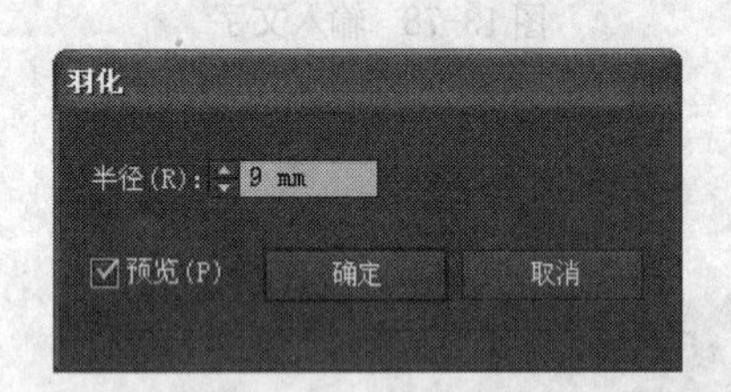

图 13-86　设置羽化半径

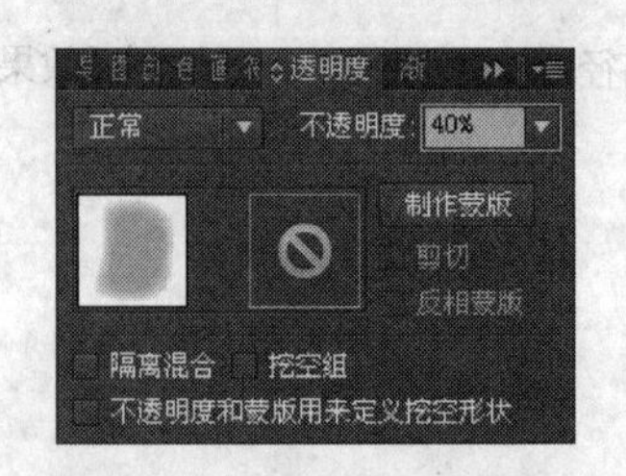

图 13-87　设置不透明度

图 13-88　最后显示效果

30 选择椭圆形工具绘制正圆，如图 13-89 所示。打开渐变面板设置渐变颜色，将渐变模式设置为径向渐变，如图 13-90 所示。复制多个不同的圆形改变圆的渐变颜色，如图 13-91 所示。用选取工具选取所有复制的圆形按下 Ctrl+G 组合，如图 13-92 所示。然后放入绘制好的透明包装中，如图 13-93 所示。

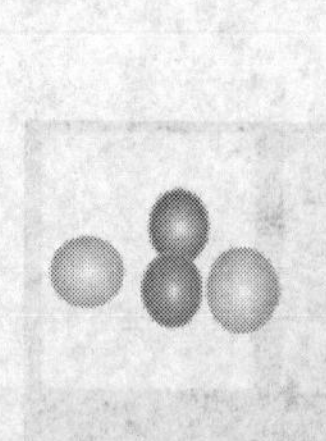

图 13-89　绘制渐变圆

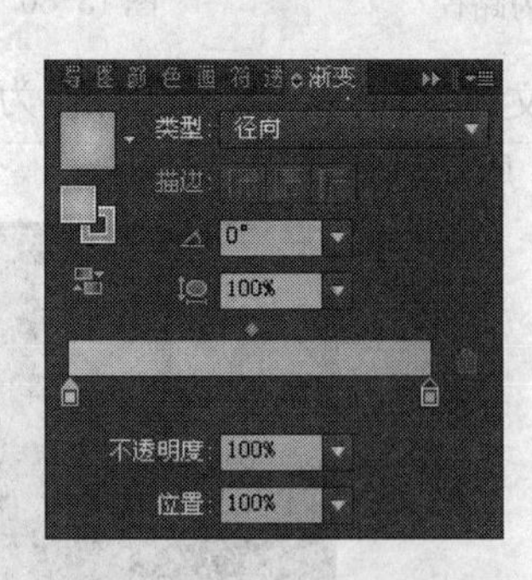

图 13-90　设置渐变颜色

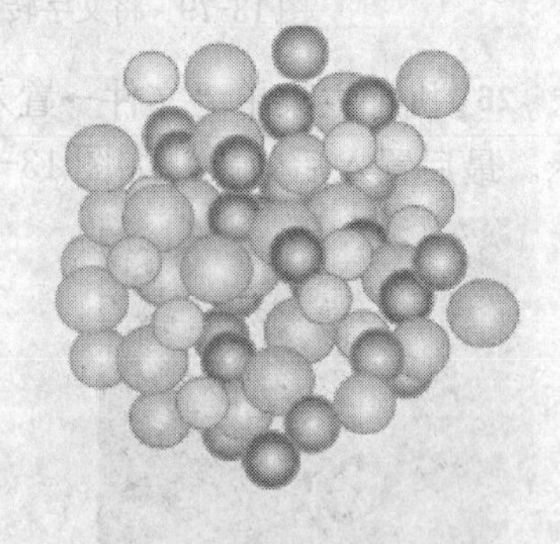

图 13-91　复制多个渐变图形

31 选择铅笔工具绘制如图 13-94 所示的闭合路径，作为透明包装的高光部分，无描边颜色，填充颜色设置为白色，如图 13-95 所示。打开透明度面板，设置闭合路径图形的不透明颜色为 50%，放置在包装袋上，如图 13-96 所示。应用后的效果如图 13-97 所示。

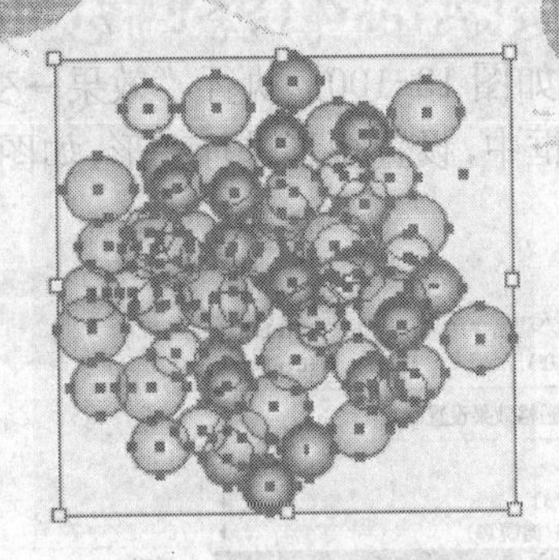

图 13-92　对渐变圆进行编组

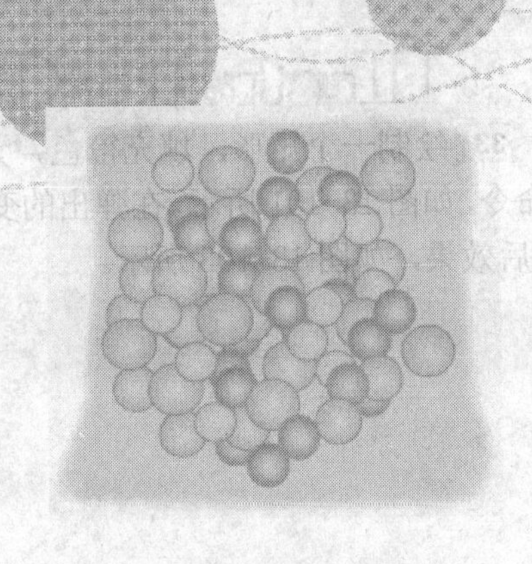

图 13-93　将图形放置在图形中

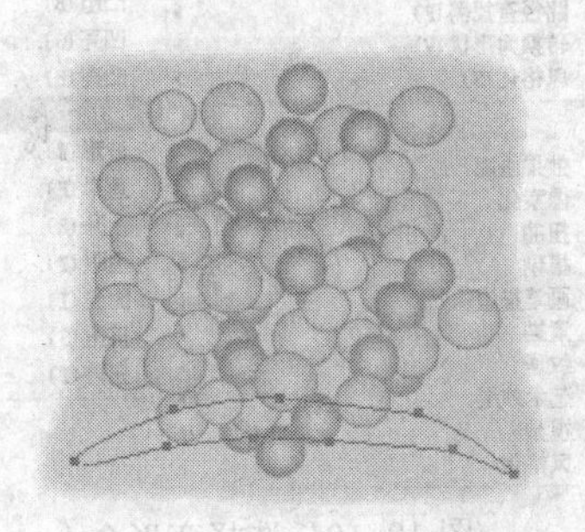

图 13-94　绘制闭合路径

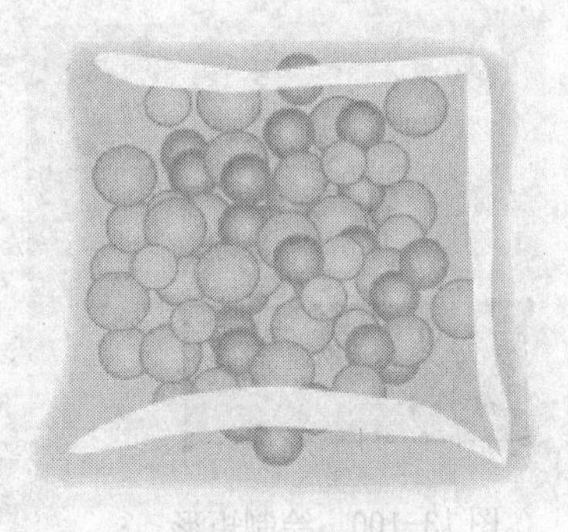

图 13-95　填充颜色

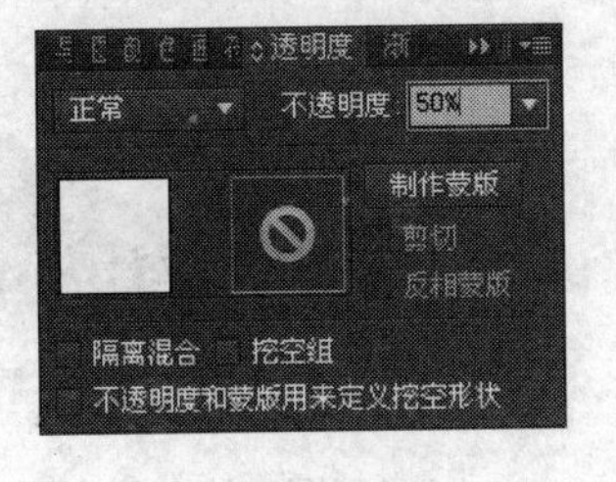

图 13-96　设置透明度

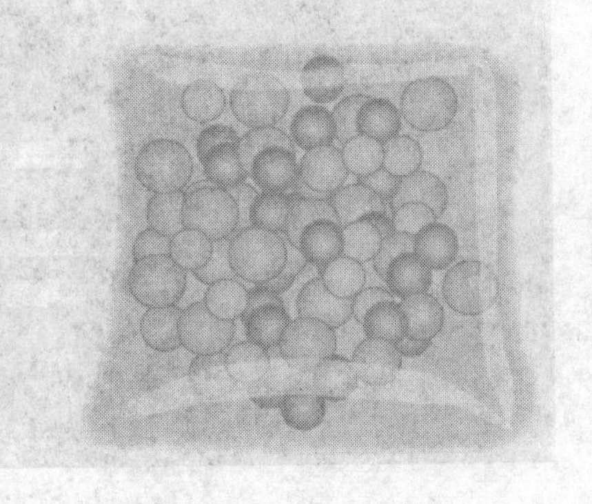

图 13-97　应用后效果

32 选择矩形工具绘制矩形，填充颜色与包装袋内的颜色相呼应，放置在包装袋的右上角和左下角如图 13-98、图 13-99 所示。

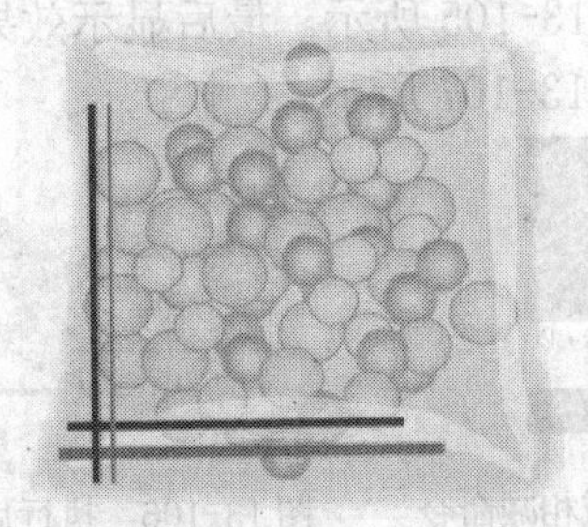

图 13-98　绘制矩形

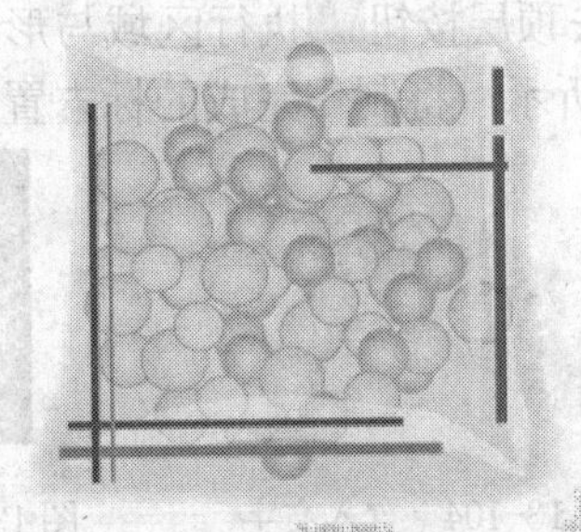

图 13-99　置入后效果

33 绘制一个矩形，填充橙色，无描边颜色，如图 13-100，执行“效果→变形→旗形”命令，如图 13-101 所示。在弹出的变形选项对话框中，设置矩形进行变形，如图 13-102。变形后效果，如图 13-103 所示。

图 13-100　绘制矩形

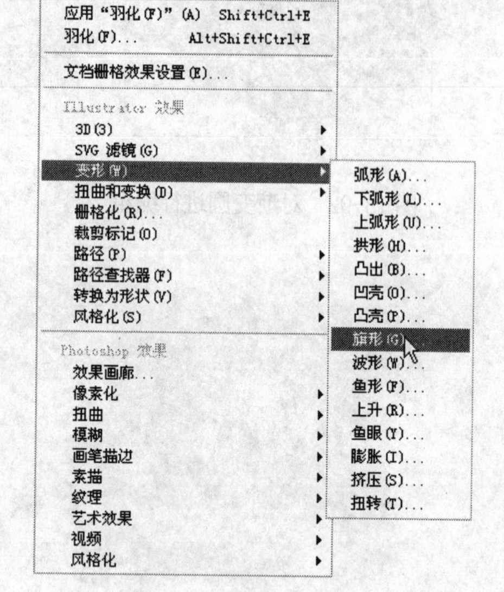

图 13-101　选择变形命令

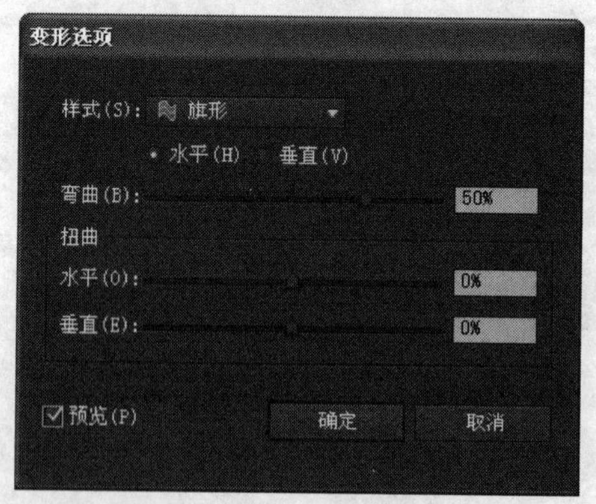

图 13-102　设置变形选项

图 13-103　变形后效果

34 选择文字工具输入文字，按 Esc 退出键退出文字输入，将文字颜色设置为白色将文字放置在变形的矩形中，如图 13-104 所示。按下 Shift+Ctrl+F9 键打开路径查找器，选择减去顶层按钮执行区域与形状相减命令，如图 13-105 所示。最后显示效果如图 13-106 所示。将制作完成的标志置入图形内效果如图 13-107 所示。

图 13-104　置入文字

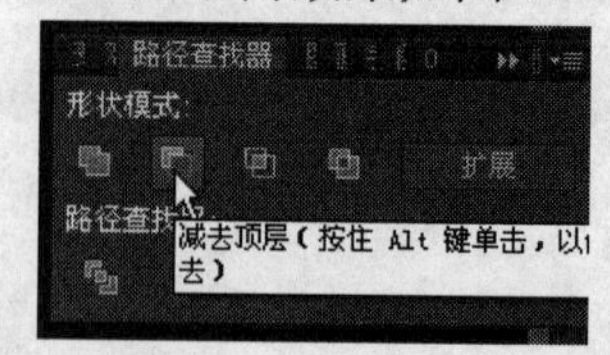

图 13-105　执行形状与区域相减命令

图 13-106　执行后效果

35 按住 Alt 键复制第 25 步制作的小图案，选择旋转工具调整图案的方向，然后置入包装右下角，如图 13-108 所示。

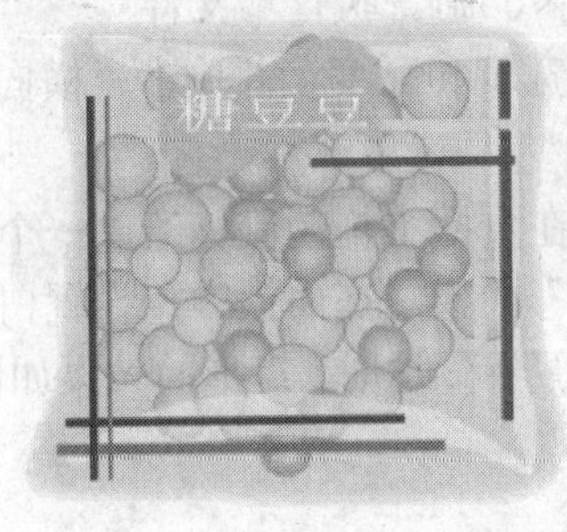

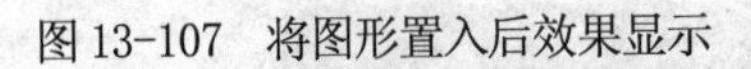
图 13-107　将图形置入后效果显示

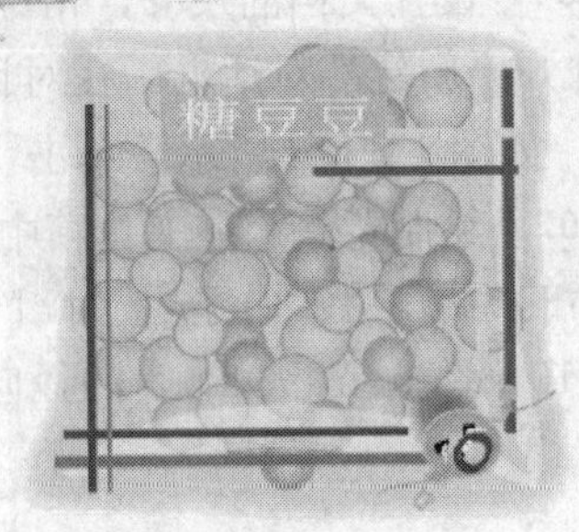

图 13-108　包装的最后效果

36 将制作好的包装置入招贴中，如图 13-109 所示。使用复制快捷键复制 Ctrl+C 和粘贴快捷键 Ctrl+V 复制图形置入招贴中，选择选取工具调整图形大小和位置，如图 13-110 所示，最后输入文字完成效果如图 13-111 所示。

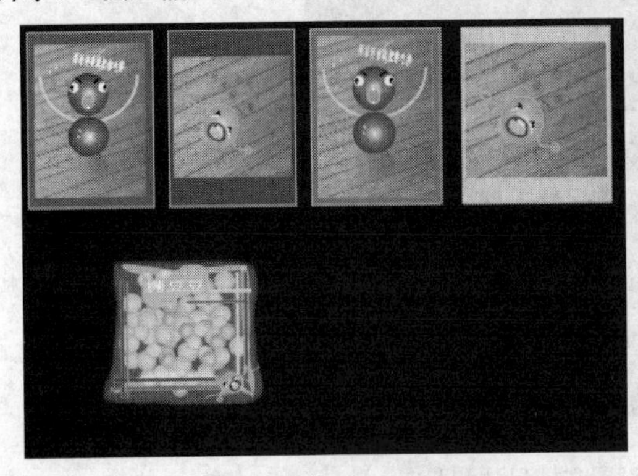

图 13-109　将包装置入招贴中

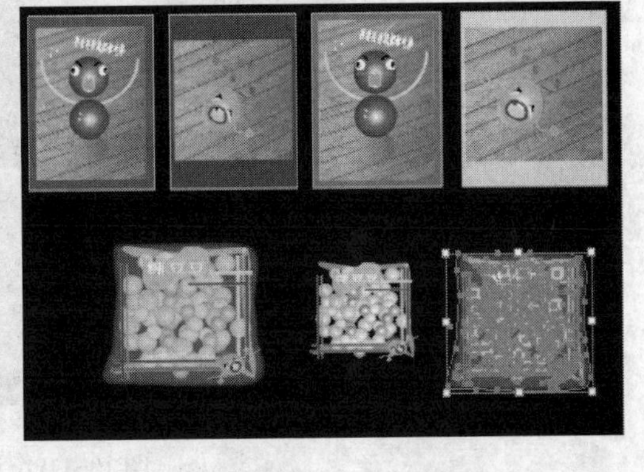

图 13-110　复制包装

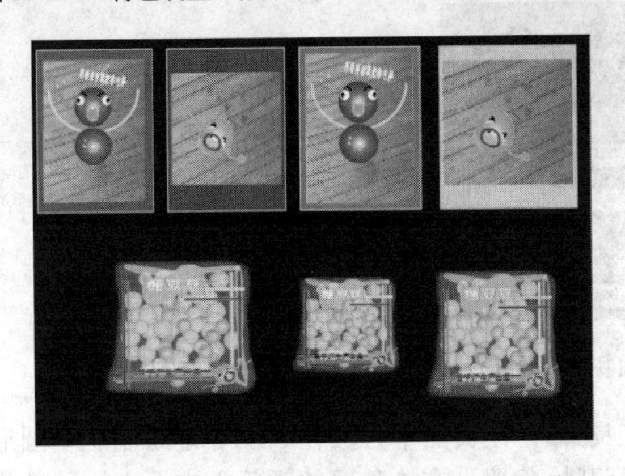

图 13-111　制作完最终效果

13.2　LEEKUU 换购卡

在本节中将详细介绍制作 LEEKUU 换购卡的步骤，主要运用到文档设置、对象对齐、矢量图形绘制、变换效果、投影效果和渐变填色等知识点。

01 设置文档的尺寸，常用的卡片尺寸是86mm×54mm。执行“文件”→“新建”命令，打开“新建”对话框。在对话框中，设置文档的宽度和高度，并单击“横向排列”按钮，如图13-112所示。单击“确定”按钮即可。

02 绘制背景。在工具箱中选择矩形工具，在页面上拖动鼠标绘制一个和文档同等大小的矩形。然后，按下Ctrl+F9键，打开“渐变”面板。在面板中，设置白色到粉红色（C=10、M=36、Y=9、K=1）的径向渐变，如图13-113所示。这时，矩形的效果如图13-114所示。

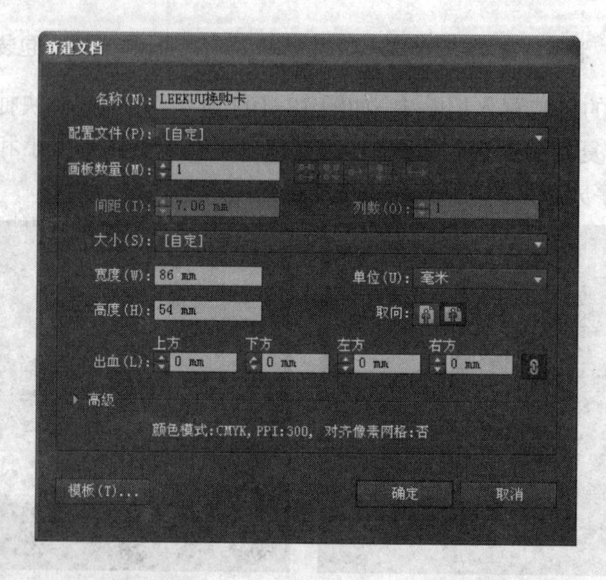

图13-112 设置文档尺寸和取向

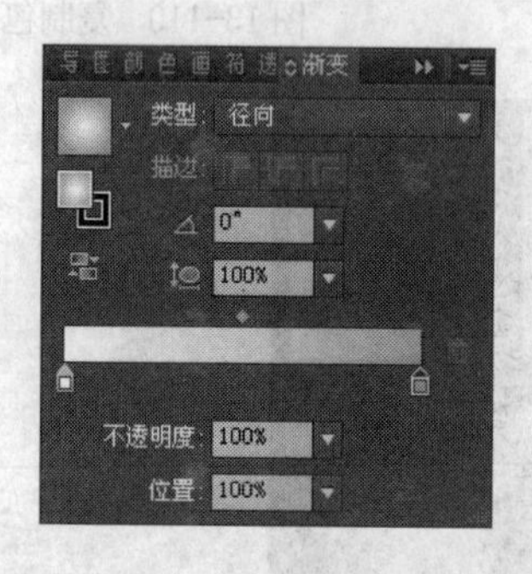

图13-113 设置渐变

图13-114 矩形效果

03 选择椭圆工具，在页面中心按住Shift键绘制一个圆形。然后，双击工具箱底部的描边按钮，打开拾色器。在拾色器的颜色文本框中输入数值（C=12、M=40、Y=9、K=1）设置描边颜色，单击“确定”按钮退出拾色器。

04 按下F6键，打开“颜色”面板。在该面板中，单击按钮设置圆形的填色为“无”。

05 按下Ctrl+F10键，打开“描边”面板。在面板中，设置描边“粗细”为5pt。这时，圆形在页面中的效果如图13-115所示。

06 为了让圆形在页面中居中对齐，选择圆形后按下Shift+F7键打开“对齐”面板，并单击面板右下角的“对齐到画板”按钮，如图13-116所示。然后，依次单击“水平居中对齐”按钮和“垂直居中对齐”按钮，使圆形在页面中居中。

07 选择圆形，执行“效果”→“扭曲和变换”→“变换”命令，打开“变换效果”对话框。在对话框中设置变换的缩放数值和复制次数，如图 13-117 所示。

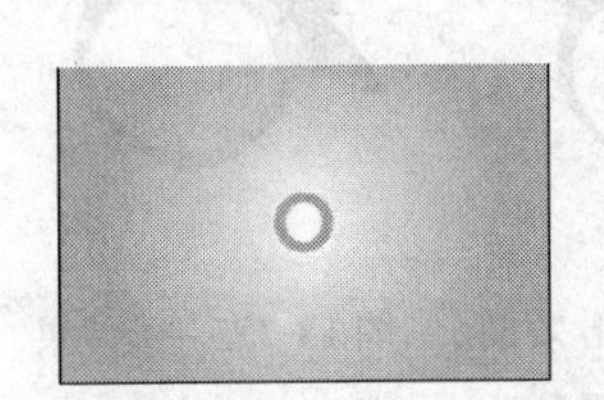

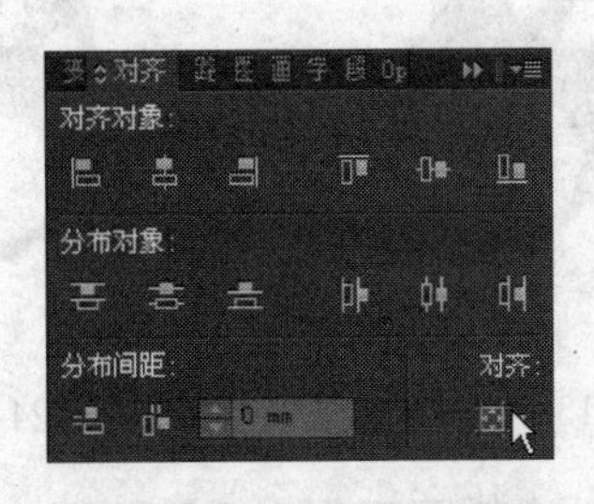

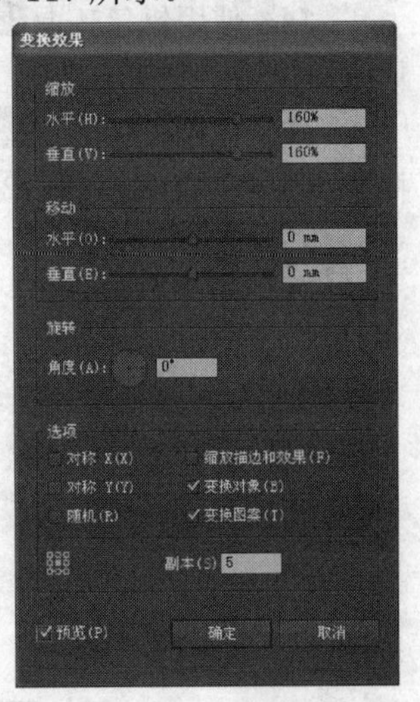

图 13-115　圆形效果　　图 13-116　选择“对齐到画板”　　图 13-117　设置变换数值

08 单击“确定”按钮，将圆形进行缩放并复制出 5 个新的图形，效果如图 13-118 所示。然后，按下 Ctrl+A 键，选择所有的图形，并执行“对象”→“锁定”→“所选对象”命令，将背景图形进行锁定，以便于后面的各种操作（超出画板的圆形部分可以不做处理，因为画板外的区域是不会被打印的）。

09 绘制卡通企鹅形象。在工具箱中选择钢笔工具，在页面中绘制一个图形，并在“色板”面板中设置图形的填色为黑色，描边为“无”，效果如图 13-119 所示。

10 在工具箱中选择椭圆工具，在页面中绘制一个椭圆形作为企鹅的眼睛。然后，在“渐变”面板中设置椭圆形为白色到纯青色的“线性”渐变，如图 13-120 所示。

11 选择椭圆，将鼠标的光标放置在椭圆的定界框任意一个对角控制点的周围，使光标变为↰。这时，拖动鼠标将椭圆旋转一定的角度。然后，按住 Alt 键拖移椭圆，复制出一个新的椭圆。调整两个椭圆的位置，如图 13-121 所示。

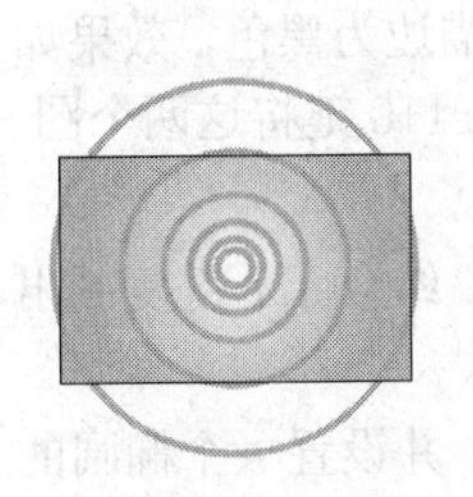

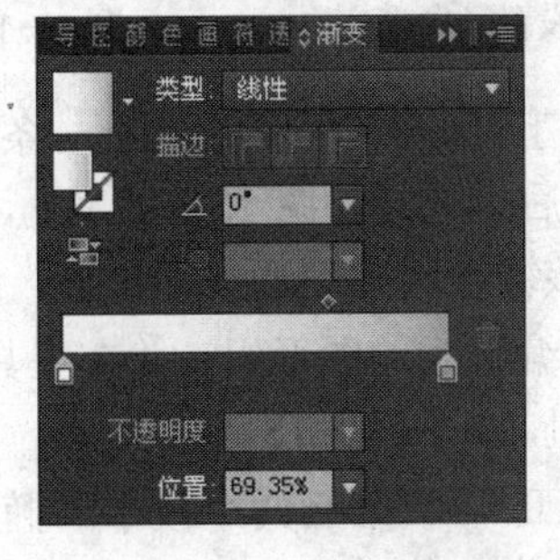

图 13-118　变换效果　　图 13-119　企鹅图形效果　　图 13-120　设置渐变　　图 13-121　椭圆的位置

12 使用椭圆工具绘制一个较大的椭圆作为企鹅的肚皮图形。然后，在“渐变”面板中设置该椭圆为白色到“烟”色之间的“线性”渐变，并输入渐变的角度数值，如图 13-122 所示。

13 使用同第 11 步骤同样的方法，将刚绘制的椭圆形旋转一定的角度，并调整位置，使效果如图 13-123 所示。

14 使用钢笔工具绘制一个图形作为企鹅的围脖，并在“色板”面板中设置该图形的填色为“红宝石色”，描边为黑色，效果如图 13-124 所示。

15 使用钢笔工具绘制一个图形作为企鹅的嘴，并设置该图形的填色为“阳光”，描边为黑色，效果如图 13-125 所示。

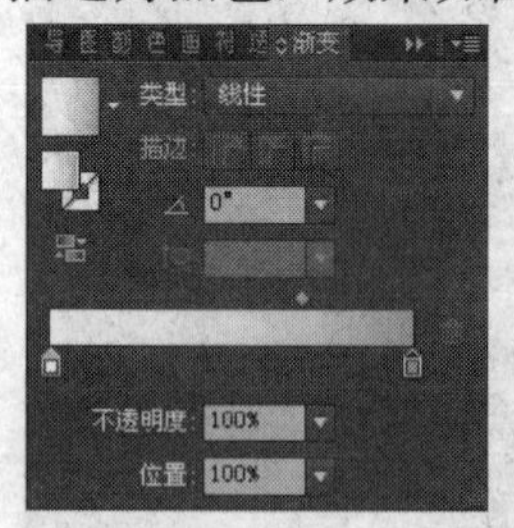

图 13-122 设置椭圆渐变

图 13-123 肚皮效果

图 13-124 围脖效果

图 13-125 嘴效果

16 使用椭圆工具绘制一个椭圆形作为企鹅的脚，并在“渐变”面板中设置该椭圆为白色到“阳光”色之间的“径向”渐变，如图 13-126 所示。

17 设置椭圆的描边为黑色后，效果如图 13-127 所示。

18 使用渐变工具在刚绘制的椭圆上进行拖动，调整渐变的角度和中心点。将椭圆旋转一定的角度后，脚图形效果如图 13-128 所示。

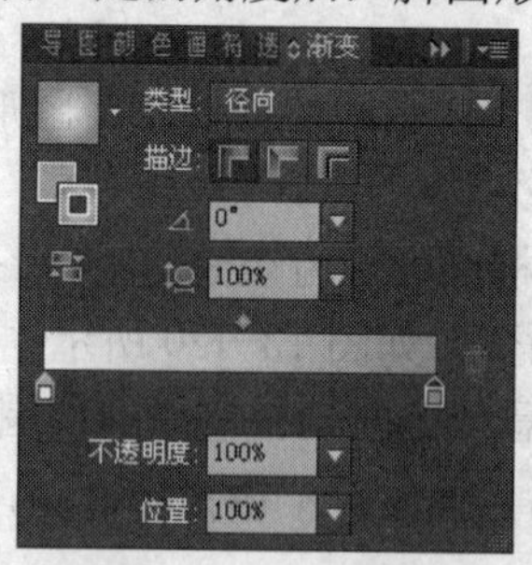

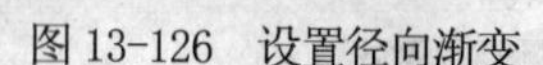

图 13-126 设置径向渐变

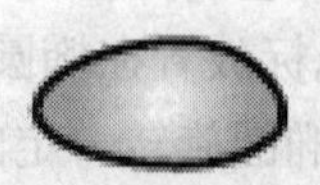

图 13-127 渐变效果

图 13-128 脚效果

19 使用弧线工具在椭圆上绘制一条弧线，并设置该弧线的描边为黑色，效果如图 13-129 所示。然后，选择如图 13-129 所示的椭圆和弧线，按下 Ctrl+G 键将这两个图形进行编组，并将该编组调整到适当的位置，如图 13-130 所示。

20 选择刚才编组后的图形组，并在工具箱中单击镜像工具，结合 Alt 键复制出另一个对称的图形组，如图 13-131 所示。

21 使用椭圆工具绘制两个较小的椭圆作为企鹅的眼珠图形，并设置一个椭圆的填色为黑色，另一个为白色。

22 使用弧线工具在企鹅的另一个眼睛上绘制一段黑色的弧线。然后，在“描边”面板中设置描边“粗细”为 2pt，并单击“圆头端点”按钮，如图 1-132 所示。这时，企鹅的两个眼睛的效果如图 13-133 所示。

23 使用钢笔工具绘制一个图形作为企鹅的头部的反光，并在“渐变”面板中设置该图形为白色到“夏威夷蓝色”的“线性”渐变，并输入渐变的角度数值，如图 13-134 所示。

图 13-129　绘制弧线效果

图 13-130　调整图形组位置

图 13-131　镜像效果

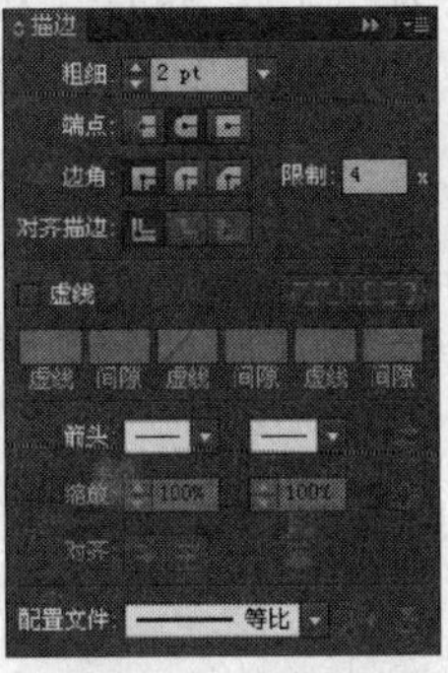

图 13-132　设置描边

24 按下 Shift+Ctrl+F10 键，打开“透明度”面板。选择刚绘制的图形，并在“透明度”面板中设置该图形的不透明度数值，如图 13-135 所示。这时，反光图形的效果如图 13-136 所示。

图 13-133　眼睛效果

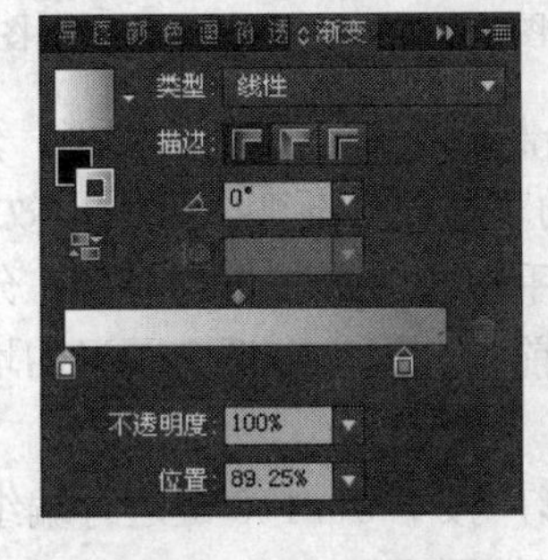

图 13-134　设置渐变

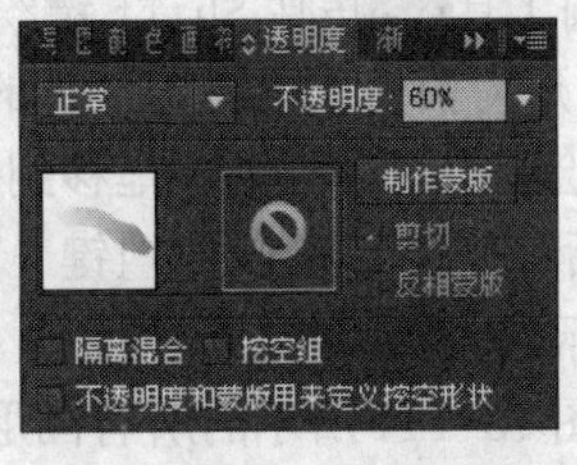

图 13-135　设置透明度

图 13-136　反光效果

25 企鹅图形已经绘制完毕。选择所有的相关图形，按下 Ctrl+G 键进行编组，并在页面上调整大小和位置，使页面效果如图 13-137 所示。

26 绘制手提袋图形。使用钢笔工具绘制一个图形作为手提袋的一个面，并在“渐变”面板中设置该图形为“纯黄”色到“阳光”色的“线性”渐变，并输入渐变的角度数值，如图 13-138 所示。设置图形的描边为“白色”，图形的效果如图 13-139 所示。

图 13-137　页面效果

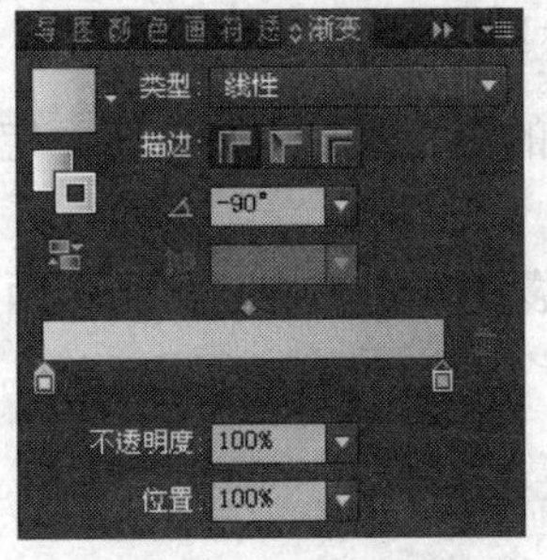

图 13-138　设置渐变

图 13-139　图形效果

27 使用同上步骤同样的方法，绘制手提袋的另外两个面，并设置渐变填色，使效果如图 13-140 所示。

28 使用钢笔工具绘制两段开放的路径作为手提袋的提手，并设置该路径的填色为“无”，执行“对象”→“路径”→“轮廓化描边”命令，将描边转换为轮廓。然后，在“渐变”面板中设置这两段路径为“纯黄”色到“南瓜”色的“线性”渐变，渐变“角度”为-85º。这时，手提袋的提手效果如图 13-141 所示。

29 使用星形工具在手提袋上绘制 3 个大小不一的星形，并设置填色为白色，描边为“无”，效果如图 13-142 所示。

图 13-140　绘制另两个面效果

图 13-141　提手效果

图 13-142　星形效果

30 使用椭圆工具按住 Shift 键绘制两个大小不一的圆形。然后，在“渐变”面板中设置这两个圆形为白色到“树莓”色的“径向”渐变，使圆形效果如图 13-143 所示。

31 选择刚绘制的两个圆形，拖移到手提袋图形中进行排列。分别选择圆形后，通过按 Ctrl+[键（后移一层）和 Ctrl+]键（前移一层）来调整圆形的堆栈顺序，使排列效果如图 13-144 所示。

32 选择如图 13-144 所示的所有图形，按下 Ctrl+G 键进行编组。然后，选择该图形组，按 Alt 键进行拖移，使复制出一个新的图形组。

图 13-143　圆形效果

图 13-144　排列效果

33 选择刚复制出的图形组，将其旋转一定的角度，然后将其进行颜色的调整，使效果如图 13-145 所示。

34 选择两个手提袋图形组，将其移到页面上相应的位置，并调整大小，使页面效果如图 13-146 所示。

图 13-145　两组手提袋效果

图 13-146　页面效果

35 使用文字工具 T 在页面上单击并输入文字“有 U 就能购”。然后，按下 Ctrl+T 键，打开“字符”面板。在面板中调整文字的字体、字体大小后，执行“文字”→“创建轮廓”命令，将文字转换为轮廓。

36 选择文字轮廓，在“渐变”面板中设置该文字为“纯洋红”色到“紫水晶”色的“线性”渐变，渐变角度为 100°。将文字旋转一定的角度后，文字效果如图 13-147 所示。

37 选择文字轮廓，执行“效果”→“风格化”→“投影”命令，打开“投影”对话框。在对话框中，设置投影的位移距离和投影颜色，如图 13-148 所示。

38 单击“确定”按钮，文字被添加了白色的投影效果。然后，将文字移到页面上相应的位置，投影效果如图 13-149 所示。

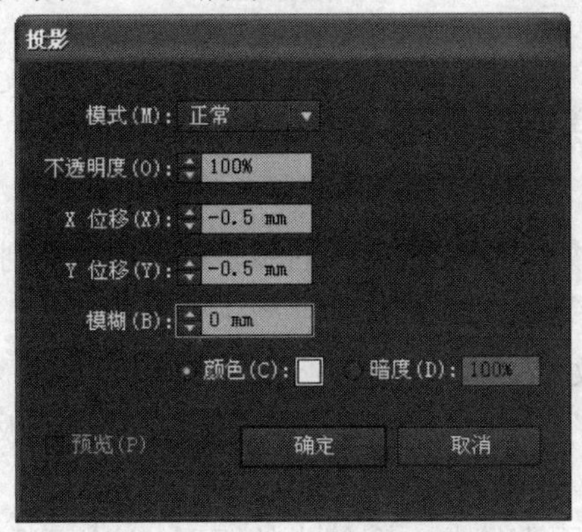

图 13-147 文字效果　　图 13-148 设置投影　　图 13-149 添加投影效果

39 使用第 36 ～ 38 步骤同样的方法，输入文字“之女人街”并为该文字创建轮廓、添加渐变填色和投影效果。调整文字的位置后，效果如图 13-150 所示。

40 使用文字工具 T 在页面左下角单击并输入文字“WWW.LEEKUU.COM”。然后，分别选择字符段，设置不同的填色和描边，并在“字符”面板中分别设置字体和字体大小，使文字效果如图 13-151 所示。

41 使用同上一步骤同样的方法，在页面右上角输入文字“换购卡 15 元”，效果如图 13-152 所示。

图 13-150 “之女人街”文字效果　　图 13-151 左下角文字效果　　图 13-152 右上角文字效果

42 在页面左上角单击并输入文字“LEEKUU”，并分别选择字符段进行颜色、字体和字体大小的设置，该文字的效果如图 13-153 所示。

43 使用矩形工具 在字符 LEEKUU 上绘制多个矩形，并设置不同的填色。然后，分别选择这些矩形，按下 Ctrl+[键将其后移一层，使其排列在字符后，效果如图 13-154 所示。

44 最终完成 LEEKUU 换购卡的绘制，效果如图 13-155 所示。

图 13-153　文字效果

图 13-154　矩形和文字效果

图 13-155　LEEKUU 换购卡效果

13.3　鲜奶干吃片包装制作

在本节中将详细介绍制作鲜奶干吃片包装盒的步骤，主要涉及到编辑颜色、图形变换、运用效果、运用画笔、编辑文本等知识点。

01 新建一个横向排列的文档。在工具箱中选择矩形工具，在页面上拖动鼠标绘制一个矩形。然后，执行“窗口”→“色板”命令，在打开的“色板”面板中设置矩形的填色为深海蓝色，描边为“无”，效果如图 13-156 所示。

02 使用矩形工具在页面上绘制一个较小的矩形，该矩形和较大的矩形的高度和填色相同，在页面上排列在大矩形左侧。

03 在工具箱中单击椭圆工具，在大的矩形上继续绘制一个椭圆。然后，按下 F6 打开“颜色”面板，在面板中设置填色为 C=72、M=33、Y=6、K=0，描边为“无”，效果如图 13-157 所示。

04 选择刚绘制的椭圆形，执行“效果”→“模糊”→“高斯模糊”命令，打开“高斯模糊”对话框。在对话框中设置模糊的半径数值，如图 13-158 所示。

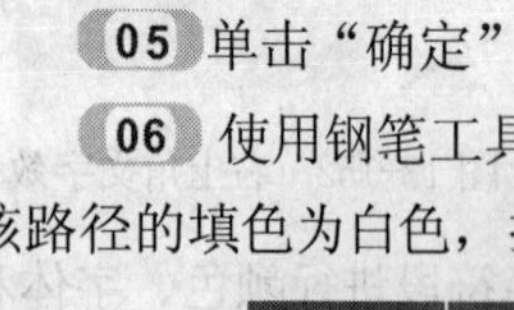

图 13-156　矩形效果

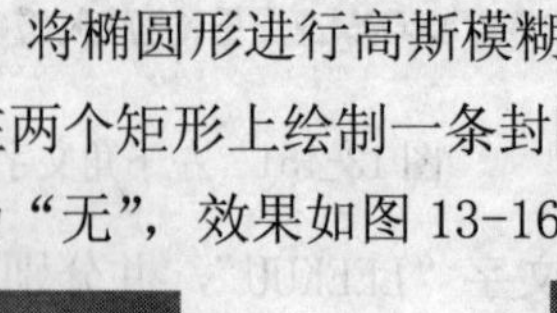

图 13-157　椭圆效果

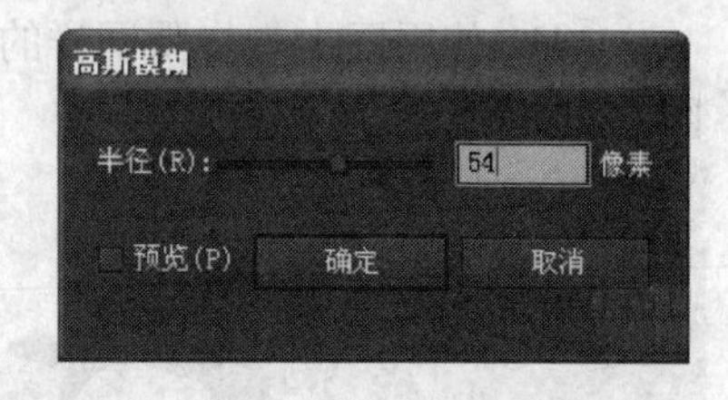

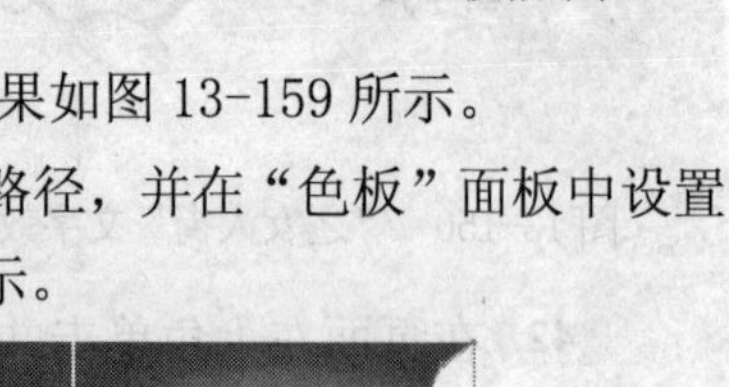

图 13-158　设置模糊半径

05 单击“确定”按钮，将椭圆形进行高斯模糊，效果如图 13-159 所示。

06 使用钢笔工具在两个矩形上绘制一条封闭的路径，并在“色板”面板中设置该路径的填色为白色，描边为“无”，效果如图 13-160 所示。

图 13-159　矩形排列效果

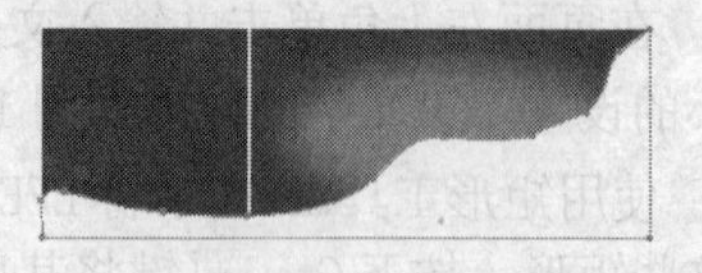

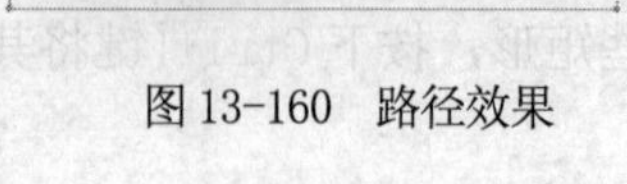

图 13-160　路径效果

07 使用刻刀工具，在刚绘制的路径上按下鼠标进行拖动，将路径进行剪切。剪切的位置在两个矩形相临的边界处，如图 13-161 所示。这样，路经被划分为两个路径。

08 按下 Ctrl+A 键，选中页面中所有的图形。然后，执行“对象”→“锁定”→“所选对象”命令，将所有的背景图形进行锁定，以便进行下一步的操作。

09 使用椭圆工具绘制一个椭圆，并在“色板”面板中设置填色为深海蓝色，描边为“无”，效果如图 13-162 所示。

10 选择刚绘制的椭圆，双击工具箱中的比例缩放工具，打开“比例缩放”对话框。在对话框中设置缩放的比例为 90%，如图 13-163 所示。然后，单击“复制”按钮，将选中的椭圆形进行复制并缩放为原椭圆的 90%大小。

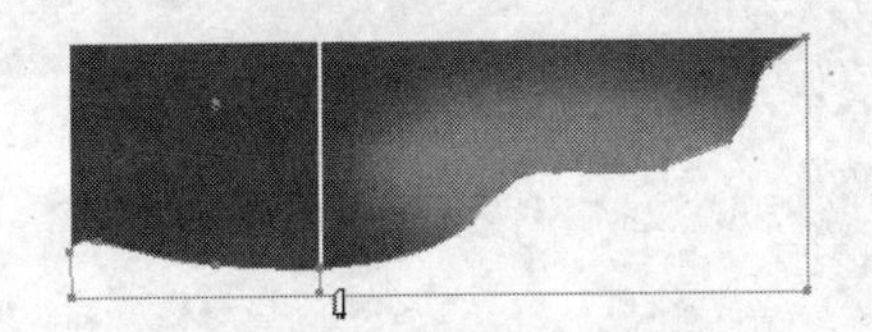

图 13-161　剪切路径

图 13-162　椭圆效果

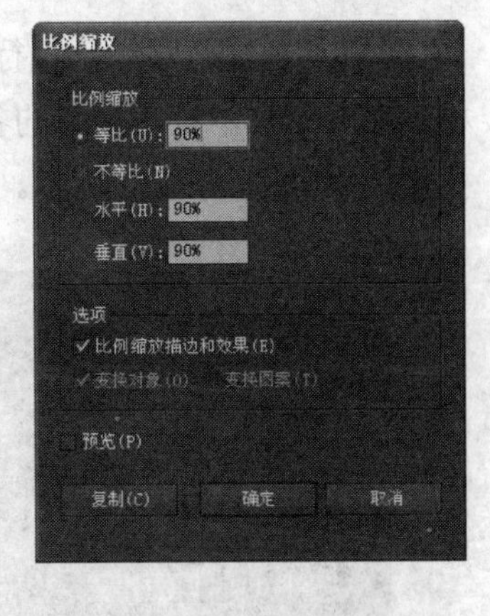

图 13-163　设置缩放比例

11 选择复制的椭圆，执行“窗口”→“渐变”命令，打开“渐变”面板。在面板中设置椭圆为白色到夏威夷蓝色之间的“线性”渐变，如图 13-164 所示。这时，椭圆的渐变效果如图 13-165 所示。

12 再次选中复制的椭圆，按下 Ctrl+D 键，再次复制出一个新的较小的椭圆。然后，在“颜色”面板中设置该椭圆填色为“无”，描边为白色，效果如图 13-166 所示。

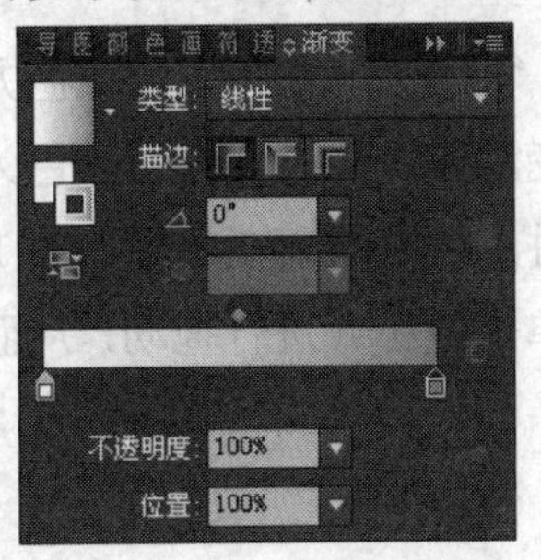

图 13-164　设置渐变

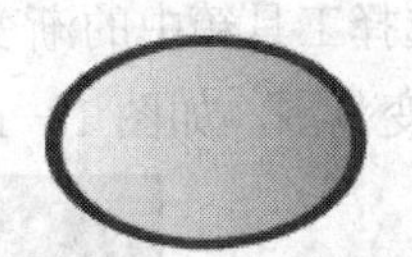

图 13-165　渐变效果

13 同时选中 3 个椭圆形，按下 Ctrl+G 键，将其进行编组。然后，双击工具箱中的旋转按钮，在弹出的“旋转”对话框中设置旋转角度，如图 13-167 所示。

14 单击“确定”按钮，将选中的椭圆组进行旋转。然后，调整椭圆组的大小并将该组拖移到页面适当的位置，如图 13-168 所示。

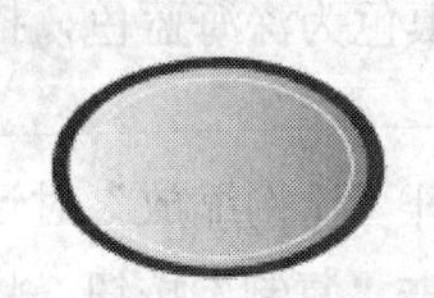

图 13-166　椭圆颜色效果

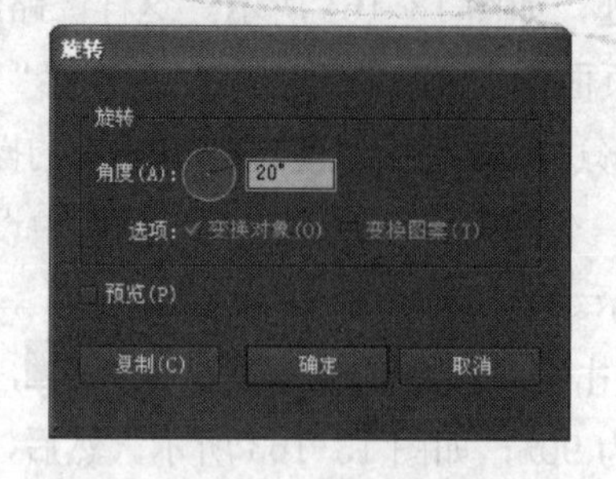

图 13-167　设置旋转角度

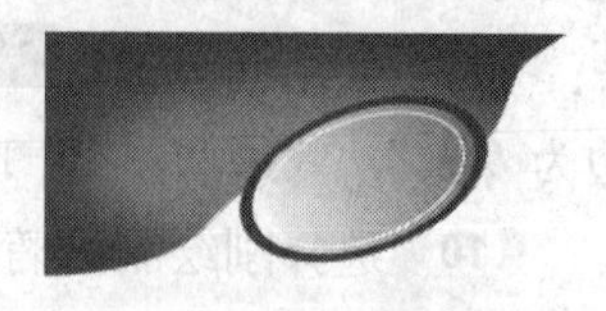

图 13-168　椭圆的位置

15 选择椭圆组，执行“效果”→“风格化”→“投影”命令，打开“投影”对话框。在对话框中设置投影的各个选项，如图 13-169 所示。单击“确定”按钮，椭圆组的投影效果如图 13-170 所示。

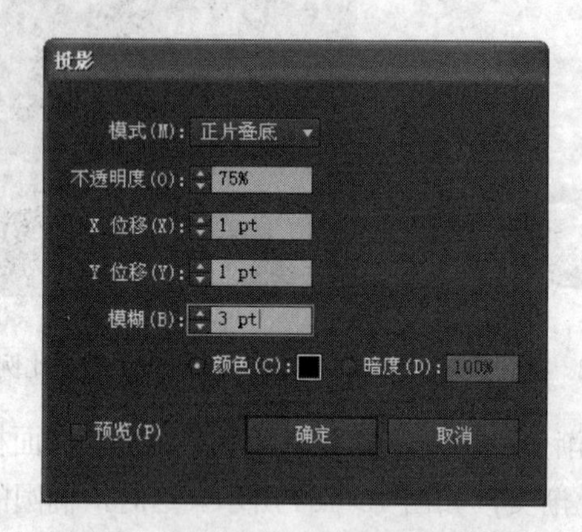

图 13-169　设置投影选项

图 13-170　投影效果

16 使用钢笔工具绘制一条水滴型的封闭路径，并在“色板”面板中设置该路径描边为“无”。这时，路径的效果如图 13-171 所示。

17 选择路径，在“渐变”面板中设置类型为“径向”，将路径的填色方式转换为渐变填色。然后，在渐变条上单击鼠标，添加一个渐变滑块，并设置渐变颜色为“纯黄”到“橄榄石”再到“碧绿色”，如图 13-172 所示。这时，路径的渐变效果如图 13-173 所示。

18 选择工具箱中的渐变工具，在路径上单击鼠标并进行拖动，从而调整渐变的中心点和渐变范围，如图 13-174 所示。

图 13-171　路径效果

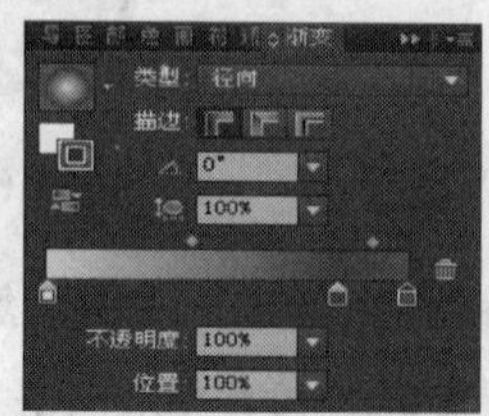

图 13-172　设置渐变

图 13-173　渐变效果

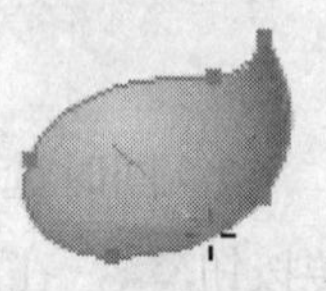

图 13-174　调整渐变

19 使用钢笔工具绘制一段路径作为水滴型的高光，并在“色板”面板中设置该路径的填色为白色，描边为“无”，效果如图 13-175 所示。

20 按下 Shift 键，依次选择水滴路径和高光路径，再按下 Ctrl+G 键，将选中的两个路径进行编组。调整该路径组的大小和位置后，页面效果如图 13-176 所示。

图 13-175　高光效果

图 13-176　页面效果

21 选择文字工具在页面中分两行输入文字“鲜奶干吃片”。然后，按下 Ctrl+T 键，打开“字符”面板，在面板中设置字符的字体、大小、行距等，如图 13-177 所示。然后，在“色板”面板中设置字符的填色为白色，这时文字效果如图 13-178 所示。

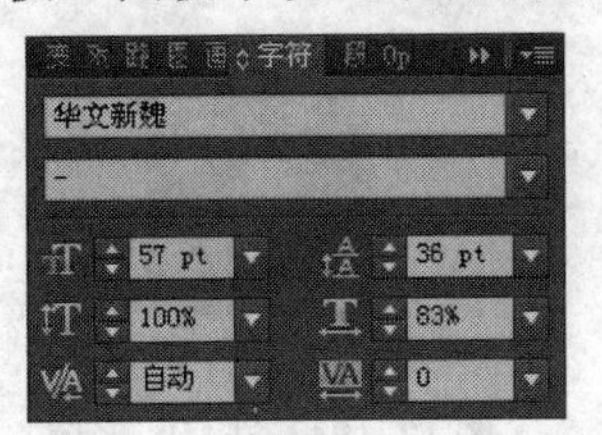

图 13-177　设置字符选项

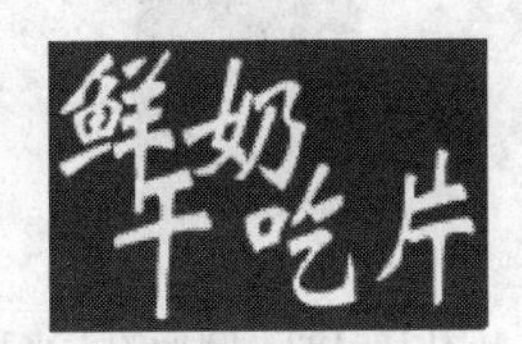

图 13-178　文字效果

22 选择文字，执行“效果”→“风格化”→“投影”命令，打开“投影”对话框。在对话框中设置投影的各个选项和颜色，如图 13-179 所示。然后，单击“确定”按钮。

23 选择文字，将鼠标指针放置在文字的定界框上任何一个对角线控制点，当出现旋转标识后进行拖动，使文字旋转一定角度。这时，文字的效果如图 13-180 所示。

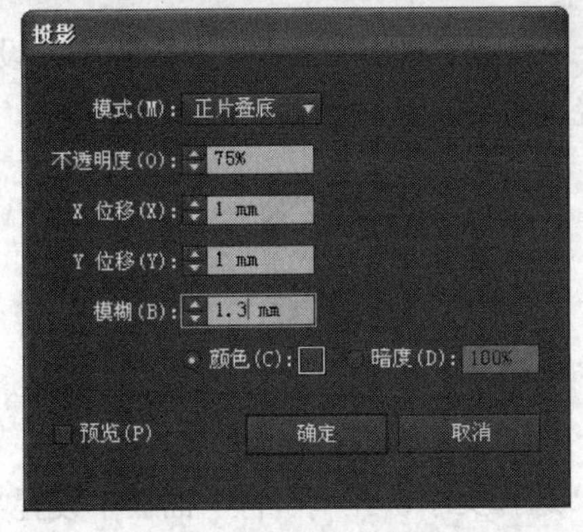

图 13-179　设置投影选项和颜色

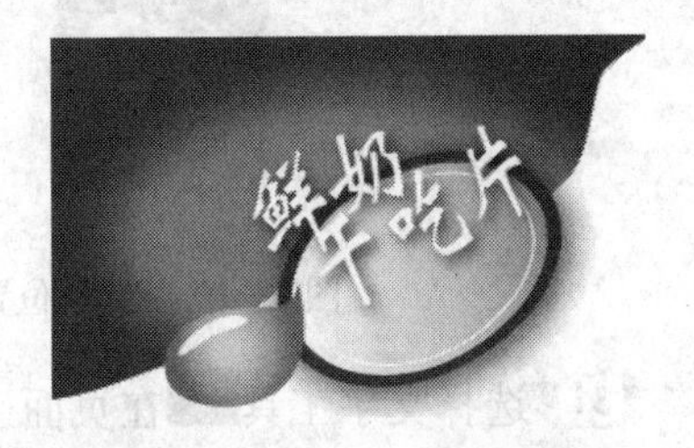

图 13-180　文字的效果

24 绘制产品标志，单击工具箱中的圆角矩形，在页面上绘制圆角矩形，然后在“色板”面板中设置该矩形的填色为“薄荷朱利酒”，描边为“无”，如图 13-181 所示。

25 选择椭圆工具，按住 Shift 键在刚绘制的矩形上绘制一个圆形，并在“色板”面板中设置该圆形的填色为白色，描边为“无”，效果如图 13-182 所示。

图 13-181 设置圆角矩形

图 13-182 圆形效果

(26) 使用椭圆工具继续绘制一个圆形，并在“色板”面板中设置该圆形的填色为“薄荷朱利酒”，描边为“无”。调整该圆形的大小和位置后，效果如图 13-183 所示。

(27) 执行“窗口”→“路径查找器”命令，打开“路径查找器”面板。然后，框选图 13-183 中的 3 个图形，并单击“路径查找器”面板中的“分割”按钮，使所选中的图形分割为 4 个图形。选择如图 13-184 中当前选中的图形，在“色板”面板中为其设置为白色填充。

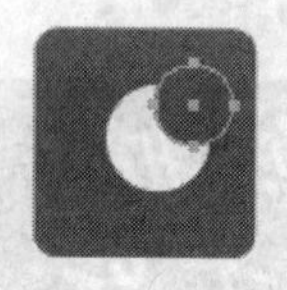

图 13-183 圆形的大小和位置

图 13-184 选择图形填充

(28) 使用钢笔工具绘制一段路径，并在“颜色”面板中设置该路径的填色为“无”，“描边”为“白色”，位置和效果如图 13-185 所示。

(29) 执行“窗口”→“画笔库”→“艺术效果_画笔”命令，打开“艺术效果_画笔”画笔库面板。选择刚绘制的路径，单击该画笔库的“速绘画笔 1”画笔，使画笔效果运用到路径上。

(30) 选择路径，执行“窗口”→“描边”命令，打开“描边”面板。在面板中，设置描边“粗细”为 0.25pt。这时，调整被选中的路径的位置，效果如图 13-186 所示。

图 13-185 路径位置效果

图 13-186 路径效果

(31) 选择文字工具在页面上输入“MUDA”。选择文字，在“字符”面板中设置文字的字体、字体样式和大小选项，如图 13-187 所示。调整文字的位置后，文字的效果如图 13-188 所示。

(32) 选择文字工具在页面中输入“牧达”，并在“字符”面板中设置该文字的字体，文字的填色为黑色，文字的效果如图 13-189 所示。

(33) 选择文字“牧达”，执行“文字”→“创建轮廓”命令。这时，文字被转换为带有锚点的文字路径，如图 13-190 所示。

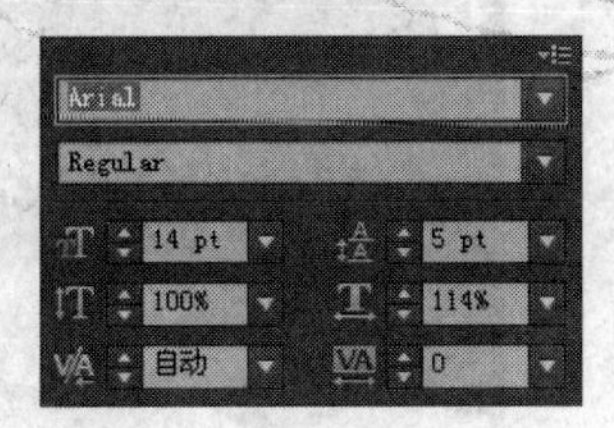

图 13-187　设置字符选项

图 13-188　“MUDA”效果

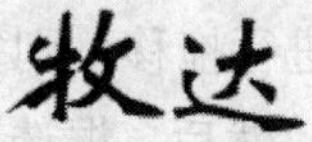

牧达

图 13-189　“牧达”效果

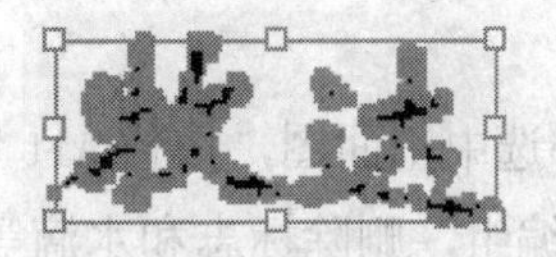

图 13-190　创建轮廓效果

34 单击工具箱的直接选择工具，选择文字路径上的锚点进行拖移，从而改变路径的形状。

35 选择标志所有的相关图形和文字，按下 Ctrl+G 键进行编组，以便于整体的移动和其它操作。

36 将标志组移动到页面适当的位置，并调整其大小，如图 13-191 所示。

图 13-191　页面中的标志组效果

37 选择文字工具在页面中的水滴图形中输入文字“无糖”，并在“字符”面板中设置该文字的字体为“华文新魏”。设置文字的填色为白色后，效果如图 13-192 所示。

38 选择文字“无糖”，双击工具箱的比例缩放工具，打开“比例缩放”对话框。在对话框中，设置“比例缩放”的数值为 85%，并单击“复制”按钮，复制出一个新的文字。

39 选择刚复制出的文字，在“色板”面板中设置该文字的填色为“深海蓝色”，并微调文字的位置，使效果如图 13-193 所示。

40 执行“对象”→“全部解锁”命令，将文档中所有的背景图形解锁。然后，使用选择工具在页面上按下鼠标进行拖动，框选如图 13-194 所示的所有图形和文字，并按下 Ctrl+G 键将所选对象进行群组，该群组作为包装盒的正面图。

图 13-192　白色文字效果

图 13-193　深海蓝色文字效果

图 13-194　页面效果

41 选中正面图，按住 Alt 键在页面中将选中的图形进行拖移，则复制出一个正面图，取消编组，删除标志和水滴等效果，如图 13-195 所示。然后，框选这些图形，按下 Ctrl+G 键进行编组，该组图形作为包装盒的顶面。

42 使用上一步骤同样的方法，制作包装盒的另一个面，最终效果如图 13-196 所示。

图 13-195　顶面图

图 13-196　复制删除后的效果图形

43 选择椭圆工具，在页面上绘制一个椭圆形，并在“色板”面板中设置该椭圆的填色为“深海蓝色”，描边为“无”。

44 选择刚绘制的椭圆形，双击旋转工具，打开“旋转”对话框。在对话框中，设置旋转角度为 30°。单击“确定”按钮，椭圆旋转效果如图 13-197 所示。

45 继续选择椭圆，执行“效果”→“模糊”→“高斯模糊”命令，打开“高斯模糊”对话框。在对话框中，设置模糊的半径，如图 13-198 所示。然后，单击“确定”按钮退出对话框。

46 使用钢笔工具绘制一段封闭的路径覆盖在图 13-197 所示的图形上，填充和描边的颜色可以随意设置，路径如图 13-199 所示。

图 13-197　椭圆旋转效果

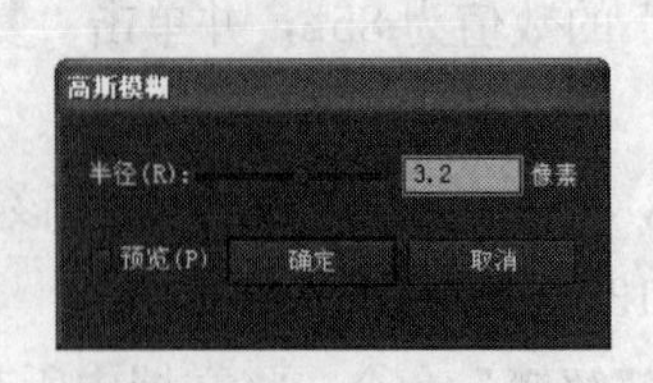

图 13-198　设置模糊半径

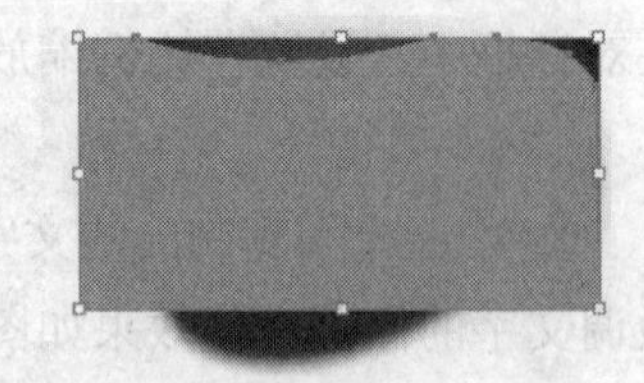
图 13-199　路径效果

47 使用选择工具框选图 13-199 所示的所有图形，单击右键，并在弹出的快捷菜单中选择“建立剪切蒙版”命令。这时，当前选中的图形被顶层的图形所剪切，效果如图

13-200 所示。

48 单击圆角矩形工具，在页面上适当的位置按下鼠标进行拖动，创建出一个适合页面大小的圆角矩形。设置该矩形的填色为白色，圆角矩形的效果如图 13-201 所示。

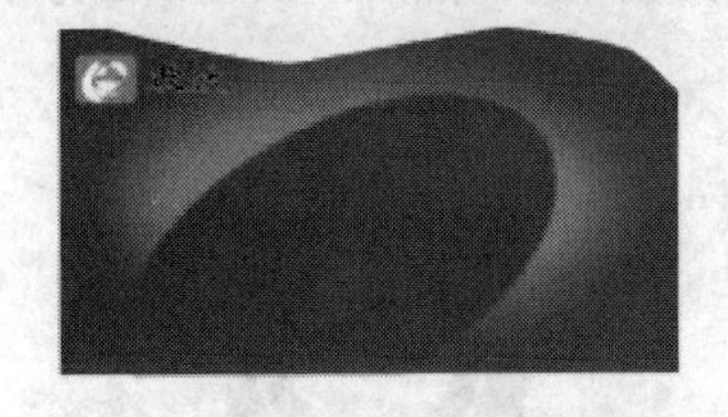

图 13-200　剪切蒙版效果

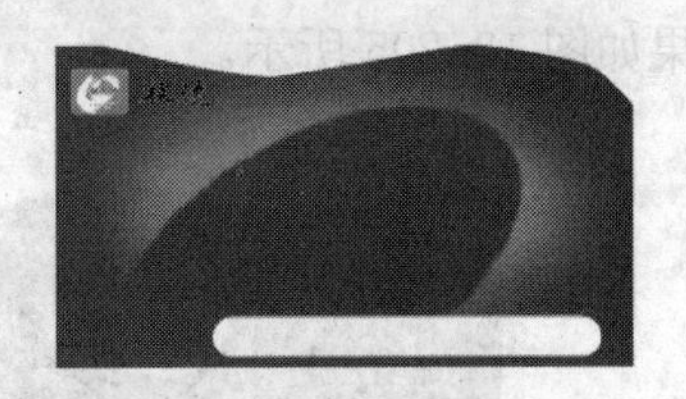

图 13-201　圆角矩形效果

49 选择刚创建的圆角矩形，执行“对象”→“变换”→“分别变换”命令，打开“分别变换”对话框。在对话框中，设置“水平”和“垂直”缩放的数值，如图 13-202 所示。然后，单击“复制”按钮，复制出一个新的矩形，并调整该矩形的填色为“深海蓝色”。

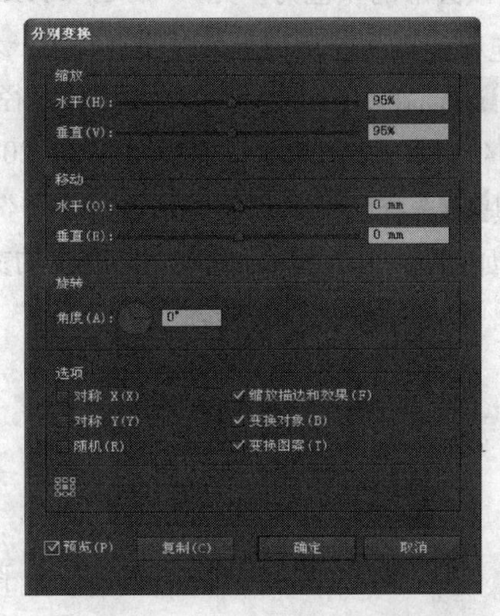

图 13-202　设置变换数值

50 选择文字工具，在刚复制出的圆角矩形上输入文字“中国航天员专用产品”，并设置该文字的填色为白色。然后，在“字符”面板中设置该文字的字体、字体大小、字符间距等选项。效果如图 13-203 所示。

图 13-203　文字效果

51 选择椭圆工具，按住 Shift 键绘制一个圆形，并在“色板”面板中设置该圆形的填色为白色，描边为“无”。该圆形的位置和大小如图 13-204 所示。

52 选择刚绘制的圆形，双击工具箱中的比例缩放工具，打开“比例缩放”对话框。在对话框中，设置“比例缩放”选项的数值为 95%。单击“复制”按钮，复制出一个

新的圆形，并调整该圆形的填色为“深海蓝色”。

53 使用上一步骤同样的方法，将刚复制出的蓝色圆形再次通过比例缩放工具进行复制，复制出一个新的圆形，大小比例为蓝色圆形的75%。然后，设置该圆形的填色为白色，效果如图13-205所示。

图13-204 圆形的位置和大小

图13-205 圆形效果

54 选择蓝色的圆形进行比例缩放，复制出的圆形的大小比例为蓝色圆形的90%。然后，在“色板”面板中设置该圆形的填色为“无”，描边可设置为任意颜色。

55 将刚复制的圆形拖移到页面的空白处，以便进行下一步操作。选择该圆形，再选择工具箱中的路径文字工具，在圆形上进行单击，插入路径输入点。然后，在路径中输入文字“中国航天员专用牛奶”，文字的默认效果如图13-206所示。

56 使用路径文字工具选择刚输入的字符，在“字符”面板中设置字符的字体、字体大小和字符间距选项，如图13-207所示。这时，路径上的文字效果如图13-208所示。

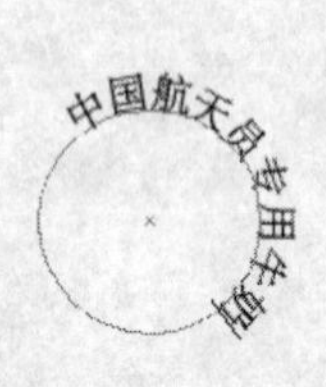

图13-206 文字默认效果

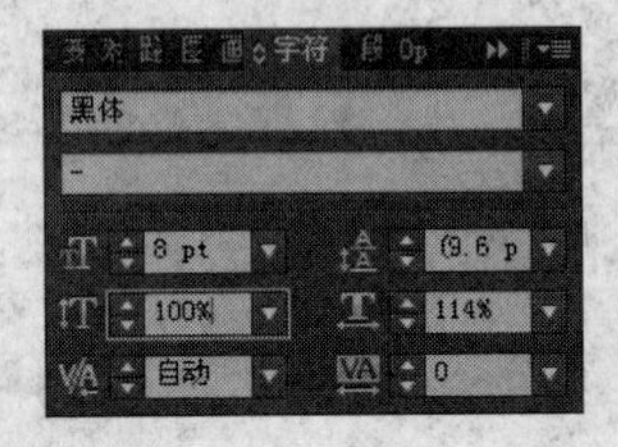

图13-207 设置字符选项

图13-208 路径上的文字效果

57 使用选择工具选择路径文字，执行“文字”→“路径文字”→“路径文字选项”命令，打开“路径文字选项”对话框。在对话框中，设置路径文字的对齐方式等选项，如图13-209所示。然后，单击“确定”按钮退出对话框。

58 使用文字路径工具在路径上单击，在路径上继续输入文字“appropriative milk for china astronaut”。然后，选择刚输入的英文字符，在“字符”面板中设置字符的字体、字体大小等选项，如图13-210所示。

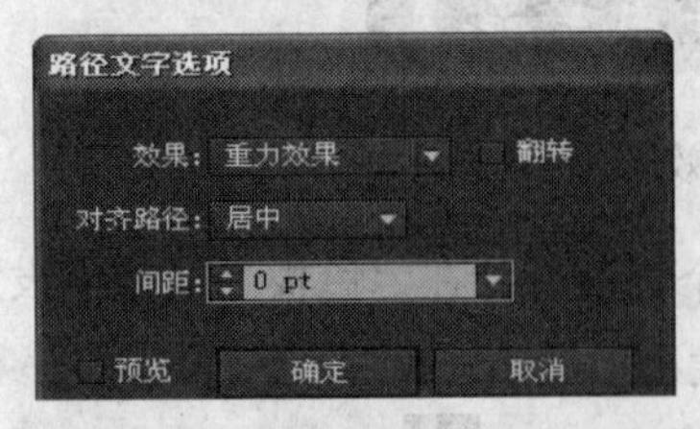

图13-209 设置路径文字选项

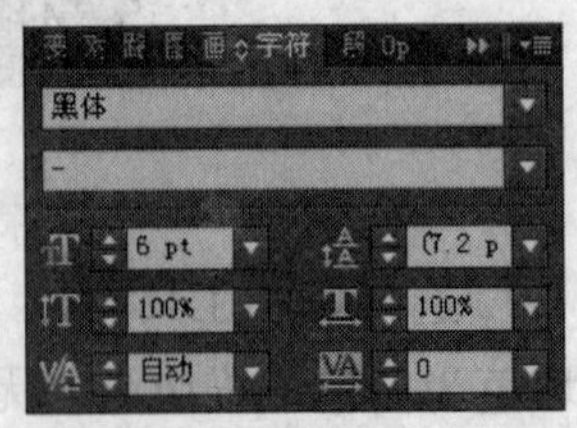

图13-210 设置英文字符选项

59 选择路径上的英文字符，执行“文字”→“更改大小写”→“大写”命令，使所有的英文字符转换为大写格式。这时，文字路径的效果如图 13-211 所示。将该文字路径拖移到页面中原来所在的位置，使如图 13-212 所示。

60 使用钢笔工具绘制一段封闭的路径，并在“色板”面板中设置该路径的填色为“深海蓝色”，描边为“无”，效果如图 13-213 所示。

61 使用直线段工具在刚绘制的路径上绘制一条直线段，并在“色板”面板中设置该直线路径的填色为“无”，描边为“纯青色”。

62 选择刚绘制的直线段，在“描边”面板中设置描边“粗细”选项的数值为 0.15pt。然后，执行“对象”→“排列”→“后移一层”命令，将直线段后移一层，效果如图 13-214 所示。

图 13-211　文字路径效果

图 13-212　文字路径的位置

图 13-213　路径的效果

图 13-214　直线段效果

63 选择直线段，执行“窗口”→“画笔库”→“艺术效果_画笔”命令，打开“艺术效果_画笔”画笔库面板。然后，在该面板中单击“速绘画笔 3”画笔，如图 13-215 所示。这时，直线段被添加画笔效果，如图 13-216 所示。

64 使用钢笔工具绘制一段路径，并在“色板”面板中设置该路径的填色为“纯青色”，描边为“无”。该效果如图 13-217 所示。

65 框选图 13-217 所示的所有路径，将其移动到页面中相应的位置，使标志效果如图 13-218 所示。

图 13-215　选择画笔

图 13-216　画笔效果

图 13-217　路径的效果

图 13-218　标志效果

66 选择文字工具在页面中输入文字“无糖鲜奶干吃片”，并在“色板”面板中设置该文字的填色为白色。

67 在“字符”面板中设置所选文字的字体、字体大小、字符间距、行距等选项，如图 13-219 所示。这时，文字效果如图 13-220 所示。

68 选择文字“无糖鲜奶干吃片”，执行“效果”→“变形”→“弧形”命令，打开“变形”选项对话框。在对话框中，设置变形样式、弯曲度和扭曲度等选项，如图 13-221 所示。

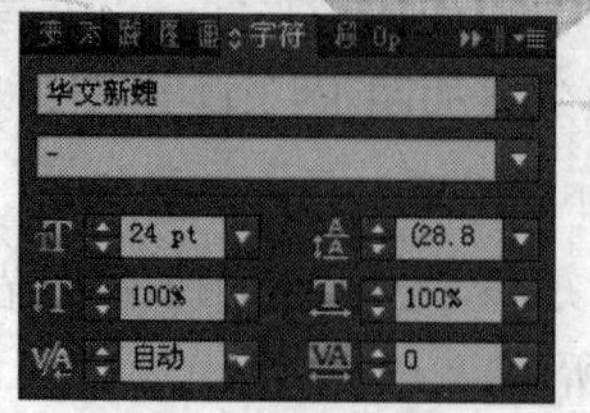

图 13-219　设置字符选项

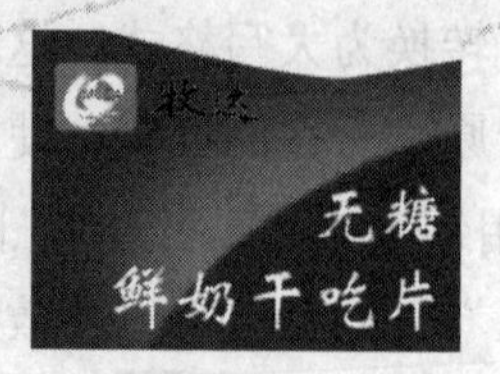

图 13-220　文字效果

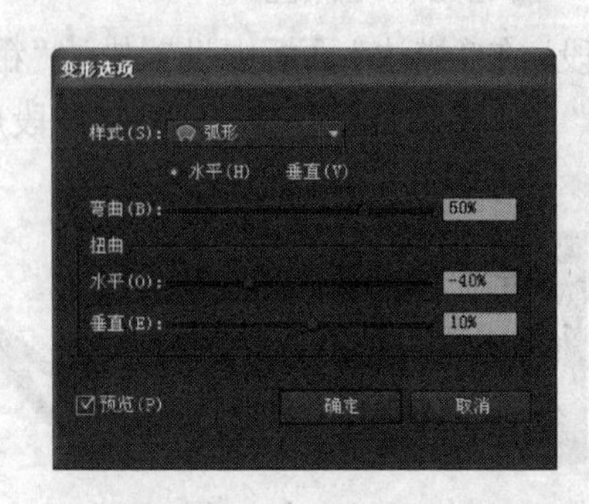

图 13-221　设置变形选项

69 单击“确定”按钮，所选文字的变形效果如图 13-222 所示。框选图 13-222 所示的所有路径和文字，按下 Ctrl+G 键进行编组，作为包装盒的顶侧面。

70 选择文字工具，在第 6 步骤划分出的侧面背景图（如图 13-223 所示）中输入产品相关介绍文字，并在“字符”面板中设置字符的字体为黑体，字体大小为 6pt。设置文字的填色为白色后，文字效果如图 13-224 所示。

图 13-222　文字变形效果

图 13-223　侧面背景图

71 选择矩形工具在侧面背景图的右下角绘制一个矩形，并在“色板”面板中设置该矩形的填色为白色，描边为无，效果如图 13-225 所示。

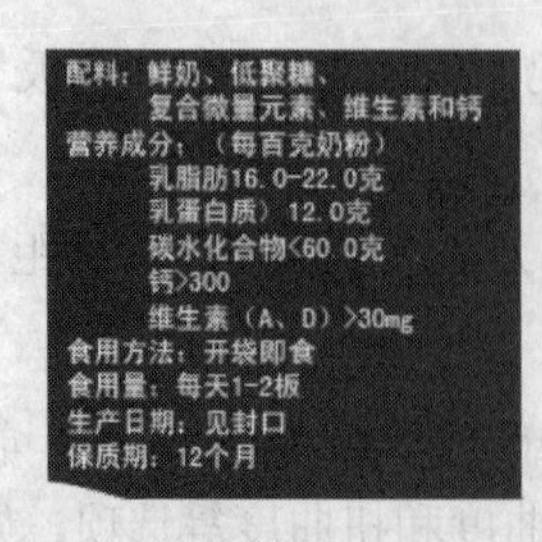

图 13-224　文字效果

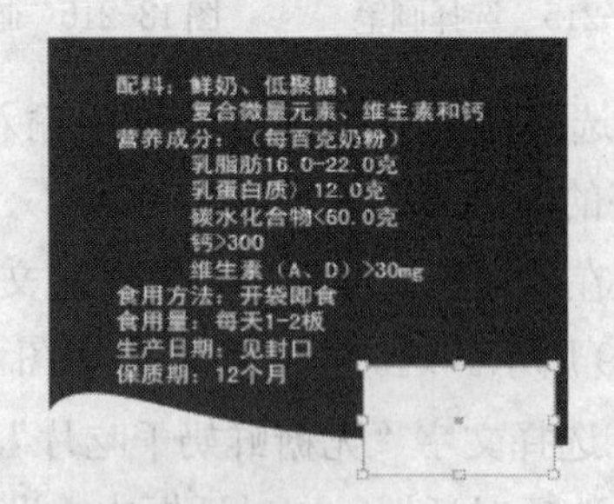
图 13-225　矩形效果

72 选择文字工具，在刚绘制的矩形上输入产品的条形码数字。然后，在“字符”面板中设置该数字的字体为“3 of 9 Barcode”，字体大小为24pt。这时，该数字被转换为条形码，如图13-226所示。

73 框选图13-226所示的所有图形和文字，按下Ctrl+G键进行编组，作为包装盒的侧面。然后，使用钢笔工具绘制一段图形路径，该路径的填色和描边颜色可任意设置，如图13-227所示。

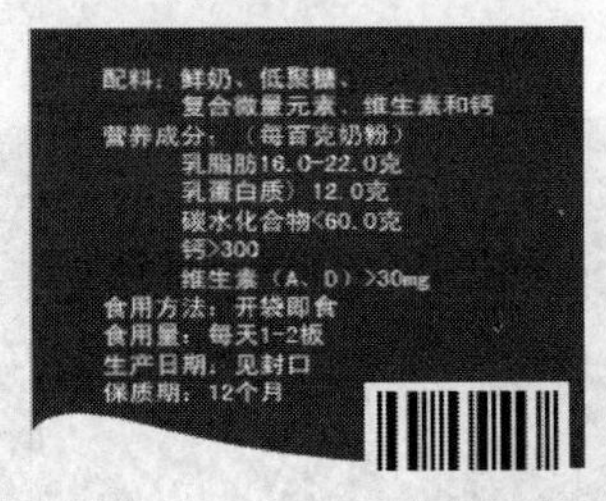

图13-226　条形码效果

图13-227　图形路径效果

74 将刚绘制的图形路径移动到如图13-228所示的位置上。然后，框选图13-228所示的所有对象，执行“对象”→“封套扭曲”→“用顶层对象建立”命令。这时，包装盒的侧面图完成了，效果如图13-229所示。

75 单击文字工具，在正面图左下角输入文字“净含量：180克”，并在字符面板中设置字体为“黑体”，字体大小为7ph。设置文字颜色为“黑色”，然后对其群组，将该组移动到页面中适当的位置，调整位置和大小，使效果如图13-230所示。

图13-228　图形路径的位置

图13-229　侧面图效果

图13-230　正面图形组位置

76 选择包装盒的顶面图组，通过拖移图形组定界框的中心控制点来调整图形组的宽度，使如图13-231所示。

图13-231　调整图形组宽度

77 选择顶面图组，双击工具箱中的倾斜工具，打开“倾斜”对话框。在对话框中设置倾斜角度，如图 13-232 所示。单击“确定”按钮，并将顶面图形组移动到适当的位置，将其进行调整，效果如图 13-233 所示。

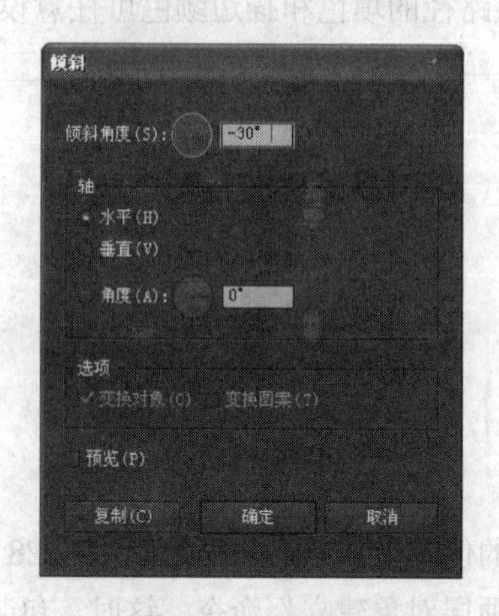

图 13-232 设置倾斜选项

图 13-233 顶面图组位置

78 选择顶侧面图形组，移到适当的位置，调整位置和大小，效果如图 13-234 所示。按下 Ctrl+A 键，将页面中所有的图形选中，并按下 Ctrl+G 键进行编组。

79 选择星形工具，绘制星形图形，将其填充为“深海蓝色”，按住 Alt 键拖动星形进行复制，效果如图 13-235 所示。

80 选择包装盒图形组，执行“效果”→“风格化”→“投影”命令，打开“投影”对话框。在对话框中设置投影的模式、不透明度、位移等选项，如图 13-236 所示。单击“确定”按钮，包装盒被添加了投影效果。至此，鲜奶干吃片包装制作完成，如图 13-237 所示。

图 13-234 顶侧面图效果

图 13-235 星形效果

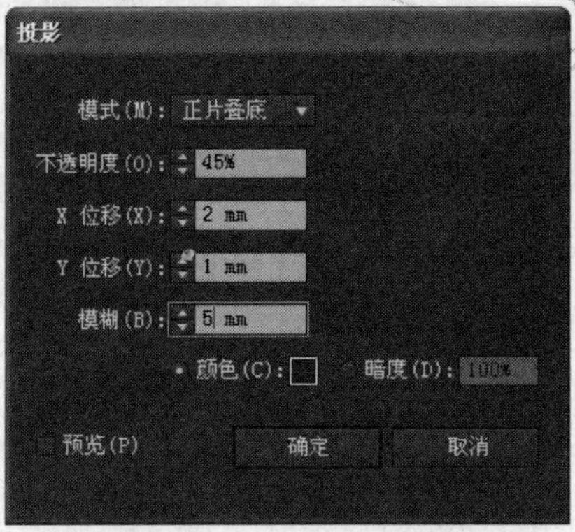
投影
模式(M): 正片叠底
不透明度(O): 45%
X 位移(X): 2 mm
Y 位移(Y): 1 mm
模糊(B): 5 mm
颜色(C):
暗度(D): 100%
预览(P)
确定
取消

图 13-236 设置投影选项

无糖
鲜奶干吃片
中国航天员专用产品
鲜奶干吃片
无糖

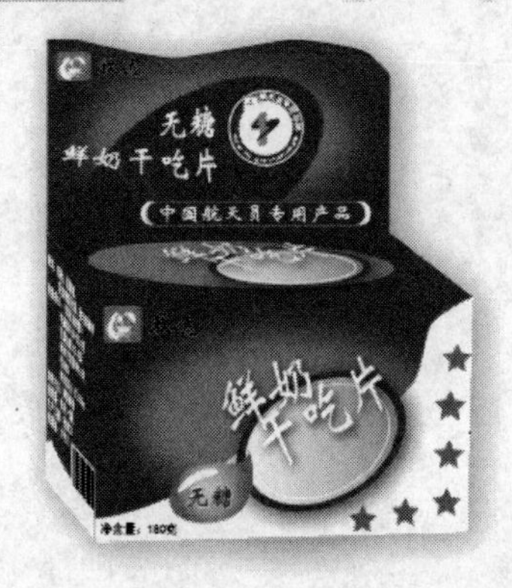

图 13-237 包装盒投影效果